LUCIEN HUARD
DÉCOUVERTES
INVENTIONS MODERNES
LE MONDE INDUSTRIEL
GRANDES USINES
ARTS INDUSTRIELS
PETITS MÉTIERS
L. BOULANGER
EDITEUR
83, Rue de Rennes
PARIS

LE MONDE INDUSTRIEL

Les canons de la marine.

Effet du boulet sur les plaques de blindages.

L'ARTILLERIE MODERNE

I

L'ART DE TUER

Par une bizarrerie de notre époque, où chacun cherche à vivre de son mieux et le plus longtemps possible, l'art de tuer son prochain est un de ceux qui préoccupent le plus d'esprits ; ce qui s'explique de reste, en ce que c'est peut-être celui qui mène le plus vite aux honneurs et à la fortune.

Cela va même jusqu'à la gloire, quand on le pratique sur une grande échelle envers et contre les gens qu'un hasard géographique a faits d'une autre nationalité.

« Saül en a tué mille, mais David en a tué dix mille, dit la Bible ;

et en fait de gloire militaire nous en sommes toujours là.

Pourtant, aucun art n'est plus anti-artistique, on pourrait même, sans y regarder de trop près, dire qu'il est barbare, si ses derniers perfectionnements n'étaient si intimement liés avec nos idées de progrès, qu'il est aujourd'hui permis d'espérer qu'il finira par tuer sa mère.

Littéralement, la besogne est faite, puisque, grâce à lui, la guerre n'est plus un art, qui enfante des héros. C'est toujours une calamité, mais c'est une science qui produit seulement des vainqueurs.

Et une science si exacte, si exclusive que l'aléa, que représentaient jadis la valeur, la tenacité, quelquefois même le hasard, n'existe plus que comme l'équivalent de ce qu'on appelle en mécanique le frottement.

Avec elle, il ne reste plus de place pour la bravoure personnelle, plus de place pour ce courage des officiers, qui électrise les soldats, plus de place pour l'initiative des chefs, plus de place pour le génie militaire qui sait tirer parti de toutes les circonstances.

Il n'est plus besoin de généraux pour commander les armées, il faut des mathématiciens, il n'est plus besoin de soldats pleins d'élan pour gagner les batailles, il faut des soldats très nombreux pour faire de la chair à canon.

Cela est si vrai que, dans les bulletins militaires, on ne dit plus maintenant des hommes qui ont donné leur sang pour la patrie : « morts au champ d'honneur », on écrit plus prosaïquement « tués à l'ennemi ».

Est-ce meilleur? est-ce moins bon? l'un et l'autre.

C'est moins bon, en ce que cela met le monopole de la victoire dans les mains des seules grandes puissances.

C'est meilleur, parce qu'avec le système des gros canons, dont chaque détonation coûte un billet de mille francs, la guerre deviendra si coûteuse qu'il n'y aura bientôt plus de nation assez riche pour la faire.

Ce serait drôle si les peuples, que des considérations mesquines font vivre depuis si longtemps comme des frères ennemis, allaient finir par s'embrasser sur la bouche de leurs canons monstres?

Mais, point n'est le fait dont il s'agit. Nous ne sommes pas ici pour faire des prophéties, si consolantes qu'elles puissent être, mais bien pour nous occuper de la fabrication de ces engins destructeurs dont le nom seul fait frissonner les mères.

Il aurait été curieux d'étudier, en guise de préface, les nombreux perfectionnements apportés dans l'art de tuer, qui malheureusement est vieux comme le monde, depuis la massue primitive de ce pauvre Caïn, jusqu'aux foudres formidables de M. Krupp, le Jupiter moderne, qui s'est décerné lui-même le brevet de *Roi du Fer*, sans garantie des gouvernements qu'il a l'avantage d'approvisionner; mais comme cela nous aurait mené beaucoup trop loin, nous enjambons d'un coup cinq douzaines de siècles pour arriver tout de suite à l'apparition des canons, c'est-à-dire dans la deuxième moitié du XIIe siècle ; car malgré leurs prétentions, ce ne sont pas les Anglais qui ont inventé la poudre; elle avait déjà servi bien avant la bataille de Crécy, à lancer des boulets de pierres, de fonte ou de fer, notamment aux Arabes du nord de l'Afrique, et aux Maures de l'Espagne vers 1260, aux Italiens en 1299, aux Allemands en 1313, et même aux Français en 1328. Mais c'était l'enfance de l'art — et l'artillerie ne fit de sérieux progrès qu'après 1350 ; — alors, au lieu des petites pièces qui lançaient des projectiles de 1,500 grammes qu'on appelait *plommées* (parce qu'ils étaient en plomb), on fabriqua des canons monstres qu'on pouvait charger avec des boulets de pierre pesant jusqu'à 225 kilogrammes.

Cela n'était bon naturellement que pour la guerre de siège, et encore cela ne devait pas être très bon, car le système fut bientôt modifié.

Au commencement du XVe siècle, toutes les puissances militaires avaient des canons gros et petits de toutes sortes, il y en avait même qui se chargeaient par la culasse, et leur variété leur fit donner des noms divers.

Ainsi les plus grosses pièces s'appelaient *bombardes;* elles se chargeaient par la bouche et lançaient, selon leur calibre, des boulets de pierre, pesant depuis 50 jusqu'à 100 kilogrammes.

Il y avait les *veuglaires* et les *crapaudines*, pièces à peu près du même genre; mais de dimensions beaucoup moindres, seulement elles se chargeaient par la culasse avec des projectiles de pierre qu'elles lançaient de plein fouet, tandis que les bombardes se tiraient sous des angles très prononcés, de même que les *mortiers* qui d'ailleurs étaient assez rares.

Comme pièces de campagne on se servait de *serpentines* et de *couleuvrines* qui lançaient des petits boulets de plomb, et se chargeaient par la bouche; elles étaient en fer forgé et montées sur des affuts, munis quelquefois de petites roues, mais manquaient absolument de mobilité, ce qui rendait le pointage à peu près impossible.

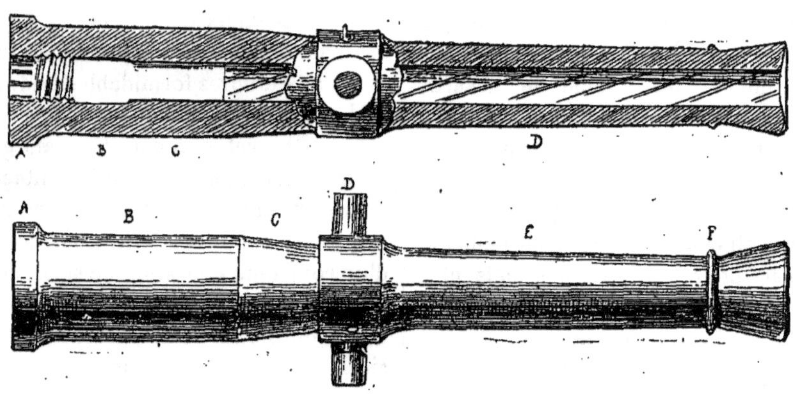

Le canon de sept (système Reffye), intérieur et extérieur.

Quant aux bombardes et aux pièces de gros calibre, elles étaient fabriquées avec des barres de fer assemblées, cerclées à peu près comme les douves d'un tonneau, et fixées à d'énormes charpentes, si peu maniables qu'elles ne pouvaient rendre des services que pour la défense des places ou des ports.

L'invention du boulet en fonte de fer pour remplacer le projectile de pierre, modifia sensiblement la construction des canons ; dès l'année 1461, on essaya des boulets en fonte dans les bombardes, mais comme elles n'étaient pas fabriquées assez solidement pour les supporter, on dût les abandonner et l'on arriva progressivement à renoncer aux gros calibres et à couler les pièces en bronze.

En 1503, l'artillerie, en France du moins, était complètement transformée, toutes les pièces étaient en bronze et munies de tourillons qui leur donnaient, sur leur affût, la mobilité nécessaire au pointage, on comptait :

Le *serpentin* (canon très court) qui lançait un projectile de vingt-quatre livres;

La *couleuvrine*, vingt-trois livres;

La *demi-couleuvrine*, dix livres;

L'*aspic*, canon court, douze livres;

Le *pélican*, cinq livres;

Le *sacre*, cinq livres;

Le *fauconneau* court, trois livres;

Le *fauconneau* long, deux livres;

Le *ribaudequin* court, une livre et demie;

Le *ribaudequin* long, une livre un quart;
L'*émérillon* court, douze onces ;
Et l'*émérillon* long, dix onces.

Ce système de canon, expérimenté avec succès par Charles VIII lors de sa campagne d'Italie, fut adopté partout en Europe, à peu de modifications près et il n'y eut guère que l'Allemagne qui ne renonça pas de suite aux pièces se chargeant par la culasse; il est vrai qu'alors elles étaient en bronze et montées à peu près comme les nôtres.

Mais il y avait une trop grande variété de calibres pour que le service en campagne pût être bien fait; l'approvisionnement

Artilleur du XVIe siècle. (Pointage du canon.)

nécessaire à chacune des pièces augmentant les embarras des munitionnaires; Charles-Quint le comprit tout d'abord et essaya d'en diminuer le nombre, mais il ne pût y réussir.

Henri II fut plus persévérant et mieux secondé, le grand maître de l'artillerie, Jean d'Estrées, réduisit en 1551 tous les canons à six calibres, savoir :

Le *canon* (c'était la première fois qu'une

Attelage français du XVIe siècle.

bouche à feu prenait ce nom), dont le boulet pesait 33 livres 4 onces.

La *grande couleuvrine*, 15 livres 4 onces;
La *couleuvrine bâtarde*, 7 livres 4 onces;
La *couleuvrine moyenne*, 2 livres;
Le *faucon*, 1 livre 2 onces;
Et le *fauconneau*, 14 onces.

L'adoption, à peu près générale des six calibres qu'on appelait *calibres de France*, était une grande amélioration; en Hollande on fit mieux encore, mais un siècle plus tard, en ne se servant plus que de quatre calibres : de 48, de 24, de 12 et de 6.

Précisément à la même époque, la France, au lieu de continuer l'œuvre de Henri II, augmentait le nombre de ses modèles.

Sous le ministère de Louvois il y eut dix canons, divisés en trois catégories :

Canons de campagne, aux calibres de 8, de 4, de 2 et de 1.

INTÉRIEUR D'UNE BATTERIE DANS UN NAVIRE CUIRASSÉ.

Canons ordinaires, qui lançaient des boulets sphériques des poids de 32, 24, 16 et 12 livres.

Et canons extraordinaires qui lançaient des projectiles creux de forme cylindrique pesant 60 et 48 livres.

Cela dura ainsi jusqu'à la fin du règne de Louis XIV, où une nouvelle réforme amena le nombre des calibres à six : de 33, 24, 16, 12, 8 et 4.

C'était encore trop; car sous Louis XV le

XVIe siècle. Canon allemand se chargeant par la culasse.

général de Vallière les réduisit à cinq, de 24, de 16, de 12, de 8 et de 4; il fit plus, du reste, car il fixa la forme des pièces, et en détermina si bien les proportions qu'elles n'ont pas varié depuis.

L'artillerie était donc régularisée, mais elle n'était guère plus maniable qu'auparavant; le général de Gribeauval se chargea bientôt de l'alléger.

Ayant étudié les perfectionnements ap-

Attelage anglais du XVIe siècle.

portés en Allemagne, en Autriche, et surtout en Suède, dans la fabrication des pièces de campagne, il proposa un nouveau système en raison duquel, affectant chaque modèle de bouche à feu, à un usage particulier, on pourrait ne lui donner que le poids nécessaire au service qu'on en attendait et obtenir ainsi un matériel roulant bien supérieur aux précédents.

Son innovation, appliquée avec succès dès 1765, ne triompha pourtant de l'esprit de routine qu'en 1772, mais alors elle resta, et toutes les campagnes de la République et de l'Empire furent faites avec un matériel du système Gribeauval. Napoléon, qui se connaissait en artillerie, n'y changea rien, tout au plus y ajouta-t-il une pièce de calibre 6 pour pouvoir utiliser les munitions qu'on prenait à l'ennemi.

L'Empire tombé, la Restauration éprouva

le besoin de constituer un nouveau système d'armement dans lequel on fit entrer toutes les améliorations déjà connues, aussi bien que celles que l'on pourrait encore trouver.

De ce nombre fut l'invention que le général Paixhans fit des canons obusiers de côte et de marine, invention qui eut tout le temps de se perfectionner, puisque le système, dit du comité, ne fut mis en vigueur qu'en 1829; il comprenait canons de campagne de 12 et de 8, canons de siège de 24 et de 16, canons de places et côtes de 25, de 16 et de 12, auxquels on ajouta bientôt un canon de 30, et spécialement pour le service des côtes les canons obusiers à la Paixhans, qui furent le vrai point de départ de la transformation de l'artillerie.

Quant à la marine, elle armait ses vaisseaux avec des pièces de 50, de 30 et de 12.

Rien ne fut changé jusqu'en 1853, époque à laquelle on remplaça les pièces de campagne de 8 et de 12 et les deux obusiers de quinze et de seize centimètres, par une pièce unique qu'on appela canon de l'empereur, et qui n'était autre qu'un perfectionnement du canon obusier du général Paixhans.

Quelques années plus tard, le commandant Treuille de Beaulieu inventa le canon rayé de quatre, qui lançant un projectile à 4,800 mètres, ouvrit la voie à l'artillerie actuelle, que l'on a deux fois raison d'appeler à grande puissance; car elle n'est vraiment accessible qu'aux grandes puissances.

L'artillerie moderne, autant le dire brutalement (il est permis d'être brutal avec un canon) a pour objet de tuer le plus de monde possible à la distance la plus grande, et tous les efforts tentés par les inventeurs depuis trente ans, mais depuis surtout qu'on s'est imaginé de cuirasser les navires de guerre ont été dirigés dans ce sens.

Le problème posé, et qui a coûté des centaines de millions en expériences, à chacune des grandes puissances de l'Europe sans oublier celles de l'Amérique, a été celui-ci: faire des canons qui lancent des projectiles capables de défoncer les murailles blindées des vaisseaux.

On a donc fait de gros canons, mais les vaisseaux ont perfectionné leur blindage, si bien qu'après des années d'essais la question se trouve encore au même point.

On l'a naturellement reprise, ou pour mieux dire on l'a continuée, car le duel entre la force et la résistance dure toujours et ne cessera jamais tant que, par amour de la paix, on passera son temps à se préparer à la guerre; et l'on a fait de plus gros canons.

C'est de ces gros canons que nous allons suivre les diverses phases de la fabrication, en prenant, pour base d'opération, notre manufacture nationale de Ruelle, d'où sortent tous les jours des pièces d'un calibre fort respectable.

Ce qui ne nous empêchera pas de nous occuper aussi des pièces de campagne, qu'on n'est pas encore arrivé à faire très grosses, parce qu'elles ont besoin d'être portatives; et généralement de tous les systèmes qui, apportant à la question leur contingent d'idées plus ou moins nouvelles, d'applications de procédés plus ou moins ingénieux, ont concouru dans une certaine mesure au perfectionnement de la matière.

Mais, pour que notre travail soit clair pour tout le monde, et afin que nos lecteurs connaissent de visu et par leurs noms les différentes parties qui composent un canon, nous avons fait graver deux dessins qui leur donneront tous les renseignements nécessaires.

Le type que nous mettons sous leurs yeux est celui de nos pièces de sept, système de Reffye, mais les dénominations sont les mêmes pour toutes sortes de canons.

Extérieurement, si nous commençons par le gros bout, nous avons d'abord en A. la *plate-bande de culasse*, qu'on appelle aussi l'arrière ou la tranche de culasse, c'est cette partie qui contient et supporte le système de fermeture de la pièce.

Après, vient le *tonnerre* B, divisé généralement en deux parties, la première cylindrique pour renfermer la gargousse (charge de poudre), la deuxième évidée pour contenir le projectile.

D. est le *renfort* qui porte les tourillons au moyen desquels la pièce pourra être fixée sur son affût.

Après le renfort est la base du fût C, puis le *fut* E terminé par un *bourrelet* précédé d'une astragale F.

Dans les pièces de gros calibre, surtout dans celles de fabrication étrangère, il n'y a ni bourrelet ni astragale, mais à cela près les dispositions sont presque toujours les mêmes; nous noterons d'ailleurs toutes les variations au fur et à mesure qu'elles se présenteront, car nous ne parlerons pas seulement des canons français, nous étudierons aussi toutes les pièces étrangères qu'il est intéressant de connaître.

A l'intérieur, en commençant toujours par le gros bout, nous trouvons A, la *culasse*, destinée à être bouchée par les vis de culasse lorsque la pièce aura été chargée.

B. et C. La *chambre* divisée en deux parties, celle qui doit contenir la gargousse et celle qui reçoit le boulet.

D. L'*âme* qui s'étend jusqu'à la bouche.

C'est l'âme qui sert aujourd'hui à déterminer le calibre de la pièce A, autrefois, les canons étaient classés par le poids de leurs boulets; ainsi on appelait pièce de quatre celle qui lançait un boulet de 4 livres. Maintenant le calibre se compte en centimètres, équivalant à quelques millimètres près, au diamètre de l'âme du canon.

Les pièces que l'on fabrique à Ruelle et qu'on appelle pièces de marine, bien qu'elles servent aussi à l'armement de nos côtes et de nos places de guerre, sont de quatre calibres, dont voici les proportions :

Canon de 16 centimètres, longueur 3^m,385, diamètre à la culasse, 634 millimètres, poids 5,000 kilogrammes, portée extrême à l'angle de 35 degrés, 7,250 mètres, boulet de 45 kilogrammes.

Canon de 19 centimètres, longueur 3^m,80, diamètre à la culasse, 772 millimètres, poids 8,000 kilogrammes, portée 7,000 mètres, boulet de 75 kilogrammes.

Le canon de 24 centimètres a 4^m,56 de longueur, 98 centimètres de diamètre à la culasse, son poids est de 14,000 kilogrammes et il porte à 7,800 mètres, un boulet de 144 kilogrammes poussé par une charge de 20 kilogrammes de poudre.

Le canon de 27 centimètres a 4^m,66 de longueur, un diamètre de culasse de 1^m,133, il pèse 22,000 kilogrammes et porte, avec 30 kilogrammes de poudre un boulet massif de 216 kilogrammes.

Voilà les calibres réglementaires, mais notre grande usine nationale a fondu des canons plus forts que cela, témoin celui de 37,000 kilogrammes qu'elle avait envoyé à l'exposition de 1867.

Il est vrai que celui-là n'était pas dans le mouvement, outre qu'il se chargeait par la bouche, il était à âme lisse et nous n'avons point entendu dire qu'on lui ait fait subir les rayures de la civilisation.

Il faisait d'ailleurs partie de la série des grosses pièces coulées d'après le système que le général Paixhans avait inventé en 1822, et dont l'adoption à peu près universelle (sauf des différences de détail) fut l'un des événements les plus importants de l'histoire de l'artillerie dans notre siècle.

Mais ces grosses pièces n'existent plus que dans le souvenir et les quatre types nouveaux les ont remplacées dans notre armement naval et de rempart; comme ils sont destinés à faire disparaître complètement les mortiers, pièces de gros calibre, mais à fût très court affectées spécialement au lancement des bombes.

Quant à la pièce de sept, employée par notre armée de terre, et certainement la plus élégante de toutes celles qu'on fabrique aujourd'hui, sa longueur totale est de 2^m,52, et elle lance un projectile de 7 kilogrammes.

Elle a remplacé la pièce de quatre rayée (inventée par le colonel Treuille de Beaulieu) qui nous assura la victoire pendant la campagne d'Italie de 1859, et tout naturellement le canon obusier de douze, dit canon Napoléon, qui avait fait son apparition pendant la campagne de Crimée et avait été adopté partout en Europe et en Amérique.

Il faut avouer qu'elle est déjà remplacée elle-même — tant le besoin de perfectionnement nous pousse à l'amour du changement — sinon effectivement, du moins sur le papier, depuis le 6 décembre 1881, par un canon de 155 millimètres, court en acier fretté jusqu'à la bouche, proposé par le colonel de Bauge.

Pour les pièces étrangères dont les calibres et les portées sont aussi variés que les systèmes d'après lesquels elles sont construites, nous en parlerons en temps et lieu.

Haut fourneau chargé.

Et maintenant que chacun connaît l'instrument qui nous occupe, nous pouvons, avec la certitude d'être clair, étudier sa fabrication, en commençant naturellement par la matière première.

II

LA MATIÈRE PREMIÈRE

La vraie matière première est le minerai (péroxyde de fer) que l'on tire presque toujours des mines à l'état granulaire et que l'on fait cuire dans les hauts fourneaux.

Or, comme les minerais sont, selon leurs lieux d'extraction, plus ou moins chargés d'oxyde de fer, de soufre ou d'oxyde de manganèse, il s'ensuit que les fontes qu'ils produisent sont de plus ou moins bonne qualité.

Les meilleures, les seules qu'on emploie à Ruelle, à la fonderie de canons de la marine nationale, sont les fontes grises et truitées, car les fontes blanches qui sont peut-être plus dures, sont aussi plus cassantes, parce qu'elles manquent de l'élasticité nécessaire.

Voici, du reste, comment s'obtient la fonte à Ruelle, les procédés sont évidemment les mêmes, dans tous les hauts fourneaux, sauf les soins qu'on apporte dans le choix des matériaux et dans leur préparation.

Dans notre fonderie nationale, les minerais, qui proviennent presque tous des environs, ne sont adoptés qu'après avoir subi certaines épreuves. Ensuite on les trie soigneusement dans des cours pavées qu'on appelle *parterres*, pour débarrasser le véritable minerai de la terre et des gangues, qu'on extrait toujours avec, et afin que l'opération soit mieux faite, on casse à la main toutes les mottes qui dépassent le volume d'une noix.

Vue intérieure d'une fonderie.

Ce triage terminé, le minerai est étendu dans les cours où il reste exposé à l'air, pendant le temps que l'on juge nécessaire à le débarrasser des parties de soufre et de magnésie qu'il contient et que l'action de l'air et de la pluie finit par lui enlever.

Cette opération qui s'accomplit d'ailleurs toute seule, s'appelle la *macération;* quand on la juge suffisante, on procède au lavage du minerai, dans des bacs circulaires traversés par un courant d'eau, où il est battu constamment au moyen de palettes fixées sur un arbre vertical, qui le séparent presque complètement des matières étrangères, que le triage n'avait pu enlever.

Sorti de là, le minerai est égoutté, et l'on en fait des tas où l'on chargera facilement les wagonnets, qui le porteront à l'orifice du haut fourneau.

Les hauts fourneaux varient de dimensions et même de formes, selon qu'on y traite la fonte au bois, au charbon de bois ou au coke, mais le principe fondamental est toujours le même; que la tour qui le renferme ait huit mètres ou vingt mètres de hauteur, avec un diamètre proportionnel, c'est toujours un four dont le revêtement intérieur est en briques réfractaires, et qui a la forme de deux troncs de cônes accolés par leur plus large base, dont la réunion porte le nom de *ventre* du fourneau; la partie supérieure s'appelle la *cuve*, et l'orifice est le *gueulard*.

Pour la partie inférieure, c'est-à-dire le deuxième cône, on l'appelle les *étalages*, et elle se termine à sa base, qui a la forme d'un entonnoir renversé, par une capacité prismatique qui se nomme l'*ouvrage*, percée de trous ou *tuyères*, qui servent à l'introduction du vent.

Ce qu'on appelle le *vent* est donné au fourneau par deux souffleries d'un réglage très simple.

Ces appareils ont cela de particulier, qu'ils fournissent alternativement pendant une durée de trois heures, le chaud et le froid et à des degrés extrêmes; c'est pour cela qu'il en faut deux pour un haut fourneau; il est vrai que trois suffisent pour deux fourneaux, car le gaz peut en chauffer deux ensemble pendant trois heures, et l'on fait passer dans un seul, pendant une heure et demie, tout le vent nécessaire aux deux fourneaux.

On comprend, par ceci, que les souffleries ne sont que les intermédiaires; l'appareil générateur est infiniment plus compliqué et surtout plus encombrant.

Les plus nouveaux sont ceux qui fonctionnent à l'usine de Terre-Noire et qui portent le nom d'appareils Siemens-Cowper; ils ont 15^{m},50 de hauteur sur 5^{m},90 de diamètre.

Ils se composent d'une cuve en tôle, pesant 35,000 kilogrammes, et représentant 77 mètres cubes; rivetée avec un soin extraordinaire pour qu'il n'y ait pas de déperdition de vent et entourée d'une double maçonnerie en briques réfractaires et en briques rouges, puis, pour l'emmagasinage de la chaleur: d'un quadrillage qui représente une surface de chauffe de 3,900 mètres carrés, renfermé dans un cube de 99^{m},600, dont l'ensemble ne pèse pas moins de 100,000 kilogrammes.

Ce quadrillage repose sur une grille en fonte de 4,860 kilogrammes.

Tous ces chiffres font rêver, mais pour accomplir des travaux gigantesques, il faut des outils proportionnés.

Revenons à la description du haut fourneau.

Au-dessous des tuyères et séparé d'elle, par une sole ou plaque de tôle horizontale, se trouve le creuset où s'accumule la matière en fusion.

Lorsque le fourneau est suffisamment chauffé, on le charge par le *gueulard* de la façon suivante: une couche de minerai, une couche de charbon de bois, par 520 litres, et une couche de *castine*, par 45 litres.

Cette *castine*, ou fondant, ajouté au minerai pour en hâter l'entrée en fusion, à peu près comme on met de la levure dans la pâte pour précipiter la fermentation, est à Ruelle, un carbonate de chaux d'un blanc grisâtre, qui se trouve en quantités considérables tout près de l'usine, ce qui est d'autant plus précieux que les minerais des environs sont généralement siliceux ou argileux.

Ces trois couches posées, on verse dans le four un nouveau wagonnet de minerai, une nouvelle charge de charbon et de castine et ainsi de suite jusqu'à ce que la cuve soit suffisamment remplie.

Alors, l'opération commence, pour nous du moins, car en fait elle ne cesse ni jour, ni nuit, à cause du temps qu'il faudrait perdre pour réchauffer les fourneaux, si on les laissait refroidir; et la fusion se faisant avec plus ou moins de lenteur, selon que le minerai est plus ou moins réfractaire, le creuset s'emplit peu à peu de métal réduit et fondu, protégé et recouvert par les *laitiers*.

On appelle ainsi, les scories provenant des gangues et des fondants, sorte de pâte terreuse et vitrifiée, dont la couleur sert à juger de l'état de la fonte; et comme pour cela il faut pouvoir les examiner à tout instant de l'opération, on a posé sur la partie du creuset qui s'avance hors du fourneau et qu'on appelle *avant-creuset*, une espèce de rempart incliné, recouvert d'une plaque de fonte sur laquelle s'écoulent les laitiers.

S'ils présentent une couleur violette persistante, on n'obtient que de la fonte grise bourrue, s'ils sont vert clair ils annoncent de la belle fonte grise; vert foncé, la fonte sera truitée; s'ils sont noirs on est assuré d'avoir de la fonte blanche.

Mais au début de l'opération on peut modifier le résultat à obtenir d'après les symptômes révélés par les laitiers, soit en changeant les proportions de castine et de minerai, soit en donnant plus ou moins de vent au fourneau.

En somme il ne faut que neuf hommes pour manœuvrer un haut fourneau, savoir : quatre *chargeurs*, qui ont pour mission de remplir la cuve au fur et à mesure que la charge s'est affaissée, deux *gardeurs*, l'un pour veiller aux tuyères, et l'autre à la tympe, pour empêcher surtout que la flamme ne touche l'ouvrage, un *arqueur*, chargé de la distribution du charbon de bois, un *boqueur*, qui s'occupe du déblayage des laitiers, et un *mouleur de gueuses*, qui prépare, dans le sol de la halle, les rigoles par lesquelles la fonte, s'échappant du creuset, se rendra dans les moules pour s'y solidifier en lingots qu'on appelle *gueuses*.

Cette partie de l'opération est sinon la plus intéressante, du moins de beaucoup la plus pittoresque, la nuit surtout, où ces ruisseaux de métal en fusion se précipitant du fourneau par les rigoles, donnent une idée des volcans en éruption et éclairent l'usine de reflets d'incendie d'un effet fantastique.

Le métal met plus ou moins de temps à se coaguler dans les moules; quand il est refroidi, c'est de la fonte brute en gueuses, avec laquelle on peut faire à volonté du fer ou de l'acier.

Dans les usines où l'on transforme directement la fonte, on n'attend pas qu'elle soit refroidie et au lieu de la diriger vers les moules de gueuses on la conduit, toute incandescente, sur des wagonnets spéciaux, vers les fours à puddler, ou vers les appareils Bessemer, selon qu'on veut produire du fer ou de l'acier.

Le fer, n'étant que de la fonte affinée, s'obtient généralement par le puddlage, opération naguère encore très pénible pour les ouvriers, mais devenue assez simple depuis que l'on se sert des fours rotatifs, qui ont pris le nom de leur inventeur, M. Pernot, chef de fabrication à l'usine de Saint-Chamond.

Ce four présente non seulement les avantages appréciables d'augmenter la production tout en améliorant le produit, mais encore de réduire considérablement la fatigue des puddleurs.

Il comprend une partie fixe (la chauffe, activée par un ventilateur à air chaud, et la voûte du laboratoire), et une partie mobile (la sole et son support) ; ce support est une plaque de tôle sous laquelle est fixé un mécanisme, qui lui permet de se mouvoir autour d'un axe incliné et la sole se trouve être une cuve circulaire, dont le fond se forme à chaud, lorsque l'appareil entre en

Ensemble d'un haut fourneau.

mouvement, d'une couche de minerai concassé, mélangée avec des scories du cinglage.

Quand sa surface est suffisamment régularisée, on jette dessus la fonte qui doit être transformée et qu'on a naturellement laissé refroidir pour la réduire en fragments maniables ; la rotation répartit la charge, qui ne dépasse guère 200 kilogrammes.

Au fur et à mesure que la fonte rougit, on la retourne sur la sole de manière à en activer la cuisson, et comme il s'agit de faire évaporer complètement le carbone qu'elle contient, on commence à la brasser, mais grâce au mouvement de rotation et à l'inclinaison de la sole, l'ouvrier n'a plus besoin de faire, pendant plus d'une heure, ce terrible mouvement de va-et-vient auquel il était condamné avec le four d'ancien système ; il se contente de poser son ringard sur le fond de la sole et de l'appuyer contre l'ouvreau de la porte de travail, en l'inclinant sur le rayon de la cuve, et le brassage s'opère tout seul par le moyen de la rotation ;

aussi sont-ce seulement les aides qui ont jusqu'à présent travaillé, les puddleurs n'entrent en action qu'au moment où le gâteau de fer commence à se former; alors on arrête le four et ils coupent le gâteau en petites sections qu'on appelle des *loupes*, et qu'ils retournent d'autant plus facilement qu'il leur suffit d'imprimer un léger mouvement de rotation à la sole pour avoir toujours le métal, non encore sectionné, devant la porte de travail.

Les loupes terminées, les aides les sortent du four et les portent sous le marteau-pilon ou elles subissent un martellement qu'on appelle *cinglage* et qui a pour objet de les débarrasser des scories.

Fabrication des moules de canon.

Les loupes refroidies sont des lingots de fer.

On peut traiter l'acier par les mêmes procédés et dans les mêmes fours, à la condition d'arrêter le brassage au moment précis où il reste assez de carbone dans la fonte pour qu'elle ne soit pas devenue du fer; mais le système Bessemer est plus ingénieux et surtout plus expéditif, puisque, en une demi-heure il peut produire 3,500 kilogrammes d'acier en lingots.

Quelques lignes nous suffiront pour décrire cet appareil, qui porte le nom de son inventeur.

Il se compose d'une vaste cuve ovoïde, construite en briques réfractaires, mais entourée d'une multiple enveloppe de plaques de tôles solidement boulonnées.

La gueule de cette cuve est tournée vers une cheminée par où s'élancent la fumée et les scories, avec d'autant plus de rapidité qu'elles sont chassées par une soufflerie mécanique d'une grande puissance, dont le vent pénètre dans la cuve par cinq trous d'assez grandes dimensions, percés à son orifice inférieur.

Un pivot horizontal permet d'amener la gueule du convertisseur à l'extrémité de la rigole, par où la fonte en fusion arrive directement du haut fourneau ou, si la distance est trop grande, du wagonnet spécial qui l'a transportée à portée de l'appareil.

La cuve suffisamment chargée de métal, on fait jouer le pivot pour remettre l'appareil en place, on met en jeu la soufflerie, et l'opération commence avec une telle intensité que des pluies d'étincelles de toutes nuances, on pourrait même dire des gerbes de feu, s'échappent du convertisseur, avec un effet qui laisse loin derrière lui tous les feux d'artifices connus.

Ce sont les scories de toutes sortes que le vent chasse du métal, qui se décarbure d'autant plus vite.

Le chef d'atelier, à l'aide d'un spectroscope, surveille attentivement le progrès de l'opération; lorsqu'il la juge assez avancée, il fait abaisser l'appareil, dans lequel on verse du spiegel, autrement dit de la fonte miroitante, additionnée d'une quantité de manganèse plus ou moins grande, selon la qualité qu'on veut donner à l'acier; le convertisseur remis en place fonctionne encore pendant quelques instants, pour donner au métal le temps de se mélanger parfaitement et c'est fini; la fonte est maintenant de l'acier, que l'on sort du convertisseur pour le verser dans une poche en briques réfractaires, préalablement chauffée à blanc, et percée de trous, par où l'acier s'écoule dans des lingotières disposées dessous dans une forme circulaire.

Bien qu'il y ait encore d'autres façons de produire l'acier : soit directement avec les minerais, ce qui donne ce qu'on appelle l'acier naturel, soit par la carburation du fer en barres, qui donne l'acier cémenté, nous nous en tiendrions à celle que nous venons de décrire, comme la plus pratique, si nous ne croyions intéressant de dire quelques mots de la fabrication de la fameuse usine d'Essen.

Chez M. Krupp, l'acier est obtenu par le puddlage, puddlage partiel toutefois, car l'ouvrier après avoir soumis sa fonte à la chaleur d'un four à réverbère, n'attend pas pour la retirer qu'elle soit réduite en fer, il ne la laisse pas se décarburer intérieurement et la soumet au martelage, puis au laminage de façon à la purger de tout le laitier et à rapprocher les molécules.

Ceci n'est qu'une première opération, car la matière des canons Krupp est de l'acier fondu; celui dont nous venons de parler retourne donc à la fonte, mais additionné alors d'un fer spécial, fabriqué avec un minerai qu'on ne trouve qu'en Allemagne, et qui a la propriété de se carburer aux dépens de l'acier puddlé, auquel il enlève ainsi son excès de carbone.

Cette fonte ne se fait point à même dans les fours à réverbères, mais par quantités relativement minimes (de 20 à 40 kilogrammes) dans des creusets fabriqués avec des terres spéciales, dont la composition est le secret de la maison, et qui sont disposés sur des grilles de fours, également espacées et maçonnées avec des briques réfractaires de Cordowan.

Nous en reparlerons, du reste, quand nous nous occuperons de la coulée.

L'usine Krupp n'a pas d'ailleurs le monopole de l'acier composé, et sans parler de certains fondeurs français qui ne publient point leurs procédés de fabrication, nous connaissons à Colpino, près de Saint-Pétersbourg, une usine qui a aussi son étoffe à canon spéciale.

Cette usine, dirigée par M. Povtceloff et le colonel Aboukoff, produit des canons de 6 à 9 pouces de diamètre dans l'âme, avec de l'acier coulé mélangé de fer blanc, de copeaux de fer, de minerai magnétique et d'un soupçon d'arsenic; ce qui n'a pas empêché la Russie d'avoir fait une grande partie de son armement avec des canons Krupp.

Nous ne terminerons point ce chapitre des matières premières sans dire quelques mots des autres étoffes à canons usitées, bien que ce soient des métaux composés.

Il y a d'abord le bronze, qui n'est complètement abandonné, à cause de son prix, que pour les pièces de gros calibre, à telles enseignes que le canon de Reffye, de sept centimètres, qui a été, s'il n'est encore le canon réglementaire de notre armée de terre, était de ce métal.

Il est vrai qu'on le fait aussi en acier, avec les modifications qu'exige ce genre de fabrication ; mais, dans l'esprit de son auteur, il était en bronze, à 100 parties de cuivre contre 11 d'étain, coulé plein, le tonnerre en bas.

Il y a le métal sterro, ainsi nommé du mot grec qui signifie ferme, et se compose de la façon suivante :

53,04 de cuivre,
42,46 de zinc,
1,77 de fer,
0,83 d'étain.

Ce métal, composé par le baron autrichien Bosthorn, a été expérimenté à l'arsenal de Vienne, et depuis à l'Institut polytechnique de Woolwich, mais avec quelques modifications qui portent à 60 les parties de cuivre, à 46,18 les parties de zinc, à 1,93 celles de fer et à 0,90 celles d'étain, et il paraît, d'après le rapport de M. Jules Anderson, qu'en Angleterre il a donné des résultats meilleurs qu'en Autriche, et qu'il se recommande surtout par sa grande élasticité.

On en a fabriqué très économiquement des pièces de campagne du calibre de 4 à 12 livres ; mais, en somme, ce métal ne paraît pas être entré encore dans la fabrication courante, surtout en Autriche, où le bronze, comprimé par le procédé Uchatius, qu'on appelle aussi bronze-acier, est employé pour les pièces de campagne.

Il y a aussi le fer forgé, qui, tantôt seul, tantôt uni à d'autres métaux, sert à la composition de certains canons étrangers ; nous en parlerons dans un article spécial, ainsi que du bronze acier, qui trouvera sa place au chapitre suivant.

III

LA FONDERIE

Que les canons soient en acier plein comme les krupps, les grosses pièces russes et nos canons de 7 du système de Reffye ; en fonte pure comme les canons américains ; ou en fonte et frettés d'acier, comme les énormes pièces de notre artillerie de marine, l'opération est toujours à peu près la même, et si nous décrivons de préférence la fabrication de ces derniers, c'est qu'elle est plus complexe en raison même de l'addition des frettes, qui n'a pas lieu quand la pièce est fondue d'un seul bloc.

Tout d'abord il s'agit de préparer les moules qui doivent recevoir la fonte, ou pour mieux dire de les fabriquer, car on comprend très bien qu'ils ne servent qu'une fois.

On faisait jadis les moules en fonte et même en bronze, et l'opération était délicate en raison de la culasse et des tourillons, mais aujourd'hui que tous les canons sont à culasse mobile et que les tourillons sont rapportés, on les fait tout simplement, et en plusieurs pièces, avec des planches de sapin.

Naturellement ce n'est pas là le moule, mais seulement le bâti qui le contiendra.

Le moule se fait en sable, il est soutenu par un châssis cylindrique en fonte, renforcé par des cercles et des côtes de fer, servant aussi à fixer les brides qui relieront pendant la coulée, les différentes parties du châssis.

Pour fabriquer ce moule, ces parties sont posées verticalement au milieu du modèle et c'est le sable qu'on introduit entre le châssis et le modèle que constituera le moule.

Ce sable, d'une nature spéciale, tiré des carrières d'Antornat près d'Angoulème et qui contient 60 pour cent de silice et 20 pour cent d'alumine, est jeté à la pelle et damé continuellement avec des pilons de bois, par une douzaine d'ouvriers qui tournent autour du modèle, comme on le voit dans notre gravure.

L'opération terminée, le fragment de moule est enduit d'une pâte assez liquide, composée de poudre de charbon de bois et d'argile, délayée dans l'eau; on le porte ensuite, sur des chariots faits exprès, dans des étuves où on le laisse sécher pendant deux jours.

Quand toutes les parties d'un même moule

L'épreuve à outrance.

ont subi une dessiccation suffisante, on les ajuste l'une sur l'autre de façon à constituer le moule, c'est ce qu'on appelle le *remoulage*.

Cette opération se fait généralement en place ; c'est-à-dire dans la fosse creusée au milieu de la halle, sur laquelle donnent tous les fours à réverbères, dans lesquels on fait refondre le métal nécessaire à la coulée.

A Ruelle, bien qu'il y ait deux hauts fourneaux, toute la fonte ne provient pas de l'usine; sans doute on pourrait en produire assez pour la fabrication normale, mais on trouve dans un métal composé des avantages que ne donne pas la fonte d'une seule venue.

Sans parler de l'économie, car la fonte du commerce est moins chère que celle que produit l'usine.

Inutile de dire qu'on apporte le plus grand

soin dans le choix de ces fontes et qu'on ne les adopte définitivement que lorsqu'elles ont subi diverses épreuves.

D'abord, les fontes apportées par les fournisseurs, en *gueuses* de douze cents kilogrammes, sont cassées en fragments au

Un four à réverbère.

moyen d'un mouton à déclic, qui s'appelle naturellement « casse-fonte, » et quelquefois refusées au seul aspect de la cassure.

Celles qui sont acceptées sont classées par catégories dans les parterres en attendant l'épreuve finale, qui consiste dans la fabrication d'un canon de huit, avec quatre sortes de ces fontes mélangées dans la proportion de 55 pour 100 avec la fonte de l'usine.

Ce canon, fondu avec autant de soin que s'il devait sortir de la manufacture, est éprouvé à outrance, c'est-à-dire qu'on lui fait supporter successivement le tir :

De 20 coups, à la charge de 1kil,305 de poudre avec un boulet.

De 20 coups, chargés de 1kil,958 de poudre et de deux boulets.

De 10 coups à la même charge, mais avec trois boulets.

De 5 coups, à 6 boulets, avec 4 kilogrammes de poudre.

Si le canon résiste à cette épreuve, la fonte est bonne, mais comme il faut qu'elle soit excellente on continue le tir à outrance.

Le canon est chargé, c'est le cas de le dire jusqu'à la gueule, puisqu'on introduit dedans jusqu'à 7kil,822 de poudre et 13 boulets, et s'il peut tirer comme cela seize coups sans éclater, la fonte qui le compose est acceptée.

Cette expérience, comme on le pense bien, est renouvelée pour les spécimens de toutes les fontes qu'on présente à l'usine, mais si elle n'est pas concluante, les frais de l'épreuve sont à la charge du fournisseur dont la fonte est rejetée.

Les fontes adoptées à Ruelle sont reparties dans les fourneaux de seconde fusion dans les proportions suivantes : 40 pour cent de fontes provenant des hauts fourneaux de la manufacture, 40 pour cent de fontes du commerce et 20 pour cent de fontes de seconde fusion, provenant d'anciens canons réformés, de pièces éprouvées et de *masselottes* de pièces déjà fondues.

Nous dirons tout à l'heure ce qu'on entend par *masselottes*. Parlons d'abord des fourneaux qu'on appelle fours à réverbères, par ce que leur voûte unique et surbaissée, couvrant à la fois la chauffe et le laboratoire, fait réverbérer la flamme sur le métal — et qui sont placés, deux à deux, tout autour de la halle de fonderie, qui à cause de cela a généralement une forme circulaire.

Ces fours se composent de deux enveloppes de briques, maintenues par des tirants en fer, solidement boulonnés à l'intérieur et dont l'entre-deux est comblé avec du sable.

La sole (c'est ainsi qu'on appelle le fond du laboratoire) est mobile, c'est-à-dire qu'on la refait à chaque opération avec un sable, que l'on choisit assez fusible pour se prendre en masse à la chaleur et se couvrir d'un léger enduit vitreux, mais néanmoins assez réfractaire pour résister à l'intensité du calorique.

Entre les deux portes indispensables : l'une pour arriver à la grille au combustible et l'autre pour charger le laboratoire, les fours à reverbères ont une paroi qui s'ouvre sur l'intérieur de la halle de fonderie.

Il est vrai que cette ouverture, qui est l'équivalent de la bouche d'un creuset, est comblée pendant l'opération avec des briques maçonnées au sable, mais on a soin de laisser, l'un au-dessus de l'autre, deux points faibles, que les fondeurs pourront percer facilement lorsqu'il s'agira de laisser écouler le métal en fusion.

Les fours sont chauffés au charbon de terre à très grand feu pour que la flamme, circulant librement dans le laboratoire, passe entre les lingots de fonte, placés en pyramide, de façon que les plus gros subissent la plus forte chaleur ; aussi entrent-ils assez rapidement en fusion, la fonte étant beaucoup moins réfractaire que le minerai.

Mais pour maintenir le combustible dans un état d'incandescence suffisant à liquéfier des masses de métal aussi considérables que celles qu'on emploie dans les grandes fonderies, il faut des courants d'air d'une énergie extrême, que l'on n'obtient qu'à l'aide de ventilateurs très puissants.

Ceux que représentent notre gravure sont ceux de l'usine d'Indret, mais si partout ils ne se ressemblent pas exactement, le principe en est partout le même.

Ces ventilateurs se composent d'un tambour métallique de 2 mètres de diamètre, garni d'une roue à palettes, actionnée par une machine à vapeur, et qui, tournant à l'intérieur du tambour avec une vitesse de cinq cents tours par minute, refoule vers la circonférence l'air entré par la porte centrale.

Ce mécanisme est si connu qu'il n'est pas besoin de plus longue explication.

A la manufacture de Ruelle, aux six fours primitifs qui ne pouvaient contenir chacun que 3,000 kilogrammes de métal, on en a ajouté quatre autres d'une capacité plus grande; ce qui permet de fondre aisément les pièces règlementaires de 27 centimètres et même celles d'un calibre plus fort dont on arme maintenant les vaisseaux cuirassés.

Pendant que la fusion s'opère, les fondeurs préparent leur moule, nous avons dit déjà qu'ils l'avaient *ramoulé* dans la fosse, creusée au milieu de la halle, à une profondeur suffisante pour que l'orifice du moule soit au niveau du pavé.

Mais cet orifice ne sera pas celui de la pièce, car depuis que l'expérience a démontré que, contrairement à ce que l'on croyait d'abord, la partie la plus dense d'un long cylindre coulé était le centre; on coule les canons la volée en bas et on laisse arriver, du côté de la culasse, un excédant de longueur suffisant pour que le milieu de la pièce fondue soit, précisément, le tonnerre et le point de jonction du tonnerre avec la volée; parties qui, du reste, ont besoin d'être les plus résistantes.

C'est cet excédant de fonte qui atteint environ le quart de la longueur totale de la pièce, et qu'il faudra nécessairement couper avant le forage; qu'on appelle la *masselotte.*

La masselotte a encore une autre utilité; car l'écume de la fonte en fusion montant toujours à la surface, par le moyen que nous verrons tout à l'heure, elle contient naturellement toutes les scories de la coulée.

Le moule, dressé bien verticalement dans la fosse, n'est cependant pas encore fini; il faut maintenant introduire au milieu le noyau, autour duquel se répartira la fonte, car on a renoncé au système du coulage en plein des canons, adopté d'abord parce qu'on croyait qu'il donnait plus d'homogénéité au métal.

Ce procédé, outre l'avantage de simplifier le travail du forage, donne à la pièce une solidité plus grande dans la région qui avoisine l'âme, étant reconnu que toute la zone qui environne le noyau acquiert une ténacité et une dureté d'autant plus grandes qu'elle se refroidit plus vite.

C'est pour cela que dans certaines usines de l'étranger, notamment en Amérique, on fait passer dans le noyau, qui est creux — un courant d'eau sans cesse renouvelé.

A Ruelle, où cette précaution est jugée inutile, le noyau, qui, comme on le pense bien, a un diamètre moins grand que celui qu'on veut donner à l'âme de la pièce, est en fer cannelé que l'on entoure d'une grossière corde d'étoupe, revêtue préalablement d'une couche de sable à mouler.

Ce noyau posé, le moule n'attend plus que les conduits doublés de terre réfractaire qui doivent y amener le métal, et que l'on adapte à des siphons préparés, de distance en distance, dans toute la hauteur du moule, pour des raisons qui vont s'expliquer d'elles-mêmes tout à l'heure.

L'autre extrémité des conduits est reliée avec le chenal de coulée — creusé à même dans un massif de sable, étalé sur un mètre de hauteur en avant de la bouche des creusets — par des tuyaux de tôle, revêtus intérieurement de terre réfractaire.

Lorsque tout est prêt, c'est-à-dire quand les creusets des fours à reverbères, mis en activité en même temps, sont remplis de fonte liquéfiée, le chef d'atelier donne le signal qui est d'abord un garde à vous général.

Aussitôt, tous les fondeurs de l'équipe, armés de leurs instruments spéciaux, et coiffés de chapeaux, dont les immenses bords sont destinés à leur servir d'écrans pour protéger leurs visages contre les réverbérations intenses du métal en fusion, se groupent à leurs postes respectifs.

Au premier coup de la cloche qui annonce le commencement de la coulée, des ouvriers, qui se tiennent à proximité des fours, percent d'un coup de ringard (longue barre de fer qui leur permet d'agir sans approcher de trop près) la paroi de chaque creuset, à l'endroit où elle a été amincie à dessein. Alors la coulée s'opère et la fonte, blanche d'incandescence, se précipite liquide dans le chenal où, pour peu que la nuit soit venue, elle trace un ruisseau de feu.

Pour en modérer le jet, un ouvrier bouche en partie le trou qui vient d'être fait avec une *quenouillette*, espèce de cône en terre réfractaire moulé à l'extrémité d'une

Les ventilateurs d'une fonderie.

tige de fer recourbée, assez longue pour qu'il puisse opérer à distance, mais qu'il ne manie pourtant pas, sans s'envelopper la main et le bras des plis de sa large manche, dont l'ampleur exagérée est calculée pour cela.

Ce qui n'empêche pas un autre fondeur de boucher, également avec une quenouillette, l'entrée du canal en tôle; de façon à régler comme il convient l'arrivée au moule du métal en fusion.

Ces précautions ne sont pas les seules à prendre, il faut aussi arrêter dans le chenal de coulée toutes les impuretés qui surnagent, de façon à ce qu'il arrive le moins de scories possible, jusqu'au moule; l'opération est faite par un ouvrier qui tient verticalement, dans le chenal, une pelle à manche recourbé, qui fait à peu près l'office d'une vanne.

Malgré cela il en reste toujours. Mais on s'arrangera pour les faire monter à la surface, au moyen des siphons qui servent à emplir le moule; car le métal se précipitant d'abord par l'ouverture inférieure, monte en hélice et entraîne à sa surface les scories qu'il est important de ne pas laisser figer dans la partie qui constituera le canon. C'est pour cela qu'il y a sur la hauteur du moule un deuxième, un troisième siphon et même quelquefois plus, qui tous jouent successivement le même rôle que le premier.

La coulée des canons à la manufacture de Ruelle.

Le moule s'emplit ainsi jusqu'à ce qu'on soit arrivé au dernier siphon, c'est-à-dire à la hauteur de la masselotte, et alors comme il n'y a plus tant de précautions à prendre, puisque la masselotte sera perdue, on retire les quenouillettes et la pelle d'arrêt, et on laisse couler le liquide librement, jusqu'au moment où le moule étant plein, on arrête la marche du métal, en abaissant à coups de masse, la valve en tôle disposée d'avance et qu'on appelle *arrêt de coulée.*

Il ne reste plus qu'à laisser refroidir le métal dans le moule, ce qui demande de deux à cinq jours, selon la grosseur des pièces, pour avoir, non pas tout à fait un canon, mais le cylindre conique qui le constituera quand il aura reçu ses frettes et subi les diverses opérations que nous décrirons plus tard.

Pour le moment, nous allons d'après M. Turgan, qui a eu l'avantage fort rare, de visiter la célèbre usine d'Essen, dire quelques mots du système de fonte des canons Krupp.

A Essen, il n'y a pas de fours à réverbères et la coulée ne s'opère pas mécaniquement, mais à bras d'homme ; cela tient à ce que l'acier se refroidissant beaucoup plus vite que la fonte, il faut que le moule soit rempli avec plus de vivacité.

Nous avons dit déjà que le métal Krupp, acier puddlé mélangé d'un fer particulier, était disposé dans des creusets d'une contenance de 25 à 40 kilogrammes.

Ces creusets sont placés par 4, 8 ou 12, dans des fours disposés tout autour d'une halle immense et en assez grand nombre pour contenir les mille ou douze cent creusets quelquefois nécessaires à une seule coulée.

Le moule est placé comme partout dans une fosse au centre de l'usine, mais il est surmonté d'une cuvette formant entonnoir et vers laquelle convergent un certain nombre de canaux recouverts d'une plaque de tôle, et évasés à leur extrémité libre pour qu'on puisse y verser facilement l'acier en fusion.

« Quand le général a jugé la disposition de la cuvette et des canaux convenablement agencée, dit M. Turgan auquel nous empruntons sa description faite *de visu*, il fait un signal, et les ouvriers, à leur poste, commencent par découvrir les fours en tirant sur des rails leurs couvercles en fonte revêtue de briques et qui sont portés sur des galets ; les ouvriers sont divisés par équipes et chaque homme est choisi pour une spécialité dans laquelle il doit exceller.

« L'un d'entre eux saisit avec une pince un creuset, mais au lieu de l'enlever à bout de bras, comme nous faisons en France, il accroche simplement la tige recourbée de sa pince sur une barre que viennent lui présenter deux autres ouvriers, qui la portent en travers de leurs épaules ; il est donc délivré de son fardeau et peut saisir un autre creuset, tandis que les deux hommes qui en ont hérité le portent sans fatigue et sans secousse, parce qu'il est pendu verticalement entre eux comme les fardeaux que portent les portefaix de Marseille ; ils le déposent presque instantanément sur une place laissée libre au devant des fours. A cette place d'autres ouvriers, rangés militairement deux par deux, tiennent entre eux une pince double dont l'anneau entoure le ventre du creuset, qui reste encore vertical entre ses deux porteurs.

« Puis ils marchent alors lentement mais sûrement vers le canal qui est désigné à leur équipe, et y versent le contenu du creuset qui s'écoule vers la cuvette ; dès que le creuset est vidé, ils le précipitent par un entonnoir dans des caves, de sorte qu'il n'embarrasse pas le sol de la halle ; ils trempent dans des bassins d'eau, disposés à cet usage, leurs pinces, que le contact du creuset n'échauffe que trop rapidement, et les longues manches de toile épaisse qui leur servent de gants ; puis ils reprennent leurs pinces et vont se mettre à la suite de leur compagnie, et tout cela sans agitation et sans autres cris que l'appel poussé par l'équipe pour indiquer aux chauffeurs placés dans les galeries souterraines que le moment est venu de retirer des foyers le coke entourant les creusets.

« Diverses précautions de détail sont prises pour assurer le succès de l'opération et quelques minutes suffisent pour remplir la vaste capacité, contenant quelquefois 37,000 kilogrammes. »

Évidemment, c'est plus rapide que le procédé français; mais outre qu'il est infiniment plus coûteux, ce système exige un personnel nombreux et d'une aptitude si particulière, que M. Turgan constate lui-même que sur cent ouvriers qui entrent comme apprentis dans les halles de la fonderie d'acier, quarante au moins sont obligés de reconnaître au bout de peu de temps, qu'ils sont incapables de la scrupuleuse attention et de la dextérité nécessaires pour la bonne exécution des manœuvres.

Signalons donc le procédé, puisqu'il faut tout savoir, mais ne le préconisons pas.

Le système américain se rapproche beaucoup plus du nôtre. Pour les canons Rodman et Dahlgren dont le calibre atteint jusqu'à 20 pouces, la coulée s'opère de la même façon qu'à Ruelle, en tant que coulée seulement; la disposition des fourneaux, la préparation des moules, les opérations auxiliaires diffèrent.

Nous mettons d'ailleurs sous les yeux de nos lecteurs l'extrait d'un article de la *Revue maritime et coloniale* décrivant le coulage d'un canon monstre destiné à l'armement du vaisseau cuirassé le *Puritan* et pour lequel il a fallu distribuer dans trois fourneaux seulement 63,500 kilogrammes de métal.

Ce poids n'est naturellement pas celui de la pièce terminée, la masselotte abattue, elle ne pèse plus que 40,823 kilogrammes.

C'est bien encore quelque chose, aussi l'opération mérite-t-elle d'être suivie dans tous ses détails.

« Les trois fourneaux contenant cette masse énorme de métal furent mis en feu le samedi à quatre heures et demie du matin, et peu après midi la fonte était bonne à couler dans le moule.

« Ce moule, malgré sa dimension prodigieuse, était préparé avec autant de soin et ajusté aussi habilement qu'un vase en marbre de Paros. Il avait été préparé plusieurs semaines à l'avance et consistait en deux sections longitudinales recouvertes chacune d'une couche épaisse, mais parfaitement égale, d'un mélange de poussière de charbon de terre et de sable à noyau.

« Avant d'être employées, ces deux parties avaient passé plusieurs semaines au four jusqu'à ce que l'enduit fut devenu aussi dur que la pierre et complètement exempt de la moindre humidité.

« Avant d'être placées dans la fosse, ces sections furent solidement liées ensemble avec des chaînes. Le moule ainsi complété fut alors maintenu, suspendu par une grue gigantesque dans une grande fosse, le haut du moule étant de niveau avec le sol de la fonderie. Un noyau creux de 20 pouces (508 millimètres) de diamètre, et préparé de la même manière que les deux sections, fut alors suspendu à l'intérieur du moule et ajusté pour former l'âme du canon.

« A midi 2 minutes, le premier et le second fourneau furent débouchés et le troisième à midi 3 minutes, le fer en fusion fut dirigé des différents fourneaux vers le moule par des conduits dont le plus long avait 18^{m},28. Avant de couler dans le moule, il était recueilli dans un petit réservoir placé tout auprès et d'où on le dirigeait à volonté par d'autres conduits vers les différents côtés de la fosse.

« A midi 20 minutes, le premier fourneau s'arrêta, à midi 23 minutes le second cessa de couler, et le troisième cessa également à midi 24 minutes. Au commencement de l'opération la température était à l'intérieur de la fonderie de 27° 78' et à l'extérieur de 25°.

« Immédiatement après que le moule eut été rempli, l'appareil hydraulique commen-

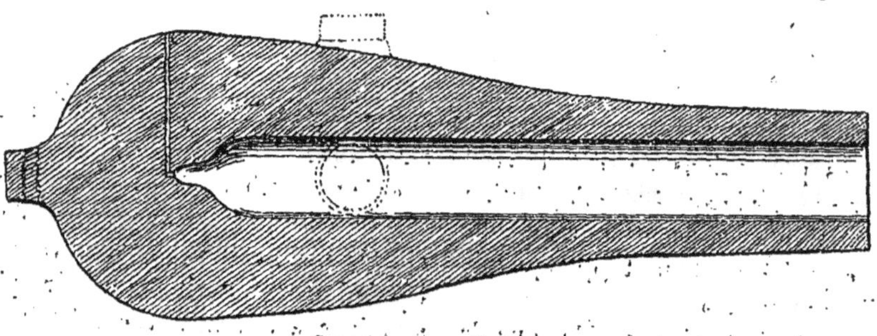

Coupe du canon Dahlgren.

ça à verser de l'eau dans le noyau creux du moule, à raison de 37 galons et demi par minute. Quand l'eau commença à couler sa température s'élevait à 27° 22', le

Gros canon Dahlgren à bord du *Kersearge*.

noyau rempli l'eau avait 37° 22'; dix minutes après elle atteignit 45° 56' et au bout de vingt minutes 47° 78'. Elle conserva cette température jusqu'à hier matin, et descendit alors graduellement à 36° 11'.

« Huit minutes après le commencement

de la coulée, le gaz commença à se dégager du noyau et continua à brûler jusqu'à deux heures de l'après-midi. Ce gaz était formé par la carbonisation d'une certaine quantité de cordage en chanvre qui entourait le noyau sous son revêtement de poussière de

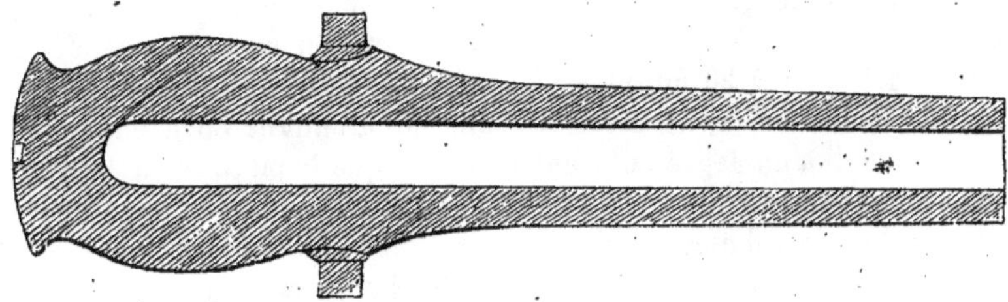

Coupe du canon Rodman.

charbon de terre. La combustion de ce cordage permit au noyau de se resserrer, de manière qu'il put être retiré du corps du canon.

« A 1 heure 40 minutes de l'après-midi, on alluma des feux au fond de la fosse, autour du moule. Ces feux seront alimentés pendant plusieurs jours, afin que l'extérieur

Expériences faites en Amérique avec le canon Rodman en 1862.

du canon refroidisse plus lentement que l'intérieur. Cette opération est basée sur le principe suivant : le métal lentement refroidi se contracte plus que le métal refroidi rapidement, de sorte que la surface du canon aura d'autant plus de puissance pour résister à la force expansive des énormes charges de poudre qui seront employées. L'effet est presque le même que celui du serrage des frettes en fer forgé sur la culasse du canon Parrott.

« Hier matin, à 9 heures 20 minutes, il fut décidé que le métal formant l'intérieur du canon était refroidi à un degré suffisant de dureté, pour permettre l'enlèvement du noyau. On ferma donc le robinet de l'appareil hydraulique et en peu d'instants la chaleur croissante du noyau eut fait disparaître la dernière goutte d'eau à l'intérieur.

« A 10 heures 45 minutes, l'eau fut subitement amenée de nouveau et le noyau se contracta rapidement ; alors à l'aide de la grue, il fut enlevé vivement et légèrement hors de l'âme, laissant la surface intérieure durcie, mais à chaleur blanche ; l'opération du refroidissement fut continuée en amenant dans l'âme un filet d'eau froide de la grosseur d'une paille. Le premier contact de l'eau avec le métal brûlant produisit une explosion presque semblable à une décharge d'artillerie, le petit filet d'eau continua à couler jusqu'à hier matin, moment où il fut remplacé par une colonne d'air frais qui sera continuée jusqu'au refroidissement complet du canon.

« Il faudra environ vingt-cinq jours pour que le puissant engin soit refroidi de manière à pouvoir être retiré du moule. Une fois retiré, il sera achevé et conduit sur le terrain d'épreuve, afin de vérifier s'il est propre au service. Cette épreuve consiste à tirer neuf coups à boulet avec le canon. Les trois premières charges sont composées de 27^{kil},215 de poudre Mammoth, les trois premières charges suivantes sont chacune de 36^{kil},287 et les trois dernières de 45^{kil},359 chacune. Le poids du projectile plein que lance cette pièce est de 492^{kil},88. »

C'est énorme, on pourrait même dire insensé, en calculant le prix de revient de chaque coup de canon ; nous verrons pourtant plus fort que cela.

Il nous reste à parler des canons en bronze dont le coulage ne se fait pas tout à fait de la même façon.

Ainsi, le canon de Reffye est fondu plein, le tonnerre en bas sans masselotte au fond, mais on en laisse, au-dessus de la volée, une qui atteint de 80 à 85 centimètres, ce qui fait que la pièce sortant du moule pèse mille kilogrammes, tandis qu'elle n'en pesera plus que 650 quand elle aura subi toutes les opérations qui la rendront propre à être mise sur affût.

Pour le canon Uchatius, adopté récemment par l'Autriche pour son armée de terre, le procédé de coulage est tout particulier, cela tient à ce qu'il est fait d'un métal spécial qu'on appelle le bronze-acier.

Ce métal a une origine française qu'il est bon de relever ici.

Le général d'Uchatius, directeur de l'arsenal de Vienne, avait constaté sur divers échantillons qui lui avaient été adressés de Russie, que le bronze comprimé à l'état fluide était notablement supérieur au bronze ordinaire, et comme il cherchait, pour fondre un canon de son invention, un métal aussi résistant, mais moins cher que l'acier, il allait faire installer à l'arsenal une machine hydraulique assez puissante pour exercer une pression de cent mille kilogrammes sur du bronze en fusion, quand son attention fut attirée à l'exposition de Vienne, par les canons que M. Laveissière, fondeur de Paris, y avait envoyés.

Ces canons étaient en bronze ordinaire, mais ils avaient été coulés dans des coquilles en fonte très épaisses, ce qui avait permis au métal de se refroidir assez vite pour être parfaitement homogène et présenter les mêmes qualités de résistance et de ténacité que le bronze comprimé de Russie.

Dès lors, la matière première rêvée par le général d'Uchatius était trouvée ; il ne pensa plus à sa machine hydraulique, mais chercha un moyen de remédier au défaut des canons Laveissière, défaut consistant en ce que les couches extérieures étaient infiniment supérieures en qualité aux couches intérieures dont le refroidissement avait été moins vif; il ne s'agissait que de faire refroidir l'âme du canon aussi promptement que ses contours, et pour cela le général d'Uchatius plaça au centre de la coquille un noyau en cuivre forgé qui absorbant une partie du calorique du bronze en fusion, en précipitait le refroidissement.

L'expérience réussit parfaitement; en cinq minutes tout le métal était solidifié, mais il se produisit dans le haut un retrait qui s'étendait à une trop grande distance pour pouvoir disparaître dans la masselotte, ainsi qu'on le voit par notre dessin.

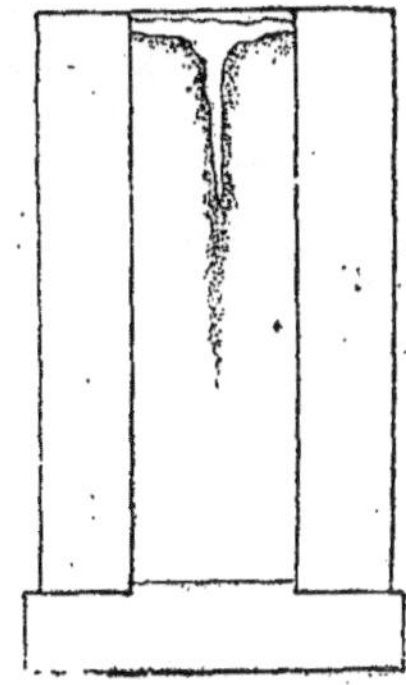

Le mal n'était pas sans remède, puisque ce retrait était une conséquence du refroidissement précipité du métal. Pour en éviter la production, l'ingénieur superposa à sa coquille de fonte, un moule en sable, placé comme dans la figure ci-dessous.

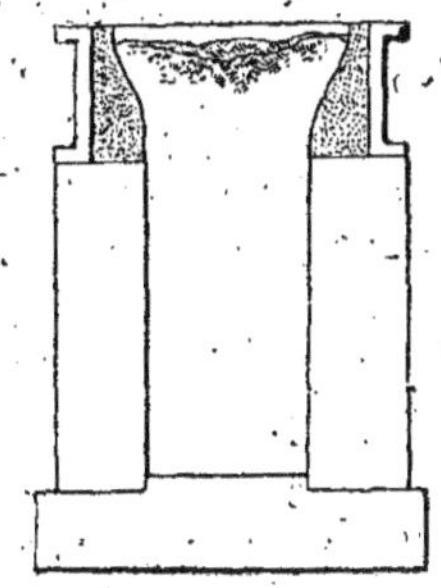

Or, comme dans le sable le bronze en fusion reste liquide beaucoup plus longtemps que dans la fonte, les vides qui se forment par l'effet du retrait de la colonne intérieure sont remplis au fur et à mesure par la partie fluide en réserve dans le moule de sable.

C'est très simple, mais encore fallait-il y penser.

Quant à la forme du nouveau canon, on la trouvera exactement dans la partie blanche du dessin ci-dessous, qui représente

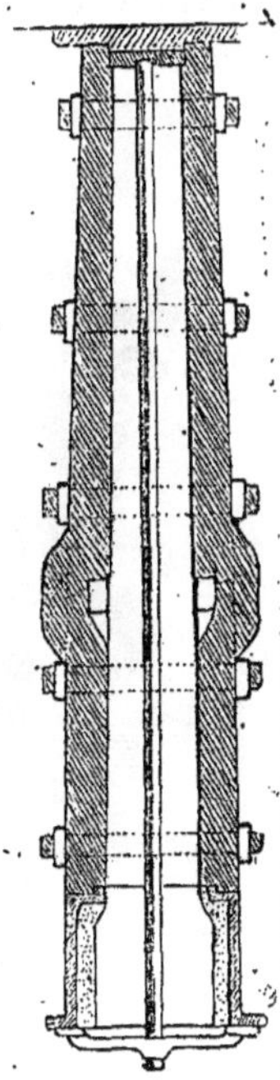

la coquille disposée pour la fonte d'une pièce de campagne système Uchatius; la double ligne du milieu est le cylindre intérieur en cuivre forgé, qui occupe la place de l'âme de la pièce, mais qui, adhérant au métal, ne disparaîtra qu'à l'opération du forage.

Nous en reparlerons du reste à ce moment.

IV

LE FORGEAGE

Les canons de la marine française, qui sont en fonte, n'ont point à passer par la forge, si ce n'est pour les frettes, dont nous parlerons en temps et lieu.

Il en est de même pour les canons américains et toutes les pièces coulées en général; exception doit pourtant être faite pour le canon Krupp qui, sortant du moule, n'est absolument qu'ébauché.

Pour recevoir sa forme définitive, il faut qu'il soit travaillé sur des mandrins gigantesques, par des moutons à vapeur non moins gigantesques.

On a d'ailleurs assez parlé du fameux marteau pilon de 50,000 kilogrammes de l'usine d'Essen, qui serait peut-être resté légendaire, si l'usine du Creuzot n'avait montré plus fort que cela à l'Exposition de 1870.

Si on ne doit pas continuer le canon tout de suite, on le couvre d'un lit de fraisil (soutenu par de petits murs en brique sèche), dont la combustion lente empêche le métal de se refroidir au-dessous de quelques cents de-

Le canon Armstrong Big Will.

grés et naturellement on entretient le combustible, jusqu'au jour où le canon pourra être forgé.

Ce moment venu, la locomotive qui fait le service de l'usine le traîne auprès du gigantesque marteau pilon de 50,000 kilogrammes, où sont les fours à réchauffer.

Mais un bloc d'acier, qui pèse quinze, vingt mille, quelquefois jusqu'à quarante mille kilogrammes et plus, ne serait pas facile à mettre au four sans un outillage spécial.

A Essen, ce tour de force s'accomplit tout seul; la sole du four, qui est en réalité un chariot monté sur de solides essieux, vient, sur des rails chercher le bloc à réchauffer, l'emmène dans le four et le ramène ensuite, quand il est rouge, à portée d'un système de grues portant de grosses chaînes à l'aide desquelles on peut le placer sur l'enclume, l'y maintenir et le diriger à son gré sous les coups redoublés du marteau pilon.

Quand le canon est suffisamment corroyé on le reporte dans le fraisil, où il reste encore une huitaine de jours, de façon à ne perdre sa chaleur que graduellement.

Après quoi, il est apte à subir les opérations suivantes : forage, tournage, etc., communes à toutes les pièces.

Pour les canons en fer forgé le travail

est tout autre et diffère d'ailleurs pour chaque système, et ils sont assez nombreux.

Le plus connu de tous, est le système Armstrong qui repose sur le principe de fabrication de nos fusils de luxe.

Les canons Armstrong ne sont pas autre chose que des canons à rubans de proportions gigantesques.

Voici le détail de leur fabrication : on commence par souder l'une à l'autre des

Les canons de Wolwich.

barres de fer de façon à obtenir une tringle de trente-cinq mètres que l'on met à chauffer au rouge dans un four construit exprès.

Sortant de là, la tringle est saisie à son extrémité par un treuil qui l'enroule vivement sur un mandrin, de façon que tous les tours soient le plus rapprochés les uns des autres.

Du reste on les fait coïncider plus exactement en martelant, sous un marteau pilon, la spirale qu'on a préalablement réchauffée, et dont tous les filets se soudent l'un à l'autre pour ne plus faire qu'un tout. On la remet ensuite sur un mandrin pour lui donner par le burinage, l'apparence d'un manchon uniforme.

L'opération est répétée autant de fois que cela est nécessaire et sur des mandrins de calibres proportionnés à la pièce qu'il s'agit de produire, car tous ces manchons sont destinés à être soudés bout à bout, pour faire d'abord l'âme du canon ; on les renforce ensuite avec une nouvelle, et même plusieurs autres séries de tubes de même nature et dont la quantité va en progressant par échelle jusqu'à ce que la partie qui sera le tonnerre de la pièce ait atteint le diamètre voulu.

C'est cette juxtaposition de cercles en fer forgé qui explique la forme particulière des canons Armstrong.

Il faut reconnaître, du reste, qu'à la massivité près, elle n'est pas disgracieuse.

Cette forme est un peu modifiée pour les canons du système Armstrong se chargeant par la culasse et notamment pour les pièces de campagne, qui se composent seulement d'un premier tube dans lequel est l'âme de la pièce, fretté d'abord d'une bague portant les tourillons, puis de deux autres placées sur le tonnerre et à la naissance de la culasse, de façon à renforcer la partie qui contient la gargousse et le projectile.

La composition du canon Armstrong.

L'un des premiers et le plus célèbre des canons de la fabrication Armstrong est le fameux *Big Will* (gros Guillot) dont l'expérimentation a fait, en 1865, tant de bruit... à Shœburyness et dans les journaux anglais.

Il trouait les murailles de navire cuirassé les plus irrésistibles jusqu'à celle de l'*Hercules*, établie sur 1m,22 d'épaisseur par plaque de 25 centimètres, mais on l'essaya tant de fois (à 1,500 francs le coup de canon) qu'on finit par le faire éclater.

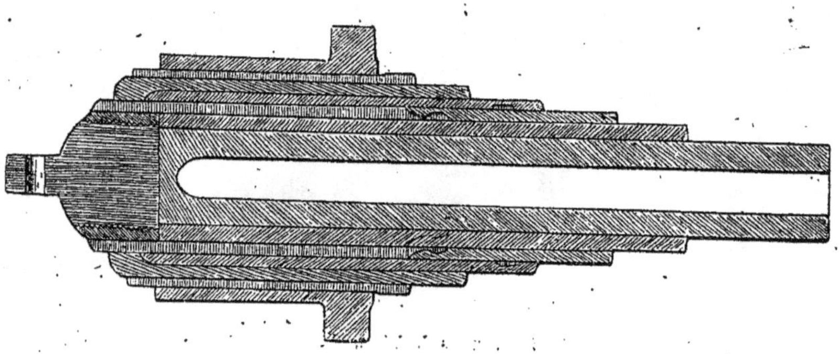

Coupe du canon Armstrong.

C'était dommage, et bien qu'il se chargeât par la bouche, c'était un beau morceau; sa longueur était de 4m,372, son diamètre à la hauteur des tourillons de 1m,40, son calibre de 33 centimètres, et il portait gaillardement à 6,700 mètres un projectile de 262 kilogrammes.

Eh bien! le *Times* qui avait trouvé tant de points d'admiration pour le géant de l'artillerie anglaise, ne songea point à le pleurer.

Ah! s'il s'était chargé par la culasse!

Du reste, les Anglais eurent bientôt adopté un autre favori, également en fer forgé, ce fameux *Infant de Woolwich* qui produisit une certaine sensation à notre exposition de 1867, même à côté du célèbre canon Krupp.

Il avait déjà fait des merveilles, puisqu'on exposait avec lui des plaques de blindage du *Bellérophon* de 15 centimètres d'épaisseur et même une embrasure de fer de 35 centimètres que ses énormes projectiles ogivaux, du poids de 300 kilogrammes, avaient percés, d'outre en outre, à une distance de 200 mètres.

Mais sa gloire s'est éclipsée vite et on n'en a plus entendu parler depuis.

Notons en passant qu'il pesait 23,000 kilogrammes et qu'il avait fallu cinquante hommes pour le mettre à la place, où il devait exciter l'admiration.

M. Armstrong n'est pas le seul qui ait fabriqué des canons en fer forgé; avant lui, nombre de métallurgistes avaient fait, dans ce sens, des essais dont les premiers succès ne se sont pas confirmés.

Tels furent les canons de MM. Ward et Cie des Etats-Unis, le canon Horsfall que les expériences de tir de Shœburyness ont rendu célèbre et le canon américain Ames.

Le premier était fabriqué avec des barres de fer de six pouces, longues de 8 pieds 1/2, et soudées au nombre de trente pour faire un paquet, arrondi en colonne, de 21 pouces de diamètre.

Cette colonne centrale était cerclée par des frettes de fer forgé, assez larges pour recouvrir le tiers du canon, et pesant selon la place où elles étaient posées de 100 à 400 kilogrammes; une double couche de frettes était cerclée sur la culasse.

Cela n'empêcha pas le type primitif d'éclater à bord du *Princeton*, après avoir tiré seulement quelques coups.

Le canon Horsfall était une masse de fer forgé plein en barres puddlées, dont l'âme

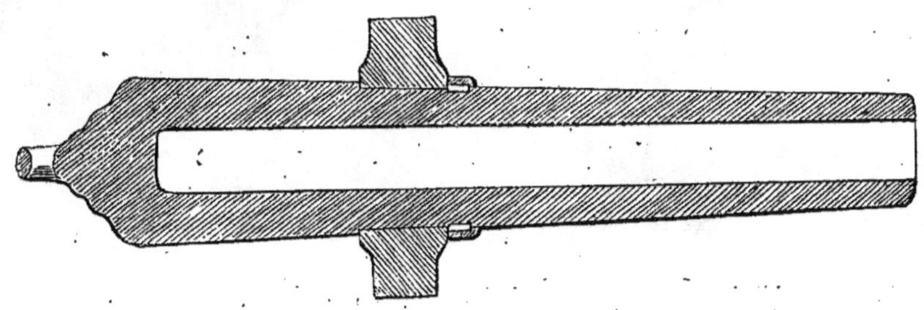

Coupe du canon Horsfall.

avait été creusée par le forage. Sa longueur était de cinq mètres, son diamètre sur la chambre de plus d'un mètre et son calibre de 15 pouces.

Il avait absorbé cinquante tonnes de fer et portait un boulet de 282 livres et un obus de 318.

Il fut abandonné par le gouvernement anglais, parce que son effet n'était terrible qu'à petite portée.

Le canon américain Ames est d'une fa-

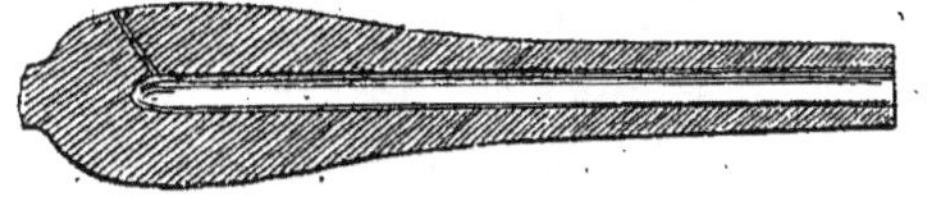

Coupe du canon Ames.

brication plus intéressante, nous en trouvons le détail, dans le rapport du général Gilmore, président de la commission chargée de l'examiner.

« La partie postérieure de la pièce, dit-il, se construit au bout d'une longue tige cylindrique destinée à servir de support dans les manœuvres de forge.

« On commence d'abord par grossir cette tige vers son extrémité en y soudant tout autour des morceaux de fer; on continue ensuite à lui donner davantage de grosseur par deux bandes que l'on place concentriquement par dessus, et un bout recouvrant l'autre; on les soude successivement.

« Contre le bout de cylindre ainsi augmenté et porté à 711 millimètres de diamètre, on soude un disque composé, ou plaque circulaire également de 711 millimètres et de 10 centimètres d'épaisseur. Ce disque se compose du disque simple, central, de 254 millimètres de diamètre entouré de deux anneaux concentriques, l'un à l'extérieur de l'autre; toutes ces parties sont exactement ajustées les unes aux autres, à l'aide du tour : le fond de l'âme se termine contre ce disque.

« Sur ce disque, on soude un anneau composé de 711 millimètres de diamètre extérieur, 101 de diamètre intérieur et 117 d'épaisseur, cet anneau est formé lui-même de trois anneaux simples, concentriques, ajustés avec précision à l'aide du tour.

« L'anneau intérieur a 254 de diamètre extérieur et environ 152 d'épaisseur, de sorte que ses extrémités sont en saillie vers chaque bout d'environ 127 millimètres. On s'est proposé par là d'assurer un soudage parfait près de l'âme et l'expulsion du laitier. Un certain nombre d'autres anneaux composés sont construits de la même façon: on les soude successivement à la suite les uns des autres, jusqu'à ce que la pièce soit de la longueur requise. Pour le canon de 177 millimètres, qui est long de $4^m,267$, il entre 27 de ces anneaux composés.

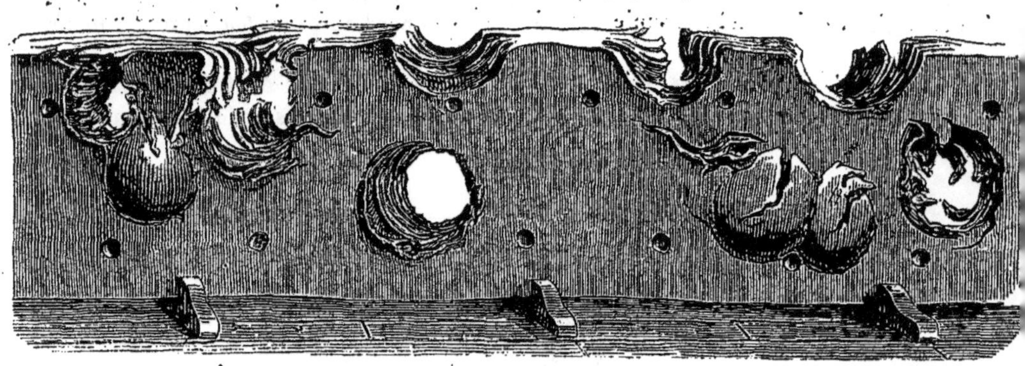

Effets produits sur le blindage du vaisseau anglais *le Bellérophon*, par les projectiles du canon de Woolwich.

« La pièce est tenue dans la position horizontale durant la progression de cette construction, on la manœuvre au moyen de la tige cylindrique, dont le prolongement est en dehors du cul de lampe.

« Le soudage du disque et des anneaux s'effectue sous l'action d'un marteau à vapeur à mouvement horizontal. On emploie aussi un pilon à vapeur à mouvement vertical pour marteler les flancs de la pièce.

« L'anneau simple, qui est à l'intérieur des anneaux composés, est fait d'un disque massif de 152 millimètres d'épaisseur sur 254 de côté, dans lequel on fore un trou de 101 de diamètre et dont on abat les angles sur le tour. Les fibres et les lames du métal se trouvent ainsi dans des plans normaux à l'axe du canon.

« On fabrique les anneaux intermédiaires et les anneaux extérieurs de la même manière qu'une bande de roue, en courbant les barres de fer, soudant les bords ensemble et formant ainsi avec les couches du métal des enveloppes cylindriques. On fixe les tourillons en les vissant de 662 millimètres dans les parois de la pièce. »

La pièce dont il s'agit, éprouvée à outrance par plus de 600 coups avec des projectiles de 47 à 57 kilogrammes, n'a pu donner tous les résultats qu'on en attendait; ce qui n'a pas empêché M. Ames de continuer sa fabrication, qu'il a d'ailleurs perfectionnée, et de livrer à la marine des États-Unis des canons de 15 et de 20 pouces de calibre.

Le système de M. Withworth, comme celui du reste de M. Blakely, se rapproche du prin-

Le canon anglais du système Whitworth.

cipe Armstrong; seulement le premier emploie l'acier de préférence.

Ses canons se chargeant par la bouche sont composés de manchons d'acier forgé, vissés l'un à l'autre et formant un tube concentrique autour d'un tube central, qui contient l'âme de la pièce; ces manchons, légèrement coniques, sont assemblés l'un sur l'autre au moyen de la presse hydraulique, et arrivent en échelle se souder à la culasse par un procédé tout particulier, cette culasse est un massif tampon d'acier, disposé en gradins devenant de plus en plus grands, de façon que les filets de vis de ce tampon se joignent l'un après l'autre à des filets correspondants pratiqués à chacun des manchons superposés, ce qui donne une grande solidité pour un poids relativement minime.

La deuxième manière de M. Withworth

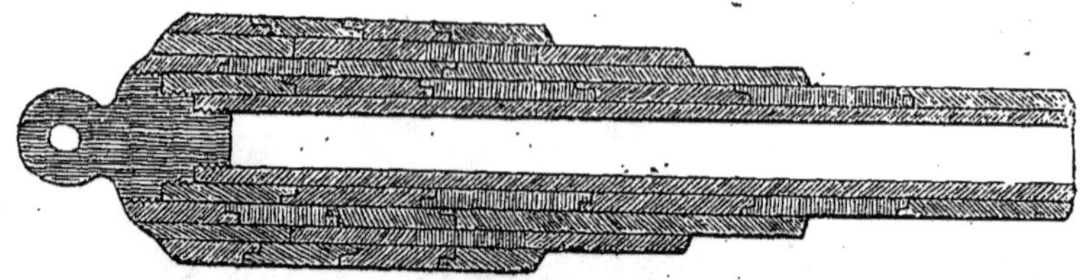

Coupe du canon Whitworth.

ces canons se chargeant par la culasse) diffère absolument de celle-ci.

Cette pièce est forée dans un cylindre plein d'acier recuit et l'âme affecte la forme hexagonale, ce qui permet de lancer avec de faibles charges de poudre des boulets jusqu'à 8,740 mètres.

Aucun de ces systèmes, d'ailleurs, n'est adoptée réglementairement par l'Angleterre d'une manière exclusive, et la plus grande partie de son armement de campagne est en canons Fraser, qui sont en somme des Armstrong plus ou moins modifiés et augmentés de renforts d'acier. Pour sa grosse artillerie, elle a outre les systèmes Armstrong et Whitworth, les canons Montcriff, les canons Palliser et les canons Parson différant d'ailleurs très peu du dernier type Armstrong; et tous en fer forgé par des procédés divers.

Le canon américain Parrott, qui se fabrique à la fonderie de New-Point, bien qu'en fer, ne rentre pas tout à fait dans cette catégorie, car il est en fer coulé par les procédés de fonte ordinaires, mais renforcé à la culasse d'un manchon de fer forgé par le système Armstrong.

Nous en reparlerons d'ailleurs, ainsi que de quelques autres systèmes américains, dans le chapitre du frettage.

V

LA FORERIE

Quelle que soit l'étoffe du canon et même son système, les opérations de la forerie et du tournage sont toujours les mêmes; aussi la description que nous en faisons, d'après la manufacture de Ruelle, est propre à toutes les usines similaires.

On n'attend pas toujours que le métal soit refroidi dans le moule, pour retirer celui-ci de la fosse de la halle de fonderie, ce qui se fait assez facilement au moyen d'une forte grue, installée exprès pour cela.

La grue dépose sa charge sur un chariot massif qui, roulant sur rails, peut la porter en dehors de la halle.

Là se fait le *déremoulage* de la pièce, opération qui consiste à la débarrasser du moule pour la laisser refroidir tout à fait, jusqu'au moment où on la transportera à la forerie, qu'on appellerait moins improprement atelier d'ajustage, puisque le canon y subit nombre d'opérations autres que le forage.

Il peut du reste y circuler facilement, suspendu aux crochets fixés à un chariot-treuil qui se meut dans deux directions différentes, sur un chemin de fer surélevé, que notre gravure fera mieux comprendre qu'une explication.

Avant d'être portée sur le premier banc de la forerie, et qu'on appelle la *décapiterie*, parce qu'il s'agit en effet de décapiter le canon, en lui enlevant la masselotte, la pièce est burinée avec un outil tranchant sur lequel on frappe avec un marteau, et qui a pour mission non de la rendre tout à fait lisse, mais d'enlever, de sa surface, les imperfections laissées par le moulage, et de détruire toutes les aspérités et saillies, qui gêneraient le travail du tour.

La *décapiterie* consiste, comme nous l'avons dit, dans l'ablation de la masselotte, qui pourrait peut-être se faire d'un seul coup, si l'on employait les scies à découper qui servent pour les plaques de blindage, mais comme cette masselotte n'est point perdue, puisqu'elle doit passer comme fonte de seconde fusion dans la fabrication d'un autre canon, on préfère la couper par rondelles dont le poids ne dépasse par 300 kilogrammes; ces rondelles ne s'obtiennent pas à la scie, mais à l'aide de burins fixes taillés en bec d'âne, devant lesquels la pièce tournant sur son axe s'entaille progressivement.

On arrête le tour lorsque le couteau n'est plus qu'à quelques centimètres de l'âme du canon, afin de ne pas changer l'équilibre de la pièce pendant qu'on répétera l'opération, autant de fois que cela est nécessaire pour découper la masselotte en tronçons : qui sont au nombre de quatre pour les pièces de 16 et de six à huit pour les plus grands diamètres.

Ces entailles faites, on place dans la dernière, des coins, sur lesquels on frappe à coups de masse pour faire tomber toute la masselotte.

Il ne reste plus alors à travailler que le canon, mais il n'a pas encore sa longueur exacte, il n'y sera réduit que lorsqu'il aura passé par la forerie.

La forerie actuelle, depuis qu'on a remplacé le coulage en plein par le coulage à noyau, n'est plus qu'un alésage destiné à rectifier la cavité qu'occupait le noyau, aussi a-t-on substitué au foret d'autrefois un porte-lame demi cylindrique, dont le couteau tournant rapidement dans l'intérieur de la pièce, finit par en porter le diamètre au calibre réglementaire.

Voici d'ailleurs, d'après des notes que M. le capitaine Hedon a communiquées à M. Turgan, comment se fait l'opération.

« Un banc de forerie se compose essentiellement d'une table horizontale en fonte, dont la face supérieure est entaillée en crémaillère; cette table est supportée par deux appuis sur lesquels on peut la faire mouvoir pour modifier, suivant les calibres, la distance du banc à l'arbre de la roue qui doit communiquer le mouvement au canon ; ces deux appuis sont fixés ensuite, par des boulons, à une plaque de fondation aussi en fonte.

« Un chariot en fonte porte à sa partie antérieure un fort anneau dans lequel vient s'engager la barre du foret ou de l'alésoir. La barre est maintenue dans cet anneau par un épaulement d'un côté et de l'autre par une clavette.

« Le chariot se meut sur le banc, en faisant avancer progressivement la barre du foret ; il est traversé dans le sens de la largeur du banc par deux axes portant chacun un pignon qui engrène avec l'autre ; le pignon inférieur engrène en outre la crémaillère du banc.

« L'axe supérieur, outre son pignon, porte encore deux roues à crochets munies chacune d'un déclic et d'un levier, que l'on peut allonger à volonté et dont on peut charger les extrémités avec des poids suspendus à des crochets.

« Le poids du levier détermine la rotation du pignon monté sur le même axe, celui-ci met le deuxième pignon en mouvement et ce dernier détermine le mouvement de translation du chariot et par conséquent de la barre conductrice du foret.

« A la partie antérieure du banc est établie une traverse fixée à l'aide d'écrous, laquelle porte deux montants entre lesquels passe la barre du foret; elle est assujettie entre les montants par deux coussinets; ces coussinets se serrent aussi fortement que l'on veut contre la barre au moyen de coins en bois que l'on chasse entre les coussinets et les montants; ces roues entrent dans des rainures pratiquées dans les montants.

« La pièce repose sur deux empoises — on appelle ainsi deux pièces de fonte échancrées circulairement — ces empoises sont elles-mêmes portées par deux traverses mobiles (supports, porte-empoises ou porte-canon), placées à une distance déterminée de l'axe de la roue, de manière que le carré du bouton vienne près de la partie carrée de la roue d'engrenage dont la pièce doit recevoir son mouvement; on laisse descendre le canon dans les empoises, où il doit reposer par le faux bouton et par la volée; ces traverses sont ensuite solidement fixées sur la plaque de fondation au moyen de boulons et d'écrous. »

Cette description de l'appareil, complétée par notre gravure, nous dispense de plus grands détails, étant entendu toutefois que pour les pièces coulées en plein, il ne s'agit plus d'un simple alésage, mais d'un forage complet, qui n'est peut-être pas plus délicat mais qui est assurément plus long.

Ainsi, par exemple, pour le canon de Reffye, il faut faire jusqu'à trois opérations, la première demande environ vingt-deux heures et donne à l'âme un diamètre de 76 millimètres; la seconde dure quinze heures et porte le diamètre jusqu'à 83 millimètres, enfin la dernière, qui n'est plus qu'un alésage, fixe le diamètre régulièrement à 85 millimètres, mais il faut encore quinze heures pour cela.

On jugera par là du temps employé au forage d'un canon Krupp de gros calibre.

Pour le canon autrichien du général Uchatius, on fait encore une opération de plus, et tout à fait nouvelle en matière de forage, car il ne suffit pas d'avoir une pièce en bronze, coulée d'une façon spéciale, il faut encore que le bronze soit comprimé : une figure fera mieux comprendre l'opération.

Lorsque la pièce est forée au diamètre de 80 millimètres, on écrouit le bronze en faisant passer successivement dans l'âme de la pièce, reposant sur un support annulaire, une série de six mandrins, qui sont refoulés l'un après l'autre au moyen d'une presse hydraulique.

Ces mandrins, en acier fortement trempé, présentent vers le bas la forme d'un tronc de cône peu ouvert, dont la petite base est à la partie inférieure, de manière qu'en les poussant dans l'âme ils élargissent progressivement l'intérieur de la pièce, d'autant mieux que, le premier mandrin ayant 82 millimètres à son plus grand diamètre, le second 83 et les autres en augmentant toujours d'un millimètre, lorsque le dernier est retiré de la pièce, l'âme de celle-ci atteint 87 millimètres, calibre réglementaire des pièces de campagne autrichiennes.

INTÉRIEUR DE LA TOURELLE DU NAVIRE : *LE PURITAN.*
(Canons Dahlgren.)

Cette compression augmente d'ailleurs la ténacité du bronze, qui devient aussi résistant que l'acier fondu, et a l'avantage de coûter trois fois moins cher.

VI

LE TOURNAGE

La pièce forée, ou pour mieux dire alésée, passe immédiatement après au tournage, qui a pour objet de la rendre aussi lisse à l'extérieur qu'intérieurement.

Nous n'entrerons dans aucune explication sur cette opération que tout le monde connait, ni sur le banc de tournage qui ressemble, sauf les dimensions, à n'importe quel tour à métaux; notre gravure l'explique de reste.

On comprend bien aussi que vu son énormité et son poids, la pièce ne puisse être fixée au tour, par des espèces de mandrins, ou des appareils similaires aux mandrins qu'on emploie dans les tours ordinaires; les axes des roues de tournage sont munis de différents systèmes de griffes, disposés pour saisir et maintenir solidement les deux extrémités de la pièce, mais ces griffes ne peuvent mordre efficacement dans une surface polie, il faut qu'on ait pratiqué dans la culasse ainsi qu'à la bouche du canon, deux ou trois entailles assez profondes qui disparaîtront au burinage définitif; le tournage s'opère facilement, quoique assez lentement; il doit être fait avec un grand soin, surtout dans la partie destinée à recevoir les frettes, car ces anneaux d'acier étant fabriqués d'avance sur calibre déterminé, dans le but d'exercer sur la pièce une pression calculée, il faut nécessairement que le canon atteigne exactement ce calibre; les instruments de précision ne manquent point d'ailleurs pour mesurer le travail.

Atelier d'ajustage. — Les tours à surface.

VII

LE FRETTAGE

Sitôt le tournage fini, la pièce est enlevée du tour au moyen du chariot-treuil, qui, faisant alors office de grue, la dépose sur un truc que l'on roule sur des rails à l'atelier de frettage, lequel, à Ruelle, se trouve en plein air, dans une cour située entre la forerie et la fonderie.

Cet atelier se compose d'un four en briques pour chauffer les frettes, d'un échafaudage de madriers servant de supports au canon, et d'un appareil assez primitif destiné à amener les frettes, chauffées au bleu, à la hauteur de la pièce et à les passer autour, à peu près comme on se passe une bague au doigt.

Ces frettes, nous l'avons dit déjà, sont fabriquées d'avance, non pas à la manufacture de Ruelle, qui n'est pas outillée pour travailler l'acier dans les conditions voulues; mais elles proviennent toutes d'usines françaises et principalement de chez MM. Pétin et Gaudet, de Saint-Chamond, qui traitent cette fabrication avec une supériorité incontestable.

Dans leur usine, elles sont faites non pas avec des cercles d'acier fondu, plus ou moins corroyé, mais avec des spirales d'acier puddlé très vif, qui sont soudées ensemble par un corroyage, et ensuite laminées à l'épaisseur voulue, qui varie entre quinze et trente centimètres, selon qu'elles sont destinées à des pièces du calibre de 16, 19, 24 ou 27 centimètres.

Trempée et recuite, la frette acquiert une telle élasticité, que c'est un véritable ressort qu'on applique autour du canon.

Il y en en a naturellement de calibres différents (pour la même pièce, s'entend), puisque les canons sont renforcés de deux rangs de frettes superposées ; il faut, du reste aussi, la frette porte-tourillons, innovation très heureuse qui fait gagner tout le temps qu'on perdait autrefois au moulage et au tournage des tourillons.

La fabrication des frettes se fait donc par garniture, et chaque garniture comprend le nombre de frettes nécessaires au renforcement d'un canon.

L'application de cette garniture, demande à être faite avec soin, mais ce n'est pas une opération difficile, la pièce, posée sur des supports et maintenue en avant pour que la partie à cercler soit libre, on fait chauffer les frettes à bleu, et on les ajuste au canon l'une après l'autre, au moyen de trois perches liées par le haut, de façon à former trépied; au point d'intersection des trois perches, est suspendue une chaîne munie d'un crochet, dans lequel on passe la frette; en tirant sur la chaîne on amène la frette au niveau de la culasse du canon, dans laquelle on l'emmanche comme un anneau; la chaleur intense ayant dilaté le cercle d'acier, il glisse assez facilement jusqu'à la place qu'il doit occuper, où il est fixé à demeure par un système de serrage composé

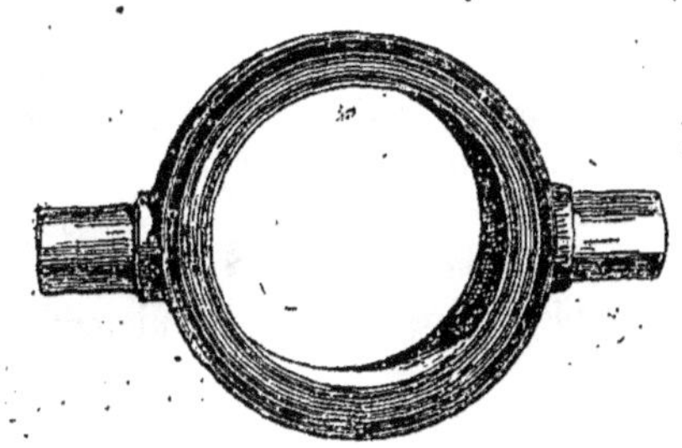

Frette porte-tourillons.

de deux tiges de fer filetées, partant d'une forte barre de bois appuyée sur la bouche du canon, et maintenues par un collier mobile que l'on serre à volonté au moyen de boulons, qui agissent sur les parois filetées des deux tiges de fer.

On laisse cet appareil jusqu'au refroidissement de la frette, que l'on arrose avec de l'eau versée goutte à goutte, ce qui facilite d'ailleurs la cohésion des deux métaux, cohésion dont on s'assure bientôt en frappant sur la frette avec un marteau.

L'opération se recommence pour chaque frette, et quand la première garniture est posée, on procède à la seconde en ayant soin de placer les frettes en quinconce, c'est-à-dire de façon à ce que celles du second rang recouvrent exactement les joints de celles du premier.

Ce travail achevé, on remet le canon sur le tour pour polir sa surface en effaçant, avec le burin, les distinctions qui peuvent exister entre les frettes, et cela se fait généralement avec tant d'habileté qu'un œil non exercé a peine à reconnaître les joints.

D'ailleurs ce n'est pas un ornement, la fabrication moderne n'admettant guère que la massivité, par la raison fort simple qu'elle assure la solidité; car il ne faudrait pas croire que le frettage, soit simplement une précaution pour sauvegarder les artilleurs au cas où la pièce éclaterait, les anneaux d'acier sont si bien soudés avec la fonte qu'ils ne font qu'un corps avec elle, et lui communiquent une partie de leur élasticité.

Le frettage n'est pas en usage seulement à Ruelle; si les Américains ne s'en servent pas couramment pour leurs pièces en fonte pure, ils ne le dédaignent point pour les canons du système Parrott, qui sont en fer coulé.

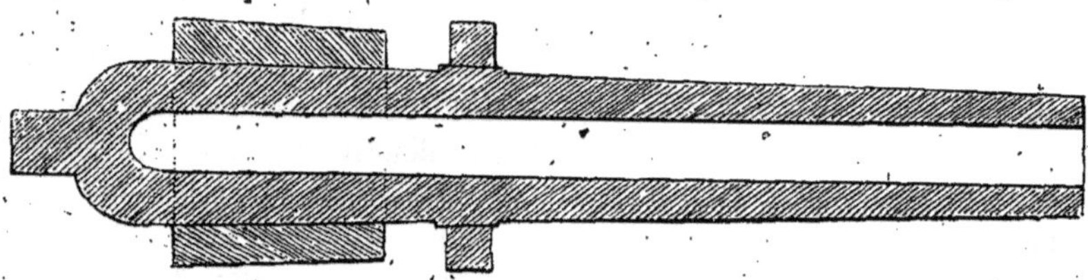

Coupe du canon Parrott.

Dans ce cas le manchon est en fer, forgé par le même procédé que les spirales du canon Armstrong, et soudé sur la pièce, mais seulement pour renforcer l'endroit où agit l'explosion de la poudre.

La fonderie Brooke frette également ses pièces en fonte avec des manchons de fer forgé; un autre fondeur américain a essayé de renforcer ses canons avec du bronze d'Attick, mais l'expérience n'a pas donné de bons résultats.

Les canons anglais du système Blakely,

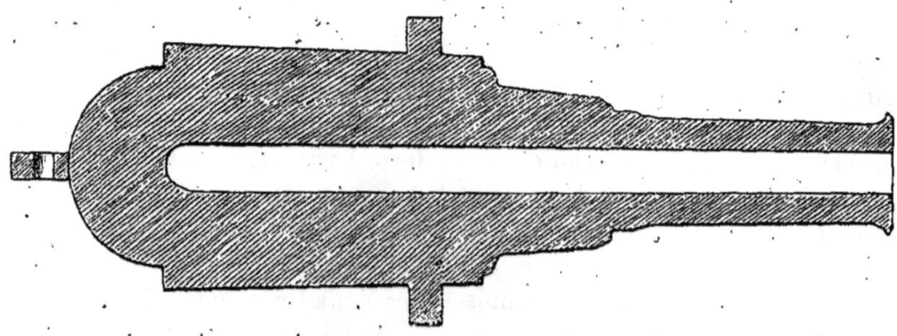

Coupe du canon Blakely.

qui ont été fournis aux confédérés américains pendant la guerre de sécession, étaient aussi cerclés; le premier type (en fonte) est fretté de fonte, le second, en fer

Atelier de forerie des canons, à la manufacture de Ruelle.

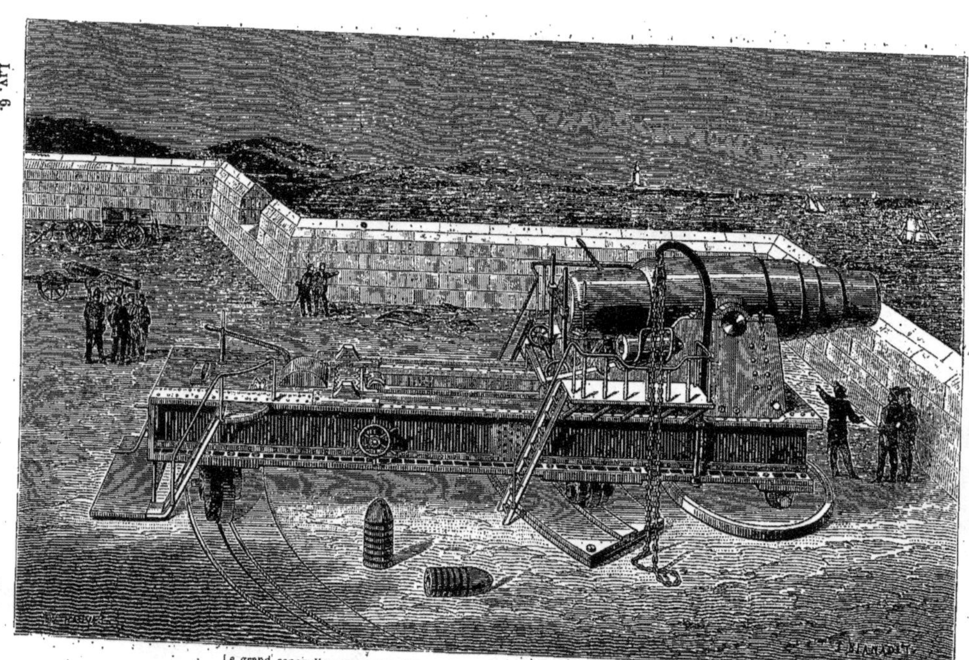

Le grand canon Krupp, pour la défense des côtes (57,000 kilogrammes sans l'affût).

forgé, l'est avec des cercles de fer et le troisième, en acier, est renforcé avec des manchons d'acier.

L'un des canons de ce dernier modèle a acquis une certaine célébrité à la défense du Callao par les Péruviens.

C'était, à cette époque, l'un des plus gros que l'on connût, et il n'a pas encore trop perdu son rang, puisque son diamètre intérieur est de 295 millimètres, et que le projectile qu'il lance, avec une charge de 25 kilogrammes de poudre, pèse 250 kilogrammes.

Le canon du capitaine Blakely repose, d'ailleurs, sur ce principe adopté depuis par Armstrong : pour atteindre à la plus grande solidité possible il faut donner à la couche intérieure une élasticité plus grande qu'aux autres couches, et à l'extérieure l'élasticité la plus faible.

En conséquence la couche intérieure qui contient l'âme des pièces de ce système, est faite d'un acier inférieur, mais très résistant, tandis que la couche extérieure est composée d'une série de frettes d'acier fin dont le travail est tout spécial.

Voici comment le décrit Holley dans son *Traité d'artillerie :*

« Les anneaux étroits sont roulés sans soudure avec les lingots circulaires imaginés par M. Naylor, Wickers et Cie de Sheffield. Cela se pratique dans une machine semblable à la machine ordinaire à rouler les tirants de railway. On serre un lingot circulaire entre une paire de rouleaux courts, jusqu'à ce que sa section soit diminuée et son diamètre allongé. Le métal est ainsi rendu plus dense et le grain du métal se serre de plus en plus dans la direction de la circonférence.

« Les tubes ou enveloppes d'acier sont coulés en creux et martelés sur des mandrins d'acier, sous le martinet à vapeur. Par ce moyen, on les allonge de 130 pour cent. On a d'abord éprouvé beaucoup de difficulté à empêcher les mandrins de flageoler, mais la fabrication a été si perfectionnée, qu'on peut étirer les tubes et les condenser comme un lingot solide avec un grand avantage sur le fer empilé en cueilli sans soudure. » .

Dans quelques cas, les enveloppes du canon Blakely ne sont pas martelées, mais simplement brunies, forées et tournées comme elles sont sorties du moule. On considère néanmoins l'augmentation de la force qui résulte du martelage comme compensant toujours les dépenses qu'il entraîne dans la fabrication des pièces.

L'usine Krupp frette en acier quelques-uns de ses gros canons, et en général tous ceux dont le projectile dépasse cent kilogrammes. Ce n'est pas absolument pour les renforcer, c'est surtout pour ne pas diminuer leur épaisseur en prenant à même de quoi faire les tourillons, car ils ne reçoivent que la frette porte-tourillons, qui s'applique comme à Ruelle.

Par exception pourtant, le fameux canon qui a figuré à l'exposition de 1867, était de bout en bout renforcé de frettes. Et quelles frettes?

C'est qu'aussi c'était le Goliath des canons ; avec son affût il pesait cinquante mille kilos.

Il n'est plus maintenant qu'au second rang, si toutefois il existe encore, car M. Krupp en a fondu un autre, destiné à la défense des côtes, qui est bien d'une autre taille, puisqu'à lui tout seul, il pèse déjà cinquante-sept tonnes.

L'affût avec ses accessoires pèse 34 tonnes, et l'axe des tourillons est assez élevé pour que la pièce puisse tirer par dessus un parapet de deux mètres de hauteur.

Son projectile, de trente-cinq centimètres de diamètre est de 520 kilogrammes, et il faut 130 kilogrammes de poudre prismatique pour le chasser ; il est vrai qu'à 1,800 mètres il traverse, comme une motte de beurre, les murailles de navires cuirassés de vingt-quatre pouces d'épaisseur.

Et ce n'est pas fini, le même M. Krupp se fait fort de fondre des pièces de 40 et 46 centimètres de diamètre d'âme, et s'il y a jamais une exposition universelle à Berlin, on y verra sans doute le canon de 124,000 kilogrammes qu'il a fait annoncer.

Il n'est que temps, du reste; le grand manufacturier prussien a besoin de cette réclame; on commence à trouver généralement que la réputation de ses engins destructeurs a été surfaite et, dès le mois d'avril 1875, le duc de Cambridge faisait, devant la Chambre des lords, une allusion très directe aux deux cents canons que des avaries graves avaient mis hors de service pendant la campagne de France 1870-71.

Le *Times* même allait plus loin. « Il est bien avéré aujourd'hui, disait-il le 18 mai, — que sur 70 canons se chargeant par la culasse qui étaient en batterie, sur le front sud-ouest de l'attaque de Paris, 36 furent mis hors de service pendant quinze jours de bombardement et la plupart par suite de leur propre feu, si bien qu'à Versailles on pensait généralement que si les Français avaient tenu une semaine de plus, les batteries de siège allemandes auraient été réduites au silence, et la majeure partie des canons démontés par leur propre tir.

« Je regarde aussi comme certain et je tiens de bonne source, que pendant la courte, mais rude campagne sur la Loire et en Bretagne 24 canons appartenant à l'armée du prince Frédéric-Charles furent mis hors de service par leur propre tir, et que, de Versailles, on dut les remplacer. Ces faits, sur lesquels je défie toute contradiction, suffisent à prouver que les canons Krupp sont loin d'être infaillibles, et que le matériel si vanté de la Prusse en 1870-71 n'était pas aussi parfait qu'on l'a jugé généralement. »

Cette opinion n'est pas exclusivement celle du journaliste anglais, et elle a fait tant de chemin depuis, que l'usine d'Essen n'a plus aujourd'hui pour clients que l'Allemagne et la Russie. Encore cette dernière puissance, dans une faible proportion, car elle a déjà renoncé au canon Krupp pour son armée de terre, comme elle le fera vraisemblablement pour son artillerie navale.

Mais, rentrons dans notre rôle de descripteur, et, puisque nous parlons des canons phénomènes dont la charge coûte de trois à quatre mille francs par coup, sans compter l'intérêt du capital énorme qu'ils représentent, rappelons les énormes pièces américaines du système Dahlgren, construites spécialement à l'époque de la guerre de sécession pour armer le *Puritan* et représentées en position par une de nos grandes gravures hors texte.

Ces pièces, tout en fonte, lançaient des boulets sphériques du poids de 492 kilogrammes.

Disons aussi un mot des grands canons qu'a produits l'Italie.

Sans renoncer complètement à son système Cavalli, déjà ancien, mais modifié et perfectionné depuis, l'Italie avait eu recours aux fonderies étrangères, surtout pour ses pièces de gros calibre et l'on a beaucoup parlé d'un canon monstre fabriqué par l'usine Armstrong pour l'armement primitif du vaisseau cuirassé *le Duilio*.

Mais en 1874, elle a montré un type capable de prouver qu'elle pouvait s'alimenter elle-même.

Cette pièce qui avait 6^{m},80 de longueur et le reste en proportion, chassait un projectile (toujours en proportion) qui a percé à un kilomètre de distance une muraille de navire blindé de cinquante centimètres d'épaisseur.

Cette expérience a fait du bruit dans toutes les acceptions du mot, et les Anglais, qui ne sont pas sourds, se sont mis à fabriquer des canons de 80 tonnes pour armer leurs vaisseaux cuirassés, et rester ainsi à la tête de la civilisation.

Mais les Italiens ne se sont pas découragés, et sans afficher la prétention de posséder, quand même, le plus gros canon, ils ont tout doucement continué leur fabrication en ce sens, et il n'y a pas si longtemps (en 1880) qu'on parlait d'une pièce colossale de l'invention du général Rosset, laquelle pesait cent mille kilogrammes, avait 1m, 70 de diamètre à la culasse, et promettait d'autant plus merveille que, dans ses expériences, elle avait, disait-on, supporté jusqu'à 458 livres de poudre.

La charge est forte, si elle ne s'est pas trouvée grossie par l'éloignement; mais la gargousse normale de ce Léviathan des canons doit être énorme, puisque le projectile

Canon espagnol, système Plasencia. — Obusier mortier de 21 centimètres.

qu'elle pousse pèse 900 kilogrammes.

Eh bien! quelque puissant que soit ce boulet, il résulte d'expériences faites récemment (22 novembre 1882) à la Spezzia, sous les yeux des représentants de toutes les puissances maritimes, qu'il ne peut trouer les plaques de blindages de 48 centimètres, forgées par l'usine du Creuzot.

Ce qui permet *d'espérer* qu'on n'en restera pas là, car dans la voie où l'on s'est lancé avec tant d'émulation on peut arriver à tout.

Du reste, le grand canon italien n'est déjà plus unique, on lui a fabriqué des frères qui arment maintenant le cuirassé *Duilio*.

Chose excellente au point de vue du philanthrope, qui n'a qu'une chose à demander: c'est qu'on produise couramment des pièces de ce calibre-là, car cette époque arrivée, les nations seront devenues trop riches d'hommes et d'argent, et il ne se trouvera plus personne pour vouloir s'en servir.

D'ici là on cherche partout, sinon absolument les calibres extraordinaires, qui ne sont pas encore reconnus indispensables au bonheur des peuples, du moins le meilleur canon, et ce qu'il y a de plus curieux dans cette recherche incessante, c'est qu'individuellement chaque nation a la prétention de posséder déjà le meilleur système connu.

Mais il paraît que rien n'est plus perfectible qu'un canon.

Canon espagnol (système Plasencia), pièce de 12 centimètres.

Partant de ce principe, les derniers venus devraient être les meilleurs, et l'Espagne aurait le droit de s'enorgueillir de ses canons Plasencia, dont elle est très fière, du reste.

Le colonel Plasencia, inventeur de ces nouvelles pièces (car il y a plusieurs types), a mis à contribution à peu près tous les systèmes connus jusqu'alors, et leur a emprunté naturellement ce qu'ils avaient de meilleur.

C'est ainsi qu'il a adopté comme métal le bronze comprimé, ou bronze-acier, mis en lumière par la fabrication des canons autrichiens, et comme principe de fermeture, le bouchon de culasse de nos canons de la marine, si légèrement modifié que ce n'est guère la peine d'en parler maintenant, du moins dans son grand modèle, car l'autre a une fermeture à peu près spéciale.

Ce grand, ou plutôt ce gros modèle, destiné à la défense des ports, des places, et aussi à l'armement des navires, et que les Espagnols appellent mortier-obusier, est du calibre de 21 centimètres, c'est-à-dire qu'il a 217 millimètres de diamètre à l'âme.

Ainsi qu'on le voit par notre gravure, cette pièce est relativement très courte, sa longueur hors culasse n'est que de neuf fois son calibre, ce qui lui fait un développement d'environ 2m,50; aussi ne pèse-t-elle que 3,000 kilogrammes, ce qui ne laisse pas que d'être un avantage, si l'on se place au vrai point de vue du but de l'artillerie.

Sa charge normale est de 7 kilogrammes de poudre, et son projectile ordinaire qu'elle peut porter jusqu'à 9,125 mètres, pèse 78kil,700; il est vrai qu'elle peut lancer un obus de 100 et même de 120 kilos, comme elle l'a fait, du reste, sans augmenter la charge de poudre.

La pièce de 12 centimètres, destinée au service mixte, car son poids de 1,626 kilogrammes la rend peu apte au service de campagne, est infiniment plus élancée; elle a les proportions de notre canon de Reffye, et la forme du canon Uchatius.

Sa fermeture de culasse, diffère de celle de l'autre modèle, d'abord en ce que les intermittences de la vis sur le bouchon et naturellement dans la partie filetée de la culasse, sont à section triangulaire, de plus le bouchon est terminé postérieurement par un bourrelet dentelé qui s'engrène dans une couronne mobile, laquelle mise en mouvement par une manivelle fixée après, donne au bouchon de culasse une extension des cinq sixièmes du pas des filets, ce qui permet de mieux comprimer l'obturateur.

L'obturateur, du reste, est changé. Ce n'est plus la rondelle métallique employée dans le système français, c'est un disque d'amiante, posé entre deux disques d'étain et de laiton par des attaches d'acier, qui joue d'ailleurs le même rôle, mais offre, paraît-il, une résistance plus considérable.

Voilà le système le plus récent, j'entends de ceux qui sont connus, car nous avons un nouveau canon français présenté par le colonel de Bauge, que le gouvernement a adopté, en principe, pour notre armée de terre; mais comme il n'existe pas encore de fait, nous ne croyons pas utile d'en parler.

VIII

FORAGE DE LA CULASSE

Le forage de la culasse s'opère de la même façon pour tous les canons qui ne se chargent pas par la bouche. On alèse, sur le banc de forerie, le trou déjà fait de façon à ce qu'il reçoive sans jeu, la partie qui doit fermer hermétiquement le canon et qu'on appelle le bouchon de culasse.

C'est cette partie qui diffère plus ou moins, selon les systèmes.

Le bouchon de culasse de nos lourds canons de la marine est un cylindre en acier fondu fileté à 14 filets, mais dont le pas de vis est interrompu à trois sections correspondant aux trois surfaces qu'on a laissées lisses dans la cavité de la culasse.

Ce système, emprunté au canon Castman, est beaucoup plus expéditif que la vis complète, qui serait longue à serrer et desserrer pour le tir, puisqu'il suffit, quand on veut fermer le canon, de présenter le bouchon de culasse de telle façon que ses sections filetées se trouvent en face des parties lisses de la cavité; le plus petit effort le fait pénétrer au fond, et alors on n'a plus qu'à opérer à l'aide de la manivelle, fixée pour cela à l'extérieur du bouchon, un mouvement équivalent à un sixième de cercle, pour faire entrer l'une dans l'autre les parties filetées.

Il est vrai que l'on peut oublier de faire ce mouvement, comme cela est arrivé une fois si malheureusement à bord du *Montebello;* mais un tel désastre n'est plus à craindre grâce à deux appareils de sûreté qui suppléent automatiquement aux distractions des servants de pièces.

Le premier est un verrou placé à la partie supérieure de l'arrière de la culasse, au-dessus de la position occupée par la manivelle quand la vis est fermée.

Ce verrou se mouvant à rotation, se soulève au passage de la manivelle et retombe derrière elle par son propre poids, de façon que si une tentative de desserrage se produisait dans la culasse par l'effet du tir, l'arrêt, s'opposant au mouvement de la manivelle, empêcherait naturellement la désagrégation de la vis.

Le second : car deux sûretés valent mieux qu'une, a surtout pour but d'éviter l'explosion pour le cas où le bouchon de culasse ne serait pas hermétiquement vissé. Pour cela, on fait passer le cordon du tire-feu, grossi à un endroit d'un boudin en forme de pomme, dans l'œil d'une pièce de métal posée sur le passage de la manivelle.

Si la manivelle n'est pas à sa place, un ressort ferme cet œil de façon à ce que le boudin ne puisse plus passer; or, comme celui-ci est posé sur le cordon, à une distance calculée, pour qu'on ne puisse amorcer la pièce tant qu'il se trouve au-dessous de l'anneau, il s'ensuit que ne pouvant faire feu, on sera prévenu que la manivelle n'est pas bien en place.

Le bouchon de culasse, terminé intérieurement, comme nous l'avons vu, par une manivelle, destinée à lui imprimer son mouvement de rotation, et par une poignée qui sert à tirer et à pousser la fermeture; est terminé intérieurement par une rondelle en acier, destinée à porter l'obturateur.

Cet obturateur, qui a pour effet d'empêcher que les gaz produits par la combustion de la poudre ne se frayent un passage en arrière, est un culot d'acier très doux, assez mince, mais suffisamment résistant et surtout très exactement ajusté. Il se compose d'un fond plat correspondant à la petite saillie de la rondelle à laquelle il est fixé par un boulon à vis, et d'une couronne tronconique plus épaisse naturellement sur le centre que sur les bords.

Cette pièce essentiellement mobile, mais capitale, puisque sans elle la charge par la culasse est impossible, se change aussi souvent que le tir l'a rendue défectueuse.

Ce n'est pas encore là tout le système, car on comprend facilement que le bouchon de culasse d'une pièce de vingt-quatre, qui pèse dans les deux cents kilogrammes, ne soit pas très maniable, aussi ne le pose-t-on pas à terre après chaque coup que l'on a tiré.

On adapte autour de l'ouverture du trou de culasse un cadre en bronze auquel sont attachées d'autres pièces, et notamment une console, également en bronze, muni d'une gouttière sur laquelle on appuie la vis quand on la retire du trou de culasse.

Reste à démasquer le trou de culasse pour pouvoir charger le canon ; il y a pour cela deux systèmes : le plus récent consiste à munir la console d'une charnière qui la fixe à la tranche de la culasse et se meut de gauche à droite, par un mouvement de rotation plus expéditif que l'ancien système qui encastrait la console dans une glissière horizontale.

Dans les deux cas, du reste, la vis de culasse est maintenue solidement sur la console, au moyen de griffes dont celle-ci est munie et qui s'emboîtent dans des rainures pratiquées de chaque côté du secteur fileté de la partie inférieure du bouchon de culasse.

Telle est la fermeture de nos gros canons de marine.

Celle de nos pièces de sept, système du colonel de Reffye, n'en diffère que par le nombre des filets ; prise dans un bloc d'acier de 40 kilogrammes, la vis de culasse longue de 15 centimètres, ne porte que six filets interrompus.

Pendant la charge, elle n'est pas supportée par une console, son peu de poids permettant de la déposer sur un *volet*, pièce annulaire en acier qui tourne autour du pivot par lequel elle est fixée à l'arrière du tonnerre.

Ce volet est d'ailleurs muni d'un verrou de

BOUCHON DE CULASSE DU SYSTÈME DE REFFYE

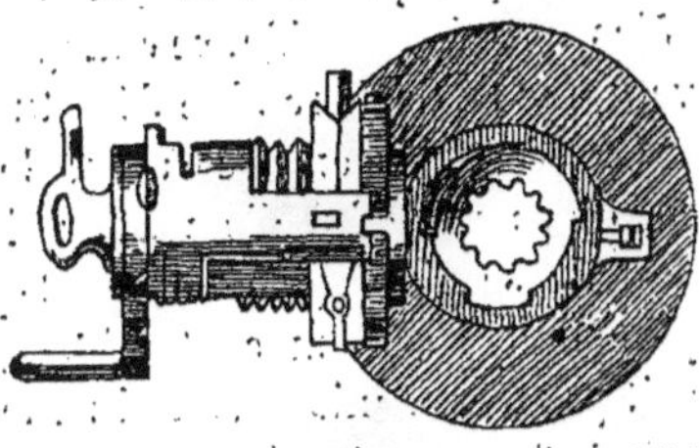

Canon ouvert.

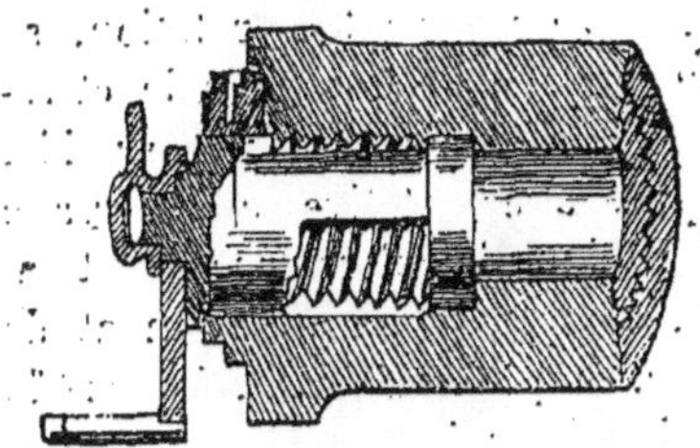

Canon fermé.

sûreté, qui doit être ouvert pour que la vis et son support puissent être attirés en avant.

Le système Krupp, d'apparence plus simple, et plus expéditif au premier abord,

Système de fermeture de culasse des canons de la marine française.

ne nous paraît pas offrir les mêmes conditions de sécurité.

Il ne comporte pas de bouchon de culasse proprement dit, puisque la fermeture s'opère sur le côté, la culasse est entaillée d'un canal dans lequel un verrou-châssis se

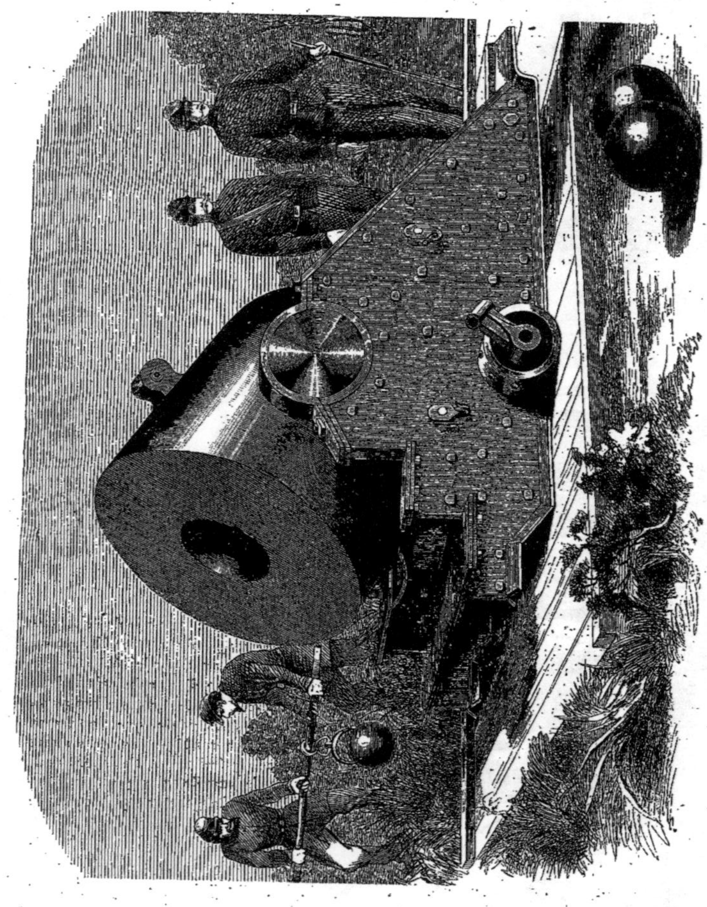

meut transversalement à l'axe du canon.

Ce verrou se manœuvre assez facilement, d'autant qu'il ne se retire pas entièrement chaque fois qu'on veut fermer la pièce; car il est percé vers son extrémité d'une lunette d'acier, qui, au moyen d'un cran d'arrêt, vient se placer juste en face de l'âme du canon, de manière à donner passage au boulet et à la gargousse, qui s'introduisent par l'orifice de la culasse.

Lorsque la charge est en place, on repousse au moyen d'une vis, actionnée par une manivelle, le verrou, dont la partie pleine ferme la culasse, tandis que la partie forée disparaît dans l'épaisseur du canon.

La fermeture est faite, il ne s'agit plus que de la maintenir fixée au moyen d'un boulon, introduit par un mouvement excentrique; l'office d'obturateur est rempli par un anneau en cuivre évidé à l'intérieur et qui, chassé violemment contre la rainure du chassis par les gaz que produit l'explosion, empêche tout échappement de ces gaz.

Ce système, qui ne prend que deux temps au lieu des trois qu'exige le système français a le défaut d'obliger à pratiquer une mortaise précisément au point où le canon a le plus besoin de sa force, et l'on ne remédie qu'imparfaitement à ce défaut en augmentant le poids de la pièce.

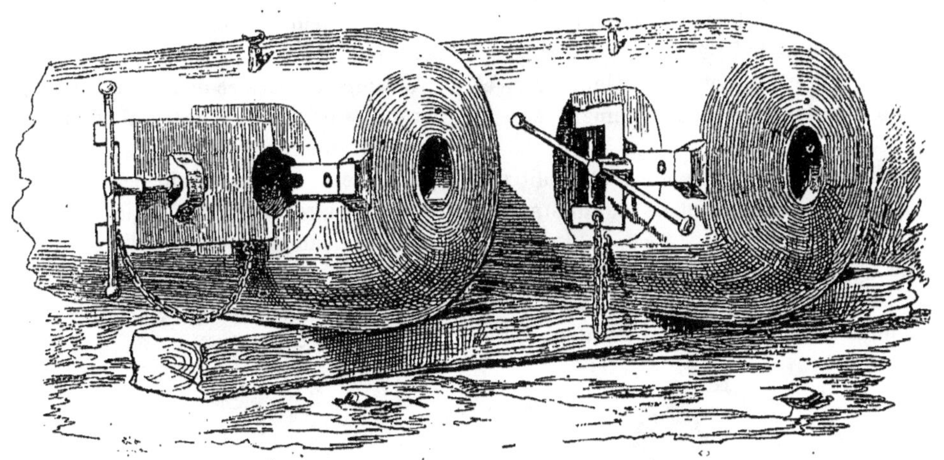

Système de fermeture de culasse des canons Krupp.

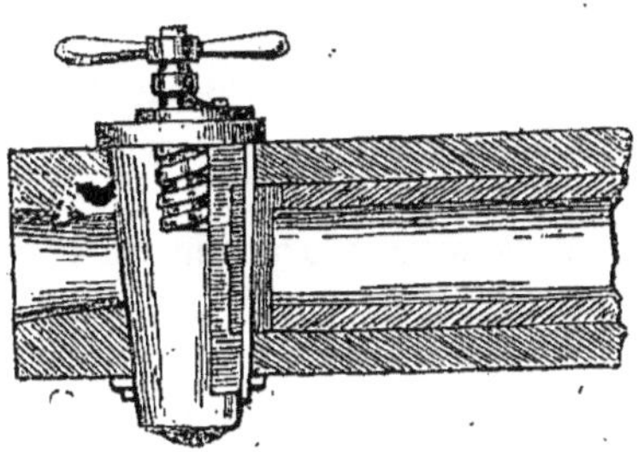

Fermeture du canon Uchatius.

La fermeture du canon autrichien Uchatius se rapproche beaucoup de celle des pièces de campagne du système Krupp, en ce qu'elle se fait aussi par le côté.

Elle se compose d'un coin prismatique en bronze acier, qui n'est autre chose qu'un verrou du même genre que le verrou prussien, mais assez léger pour qu'un seul homme puisse facilement l'enlever pour démasquer le trou de culasse et permettre d'introduire la charge, et le replacer lorsque le canon est chargé.

Ce verrou, muni du côté de la manœuvre, d'une manivelle, qui permet de le faire tourner de façon à ce que l'écrou qui le termine s'encastre dans la rainure pratiquée exprès de l'autre côté du canon passe au milieu d'une bague en cuivre rouge essentiellement mobile, puisqu'elle fait l'office d'obturateur et ferme hermétiquement l'arrière du canon, de manière à empêcher la sortie des gaz qui se forment au moment de l'explosion de la poudre.

Parlons maintenant des autres systèmes de fermeture des canons les plus connus, mais seulement à titre d'étude ; car, sauf celui de Castmann qui est évidemment le prototype du système français, et celui d'Armstrong, qui n'a pu être conservé que pour les pièces de petit calibre, tous les autres ont été à peu près abandonnés.

Les premiers en date sont ceux du Suédois Wahrendorff et de l'Italien Cavalli, qui, dès 1846, inventèrent, chacun de leur côté, et d'après les anciens, le chargement par la culasse.

C'était trop tôt, la mode n'en était pas encore venue, aussi sont-ils complètement oubliés.

Le système du baron de Wahrendorff consistait dans un tampon de culasse s'emboîtant sur la pièce et maintenu par une

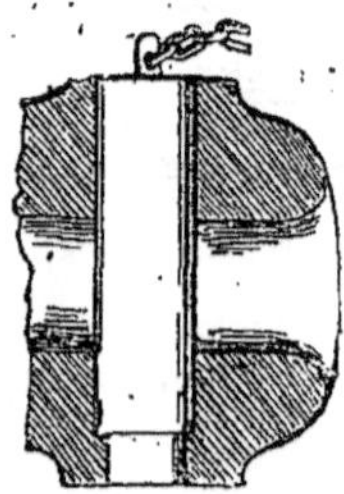

cheville horizontale qui traversait la culasse et le tampon.

Manquant surtout de solidité, il ne donna que des résultats incomplets.

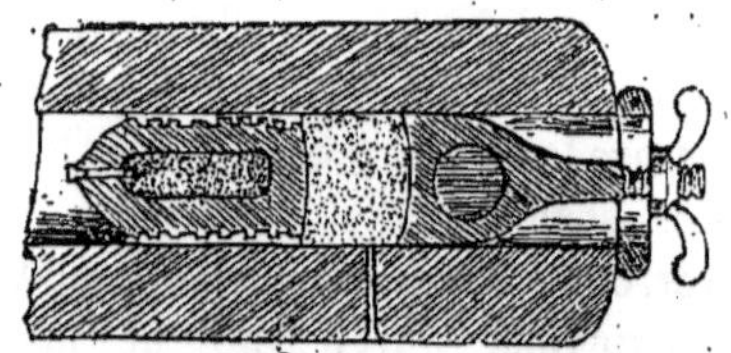

En Prusse où il fut d'abord expérimenté, on le modifia de diverses façons dont la meilleure fut le placement, en avant du tampon de culasse, d'une plaque en papier mâché, ayant une forme un peu concave, de façon que ses bords, pressés par l'explosion de la poudre contre les jointures de l'appareil, pussent faire l'office d'obturateur.

Ces divers essais, peu satisfaisants d'ailleurs, amenèrent l'adoption du système de fermeture connu sous le nom de système prussien, bien qu'il ait complètement disparu en Allemagne depuis l'apparition des canons Krupp.

Il se compose de deux coins s'encastrant l'un dans l'autre, et reliés par une vis, de façon que leur ensemble forme toujours un parallélipipède.

Chacun de ces coins, dont les faces parallèles peuvent s'écarter plus ou moins selon le mouvement imprimé à la vis, ainsi que le montre notre dessin, est percé d'une ouverture circulaire dont le diamètre est un peu plus grand que celui de l'âme.

Veut-on charger le canon, on tourne la

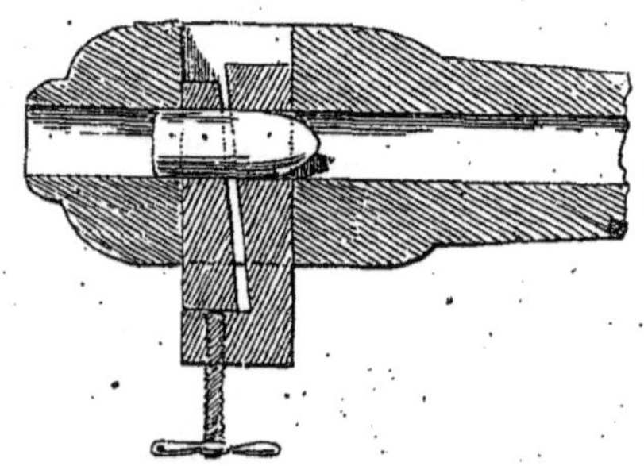

vis de manière à diminuer l'épaisseur de l'obturateur, puis on amène, comme dans la figure ci-dessus, les ouvertures des coins dans l'axe de l'âme de la pièce, ce qui permet d'introduire facilement dans la chambre le projectile et la gargousse.

La charge en place, on repousse l'obturateur et les coins reprennent la position indiquée dans notre dessin ci-contre.

Ce qui a fait surtout abandonner ce système, c'est que non seulement il fallait renouveler à chaque coup tiré le disque de papier mâché qui précédait la gargousse, mais il fallait encore le placer avec une scrupuleuse attention dans la position vou-

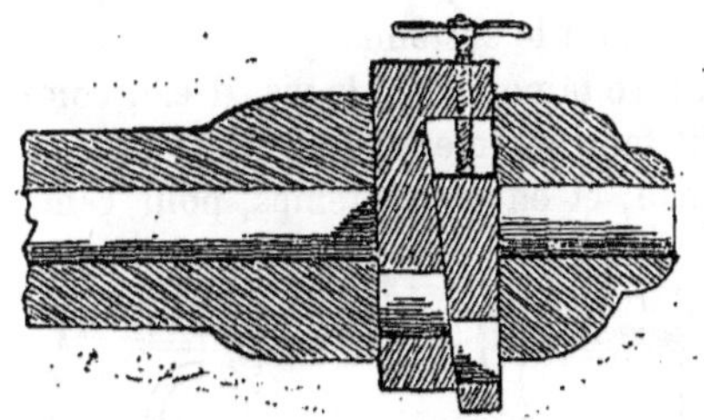

Système Prussien. — Canon fermé.

lue pour que les mouvements de l'obturateur ne le dérangeassent pas; il ne fut d'ailleurs appliqué en Prusse qu'à un certain nombre de canons de la marine, encore n'étaient-ils pas réglementaires.

La fermeture du canon Cavalli consistait en une sorte de verrou transversal, auquel l'inventeur avait donné la forme d'un coin, parce qu'elle permet toujours, quel que soit l'agrandissement de l'ouverture, de forcer l'obturateur pour rendre la fermeture complète.

Ce coin, placé dans une inclination calculée pour que l'effet de la décharge du canon ne puisse le chasser, est garni à chaque extrémité de poignées, l'une courte, placée au gros bout du coin, l'autre, au contraire, de

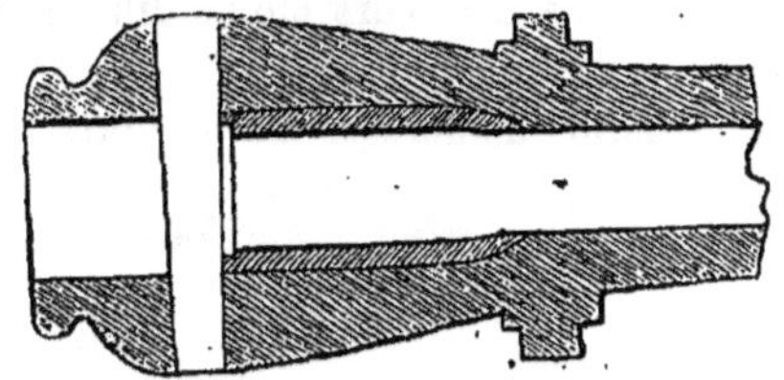

Fermeture du canon italien Cavalli.

grande dimension, est percée comme une lunette pour pouvoir livrer passage au boulet et à la gargousse, quand on tire le coin par la petite poignée afin de charger la pièce.

Ce système très ingénieux, qui est d'ailleurs le principe fondamental de la fermeture Krupp, était défectueux dans la pratique; car il arrivait souvent qu'après un certain nombre de coups tirés, on ne pouvait plus faire mouvoir le coin.

L'inventeur remédia à cet inconvénient d'abord en ajoutant à son système un levier qui, prenant son point d'appui sur le banc de la culasse du canon, agissait sur le coin en passant dans un encastrement ménagé à cet effet à sa partie postérieure.

Ensuite, en prévenant l'effet produit sur le coin par l'explosion de la poudre; par l'addition d'un culot mobile, qui a été depuis employé comme obturateur dans presque tous les systèmes de fermeture de culasse.

La fermeture Armstrong, — car ce célèbre fondeur a fait aussi des canons se chargeant par la culasse, il a même commencé par là — est la plus compliquée de toutes.

Nous en trouvons le détail dans le livre de M. Xavier Raynaud : les *Marines de la France et de l'Angleterre*.

« La difficulté n'a jamais été de faire un canon à chargement par la culasse, qui peut tirer quelques coups, mais de produire, comme disent les gens du métier, une obturation assez complète pour que la pièce fût

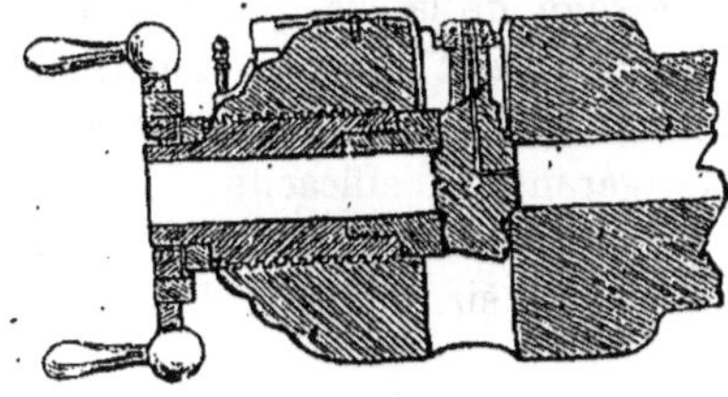

Fermeture du canon Armstrong.

capable de résister à un tir quelque peu soutenu. Là est la dificulté qui avait arrêté jusqu'ici tous les inventeurs.

« Voici comment sir Willson Armstrong s'y est pris pour la résoudre. Il a commencé par prolonger la culasse de sa pièce, et dans cette prolongation, il a creusé intérieurement un vide destiné à un double usage : d'abord à introduire la charge, à recevoir ensuite une vis qui ferme la pièce.

« Néanmoins quelque habilement faite

que fût cette vis, comme il fallait qu'elle eût un certain jeu, et qu'elle ne fût pas trop dure à manœuvrer, elle ne pouvait pas suffire à protéger la bouche avec efficacité contre le danger des affouillements, contre les causes de ruine que produit l'explosion des gaz. Il n'a pas pu, par conséquent

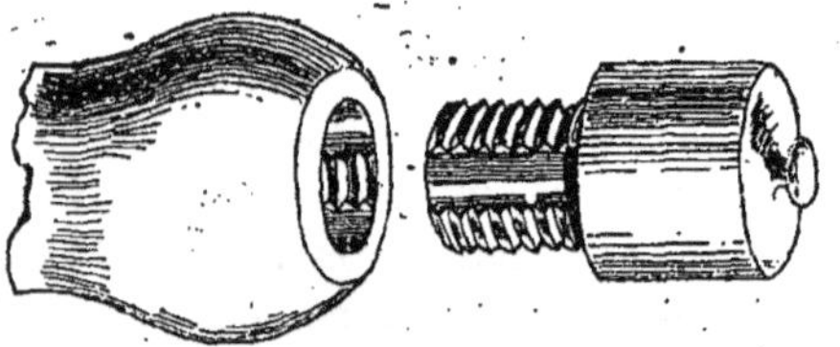

Fermeture Castmann, canon ouvert.

l'employer comme moyen de fermeture unique. Il a imaginé d'introduire entre elle et la charge de poudre, un nouvel organe que les Anglais appellent indifféremment *stopper*, *obturator*, *vent-piece*.

« L'office essentiel et délicat de cet organe est de produire l'obturation en s'insérant entre la charge de poudre et la vis, qui ne sert plus qu'à le maintenir lui-même en place; mais, trouvant alors qu'il était impossible de le faire parvenir à son poste, par le passage de la vis, parce que c'eût été long, difficile et peu sûr, et aussi parce que cet obturateur devait, pour donner quelque garantie d'efficacité, être d'un plus grand diamètre que celui de la vis elle-même, sir Wilham Armstrong a

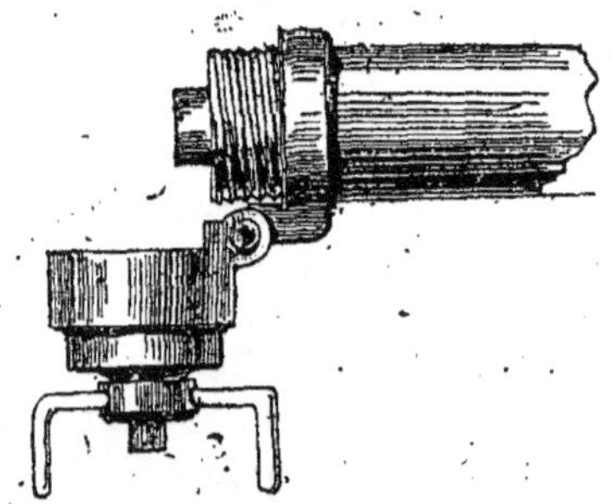

Fermeture du canon Withworth.

pratiqué dans la paroi de son canon, en arrière de la chambre où se dépose la charge, une ouverture qui sert à la mise en place de cet organe; son obturateur est, comme on le voit, le véritable souffre-douleur de tout le système.

« Entre la poudre et la vis, il est, comme on dit familièrement, entre l'enclume et le marteau, et en même temps, pour remplir

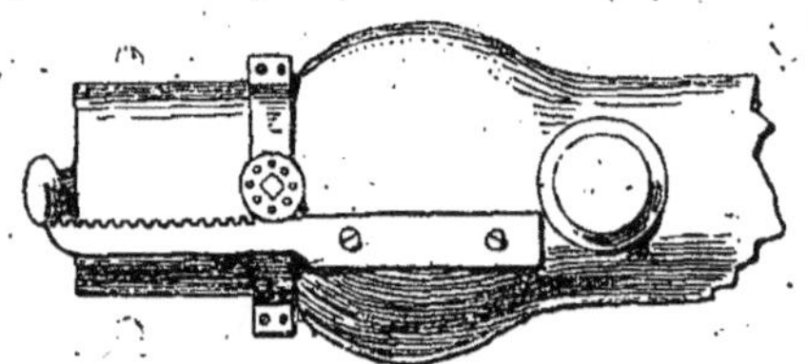

Fermeture Castmann, canon fermé.

convenablement son office, il faut qu'il soit construit avec une exactitude toute mathématique, et qu'il la conserve toujours, ayant à se défendre contre l'envahissement des gaz, sur tout le développement des lignes que présentent la circonférence de l'âme de la pièce et le dessus de la tranche ouverte dans la paroi, pour lui donner passage à lui-même. »

Ce qu'il y avait de plus défectueux dans le système, c'est que cet obturateur était en même temps le porte-lumière, et, comme il subissait tout l'effort de la décharge, on était obligé de le changer souvent.

Ce système a d'ailleurs été modifié de la façon suivante.

La fermeture actuelle se fait toujours par

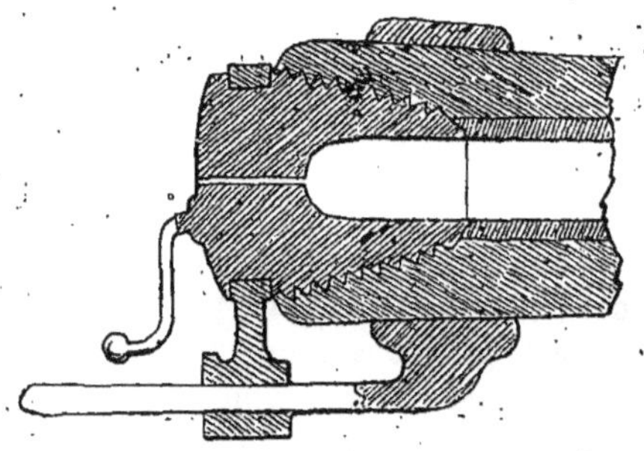

Fermeture du canon Blakely.

un bloc clavette qui se manœuvre au moyen d'une anse ou poignée, mais ce bloc n'est plus le porte-lumière et il n'y a plus de tampon mobile.

Le bloc enlevé de bas en haut, la charge, qui se glisse par l'orifice de la culasse, pénètre librement jusque dans les chambres; remis alors en place, le bloc, la clavette ou le verrou, car en somme c'est encore un verrou, est fixé par la pression d'une gros vis, creuse puisqu'elle est à demeure à l'intérieur de la culasse, et que le boulet et la gargousse doivent passer dans sa cavité.

Cette vis est mise en jeu par un levier très ingénieusement disposé, lequel n'étant pas en contact constant avec l'ergot de la vis, peut acquérir, par un balancement que favorise une sphère d'un poids calculé, assez d'élan pour doubler la force d'action sur la vis qui doit être serrée énergiquement et surtout promptement.

L'usine Withworth a commencé par employer des fermetures, dites à chapeau, à cause de leur forme.

Cela consistait en un bouchon, fileté à l'intérieur, qui se vissait tout simplement sur la culasse au moyen d'une manivelle.

Ce système ne donnant de bons résultats que pour les pièces de petit calibre, a été remplacé par un double chapeau, qu'on s'expliquera très bien en consultant notre gravure de la page 33.

Ce double chapeau se composait d'abord d'une frette qui, sous l'action de la vis mue par la manivelle, venait cercler l'extrémité de la culasse en même temps que le chapeau proprement dit, fileté intérieurement, coiffait une vis intérieure qui n'était que le prolongement de l'âme du canon, et était forée hexagonalement, pour laisser passer le projectile, affectant cette forme pour acquérir plus de portée.

Le canon fermé se trouvait naturellement renforcé à la culasse par une frette d'acier; mais l'opération était longue et l'on abandonna ce système pour en adopter un autre qui se rapproche un peu du système Blakely.

Celui-ci comprend un gros tampon cylindrique fileté; mais pour éviter la perte du temps qu'il faudrait pour le visser entièrement, il est de forme conique et d'un maniement assez prompt.

L'ensemble de cette fermeture est d'ailleurs porté par une sorte de levier solidement soudé à la pièce et sur lequel le tampon glisse et reste à demeure pendant le chargement de la pièce.

Quant au système Castmann, c'est comme nous l'avons dit déjà, la vis sectionnée, adoptée par notre manufacture nationale, mais l'ensemble de la fermeture diffère en ce que le tampon est retiré pour opérer la charge, au moyen d'une crémaillère assez solidement vissée à la pièce pour porter le bouchon fileté, lorsque l'ouverture de la culasse est démasquée.

Ne nous appesantissons pas davantage sur ce sujet qu'on peut résumer par ceci :

Aucune fermeture de culasse ne peut être bonne dans la pratique, si elle ne comprend pas une obturation parfaite du gaz de la combustion; c'est pour cela que la plupart des constructeurs étrangers adoptent à peu près le système français.

IX

LE RAYAGE

En dehors des mortiers dont nous n'avons pas encore parlé, et dont nous ne nous occuperons pas spécialement, parce qu'ils ne diffèrent des canons que par leur forme plus courte, et rentrent absolument dans les mêmes conditions de fabrication.

En dehors aussi de quelques pièces américaines de gros calibre, appelées à les remplacer dans un temps donné, parce qu'elles lancent des boulets sphériques avec plus de précision et à des distances plus grandes : tous les canons modernes sont rayés, c'est-à-dire que leur âme est creusée d'une série plus ou moins nombreuse de sillons tracés longitudinalement et décrivant des hélices parallèles, depuis la chambre jusqu'à la bouche de la pièce.

La rayure, si on ne tient pas compte de son exécution, n'est pas une chose absolument nouvelle; quelques armes portatives furent rayées dès le XVIe siècle et il n'est pas très difficile de trouver dans les musées d'artillerie des pièces de canons pourvues de rayures, d'une date bien antérieure au XVIIIe siècle, époque à laquelle Benjamin Robins, savant physicien anglais, étudia la cause de déviation des projectiles et conclut par une suite de raisonnements très justes, que le seul moyen de l'empêcher était l'adoption des rayures en spirale aux canons des bouches à feu.

Ce qu'on n'avait pas fait jusqu'alors, car les rayures des carabines allaient alors en droite ligne d'une extrémité à l'autre du canon, dans le seul but, d'ailleurs, de diminuer l'encrassement produit par l'explosion de la poudre.

Les théories de Robins firent quelque bruit sitôt leur publication, et, elles auraient certainement été suivies d'expériences pratiques, si Euler, qui faisait alors autorité dans la science et permettait rarement aux autres d'avoir raison, ne se fût avisé de les discuter.

L'illustre mathématicien, que le monde admirait comme un oracle et que Berlin et Saint-Pétersbourg se disputaient, n'eut qu'à se donner la peine d'écrire pour prononcer la condamnation des canons rayés, dont il ne fut plus question de son temps.

On n'y revint qu'un siècle plus tard, lorsque le major italien Cavalli et le baron suédois Warendorff réinventèrent presque en même temps le canon se chargeant par la culasse et la rayure de Robins.

L'idée, d'ailleurs, n'avait plus besoin que d'une appropriation à son nouvel usage, car appliquée en France aux carabines Minié, elle donnait des résultats très appréciables.

Les canons Warendorff et Cavalli, bien qu'assez défectueux, ayant démontré la nécessité de la rayure, les inventeurs de tous les pays s'ingénièrent à chercher la meilleure.

De tous les essais faits, depuis 1850, il ne sortit pourtant que trois systèmes.

Le système français, trouvé par le capitaine Tamisier, et si bien perfectionné par le commandant Treuille de Beaulieu, que sa pièce de quatre est restée le type de tous les canons rayés modernes.

Il se composa d'abord de trois rayures assez profondes pour permettre aux six ailettes du projectile, formant avec la ligne génératrice du projectile le même angle que la rayure de la pièce avec la génératrice de l'âme, de s'y encastrer de façon à conduire le boulet par tous les méandres de sa rayure, jusqu'à sa sortie du canon.

Plus tard, le nombre des rayures fut porté à six, puis changé, selon le calibre des pièces, mais sans qu'aucune modification fût apportée au système de la rayure,

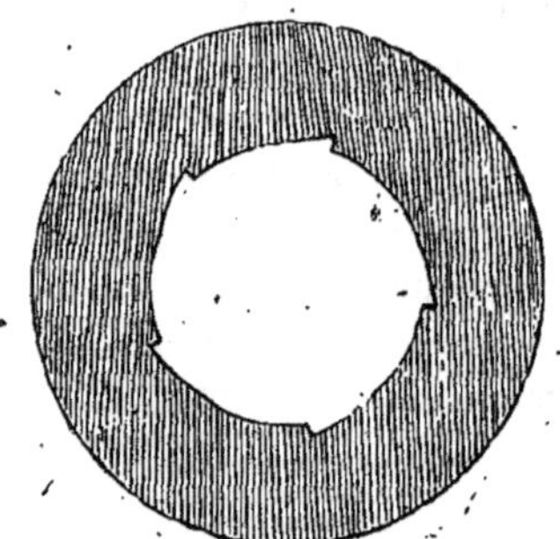

Rayure, système français.

qui est toujours progressive, c'est-à-dire que depuis son départ de la chambre, elle s'infléchit de plus en plus, dans la direction de l'axe de la pièce jusqu'à la bouche, de façon à répartir l'effort sur toute la longueur du canon.

Les deux autres systèmes qui n'ont pas fait école, puisqu'ils n'ont jamais été employés que par leurs inventeurs, sont les suivants :

Le système Lancastre, qui se compose de deux rayures très larges et assez profondes pour donner à l'âme de la pièce une forme elliptique d'autant plus prononcée que cette âme, qui tourne en hélice suivant un pas de 6 mètres, est déjà légèrement ovoïde.

Cette innovation donna pendant la guerre de Crimée d'assez fâcheux résultats, car les obus, qui sortaient difficilement de la pièce,

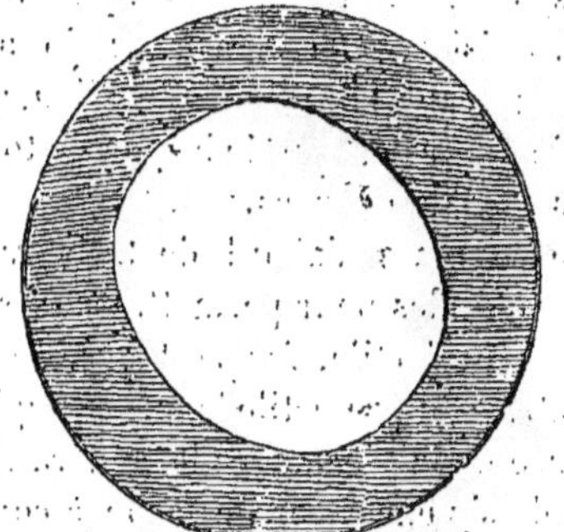

Rayure, système Lancastre.

la faisaient souvent éclater, aussi fût-elle promptement abandonnée.

Le système Withworth a eu une meilleure fortune, sans cependant s'imposer; il donnait, au moyen de six rayures symétriques et profondément faites, la forme hexagonale

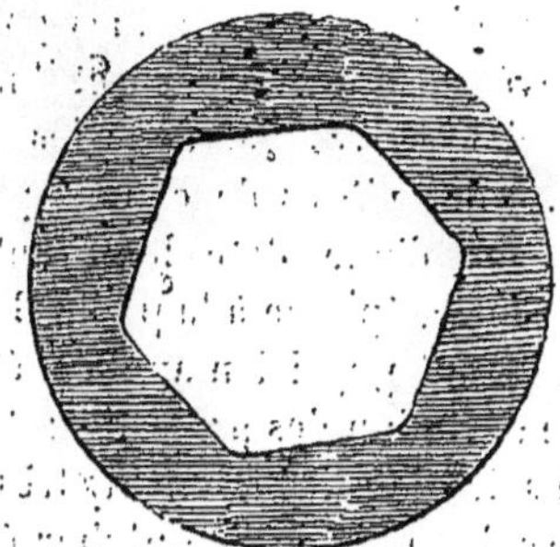

Rayure, système Withworth.

à l'âme des canons, ce qui permettait le forcement du projectile, sans être obligé de le munir de tenons ou d'ailettes, il suffisait pour cela qu'il fût hexagonal dans son plus grand diamètre; c'était le seul avantage du procédé, encore était-il bien

Machine à rayer les canons.

compensé par des difficultés de fabrication.

Il y a bien aussi le système Armstrong que les Anglais appellent rayures *Schunt;*

Grand cauon italien de 100 tounes.

Pièce de campague anglaise.

mais ce n'est qu'une modification du système français.

Il consiste à diminuer la largeur des rayures au fur et à mesure qu'on approche de la bouche du canon.

Ces rayures, qui ont leur raison d'être pour certains projectiles, sont connues en France sous le nom de rayures fuyantes ou rayures doubles, parce qu'en effet elles sont doubles au point de départ de l'hélice, mais elles n'y sont pas employées.

Quel que soit leur système, les rayures sont faites partout par le même procédé.

Il est d'ailleurs fort simple et repose sur le principe de cette machine à copier les dessins qu'on appelle le pantographe.

Le canon, solidement assujetti sur un banc, on introduit dedans une lame de burin, supportée par une tige, qu'une réglette en saillie oblige à passer par une ouverture où elle n'a que le jeu nécessaire pour tracer un sillon régulier.

Un jeu de lames se compose de trois : l'une creuse la partie de droite, l'autre, la partie gauche et la troisième relie leur travail en passant par le milieu.

Cela indiquerait suffisamment, si on ne le savait déjà, que la rayure se fait en spirale, dont on peut changer le pas, ce qui est utile, quand elle est progressive, en changeant la réglette qui fait saillie sur la tige.

Ce qu'on appelle le *pas*, c'est la ligne d'inflexion de la rayure; ainsi quand on dit qu'une pièce est rayée au pas de deux mètres, cela indique que la rayure doit parcourir la longueur de deux mètres pour faire le tour complet de l'âme de la pièce.

Le travail se fait lentement, mais sûrement et il donne au canon les avantages que personne ne conteste, maintenant que les théories d'Euler ne sont plus article de foi : de porter sensiblement plus loin, et d'avoir un tir plus juste. Ce qui s'explique naturellement en ce que le projectile, par le mouvement de rotation qu'il est obligé de faire en suivant les rayures, avant de sortir de la pièce, acquiert plus d'élan et se dirige d'autant plus droit que le mouvement qui lui a été imprimé est plus régulier.

Les opinions sont très partagées, non sur l'utilité des rayures, mais sur leur nombre et leur disposition; ainsi, tandis que nos canons de marine n'en portent que trois, cinq ou sept, selon leurs calibres, les canons de Reffye en ont beaucoup plus, les nouvelles pièces autrichiennes en ont 24, les canons Krupp en portent 32, et quelques constructeurs en admettent même jusqu'à 68.

Les uns les veulent profondes pour qu'elles ne s'encrassent pas facilement, tandis que les autres prétendent au contraire que la rayure profonde trace d'avance les sillons de rupture par où le canon éclatera.

Quant à la disposition : les uns pratiquent la rayure à pas constants, d'autres à pas progressifs.

Comme il est impossible de concilier toutes les opinions, nous laissons à chacun la sienne sans préconiser l'une plutôt que l'autre, la pratique, seule, pouvant décider la question.

Un canon rayé, pourvu de sa fermeture de culasse, percé de son trou de lumière, est un canon terminé, il n'a plus qu'à subir les épreuves que nous avons déjà indiquées.

Mais notre travail serait incomplet si nous ne parlions, au moins succinctement, des affûts, sans lesquels le canon ne peut servir à rien, et des projectiles qui lui permettent de faire des veuves et des orphelins, ce qui est malheureusement de son essence.

X

LES AFFUTS.

Les affûts se divisent en deux grandes catégories : les affûts roulants, sur lesquels sont montées les pièces de campagne, et les affûts fixes, sur lesquels on pose les pièces de rempart, les canons de marine, et généralement toutes les pièces montées d'un déplacement difficile.

Est-ce bien la peine de décrire l'affût

roulant; tout le monde en a vu depuis surtout que l'artillerie est une préoccupation de notre époque.

Disons pourtant qu'il se compose d'un châssis rectangulaire en charpente, dont la partie qui supporte le canon, par les tourillons, est posée sur un essieu muni de deux roues. Cette charpente se termine par une queue qu'on appelle la crosse et qui sert de troisième point d'appui à la pièce, cette crosse qui repose à terre quand la pièce est en batterie, porte à son extrémité un anneau de fer par lequel on l'accroche à l'avant-train muni de deux roues (quand la pièce est attelée), et qui sert aussi à faire passer un levier pour la manœuvrer plus facilement quand elle est à terre. Les parties jumelles qui reçoivent la pièce, portée sur ses tourillons, s'appellent *flasques* et l'échancrure pratiquée à leur partie supérieure pour recevoir les tourillons se nomme *encastrement.*

Vers le milieu de la longueur de la queue de l'affût se trouve une vis terminée par une poignée cintrée, sur laquelle s'appuie la culasse et qu'on appelle *vis de pointage.* C'est en effet au moyen de cette vis que l'on règle la position, plus ou moins inclinée de la pièce, selon le tir que l'on veut obtenir.

Tel est l'affût de nos pièces de sept, et, à peu de différence près, celui des pièces de campagne des nations étrangères.

Nous allons d'ailleurs les passer en revue au moyen de nos gravures.

Voici d'abord l'affût prussien, que nous avons tous vu, et trop vu même; il n'a rien d'ailleurs de plus que le nôtre, sinon une barre de fer qui allant de l'essieu à la charpente, donne plus de solidité à l'affût lorsque la pièce est en batterie.

L'affût Armstrong est en tôle de fer, ce qui est à la fois plus léger et plus solide; mais il ne porte pas de vis de pointage. Ce système, en usage partout, est remplacé dans l'artillerie anglaise par un levier articulé qu'on met en œuvre au moyen d'une roue en cuivre.

L'affût autrichien des nouvelles pièces, modèle Uchatius, se compose de deux flasques convergentes en tôle d'acier, renforcés sur tout leur pourtour d'un rebord en fer, tourné vers l'intérieur.

L'essieu, en acier, est garni de chaque côté de la pièce, d'un caisson destiné à servir de siège aux servants, qui s'y placent les jambes tournées du côté de la bouche du canon et peuvent trouver un point d'appui, au moyen de poignées fixées à la partie supérieure des flasques.

C'est la seule innovation de ce système, reste à savoir si elle est bien pratique; en tout cas elle ne donne pas de grâce à la pièce, dont les roues à moyeux métalliques sont sensiblement plus basses que les roues des affûts français.

Les affûts fixes sont de différentes sortes; on comprend très bien que les pièces de rempart qui ne sont pas d'un calibre exceptionnel, ni par conséquent d'un poids exhorbitant, puissent reposer sur un échafaudage en bois, mais pour les canons à grande puissance il a fallu établir des affûts en fer, disposés de façon à faciliter les mouvements des masses à manœuvrer, tout en atténuant les réactions des énormes charges qu'on emploie.

L'affût d'une pièce de rempart, ou de côte, de dimensions moyennes, a généralement les flasques formées par une charpente triangulaire, dont la partie antérieure repose sur un essieu à roues basses qui est monté sur un grand châssis, dont l'extrémité postérieure est garnie de roulettes pour en faciliter les déplacements latéraux.

Ces châssis sont quelquefois en bois, mais ceux des pièces de côtes sont presque toujours en fonte, par la raison que l'humidité de l'air de la mer détruirait trop rapidement le bois.

L'affût des grosses pièces de la marine est tout différent: nous trouvons dans la *Revue maritime et coloniale,* la description de celui qui porte les pièces de 24 centi-

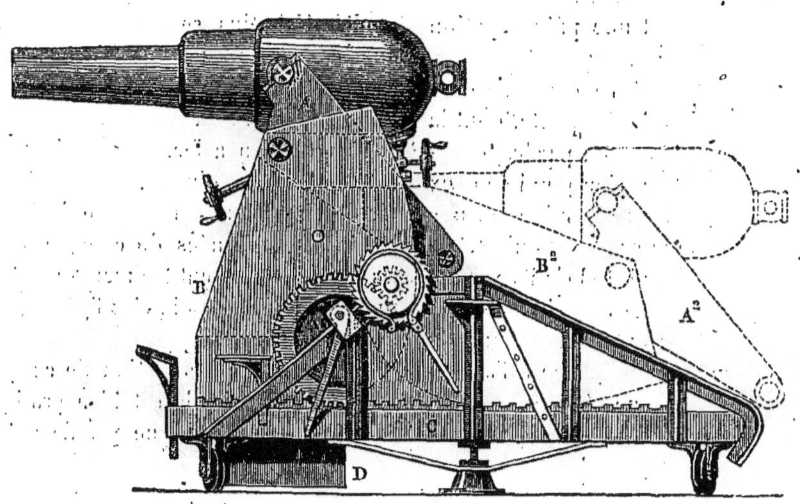

Affût Montcriff, pendant le tir.

Pièce de campagne autrichienne, système Uchatius.

Affût Montcriff, après le tir.

Canon français de la marine.

mètres dans les batteries de nos vaisseaux cuirassés.

« L'affût repose sur un châssis ; tous deux sont construits en fer. Le châssis s'attache au navire par une forte cheville logée dans la muraille ; il repose à l'avant et à l'arrière sur des roulettes marchant sur des circulaires en bronze. Les roulettes de l'arrière portent sur leur face postérieure des cloisons, entre lesquelles on engage des leviers pour exécuter de petits déplacements dans le sens latéral.

« Ces roulettes peuvent en outre se placer latéralement, pour faciliter le transport du châssis.

« A l'avant du châssis est une gorge en fonte, sur laquelle s'appuie la brague qui retient l'affût.

« L'affût se compose de deux flasques en tôle reposant sur les côtes du châssis ; à l'avant des flasques sur deux galets mobiles qui, en soulevant l'arrière de l'affût, font porter les galets d'avant de telle sorte que l'affût se meut à roulement sur le châssis. Dès qu'on baisse les galets d'arrière, les flasques reposent à frottement sur le châssis.

« L'entretoise, reliant l'avant des flasques, renferme des ressorts de choc sur lesquels s'attache la brague, afin de diminuer la violence des réactions et la fatigue du cordage. A la même entretoise est fixé un tampon de choc, qui agit, lorsque l'affût revient au sabord.

« Pour pointer la bouche à feu en hauteur, une chaîne passant sous le renfort, s'enroule dans l'intérieur de chaque flasque, autour d'une roue mise en mouvement par une vis sans fin, au moyen d'une manivelle.

« Dans le cas où l'appareil viendrait à manquer, le pointage pourrait s'exécuter avec des cônes placés sur l'entretoise de crosse.

« Pour modérer le recul, chaque flasque porte un frein embrassant le côté du châssis. L'épaisseur de la partie de châssis sur laquelle frotte le frein augmente progressivement à mesure que la pièce recule, de sorte que l'action des freins augmente en même temps que diminue la vitesse de recul.

« Les mouvements de mise en batterie s'exécutent à la manière ordinaire au moyen de palans fixés à l'affût d'une part, et d'autre part à la muraille ou aux boucles du châssis. Le pointage latéral s'exécute en agissant sur le châssis avec des palans attachés aux bandes de l'arrière.

« Les déplacements peu étendus peuvent s'exécuter avec des leviers engagés dans les cloisons des roues d'arrière.

« L'affût et le châssis pèsent 6,500 kilogrammes, le poids total du canon de 24 centimètres et de son affût est donc environ de vingt tonnes, la bouche à feu, ainsi montée, se manœuvre sans peine avec 20 hommes : en rade ce nombre pourrait se réduire à 14. »

Comme on l'a vu par nos gravures, les affûts des grosses pièces étrangères diffèrent peu de celui que nous venons de décrire, si peu même que nous ne nous attarderions pas à en parler s'il n'y avait l'affût à bascule, inventé par le capitaine anglais Moncriff, dans le but de cacher complètement à la vue de l'ennemi les points vulnérables qu'offrent toujours une batterie ; car même avec les canons se chargeant par la culasse, les artilleurs sont presque toujours à découvert.

Pour obvier à cet inconvénient, le capitaine Moncriff a imaginé un affût composé de deux parties très distinctes, l'une inférieure, qui tourne autour d'un arc vertical, à l'aide de galets roulant sur un rail circulaire, et l'autre superposée à celle-ci, et portant à son sommet le canon qui y est fixé comme dans tous les affûts ordinaires.

Seulement cette partie supérieure est montée sur deux tourillons qui lui permettent un mouvement de bascule soit pour s'abaisser soit pour se relever.

La pièce étant tirée, c'est le recul qui lui imprime naturellement le mouvement de bascule qui la fait disparaître derrière le rempart, où les canonniers pourront la charger à couvert. Cela fait, ils n'ont qu'à décrocher la chaîne qui retient un contrepoids au moyen duquel le canon se relève et se remet en batterie.

C'est ingénieux, mais ce système n'est guère applicable qu'aux canons de rempart, ou à ceux que l'on met en batterie sur le pont des navires cuirassés.

Un mot maintenant de l'affût à mortier qui est infiniment plus simple, et rentre avec ses flasques triangulaires très courtes dans la catégorie des affûts de pièce de rempart.

Quelques-uns pourtant, sont circulaires, comme celui que représente notre gravure, pour faciliter le tir dans toutes les directions.

En revanche, quelques mortiers n'ont pas d'affût du tout, et ceux-là, qu'on appelle mortiers à plaques, reposent sur une large semelle, fondue en même temps que la pièce.

Quant aux mortiers gigantesques comme celui que représente notre gravure, ils reposent sur des affûts en fonte qui se rapprochent de ceux des pièces de la marine, avec cette différence que leur avant est taillé en escalier pour que la marche supérieure, échancrée comme il convient, puisse servir de point d'appui au mortier lorsqu'il est en position.

Il ne serait peut-être pas indifférent d'ajouter à ce chapitre quelques mots sur le montage des canons, dans certains cas spéciaux nécessités par la science de la guerre qui doit, de son essence, mettre à profit tout ce qui peut faciliter les opérations militaires.

Nous voulons parler des batteries blindées destinées à opérer en roulant sur les voies ferrées, car maintenant que l'expérience vient d'être faite en grand, et avec un notable succès dans la guerre anglo-égyptiene, il y a gros à parier que cet armement deviendra réglementaire en tant que les localités le permettront.

A la vérité, si les Anglais ont réussi, ils n'ont rien inventé en logeant un canon à l'extrémité d'un wagon blindé, à peu près comme on les place sur les chaloupes canonnières ou sur les batteries flottantes.

On avait déjà fait cela avec un moindre succès, il est vrai, et des moyens moins perfectionnés du reste, pendant le siège de Paris.

Et ce n'était pas une innovation, car en feuilletant les journaux illustrés du temps de la guerre de sécession en Amérique nous trouvons un dessin représentant un wagon blindé qui fit un certain bruit de l'autre côté de l'Atlantique.

Peut-être fit-il plus de bruit que de besogne, en tous cas, nous ne le reproduisons qu'à titre de curiosité.

XI

LES PROJECTILES

Les projectiles sont aussi variés que les systèmes de canon, plus même, puisque chaque pièce peut tirer différentes sortes de projectiles, sans parler des boulets rouges, et des boulets ramés qui n'existent plus guère qu'à l'état de souvenir.

Ils se subdivisent en deux genres : les boulets et les obus.

Il y a encore des boulets sphériques, et quelques théoriciens prétendent même qu'ils causent sur les murailles des navires surtout, des ravages plus irréparables que les boulets coniques. Mais de même qu'il ne se fait plus guère de canons à âme lisse, de même le projectile cylindro-conique, qui dérive plus ou moins de la balle de la carabine Minié, est le plus généralement employé.

Les boulets adoptés en France, sont pour les pièces dites de marine, en acier massif : leur forme est ou cylindrique pour

Wagon cuirassé américain armé d'une batterie d'artillerie.

Le wagon blindé des Anglais pendant la guerre d'Égypte.

un tir à courte distance, ou ogivo-cylindrique pour un tir à longue portée ; ils pèsent :

Pour les pièces du calibre de 16 centimètres, 45 kilogrammes.

Canon de campagne prussien.

Pour celles de 19, 75 kilogrammes ;
Pour celles de 24, 144 —
Pour celles de 27, 216 kilogrammes.

Ce poids énorme, calculé pour l'effet à

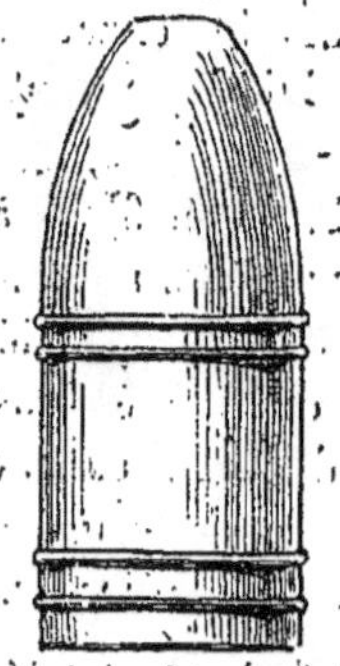

Obus autrichien du canon Uchatius.

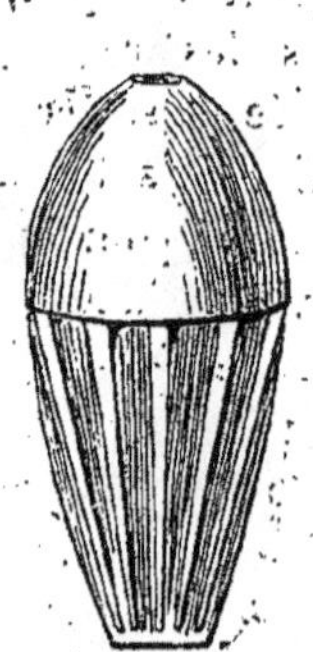

Obus américain Schenkl sortant de la fonte.

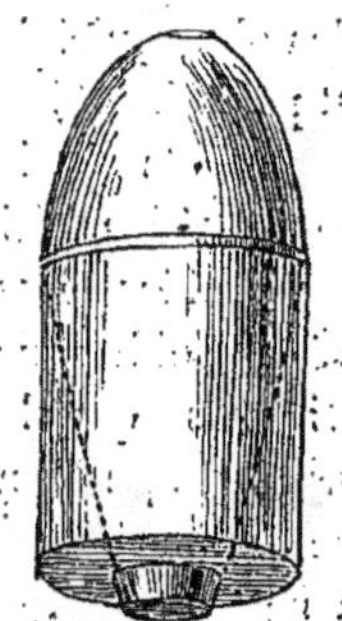

Obus-Schenkl recouvert de son enveloppe.

Projectile belge, système Timmerhans.

produire, semble dès l'abord être en contradiction avec le principe de l'artillerie moderne qui veut de très grandes puissances initiales ; car il paraît tout naturel qu'un projectile soit chassé d'autant plus rapidement qu'il est plus léger.

Dans la pratique, il n'en est rien pourtant à cause de la résistance de l'air, qui annule beaucoup plus vite la force vive des petits projectiles que celle des projectiles massifs.

Cela s'explique du reste mathématiquement; prenez par exemple deux boulets sphériques, l'un du diamètre de 10 centimètres, l'autre de 20; d'après les principes de la géométrie, le plus gros pèsera huit fois plus que le petit, tandis que sa surface ne sera que quatre fois plus grande.

Or, la force vive d'un projectile étant le produit de sa masse par sa vitesse, il s'ensuit qu'à vitesse initiale égale, la force vive du gros projectile sera huit fois plus grande que celle de l'autre.

Quant à la résistance que l'air lui opposera, elle ne sera que quadruple de celle du petit : puisque l'air n'agit que sur la surface de la demi-sphère qui lui est opposée; donc sa force initiale sera plus longtemps conservée.

C'est précisément à cause de cela qu'on a donné aux projectiles modernes la forme cylindro-conique, parce que déplaçant moins d'air que les boulets sphériques, ils éprouvent moins de résistance et atteignent ainsi une plus longue portée.

Quant à la portée maxima, il ne faut pas se faire d'illusion, elle ne doit entrer en ligne de compte que pour les obus qui éclatent à n'importe quel but, et produisent leur effet quand même, mais les boulets n'agissent plus en toute puissance, passé la moitié de la portée effective du canon qui les lance.

Les obus en fonte, et de forme oblongue, sont relativement moins lourds que les boulets puisqu'ils n'atteignent proportionnellement aux calibres que 31, 50, 52, 100 et 144 kilogrammes. Cela ne les empêche pas d'être infiniment plus meurtriers, puisqu'ils sont chargés de poudre de façon à pouvoir éclater en touchant le but.

Nous disons de poudre, mais il en est qu'on charge avec de la fonte liquide et d'autres avec du pétrole quand il s'agit de propager l'incendie, tant il est vrai que le génie ne recule devant aucune combinaison pour faire plus sûrement le mal.

Le canon de 7, système de Reffye, ne tire que des obus, et c'est sur leur type que nous étudierons au point de vue général, la fabrication de cet engin redoutable, laissant de côté la première fonte qui est assez élémentaire, puisqu'elle s'opère par le procédé ordinaire, et dans des moules multiples.

Seulement comme l'obus doit être creux, il faut introduire dans chaque moule un noyau qui tiendra la place de la cavité à obtenir.

Ce noyau qu'on appelle *lanterne*, se compose d'une tige de métal autour de laquelle on moule de la terre réfractaire et que l'on suspend à l'orifice du moule (pour laisser de l'épaisseur à l'obus), au moyen d'une broche qui traverse la tige.

La préparation de ces broches, et le séchage parfait des lanternes sont les opérations les plus longues de la fabrication brute des obus.

Sortant de la fonte, sous la forme déterminée par le moule, l'obus est tourné de façon à recevoir plus facilement le plombage indispensable pour que le projectile, à forcement complet, se moule exactement dans les rayures qui lui donneront sa portée et sa rectitude.

Une fois tourné au burin et fileté à sa sommité pour présenter un écrou aux filets de vis de la fusée, l'obus est décapé à blanc dans de l'eau acidulée, et trempé dans un bain de zinc, au sortir duquel il est revêtu de son enveloppe de plomb, dans un moule à deux valves, figurant des saillies annulaires séparées par des dépressions de 20 millimètres.

Cet obus, dont la cavité doit être remplie de poudre, est bouché avec une fusée destinée à en déterminer l'explosion.

La fusée se compose : du corps de la fusée, bouchon de bronze fileté intérieurement pour se visser à l'orifice de l'obus, et fileté aussi dans sa partie antérieure pour qu'on puisse y adopter le bouchon porte-amorce.

Le bouchon de fusée doit être creusé d'une

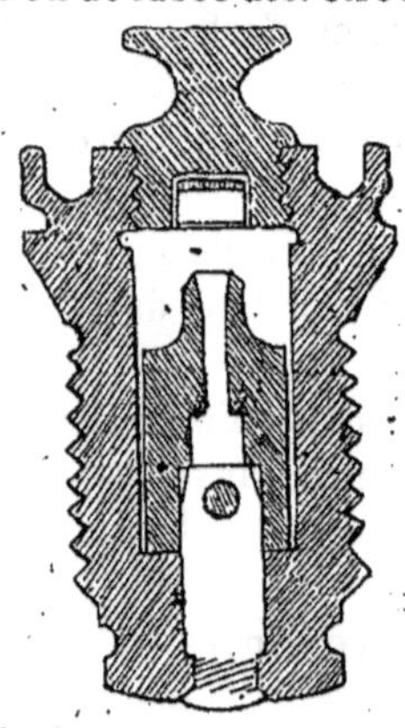

Fusée de l'obus français.

cavité cylindrique destinée à recevoir un petit cylindre de bronze nommé percuteur, lequel est lui-même rempli de poudre qui doit faire communiquer la flamme de l'amorce avec la poudre du projectile.

Il est bien entendu que ce bouchon-amorce n'est fixé dans le corps de fusée qu'au moment du tir; dans les magasins, dans les caissons, sa place est prise par un bouchon de bois.

Quant à son jeu, il est des plus simples, lorsque le boulet chassé de l'âme du canon touche le but, il subit un temps d'arrêt si brusque que le percuteur rendu libre dans la cavité où il est renfermé, par suite de la rupture de la goupille qui le retenait, vient frapper l'amorce qui, en s'enflammant fait éclater l'obus.

C'est l'effet du chien de fusil à piston sur la capsule.

Ce procédé explosif est employé à peu de chose près dans les obus de tout système, mais exactement pour les projectiles creux de nos canons de marine, qui n'en diffèrent que par le volume.

Nous dirons ici quelques mots, bien qu'il ne soit plus employé, de l'ancien obus français, parce qu'il a, en quelque sorte, servi de type à tous les projectiles modernes.

L'invention n'était pas toute française

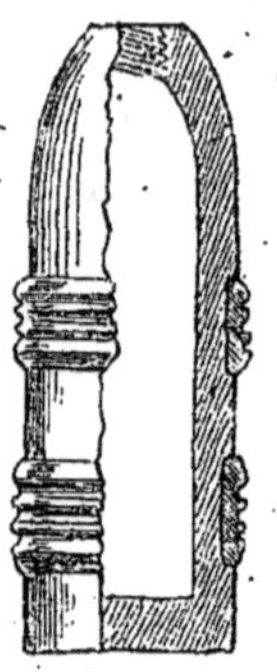

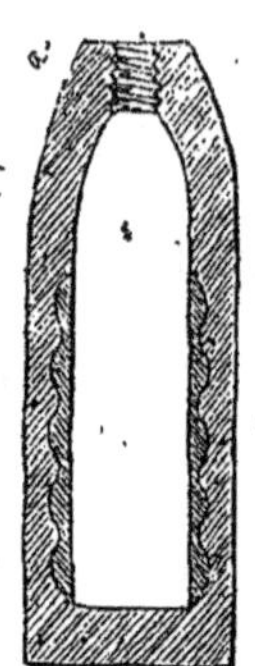

Coupe de l'obus français.

puisqu'elle partait du principe du major Cavalli, qui avait muni les boulets de ses premiers canons rayés, de deux ailettes, destinées à engager le projectile dans les rayures de la pièce. Mais ce système était si défectueux et même si dangereux, car il faisait souvent éclater le canon, qu'on peut considérer comme une création les perfectionnements qu'on y a apportés successivement en France et en dernier lieu M. Treuille de Beaulieu lors de l'apparition de sa célèbre pièce de quatre.

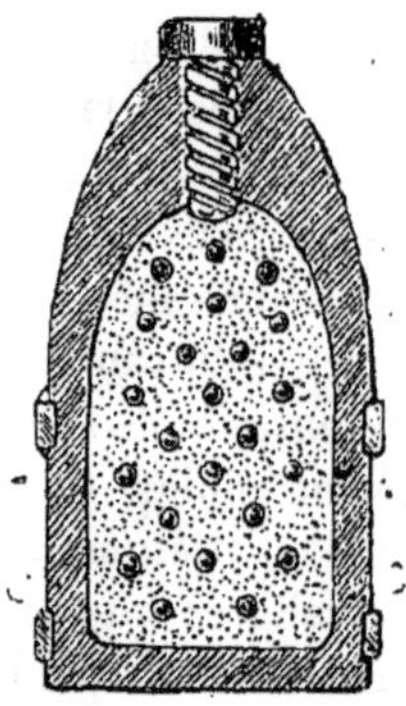

Coupe de l'ancien obus français (boîte à balles).

Son obus qui porta d'abord six ailettes, tant que les pièces n'eurent que trois rayures, et douze lorsqu'on les creusa de six sillons parallèles, avait exactement la forme des obus d'aujourd'hui. Il pesait 4 kilogrammes et il suffisait de 200 grammes de poudre pour le faire éclater en une vingtaine de fragments utiles (si l'on peut employer cette expression) sans compter les morceaux plus petits qui se trouvaient à peu près inoffensifs.

Ceci soit dit pour l'obus plein, car il y avait aussi la boîte à balles dont notre dessein représente une coupe.

Comme on le voit, c'était un obus ordinaire, seulement l'intérieur était chargé de

Fonte des obus. — Chargement d'un fourneau.

Fabrication des broches de lanterne.

85 petites balles de plomb, qui, par l'effet de la poudre qui faisait éclater l'obus, pouvaient s'éparpiller jusqu'à 275 mètres au delà.

D'une façon comme de l'autre, l'explosion de l'obus était provoquée par une fusée métallique qui bouchait la tête de l'obus par une vis, dans laquelle était creusé un canal communiquant, à angle droit, avec d'autres petits canaux, pratiqués dans la tête de la fusée.

Naturellement tous ces canaux étaient remplis d'une matière fusante qui s'allumait par l'inflammation de la poudre faisant partir le canon et brûlait un espace de temps si rigoureusement calculé, qu'on pouvait faire éclater l'obus à une distance déterminée, en bouchant un ou plusieurs des évents que portait la tête aplatie de la fusée.

Ce système était certainement très ingénieux, mais nous avons maintenant la fusée percutante, aussi n'en parlons-nous que pour mémoire, comme nous allons parler des autres.

Chaque type de canon a nécessairement ses projectiles spéciaux ; ainsi il avait été fabriqué pour le canon Armstrong dont nous avons parlé :

Un boulet massif en fonte de fer, sa forme était oblongue ;

Un obus ordinaire de 77 centimètres de longueur et dont la cavité renfermait 21 kilogrammes de poudre ;

Un obus à segments, ainsi nommé parce qu'il était formé de cinq cents morceaux de fonte, pesant chacun 227 grammes, qui se dispersaient à l'éclatement provoqué par une charge de 6k,804 de poudre qui s'enflam-

Le moulage des obus.

Séchage des lanternes.

mait, soit pendant le trajet, soit en frappant le but, au moyen d'une fusée à percussion ;

Et un obus en acier portant une charge d'éclatement de 10k,886.

On en fit même, toujours en acier, qui étaient destinés à contenir de la fonte en fusion.

La fabrication des projectiles Armstrong n'a rien d'absolument particulier, en tant que fonte, sinon la disposition des moules percés de nombreux évents pour précipiter le refroidissement du métal. Mais leur système de forcement dans la pièce mérite description.

D'abord on ne les plaçait pas immédiatement sur la gargousse, ils en étaient séparés par une bourre composée de deux disques de cuivre superposés à une petite distance l'un de l'autre, de façon à former une sorte de chambre dont la concavité était remplie d'un mélange de graisse et d'huile, qui devait au moment où le coup partait, se répandre par le bris de la bourre, dans l'âme du canon, de façon à l'empêcher de s'échauffer.

Ce procédé, inventé par M. Boxer, a été abandonné.

Reste le système de forcement qui n'a été que modifié, mais qui est encore le plus complet qu'on puisse imaginer.

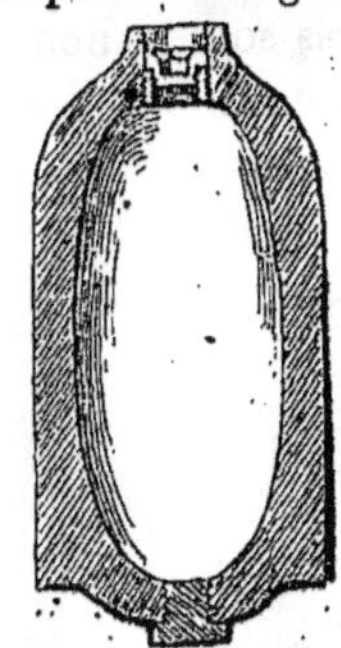

Coupe de l'obus Armstrong.

Le projectile, élargi à sa partie postérieure pour s'arrêter à l'intérieur de l'âme juste à l'endroit où commence la rayure, est obligé de s'écraser par la base, au moment où le coup part; naturellement cette partie est en plomb, qui, se moulant sur la rayure, d'ailleurs peu profonde de la pièce, ne laisse aucun vent entre le projectile et l'âme du canon.

Ce n'est pas tout; la culasse porte encore un étranglement dans lequel il faut que l'enveloppe de métal mou de l'obus s'aplatisse de partout, pour suivre les rayures jusque vers le milieu du canon, où se trouve un nouvel étranglement qui lamine encore, en quelque sorte, le projectile.

Cette double résistance donne évidemment une grande puissance de poussée au projectile, mais il faut que la pièce soit d'une solidité à toute épreuve pour ne pas éclater pendant le tir.

C'est d'ailleurs, le propre des canons Armstrong.

Les obus, qui ont fait la réputation des fameux canons de Wolwich, ne se rapprochent que très vaguement de ceux dont nous venons de parler. Extérieurement, ils ressemblent beaucoup plus à l'ancien projectile français; car ils sont, comme lui, pourvu d'ailettes; ce qui est assez dire comment s'obtenait le procédé de forcement de l'obus dans les canons de Wolwich.

L'usine Krupp fabrique pour ses canons, en dehors des projectiles ordinaires qui ont beaucoup de rapport avec les nôtres, des obus en acier fondu d'un prix très élevé, 400 francs pour un projectile de 100 kilogrammes) mais qui, paraît-il, sont infaillibles pour démolir les cuirasses de navire.

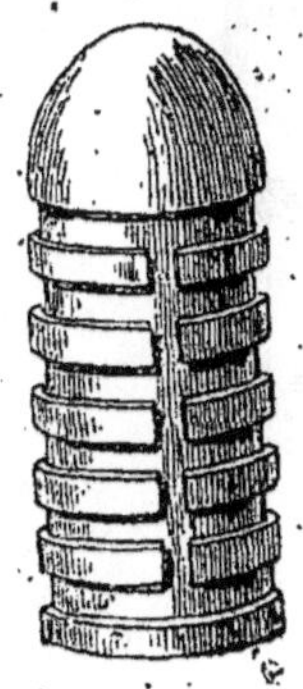

Obus Krupp.

D'une forme cylindro-conique, ils sont arrondis du bout, tournés intérieurement et entaillés de rainures profondes dans lesquelles on coule du plomb, pour leur permettre de se mouler dans les rayures du canon sans les altérer, comme le ferait un métal résistant; ce qui se fait d'ailleurs pour tous les projectiles à charge forcée.

Ils sont ensuite tournés, forés et filetés à l'orifice, pour que l'on puisse fermer à demeure la cavité destinée à contenir la poudre, par un opercule qui se visse sur une longueur de sept centimètres; car les obus ont cela de particulier, qu'ils n'ont pas besoin de fusée ni d'amorce, la température qu'ils acquièrent par leur seul frottement lorsqu'ils traversent la cuirasse du navire, étant suffisamment élevée pour que la poudre s'enflamme et fasse éclater le projectile à l'intérieur du vaisseau.

L'approvisionnement ordinaire des canons Krupp se compose de boulets pleins, d'obus à percussion, chargés de poudre et d'obus chargés de balles de fusil qu'on appelle *schrapnells*, du nom de l'officier anglais qui les a introduits au commencement de ce siècle dans la pratique de l'artillerie.

Mais les Prussiens les ont perfectionnés, ils en fabriquent du reste de deux sortes, les schrapnells ordinaires, que nous appelons

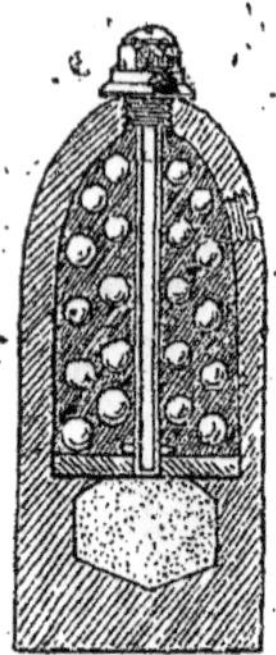
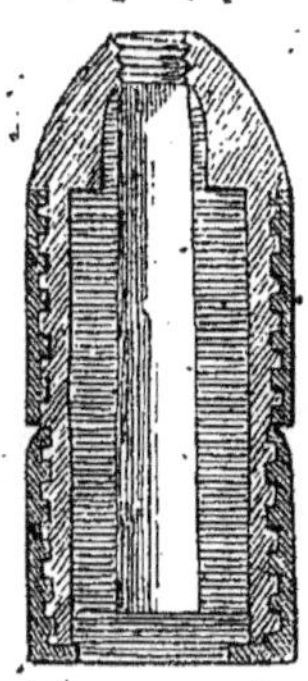

Coupe de Schrapnells.

en France, boîte à balles et que nous employons aussi pour remplacer le tir à mitraille, et les schrapnells à rondelles de métal, tous les deux, du reste suffisamment chargés de poudre pour éclater sûrement et munis d'une fusée d'une fabrication particulière.

Ces projectiles sont d'un effet terrible, surtout à cause des lamelles de plomb qui les enveloppent et qui, se déchirant au moment de l'explosion, portent la mort à cinq ou six cents mètres de là, sous les apparences de balles mâchées.

C'est cet effet, dont on ne se rendait pas bien compte, d'abord, qui a fait dire que, pendant la guerre de 70-71, les Prussiens avaient tiré avec des balles empoisonnées.

L'obus du nouveau canon autrichien est d'un système tout particulier, inventé par le général Uchatius.

Ces nouveaux projectiles, qui s'appellent des *ringholhgeschosse*, nom difficile à prononcer d'ailleurs, mais qui est toute une description puisqu'il veut dire, « projectiles creux à anneaux », se composent d'anneaux métalliques superposés au nombre de douze, dont la surface interne est lisse, mais dont l'extérieure présente une série de cannelures longitudinales, lesquelles s'encastrent dans les cavités intérieures de l'enveloppe, qui est l'obus proprement dit.

Ces cannelures sont au nombre de dix, de façon qu'au moment où l'obus éclate, cha-

Fusée du projectile Uchatius.

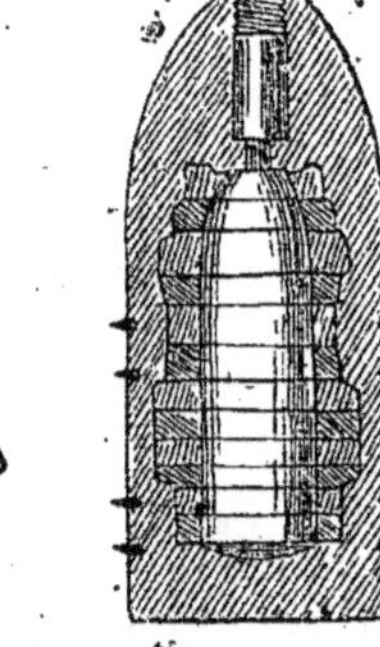

Coupe du projectile Uchatius.

que anneau se sépare en dix morceaux, ce qui fait cent vingt éclats pour les douze anneaux; ajoutez à cela les cassures qui se produiront forcément dans l'enveloppe aux points où elle est entamée d'avance, vous aurez en moyenne cent cinquante fragments de métal dans un obus de 6^{k},350, c'est-à-dire de quoi donner la mort à cent cinquante personnes; ce qui serait absolument effrayant, si ces obus, qui en somme ne sont qu'un perfectionnement mathématique du projectile à segments d'Armstrong, devaient éclater toujours au milieu des masses d'infanterie.

Cet obus, contrairement à l'usage généralement adopté, ne reçoit point de seconde enveloppe en métal mou, il est simplement cerclé de quatre anneaux en fils de cuivre qui s'engagent dans les rayures de la pièce et ont assez d'élasticité pour ne pas les endommager.

Son explosion est produite par une fusée d'une combinaison spéciale, mais que notre dessin fera suffisamment comprendre.

Fabrique de boulets Armstrong.

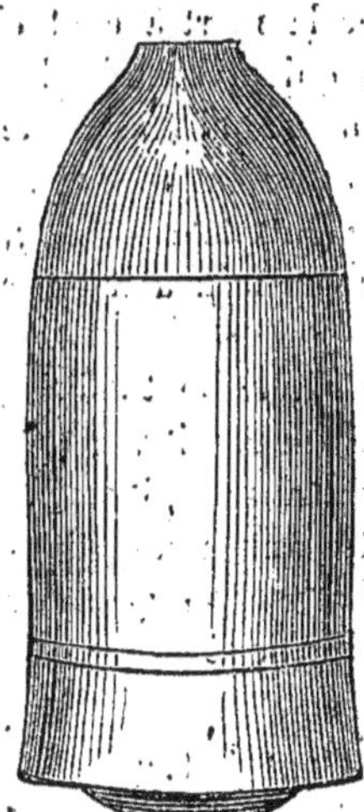

Bombe à segments.

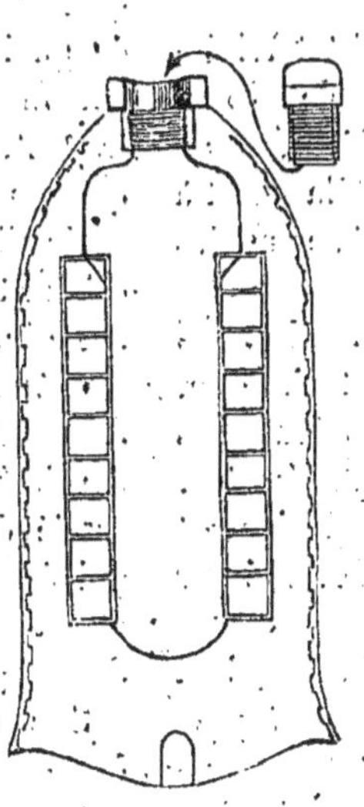

Coupe de la bombe.

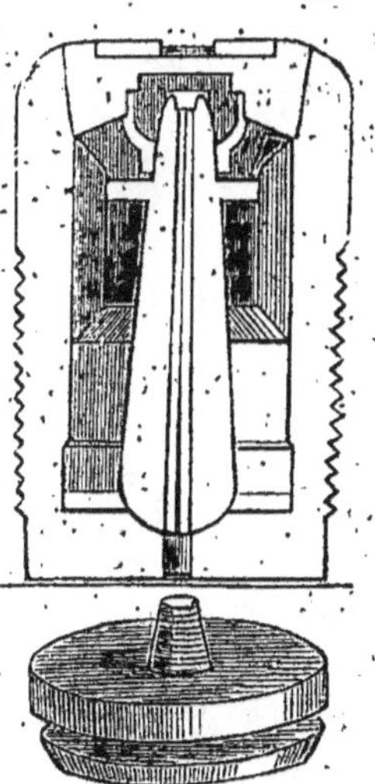

Coupe de la fusée et de la bourre.

Fabrique de boulets cylindriques.

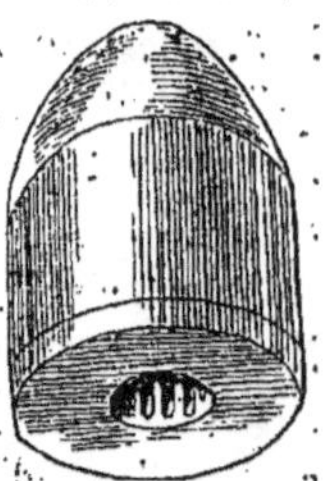

Boulets américains James.

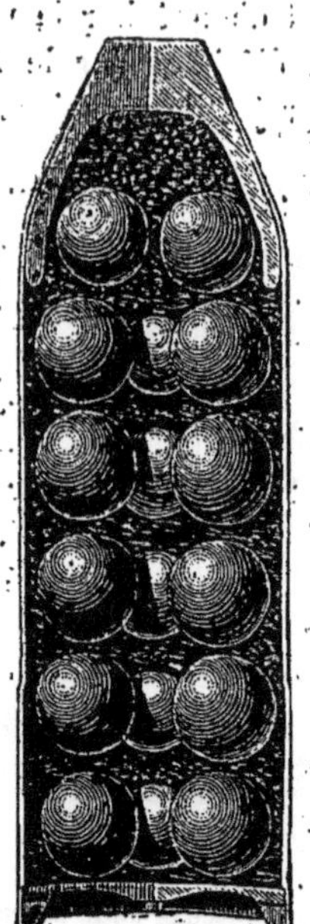

Coupe de l'obus Hotchkiss.

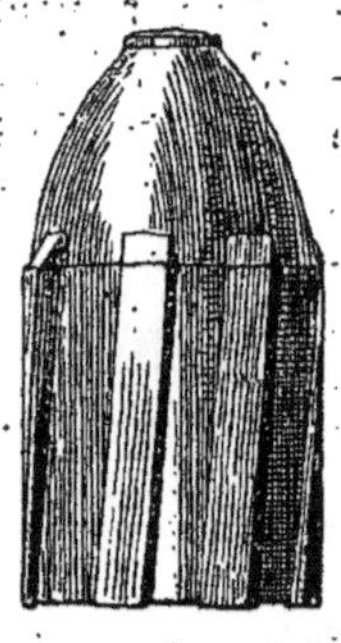

Obus américain Sawyer. Boulet américain Parrott.

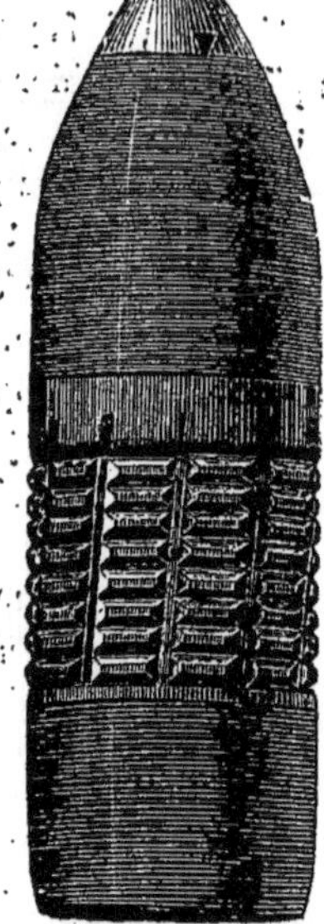

Obus Hotchkiss.

Nous n'entreprendrons point de décrire tous les projectiles plus ou moins ingénieux (en théorie) dont les nations sont si fières, ce qui serait d'ailleurs aussi difficile que dénué d'intérêt; nous dirons seulement quelques mots des systèmes les plus connus et dont nous avons fait graver des spécimens.

Presque tous, du reste, sont revêtus extérieurement d'une enveloppe malléable destinée à préserver les rayures du canon, de l'usure qu'un projectile en métal dur ne manquerait pas d'y produire par le frottement; ces enveloppes sont généralement en plomb, sauf pourtant pour le projectile Schenkl (boulet ou obus), employé aux États-Unis, placé dans une sorte de cartouche en papier mâché, qui s'envole en poussière au moment de l'explosion.

Il faut dire cependant que cette enveloppe n'est pas entièrement en papier, comme on doit le penser à l'aspect de notre dessin.

Sa base, c'est-à-dire la partie postérieure du boulet, est formée d'une rondelle de plomb qui, au moment de la décharge, glisse en avant, le long de la partie conique postérieure, de façon à suivre les rayures de la pièce et à guider ainsi le projectile.

C'est, en somme, le système du général belge Timmerhaus perfectionné.

Le boulet de cet inventeur était, à l'origine, composé de deux parties distinctes, le projectile proprement dit et, au-dessous, un sabot expansif qui, lorsque le coup partait, se pressait contre le projectile en s'écrasant, de façon à pénétrer dans les rayures de la pièce.

Il est à croire que ce système a été modifié, si les Belges, qui ne cachent point leurs prétentions à posséder la meilleure artillerie de l'Europe, s'en servent encore; car il fut d'abord si défectueux, que les premières pièces dans lesquelles on s'en servit, éclatèrent dès les premiers coups, ce qui s'explique, du reste, en ce que l'écrasement du sabot se produisant d'une manière irrégulière, le boulet sollicité d'un côté seulement, se *coinçait* dans l'âme de la pièce, et opposait une résistance insurmontable à l'expansion des gaz de la poudre.

Les Américains, sans abandonner complètement le projectile Schenkl, qui leur a rendu de si grands services pendant leur guerre fratricide, en ont adopté un autre; l'obus Sawyer, dont l'enveloppe n'est pas continue, ce qui la rend, paraît-il, moins sujette à s'arracher.

Ce qui ne les empêche pas de se servir aussi du boulet James, dont la chemise de plomb est complète, mais elle adhère au projectile par des rayures longitudinales creusées en biais dans sa partie cylindrique, et dont les reliefs sont calculés pour s'encastrer dans les rayures de la pièce.

Ils ont aussi le boulet du système Parrott, dont l'extrémité est rendue plus dense par un refroidissement spécial qui est une difficulté de fabrication.

Les obus de ce fondeur, qui affectent la même forme, sont revêtus d'un vernis isolant, qui a pour but d'empêcher la poudre qu'ils contiennent, d'éclater par le frottement avant que le projectile ne soit sorti du canon.

Quant aux boulets du système Blakely, ils n'ont rien de particulier depuis qu'on a remanié leur forme primitive, qui les faisait ressembler à d'immenses olives.

Les Anglais possèdent, outre le projectile Armstrong et ses similaires, l'obus en fonte de Withworth, doublé à l'intérieur d'une chemise de flanelle pour prévenir l'explosion, trop souvent prématurée par l'échauffement de la poudre, lors du passage du projectile à travers les plaques de blindage.

Withworth a, du reste, fabriqué un boulet plein, destiné spécialement à percer les cuirasses des vaisseaux, c'est celui que représente notre dessin.

Ils ont encore l'obus en fonte de Lancaster, mais celui-ci est tout spécial, puisqu'il est destiné aux canons à âme ovale, dont nous avons déjà parlé et qui, pour les raisons que nous avons dites, sont d'une fabrication peu usitée, sinon tout à fait abandonnée.

Le même fondeur a produit enfin des obus revêtus à l'intérieur d'une couche de terre réfractaire, qui leur permet de con-

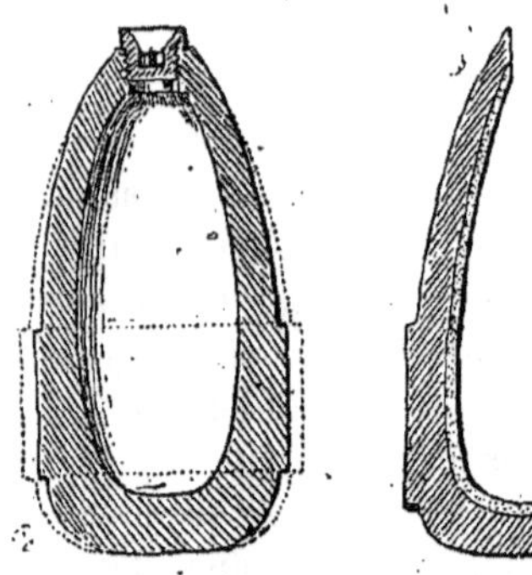

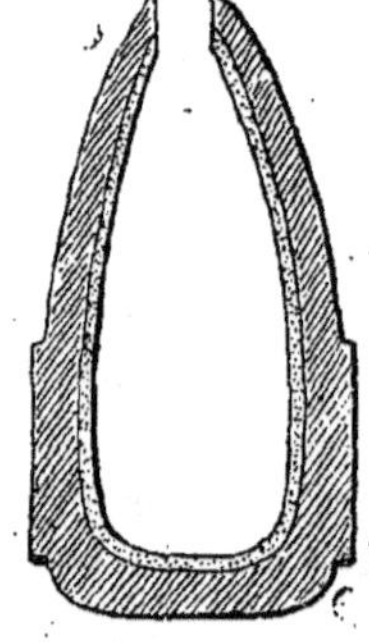

Obus Lancaster.

tenir liquide une charge de fonte en fusion, destinée à produire l'incendie au lieu de l'éclatement.

Citons encore l'obus Scott, qui a la même destination et partant le même revêtement, mais qui affecte la forme ovoïde.

Il n'est pas, du reste, d'un usage courant.

Quant à la bombe, dont nous n'avons encore rien dit, elle est fabriquée spécialement pour les mortiers.

C'est, comme l'obus, à la forme près, un globe de fer rempli de poudre dont l'explosion est déterminée par une fusée, non pas à percussion, mais remplie d'une matière assez lente à brûler, pour que le projectile ait le temps d'arriver à destination avant d'éclater.

Cette fusée est placée dans une ouverture qu'on appelle l'*œil* de la bombe; de chaque côté de l'œil se trouvent deux anses qu'on appelle *mentonnets* et dans lesquels on passe les anneaux en fer dont on se sert, soit pour transporter le projectile, soit pour le placer dans le mortier; du côté opposé à l'œil, se trouve un renfort nommé *culot*, qui donne à la cavité de la bombe un fond horizontal, et par son poids, l'empêche de tomber sur la fusée.

Les bombes employées en France sont : de 32 centimètres de diamètre et du poids de 72 kilogrammes, de 27 centimètres pesant 49 kilogrammes et de 22 centimètres pesant 22 kilogrammes. Mais ces dernières ont été supprimées, étant d'ailleurs parfaitement remplacées par les obus de 24; pour la même raison, il a été question d'abandonner aussi celles de 27. Dans un temps donné, du reste, elles le seront toutes, puisque les projectiles de nos canons de marine sont plus redoutables.

Disons cependant pour mémoire que le mortier de 32 n'a pas lancé que des bombes de 72 kilogrammes, on en a fondu de 90, de 100, et même de 120 kilogrammes, et si l'on voulait remonter jusqu'au siège d'Anvers, on trouverait que le colonel Paixhans en a fait tirer qui pesaient 500 kilogrammes et contenaient 50 kilogrammes de poudre, c'est ce qu'on appelait des bombes doubles comminges.

Par contre, on en a fait d'infiniment plus plus petites, pesant 10 kilogrammes et moins. Il est vrai que ces projectiles, destinés à être lancés à la main, n'étaient plus des bombes, on les appelait selon leur calibre, bombes de fossés, bombettes, bombines, doubles-grenades, grenades, etc.

Mais c'était bon dans le temps où l'on voyait son ennemi, aujourd'hui qu'il faut des lunettes d'approche pour apercevoir seulement la poussière qu'il fait, nous avons changé tout cela.

La guerre ne se fait pas à deux lieues de distance, comme à portée de la voix, et l'on peut être sûr que jamais personne ne renouvellera la chevaleresque fanfaronnade du colonel des gardes françaises à Fontenoy :

« Après vous, messieurs les Anglais. »

XII

LES MITRAILLEUSES

Nous n'avions point oublié les canons à

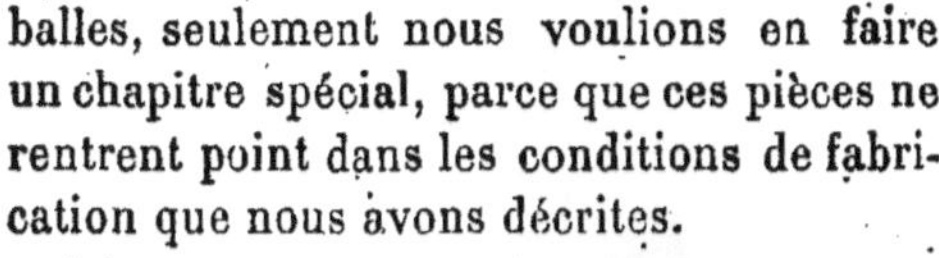

balles, seulement nous voulions en faire un chapitre spécial, parce que ces pièces ne rentrent point dans les conditions de fabrication que nous avons décrites.

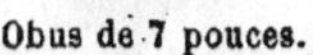

Obus de 7 pouces.

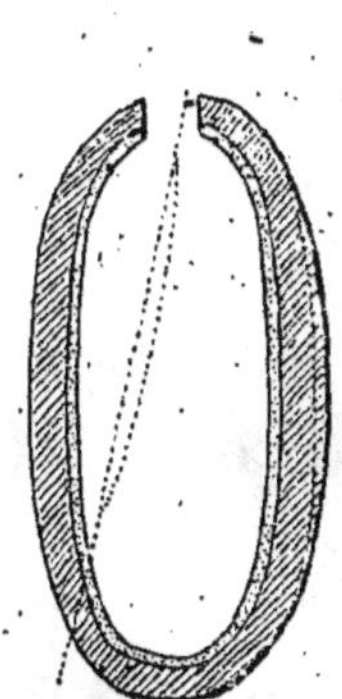

Obus Scott.

Boulet Withworth.

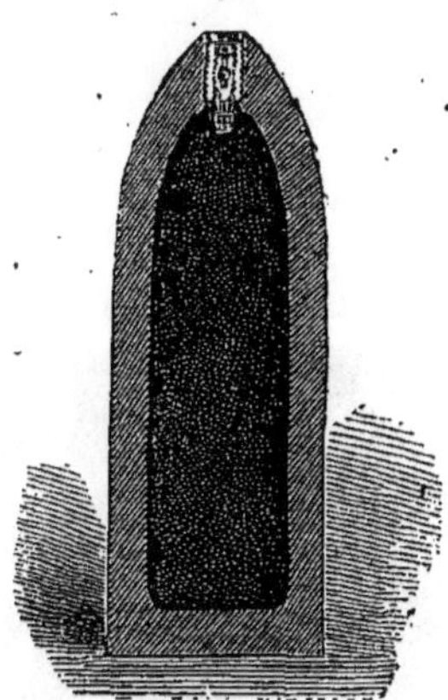

Coupe de l'obus de 6 pouces.

La mitrailleuse est née du besoin qui s'est fait sentir de créer un instrument capable de remplacer les effets de l'ancienne mitraille, de plus en plus abandonnée ; de là, son nom bien mérité d'ailleurs, car elle la remplace avantageusement.

Ce sont les Américains, gens de progrès avant tout, qui ont inauguré l'emploi de cet engin destructeur pendant les horreurs de leur guerre fratricide.

Divers types ont été employés ou tout au moins expérimentés, car la plupart étaient

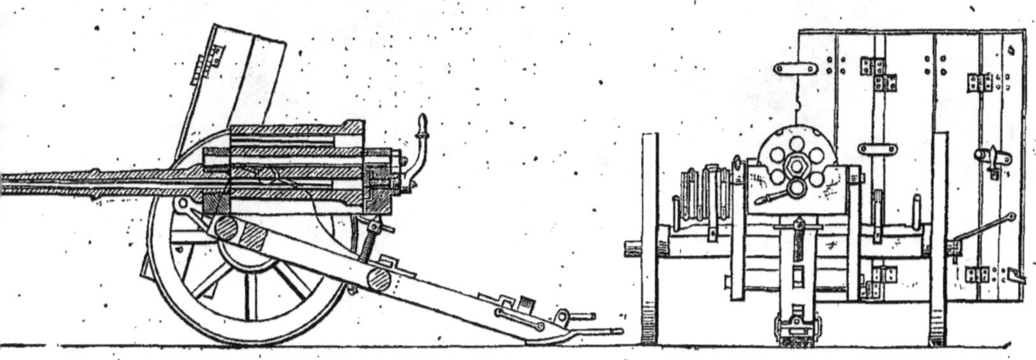

Canon revolver Brame.

incapables d'un bon service. Les plus connus sont :

La mitrailleuse Agar, application en plus grand du système du revolver ; elle n'a qu'un seul canon autour duquel des chambres, chargées d'avance, viennent déposer leurs cartouches par un mouvement de rotation.

Mais ce mouvement est tellement précipité qu'en moins de vingt minutes le canon est chauffé à blanc, par la continuité du tir et qu'il est impossible de s'en servir davantage avant de l'avoir laissé refroidir.

La mitrailleuse Brame, sorte de canon revolver, qui apparut quelque temps après,

UNE BATTERIE TURQUE DE CANONS KRUPP, A ROUSTCHOUK.

comme un perfectionnement, reposait sur le principe à répétition du revolver, mais, malgré les six ou huit canons dont elle était pourvue, elle ne donna pas de résultats beaucoup plus satisfaisants.

Vint ensuite la mitrailleuse Moyal, qui

Canon revolver Moyal.

prenait le titre de canon revolver; elle répondait, du reste, parfaitement à ce titre.

Dans ce système, l'âme du canon est en face d'une plate-forme verticale mobile,

Mitrailleuse Gattling.

autour d'un axe horizontal, et percée de trous, pour recevoir les charges. Dans ces trous se loge une gargousse renfermant aussi le projectile, de sorte que le service de la pièce ne demande pas d'autre opération que celle de faire tourner la plate-forme d'un cran à chaque coup que l'on veut tirer.

Au fur et à mesure que la plate-forme se déplace, les cartouches, posées à la main dans un couloir, sont saisies par un refouloir mécanique qui les pousse dans un des trous, en même temps qu'un écouvillon nettoie le trou qui vient de servir.

Tout se faisait mécaniquement dans cet

appareil, le feu lui-même était communiqué au canon par une pile électrique.

Il ne paraît pas cependant avoir donné des résultats bien brillants, puisqu'on en a tout de suite essayé d'autres, et notamment la mitrailleuse Claxton, et la mitrailleuse Gattling, qui n'arriva, du reste, que quand la guerre fut terminée.

Le système Claxton apparaissait en Europe, perfectionné après son emploi dans la guerre de sécession, à peu près à l'époque où notre mitrailleuse de Meudon était encore enveloppée de ses demi-mystères, qui n'en étaient vraisemblablement pas pour le colonel Claxton, puisqu'il prétendait faire mieux que le colonel de Reffye.

C'est à Liège qu'on en expérimenta les divers types ; car l'inventeur, se basant sur la légèreté de sa machine, avait divisé son système en trois catégories de pièces, les deux premières du calibre de 25 millimètres portaient le nom d'*artillerie à bras*, et la troisième, du calibre de 11 millimètres, était appelée *infanterie mécanique*, parce qu'un homme seul, pouvait manœuvrer et transporter la pièce sur une sorte de brouette affût, dont le caisson contenait 750 cartouches.

L'expérience fut assez concluante (on tira jusqu'à 120 coups à la minute) pour que la pièce fût adoptée, avec quelques modifications (surtout l'augmentation du nombre des canons), sous le nom de mitrailleuse Belge, par lequel elle est plus généralement connue.

Elle se compose de 37 canons de fusil rayés, réunis en fasceau et enveloppés dans une gaine en fonte de fer qui donne à la pièce l'apparence d'un canon.

Elle se charge, par l'introduction à l'arrière de l'enveloppe de fonte, d'un disque portant 37 cartouches, placées de façon à entrer toutes à la fois dans les canons.

On approche alors, du disque au moyen d'un levier à main, « l'appareil à percussion dont le choc contre les cartouches détermine l'explosion de la poudre, et les 37 coups partent à la fois, le disque est enlevé vivement et remplacé par un autre tout chargé, celui-ci, une fois vidé, l'est lui-même par un troisième, et ainsi de suite tant que les besoins du tir l'exigent, et tout cela se fait très vite, car on peut, dans l'espace d'une minute, décharger trois disques de chacun 37 cartouches, ce qui fait justement 296 balles.

C'est bien quelque chose, mais on a essayé mieux encore et beaucoup d'autres espèces de mitrailleuses sont apparues successivement et ont été expérimentées dans tous les pays.

Celles dont on a le plus parlé, après la mitrailleuse française dite de Meudon (du lieu où les essais en furent faits) sont la mitrailleuse américaine ou mitrailleuse Gatling, et la mitrailleuse Montigny.

Cette dernière, qui n'est du reste qu'une imitation, quelques-uns disent même une contrefaçon belge, du canon à balles français, a été perfectionnée par le major Fosberry et M. Metford, et expérimentée avec succès à Liège en 1869 ; nous ne la décrivons pas à cause de sa ressemblance avec la mitrailleuse de Reffye, dont nous parlerons tout à l'heure.

Elle n'en diffère d'ailleurs qu'en ce que la manœuvre des culasses mobiles s'y fait avec des leviers au lieu d'une manivelle, et que la plaque de détente est pleine au lieu d'être percée de trous, ce qui fait qu'on est obligé de la faire descendre de façon à démasquer successivement l'orifice des canons, qui sont au nombre de 37 comme dans la mitrailleuse Belge, au lieu des 25 dont se compose le canon à balles français.

La manœuvre en doit être très facile, puisque cette pièce peut faire à la minute treize décharges qui lancent 481 balles.

Quant à la mitrailleuse Gattling, elle diffère complètement des autres, pour la forme, du moins, qui ne se rapproche pas du tout de celle du canon.)

C'est un immense revolver composé de six canons de très fort calibre, qui sont animés d'un mouvement par une manivelle tournée par un des servants, et viennent passer successivement devant l'aiguille, qui, faisant office de percuteur, détermine l'explosion.

Son mécanisme est donc réduit à un excentrique, qui a pour triples fonctions : de retirer les culots des cartouches vides, de repousser l'aiguille quand elle a fonctionné, et de conduire dans les canons, les cartouches qu'un des deux servants lui fournit constamment, car le tir de la mitrailleuse américaine est continu; son seul inconvénient est dans la mobilité des canons qui empêchent d'obtenir une grande précision dans le tir.

Néanmoins les diverses expériences qu'on en a faites, ont donné ce qu'on appelle de *bons* résultats.

On s'en est du reste aperçu pendant le second siège de Paris, où l'on en a fait un usage *trop* étendu.

Arrivons au canon à balles français, c'est son nom réglementaire, et étudions en détail la mitrailleuse inventée par le colonel de Reffye.

Son âme est formée par un faisceau de vingt-cinq canons, plus gros que les canons de fusil, et assemblés par cinq de rang, de façon à former un carré, circonscrit par quatre planches de fer forgé de huit millimètres d'épaisseur, fortement boulonnées; les canons, brasés entre eux, le sont également avec les plaques, de façon à ne former qu'un seul bloc.

Les angles de ce parallélipipède sont abattus sur un tour, après quoi il est porté à la fonderie pour y être recouvert d'une enveloppe de bronze qui lui donne la forme d'un canon; lequel est tourné, foré, rayé, comme les autres pièces, avec cette différence que chaque canon reçoit dix rayures au pas de cinquante centimètres.

Avec cette différence aussi, que la pièce se termine par une cage de fonte et ne faisant qu'un corps avec elle, destinée à renfermer, d'avant en arrière, la culasse mobile qui reçoit les 25 cartouches.

Empruntons maintenant à M. Turgan, qui est une autorité dans la matière, la description de cette culasse et du mécanisme de la pièce.

« De la face antérieure s'avancent quatre tiges ou *guides*, entrant dans quatre trous de l'enveloppe de bronze, et qui servent à maintenir le cintrage de la culasse mobile. La face supérieure porte une poignée, pour faciliter l'enlèvement de la culasse, des deux faces latérales sortent des crochets qui servent, dans les manœuvres, à suspendre la culasse mobile à l'affût.

« Derrière la culasse mobile est placé le système de percussion, qui glisse d'arrière en avant, entre les joues de la cage, sous la pression d'une grosse vis à manivelle. Il comprend d'arrière en avant une *boîte à ressort* en acier, percée de 25 trous où sont logés les ressorts à boudin, à l'intérieur desquels une sorte de chandelier en cuivre, nommé *tetine* reçoit la tige postérieure des percuteurs. Les percuteurs sont élargis en embase de manière à appuyer sur les ressorts à boudin; cette pression s'exécute au moyen d'une plaque en bronze, dite plaque de 14, parce que son épaisseur est de 14 millimètres.

« Les trous dont elle est percée sont assez larges pour laisser passer le *porte-aiguille*, mais assez étroits pour retenir l'embase des percuteurs, par conséquent, lorsque la vis appuie la boîte à ressort sur la plaque de 14, les ressorts se trouvent bandés.

« Toujours en marchant d'arrière en avant, après la plaque de 14, on trouve la boîte en bronze qui renferme la *plaque de déclanchement*, mobile de gauche à droite, suivant une vis mue par une manivelle placée à la droite de la cage.

« Cette plaque de déclanchement est percée de trous disposés de telle manière que lorsqu'ils arrivent en face du percuteur, ils le dégagent, permettent aux ressorts d'agir et de porter vivement en avant l'aiguille; celle-ci, traversant une autre pièce d'acier

Mitrailleuse française et ses accessoires. — Atelier de construction.

dite : *avant du système*, vient frapper l'amorce centrale de la cartouche correspondante.

« La face antérieure de cette dernière pièce est cannelée, pour laisser au besoin un passage au gaz, quand le culot de la

La nouvelle mitrailleuse Hotchkiss.

cartouche ne donne pas une obturation complète.

« Rien n'est donc plus simple que la manœuvre de ce système. »

Voici, en résumé, comment s'exécute le tir du canon à balles, on commence par mettre sur ses pieds en arrière et à droite de l'affût, une caisse servant de couvercle à un *déchargeoir* que l'on pose à côté; sur la face supérieure de cette caisse-couvercle, sont ménagées quatre crapaudines dans lesquelles on place les quatre guides de la face antérieure de la culasse mobile ; sa face postérieure se trouve donc ainsi bien disposée pour recevoir les 25 cartouches qui tombent naturellement dans les trous de la culasse au sortir de la boîte carrée qui les contenait, et que l'on appuie sur cette face postérieure, devenue supérieure par la position renversée de la culasse mobile sur la caisse-couvercle.

On insère cette culasse alors chargée dans l'espace ménagé entre le système de percussion et les canons.

En faisant mouvoir, au moyen de la manivelle, la grosse vis de l'arrière, on avance la boîte à ressort jusqu'à ce qu'elle ait rencontré la plaque de déclanchement qui, appuyant sur l'extrémité du porte-aiguille, agit sur les ressorts et les maintient bandés. La vis continuant à marcher rapproche également la culasse mobile du canon, pendant que les quatre guides de la face antérieure de la culasse mobile, s'enfonçant dans les trous qui leur sont destinés, amènent exactement les cartouches en face de chacun des 25 canons.

Lorsque la vis est arrivée à la fin de sa course, toutes les pièces du canon à balles se trouvent juxtaposées et maintenues strictement par la vis, dont la solidité est assurée à l'arrière par un gros écrou de bronze.

En faisant tourner la manivelle de la vis de déclanchement, les aiguilles dégagées dans un ordre donné, viennent frapper l'une après l'autre, l'amorce des cartouches, et le tir, qui se succède canon par canon, peut cependant être assez précipité pour que les vingt-cinq décharges paraissent presque simultanées.

Pendant ce tir, un autre servant a chargé l'une des culasses de rechange au moyen d'une autre boîte; après le tir, la grosse vis de l'arrière est rapidement desserrée; on enlève la culasse portant les cartouches vides, on la remplace par la culasse aux cartouches pleines et le tir continue ainsi au moyen de quatre culasses de rechange.

Comme on le voit, c'est expéditif et pratique à tous les points de vue, puisqu'à la distance de mille mètres, le tir d'une mitrailleuse couvre absolument une superficie de cinq cents mètres carrés, de façon à n'y pas laisser, en peu d'instants, un seul être vivant.

Eh bien! on a encore trouvé meilleur que cela, la mitrailleuse Hotchkiss, d'une invention récente, mais qui est adoptée déjà presque partout.

Il est vrai que cette mitrailleuse est aussi un canon et qu'elle peut jouer indifféremment les deux rôles selon son adaptation.

L'ingénieur américain qui a trouvé cela, ne cherchait d'abord qu'un canon revolver, s'ajustant sur un affût fixe, au bordage des vaisseaux, pour combattre les bateaux torpilleurs et il a si bien réussi que dès 1879, la France adoptait son engin pour sa marine, comme l'ont fait depuis la Russie, la Hollande, le Danemark, la Grèce, et même l'Allemagne, malgré ses canons Krupp.

Le canon revolver se compose de cinq tubes, montés parallèlement l'un à l'autre autour d'un axe central.

Ces tubes, placés entre deux disques de bronze, forment un groupe disposé pour tourner devant une culasse, contenant les divers mécanismes du chargement, de l'inflammation, et de l'extraction de la douille des cartouches tirées.

Jusqu'à présent on en a fait de trois modèles : deux affectés spécialement à la marine et le plus récent, monté sur un affût roulant pour servir à l'armée de terre.

Dans le premier type les tubes du canon ont 37 millimètres de diamètre, presque le triple de l'ancienne mitrailleuse, et l'ensemble muni de tourillons est monté sur un affût spécial en bronze fixé sur le plat bord du navire à peu près comme un étau de serrurier, mais portant une douille également de bronze qui permet au canon de se mouvoir horizontalement et verticalement pour les besoins du pointage.

Deux hommes suffisent au service de la pièce, le tireur, qui pointe horizontalement le canon en faisant agir avec son épaule la crosse qui le termine, et verticalement, en se servant d'une poignée qu'il tient de la main gauche de façon à conserver sa droite libre pour faire manœuvrer la manivelle fixée au côté de la pièce, — et le chargeur qui fait glisser les cartouches projectiles dans un couloir de la culasse, d'où elles viendront se présenter d'elles-mêmes aux canons quand la pièce sera en action.

Cette action est donnée par la manivelle, à laquelle le tireur fait faire un cinquième de tour, mouvement suffisant pour agir sur le mécanisme renfermé dans la boîte de culasse.

Ce mécanisme se compose d'un ressort qui, poussant brusquement un percuteur en acier à peu près semblable à ceux des fusils chassepot, le fait frapper sur l'amorce de la cartouche de façon à l'enflammer, et à faire partir le coup.

L'opération commence par celui des cinq canons qui se trouve placé au bas du faisceau, et ce canon n'est pas plutôt déchargé, que la manivelle le fait tourner autour de l'axe, et l'amène devant un extracteur qui arrache le culot de la cartouche vide, au moment même où un second canon recevra sa cartouche, celui-ci, tiré, fera le même mouvement, de façon qu'au cinquième coup, le premier canon tournant toujours par cinquième de tour, arrivera juste en face du couloir où se trouve la cartouche qui lui est destinée.

Et ainsi de suite sans interruption, ce qui permet de tirer de 60 à 80 coups à la minute, c'est-à-dire de lancer, si les munitions ne manquent pas, de 3,500 à 4,800 obus par heure, car c'est là surtout qu'est la supériorité de la nouvelle mitrailleuse, c'est qu'elle lance des obus et que sa portée atteint jusqu'à 5,000 mètres.

C'est à cause de cela qu'on a créé tout de suite les deux autres types dont nous avons déjà parlé, et qui ne diffèrent d'ailleurs que par le calibre des canons.

Dans le premier, affecté également au service de la marine, l'âme du canon est de 47 millimètres; ce qui lui permet de lancer des obus respectables.

Il faut un homme de plus pour servir cette pièce, car le tireur ne pourrait pas à la fois mouvoir la manivelle et pointer; le troisième servant a donc pour mission de tourner la manivelle; mais comme il faut que le tir de la pièce soit entre les mains du pointeur, la manivelle ne fait que déplacer les canons sans pouvoir faire partir le coup, le percuteur étant mû seulement par une détente adoptée à une crosse de pistolet placée sous le canon, et que le tireur presse à sa volonté.

Dans le deuxième type, approprié au service de l'armée de terre, la mitrailleuse est montée sur un affût de campagne exactement comme les pièces ordinaires.

Les canons ont 42 millimètres de diamètre intérieur et l'ensemble pèse 475 kilogrammes; presque autant que la pièce de sept de Reffye.

Quant aux projectiles du canon revolver Hotchkiss, ils sont de trois sortes : un boulet ogival en acier à pointe durcie destiné à perforer les cuirasses des bateaux torpilleurs.

Un obus explosif, en fonte, fermé d'une fusée percutante.

Et une boîte à mitraille renfermant une

La mitrailleuse Montigny.

vingtaine de balles placées par couches, alternativement avec un rang de poudre.

Tous ces projectiles, quel que soit leur genre, sont cerclés d'une ceinture de laiton posée simplement sur des rainures ménagées dans le métal, et qui joue, vis-à-vis des rayures, exactement le rôle du métal mou, dont on enveloppe généralement les obus ordinaires.

Tel est le dernier engin destructeur trouvé par les professeurs en l'art de tuer réglementairement les autres.

Ou du moins tel était hier, car, par ce temps d'électricité, qui sait ce que seront les champs de bataille de l'avenir?

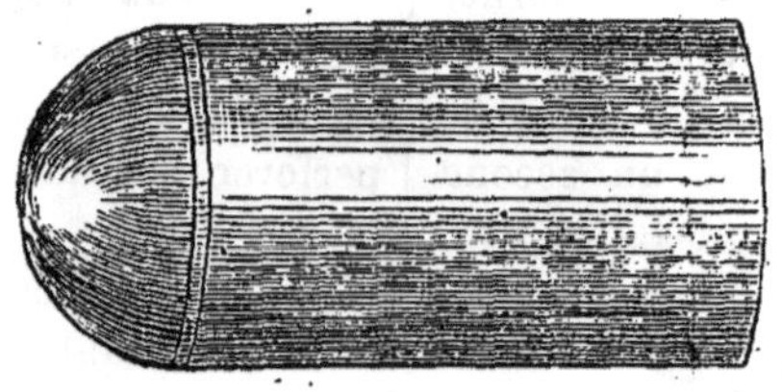

LA MARINE DE GUERRE

I

LES NAVIRES CUIRASSÉS

Le lecteur ne doit pas s'attendre à trouver dans cette étude, la description de toutes les opérations qui constituent le navire.

Un vaisseau, qui est une caserne, ou, pour être plus exact, une forteresse flottante, est, par cela même, chose si complexe qu'il faudrait des volumes, encore serions-nous obligés de mettre à contribution toutes les industries si diverses qui concourrent à sa construction.

Nous prenons ici le navire tout fait et ne nous en occupons qu'au point de vue de son armement.

L'armement de la marine de guerre est de deux sortes : offensif et défensif.

L'armement offensif, se compose des canons, dont nous venons de parler avec détails.

L'armement défensif comprend les cuirasses, les blindages de toutes sortes qui, depuis l'adoption générale de l'artillerie moderne, sont devenus une nécessité pour les bâtiments de guerre.

C'est la fabrication, la pose et les divers systèmes de ces blindages, se modifiant au fur et à mesure que les canons se perfectionnaient, qui seront l'objet de notre travail.

Ce qui ne nous empêchera pas de donner des aperçus sur l'ensemble des navires, si variés de formes et d'agencement, dont nous aurons occasion de parler; toutes les fois qu'il le faudra pour la clarté de l'histoire descriptive de cette invention mémorable (plus peut-être que merveilleuse) qui, si elle n'appartient pas en propre à la France, lui doit du moins ses premiers, et incontestablement ses plus utiles perfectionnements.

Aussi bien, du reste, que son véritable point de départ, la construction du *Napoléon*, le premier vaisseau de guerre à grande vitesse qui ait labouré les mers de sa puissante hélice.

***

L'art de cuirasser les navires, que l'on estime aujourd'hui avoir atteint sa perfection, n'est pas absolument aussi récent qu'on pourrait le croire, puisque, dès l'an 1550, les chevaliers de Saint-Jean de Jérusalem avaient équipé une caraque blindée de plomb, dont les larges plaques étaient fixées par des boulons d'airain.

Cette caraque, construite à Nice et qui fut célèbre sous le nom de la *Santa-Anna*, prit une part très active au siège de Tunis que fit Charles-Quint dans le but de rétablir le bey Muley-Hassan, détrôné par le trop fameux corsaire Barberousse.

Nous en trouvons la description dans l'*Histoire des chevaliers de Saint-Jean de Jérusalem*, par Bosio.

« Elle avait six ponts, une nombreuse et puissante artillerie, son équipage se composait de 300 hommes. Il y avait à bord une chapelle spacieuse, une sainte-barbe, une salle de réception et une boulangerie; mais ce qu'on remarquait de plus singulier dans sa construction, c'était une cuirasse de plomb qui était fixée sur ses flancs par des boulons d'airain.

« Et cette cuirasse, qui ne lui enlevait rien de sa vivacité et de sa légèreté, était assez solide pour résister à l'artillerie de toute une armée, ainsi qu'on put le voir au siège de Tunis. »

Malgré son succès, ce système ne fit pas école, et près de deux siècles se passèrent avant qu'on en vît se produire de nouveaux dans ce genre; encore n'est-il pas prouvé que l'essai dont nous allons parler fut suivi d'exécution.

Il s'agit d'un projet que don Juan de Ochoa adressait, en 1722, au roi d'Espagne, accompagné d'un dessin à la plume, fait vraisemblablement par l'inventeur lui-même, et que nous croyons intéressant de reproduire ici.

Les légendes de ce dessin donnent les détails de la construction de ce navire que l'on peut considérer comme un des ancêtres de nos vaisseaux cuirassés.

« A, est le tillac du navire, formé de deux demi-portes qui se ferment et se réunissent au milieu du navire avec leurs gonds de fer, au ras du bord, ainsi qu'on le voit dans la figure.

« B. — Une des deux portes avec leurs verroux qui se ferment ets'assujettissent en dedans; lorsque l'une est ouverte et l'autre fermée, elles doivent reposer sur le bord du navire et non pas sur leurs gonds.

« C. — Tillac de proue et de poupe, se composant de deux demi-portes, unies et s'ajustant avec celles des côtés ainsi qu'on le voit.

« D. — Éperon du vaisseau, comme celui des galères, en fer pour sa défense.

« E. — Éperons des côtés, tout en fer, et placés de façon à ne pas gêner les rames.

« F. — Fenêtres par où sortent les rames dont il faudra toujours être bien approvisionné pour la manœuvre.

« G. — Canons d'artillerie, qui doivent être d'environ 22, mais ils peuvent avoir un calibre plus élevé si on le désire.

« H. — Rames du bâtiment, qui doivent être semblables à celles dont on se sert pour les galères et manœuvrées comme elles. Si entre un canon et l'autre on pouvait placer deux rames au lieu d'une, cela vaudrait beaucoup mieux.

« Si on construisait exprès de ces navires épieux, ils devraient être très forts, et les membrures aussi unies que le permet ce genre de construction.

« Sur une quille bien forte, un seul pont pour mieux résister au poids de l'artillerie. Il sera pourvu aux aménagements nécessaires aux gens de l'équipage ; mais nous n'avons pas cru utile de les mentionner ici.

« Lorsque le navire sera construit, il devra être recouvert de plaques de fer d'un doigt d'épaisseur, à partir de la quille elle-même.

« Nous avons dit qu'en commençant la mise en œuvre, les membrures devaient être bien unies ; c'est pour que les plaques de fer ne portent pas à faux et ne se plient pas sous le boulet, ce qui n'arrivera pas si elles sont assises sur des bois bien forts, étant ainsi à couvert de tout feu et danger de guerre. On arrivera ainsi à de grands résultats au grand scandale des ennemis et sécurité de nos ports.

« En ouvrant les ouvertures du tillac on pourra naviguer et conduire le vaisseau où l'on voudra en mettant en place les mâts et les voiles.

« Dans l'idée énoncée et pour gagner du temps, on pourrait utiliser quelques vieux navires en les transformant. »

Il ne paraît pas qu'on ait donné une suite matérielle à cette idée, ou si l'essai a été fait, il faut qu'il ait donné de bien maigres résultats puisqu'il n'en est pas resté de trace.

Ce n'est qu'à la fin du XVIIIe siècle qu'un nouvel essai de navires cuirassés fut fait, encore ne fut-il pas couronné du succès que son auteur, le chevalier d'Arcon, avait fait espérer.

Les batteries flottantes avec lesquelles il prétendait réduire Gibraltar lors du siège de ce fort en 1782, portaient un blindage incliné qui les garantissait des bombes, un bordage d'un mètre cinquante, qui les protégeait contre les boulets et devait braver les boulets rouges, au moyen d'une circulation d'eau entre les joints et les assemblages, pour en neutraliser les effets incendiaires.

Malheureusement, soit que les plans de l'ingénieur n'eussent pas été suivis exactement, soit que ses mesures eussent été mal combinées, le constructeur ne produisit que des bâtiments très lourds, se mouvant difficilement à cause de leur épaisseur, et marchant d'autant plus irrégulièrement qu'ils n'étaient blindés que du côté qu'ils devaient présenter au feu des assiégés ; si bien qu'ils furent assez promptement détruits par l'ennemi.

Mais la cause du blindage n'était pas perdue. Fulton, qui ne se contentait pas d'avoir fait une révolution dans l'art naval, par l'application de la vapeur à la navigation, devait l'étudier quelque vingt ans après.

En 1813, une batterie flottante fut construite à son instigation et sur ses plans, par le gouvernement américain.

Elle était longue de 47m,60, sur 17 de large, et avait 6m,10 de creux et un tirant d'eau de 3m,05. Sa coque, en bois de chêne, était recouverte d'une muraille métallique capable de la protéger contre l'artillerie de l'époque.

Ce bâtiment qui s'appelait le *Démologos*, mais qui prit le nom de *Fulton* après la mort du célèbre ingénieur, était mû par la vapeur, avec un procédé nouveau, mais défectueux puisqu'il ne permit jamais une vitesse de plus de quatre nœuds et demi.

Sa machine consistait en un seul cylindre à vapeur actionnant une roue à aubes placée au centre du navire, position choisie évidemment pour préserver le propulseur du navire, mais très défavorable au point de vue de la marche.

Quant à son armement offensif il se composait de 20 canons de 32, placés dans une batterie couverte, dans laquelle étaient aussi aménagés des fours à chauffer les boulets rouges et des appareils pour lancer de l'eau bouillante sur les navires.

Le *Fulton* n'eût pas occasion de faire ses preuves, car il sauta par accident en 1829, et comme on tenait à expérimenter le système on en reconstruisit un tout semblable auquel on donna naturellement le nom de *Fulton* II; seulement comme on ne pouvait obtenir une vitesse raisonnable en laissant la roue à aubes sous le navire, on lui en donna deux, placées sur les flancs dans les conditions ordinaires.

Du reste le navire lui-même rentra bientôt dans les conditions ordinaires, car, comme c'était un des meilleurs marcheurs de la marine des États-Unis, on le débarrassa de sa cuirasse pour diminuer son poids.

L'expérience n'était donc pas concluante et on ne l'aurait peut-être pas renouvelée sans l'invention du colonel Paixhans, qui consistait à lancer horizontalement des projectiles creux de gros calibre avec autant de précision que des boulets pleins — et qui eut pour conséquence : d'exciter l'émulation de tous les novateurs, et de pousser l'artillerie de marine dans la voie des progrès, où elle a toujours marché depuis.

Projet de navire cuirassé de Don Juan de Ochoa.

Alors les navires se trouvaient sérieusement menacés de destruction, puisqu'un seul boulet creux, logé dans leur muraille, pouvait en éclatant produire une voie d'eau impossible à fermer; on reprit peu à peu l'idée de les cuirasser.

C'est encore l'Amérique qui commença.

Dès 1842, MM. Robert et Edwin Stiévens, avaient soumis au gouvernement le plan d'une batterie flottante impénétrable aux boulets; de nombreuses expériences avaient prouvé qu'une muraille de fer de quatre pouces et demi d'épaisseur pouvait suffisamment résister, les ingénieurs reçurent une commande; mais ils perdirent tant de temps en essais nouveaux, portant sur les détails de la construction, mais surtout sur la composition des plaques de blindage que leur batterie, qu'on appela batterie d'Hoboken, du nom du port où on la mit en chantier, ne fut pas prête avant celles qu'on avait commencées en France beaucoup plus tard, c'est-à-dire aussitôt qu'on eût constaté, par la façon dont nos vaisseaux avaient été maltraités à l'attaque des forts de Sébastopol, qu'ils étaient impuissants devant l'artillerie nouvelle.

Des expériences furent faites à Vincennes, sur des plaques de blindage, avec les boulets du plus gros calibre et leur résultat fut assez satisfaisant pour qu'on s'occupât immédiatement de la construction de cinq batteries flottantes : la *Dévastation*, la *Lave*, le *Congrève*, la *Foudroyante* et la *Tonnante*, sur les plans de l'ingénieur Guyesse, directeur des constructions navales.

Ces bâtiments, dont la forme rappelle à la fois celle des chalands, et celle des galiotes hollandaises, n'étaient pas des navires dans toute l'acception du mot, puisque, malgré une force motrice de 300 chevaux, ils étaient incapables de se diriger eux-mêmes.

LA LAVE, batterie flottante cuirassée.

Longs de 53 mètres, larges de 14, lourds à proportion et même hors de proportion, puisqu'ils pesaient 1,500,000 kilogrammes, ils se manœuvraient très difficilement, marchaient mal et présentaient en outre l'inconvénient de ne pouvoir contenir qu'une très petite quantité de provisions.

En revanche, ils avaient un faible tirant d'eau qui permettait de les remorquer à peu près où l'on voulait; ils portaient une artillerie considérable (16 canons de 50), et surtout ils pouvaient la maintenir en activité à l'abri de toute attaque, grâce à une cuirasse de fer doux de 10 centimètres d'épaisseur.

Et dans les circonstances particulières où l'on se trouvait c'étaient de puissants auxiliaires.

Comme navires, ils ont été jugés tout de suite; mais ils rendirent de tels services, à titre de batteries, devant Kinburn (où embossés à moins de 300 mètres de distance, ils reçurent un nombre considérable de boulets de 42 sans être endommagés sensiblement), qu'on s'occupa de les perfectionner.

M. Dupré, commandant d'une de ces batteries, dont l'action fut si décisive sur la prise de Kinburn, terminait ainsi son rapport:

« Qu'on les rende navigantes, pouvant aller seules au feu par tous temps, qu'on les rende maniables, habitables et on aura opéré dans la marine militaire une révolution radicale. »

On parlait alors beaucoup de la fameuse batterie d'Hoboken, qui portait déjà le nom de *batterie Stevens*, et donnait des résultats plus complets que les nôtres, surtout au point de vue de la navigation.

C'était, du reste, un grand navire de 128 mètres de long sur 13 de large et de 6,000 tonneaux de jauge, construit sur le type des transatlantiques de ce temps, et recouvert de plaques, qui avaient été expérimentées avant leur mise en place, elles présentaient des garanties de solidité à toute épreuve.

Mais ce blindage, pesant 2,000 tonnes, alourdissait tellement le navire, dont la coque pesait déjà 1,450 tonnes, qu'il avait fallu porter sa puissance motrice jusqu'à 8,000 chevaux vapeur. Cette machine gigantesque, qui n'a été dépassée que sur le *Great Eastern*, donnait une vitesse de 20 milles à l'heure, c'est-à-dire 37 kilomètres.

Quant à son armement, il se composait de cinq canons de 15 pouces, lançant des boulets de 420 livres et de deux canons rayés de 20 pouces, dont les projectiles pesaient 1,090 livres.

Tous ces canons, montés sur des affûts à pivot, pouvaient tirer à volonté des deux côtés et devaient être manœuvrés et chargés au moyen d'un appareil à vapeur, relié à la machine principale, qui avait encore d'autres annexes pour alimenter les chaudières, pour aérer le navire et surtout pour mettre en mouvement les pompes avec lesquelles, en introduisant dans des compartiments *ad hoc*, 900 tonnes d'eau, on faisait enfoncer le navire jusqu'à 6^{m},80.

C'étaient trop d'innovations à la fois, et il faut bien croire que la batterie Stevens ne fonctionna pas à la satisfaction générale, puisque ses constructeurs en mirent peu après, en chantier, une autre, bâtie sur le même plan, mais dans des proportions beaucoup plus restreintes.

Le *Nangatuck*, tel fut le nom de ce navire, n'avait que 101 pieds de long sur 20 de largeur, mais sa carrière fut trop courte, pour qu'on pût former sur lui un jugement approfondi; prenant part à l'attaque du fort Darling, une pièce de 100, qui éclata dessus, causa de tels désastres dans sa coque que l'on ne ne jugea pas utile de le réparer.

A ce moment-là, du reste, il apparaissait tous les jours en Amérique de nouveaux systèmes, que les besoins de la guerre de sécession faisaient accepter, et qui disparaissaient presque aussi vite.

Celui qui laissa le plus de traces fut le système de M. Ericson, constructeur célèbre du non moins célèbre *Monitor*.

Mais n'anticipons pas sur les événements, et revenons en France où, s'occupant activement d'améliorer les conditions de navigation des premières batteries flottantes, on venait de lancer la *Gloire*, la première des frégates cuirassées qui sillonna l'Océan.

Commencée dans les ateliers de Toulon, en mai 1858, cette frégate fut construite sous la direction de M. Dorian, ingénieur de marine, d'après les plans de M. Dupuy de Lôme, déjà célèbre comme constructeur du *Napoléon;* elle était lancée dès le mois de novembre de l'année suivante, mais elle ne fut armée qu'en août 1860.

Longue de 78 mètres et large de 17, la *Gloire* fut revêtue de plaques de fer de 14 centimètres d'épaisseur d'une extrémité à l'autre, jusqu'à 2 mètres au-dessous de sa ligne de flottaison.

Elle était mue par une machine à hélice de 900 chevaux qui, grâce à la forme élancée du navire, put lui donner une vitesse moyenne de 12 à 13 nœuds, soit à peu près 24 kilomètres à l'heure, à toute vapeur.

De nombreuses expériences ont démontré qu'avec la moitié de ses feux allumés, elle pouvait faire encore 11 nœuds, et, avec le quart, 8 à 9 nœuds, ce qui établissait ceci, (calcul important au point de vue de la navigation de guerre), qu'avec son chargement ordinaire de charbon, la *Gloire* pouvait ranchir une distance de 800 lieues en allumant tous ses feux, de 1,200 en ne dépensant que la moitié de sa puissance de vapeur, et de 1,600 en n'en usant que le quart ; sans compter même sur le bénéfice du vent, qui pouvait être favorable à la traversée entreprise. Du reste, il n'y fallait pas compter beaucoup, car sa mâture, très légère, ne pouvait porter qu'assez de toile pour l'appuyer dans les gros temps, et lui permettre de se réfugier dans un port quelconque en cas d'avaries dans la machine.

L'armement de la *Gloire* se composait de 36 canons de 30, rayés, disposés dans les batteries, mais son avant tronqué lui permettait Incore de recevoir sur le pont deux canons de chasse placés au-dessus du blindage, qui ne s'élevait qu'au niveau du pont supérieur.

Seulement, au-dessus, on avait élevé un blockaus crénelé pour la mousqueterie, et cuirassé comme le navire, de façon à abriter à roue, les timoniers et le commandant.

La *Gloire* ayant répondu à tout ce qu'on en attendait, au point de vue de la navigation, le type du vaisseau cuirassé était trouvé et pendant qu'en France on contruisait la *Normandie* et l'*Invincible* sur le même modèle, l'Angleterre qui jusque-là était restée tranquille spectatrice des efforts des pays voisins, entra en lice à son tour et produisit des spécimens nouveaux que nous étudierons chronologiquement, comme ceux de l'Amérique et des autres puissances maritimes, quand nous aurons donné, au point de vue général, les quelques détails sur l'ensemble et la construction des navires qui nous paraissent utiles pour que l'on comprenne mieux ce qui nous reste à dire.

***

Un navire, quelle que soit sa destination, qu'on le construise en bois ou en fer, doit être établi de telle sorte que son poids, pour un maximun de solidité, soit aussi inférieur que possible à celui du liquide qu'il déplacer De là, la difficulté de créer des vaisseaux cuirassés bons marcheurs, car malgré les forces propulsives, qu'on leur donne, ils sont toujours alourdis, hors de proportions, par les énormes plaques dont on les blinde.

La seconde condition, *sine qua non* de la viabilité du navire, est la détermination de la force qui doit le mettre en mouvement, force qui doit être proportionnée à la somme des résistances qui seront opposées à sa marche par son poids et par sa forme.

Les ingénieurs maritimes ont pour cela des procédés qui ne sont point discutables en théorie, mais qui, dans la pratique doivent laisser quelque chose à désirer, puisque, malgré les immenses progrès apportés dans la construction des navires de guerre, on tâtonne toujours un peu, ce qui s'explique facilement, en ce sens qu'on expérimente constamment sur des types nouveaux.

A la forme près, qui est plus ou moins allongée suivant les modèles, un navire a toujours pour base la *coque* formant un tout continu dont une partie sera dans l'eau, tandis que l'autre flottera, ce qui implique, dans le sens horizontal, deux divisions séparées par la surface de l'eau, qu'on appelle ligne de flottaison.

Naturellement, cette ligne change de place selon que le navire est plus ou moins chargé, mais dans tous les cas, la partie émergée se nomme la carène ou les œuvres vives, et celle qui est au-dessous de la ligne de flottaison s'appelle l'*accastillage* ou les œuvres mortes.

Ces deux parties ont bien d'autres subdivisions et changent de nom, selon les pièces qui les composent ou qui les couvrent.

Ainsi, pour commencer par le commencement, la partie inférieure de la coque s'appelle la quille.

La *quille* d'un navire est la pièce rectiligne et horizontale qui forme sa base, elle se termine d'un côté (à l'avant) par le *brion*, pièce qui s'ajuste dessus par une partie droite et se prolonge d'une partie courbe qui porte l'*étrave*, laquelle forme l'avant du navire et la base de la proue.

De l'autre côté, la quille est terminée par l'*étambot*, forte pièce posée presque verticalement pour supporter le gouvernail, qu'on y fixe au moyen de pentures.

LA GLOIRE, première frégate cuirassée.

Le navire sera donc circonscrit entre l'étrave et l'étambot; pour en dessiner la forme on ajuste de chaque côté de la quille, qui est en quelque sorte son épine dorsale, une double série de côtes qu'on appelle couples.

Ces *couples*, en bois courbé (pour les bâtiments en bois) ne sont pas d'un seul morceau, ils se composent de la *varangue*, pièce quasi horizontale pour se fixer à la quille avec plus de solidité, et du *genou*, pièce coudée qui sert de trait d'union entre la *varangue* et les allonges, que l'on aboute en nombre suffisant pour faire toute la hauteur du navire.

En outre, pour donner plus de consistance à cet échafaudage, qui est en somme la charpente du navire, on place au-dessus de la quille et dans sa direction, un assemblage de pièces de bois, qu'on appelle *carlingues*, qui recouvrent le point de départ des varangues, et supportent des couples de liaisons intérieures qu'on appelle *porques*.

Construction d'un navire. — Les couples.

La carlingue, qui est la doublure intérieure de la quille, supporte aussi le pied des mâts.

L'ensemble des couples, dont la distance pour les navires de guerre, est déterminée par la largeur qu'on veut donner aux ouvertures par où passeront les bouches de canon et qu'on appelle *sabords*, — constitue la membrure, dont les côtes sont reliées entre elles et consolidées par des pièces transversales nommées bordages, fortes planches de chêne que l'on rapproche le plus possible l'une de l'autre, de façon à ne laisser que d'étroites jointures que l'on remplit, du reste, avec de l'étoupe enfoncée au marteau; c'est ce qu'on appelle le calfatage.

Cela fait, toute la surface de la carène est passée au goudron et ensuite recouverte intérieurement par les plaques de doublage.

Pour les navires en fer, et c'est ainsi que l'on fait maintenant presque tous ceux destinés à être mus par la vapeur, par économie de temps, d'emplacement et même de poids, ce qui peut paraître extraordinaire au premier aspect, voici, d'après M. Turgan, comment on procède dans les forges et chantiers de la Méditerranée, qui ont acquis une grande supériorité dans ce genre de construction.

« Lorsque la construction d'un navire est décidée et quand les données principales en ont été arrêtées dans l'atelier des dessinateurs, toutes les pièces en sont dessinées à leur vraie grandeur sur le plancher d'une salle immense appelée *salle à tracer;* pour arriver à tracer toutes les pièces, on suppose des coupes, les unes perpendiculaires à la largeur, les autres parallèles à la flottaison, et enfin les troisièmes, parallèles au plan longitudinal qui traverse le navire de bout en bout, et il faut que les trois sections se raccordent parfaitement; cette vérification du plan primitif amène souvent des modifications que le bureau de dessin corrige.

« On trace ensuite les couples ou côtes du vaisseau, qui sont en fer comme toutes les autres parties de tout navire construit dans les ateliers de la Seyne, où le bois n'est employé que pour la mâture, le plancheyage des ponts, l'aménagement intérieur du navire, mais rarement dans la construction proprement dite.

« Ces couples sont non seulement dessinés, mais taillés en bois de vraie grandeur, et forment des modèles sur lesquels le couple en fer devra être exactement figuré. Pour donner aux fers à couples la courbure voulue, on les chauffe d'abord dans un four de 16 mètres de long, et on les porte sur une plaque en fonte où l'on enfonce des coins dans la figure exacte du modèle en bois; avec des crocs, des clavettes et des pinces, on assure le fer à la forme voulue.

« Chaque couple reçoit un numéro, et comme il doit être percé de trous pour recevoir les rivets qui fixeront les tôles constituant la paroi du navire, la place exacte de ces trous est déterminée par les dessinateurs, de telle sorte qu'au moment de l'assemblage, les ouvertures faites à la tôle se trouvent exactement en face l'une de l'autre.

« On commence toujours par la quille, en plaçant sur la cale de solides morceaux de bois reliés ensemble et enveloppés par de forte tôle à angle très obtus, dont la branche inférieure constitue la quille proprement dite, et la branche supérieure commence la paroi du navire. Sur cette quille on dresse les couples, dont les deux branches sont reliées par une tôle triangulaire qui les fixe.

« Les trous sont percés par des machines à poinçonner de diverses origines; les tôles sont cintrées et plus ou moins courbées, suivant la place qu'elles occupent dans le navire, par un laminoir à trois cylindres.

« Avec ces éléments si simples, on assemble tous les bâtiments de commerce. Un élément nouveau a été apporté dans la construction par l'introduction des vaisseaux cuirassés ; c'est la plaque de blindage, qui a motivé des instruments et des machines-outils de plus en plus puissants. Les plaques employées à la Seyne viennent de Saint Chamond ou de chez M. Marel, de Rive-de-Gier; elles sont travaillées à la Seyne au moyen d'une presse hydraulique de plusieurs centaines de mille kilogrammes, mais qui est encore jugée trop faible par les ingénieurs du chantier. »

Mais nous parlerons des plaques de blindage, un peu plus tard, car elles ne se posent généralement que quand le navire est fini, et nous n'en avons encore que la coque.

Il va sans dire que les tôles employées à la Seyne pour le bordé des navires, et dont l'épaisseur varie entre 3 et 30 millimètres, doivent être d'une qualité parfaite.

Elles proviennent des usines du Creuzot, de Saint-Chamond, de Terre-Noire et autres établissements, dont la fabrication est irréprochable, et sont d'ailleurs éprouvées au moyen d'un appareil fort ingénieux que représente notre gravure.

C'est une espèce de grande romaine, dont le fléau en bascule sur un point d'appui fixe, est chargé, exactement comme dans l'appareil à peser, d'un poids que l'on peut faire changer de place, au moyen d'une vis, de façon à augmenter progressivement la pression qu'il exerce, selon qu'on l'approche plus ou moins de l'extrémité du bras du levier.

L'effort exercé par le levier chargé est transmis à un couteau d'acier, qui appuie sur la plaque dont on veut éprouver la résistance, en même temps que deux autres couteaux le soutiennent par dessous.

Naturellement plus le poids avance vers l'extrémité du fléau, plus la charge augmente et plus la flexion éprouvée par la plaque de tôle s'accroît.

Naturellement aussi, l'opération n'est poussée que selon que cela est nécessaire, d'après les proportions que l'on peut mesurer à chaque instant, avec la plus grande exactitude, au moyen d'une règle graduée fixée sur l'appareil.

Reprenons maintenant notre description : La coque d'un navire en fer est de beaucoup plus légère que celle d'un navire en bois de mêmes dimensions, et cela se comprend, car sa membrure, dégagée de toute charpente, est composée de fers d'angle, ou *cornières*, pliées et équerrées à chaud, et tenues fort longues pour former des couples de la plus grande dimension : ces couples sont réunis par des empatures de 1 mètre à 1^{m},30, fortement rivées l'une sur l'autre, et recouvertes extérieurement d'un bordé de feuilles de tôle aussi longues que possible mais assez étroites pour pouvoir se prêter à toutes les inflexions de la carène.

Mais si la coque est plus légère, si elle offre beaucoup plus de volume intérieur, vu le peu d'épaisseur des matériaux, elle est aussi moins résistante que la massive coque en bois. Sans doute, on les fait aussi solides que possible; mais, outre que les coques métalliques ont à redouter, dans les longues traversées, une oxydation qui les amincit sensiblement, elles n'offrent pas les mêmes garanties de sécurité contre les écueils qu'elles peuvent rencontrer, et les chocs qui peuvent survenir en mer.

Pour remédier à cet inconvénient, on divise la cale des navires de fer en compartiments étanches, c'est-à-dire isolés les uns des autres d'une manière absolue, ou ne communiquant, si les besoins de l'aménagement l'exigent, que par des ouvertures faciles à boucher vite et sûrement.

De façon que, si un choc ou un accident quelconque brise une plaque et fait une voie d'eau, la partie de la cale, qui est en arrière de cette plaque est rapidement fermée et l'eau qui remplit le compartiment troué ne peut, de là, gagner les autres parties du bâtiment, qui continue sa route, et a tout le temps de gagner le port le plus voisin pour réparer ses avaries, qui ne sont jamais bien graves.

Système excellent, d'ailleurs, qui a été adopté par tous les constructeurs de navires en fer, et qui sera peut-être l'élément fondamental du vaisseau de guerre de l'avenir.

Quand on sera las des cuirassés ; quand on aura reconnu qu'au fur et à mesure qu'on augmente l'épaisseur du blindage, au risque de faire des forteresses qui ne flotteront plus que péniblement, il s'invente des canons dont les projectiles sont capables de les transpercer, on finira par y renoncer et on y suppléera vraisemblablement par des navires légers, dont les bordages en bois n'opposeront aucune résistance aux boulets, et qui souffriront d'autant moins de ce déchiquetage que leur intérieur sera composé d'un plus grand nombre de compartiments étanches.

Et ce n'est pas d'aujourd'hui qu'on pense à cette transformation, qui s'accomplira fatalement ; car, dès 1872, M. A. Vernier

Machine à éprouver la résistance des tôles.

écrivait les lignes suivantes, qui lui étaient inspirées par un rapport du comité des projets de vaisseaux de guerre et qu'il n'est pas sans intérêt de reproduire ici :

« Le vaisseau que l'on cherche à obtenir serait un vaisseau cellulaire, si je puis m'exprimer ainsi ; il n'aurait plus de cuirasse, mais serait coupé en petits compartiments sous la ligne de flottaison. De cette façon, un boulet qui entrerait romprait simplement plusieurs cellules, mais le vaisseau n'en continuerait pas moins à flotter. Le système cellulaire donnerait au vaisseau une grande légèreté ; le boulet y ferait son chemin, mais sa route serait fermée de toutes parts par les cellules environnantes. Si cette révolution s'accomplit, les vaisseaux de guerre lutteront de nouveau de légèreté et de vitesse, et les vieux cuirassés deviendront tout à fait inutiles. Il est à peine nécessaire d'indiquer les conséquences d'une telle transformation ; on songe pourtant à conserver la cuirasse de blindage aux parties vives du vaisseau ; on espère rendre la machine tout à fait invulnérable.

« Il faut donc se représenter le vaisseau de l'avenir comme une très puissante machine à vapeur entourée d'un mur de fer ; cette machine servira de centre à un vais-

Navire sur la cale de construction.

seau extrêmement léger, bâti suivant le système cellulaire, et capable d'être troué dans différentes directions sans cesser de flotter. Quant aux détails du système, à la disposition des canons, à la meilleure forme à donner aux cellules, il n'y a rien d'arrêté encore; mais on peut, dès à présent, affirmer que c'est dans la direction que nous indiquons que vont se porter les efforts de l'architecture navale.

« Les Anglais songent aussi à employer le liège dans la construction des navires nouveaux; cette substance a l'avantage d'être très légère et de n'opposer aucun obstacle au passage du boulet. Cela pourra sembler un étrange paradoxe, mais, en fait, le but qu'on poursuit aujourd'hui, c'est non plus de trouver le meilleur type de navire résistant au canon (on a renoncé à cette espérance par suite de l'écrasante supériorité du canon sur le blindage), mais, au contraire, de trouver le navire le plus facile à traverser par le boulet.

« Les cellules, dont j'ai déjà parlé, le liège, remplissent bien ce but. Il faut que le boulet puisse passer sans provoquer ces terribles ébranlements, ces chocs qui préparent la perte du navire. Il n'est pas douteux que l'amirauté anglaise va bientôt appliquer ces idées si hardies, et s'attacher à faire des navires faciles à déchiqueter dans leurs parties diverses, capables cependant de conserver une masse assez compacte et assez étendue pour que les blessures les plus nombreuses ne puissent y laisser un volume d'eau capable de le faire couler. »

Mais nous n'en sommes pas encore là, et nous aurons bien des essais, bien des transformations à mettre sous les yeux de nos lecteurs, sans compter ceux qui se produiront encore, avant qu'il en soit question officiellement.

Revenons donc à notre construction et reprenons notre navire en chantier dans l'état où nous l'avons laissé.

* * *

Avant de le diviser en deux, trois ou quatre étages, selon la nature et surtout selon la hauteur du bâtiment, on place les mâts (c'est-à-dire la partie basse des mâts), qui reposent, comme nous l'avons dit, sur la carlingue, et sont terminés à leur extrémité inférieure par un tenon qui s'encastre dans un massif placé à cet effet à l'emplanture; leur extrémité supérieure porte également un tenon destiné à recevoir le chouquet qui les reliera avec les mâts supérieurs, lesquels, naturellement, ne se montent que lorsque le navire est lancé, et déjà dans le bassin de carénage. Mais, pour n'avoir plus à revenir sur la question de mâture, nous allons en parler tout de suite.

Le nombre des mâts varie selon la nature des bâtiments; ainsi, le vaisseau, la frégate, la corvette, le trois-mâts et la gabarre, ont trois mâts, sans compter le mât de beaupré, dont tous les navires sont pourvus, et qui diffère des autres en ce que, placé à l'avant du navire, il fait avec le pont un angle de 20 à 25 degrés.

Le brick, la goélette, le brigantin, le chasse-marée et le lougre, n'ont que deux mâts; le sloop, le cutter et la tartane n'en ont qu'un.

Les navires à vapeur, qui dominent en nombre maintenant dans toutes les marines de guerre, ne s'astreignent point à ces règles; leur mâture est quelquefois très fantaisiste, non seulement pour le gréement, mais encore pour le nombre des mâts; l'Angleterre a construit des vaisseaux de guerre à quatre et cinq mâts, le *Great-Eastern* en a jusqu'à sept; il est vrai qu'il n'appartient pas à la marine militaire.

Néanmoins les mâtures les plus communes sont à trois et à deux mâts.

Dans le premier cas, le mât placé le plus à l'avant (après le beaupré, bien entendu) est le mât de misaine, le mât du milieu est le grand-mât, et le mât de l'arrière le mât d'artimon.

Quand les navires n'ont que deux mâts, c'est le mât d'artimon qui manque.

Chacun de ces mâts est composé de quatre parties superposées, c'est-à-dire trois au-dessus des bas-mâts, dont nous avons déjà parlé.

Pour le mât de misaine, ces parties s'appellent successivement : petit mât de hune, mât de petit perroquet, et grand mât de cacatoès.

Pour le grand mât : grand mât de hune, grand mât de perroquet et petit mât de petit cacatoès.

Pour le mât d'artimon : mât de perroquet de fougue, mât de perruche et mât de cacatoès de perruche.

Tous ces mâts sont soudés ensemble au moyen de blocs de bois appelés *chouquets*, disposés de façon à coiffer le mât inférieur terminé par un tenon et à maintenir le mât superposé; à cet effet, il est percé d'un trou carré qui sert à le capeler sur la tête du premier, et d'un trou rond pour laisser passer librement le second, accouplé à l'autre un peu plus bas, au moyen de cercles de fer.

Outre cela, il existe au point de jonction des bas-mâts et des mâts de hune, des plates-formes à peu près rectangulaires qu'on appelle hunes et qui sont percées d'un trou carré, nommé trou du chat.

La hune, maintenue en place par des pièces de bois solidement chevillées, sert à plusieurs fins :

1° D'observatoire pour le matelot de vigie, qui y monte à l'aide des haubans, sortes d'échelles faites avec des cordages, posées transversalement sur des câbles qui ont pour mission de maintenir les bas mâts dans la position verticale, et qui, à cet effet, vont finir au bordage des navires, et sont tendus le plus loin possible du pied des mâts au moyen d'arc-boutants qu'on appelle porte-haubans, lesquels sont naturellement munis de poulies qui permettent de les serrer plus ou moins, lorsque le hauban lui-même n'est pas terminé par une crémaillière qui remplit le même office;

2° De points d'appui aux haubans des seconds mâts, fixés de la même façon que ceux des bas mâts, mais de chaque côté de la hune, de manière à ce que les haubans forment avec le sommet du mât une pyramide quadrangulaire, dont la hune est la base et le mât de hune, l'axe.

Les haubans, qui prennent le nom des mâts auxquels ils sont affectés, seraient insuffisants à les maintenir dans la direction verticale; il y a aussi des étais, des galhaubans et tout un système de cordages, dont la nomenclature ne serait que d'un intérêt tout spécial, d'autant que le mot *cordage* est absolument banni du vocabulaire maritime, qui donne un nom spécial à chaque bout de corde composant le gréement d'un navire, et n'admet en termes génériques que : manœuvre ou filin.

Chaque mât est pourvu de vergues, auxquelles sont attachées les voiles; ces vergues sont des pièces de bois, généralement en sapin et presque toujours d'un seul morceau; cependant, les basses vergues des grands navires, étant trop fortes pour qu'un seul arbre puisse les former, on y supplée par des assemblages cerclés de fer.

Les vergues sont de plusieurs sortes, selon la forme des voiles qu'elles doivent porter; elles prennent naturellement différents noms.

Celui de vergues est laissé à celles qui supportent des voiles carrées, auriques, au tiers ou à bourcet, et généralement toutes les voiles réglementaires; mais on appelle :

Corne, la vergue du bas mât d'artimon qui sert à appuyer la brigantine (c'est à l'extrémité de cette vergue que se hisse le pavillon sur les navires de guerre);

Antenne, les vergues destinées à recevoir les voiles triangulaires qu'on appelle voiles latines.

Arcs-boutants, les vergues qui portent des voiles à livarde;

Bomes ou *guis*, celles qui bordent les brigantines;

Bouts-dehors, celles qui reçoivent les bonnettes;

Et *Tangons*, celles qui servent à fixer les amures des bonnettes-basses et des voiles de fortune.

Ce dernier nom est celui que l'on donne, en général, à toutes les voiles supplémentaires que l'on déploie quand, pour une raison ou pour une autre, on veut augmenter sa vitesse.

Les voiles réglementaires (que représente la gravure ci-dessous) portent les noms suivants :

Pour le mât de beaupré : civadière,

Un vaisseau de guerre avec toutes ses voiles.

grand foc et clin-foc; encore la civadière n'est-elle pas indispensable : elle n'existe pas d'ailleurs dans le dessin que nous donnons;

Pour le mât de misaine : misaine, petit hunier, petit perroquet et petit cacatoès;

Pour le grand mât : grande voile, grand hunier, grand perroquet, grand cacatoès;

Et pour le mât d'artimon : brigantine, perroquet de fougue, perruche et cacatoès de perruche.

Inutile de dire que les voiles diminuent de largeur et même de hauteur au fur et à mesure que le mât est plus élevé; du reste, nous ne nous appesantirons pas sur cette question : les vaisseaux de guerre dont nous voulons parler étant créés plus spécialement pour naviguer à vapeur, et ne se servant guère de leur voilure, auxiliaire économique en principe, que comme un pis-aller.

Les bas mâts posés, on s'occupe de l'aménagement du navire, c'est-à-dire de sa division horizontale en un certain nombre de planchers qu'on appelle ponts, reposant sur des poutres nommées *baux* pour le plancher supérieur, et *barrots* pour les autres, lesquelles sont soutenues par des pièces de bois verticales, appelées *épontilles*.

Chaque étage est divisé en outre par des cloisons verticales, en aussi grand nombre qu'il est nécessaire pour que chacune des choses, si nombreuses et surtout si encombrantes, qui composent le chargement d'un navire de guerre, trouve commodément sa place.

Gréement d'un navire dans le bassin de carénage.

Il n'y a donc pas de règle fixe pour l'aménagement d'un vaisseau, qui est plus ou moins intelligent, selon que l'ingénieur a plus ou moins bien compris son mandat; mais, pour que nos lecteurs se fassent une idée de ce que peut être l'intérieur d'une caserne flottante, nous leur donnons ici deux grandes gravures qui, réunies, forment l'ensemble complet et exact, comme une carte géographique, du vaisseau cuirassé *le Suffren*, dont l'aménagement, bien que déjà ancien, est admirablement entendu. On a pu faire autrement depuis, on n'a certainement pas fait mieux.

Mais avant de commencer notre description, qui ne sera que le commentaire des légendes explicatives de nos dessins, il est bon que l'on connaisse les quatre grandes divisions de tout navire.

Transversalement, il est composé de deux parties : l'*avant*, qui s'étend depuis l'étrave qui forme la proue, jusqu'au grand mât, et l'*arrière*, qui part du grand mât et se termine à l'extrémité du navire qu'on appelle la poupe.

L'avant est le séjour habituel des matelots qui ne passent à l'arrière que pour les besoins du service, ou, ce qu'ils aiment infiniment mieux, pour y recevoir un *boujaron* supplémentaire d'eau-de-vie, qu'on leur distribue après une corvée extraordinaire, ou quand ils ont été très mouillés ; ils en sont généralement prévenus par le commandement : « *Passez derrière border l'artimon !* » parce que c'est au pied du mât d'artimon que se fait la distribution.

C'est aussi à l'avant que sont placées les ancres suspendues extérieurement à des arcs-boutants, qui s'avancent de chaque côté du mât de beaupré et qu'on appelle des bossoirs.

Dans certains navires cuirassés de construction récente, où les bossoirs sont supprimés, les ancres sont accrochées, comme on le verra dans notre deuxième dessin, le long du bastingage, près du mât de misaine.

L'arrière est consacré au logement de l'état-major, et renferme, aussi, la machine propulsive, l'hélice et le gouvernail.

Longitudinalement, le navire est divisé en deux parties : Tout ce qui est à droite, en regardant de l'arrière à l'avant s'appelle, non pas le côté, mais la *bordée* de *tribord;* et tout ce qui est à gauche, *bâbord.* Ces noms désignent indifféremment les choses et les hommes, si bien que les matelots sont divisés pour le service du bord, en tribordais et babordais.

Nous verrons plus loin l'utilité de cette division, détaillons maintenant notre première gravure, qui représente une coupe de l'arrière du vaisseau.

*
* *

1, est la galerie du commandant, autrement dit chambre, mais on l'appelle galerie par tradition, parce que, du temps des grands vaisseaux de ligne, non protégés mais aussi non aveuglés par des cuirasses, l'appartement du capitaine se terminait à l'extrême arrière par une galerie vitrée, qui donnait sur un balcon faisant le tour de la poupe, lequel était abrité par une seconde galerie dont la balustrade entourait la dunette ; le système du blindage a changé tout cela, tout au plus reste-t-il une ou deux fenêtres à la chambre du commandant, mais on continue à l'appeler galerie.

La galerie du commandant sert aussi de chambre du conseil.

2. — Salle à manger du commandant, aussi confortable et même aussi élégante que possible, mais non *ornée*, comme sur les vaisseaux de guerre anglais, d'un canon de gros calibre qui ne sert absolument qu'à embarrasser, à moins que ce ne soit pour rappeler au commandant qu'il peut y avoir des bouches inutiles, même dans une salle à manger.

Ces deux pièces reçoivent la lumière d'en haut, par des espèces de châssis vitrés qu'on appelle des claires-voies.

3. — Office du commandant.

4. — Avant-office.

Toute la partie du pont qui surmonte l'appartement du commandant, depuis le dôme qui abrite l'escalier, qu'on appelle la grande écoutille, jusqu'à la poupe, porte le nom de gaillard d'arrière, l'extrême arrière s'appelle aussi la dunette. On y remarquera, outre les parties numérotées, les portes haubans d'artimon, et le cabestan autour duquel s'enroulent les câbles qui servent à amarrer le navire; le cabestan est employé aussi à guinder les mâts, et en général, à tous les travaux de bord qui demandent beaucoup de force ; car cette machine, très simple puisqu'elle n'est composée que d'un treuil vertical qu'on fait mouvoir au moyen de barres horizontales qui le traversent, a une puissance considérable.

5. — Barre du gouvernail.

Il nous faut dire quelques mots de cet instrument d'importance capitale, puisqu'il est indispensable à la direction du navire.

Le gouvernail est une pièce plate qui se place sur le prolongement arrière du vaisseau, de telle façon que ses deux faces latérales, pouvant être obliquées d'un côté ou de l'autre de ce plan longitudinal, opposent au fluide assez de résistance pour forcer le navire à tourner sur son axe vertical, selon la route que l'on veut lui faire suivre.

L'installation du gouvernail à bord d'un navire, est essentiellement variable, surtout dans les cuirassés de nouvelle construction, mais il se compose toujours de trois pièces principales qui sont la mèche, le coin et le safran.

La mèche a toute la longueur de la machine, puisquelle unit le safran, qui est la partie extérieure fixée à l'étambot et agissant directement sur l'eau, au levier qu'on appelle *barre* et qui doit lui imprimer les mouvements de rotation nécessaires. A cet effet, elle traverse le navire en faisant des coudes qui augmentent sa force (comme on le voit par le n° 11 de notre gravure).

La partie de la mèche qui avoisine l'étambot est taillée en chanfrein de chaque côté, ainsi que l'étambot lui-même, pour faciliter les mouvements de rotation du gouvernail.

Le coin, qui n'est pas du reste indispensable, ne sert en quelque sorte que de trait d'union entre la mèche et le safran, il est cependant utile, pour combler les vides et donner à l'ensemble la forme et la dimension qu'il doit avoir et qui est proportionnée à la grandeur du navire ; c'est-à-dire que la partie la plus large du gouvernail (celle qui est en bas), soit égale au douzième de la longueur du maître-bau, (la plus grande largeur du navire), et aille en diminuant d'un quart jusqu'à la ligne de flottaison.

Comme on le pense bien, ces pièces sont fortement chevillées ensemble, et de plus, réunies encore par les ferrures du gouvernail, qui en embrassent les deux faces latérales aussi bien que la mèche.

Ces *ferrures*, qui fixent le gouvernail à l'étambot, à peu près comme les fenêtres sont fixées sur leurs chambranles, sont, malgré leur nom, presque toujours en cuivre, par la raison que ce métal est moins susceptible de s'oxyder que le fer : c'est ce qui fait que les gouvernails d'une certaine dimension sont doublés de cuivre comme la coque des navires en bois.

Par surcroît de précaution, le gouvernail est muni de chaînes ou de sauvegardes de différents systèmes, qui le retiendraient à l'arrière du navire dans le cas où, par l'effet d'un gros temps, il viendrait à être arraché de ses ferrures.

Nous n'entrerons dans aucun détail sur la manœuvre du gouvernail, tout le monde en a vu fonctionner, en grand ou en petit, nous ferons seulement remarquer que le plus ou moins d'obliquité qu'on peut faire prendre au gouvernail, dépend de la longueur de sa barre, et que plus une barre est courte, plus il est possible d'obtenir d'obliquité.

Il est vrai que d'un autre côté, plus la barre est longue, plus le gouvernail est facile à manœuvrer, mais on a remédié à ces inconvénients en se servant de roues pour faire mouvoir la barre, et l'on a pris un moyen terme, en donnant au levier la lon-

Coupe d'un vaisseau cuirassé. — *Portion arrière.*

1. Galerie du commandant. — 2. Salle à manger du commandant. — 3. Office du commandant. — 4. Avant office. — 5. Barre du gouvernail. — 6. Passerelle de relèvement. — 7. Factionnaire de la coupée. — 8. Chamb du commandant en second. — 9. Chambre des officiers. — 10. Échelle de descente. — 11. Coqueron. — 12. Carré des officiers. — 13. Hélice. — 14. Poste des aspirants. — 15. Machine, arbre de l'hélice. — 16. Rédu blindé. — 17. Pompe à incendie. — 18. Chambre de chauffe. — 19. Cheminée. — 20. Passerelle de manœuvre sur laquelle se tient l'officier de quart.

Coupe d'un vaisseau cuirassé. — *Portion avant.*

Tourelles blindées, armées de canons. — 22. Cabestan. — 23. Mât de misaine. — 24. Mât de beaupré. — 25. Poste de couchage de l'équipage. — 26. Hôpital du bord. — 27. Bittes, autour desquelles s'enroulent les chaînes. — 28. Cuisines. — 29. Soute à poudre. — 30. Puits des chaînes, écubiers. — 31. Éperon. — 32. Épaisseur figurée du blindage.

gueur nécessaire pour obtenir une obliquité de 40 à 45 degrés.

Le n° 6 désigne la passerelle de relèvement; ainsi nommée, parce que c'est de là que les officiers relèvent le point et font les observations astronomiques relatives à la marche du navire.

Le chiffre 7 désigne le factionnaire de la coupée, on appelle coupée l'endroit où le plain-pied du pont est interrompu, et c'est le cas, là, où va commencer une partie un peu plus élevée, comprenant le réduit central, circonscrit entre les tourelles blindées, qui portent les canons hors batterie.

Ces tourelles n'apparaissent naturellement pas dans notre dessin; on ne peut voir celle de tribord, puisque le navire est sensé coupé en deux; mais, derrière le grand mât, on distingue la culasse du canon placé sur la plate-forme de la tourelle de bâbord.

Notre deuxième dessin qui, comme nous l'avons dit, est la continuation de celui-ci, montre du reste en élévation, la deuxième tourelle de tribord aussi bien qu'une partie de la cuirasse du fort central, dont on voit aussi un fragment dans celui-ci.

8. — Chambre du commandant en second, prenant jour par le pont au moyen d'une claire-voie. Cette chambre est d'ailleurs tout un appartement, circonscrit entre les deux escaliers qui conduisent aux deux passerelles.

9. — Chambres des officiers qui, avec le carré des officiers, indiqué par le chiffre 12, occupent le même emplacement que les appartements des deux commandants.

Le mot « carré » désigne une pièce commune qui sert à la fois de salon et de salle à manger à l'état-major.

10. — Mât d'artimon, qui, ainsi que le grand mât, n'est pas appuyé tout au fond du vaisseau, pour ne pas gêner le jeu de l'arbre de l'hélice, qui occupe le centre de la cale.

Dans les navires qui ont deux hélices, l'artimon repose directement sur la carlingue.

11. — Coqueron, autrement dit cuisine de l'état-major, et ainsi nommée du nom de coq donné aux chefs de cuisine de la marine.

12. — Carré des officiers.

13. — Hélice propulsive du vaisseau, mise en mouvement par les machines à vapeur, auxquelles elle est reliée par un arbre de couche gigantesque, en acier plein et fabriqué avec le plus grand soin, car le moindre défaut pourrait amener une rupture, qui serait un vrai désastre si elle se produisait en pleine mer.

Les hélices, aussi bien que les arbres de couche de la marine nationale, proviennent presque toujours de l'usine d'Indret, admirablement installée pour ce genre de travail, bien que sa spécialité soit les chaudières et machines à vapeur.

Les hélices se font en bronze, parce que le fer se corroderait trop rapidement au contact de l'eau de mer, elles sont coulées d'une seule pièce par les procédés ordinaires et pèsent jusqu'à 12,000 kilogrammes, même plus, selon les vaisseaux auxquels elles sont destinées.

La fabrication des arbres de couche est plus difficile, elle serait même à peu près impossible, si l'on n'avait pas inventé le marteau pilon à vapeur.

Grâce à cet auxiliaire si puissant, mais en même temps si docile qu'on peut casser une noisette sans écraser l'amande, avec une tête de marteau pesant 50,000 kilogrammes, la besogne est très simplifiée.

On sait que les arbres de couche sont recourbés sur eux-mêmes de façon à présenter trois coudes, dans des axes différents, au moyen desquels ils reçoivent des bielles (ces coudes faisant alors manivelle) le mouvement de rotation qu'ils impriment à l'hélice, eh bien! aucune puissance humaine n'eût été capable de couder les masses de métal qu'il faut pour les grands navires; le marteau-pilon, le fait en quelques coups habilement dirigés.

Pour cela, il faut d'abord chauffer à blanc dans des fours faits exprès, où la combustion est activée par une soufflerie permanente, l'arbre qu'il s'agit de façonner.

Une de nos gravures représente ce travail, rendu facile à quelques hommes seulement, par l'emploi d'une chaîne enroulée sur la poulie d'une grue tournante qui, après avoir apporté l'arbre à l'orifice du four, le dépose lorsqu'il est rouge, sur une enclume munie d'une étampe de la forme voulue, dans laquelle le coude se moulera en quelque sorte sous les coups redoublés du marteau-pilon.

Les trois coudes faits, l'arbre n'est pas terminé, il faut encore qu'il subisse les diverses opérations de l'ajustage, dont la plus importante est le tournage. Ce travail était naguère très difficile et très dispendieux, à cause des coudes-manivelles, inclinés les uns sur les autres, suivant des angles de 30 degrés environ, mais grâce au tour inventé par M. Mazeline pour raboter circulairement les arbres coudés ; l'opération se fait pour ainsi dire d'elle-même avec toute la précision voulue et dans des conditions aussi économiques que possible.

Ce qui ne veut pas dire pourtant qu'un arbre de couche s'établisse à bon marché.

Tout est très cher, du reste, dans la construction d'un navire cuirassé qui coûte rarement moins de dix millions, et souvent beaucoup plus.

Pour revenir à notre gravure, le compartiment situé au-dessus de l'arbre de couche, est la soute aux poudres de l'arrière, qui s'étend jusqu'à l'extrémité du navire.

14. — Poste des aspirants, toujours assez nombreux sur les vaisseaux de guerre, il comprend au centre, leur carré et tout autour leurs chambres, dans lesquelles ils sont logés deux à deux.

Comme tous les autres officiers du bord, ils couchent dans de petits lits qu'on appelle *cadres*, suspendus aux deux extrémités par le même procédé que le sont les embarcations, sur les flancs du navire.

15. — Machines motrices, que nous ne détaillerons point, pour ne pas faire de double emploi avec le chapitre de cet ouvrage qui traitera des machines à vapeur en général; mais on peut juger de leur importance par la place qu'elles tiennent dans le navire, place en rapport, du reste, avec le rôle qu'elles y jouent; car bien qu'ils aient toute leur voilure, à peu près comme les anciens vaisseaux de ligne, les cuirassés, en raison de leur poids énorme, doivent compter beaucoup plus sur leur vapeur que sur le secours du vent.

Aussi sont-ils pourvus de machines très puissantes.

A ce propos, nous ferons remarquer que la force nominale d'une machine à vapeur n'est jamais que le quart de sa force effective, attendu qu'on ne l'estime que comme si le navire ne devait allumer que le quart de ses feux, ce qui est souvent le cas, du reste, car on chauffe rarement à toute vapeur.

Le chef mécanicien, qui ne quitte pas la chambre des machines, est en communication directe avec le commandant ou l'officier qui le remplace sur la passerelle, par un fil télégraphique spécial.

Chacun d'eux a sous les yeux un tableau sur lequel apparaissent les commandements généraux, comme : En arrière, en avant, doucement, plus vite, stoppez, etc., au fur et à mesure qu'ils sont donnés, et cela presque simultanément, car, aussitôt que le commandant transmet un ordre à la machine, le chef mécanicien lui répond immédiatement pour lui faire voir qu'il l'a compris et qu'il le fait exécuter.

16. — Réduit blindé, ou, plutôt, portion du réduit blindé, qui, dans les vaisseaux « dits à fort central », comme l'est celui que représente notre dessin, comprend : la batterie, les pompes et la chambre de chauffe des machines.

On ne voit à découvert qu'une portion de la batterie, mais, en réunissant nos deux gravures, on comprend parfaitement que la batterie est circonscrite entre les quatre tourelles blindées qui flanquent le réduit central, et qu'elle contient huit gros canons, quatre à tribord, quatre à bâbord.

17. — La pompe, dont le piston, mû par la vapeur, est à l'étage au-dessous ; elle est à double effet, aspirante et foulante, ce qui lui permet de servir au besoin à épuiser les voies d'eau et à éteindre les incendies ; pour cela, elle est disposée de façon que l'on puisse y adapter de nombreux tuyaux, que l'on peut diriger à la fois dans toutes les parties du navire.

Ce compartiment est appelé l'archi-pompe.

18. — La chambre de chauffe, qui tient presque autant de place que les cylindres moteurs, et de fait, il en faut pour installer les chaudières et loger le nombreux personnel qui les alimente.

Chauffage d'un arbre de couche.

Tout près, dans la partie cachée dans notre dessin par le blindage du vaisseau, est la soute au charbon, toujours trop petite, car c'est à peine si l'on peut y emmagasiner l'approvisionnement de plus de huit jours.

19. — Cheminée des machines, flanquée de chaque côté, dans le sens longitudinal, d'appareils ventilateurs qui portent de l'air frais dans la chambre de chauffe et dans les autres parties du navire.

Et, dans le sens latéral, des embarcations fixées sur leurs supports.

Ces embarcations sont, réglementairement, au nombre de huit à bord d'un vaisseau, savoir : le canot du commandant, la baleinière du commandant, la baleinière du commandant en second, le canot major, le grand canot, la chaloupe à vapeur, le grand youyou et le petit youyou.

Mais si le vaisseau est commandé par un amiral, le nombre des embarcations de bord augmente en raison de la composition de l'état-major général.

20. — Passerelle de manœuvre, c'est là que se tient constamment l'officier qui commande le quart et l'aspirant qui le seconde ; ce qui n'empêche pas le commandant d'y venir quand les besoins du service l'exigent,

c'est-à-dire toujours pendant un combat ou une tempête. Car, si le commandant est maître, après Dieu, sur son vaisseau, il a aussi toutes les responsabilités d'un chef suprême.

Ouvrons ici une parenthèse pour expliquer ce qu'on appelle le quart.

Le mot est expressif, d'ailleurs, car c'est le diminutif de « quart de l'équipage », formant un personnel suffisant pour faire manœuvrer le navire en temps ordinaire.

On sait déjà que l'équipage d'un navire est divisé en deux parties, égales en nombre, qu'on appelle bordées. Eh bien? les bâbordais et les tribordais sont partagés eux-mêmes en deux parties égales qui prennent le service successivement, de façon à ce qu'il y ait toujours le quart de l'équipage sur le pont pendant que les trois autres quarts se reposent.

Chaque service, qui s'appelle aussi *quart*, comme l'ensemble des hommes qui l'accomplissent, avait primitivement une durée de six heures, on l'a réduite à quatre pour éviter que les mêmes hommes prennent toujours le service aux mêmes heures et répartir plus également le travail le plus pénible.

Tour pour les arbres à trois coudes.

En effet, autrement, la bordée qui serait de quart, de minuit à six heures du matin ferait le même service toutes les nuits, tandis que ce système, qui permet aux hommes de se reposer plus souvent, leur donne alternativement le travail de jour et de nuit.

On l'a encore modifié, sur les navires dont l'équipage n'est pas assez nombreux pour être divisé en quatre bordées et où le quart de quatre heures aurait toujours imposé le service de nuit aux mêmes hommes.

Pour obvier à cet inconvénient, on a fait un quart de plus, en divisant celui de quatre à huit heures du soir, en deux petits quarts, de cette façon, la bordée qui est de service un jour, entre huit heures et minuit, prendra le lendemain, le quart, de minuit à quatre heures. Et ainsi de suite, de manière à ce que chaque bordée se partage successivement les heures les plus dures du travail.

Un officier ne remet jamais le quart à celui qui le remplace sans avoir *fait le point*, c'est-à-dire, indiqué l'endroit où se trouve le navire; et *jeté le loch* pour constater la vitesse de sa marche.

Faire le point est une opération astronomique et mathématique difficile à expliquer sans le secours des mots techniques; je vais l'essayer pourtant.

La boussole, dont l'aiguille aimantée a, comme on sait, la propriété de se diriger vers le Nord, en est le point de départ.

A l'aide du compas, seulement, on pourrait déterminer la route à suivre entre deux points donnés sur la carte, et, connaissant la vitesse du navire, il serait facile à chaque instant de savoir où il se trouve; mais les routes ne se suivent pas directement; il y a des courants qui entraînent, des écueils qu'il faut éviter, sans compter les grands vents, qui chassent quelquefois hors de la route, la grosse mer qui paralyse souvent les manœuvres; il faut donc régulièrement déterterminer la longitude et la latitude du lieu occupé par le navire.

La latitude s'obtient au moyen d'observations astronomiques, d'autant plus faciles à faire et à rectifier, que les opérations qui ont été continuées depuis le départ, sont consignées sur le journal du bord et que la position du navire, contrôlée par les points connus que l'on quitte ou vers lesquels on se dirige, est indiquée de quatre heures en quatre heures.

Quant à la longitude, on la trouve par le chronomètre, car la différence entre l'heure de Paris et l'heure du bord est égale à la longitude.

Et cela s'explique ainsi : Étant donné un point fixe dans l'espace, il s'écoulera vingt-quatre heures, c'est-à-dire une révolution diurne de la terre, entre deux passages consécutifs d'un observateur à ce même point.

Pendant ce temps, tous les points de l'équateur, divisé, comme on sait, en 360 degrés auront passé devant le point fixé dans l'espace, il en résulte donc une relation directe entre la division du jour en vingt-quatre heures et celle de la circonférence en 360 degrés; d'où, l'heure de Paris, dont le méridien est la longitude zéro, est le point de départ de ce calcul, ce qui explique pourquoi dans la marine, on attache tant d'importance à la qualité des chronomètres.

La latitude et la longitude connues et figurées sur une carte, on n'a plus qu'à tracer l'arc d'un grand cercle passant par cette longitude; et le point où il coupera la ligne de latitude, sera l'endroit précis où se trouve le navire.

L'opération du loch est infiniment plus pratique, mais moins exacte, car elle ne peut faire déterminer la position du navire que par le chemin parcouru, ce qui n'est pas toujours très approximatif; les deux se contrôlent du reste.

Toutes les heures, réglementairement, et en dehors de cela, aussi souvent que l'officier de service croit s'apercevoir que le navire change de vitesse, il fait *filer le loch* pour s'en assurer.

Le loch se compose de trois parties distinctes : 1° Le bateau de loch, petit instrument en bois, de forme triangulaire, garni à sa base d'une quantité de plomb suffisante à lui donner assez de résistance pour rester immobile à l'endroit où il aura été jeté.

2° La ligne de loch, fixée au bateau et se déroulant de sur un moulinet qu'on appelle bâton de loch, au fur et à mesure que le navire qui porte le moulinet s'éloigne.

Il suffirait de multiplier la longueur de la corde dévidée pendant quinze secondes, (temps ordinaire de déroulement) par 240, qui est le nombre de fois qu'il y a quinze secondes dans une heure, pour savoir combien le navire fait de route à l'heure; mais le travail est tout fait d'avance, la ligne de loch est divisée par des nœuds, en longueurs qui, étant la 240° partie d'un mille marin représentent juste un mille parcouru dans l'espace d'une heure, d'où il s'ensuit que si le déroulement du loch a été de huit ou douze nœuds, c'est que le navire marche à une vitesse de huit ou douze mille à l'heure.

C'est de cette façon de compter les distances parcourues, que vient l'expression maritime « filer tant de nœuds », on saura maintenant ce que cela veut dire; et quand on lira, au courant de ce travail : « tel vaisseau file dix nœuds », par exemple, on comprendra qu'il fait dix milles à l'heure, soit, un peu plus de dix-huit kilomètres et demi, puisque le mille marin est de 1,857 mètres.

***

Passons maintenant à l'explication de notre deuxième gravure, qui est la continuation de la coupe du vaisseau.

Le chiffre 21 désigne l'une des quatre tourelles blindées qui circonscrivent le fort central et dont la plate-forme porte des canons. Ces canons sont placés en barbette, c'est-à-dire à ciel ouvert, de façon à pouvoir se tirer à toutes les inclinaisons, point important pour les pièces à longue portée, qui ne trouvent pas toujours par les ouvertures pratiquées dans les batteries, et qu'on appelle des sabords, le développement nécessaire pour tirer obliquement.

22 est le cabestan, affecté plus spécialement à la manœuvre des ancres, que nous expliquerons un peu plus loin.

23 est le mât de misaine; toute la partie du pont comprise entre ce mât et l'extrémité du navire, s'appelle gaillard d'avant.

24. — Mât de beaupré, posé comme on le voit, presque horizontalement. Ce mât, bien que le moins long de tous, est le plus important, il peut être, en quelque sorte, considéré comme la clef de tous les autres, parce que tous les étais font en grande partie leur effort dessus.

La partie du pont qui porte le pied du beaupré, s'appelle la poulaine : c'est là que se tiennent les sentinelles qu'on appelle les hommes du bossoir, bien qu'il n'y ait plus de bossoir proprement dit sur les navires cuirassés.

Ces factionnaires qui, la nuit, sont au nombre de deux, l'un par tribord et l'autre par bâbord, ont pour mission de signaler à l'officier de quart tout ce qu'ils aperçoivent à l'horizon, seulement, comme le trajet de l'avant à la passerelle, que ne quitte jamais l'officier de service occasionnerait un retard dans l'avertissement, ils le lui donnent au moyen d'une trompe, d'après les conventions du bord.

Ainsi, un coup de trompe annonce un navire à l'avant; deux, un navire par bâbord; trois, un navire par tribord.

Les navires sont reconnus de loin la nuit par les feux qu'ils portent et qu'ils doivent porter réglementairement pour éviter les abordages qui, malgré ces précautions, sont encore trop fréquents.

Ces feux sont ainsi fixés :

Pour les navires à voile, feu rouge à bâbord et feu vert à tribord.

Pour les navires à vapeur, les mêmes fanaux, et de plus un feu blanc fixé au mât de misaine à deux ou trois mètres au-dessus du pont; pour les remorqueurs; feux rouges et verts pour les côtés, et deux feux blancs superposés au mât de misaine.

Quant aux bateaux d'un faible tonnage, pêcheurs et autres, ils ne doivent arborer qu'un seul feu blanc placé dans un endroit très apparent.

Exception est pourtant faite pour les bateaux pilotes qui, outre ce feu blanc, doivent brûler toutes les cinq minutes une espèce de feu de bengale, qu'on appelle un moine.

25. — Poste de couchage de l'équipage, notre dessin n'en montre qu'une partie, car ce poste, dans lequel les matelots disposent leurs hamacs quand l'heure du repos a sonné pour eux, s'étend jusqu'à la batterie. Il ne reçoit pas de lumière par le pont, il est éclairé comme l'indique notre dessin par des fenêtres qu'on appelle des *hublots;* en style marin, d'ailleurs, toutes les couvertures pratiquées dans le flanc des navires sont des hublots, les ouvertures qui font communiquer un étage avec l'autre, lorsque les escaliers (qu'on appelle des échelles) manquent, se nomment des écoutilles, elles

se ferment généralement avec des trappes qu'on lève de l'étage supérieur au moyen de barres.

26. — Hôpital du bord, il s'étend jusqu'à l'étrave, et comprend chambre de malades, infirmerie, pharmacie, laboratoire, et même un fourneau spécial pour la cuisine des malades.

27. — *Bittes :* On appelle ainsi des montants verticaux en chêne massif, reliés par une traverse horizontale sur laquelle s'enroulent les chaînes qui servent à amarrer les ancres.

Ce qui fait qu'on donne le nom de *bitture* à une longueur de chaîne à peu près double de la profondeur de l'eau à l'endroit où l'ancre doit être immergée.

La bitture est étendue sur l'entrepont, de

Chambre à coucher des officiers.

façon qu'une moitié au moins puisse s'écouler du navire par les écubiers au moment même où l'ancre est abandonnée à sa chute, l'autre moitié file sur les bittes avec plus de lenteur.

Cette disposition s'appelle à bord, *prendre ses bittures*, et comme cela équivaut à faire boire la chaîne, on dit d'un marin qui a bu jusqu'à s'enivrer qu'il a pris une fameuse bitture.

On peut se rendre compte de l'opération en étudiant notre gravure et en suivant la chaîne depuis le chiffre 30, placé tout à fait à l'avant, qui désigne les deux ouvertures par où passent la chaîne qui retient l'ancre et qu'on appelle *écubiers*, jusqu'au second chiffre 30, qui désigne le compartiment où la chaîne vient s'enrouler pour tenir le moins de place possible, et qui prend le nom de puits aux chaînes.

Comme on le pense bien, ces bittes ne tiennent pas tout le deuxième étage de l'avant; les chaînes, si volumineuses qu'elles soient, prennent relativement peu de place et il reste entre les espaces qui leur sont ménagés à tribord et à bâbord, un compartiment assez vaste pour servir de poste aux maîtres de toutes sortes, canonniers, timoniers, gabiers, mécaniciens et autres qui ont le grade de sous-officiers. C'est là qu'ils couchent, et qu'ils prennent leurs repas en commun.

28. — Les cuisines qui, avec la cambuse située plus à l'avant, occupent tout ce côté de l'étage qui surmonte la cale, et ce n'est pas trop, si l'on songe que les cuisiniers doivent préparer à chaque repas de six à sept cents portions pour tous les hommes de l'équipage, qui mangent à la gamelle comme les soldats de l'armée de terre, mais qui n'ont ni les possibilités ni l'espace pour élaborer eux-mêmes leur rata quotidien.

Lancement d'une frégate cuirassée, des chantiers de la Boucherie.

C'est dans la cambuse attenant aux cuisines que les vivres de toutes sortes sont distribués trois fois par jour à l'équipage.

29 est la soute aux poudres de l'avant, car on remarquera qu'il y en a déjà une à l'arrière. Cette disposition est adoptée maintenant partout, car elle diminue de moitié l'agglomération des matières dangereuses.

Naturellement l'une et l'autre de ces soutes sont installées de façon, qu'en cas d'incendie, il suffise de tourner un ou plusieurs robinets pour que les poudres soient noyées avant que le feu ait pu provoquer leur explosion.

Tous les autres compartiments de la cale proprement dite, divisée en deux étages par un faux pont, sont autant de soutes qui prennent des noms divers : ainsi il y a le puits aux boulets (magasins des projectiles), la soute à filin, la cale à vin, la cale à biscuit, la cale à eau, la cale aux légumes et bien d'autres, chaque chose du reste s'*ar-*

rime (synonyme d'arrangement) à bord des navires avec un ordre et une économie d'emplacement qu'on ne retrouve nulle autre part, ce qui est d'ailleurs une nécessité, étant donnés les innombrables objets d'approvisionnement qui composent le chargement (prononcez cargaison) d'un vaisseau de guerre ayant 700 hommes d'équipage.

30. — **Puits aux chaînes et écubiers**; nous en avons déjà parlé, mais nous dirons ici quelques quelques mots sur l'ancre, malgré que tout le monde connaisse cet instrument et l'usage auquel il est destiné, parce que nous tenons à ce que notre travail soit aussi complet que possible.

On appelle tige ou *verge* la partie qui s'étend en ligne droite d'une extrémité à l'autre d'une ancre; elle est terminée à l'un des bouts par les deux branches qu'on appelle *bras*, lesquels sont façonnés à leurs extrémités en forme de pelles triangulaires qui portent le nom de *pattes*, tandis que leur pointe s'appelle le *bec*.

A l'autre bout de la verge est fixé un anneau, qu'on appelle *organeau*, sur lequel s'amarre le câble ou la chaîne qui supporte l'ancre; au-dessous de l'organeau est une pièce de bois ou de fer qui forme une croix avec la verge; elle porte le nom de *jas*.

Un navire a toujours deux ancres de service aux bossoirs, deux de rechange, en cas d'accident, deux à jet, et une de détroit, remplacée quelquefois par une ancre d'évitage.

Le chiffre 31 de notre dessin désigne l'éperon; comme c'est une des armes offensives du vaisseau, nous entrerons dans quelques détails sur cet engin destructeur, dont la fabrication est extrêmement intéressante, témoin le récit qu'en a fait M. Turgand, dans sa description de l'usine d'Assailly; récit que nous lui empruntons d'ailleurs, certain d'être agréable à nos lecteurs.

Il s'agit de la fonte d'un éperon en acier pesant 8,000 kilogrammes.

« Les fours de fusion, dit M. Turgand, sont des fours à réverbères disposés autour d'une vaste halle, de manière que leur sommet soit au niveau du sol; chacun de ces fours contient neuf creusets moulés avec une terre réfractaire des environs de Clermont, extrêmement résistante; dans chaque creuset on place 24 kilogrammes de fragments d'acier, et l'on ferme l'ouverture avec un bouchon rond et luté. Il faut environ six heures pour que la liquéfaction soit complète.

« Pendant ce temps on termine dans le sol de la halle la préparation du moule dans lequel sera versé le métal. Les parois sur lesquelles se moulera l'acier sont d'un sable tout particulier, chimiquement préparé, et qui est un secret de fabrication; de sa bonne composition dépend en grande partie le succès de la coulée. Il est en effet très important que le moule n'ait pas de fissures, qu'il n'adhère pas au métal, car la pièce doit ressortir nette et polie comme une statue de bronze. De forts madriers fortifient la calotte du moule, et un sable fin recouvre le tout jusqu'au niveau du sol.

« A peu de distance de l'ouverture du moule, s'élève une grue, à l'extrémité de laquelle pend, au bout d'une chaîne, une poche en tôle revêtue de terre réfractaire, percée d'un trou à sa partie inférieure, et retournée sur un amas de houille incandescent qui la chauffe au rouge cerise vif.

« Au-dessus de l'ouverture du moule, pend un couvercle garni d'une quenouille, sorte de battant de cloche, également revêtu d'argile et qui doit servir de tampon pour boucher l'ouverture de la poche.

« Pour l'éperon du *Cheops*, 36 fours à 9 creusets avaient été chauffés; environ 200 hommes : fondeurs, arracheurs, chauffeurs et aides étaient placés à leur poste pour exécuter une manœuvre dans laquelle les 324 creusets devaient être vidés en moins de dix minutes.

« Voici comment on opéra : les arracheurs, à cheval sur l'ouverture du four, tirèrent avec de longues pinces les creusets, un à un, et vinrent les apporter circulairement autour du moule pour les fours situés à peu de distance, et dans de petits chariots à dix places pour les fours plus éloignés; puis, à un signal donné et presque en même temps, la grue souleva la poche, la porta, après l'avoir retournée, sur l'orifice du moule, le couvercle s'abaissa, enfonçant la quenouille dans l'ouverture inférieure et laissant béants, dix becs par lesquels les fondeurs vidèrent les creusets au fur et à mesure qu'on les leur apportait.

« Du côté de la halle opposée aux fours, les chariots arrivaient trois par trois, traînés par une douzaine d'hommes se tenant par la main; de l'autre les creusets étaient présentés un à un; chaque creuset vide était rejeté derrière le fondeur et disparaissait à l'instant, traîné dehors, par un apprenti, au pas de course.

« En cinq minutes à peine, la poche était pleine, une poulie enleva le couvercle et la quenouille, qui déboucha l'orifice, et un jet éblouissant de blancheur coula de la grosseur du bras jusqu'à la plénitude du moule.

« Les précautions avaient, du reste, été bien prises, car, vers la fin de l'opération un petit chariot amena quelques creusets destinés à prévenir l'insuffisance, tandis qu'à l'intérieur du moule, une cavité ménagée devait obvier au trop plein:

« L'opération était heureusement terminée et personne n'avait reçu la plus légère blessure au milieu de ce va-et-vient, à la course, d'un liquide incandescent dont le contact pouvait coûter au moins un membre, sinon la vie. »

Le numéro 32 désigne l'épaisseur de la cuirasse, épaisseur figurée seulement à l'avant, mais qui est la même pour toutes les parties du navire, sauf le revêtement supplémentaire du réduit central.

L'épaisseur des cuirasses varie du reste selon les types de construction, et nous en parlerons en temps et lieu.

Telle est à peu de modifications près la disposition intérieure des vaisseaux de guerre, et que l'on appelle l'aménagement.

L'aménagement terminé, si le navire n'est pas revêtu sur place de ses plaques de blindage, ce qui se fait rarement, on procède à son lancement, opération délicate, mais rendue plus facile, par la position en pente que l'on donne à la coque sur chantier.

Il suffit, en effet, de briser les étais qui le retiennent sur l'avant pour que le navire, entraîné par son propre poids, descende majestueusement à la mer sur un chemin de bois préparé d'avance à sa quille et aux deux fausses quilles, qui l'ont maintenu au chantier dans une position verticale.

Notre gravure explique clairement l'opération, on remarquera pourtant que c'est l'arrière du navire qui se présentera le premier à la mer, mais cette disposition, qui a sa raison d'être selon la forme des navires, n'est point une règle générale.

Une fois à l'eau, on le remorque jusqu'à une cale sèche qu'on appelle indifféremment, dock flottant, ou bassin de carénage, où l'on procède à son gréement et d'abord à son revêtement blindé.

Nous avons parlé déjà de la mâture, de la voilure, et de tout ce qui constitue ce qu'on appelle l'armement d'un navire, il ne nous reste plus qu'à entrer ici dans quelques détails sur la fabrication des plaques de blindage, qui est devenue une des spécialités des forges nationales de la Chaussade, bien que les cuirasses de la plupart de nos navires de guerre proviennent de l'usine Petin et Gaudet, de Saint-Chamond.

D'abord on n'emploie pas le premier fer venu, il faut un métal de choix, bien puddlé; corroyé avec soin sous l'action des marteaux-pilons et mis en barres au moyen des laminoirs.

Forgeage d'une plaque de blindage à la Chaussade.

UN NAVIRE CUIRASSÉ PENDANT LA TEMPÊTE.

Cintrage d'une plaque de blindage.

Ces barres, assemblées en masses, qu'on appelle paquets, sont réchauffées dans de vastes fours dont la large ouverture est fermée par une trappe à contre-poids, puis transportées sur l'enclume des marteaux-pilons à l'aide de longues pinces suspendues à des chaînes mobiles supportées soit par des grues, soit par des galets circulant sur des voies ferrées.

Avec le marteau-pilon et l'étampe, on soude ces paquets en galette à section trapézoïdale, que l'on réunit ensemble de façon que la surface la plus large recouvre, en la continuant, la plus étroite et réciproquement.

La première galette, réchauffée au four et laminée de nouveau produit une plaque de quatre à cinq centimètres d'épaisseur que l'on soude avec d'autres, obtenues de la même façon, jusqu'à ce que l'on ait atteint l'épaisseur voulue. Ce qui se fait par une série de martelages et de laminages.

Après le dernier laminage, qui doit donner aux plaques leur épaisseur exacte, elles sont reportées au four, soit au moyen de grues mobiles courant sur des rails, soit à bras d'hommes, ainsi que le représente notre gravure, pour y être réchauffées de nouveau et de là passer à l'équarissage.

Cette opération est une des plus pittoresques et des plus saisissantes à laquelle on puisse assister dans une grande usine métallurgique.

Qu'on se figure une masse de fer, rougie à blanc, ayant plus de deux mètres de long et plus d'un mètre cinquante de large (puisque c'est la dimension réglementaire) et dont l'épaisseur n'est jamais moindre de quatorze centimètres, quelquefois supérieure à trente, chargée sur un chariot, mobile dans deux sens, qui la présente presque translucide d'incandescence aux dents d'une scie circulaire de plus d'un mètre de diamètre.

Au contact de cette scie, qui fait jaillir de tous côtés des gerbes d'étincelles et semble mordre avec facilité dans le métal qu'elle découpe avec une netteté géométrique, un bruit strident vous assourdit, tout tremble autour de vous; il faut avoir vu cela pour s'en faire une idée.

Les plaques équarries et coupées aux dimensions exactes sont bonnes à envoyer au montage; du moins celles qui doivent recouvrir les surfaces planes des flancs du navire, mais celles de l'avant et de l'arrière, qui sont destinées à s'appliquer sur des surfaces plus ou moins courbes, doivent subir une nouvelle opération; le cintrage, qui est plus ou moins prononcé, selon la place que doit occuper le blindage sur la coque du vaisseau, il y a même des plaques gauchies qui ne peuvent être taillées à la scie, et qui sont forgées spécialement d'après les modèles en bois envoyés par les constructeurs, elles sont équarries au moyen d'un énorme burin porté sur un chariot et mû par une vis sans fin, qui s'avance en rabotant le fer.

Pour le cintrage des plaques, on se servait naguère du marteau-pilon; aidée d'une presse hydraulique, on a maintenant l'ingénieuse machine que notre gravure explique suffisamment et qui fait pour ainsi dire la besogne toute seule, grâce à la puissance de la pression hydraulique.

Le montage des plaques (dans l'usine s'entend) consiste à percer sur leurs bords, à l'aide de forts villebrequins, les trous destinés à recevoir les boulons qui doivent les fixer sur les flancs du navire.

Ces boulons, qu'on appelle vis de blindage se font mécaniquement par un appareil très ingénieux qui simplifie singulièrement le travail.

Quant à l'application des plaques de blindage sur le navire, voici la manière dont elle se fait.

Si le navire est en bois, les intervalles compris entre les couples sont rendus massifs par des garnitures en sapin, formant une espèce de doublure au *bordé*, qui est, comme nous l'avons dit plus haut, en chêne, de l'épaisseur d'un madrier ordinaire, mais sur ce bordé on en applique un autre d'au moins trente centimètres, en bois de *teak*, reconnu comme le plus propre à servir de matelas à la cuirasse, qui est fixée dessus au moyen des vis de blindage enfoncées très profondément.

Pour les navires en fer, le doublage du bordé, qui est en tôle, n'est pas indispensable, mais on applique toujours dessus un épais matelas de bois de *teak* sur lequel on visse la cuirasse.

Cela paraît tout simple, mais si l'on songe au poids énorme des plaques de fer de deux mètres de long, sur un mètre cinquante de large, et dont l'épaisseur augmente toujours à chaque nouveau type de construction on comprend qu'il faille des palans, des grues, un outillage aussi formidable que spécial pour hisser les plaques à l'endroit où elles doivent êtres fixées.

Ce procédé n'est pas du reste exclusif, c'est le plus généralement employé, mais il a subi, il subira sans doute encore, les modifications imposées par le genre de fabrication, aussi bien que par l'épaisseur des plaques, nous les noterons au fur et à mesure qu'elles se présenteront, car maintenant que nous nous adressons à des initiés, nous allons reprendre, et sans plus nous interrompre, l'historique des bâtiments cuirassés dont nous décrirons tous les types intéressants.

***

L'apparition de la *Gloire* excita, comme comme on le pense bien, l'émulation des autres puissances maritimes.

Déjà les Américains étaient à l'œuvre et leur guerre de sécession vit les premières armes du *Monitor* et du *Merrimac*, dont le combat du 9 mars 1862 est resté célèbre, parce que les deux adversaires se criblèrent de projectiles presque à bout portant, sans pouvoir se couler l'un l'autre.

Le *Merrimac* ne dut pourtant son salut qu'à la fuite ; nous n'en dirons que quelques mots, non pas à cause de cela, mais parce qu'il n'appartint qu'accidentellement à la série des navires blindés ; mais nous étudierons avec plus de détails le *Monitor* qui est resté longtemps, s'il n'est encore aujourd'hui, le type du cuirassé américain.

Le *Merrimac* était une ancienne frégate abandonnée, de 79 mètres de long sur 15 de large, que les confédérés réparèrent hâtivement pour l'approprier, tant bien que mal, à un exercice nouveau.

A cet effet, ils construisirent sur le pont une vaste chambre, embrassant tout le navire, et dont les murailles obliques se rejoignaient au sommet comme la toiture d'une maison.

Cette chambre, blindée avec des rails de chemin de fer, était armée de huit gros canons de douze pouces, dont deux à l'avant, deux à l'arrière, et deux sur chaque bordée.

De plus, le *Merrimac* portait à son avant un éperon d'acier si redoutable, que d'un seul coup il a coulé, le 8 mars 1862, la frégate *Cumberland* (frégate non cuirassée, s'entend).

Sa vitesse pouvait atteindre neuf nœuds, mais comme il n'a jamais navigué dans la haute mer, on ne saurait préjuger la façon dont il s'y serait comporté ; du reste l'existence du *Merrimac* a été courte, les confédérés l'ayant fait sauter pour qu'il ne tombât pas au pouvoir de l'ennemi.

Le *Monitor*, tout au contraire, avait été construit spécialement pour son usage. C'est le premier de ce genre que mit à flot l'ingénieur Ericsson, auquel le gouvernement fédéral avait commandé vingt canonnières cuirassées, dont une partie seulement fut exécutée.

D'une longueur totale de 124 pieds (38 mètres) sur une largeur de 30 pieds (11^m,60), il se composait de deux parties très distinctes : la coque inférieure, blindée de huit plaques d'un pouce d'épaisseur superposées de façon qu'il n'y ait jamais plus d'un joint sur le même point, et un massif supérieur composé d'une plaque de fer intérieure et d'une muraille de chêne de 30 pouces d'épaisseur, recouverte d'une cuirasse de 6 pouces.

Cette carapace recouvrait la coque de 3 pieds 7 pouces sur les côtés, et la dépassait à l'avant de 24 pieds, et à l'arrière de 2 pieds et demi.

La profondeur du *Monitor* n'était que de 6 pieds et demi, le fond en était plat comme

Pose des plaques de blindage.

ceux des chalands, mais ses extrémités étaient très pointues.

Sur le centre du navire, dont le pont uni, sans mâts, sans autre proéminence que la guérite du timonier et la cheminée de la machine qui, du reste, composée d'une série d'anneaux s'emboîtant les uns dans les autres, rentrait en elle-même comme une lorgnette, s'élevait une tour cylindrique de 10 pieds de haut et d'un diamètre assez grand pour renfermer deux canons Dahlgreen, du poids de 7,500 kilogrammes, lançant des boulets pleins de 184 livres.

Naturellement, cette tour était blindée comme le pont, mais plus solidement encore, au moyen de huit plaques de fer d'un pouce chacune, maintenues par des boulons qui se vissaient de l'intérieur, de manière que si une plaque venait à se détacher, elle pouvait être resserrée immédiatement; de plus, elle tournait sur elle-même par l'effet d'une machine à vapeur à double cylindre, qui permettait aux canonniers de pointer leurs pièces dans toutes les directions, sous le couvert d'un toit plat, blindé de plaques de fer reposant sur des soutiens de fer forgé, et percé de trous pour l'aération de la tourelle.

Le Monitor. — Cuirassé américain

Lorsque le *Monitor* était en action de guerre, il s'enfonçait de telle sorte que son pont était à fleur d'eau, et qu'il ne laissait plus voir que sa tour, la cabine du pilote et le couvercle qui bouchait le trou de sa cheminée, la tour seule était donc exposée au canon de l'ennemi, qui pouvait d'autant moins endommager la coque inférieure, qu'en

Le Minautor. — Frégate cuirassée anglaise.

raison de son inclinaison calculée, le boulet devait traverser 25 pieds d'eau avant de l'atteindre, ce qui amortissait singulièrement le coup.

Cette disposition était excellente pour le combat, mais absolument contraire à la bonne navigation ; aussi le *Monitor* n'a-t-il point péri par le canon de l'ennemi, sa fin n'en a été que plus misérable, car incapable de résister à la grosse mer, un jour de tempête il coula bas avec tout son équipage.

Ce fut un deuil pour l'Amérique, mais non un sujet de découragement, et le *Monitor* avait si admirablement résisté aux projectiles du *Merrimac*, dont aucun n'avait pu pénétrer dans sa cuirasse, que M. Ericsson construisit sur le même modèle, plus ou moins modifié, de nouvelles forteresses flottantes, qui ne devaient pas plus redouter les éléments que les canons ennemis.

La tour cylindrique du *Monitor* eut d'ailleurs pour effet immédiat, de faire prendre en considération l'invention que le capitaine anglais Coles, avait faite dès 1857, de la coupole tournante à laquelle on n'avait fait jusqu'alors qu'une dédaigneuse attention.

Cet officier, qui assistait à la prise de Kinburn, où les cuirassés français s'essayèrent victorieusement, avait remarqué que si les énormes boulets lancés par les forts russes restaient sans effet sur la carapace métallique de la *Lave* et de la *Dévastation*, ils causaient de grands ravages dans les batteries lorsqu'ils y pénétraient par les sabords.

Or, comme chaque bâtiment avait vingt sabords dont l'ouverture dépassait un mètre en largeur, c'était une superficie d'environ 22 mètres ouverte aux projectiles ennemis; le capitaine Coles s'étudia à réduire et même à supprimer ces ouvertures, tout en faisant la part des nécessités du tir.

C'est alors qu'il inventa la tourelle, dont l'expérience ne fut faite, avec quelque modification, que cinq ans après sur le *Monitor*.

Son « bouclier tournant de canon» (*revolving gun shield*) est en effet une tour cylindrique de deux mètres de hauteur, dont la carcasse en bois est fortement cuirassée, et qu'il rend mobile en l'établissant sur un plateau combiné exactement comme les plaques tournantes, dont on se sert sur les chemins de fer, pour faire passer les voitures d'un rail sur l'autre.

C'est-à-dire que la plate-forme est traversée au centre par un axe, sur lequel elle pivote d'autant plus facilement qu'elle est, par dessous, munie de roulettes évidées, qui se meuvent sur un chemin de fer circulaire.

Il suffit donc d'un levier pour pouvoir faire tourner l'édifice à volonté.

L'intérieur de cette coupole, percée extérieurement de trous justes assez larges pour laisser passer la bouche d'un canon, renferme une ou plusieurs pièces dont le pointage en direction se fait tout naturellement par le système de rotation de la plate-forme; ce qui n'empêche nullement le pointage en hauteur de s'opérer par les moyens ordinaires.

Quant au sommet de la coupole, qui se termine en cône tronqué, il n'est pas bouché hermétiquement, car il faut laisser arriver de l'air aux hommes destinés à manœuvrer dans l'intérieur; mais pour les protéger contre les projectiles : qui, lancés en ligne courbe, pourraient entrer par le haut, l'orifice est fermé par un grillage serré, de barres de fer suffisamment épaisses pour opposer de la résistance au boulet.

Cette invention, que les Anglais n'avaient considéré jusqu'alors que comme un joujou ingénieux, entra dans le domaine de la pratique, pas tout de suite, néanmoins ; car l'amirauté anglaise était déjà engagée dans la construction d'un navire cuirassé, qui devait faire oublier la *Gloire*.

Le *Warrior* (tel était le nom de cette frégate) était en effet de dimensions plus grandes que la frégate française, puisqu'il avait 420 pieds de long, sur 58 de large, et il était muni d'une machine de 1,250 chevaux qui devait lui permettre de filer, par un beau temps 14 nœuds et demi (plus de 26 kilomètres à l'heure).

Son armement offensif était, comme celui de la *Gloire*, de 36 pièces, mais ces pièces, à âmes lisses, lançaient des boulets de 68 livres, tandis que les canons de la *Gloire* se chargeaient par la culasse et vomissaient des projectiles de 30 kilogrammes; il est vrai que les Anglais ajoutèrent à l'armement du *Warrior* six canons Armstrong.

Sauf les proportions, la plus grande différence qui existait entre la frégate anglaise et son modèle, c'est que, tandis que la *Gloire* était cuirassée de bout en bout, le *Warrior* ne l'était qu'aux deux tiers, de sorte qu'il avait à la flottaison 167 pieds de longueur et de tête en tête 207 pieds qui n'opposaient aux boulets ennemis que des murailles de bois.

Pour remédier à cela, il était garanti à l'intérieur par huit ponts, reliés entre eux par un échafaudage de pièces de fer des plus grandes dimensions, et son avant était muni d'un éperon d'une solidité exceptionnelle.

En somme, le poids était à peu près le même que si le navire eût été entièrement cuirassé, c'est-à-dire trop élevé; si bien qu'après avoir fait un voyage d'essai de Portsmouth à Cadix, on fut obligé de le remettre en chantier pendant que l'on construisait sur le même modèle le *Black Prince*, qui n'est pas sorti plus victorieux des épreuves, bien que se comportant mieux à la mer que son devancier.

L'infériorité de ces frégates sur le modèle français devint si évidente que l'amiral anglais Sartorius, le constatait lui-même dans une brochure publiée en 1861, et qui établit un parallèle entre le *Warrior* et la *Gloire*.

« Il est impossible, au *Warrior*, dit-il, d'aborder la *Gloire*, tandis que celle-ci peut prendre les dispositions les plus avantageuses pour désemparer son ennemi.

« La *Gloire* a un gréement insignifiant, qui, une heure avant le combat, peut être mis à bas, tandis que le *Warrior*, mâté comme un vaisseau de 90, aurait, dès les premiers coups, son hélice engagée par des débris de son gréement.

« La *Gloire*, par quelque côté qu'on l'attaque, est défendue et armée; le *Warrior* ne l'est pas, sa proue et sa poupe n'étant pas cuirassées. Avec vent debout, la résistance que rencontrerait la mâture du *Warrior* réduit considérablement sa vitesse, tandis que la *Gloire*, parfaitement dégagée, conserve la sienne. L'allègement des extrémités du *Warrior*, en vue de le rendre plus navigable, fait porter sur la partie centrale tout le poids de l'armure, et tandis que, dans un mauvais temps, celle-ci est inerte, les extrémités se tordent sous l'action de la lame, de manière à amener une dérivation générale. »

Cette critique fut entendue de l'amirauté, mais elle voulait essayer encore, en construisant, sur un modèle peu modifié, deux frégates de dimensions moindres : la *Defence* et la *Resistance*.

Elles n'avaient que 85 mètres de long sur 16 de large, mais leur machine motrice n'était que de 600 chevaux nominaux, aussi la *Defence*, qui fut armée en mars 1862, était-elle d'une vitesse bien inférieure à celle du *Warrior*, c'est-à-dire plus qu'insuffisante.

Un nouveau type fut essayé en 1863, avec l'*Hector* et le *Vulcain*, corvettes de 28 canons, à coque de bois, mais à protection complète, ou du moins à peu près, car si les navires étaient cuirassés de bout en bout, le blindage n'existait entièrement que sur la batterie, et l'avant et l'arrière n'étaient point protégés au-dessous de la ligne de flottaison.

Ce système, qui ne donna pas de meilleurs résultats, fut bientôt abandonné pour le principe du cuirassement, étendu à toute la flottaison, adopté d'abord sur l'*Achille*, que l'amirauté fit construire elle-même dans son chantier de Chatam, en mettant à profit les défauts signalés déjà; c'est-à-dire en renonçant aux contours arrondis pour prendre les formes anguleuses de la *Gloire*.

On ne trouva rien de mieux pour cela que d'augmenter la longueur, et l'*Achille* eut 115^{m},81, de la poupe à la proue.

Ce vaisseau, dont le plan avait été fourni par l'amiral Spencer Robinson, donna d'abord si belles espérances qu'on dépassa ses proportions, déjà considérables pourtant, en construisant le *Minotaur*, l'*Agincourt* et le *Northumberland*, à 122 mètres de longueur.

On leur donna une machine à vapeur de 1,350 chevaux nominaux et on les pourvut de cinq mâts, non compris le beaupré, pour porter une immense voilure à trois étages de vergues.

Ce furent les plus grands navires cuirassés qu'on ait fait, et les plus lourds aussi, car leur cuirasse avait 14 centimètres d'épaisseur et elle était entière, excepté pourtant pour le *Northumberland*, dont les extrémités supérieures, avant et arrière, ne furent pas blindées.

Les résultats ne répondirent pas aux

Le Warrior. — Frégate cuirassée anglaise.

espérances conçues et l'amirauté anglaise, qui avait hâte de posséder une flotte cuirassée, de l'importance de son ancienne flotte, adopta à peu près tous les systèmes qu'on lui présenta.

Le cinquième type essayé fut expérimenté dans la construction d'une demi-douzaine de frégates à base de bois, mais blindées de bout en bout.

Ces frégates, du reste, n'étaient point destinées d'origine à recevoir des cuirasses, aussi le *Royal Oak*, le *Prince Consort*, le *Royal Alfred*, le *Caledonia* et autres, ne donnèrent-ils que des résultats médiocres.

L'obstacle étant toujours la question de navigabilité, on résolut d'essayer un sixième type, en employant des bâtiments qui avaient déjà fait leurs preuves et que l'on coupa en deux pour les rallonger de 18 à 20 pieds par le milieu; cette transformation ayant paru assez heureuse, le *Zælous* fut construit de toutes pièces sur le modèle nouveau, ce qui n'empêcha pas d'adopter le système de l'ingénieur Reed, à casemate centrale et à flottaison protégée pour les frégates *Favourite*, *Enterprise*, *Pallas*, et enfin un huitième, sur lequel on fit l'application des tourelles du capitaine Coles.

Ce système, qui profitait de tout ce qu'il y avait de bon dans les autres et pouvait en écarter ce qu'on avait reconnu défectueux, fut le seul qui échappa à la critique générale, on pourrait presque dire, à la réprobation qui accueillit ses prédécesseurs.

et de fait, le *Royal-Sovereing*, le premier de ce genre qui sortit des chantiers en 1865, fut aussi le premier des cuirassés anglais, qui, malgré sa mâture provisoire, fit bonne

Le Royal-Sovereing. — Cuirassé anglais à tourelles.

contenance à la mer, et dont la vitesse ne laissa que peu de choses à désirer.

Nous n'entrons point dans les détails de sa structure, puisque nous aurons occasion d'étudier d'autres navires construits sur le même modèle ou à peu près, nous dirons seulement ce qui attira l'attention sur lui.

C'est-à-dire les six coupoles blindées,

Le Merrimac. — Cuirassé américain.

armées chacune de deux gros canons que l'on plaça deux à deux sur son pont, et qui lui donnaient l'immense avantage de pouvoir lancer douze projectiles à la fois dans toutes les directions, sans être obligé de manœuvrer constamment pour présenter son travers à l'ennemi, en lâchant sa bordée.

Cet avantage et beaucoup d'autres que l'on trouva dans le perfectionnement des coupoles tournantes du capitaine Coles les fit adopter partout, non seulement sur les navires, mais en certains endroits pour la défense des côtes et notamment sur la jetée de Douvres, depuis que les Anglais redoutent si fort la construction du tunnel de la Manche.

*
* *

Pendant que l'Angleterre se consumait en efforts pour arriver à créer un type encore très perfectible, la France, qui était sortie de la période des tâtonnements, complétait sa flotte cuirassée sur le modèle de la *Gloire*.

La *Normandie* fut construite de dimensions semblables, de même que la *Couronne;* mais cette dernière frégate diffère en ce sens que sa coque est en fer, ce qui lui enlève un peu de sa vitesse, malgré qu'on lui ait donné plus de longueur pour remédier à cet inconvénient.

En même temps on mit en chantier deux vaisseaux, le *Magenta* et le *Solferino*.

Décrivons le premier, que nous avons eu l'occasion de visiter quelques jours avant l'incendie du 31 octobre 1875, qui n'en laissa plus que des débris à peine utilisables.

Chose bizarre, lorsque la catastrophe est arrivée, ce vaisseau, le premier de nos cuirassés (construit en 1861, d'après les plans de M. Dupuy de Lôme), rentrait en rade de Toulon pour désarmer, car il devait céder sa place dans l'escadre au *Richelieu*, vaisseau d'un nouveau modèle, dont tous les essais avaient été couronnés de succès.

Eh bien! le *Richelieu* a été comme lui anéanti par un incendie.

Du reste, jusqu'à présent, les navires cuirassés n'ont pas eu de chance, et l'on en pourrait citer beaucoup qui ont été brisés par la tempête, ou qui ont sauté par l'éclatement de leur machine.

Le *Magenta*, construit sur le modèle de la *Gloire*, sauf le formidable éperon dont était armé son avant, n'était blindé qu'à 12 centimètres d'épaisseur à la flottaison et sur une partie des batteries; cette cuirasse était suffisante à l'époque de sa création, où les gros canons n'avaient pas encore dit leur dernier mot.

Sa longueur était de 98 mètres de tête à tête, ou, si l'on aime mieux, de poupe en proue; sa largeur de 32 mètres au maître-couple et sa profondeur de 19 mètres, dont la moitié au-dessus de la flottaison; ce qui représentait une masse de construction à peu près équivalente à la caserne du Prince-Eugène.

Sa mâture, indépendamment du beaupré, qui portait quatre voiles triangulaires (trinquette, petit-foc, grand foc et clin-foc) se composait de trois mâts gréés en frégate : savoir :

Le mât de misaine, avec ses quatre voiles carrées : misaine, petit hunier, petit perroquet et petit cacatoès.

Le grand mât, quatre voiles carrées : grand'voile, grand hunier, grand perroquet et grand cacatoès.

Et le mât d'artimon, cinq voiles : le perroquet de fougue, la perruche, le cacatoès de perruche, la brigantine et la corne.

Malgré cette voilure considérable, complétée encore par des bonnettes et deux voiles de cap, dont il se servait par économie pour naviguer sous le vent (car, en action de combat, il n'agissait qu'à vapeur), le *Magenta* obtenait une force propulsive de 900 chevaux par huit corps de chaudière et trente-six longs foyers.

Son artillerie, modifiée en 1864, depuis l'adoption réglementaire des canons nouveaux; car, lors de sa construction, il comptait deux batteries, contenant 52 bouches à feu, se composait de :

Dix canons rayés de 24 centimètres, se chargeant par la culasse, et pesant chacun 14,500 kilogrammes, non compris leur affût de 6,240 kilogrammes, lesquels étaient établis dans la batterie couverte.

Et de quatre pièces de 19 centimètres, également du nouveau modèle, et établies sur les gaillards d'avant et d'arrière.

Si l'on veut se donner une idée de la puissance de l'explosion qui fit sauter le *Magenta*, on n'a qu'à calculer que l'approvisionnement du bord était de 75 coups de combats de pièce; ajouter à cela les charges d'exercice et de salut, qui ne sont que de 6 kilogrammes, et les munitions des 500 chassepots et des 700 révolvers des hommes d'équipage, et l'on arrivera au chiffre effrayant de 40,000 kilogrammes de poudre emmagasinés dans les soutes du *Magenta* au moment de l'incendie.

L'équipage fixe du *Magenta*, compris l'état-major de 24 officiers, se composait de 9 maîtres, 34 seconds-maîtres, 51 quartier-maîtres, 4 fourriers ordinaires, 60 gabiers, 16 timoniers, 128 fusiliers, 30 ouvriers chauffeurs, 16 matelots de profession, 6 tambours et clairons, 120 matelots de pont, 20 mousses, 2 infirmiers et 16 surnuméraires.

Le personnel variable, qu'on embarquait seulement en cas de campagne, était de 66 quartier-maîtres canonniers et canonniers brevetés et de 90 matelots de pont.

Ce qui portait l'effectif total à 672 hommes, dont 120 nécessaires à la manœuvre des machines et 300 indispensables au service des canons.

Comme on le voit, un vaisseau de guerre mérite bien le titre de caserne flottante, et même quelque chose de plus; car il faut non seulement qu'il abrite son équipage, mais qu'il loge ses immenses machines propulsives et ait encore des magasins pour ses approvisionnements de toutes sortes, sans compter ses embarcations auxiliaires qui, du reste, tiennent peu de place, puisqu'elles sont suspendues aux flancs du navire.

Le *Magenta*, comme tous les vaisseaux de son rang, en portait 12. Le grand canot à vapeur pouvait contenir 30 hommes; la chaloupe 60, le grand canot 45, le canot moyen 40, le canot de service 30, le canot du commandant 30, la baleinière du commandant 15, la baleinière du second 15, la baleinière du chef d'état-major 15, et les deux youyous chacun 10.

Ce qui ne fait, en somme, que de quoi réfugier 320 hommes en cas de naufrage, mais on compte sur la ressource des radeaux, et du reste, il est à peu près impossible d'accrocher plus d'embarcations aux flancs d'un vaisseau.

Nous sommes entrés dans tous ces détails à propos du *Magenta*, mais il est bien entendu qu'ils ne lui sont pas spéciaux et sont applicables à tous les bâtiments similaires, notamment au *Solferino*, qui suivit le *Magenta* dans la carrière et n'en différait que très peu, il n'avait pourtant que 86 mètres de long sur 17 de large.

Son artillerie, qui comprenait dans le principe 50 bouches à feu logées dans deux batteries superposées, était concentrée vers le centre du navire, de façon à laisser à l'avant et à l'arrière un espace plus considérable pour les logements; il est vrai que ces deux parties n'étaient pas cuirassées, mais le navire, mû par une machine à vapeur de plus de 1,000 chevaux, avait plus de vitesse.

Cette machine était d'ailleurs une amélioration sur les précédentes, car elle était alimentée par huit corps de chaudières indépendantes les unes des autres, disposition adoptée partout depuis, et permettant de fractionner à volonté la puissance motrice, ce qui est inappréciable pour un bâtiment mixte, qui peut ne dépenser que peu ou point de vapeur, quand il a le vent favorable.

Le *Solferino* presentait encore un autre avantage, au point de vue offensif, c'est que sa batterie supérieure dominant le pont de gaillard des frégates ordinaires, pouvait, par son feu, les entamer dès le début de l'action dans leur partie la moins protégée.

De plus, son éperon était disposé d'une

La Couronne. — Frégate cuirassée française.

Le Magenta. — Vaisseau cuirassé français.

façon nouvelle et d'un effet plus terrible encore, puisque le choc qu'il pouvait donner, marchant à sa vitesse ordinaire (13 nœuds), à un navire immobile, équivaudrait à l'effet simultané de 120 boulets de 30.

Toutes choses qui, avec le nouveau

système d'aménagement intérieur, furent adoptées quelques années après, avec des modifications heureuses, à l'application des tourelles du sytème Coles, pour la construction du *Marengo* dont nous parlerons, quand nous aurons étudié ce qu'on faisait alors aux États-Unis.

Mais avant, nous devons dire un mot d'un nouveau type expérimenté par le gouvernement français, qui n'était en somme qu'une modification de la *Gloire*, modification consistant surtout dans l'élévation de la batterie, mais qui en amena successivement d'autres, car la batterie portée à

Le Solférino. — Vaisseau cuirassé français.

2^m,25, il fallait au navire plus d'assiette, et par conséquent des dimensions plus grandes.

La frégate la *Flandre*, réalisation de ce type, fut mise en chantier à Cherbourg; sa coque construite en bois fut blindée de bout en bout avec des plaques de 15 centimètres d'épaisseur.

L'avant de ce navire qui avait 90 mètres de longueur sur 17 de largeur, et 7^m,70 de tirant d'eau, s'écartait un peu des plans adoptés jusqu'alors, il était bien à étrave droite, comme tous les autres blindés, mais, au lieu d'avoir des joues pleines pour pouvoir porter des canons sur le gaillard, il avait des joues évidées de façon à ce qu'on puisse percer de chaque côté un sabord de chasse, destiné à recevoir une pièce de gros calibre pouvant se pointer à quelques degrés de l'avant.

La machine de la *Flandre*, qui lui donnait une vitesse de 14 nœuds, était de

900 chevaux nominaux, sa mâture était celle des trois mâts barque, avec cette seule différence que son beaupré était étayé de chaque côté par des cornières de fer.

Son armement primitif se composait de 34 canons, mais il était d'orés et déjà convenu que le nombre serait diminué, quand on pourrait le pourvoir de pièces d'un plus gros calibre, ce qui ne tarda pas, car c'était le moment où l'on faisait les expériences qui amenèrent l'adoption des gros canons de marine dits de 1864.

L'*Héroïne*, construite quelque temps après, était exactement du même modèle, avec cette différence que sa coque était en fer, ce qui amena l'emploi du matelas en bois de teck pour porter la cuirasse.

***

Les Américains, activés par les besoins de leur guerre civile, construisaient beaucoup de cuirassés, mais prétendant, peut-être avec raison, que ce genre de navires étant surtout fait pour attaquer ou défendre les ports, n'avait besoin ni de gréement, ni de mâture; ils s'en tenaient toujours au système du *Monitor* qu'ils perfectionnaient plus ou moins.

L'ingénieur Ericsson construisit d'abord huit des navires qui lui avaient été commandés par le gouvernement, les six premiers sur le modèle du *Monitor*, modifié seulement à l'extérieur en ce que la cabine du timonier n'était plus sur le pont, qui ne laissait de saillant que la tour blindée et le tuyau de la cheminée, mais intérieurement par la disposition de l'aménagement et l'addition d'une machine ventilatrice.

Avec ce système, le navire, est-il en action de combat, on ferme toutes les ouvertures qui mettent le pont en communication avec les divers compartiments intérieurs, et l'on met en mouvement une machine ventilatrice attirant l'air du sommet de la tour pour le distribuer dans les différentes parties du navire, qui, sans cette précaution, serait inhabitable.

C'était d'ailleurs le grand défaut du *Monitor*, où la chaleur était intense, et il était tout naturel que l'ingénieur songeât d'abord à y remédier.

Il essaya aussi d'un autre système, avec le *Benton* et l'*Essex*.

Le *Benton* était un ancien bateau à vapeur du service du Mississipi, qu'on a augmenté d'une seconde coque, de façon à enfermer les roues à aubes de son système propulseur.

Ainsi transformé, il avait 186 pieds de longueur sur 74 de largeur, ses murailles étaient rentrantes et blindées, naturellement, de solides plaques de fer.

Ce navire, destiné à manœuvrer sur les grandes rivières des États-Unis, et devant se tenir sur l'eau et non pas dans l'eau, comme ses prédécesseurs, M. Ericsson imagina de le diviser en 40 compartiments étanches, de sorte que si un ou plusieurs de ces compartiments se trouvait troué par les projectiles ennemis, le navire n'en souffrît pas dans sa marche.

De plus, il disposa l'avant, muni, outre son blindage, d'une garniture suffisante à le protéger contre la bombe ; de telle manière que si, par impossible, l'étrave était enlevée dans un combat acharné, la coque pourrait non seulement rester à flot, mais l'équipage pourrait encore continuer son feu.

Le *Benton* et les navires de son type, notamment l'*Essex* qui en différait très peu, ont rendu de très grands services pendant la guerre de sécession et malgré les feux terribles qu'ils eurent souvent à essuyer des forteresses et des ouvrages avancés, élevés par les confédérés, ils n'ont jamais subi que de faibles avaries.

Malgré leur succès, tout local d'ailleurs, car ils n'auraient pu tenir la haute mer, on revint au premier système, modifié par le type *Kèokuk*, pourtant encore bien plus défectueux au point de vue de la navigation, puisque jamais les monitors n'ont pu filer plus de 4 nœuds et demi, gênés qu'ils sont par leur poids et par la disproportion de leur carène immergée avec la partie hors de l'eau, qui ne leur donne pas une puissance de flottabilité de plus de 200 tonneaux.

Le *Kèokuk*, qu'on appela aussi batterie Whitney, était le plus petit des monitors que construisit Ericsson ; sa longueur n'était que de 159 pieds en y comprenant l'éperon, il pouvait néanmoins porter 100 hommes d'équipage et ses soutes étaient assez vastes pour contenir 200 boulets de 11 pouces, 150 obus de même calibre, de la mitraille et des boîtes à balles à proportion, et naturellement la poudre nécessaire à chasser tous ces projectiles.

Son pont était chargé de 2 tours cylindriques, fixes, mais percées de sabords en nombre suffisant pour que le canon, monté sur pivot pût évoluer dans toutes les directions, ces tourelles étaient blindées à 6 pouces un quart d'épaisseur dont 4 pouces de fer.

Elles communiquaient entre elles par un passage, pratiqué dans l'intérieur du navire et qui servait en même temps à la ventilation.

Sous chaque tour, il y avait intérieurement une forte cloison verticale qui, laissant l'avant et l'arrière libres pour l'aménagement de la machine, des munitions et de l'équipage ; formait au milieu du navire un vaste compartiment destiné à rester étanche, en prévision du cas où une voie d'eau se déclarerait dans la coque par l'effet d'un projectile ennemi.

Le Kèokuk fit ses preuves, mais toujours sur les rivières, de sorte qu'il n'y avait encore rien de concluant, c'est alors que l'on construisit le *Nouvel-Ironsides*, destiné à naviguer en haute mer, du moins on l'espérait.

Ce fut le plus grand cuirassé de la marine américaine, qui aime mieux les gros canons que les gros navires ; il mesure 232 pieds de longueur; déplace 4,120 tonneaux et sa force propulsive est de 1,000 chevaux.

C'est encore à quelque chose près le *Monitor;* seulement, au lieu d'une ou plusieurs tours, il porte un vaste logement blindé à 4 pouces d'épaisseur, qui met l'artillerie à couvert.

Mais c'est la seule partie du navire qui soit cuirassée au moyen de plaques de 15 pieds de long sur 30 pouces de largeur, dont l'application commence à quatre pieds au-dessous de la ligne de flottaison ; de sorte que l'avant et l'arrière sont à peu près sans protection, extérieurement du moins, car les cloisons transversales qui se trouvent aux deux extrémités de la batterie sont à l'épreuve des plus gros projectiles

L'artillerie du *Nouvel Ironsides* se compose de huit gros canons : trois sur chaque flanc, un à l'avant et l'autre à l'arrière ; et les sabords par où ils se déchargent, sont agencés de façon à pouvoir se fermer au moyen de deux plaques de blindage, qui se rejoignent naturellement par l'effet du recul du canon ; système assez ingénieux, employé du reste par tous les constructeurs américains.

Ajoutons que ce cuirassé est muni d'un fort éperon et que son pont est surmonté d'une guérite circulaire, blindée comme le réduit de l'artillerie, et de laquelle le commandant peut, à l'abri, surveiller la manœuvre du gouvernail et donner directement ses ordres à la batterie.

A peu près sur le même modèle fut construit le *Denderberg* qui devint le *Rochambeau* quand il fut acheté par la France, aussi bien que l'*Onodonga* dont nous parlerons tout à l'heure.

Mais ces batteries flottantes (on ne peut guère les désigner autrement) étaient incapables de tenir la haute mer. Les Américains, qui n'en étaient pas, d'ailleurs, à constater leurs défauts, à d'autres points de vue même que la navigabilité, le sentaient bien, aussi leur amour-propre étant en jeu, créèrent-ils le *Miantonomoah* qui traversa l'Atlantique, en 1866, pour la seule satisfaction de se montrer dans les principaux ports de l'Europe.

C'est encore un monitor, mais, un monitor de mer, quelque chose comme le *Kéokuk*, agrandi et perfectionné, surtout au point de vue de la marche.

Le Kéokuk. — Monitor américain.

Le *Miantonomoah*, qui a 70^{m},30 de longueur sur 16 de largeur, et seulement 4^{m},55 de tirant d'eau, ne possède point de mâture, son pont ne s'élève qu'à 60 centimètres au-dessus de la ligne de flottaison.

Il est surmonté de deux tourelles de 6 mètres de diamètre sur 3 de hauteur, élevées dans son axe, armées chacune de deux canons de 38 centimètres, et réunies par une longue passerelle sur laquelle se tient une partie de l'équipage (les hommes de quart), l'autre se tient sous le pont, dont les écoutilles sont complètement fermées.

Nouvel-Ironsides. — Navire cuirassé américain.

Malgré ses apparitions dans les mers européennes, ce navire n'est point fait pour les longs voyages, et l'amiral Touchard l'a bien jugé dans un article publié par lui, en 1867, dans la *Revue maritime et coloniale*.

« Ces traversées, dit-il, font honneur à la trempe énergique des hommes de la marine fédérale, mais elles ne prouvent pas que le monitor soit autre chose qu'un garde-côtes, et c'est comme garde-côtes que nous le voyons figurer dans presque toutes les marines, en Angleterre, en Russie, en Suède, en Danemark, etc. »

Depuis les Américains n'ont rien produit : car on ne saurait considérer comme une création la reconstruction du *Monadnock*, ancien navire du temps de la guerre

Le Miantonomoah. — Monitor de mer américain.

de sécession, dont la coque en bois complètement pourrie a été changée en 1877, contre une coque en fer. Il est vrai qu'on a profité de cette réparation, qui a coûté un million de dollars, pour faire un navire presque neuf.

Le Taureau. — Garde-côte cuirassé français.

Sa longueur est de $82^m,29$, sa largeur de $17^m,32$ et son creux seulement de $4^m,27$.

Les couples en fer qui forment sa membrure ne sont placés les uns des autres, qu'à une distance d'un mètre cinquante et à chaque série de cinq couples s'élève une cloison étanche de 13 millimètres d'épaisseur.

L'éperon, relativement formidable, est enfermé aux deux tiers dans le compartiment de l'avant.

La carène, d'une forme ovale allongée, très favorable à la flottabilité, donne au pont composé de deux rangées de plaques de tôles superposées, la puissance suffisante à soutenir les deux énormes tourelles blindées à 25 centimètres d'épaisseur, renfermant chacune un gros canon.

Le navire est cuirassé de bout en bout avec des plaques de 278 millimètres qui descendent jusqu'à $1^m,40$ au-dessous de la flottaison.

En somme c'est encore un monitor qu'on a refait sur le modèle du *Miantonomoah.*

Ce modèle a, d'ailleurs, été adopté presque exactement par l'Italie, dans la construction presque aussi récente de ses monitors de mer, du type *Duilio* et *Dandolo*.

En France, nous avons bien aussi emprunté quelque chose à l'Amérique. La disposition de l'*Ironsides* a peut-être, sinon donné l'idée, tout au moins amené le perfectionnement de nos batteries flottantes du type de l'*Arrogante*, comme les premiers monitors ont été le point de départ de nos gardes-côtes cuirassés, qu'on appelle aussi batteries béliers.

Le premier navire de ce genre qui ait été construit en France, est le *Taureau*, armé en 1865.

Long de 60 mètres sur 14 de largeur, il n'a qu'un seul pont recouvert entièrement par une cuirasse bombée, rappelant un peu la forme de l'écaille de tortue, et composée de plaques de fer de 15 centimètres d'épaisseur.

Autour de cette carapace, à peu près invulnérable, on a ménagé pour la manœuvre, en temps ordinaire, un chemin de service protégé par un petit bastingage qui s'abat lorsque le navire est en action de combat.

Sur le pont, s'élève une tour cylindrique en fer, de 6 mètres de hauteur, qui ne tourne pas sur elle-même, par la raison qu'elle est divisée en deux étages, l'inférieur réservé à la timonerie, et le supérieur contenant un gros canon, placé en barbette, et monté sur affût à châssis tournant, de façon à pouvoir tirer dans toutes les directions.

Ce canon unique compose toute l'artillerie du *Taureau,* mais il possède une autre arme offensive, son éperon, placé à $2^m,50$ au-dessous de la flottaison, et qui, combiné avec le poids du navire, qui est de 2,500 tonneaux, et sa vitesse qui atteint 12 nœuds (grâce aux deux hélices indépendantes qui favorisent ses évolutions), peut produire, par son choc, des effets désastreux dans les flancs des navires ennemis.

On a pu, malheureusement, en juger par expérience ; car le *Cerbère*, construit sur le même modèle que le *Taureau*, ayant dans une manœuvre abordé l'*Invincible*, à une vitesse pourtant très réduite, l'a mis complètement hors de service.

Le *Bélier*, qui prit la mer après le *Taureau*, lorsqu'il fut décidé que chacun de nos ports serait défendu par une division de gardecôtes, lui ressemblerait exactement pour la disposition et la forme, si son arrière, au lieu d'être rentrant, ne se prolongeait, comme l'avant, en éperon.

Le type a été modifié depuis, par la construction du *Sphinx*, qui tient du reste le milieu entre la batterie flottante et le bélier.

D'un faible tirant d'eau ($4^m,40$) qui lui permet de naviguer là où ni vaiseaux ni frégates ne pourraient se hasarder, il est construit pour la résistance aussi bien que pour l'attaque et se meut avec une aisance qui n'avait pas encore été donnée aux cuirassés, au moyen de ses deux hélices indépendantes, activées par une machine de 300 chevaux vapeur ; force très suffisante si l'on calcule que le *Sphinx* n'a que 52 mètres de longueur sur 10 de largeur et $5^m,20$ de profondeur.

Non seulement ce navire a deux hélices, mais il a aussi deux étambots, c'est-à-dire deux gouvernails ; innovation très heureuse qui lui permet d'évoluer presque sur place en faisant agir ses propulseurs dans le sens contraire.

Outre sa machine à vapeur qui lui donne une vitesse moyenne de 10 à 11 nœuds, le *Sphinx*, mâté en brick-goëlette, peut offrir au vent une voilure relativement considérable.

Son armure défensive se compose d'une cuirasse de 10 à 12 centimètres d'épaisseur partant depuis le pont, jusqu'à 1^{m},80 au-dessous de la ligne de flottaison; le pont, qui lui-même est blindé de plaques de tôle placées entre les barrots et le plancher, est surmonté de deux tours cuirassées avec des plaques d'une épaisseur considérable, toutes les deux fixes et placées l'une à l'avant et l'autre vers le milieu de l'arrière.

La tour de l'avant, qui a la forme du navire, et sur laquelle repose le beaupré, renferme un gros canon monté sur pivot, de façon à lancer dans toutes les directions un projectile du poids de 150 kilogrammes.

Dans la tour de l'arrière, qui est cylindrique, sont deux canons à peu près du même calibre et montés sur pivot, de la même façon.

Il serait inutile d'ajouter que le *Sphinx* est muni d'un éperon en acier fondu, ce qui est en quelque sorte obligatoire pour un cuirassé; si cet éperon ne constituait un nouveau progrès: car, bien que rattaché au blindage, son point saillant est placé un mètre plus bas, de façon à pouvoir atteindre les navires ennemis dans leurs œuvres vives, au-dessous de leur ligne de défense.

Précaution excellente en théorie, mais qu'on ne pourra bien juger que par la pratique.

Ce qui est d'un résultat beaucoup moins contingent, c'est l'adoption sur le *Sphinx* de ce principe américain: qu'avec trois canons de gros calibre on fait plus de besogne qu'avec douze de calibre médiocre.

Ce système fut d'ailleurs complètement adopté par la France quand il s'est agi de créer des embarcations pour la navigation des rivières.

Aussi les bateaux qu'on imagina prirent-ils le nom de canonnières, du gros canon qu'ils portaient à leur avant.

A la vérité, sauf le blindage dont elles étaient pourvues, ces canonnières n'étaient pas une innovation.

Il existait depuis longtemps sous ce nom, dans les marines de la Norwége, de la Suède, de la Finlande et de tous les pays, du reste, dont les côtes présentent, par suite de leur découpement, de nombreuses passes semées de bas fonds et d'écueils — des embarcations relativement légères, quelquefois pontées et gréées en bricks, quelquefois mues par les avirons, mais dans tous les cas, ayant un assez faible tirant d'eau pour pouvoir pénétrer partout, et portant un ou plusieurs canons.

Et ce furent les nécessités de la guerre avec la Russie qui obligèrent la France et l'Angleterre à se pourvoir de leurs premières canonnières, de manière à atteindre l'ennemi dans les eaux peu profondes de la Baltique et de la mer d'Azoff.

De là, l'invention des batteries flottantes françaises dont nous avons déjà parlé et qui firent leurs premières armes à l'attaque de Kinburn.

Une fois lancés dans cette voie, qui amena de primesaut, dans notre pays du moins, la marine cuirassée, on ne s'arrêta pas de sitôt et l'on se mit à construire des canonnières de formes et de dimensions variées, pour répondre aux besoins du service.

On prit d'abord un moyen terme entre la frégate à hélice et le simple bateau à vapeur, ce qui produisit la *Dragonne* qui est en somme une corvette-aviso.

Notre gravure l'explique suffisamment; on voit qu'elle procède des batteries flottantes par le réduit cuirassé pour l'artillerie, qui se trouve à son avant, et qui se reproduit d'ailleurs, à peu de chose près, sur son gaillard d'arrière.

Le Sphinx. — Bélier cuirassé français.

La Dragonne. — Corvette aviso française.

Ces canonnières de première classe, qui tiennent parfaitement la haute mer, ne sont point, du reste, des navires de combat proprement dits, ils sont faits pour exécuter des reconnaissances, porter des ordres, il leur faut donc surtout de la vitesse, et ils n'ont que l'artillerie nécessaire à leur propre défense.

Aussi sont-ils de dimensions assez restreintes, ne portent pas plus de cent hommes d'équipage, et leur force motrice ne dépasse pas 120 chevaux.

Quant à leur mâture, c'est celle des trois-mâts-goëlettes, qui leur permet de déployer beaucoup de toile quand le vent est favorable.

L'Arrogante. — Batterie flottante française.

Sur ces modèles, quelque peu modifiés, ont été construits d'autres avisos destinés surtout au service de croiseurs.

Le *Crocodile*, sorti du chantier de Cherbourg, n'a pas répondu aux espérances qu'on avait fondées dessus, il était trop court, pour rendre des services sérieux et malgré son étroitesse relative, très mauvais marcheur, puisqu'on n'a jamais pu lui faire filer plus de neuf nœuds.

Mais les chantiers de l'État prirent leur revanche avec le *Laclocheterie*, lancé du reste beaucoup plus récemment, et qui doit une vitesse de 14 nœuds à sa machine à trois cylindres, de la force nominale de 250 chevaux vapeur.

La longueur de ce navire, dont le type paraît appelé à remplacer les frégates et les corvettes dans les stations coloniales, est de 70 mètres et son artillerie se compose de 4 pièces de 16 placées par deux sur deux tourelles, faisant saillie à l'extérieur et blindées de façon à ce que les canonniers soient complètement à l'abri, les canons n'ayant que la bouche en dehors des tourelles.

Des avisos plus petits mais un peu moins rapides avaient précédé le *Laclocheterie* dans la carrière, et il en est sorti, de fort gracieux de forme, malgré la longueur de leur éperon, des chantiers de M. Lenormand du Havre, notamment le *Bisson*, le *Lancier* et le *Hussard*.

Le premier, gréé en brick, qui servit de type aux autres, a 55 mètres de long, compris l'éperon qui en a quatre, sa machine est de 175 chevaux donnant une vitesse de 12 nœuds.

Son artillerie se compose de 4 pièces de 16 montées sur pivot, ce qui permet au tir de commander au besoin tout l'horizon.

A côté de ces bâtiments, également propres à la navigation maritime et à la navigation fluviale, prennent rang les batteries flottantes que l'on connaît déjà, mais qui furent modifiées sensiblement.

Dès 1859, on avait songé à remplacer la *Lave* et ses congénères par une série de nouvelles batteries plus maniables et surtout plus navigantes.

Sur les plans de M Dupuy de Lôme, on construisit le *Paixhans*, le *Peiho*, le *Palestro* et le *Saïgon*, ayant des formes plus élancées, mais qui, mus par des machines à vapeur de 150 chevaux, ne purent donner pourtant qu'une vitesse de 7 nœuds, aussi songea-t-on bientôt à les remplacer, sans cependant les désarmer jusqu'au jour où l'on aurait expérimenté les nouveaux modèles qui furent lancés vers 1861 et 1862.

Deux types furent adoptés, portant leurs canons beaucoup plus haut, au-dessus de l'eau, ce qui n'est pas un mince avantage.

Le premier qu'on appelle type *Arrogante* du nom du premier navire qu'il produisit, ressemble beaucoup, sauf la mâture, au *Nouvel Ironsides* des Américains, il a 44 mètres de longueur sur 14 de largeur et son déplacement est de 1,280 tonneaux.

Le second, qui a pris son nom de l'*Embuscade* et qui est à peu près du même déplacement, quoique de proportions différentes, tient beaucoup plus du *Taureau*, toujours à la mâture près, car les deux types sont gréés en bricks, et mus tous deux par une machine à hélice de la force de 120 chevaux.

La longueur de l'*Embuscade* est de 39^{m},50 sur 15^{m},80 de largeur, et ses batteries ont 2 mètres de hauteur au-dessus de la ligne de flottaison, ce qui augmente considérablement la puissance et l'efficacité du tir.

Du reste, ces batteries tiennent parfaitement la mer et le mouvement du roulis y est presque insensible.

Viennent ensuite les canonnières de deuxième classe, plus spécialement destinées à la navigation des rivières, mais capables de manœuvrer dans les ports et sur les côtes.

Deux types adoptés ont figuré en 1867 dans l'exposition du ministère de la marine.

Le premier, dont la *Décidée* fut la réalisation, est mû par une force motrice de 50 chevaux; indépendamment du gros canon qu'il porte à l'avant, il peut en mettre deux autres en batterie: un sur chaque flanc du navire.

Le second, dont l'*Aspic* servit de modèle, n'a qu'une force nominale de 40 chevaux-vapeur, mais il est plus allongé, plus effilé de forme et partant meilleur marcheur; son canon unique est à l'avant sur un affût à pivot.

Après, vient la série des chaloupes-canonnières, affectées seulement aux rivières peu profondes, et dont le besoin se fit d'abord sentir pour l'expédition de Chine.

On s'ingénia du reste à en construire de toutes sortes, et même se démontant par morceaux, pour pouvoir s'expédier dans des caisses aussi bien que leurs machines ; car tous ces bateaux, quelle que soit leur exiguité, sont mus par la vapeur.

Ce système avait été expérimenté dès 1859, à l'instigation personnelle de Napoléon III, qui avait fait construire pour les besoins de la guerre d'Italie, des batteries flottantes cuirassées démontables, composées de parties distinctes qu'on pouvait réunir au moyen de boulons, se vissant sur des bandes de caoutchouc destinées à assurer l'étanchété des joints; mais la campagne fut si courte qu'on n'eut pas besoin de naviguer sur les rivières ou sur les lacs, et les batteries ne furent même pas déballées de leurs caisses.

Nos gravures représentent les différents types de ces chaloupes canonnières; dans la première, on remarque deux modèles différents; l'un, dont le canon, placé à l'avant sur un affût élevé, à châssis tournant, est complètement à découvert, l'autre dans lequel le canon, enfermé dans la cuirasse du navire, montre sa bouche par un sabord qui occupe près de la moitié de la largeur de l'avant.

La gravure qui fait face est le dessin d'un bateau-canon, chaloupe sans mâture, ayant à peu près la forme des petits remorqueurs du commerce, et ainsi nommée du canon monstre qu'elle porte à son avant, protégé par un blindage semi-circulaire d'une énorme épaisseur.

Ces petites canonnières, qui rendirent de grands services en Chine, et plus tard en Cochinchine et au Mexique, avaient encore, en certains endroits, trop de tirant d'eau pour pouvoir être utiles; aussi le vice-amiral Bonard, qui commandait l'expédition de Cochinchine, inventa-t-il un petit canot blindé pour combattre dans les marais.

Ces canots, que ses marins appelaient des *Merrimacs*, étaient à triple effet; munis à l'avant d'une forte cuirasse ils servaient pour abriter les tirailleurs, pour construire à l'abri du feu de l'ennemi les éléments d'un pont de bateau, aussi bien qu'à former des batteries redoutables.

Il suffisait, comme le représente notre gravure, d'en réunir deux par une charpente capable de porter un canon, pour installer sur n'importe quel point d'une rivière ou d'un marais, une batterie mobile dont les servants étaient à couvert ; il est vrai qu'ils étaient souvent dans l'eau jusqu'à mi-corps pour pousser leurs embarcations, difficiles à gouverner avec des avirons, mais la guerre n'a jamais passé pour une partie de plaisir, nos marins en savent quelque chose.

Cette idée, excellente en soi, n'était pas complètement neuve, car on avait déjà vu, pendant la guerre de sécession, les Américains se servir de radeaux-canons, ainsi que le témoigne la gravure que nous empruntons aux journaux illustrés de l'époque, et il est même probable qu'ils n'ont pas absolument abandonné ce système, ce qui ne les empêche pas de posséder des canonnières de toutes les grandeurs, mais dont la forme est toujours celle, plus ou moins modifiée, de leurs *Ironsides*, ce qui nous dispense d'en donner des dessins.

Puisque nous parlons des canonnières, vidons tout de suite la question en disant un mot de la canonnière Farcy, qui ne fut pas adoptée pour notre armement, mais qui méritait de l'être, à cause des progrès considérables qu'elle réalisait sur les bateaux de ce genre usités jusqu'alors.

Construite au commencement de l'année 1869, dans les chantiers de M. Claparède de Saint-Denis, cette canonnière, qui a 15 mètres de longueur sur 4^{m},60 de largeur, n'a pourtant qu'un mètre de tirant d'eau, ce qui lui permet de passer bien au-dessus des torpilles préparées pour les gros navires, et de naviguer à peu près partout.

Elle peut d'ailleurs parfaitement affronter la haute mer, et grâce aux formes cannelées de sa carène elle peut y naviguer sans roulis

Petites canonnières françaises de l'expédition de Chine.

ni tangage, ce qui donne une grande stabilité au canon qui compose toute son artillerie.

Il est vrai que ce canon est relativement formidable, puisqu'il pèse 24,000 kilogrammes et lance des projectiles de 24 centimètres de diamètre, du poids de 100 kilogrammes pour les obus et 145 pour les boulets pleins.

Merrimacs français portant un canon dans les marais.

Et sans que rien soit dérangé dans l'équilibre de l'embarcation; car, monté sur un affût à frein d'une disposition très ingénieuse, ce canon n'a un recul que de 40 centimètres.

Du reste, le bateau est à peu près insubmersible, sa coque en tôle étant doublée partout de nombreuses cloisons étanches, qui lui font comme une seconde enveloppe.

Bateau-canon français.

Cette canonnière, mue par deux machines de 5 chevaux-vapeur, actionnant chacune une hélice indépendante, fut repoussée à l'unanimité par le conseil des travaux de la marine, alors qu'elle n'était qu'à l'état de projet, mais Napoléon III, moins routinier que ses ministres, en ordonna néanmoins la construction.

Elle fut essayée par deux fois avec succès, seulement comme l'administration ne

Radeau-canon américain.

voulait pas se déjuger, elle fut reléguée dans un coin de l'arsenal de Cherbourg.

C'est à peu près à la même époque qu'on expérimenta à Saint-Cloud une autre espèce de chaloupe canonnière, qui du reste, eut le même sort.

Celle-là, pourtant, aurait pu séduire des examinateurs superficiels, car elle avait le mérite de l'originalité dans la forme, bien qu'à tout prendre cette forme n'était guère que l'exagération de celles de nos batteries-béliers.

On l'appela « bateau tortue » mais on n'en entendit jamais parler depuis, et en cela elle fut moins heureuse que la canonnière Farcy, qui reparut du moins pendant le siège de Paris.

*
* *

Quant aux canonnières anglaises, beaucoup plus nombreuses que dans notre marine, puisque l'Angleterre en a au moins 200, elles sont toutes sur le même modèle et ne diffèrent que par leur grandeur qui varie de 150 à 250 tonneaux de jauge; leur tirant d'eau, qui est de 4 à 5 pieds; et leur force motrice de 20 à 60 chevaux-vapeur.

Leur armement est identique, et se compose, pour toutes, de 2 gros canons placés en batterie de façon à tirer ordinairement dans le sens de la longueur du bâteau, ce qui ne les empêche pas d'être montés sur pivot pour pouvoir, au besoin, lâcher leur bordée par le travers.

Du reste, les Anglais étaient à peu près sortis de la période de tâtonnement où ils étaient restés si longtemps.

Sans abandonner le type du *Royal Sovereing*, ils en avaient produit un autre, résultat des nombreux essais du célèbre constructeur M. Reed et dont l'*Enterprise* et la *Pallas* furent les premiers spécimens.

L'*Enterprise* n'avait que 54 mètres de long. On était las de ces navires monstres qui restaient majestueusement en place et l'on essayait en tout petit.

Le résultat ayant été satisfaisant, on agrandit le format avec la *Pallas* qui avait 68m,60 et la *Penelope* 80.

Cependant on expérimenta encore un autre système avec les grandes frégates, *Lord Warden* et *Lord Clyde*, qui portaient chacune 20 gros canons et étaient mues par des machines de 1,000 chevaux-vapeur.

Les tâtonnements ne cessèrent en réalité qu'avec la création du *Bellerophon*, vaisseau d'un genre alors nouveau, et qu'on appelle indifféremment : à fort central ou à réduit central, mais qui n'était pourtant que le perfectionnement des dernières constructions de M. Reed.

Ce fut sur ses plans d'ailleurs, que fut élevé le *Bellerophon*, à peu près dans les dimensions de notre *Solférino* (91 mètres de long sur 17 de large).

Ce navire, tout en fer, mais non complètement cuirassé, est pourvu d'une tourelle centrale fortement blindée, qui contient toute l'artillerie, c'est-à-dire 10 pièces lançant des projectiles de 300 livres, car il y a aussi sur les gaillards 4 canons Armstrong du calibre de 110 livres.

Les dix grosses pièces sont disposées dans une seule batterie, mais assez élevée au-dessus de l'eau pour permettre au besoin le tir plongeant.

Non seulement cette batterie est blindée comme nous l'avons dit, mais le navire a encore une ceinture cuirassée en plaques de 15 centimètres d'épaisseur, qui descend au-dessous de la ligne de flottaison et repose sur un épais matelas de bois de teck.

Pour remédier à l'absence de cuirasse dans les autres parties du navire, on les a revêtues d'un double bordage en tôle, dont les deux surfaces, d'ailleurs très épaisses, laissent entre elles un vide de 70 centimètres.

On a trouvé plus tard un moyen pour utiliser ce vide, mais pour le *Bellerophon* il n'en fut pas question, pas plus, du reste, que pour l'*Hercules* qui lui succéda et porta le système nouveau, définitivement adopté, à sa plus grande puissance.

L'*Hercules* a 99 mètres de long, sa largeur est la même que celle du *Bellerophon*, et sa machine, la plus puissante qui ait été construite jusqu'alors (1868) en Angleterre, a une force nominale de 200 chevaux-vapeur de plus; ce qui lui donne une force effective de 7,200 chevaux permettant de donner au navire une vitesse de quatorze nœuds.

L'*Hercules* est blindé de bout en bout, avec des plaques qui varient entre 15, 20 et 23 centimètres d'épaisseur. La plus grande épaisseur est naturellement à la flottaison et établie de façon à assurer l'invulnérabilité du navire; ainsi elle est appuyée sur un matelas de bois de teck de 30 centimètres d'épaisseur, lequel repose lui-même sur la coque en fer qui est de 4 centimètres.

A l'intérieur de cette coque, nouvelle muraille en bois de teck formant une épaisseur de 55 centimètres, compris la plaque de tôle qui la porte.

Les autres parties de l'*Hercules* sont, à l'épaisseur près, cuirassées par le même système, car on a prétendu en faire le vaisseau le plus puissant qui existât encore.

Pour cela on l'a armé de 14 canons d'un calibre énorme disposés de la façon suivante :

1° 8 dans la batterie, lançant avec 50 kilogrammes de poudre, des projectiles de 300 kilos, et qui sont placés 4 sur chaque bordée; mais au moyen de dispositions imaginées par le capitaine Scott, les pièces du travers peuvent être transportées à l'avant ou à l'arrière du réduit central, ce qui augmente considérablement leur champ de tir, puisque, outre les feux de bordées qu'elles peuvent exécuter, elles peuvent aussi se pointer dans la direction de l'avant ou de l'arrière du navire.

2° 2 canons de 18 tonnes placés sur le pont, de chaque côté du réduit central, l'un tirant sur l'étrave et l'autre sur l'arrière.

3° Et 4 canons sur les gaillards, soit deux à l'avant et deux à l'arrière. Nous ne parlons pas de l'éperon d'acier qui est, comme on le pense bien, proportionné au navire, et nous ne dirions rien de sa mâture si elle n'avait été critiquée assez vertement par un grand nombre d'officiers de la marine anglaise.

En effet, cette mâture à 4 étages de vergues, exactement comme celles des anciens vaisseaux de ligne, était écrasante pour le navire, car il a beau pouvoir déployer des milliers de mètres carrés de toile, le vaisseau de guerre ne doit guère compter, pour sa propulsion, que sur sa machine à vapeur.

C'est ce qui a fait revenir l'Angleterre au système des navires à tourelles, mâtés plus légèrement; non pas toutefois d'une manière absolue, car on construisit encore une série de cuirassés à réduit central, dont l'*Audacieux* fut le type reproduit par le *Vangard* et l'*Invincible*.

Ces navires ne diffèrent d'ailleurs de l'*Hercules* qu'en ce que le fort central blindé à 20 centimètres d'épaisseur est rectangulaire et porte deux étages de feux.

Une nouvelle série, l'*Iron-Duke*, le *Swiftsure* et le *Triumph*, mise en chantier l'année suivante, c'est-à-dire en 1868, n'en différa que par l'épaisseur de la cuirasse, variant entre 152 et 202 millimètres d'épaisseur, et reposant sur un matelas en bois de teck de 25 centimètres; on essaya cependant pour le *Triumph*, de remédier aux inconvénients des carènes en fer, dont le plus grave est la résistance à la marche.

En conséquence la coque de ce navire reçut un doublage en bois qui fut recouvert de cuivre comme dans les navires en bois ordinaires.

Mais l'effet ne fut pas très sensible.

Les navires à tourelles qui remplacèrent le *Royal Sovereing*, *Prince Albert* et autres, qui avaient laissé voir à l'usage de nombreux défauts, notamment celui de rouler de façon à paralyser l'action du tir, furent le *Captain* et le *Monarch*.

Le premier fut construit sur les plans et sous la direction du capitaine Coles, l'inventeur des tourelles, qui s'était donné pour objectif de remédier à tous les inconvénients reconnus des tourelles isolées et de combiner les avantages qu'elles offrent aux

Chaloupe-canonnière cuirassée, dite *bateau-tortue.*

monitors avec les qualités nautiques d'un croiseur de première classe.

A cet effet, il donna à son navire une longueur de 97 mètres et demi sur une

Le Marengo. — Frégate cuirassée française.

largeur de 16m,20, et le munit de deux hélices indépendantes, mues chacune par une machine à vapeur de la force nominale de 450 chevaux.

Le *Captain*, cuirassé de bout en bout, à des épaisseurs variables, jusqu'à 1^m,52 au-dessous de la ligne de flottaison, portait sur son premier pont, qui n'était élevé que de 3 mètres au-dessus de l'eau, deux immenses tourelles, cuirassées avec des plaques de 20 centimètres d'épaisseur et renfermant chacune deux gros canons du calibre de 600 livres, pesant chacun 22,000 kilogrammes.

Outre ces deux tourelles, il possédait à l'avant et à l'arrière deux réduits blindés à 17 centimètres d'épaisseur, destinés à abriter les aménagements de l'équipage, et couverts, comme dans les navires ordinaires, de gaillards armés chacun d'un canon pour tirer en chasse et en retraite.

Le Captain. — Monitor de mer anglais.

Pareil blindage était répété autour de la cheminée de la machine et disposé symétriquement, de façon à tenir le milieu entre les deux tourelles.

Ce blindage servait en même temps de charpente, ou pour mieux dire de murailles de soutènement au *spardeck* (pont central) de 7^m,35 de largeur qui reliait le gaillard d'avant au gaillard d'arrière en passant pardessus les tourelles.

Ce système avait pour but de mettre à l'abri des coups de mer les tourelles, qui, dans les monitors, ne sont pas protégées du tout, — ce qui est le plus grand défaut de ce genre de construction ; — il était complété par l'addition d'un pavois en tôle qui avait juste la longueur qui sépare les deux gaillards, et qu'on rabattait du spardeck sur la coque quand le navire n'avait pas besoin de démasquer ses tourelles pour combattre.

En temps ordinaire, le *Captain* avait donc l'aspect d'une frégate un peu basse sur l'eau, ce qui faisait paraître sa mâture encore plus élancée.

Nous parlons au passé, car le *Captain* n'a pas vécu; dans un voyage d'essai en 1869, l'ingénieur étant à son bord; il essuya un coup de mer, chavira, et ce qu'il y a de plus triste, tout l'équipage se perdit.

On attribua ce malheur au mauvais équilibrage du navire, et cela ne découragea point pour essayer l'autre.

Le *Monarch*, construit sur les plans du contrôleur de l'Amirauté, a quelques mètres de plus de longueur, mais son armement est identique; la disposition de ses tourelles est la même, la seule supériorité qu'il pourrait avoir sur le *Captain*, en tant que construction, c'est que son blindage est plus épais; encore cette supériorité n'est guère effective, car cinq centimètres de plus ou de moins dans une plaque de blindage ne sont pas une affaire pour des projectiles qui percent couramment les cuirasses de 30 centimètres.

Du reste, ce navire ne remplit pas complètement le double effet qu'on en attendait; mais si l'Angleterre n'avait pas encore le type des croiseurs mixtes qu'elle rêvait, elle avait du moins un monitor de mer, dont le besoin se faisait de plus en plus sentir chez elle, la France en possédant depuis un an.

***

Rien de ces innovations, dont on faisait grand bruit de l'autre côté de la Manche, n'était inconnu chez nous et notre marine avait répondu d'avance aux grandes constructions rivales par l'apparition du *Marengo* et de ses similaires, qui abandonnèrent le type, illustré par la *Gloire* pour adopter des coupoles dans le genre de celles du capitaine Colès, avec des perfectionnements nouveaux et une addition capitale, l'invention du réduit central tout simplement.

Le *Marengo* est une grande frégate à hélice de 950 chevaux-vapeur, gréée en vaisseau, c'est-à-dire avec une mâture très élevée, qui lui donne non seulement de la grâce, sinon de la légèreté, mais lui assure une stabilité bien supérieure aux mâtures raccourcies, adoptées jusqu'alors pour les cuirassés.

Ses dimensions sont à peu près les mêmes que celles du *Solferino*.

Son armement se compose de douze canons, tous rassemblés dans l'espace central compris entre le mât de misaine et le grand mât, savoir : huit pièces du calibre de 19 centimètres, placées en batterie, quatre sur chaque flanc dans l'entrepont et quatre du calibre de 24 centimètres, disposées, une à une dans quatre tourelles blindées, qui circonscrivent le réduit central, étant placées deux à deux de chaque côté du navire.

Ces tourelles sont fixes, mais les canons sont montés sur affûts à châssis tournants de façon que leur tir puisse rayonner dans toutes les directions.

Le réduit central, qui comprend non seulement l'artillerie, mais encore la machine qui est l'âme du navire, est revêtu entièrement d'une cuirasse en fer de 22 centimètres d'épaisseur (la plus grande qu'on ait donnée jusqu'alors) et il est isolé par des murailles, également en fer, de l'avant et de l'arrière, divisés par des cloisons transversales, en compartiments étanches, quoique protégés extérieurement par un blindage de 15 centimètres d'épaisseur, suffisant dans la plupart des cas, à assurer leur invulnérabilité.

On sait, d'ailleurs, qu'au moyen des compartiments cellulaires, le vaisseau pourrait être traversé de part en part, dans quelques-unes de ses parties, sans pour cela être mis hors de combat, puisqu'il conserverait tout ou, du moins, la plus grande partie de ses facultés de navigabilité.

Comme trait caractéristique de ce type nouveau, qui fut adopté pour la construction de nos cuirassés, et qui prit le nom de type *Alma*, parce que cette corvette, de 450 chevaux, mise en chantier en même temps que le *Marengo*, parut plus réussie de formes; on remarque la proéminence de l'éperon d'acier dont le navire est armé à l'avant.

On construisit ainsi, d'abord, la *Belliqueuse*, qui porta le pavillon français au Chili, au Pérou, et dans les mers du Mexique; puis la *Provence*, l'*Océan*, le *Redoutable*, le *Calvados*, le *Colbert*, le *Suffren* et quelques autres, sans apporter d'autre modification au modèle que le remplacement des quatre tourelles du réduit central par deux seulement pour les corvettes comme l'*Atalante*, la *Jeanne-d'Arc*, la *Reine-Blanche*, la *Thétis*, etc., qui ne furent armées que de canons de 19 centimètres.

Mais on essaya pourtant autre chose, en demandant à l'Amérique deux monitors de mer qu'on se réservait de gréer et d'armer à Cherbourg.

Le *Rochambeau*, le premier de ces vaisseaux (autrefois le *Deenderberg*), est la plus formidable machine de guerre qui fut encore sortie des arsenaux américains; c'est peut-être pour cela qu'elle fut laissée pour compte par le gouvernement des États-Unis au constructeur, M. Webb, qui chercha aussitôt à la vendre à l'étranger.

Comme aspect, avant la mâture qu'on lui donna en France, c'était à peu près le *Nouvel-Ironsides*, sauf les proportions, d'ailleurs colossales.

Sa longueur est de 115^{m},30, sa largeur sur le pont est de 43^{m},30, et à la flottaison de 22 mètres.

Cet étrange navire se compose d'une coque en bois, dont les murailles s'évasent à partir de 1^{m},50 au-dessous de la flottaison pour se prolonger ainsi jusqu'au pont, qui n'est qu'à 1^{m},50 au-dessus de l'eau.

Sur ce pont, blindé assez légèrement comme la coque du navire, s'élève un fort casematé de 48 mètres de longueur et de toute la largeur du pont, puisque ses murailles latérales, construites avec une inclinaison de 45 degrés, viennent rencontrer celles du navire à peu près à angle droit.

Ce fort, cuirassé fortement et couvert d'un pont blindé à la même épaisseur, est percé de vingt-deux sabords disposés de façon à ce que les feux de l'artillerie battent tout l'horizon.

L'artillerie ne se compose pourtant que de quatorze pièces : quatre de 27 centimètres et les dix autres de 24, ce qui représente pour ses deux bordées tirées à la fois la masse effrayante de 2,308 kilogrammes de projectiles.

Une machine à vapeur de 1,000 chevaux permet au *Rochambeau* de filer ses 15 nœuds, mais malgré cette vitesse, tout à fait exceptionnelle pour un navire de ce poids, on n'a jamais songé à l'utiliser que comme garde-côte, encore a-t-il été mis à la retraite pour cause de vices de construction, et il a dû achever de pourrir dans l'arsenal de Brest.

L'*Onondaga*, qu'on acheta ensuite et qui était aussi un monitor de mer à deux tourelles tournantes dans le genre du *Miantonomoah*, n'était pas encore armé quand éclata la guerre de 70-71, de sorte qu'il traîna dans les arsenaux; puisque, pendant cette campagne, où nous étions pourtant si cruellement éprouvés, on ne put, soit par une incurie difficile à comprendre, soit plus probablement parce que nos vaisseaux n'étaient pas assez maniables pour aller porter l'effroi dans les ports ennemis, tirer aucun service de cette flotte cuirassée qui avait fait tant de bruit, et coûté plus de millions encore.

Car, il ne faut pas se le dissimuler, à force de vouloir augmenter l'épaisseur des cuirasses dans l'espérance de rendre les navires invulnérables, on était arrivé à neutraliser la plupart de leurs qualités nautiques.

Le poids mort des vaisseaux cuirassés est si considérable qu'ils doivent renoncer presque complètement à se servir de leur voilure, et leur propulseur demande une telle dépense de combustible qu'aucun d'eux n'est capable d'emporter l'approvisionnement de charbon nécessaire seulement à traverser l'Atlantique sous vapeur; donc il était difficile d'entreprendre une campagne sur une côte ennemie où l'on était certain d'avance de ne point trouver à se ravitailler.

Résultat déplorable, en tous cas, et qui

Le *Kaiser Wilhelm.* — Vaisseau cuirassé prussien.

n'était pas de nature à encourager dans de nouveaux essais de construction navale.

Aussi ce fut l'Angleterre qui, n'ayant pas d'ailleurs les mêmes raisons que nous pour ménager son argent, et éprouvant le besoin de remplacer le *Captain*, reprit la corde avec la *Dévastation*, lancée à Portsmouth le 12 juillet 1871.

Cette frégate, qui mesure 280 pieds en longueur sur 62 pieds en largeur, est, en somme, un grand monitor perfectionné par M. Reed et pourvu d'une mâture. Formé, comme les batteries flottantes américaines, de deux coques, son enveloppe extérieure est recouverte de plaques de blindage qui ont 14 pouces d'épaisseur au centre et à la flottaison et un peu moins aux deux extrémités du navire, sans pourtant descendre au-dessous de 10 pouces.

La coque jauge 4,400 tonneaux, ce qui permet d'emmagasiner dans les soutes 1,800 tonnes de charbon pour l'approvisionnement de ses deux machines à vapeur de 800 chevaux qui font tourner deux hélices jumelles, mais cependant indépendantes l'une de l'autre.

Le pont du navire, qui se termine en

Le Friederich Karl. — Frégate cuirassée prussienne.

cône aux deux extrémités, supporte un parapet de 7 pieds de hauteur, cuirassé avec des plaques de fer de 10 et 12 pouces.

C'est sur ce parapet, qui a 156 pieds de long sur 50 de large au milieu, que sont placées les deux tourelles mobiles, blindées de la même façon et dont le diamètre intérieur dépasse 24 pieds, de façon à contenir à l'aise deux canons Frazer rayés, du poids de 35 tonnes chacun et se chargeant par la bouche.

L'effet de ces canons, qui lancent des projectiles énormes, est d'autant plus puissant qu'ils se trouvent placés à 14 pieds au-dessus de la ligne de flottaison, ce qui facilite le tir à grande portée.

Entre les deux tourelles, qui ont une machine spéciale pour les faire tourner, comme il y en a une aussi pour faire manœuvrer le gouvernail — qui peut néanmoins être tourné à la main — se trouve une tour blindée, assez vaste pour envelopper les deux cheminées et les écoutilles par lesquelles on communique du pont dans l'intérieur du navire.

Bref, malgré son poids dépassant 9,000 tonnes et ses 26 pieds de tirant d'eau, la *Dévastation*, lancée dans les journaux plus bruyamment que sur la Manche, fut considérée partout comme le type par excellence du vaisseau cuirassé, arrivé à son plus haut degré de perfectionnement; la sensation fut immense, l'admiration générale.

Malheureusement, quelque temps après, M. Armstrong produisit un canon dont le projectile traversait comme une motte de beurre une plaque de blindage de 18 pouces d'épaisseur.

Or, comme la cuirasse de la *Dévastation* n'était que de 14 pouces, le problème était encore une fois à résoudre.

*
* *

Il se produisit alors un mouvement de découragement, dont l'élan fut donné par l'amirauté anglaise elle-même, qui, justement touchée de ses douze millions perdus, émit le vœu qu'on ne se lançât plus à l'aventure dans la construction de nouveaux vaisseaux du type de la *Dévastation*, et posa même sérieusement la question de savoir « si le blindage des vaisseaux conserve quelque valeur et s'il ne doit pas être totalement abandonné comme un coûteux embarras. »

Hâtons-nous de dire que cette panique fut de courte durée, et profitons de l'accalmie pour liquider notre arriéré avec les autres puissances maritimes, dont nous n'avons pas parlé, parce que, se fournissant à l'étranger sur les plans adoptés déjà, elles n'avaient encore créé aucun type et paraissaient peu disposées à tenter quelques efforts pour la solution d'un problème, d'ailleurs insoluble.

C'est ainsi que la Prusse avait fait faire en Angleterre son *Kaiser Wilhelm* et son *Kronprinz*, comme elle commanda plus tard son *Friederich Karl* dans les forges et chantiers de la Méditerranée, en attendant qu'elle soit installée pour fabriquer pour elle-même et même pour les autres, comme elle l'a fait dernièrement pour la Chine, qui, éprouvant le besoin d'avoir une corvette cuirassée, n'a rien trouvé de plus intelligent que de la commander en Allemagne.

Cette corvette est d'ailleurs originale, bien que rien dans sa forme ne rappelle le Céleste-Empire; elle a quelque chose de nos batteries flottantes, dernier modèle, plus quatre tourelles, une à l'avant, l'autre à l'arrière, et les deux autres de chaque côté du navire, vers le milieu, et reliées entre elles par la passerelle du commandant.

Son gréement est tout spécial, car elle n'a que deux mâts qui n'ont chacun qu'un seul hunier; en revanche elle possède deux énormes cheminées qui lui donnent, sauf les canons dont les bouches sortent par les sabords des tourelles, tout à fait les allures d'un de ces grands paquebots qui font le service des lacs de Suisse.

Elle n'est, du reste, pas destinée à naviguer à la haute mer; affectée spécialement à la défense des côtes, son fond plat lui permet de naviguer sur des eaux peu profondes.

Mais revenons au *Kaiser Wilhelm*, qui mérite d'ailleurs une description, comme il nous a paru mériter une gravure, non à cause de son aspect qui n'a rien de particulier, mais à cause de sa construction qui n'est point ordinaire et appartient à un genre connu sous le nom de système longitudinal.

Ce système consiste en une série de ceintures en fer placées longitudinalement à des intervalles de 2^m,13 les unes des autres, et reliées entre elles par des liaisons verticales également en fer, et distantes de 60 centimètres dans les parties qui doivent porter la cuirasse, et du double au-dessus de la flottaison.

Ce quadrillage en fer, qui remplace les couples usités dans la construction ordinaire, est revêtu intérieurement comme extérieurement d'un bordé, placé de façon qu'il y ait entre les deux revêtements un espace vide de 1m,37 de largeur, qui sert de soute à charbon, non pas seulement pour emménager facilement une matière encombrante, mais encore et surtout pour opposer au boulet ennemi, au cas où il viendrait à traverser la première muraille du navire, un obstacle considérable qui l'empêcherait, neuf fois sur dix, de pénétrer à l'intérieur.

Ceci, quoique très ingénieux en théorie, perd presque toute sa valeur dans la pratique; car, pour que les soutes à charbon rendissent le service qu'on semble attendre d'elles, il faudrait qu'elles fussent toujours remplies, et cela ne peut pas être le cas, dans un vaisseau qui n'a de place que pour 780 tonneaux de combustible, alors que les 40 foyers de ses machines peuvent en brûler 200 tonneaux par jour.

C'est là le point faible du *Kaiser Wilhelm*, qui, en dehors de cela, est fort habilement construit.

Sa longueur considérable, relativement à sa largeur (111m,25 sur 18m,16), lui permet de porter assez allègrement sa lourde cuirasse qui a 20 centimètres d'épaisseur au milieu et va en diminuant jusqu'à 17 à 2 mètres au-dessous de la ligne de flottaison, et jusqu'à 15 vers l'avant et vers l'arrière, sans compter bien entendu le matelas de bois de teck de 30 centimètres, ce qui fait, en somme, au projectile une épaisseur de près de 2 mètres à traverser pour pénétrer dans le navire.

Le *Kaiser Wilhelm* a deux machines à vapeur d'une force nominale de 1,150 chevaux, ce qui lui donne, malgré son déplacement considérable et ses 8 mètres de tirant d'eau, une vitesse de 13 à 14 nœuds.

Son armement offensif se compose de 26 canons Krupp, lançant des projectiles de 136 kilogrammes : savoir, 22 dans la batterie, et les 4 autres sur les gaillards blindés à cet effet.

C'est-à-dire qu'immédiatement en avant du mât d'artimon et à l'arrière du beaupré se trouvent deux murailles transversales qui traversent la batterie et s'élèvent de 2m,13 au-dessus du pont sur lequel elles se recourbent en forme de bouclier percés de sabords pour l'artillerie.

Il va de soi que ces murailles, qui ont pour objet d'abriter les canonniers, sont blindées (15 centimètres de fer sur un matelas de bois de teck de 45 centimètres d'épaisseur).

Le *Kronprinz* est construit à peu près de la même façon, mais ses proportions sont moindres, puisque sa machine à vapeur n'est que de 950 chevaux.

Il n'est, du reste, armé que de 16 canons.

Sa force propulsive est de 400 chevaux nominaux, répartis en deux machines pourvues de condenseurs à surface et de surchauffeurs et mettant en mouvement deux hélices indépendantes.

Quant au *Friederich Karl*, qui est devenu le type définitif de la marine cuirassée prussienne, c'est une très belle frégate de 64m,16 de longueur sur une largeur, hors cuirasse, de 16m,16, sa machine motrice est de 950 chevaux vapeur, et son déplacement d'environ 6,000 tonneaux.

Comme tous les navires construits aux chantiers de la Seyne, sa coque est toute en fer; elle est divisée intérieurement en compartiments étanches par cinq cloisons également de fer, et recouverte extérieurement par un bordage en bois de teck, de 30 centimètres d'épaisseur, qui sert de matelas à une cuirasse épaisse de 127 millimètres, enveloppant le navire dans toute son étendue.

Le *Friederich Karl* n'a pas d'éperon, mais son étrave est renforcée de façon à lui en tenir lieu à l'occasion. Son artillerie se compose de quatorze pièces Krupp du plus gros calibre, en batterie et de deux pièces non moins grosses, en barbette, sur le pont.

A moins toutefois qu'on ait changé son armement, selon le mode actuel, depuis que la Prusse se pique de construire elle-même, et de s'être pourvue, malgré le peu d'étendue de ses côtes (ce qu'elle regrette plus qu'on ne saurait le dire, et assurément trop pour la tranquillité européenne) d'une flotte cuirassée qui ne le cède à

Le Rochambeau. — Monitor de mer français.

aucune autre, ce que nous croyons fermement, et que nous voudrions toujours croire... de confiance.

Dès 1862, l'Italie commandait en France quatre frégates cuirassées sur le modèle un peu modifié de la *Gloire*.

Le *Castelfidardo*, l'une de ces quatre frégates, que représente notre gravure, a été construit à Nantes, dans les ateliers de MM. Ernest Gouin et Cie; les autres, construites par les Forges et Chantiers de la Méditerranée, et par M. Arman de Bordeaux, étant de dimensions exactement pareilles, notre description servira pour toutes.

Leur longueur à la flottaison est de 76 mètres et de 80 mètres jusqu'à l'extrémité de l'éperon, leur largeur hors cuirasse est de $15^m,25$.

La coque, toute en fer, est recouverte d'un matelas en bois de teck de 35 centimètres d'épaisseur, recouvert lui-même de la cuirasse, dont le poids dépasse 800,000 kilogrammes.

Le Duilio. — Monitor de mer italien.

La force motrice de chaque frégate est de 800 chevaux vapeur, et son armement se compose de vingt-deux canons rayés du calibre 40, disposés en une seule batterie sur chaque flanc du navire.

On signalait comme amélioration dans

Le Castelfidardo. — Frégate cuirassée italienne.

la construction de ces navires l'addition d'ingénieux ventilateurs, qui, entretenant à l'intérieur un courant d'air toujours renouvelé, diminuaient de beaucoup la chaleur presque intolérable, constatée dans les premiers navires en fer.

Cette commande a bientôt été suivie d'une autre, faite aux chantiers de la Seyne, seulement, qui construisirent en seize mois la *Regina Maria Pia*, belle frégate de 78 mètres de long, au déplacement de 4,362 tonneaux, dont le blindage de 12 centimètres d'épaisseur, fabriquée par MM. Morel frères, de Rive-de-Gier, a fait si bonne figure au combat de Lissa, que le navire en est sorti, sans autres avaries que des marques de cinq à six centimètres d'épaisseur faites sur ses flancs par les boulets ennemis.

Sur le même modèle, les chantiers de la Seyne ont également livré au gouvernement italien le *San Martino*, le *Formidable*, le *Terrible*, le *Palestro* et le *Varese*, qui tous ont pris une part plus ou moins grande à la bataille de Lissa, mais plus heureuse que le *Re d'Italia*, construit en Amérique, qui fut coulé par le choc d'un vaisseau autrichien, et cela si vite que sur les 600 hommes composant son équipage, quatre cents trouvèrent la mort dans les flots, malgré la proximité des autres navires de l'escadre.

Il serait puéril d'attribuer le sort de ce vaisseau à sa provenance; cependant, de ce jour, les Italiens, qui sont superstitieux ne demandèrent plus rien à l'Amérique.

Comme ils sont aussi travailleurs, ils outillèrent leurs arsenaux et chantiers de Gênes, la Spezia, Livourne, et surtout de Venise, de façon à faire par eux-mêmes l'application, sinon la fabrication des plaques de blindage sur leurs navires garde-côtes.

C'est ainsi qu'ils construisirent, au lendemain de leur défaite quelques corvettes, cinq canonnières de grand modèle et trois batteries flottantes.

Depuis, pour ne pas rester en arrière du mouvement, ils ont perfectionné leur mode de construction.

Ce qu'ils ont produit de plus remarquable, ce sont leurs monitors de mer, le *Dandolo* et le *Duilio*, disposés sur le même modèle, et dans les mêmes proportions, considérables d'ailleurs, puisque chacun de ces navires a un déplacement de 10,600 tonnes.

Sans autre mâture qu'un bas mât, s'élevant au milieu des deux cheminées des machines qui actionnent les hélices, et sont reliées entre elles par une passerelle où se trouve le gouvernail et qui sert de banc de quart au commandant; ces navires portent, à la partie centrale de leur pont, élevé d'environ 3 mètres au-dessus de la flottaison; deux énormes tourelles en fer recouvertes d'un fort matelas de bois de teck, sur lequel s'appuient les plaques de blindage.

Ces tourelles renferment chacune un canon de 100 tonnes, rendu maniable par son montage sur plaque tournante, qui lui permet d'envoyer ses énormes projectiles dans toutes les directions.

C'est là toute l'artillerie des monitors italiens, mais il ont à l'avant un vaste réduit casematé, qui part de la cheminée et dont le blindage, aussi élevé que les tourelles, est percé de meurtrières permettant de faire, à l'abri un terrible feu de mousqueterie ou des nouvelles mitrailleuses de mer, aménagées maintenant à bord de presque tous les navires de guerre.

Il va sans dire que ce fort n'occupe pas toute la largeur du pont, ce qui nuirait à la manœuvre.

* * *

La bataille de Lissa, le seul combat naval d'assez d'importance, qui se soit livré depuis l'invention des navires cuirassés, pour donner une idée, encore un peu vague, de ce qu'on peut en attendre en bataille rangée, implique nécessairement pour l'Autriche, à qui l'avantage est resté dans cette journée, la possession d'une flotte cuirassée redoutable.

En effet, l'Autriche avait, en 1866, un certain nombre de vaisseaux blindés venant d'un peu partout, et même de ses propres chantiers.

Depuis, elle a fait comme toutes les autres puissances maritimes, elle a perfectionné peu à peu ses moyens de construction et créé, avec le *Tegethoff*, un type de frégate cuirassée assez remarquable.

Ce navire, long, effilé, peu chargé de voiles, muni à l'avant d'un éperon d'acier; est du système dit à réduit central, mais sans tourelles pour porter les canons, qui sont en batterie dans l'entrepont; en revanche, le réduit central rectangulaire et fortement cuirassé, fait sur les flancs du navire une saillie assez prononcée pour qu'on puisse placer dans les sabords, des canons tirant dans la direction de l'avant et de l'arrière.

En somme, le *Tegethoff* rappelle un peu le modèle du *Marengo*, additionné de l'espèce de blockaus, servant de tourelle d'observation, qu'on remarquait sur le *Magenta*.

L'avant et l'arrière du navire, mû par deux machines indépendantes qui font tourner deux hélices, sont cuirassés plus légèrement que la partie centrale, par contre ils sont divisés par des cloisons de fer, en compartiments étanches.

La Turquie n'a pas manqué d'occasions, dans ces derniers temps, de montrer sa flotte cuirassée, on se souvient peut-être de la façon dont un simple bateau torpilleur russe fit sauter un de ses plus redoutables vaisseaux pendant la dernière guerre, mais il ne lui est pas difficile de les remplacer, puisqu'elle les tire tout armés d'Angleterre : Ce n'est qu'une question d'argent.

Le dernier modèle adopté par la Sublime-Porte est celui de *Memdoohieh*, que notre gravure expliquera suffisamment, puisqu'il se rapproche beaucoup des premiers types anglais, cuirassés d'une façon plus particulièrement solide à la partie centrale, qui abrite les machines à vapeur, et les canons en petit nombre, mais du plus fort calibre.

C'est à la France que l'Espagne a demandé son premier navire cuirassé.

Les Forges de la Méditerranée construisirent pour elle une des frégates les plus considérables qui soient sorties de ses chantiers, la *Numancia*, le premier cuirassé européen qui, passant le détroit de Magellan, soit entré dans l'océan Pacifique pour y porter la guerre.

La *Numancia* fit ses preuves à l'attaque de Callao, par l'escadre espagnole; sa cuirasse qui n'avait pourtant que 13 centimètres d'épaisseur, résista à la grêle de projectiles de 150 kilogrammes que lui lançait le fameux canon Blackely, dont nous avons eu occasion de parler dans cet ouvrage.

Un seul de ces boulets réussit à traverser son blindage, mais il était à bout de force, car il resta logé dans le matelas de bois qui protégeait la coque, et la frégate n'en souffrit pas.

La *Numancia*, qui a 96 mètres de long, est toute en fer et cuirassée de bout en bout par des plaques de fer, fabriquées à Rive-de-Gier, rivées à un matelas de bois de teck de 40 centimètres d'épaisseur.

Sa construction a ceci de particulier, c'est que son étrave, renforcée comme il convient à un navire de guerre sans éperon, est droite, et ses membrures extérieures coudées à la partie inférieure de la cuirasse, de façon à former une espèce de chaise pour la porter, aussi bien que le matelas de bois sur lequel elle est rivée.

L'intérieur est divisé ainsi : au-dessous de la ligne de flottaison s'élèvent de chaque bout, jusqu'au pont de la batterie, deux cloisons longitudinales, qui, avec la muraille extérieure du navire, constituent deux immenses compartiments étanches subdivisés par cinq autres cloisons perpendiculaires à celle-ci, qui complètent le système de défense contre l'irruption de l'eau, pour le cas où un boulet ennemi pénétrerait sous la flottaison.

Comme on le voit, c'est presque toujours

le système cellulaire qui domine; c'est justement pour cela que c'est le système de l'avenir.

Les mêmes chantiers de la Seyne ont construit, pour le gouvernement brésilien, une corvette cuirassée, qui mérite une mention.

Le *Brazil*, tel est son nom, est conçu de façon à pouvoir naviguer avec un tirant d'eau inférieur à 4 mètres, ce qui est à peu près la moitié du fonds qu'exigent généralement les bâtiments cuirassés naviguant le mieux.

Son blindage ne s'étend que jusqu'au pont supérieur, au-dessus duquel s'élève, à

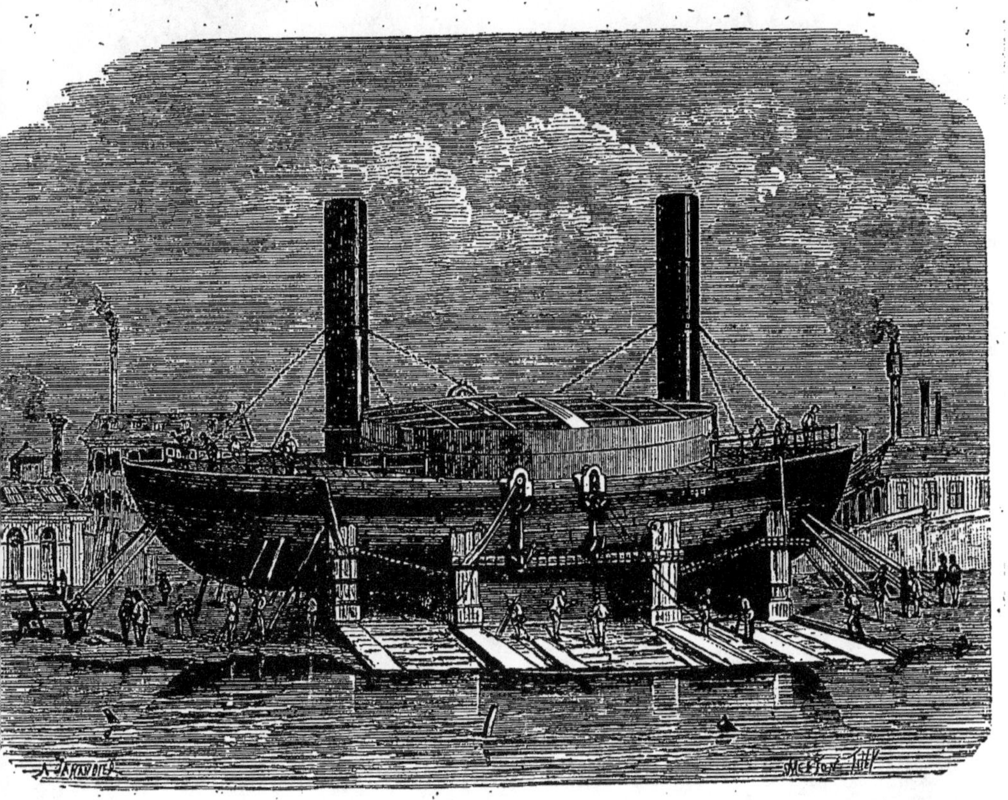

Le Novogorod. — Popoffka russe (*Vue de l'avant*).

la manière de nos batteries flottantes (type *Arrogante*), un réduit de 15 mètres de long, sur toute la largeur du navire, abritant l'artillerie, et protégé lui-même par deux cloisons transversales fortement cuirassées.

Le *Brazil*, malgré son faible tirant d'eau, qui le destine plus spécialement à la navigation sur les rivières, a fait une très belle traversée de l'océan Atlantique, pour se rendre sur le Rio Parana, où il a soutenu, pendant toute la guerre du Paraguay, le feu des navires ennemis sans voir endommager sa cuirasse.

Le gouvernement brésilien, dont la flotte cuirassée est assez nombreuse, a demandé ses navires un peu partout.

L'Angleterre lui a fourni le *Cabrol* et le *Columbo*, petits navires en somme, puisque leur force motrice n'est que de 240 chevaux, mais qui présentent une disposition particulière : ils portent deux casemates cuirassées, percées chacune de deux sabords de chaque

EXPLOSION D'UN CUIRASSÉ TURC PAR DES TORPILLEURS.

côté, pour recevoir quatre canons Whitworth du calibre de 70 livres et quatre canons à âme lisse de 68.

Le *Lima-Barras*, navire à deux tourelles, armées chacune de deux canons Whitworth de 150 livres ; il est mû par deux machines de chacune deux cylindres, actionnant deux hélices indépendantes.

Le *Bahia*, qui n'a qu'une tourelle, armée de deux gros canons, mais dont la machine de 200 chevaux, met en mouvement trois hélices.

Il a commandé à Bordeaux, aux chantiers et ateliers de l'Océan, quelques navires dont

Le Novogorod. — Vue de l'arrière.

le *Silvado*, à deux tourelles renfermant chacune deux canons de gros calibre, a été le modèle.

Il a aussi construit lui-même, dans ses chantiers de Rio de Janeiro, notamment le *Barroso*, petit navire, à casemate, de 120 chevaux.

Sa cuirasse est légère, puisqu'elle n'atteint que 10 centimètres dans sa plus grande épaisseur, mais elle a résisté à des boulets de 68, tirés à moins de 100 mètres.

Inutile de dire que les autres puissances de l'Amérique du Sud ne sont point restées en arrière, d'autant qu'on se bat toujours un peu dans les régions chaudes, la guerre du Chili contre le Pérou est trop récente pour qu'on ne se souvienne pas au moins du combat qui coûta la vie au *Huascar* et que la gravure qui sert de frontiscipe à cet article représente.

Le *Huascar*, monitor péruvien, avait été construit à Berkenhead dans les chantiers anglais de la maison Lairif, il mesurait 64 mètres de longueur, portait des plaques de blindage de 12 centimètres et demi, et une tourelle cuirassée, armée de deux énormes canons Armstrong, se chargeant par la bouche, ce qui ne l'empêchait pas d'avoir un autre gros canon Armstrong sur chaque bordée et un autre plus petit sous la poupe.

Outre le *Huascar*, le gouvernement péruvien possédait deux frégates cuirassées armées de 14 canons, dont une, la *Indépendancia*, périt aussi au champ d'honneur, deux corvettes et quatre canonnières, mais les manquants ont été remplacés immédiatement par des navires cuirassés, commandés en Amérique pendant la guerre, et livrés trop tard pour y prendre part.

L'escadre chilienne était sinon plus nombreuse, du moins plus redoutable; elle se composait de :

L'Almirante Cochrane, frégate cuirassée de 3,000 tonneaux, portant des plaques de blindage de 25 centimètres et ayant, dans un réduit central à ressaut, fortement cuirassé, 6 canons nouveau modèle du poids de 12 tonnes et demie;

Du *Blanco Encalada*, autre frégate cuirassée d'un armement équivalent;

De quatre corvettes cuirassées et d'autant de canonnières.

Le tout construit à l'étranger, sur des types connus, dont nous n'avons plus à parler.

La Hollande a pris ses modèles de cuirassés en Angleterre et en France, elle a fait construire le *De Buffel* dans les chantiers de M. Napier de Glascow et le *Scorpion* par la Compagnie des forges et chantiers de la Méditerranée.

Le *De Buffel*, blindé de bout en bout avec des plaques de 14 centimètres, porte sur son pont une tourelle du système Coles, blindée à 20 centimètres d'épaisseur sur un matelas de bois de teck de 30.

Indépendant de cette tourelle, renfermant deux canons Armstrong du calibre de 136 kilogrammes et qui peut à l'aide d'une machine très ingénieuse, être manœuvrée par un seul homme, le *De Buffel* a une batterie blindée qui renferme quatre canons de calibre moindre et les logements des officiers et de l'équipage.

Le *Scorpion* est construit dans le système dit à réduit central avec un éperon très proéminent, il est tout aussi fortement blindé que le *De Buffel* et de plus, bien meilleur marcheur, car il a fourni, non pas sur le papier, mais effectivement, une vitesse moyenne de 13 nœuds.

Quant à la Russie, dont il nous reste maintenant à parler, pour avoir passé en revue toutes les grandes puissances maritimes, bien qu'elle ait commencé par faire quelques emprunts à l'Angleterre et aussi à la France, elle s'approvisionne elle-même et elle a de très beaux et très solides navires cuirassés, s'appuyant à la fois sur l'un et l'autre des systèmes connus.

Tels sont : l'*Amiral Spiridow*, *Roussalka* et *Tcharodiejka*, qui ont une batterie centrale comme le *Marengo* et deux tourelles du système Coles.

Le *Kniaz Pojarski*, à fort central, système de M. Reed.

L'*Amiral Lazarew*, qui porte trois tourelles mobiles, du capitaine Coles; et nombre d'autres frégates et corvettes, sans compter les canonnières.

Le plus grand des navires de la marine russe est le *Minine*, qui pourtant n'est pas colossal, puisqu'une machine de 800 chevaux suffit à le faire marcher à une vitesse raisonnable.

Mais le plus original qu'elle ait produit et dont nous parlons surtout à titre de curiosité, est le *Novogorod*, espèce de batterie flottante qui procède du *Monitor* pour la disposition, mais qui ne rappelle rien pour la forme.

L'amiral Popoff, inventeur de cette machine de guerre, qui ne peut guère avoir d'utilité que pour la défense des ports ou des côtes, et qui l'a fait construire à Nikolaïeff, dans la mer Noire, a voulu faire un navire rond, auquel il a donné 30m,25 de diamètre.

Pour remédier aux difficultés que cette forme présentait à la navigation, il a imaginé un fond plat, muni de 12 quilles de 8 centimètres de hauteur, qui affaiblit beaucoup les secousses de la mer; et il a pourvu son navire d'une force motrice de 480 chevaux-vapeur répartie en six machines, mettant en mouvement six hélices indépendantes, mais placées deux à deux parallèlement l'une à l'autre de façon qu'il y en ait toujours trois de chaque côté du navire, quelque révolution qu'il fasse sur lui-même.

Par ce moyen, il obtient juste la vitesse des monitors américains, c'est-à-dire une lenteur de quatre à cinq nœuds.

Néanmoins, comme batterie flottante, cet engin, fortement cuirassé, présente des qualités qui l'ont fait accepter tout d'abord sous le nom générique de *Popoffka*, mais sans pourtant le faire adopter complètement comme type, car on n'a construit que le *Kiew* sur le même modèle.

Comme système défensif, les popoffkas possèdent une double coque, et leurs murailles complètement verticales ont un énorme matelas de bois de teck entre le bordé et les plaques de blindage.

Au milieu du pont, s'élève une tourelle fixe de 9 mètres de diamètre, et de 2m,15 de hauteur, cuirassée à 23 centimètres d'épaisseur.

C'est cette tourelle qui contient l'artillerie du navire, composée de deux canons en acier du plus fort calibre, qui, montés sur affûts tournants, peuvent tirer dans toutes les directions par les sabords ménagés dans la tour.

A l'avant est une seconde tourelle, également cuirassée, qui sert de logement aux officiers du bord, au nombre de onze (l'équipage se composant de 90 hommes).

A l'arrière, mais sous le pont, sont les machines motrices et les aménagements pour l'équipage, on y a réservé aussi des compartiments destinés à recevoir des tubes porte-torpilles.

Répétons-le, les popoffkas ont leur raison d'être, mais seulement comme garde-côtes.

Encore cette raison d'être a-t-elle été bien contestée dans le pays, et même par beaucoup d'officiers de la marine russe.

Les critiques qui accueillirent les Popoffkas, enrayèrent le mouvement de construction, qui ne fut du reste jamais une fièvre comme en France et en Angleterre d'autant que la Russie, puissance continentale avant tout, et la plus étendue qui existe, n'est point du tout dans la nécessité de s'endetter pour créer une flotte cuirassée de combat.

Un article paru dans le *Golos*, en 1877 et signé par un officier supérieur de la marine impériale, ce qui lui donne presque le caractère officiel, disait à ce sujet :

« Les quelques points du littoral qui ont besoin d'être défendus seraient beaucoup mieux protégés par des travaux de défense établis à terre qu'ils ne le seraient par mer; et, d'un autre côté, dans un pays où il existe à peine une marine marchande, de quelle nécessité serait une flotte de protection?

« Le contraire a lieu en ce qui concerne les nations avec lesquelles la Russie peut se trouver en guerre. Un commerce maritime, en quelque sorte universel, des côtes riches et populeuses, des colonies nombreuses et florissantes constituent leurs points vulnérables. Ce serait une perte sans valeur pour la Russie que de sacrifier le petit nombre de navires marchands qu'elle possède, et un littoral dont la population rare et indigente n'offre qu'une mince proie à l'ennemi, si en échange elle arrivait à détruire le commerce de son adversaire et à tenir ses colonies dans un état d'alarme perpétuelle.

Le Memdoohieh. — Frégate cuirassée turque.

Le Tegethoff. — Frégate cuirassée autrichienne.

« A ce point de vue une flotte de croiseurs rapides conviendrait donc infiniment mieux qu'une flotte cuirassée et demanderait environ le dixième de dépenses que coûteraient des escadres à entretenir dans la mer Noire et dans la Baltique. »

Il ne faut donc pas s'attendre à voir la Russie, produire de grands navires cuirassés ; elle construira des canonnières et surtout des torpilleurs, parce qu'il faut bien rester dans le mouvement, qui s'est tellement accentué que l'extrême Orient, lui-

La Dévastation. — Frégate cuirassée française à réduit central en ressaut.

même, cuirasse maintenant sa marine.

Nous avons déjà parlé d'une corvette blindée, commandée en Prusse par le gouvernement chinois, mais c'était probablement pour avoir un objet de comparaison, car le Céleste Empire a un arsenal à Fou-Tcheou, où l'on construit des navires cuirassés ; il est vrai que cet arsenal est dirigé par un officier de la marine française.

Le Japon est dans le même cas, ses anciennes jonques, sont remplacées par des corvettes blindées, et il envoie constamment dans nos ports des jeunes gens étudier dans nos écoles de construction.

Il n'est pas jusqu'au royaume de Siam qui ne se soit composé une marine cuirassée, et qui ne demande tous les jours à notre pays des officiers pour diriger ses établissements maritimes et surtout pour commander ses navires.

*
* *

Cependant, les premières émotions de sa défaite passées, la France reprit courage et recommença à lutter de fabrication avec l'Angleterre.

A la *Dévastation* anglaise, dont on ne parlait déjà plus guère, elle opposa successivement trois types nouveaux, le *Richelieu*, l'*Amiral-Duperré* et la *Dévastation*.

Le *Richelieu*, armé en 1875, pour remplacer le *Magenta*, dont il devait éprouver le sort, était le plus grand vaisseau de la marine française.

Sa longueur était de 100 mètres, sa largeur de 17, et sa hauteur de 16^{m},50, dont la moitié était nécessaire à son tirant d'eau.

Blindé de bout en bout, sa cuirasse avait 22 centimètres d'épaisseur à la ligne de flottaison et à la batterie; le pont également blindé, mais à une épaisseur beaucoup moindre, portait quatre tourelles cuirassées à 15 centimètres d'épaisseur, placées deux à deux, et, à l'avant, un fort également blindé.

Fort et tourelles étaient armés d'un canon de 24 centimètres, pesant 15,000 kilogrammes, et tirant : celui du fort, en batterie, par un sabord, qui s'ouvrait juste au point d'intersection des deux parties de l'étrave, et ceux des tourelles, en barbette, et dans toutes les directions, au moyen de leur montage à pivot sur la plate-forme de la tourelle, qui remplaçait ainsi l'affût.

Indépendamment de cette artillerie, déjà redoutable, le *Richelieu* possédait, entre ses tourelles, un réduit central, armé de six pièces de 27 centimètres, du poids de 21,000 kilogrammes, disposés en batterie, trois sur chaque bord.

Extérieurement, ce vaisseau ne présentait que de légères modifications au type *Marengo*, mais il était infiniment mieux disposé, sinon pour la marche, au moins pour les manœuvres, et surtout pour l'aménagement, bien qu'il eût, à bord, un équipage normal de 760 hommes.

Sa machine à vapeur, de 1,200 chevaux, mettait en action deux hélices, une de chaque bord, qui lui donnaient une vitesse de 14 nœuds, soit 26 kilomètres à l'heure, et dont l'effet combiné avec celui d'un gouvernail, nouveau modèle, permettait au navire d'opérer un mouvement giratoire complet, de 116 mètres de rayon, c'est-à-dire moitié moindre que celui nécessaire aux meilleurs manœuvriers parmi les bâtiments connus alors.

Ce gouvernail perfectionné, dit du système Joëssel, était complètement en bronze et pesait 30,000 kilogrammes; aussi était-il mû par une machine à vapeur de la force de 30 chevaux.

Comme aménagements, le *Richelieu* avait une soute à charbon où l'on pouvait arrimer facilement 750 tonnes de combustible, et ses soutes à munitions pouvaient renfermer 60,000 kilogrammes de poudre.

Quant à sa mâture, elle rappelait celle de nos anciens vaisseaux de ligne, si majestueux au-dessus de l'eau, puisque son grand mât comptait 60 mètres de hauteur, en partant du pont, et qu'en mettant au vent toutes ses voiles, il pouvait présenter une surface vélique de 2,500 mètres carrés.

On sait quelle fut la fin misérable de ce géant de notre flotte; dévoré par un incendie dans la nuit du 29 décembre 1878, il s'abîma dans la rade de Toulon, qui avait déjà été le tombeau de son prédécesseur.

Mais il était déjà remplacé, la *Dévastation*, mise en chantier à Lorient, était prête à prendre son rang.

Ce nouveau vaisseau est un peu moins long (95 mètres), mais sensiblement plus large (20^{m}, 44), en revanche sa profondeur sur quille n'est que de 13^{m},65, dont 7^{m},84 de tirant d'eau moyen.

Ce qui ne l'empêche pas d'avoir une vitesse à peu près égale, sinon un peu plus grande, obtenue par deux hélices indépendantes, mises en mouvement par deux machines à vapeur à haute pression, de la force effective de 3,000 et 4,000 chevaux (nominale 750 et 1,000).

La *Dévastation*, construite sur les plans de M. de Bussy, ingénieur directeur des constructions navales, diffère peu, comme forme, du type dit à batterie ou à réduit central, mais son blindage et son armement sont beaucoup plus puissants que ce que l'on avait fait jusqu'alors.

Ainsi, la batterie centrale, qui renferme quatre pièces de 34 centimètres, fondues exprès pour son armement, est blindée de plaques de fer de 24 à 30 centimètres d'épaisseur, comme tout le navire, d'ailleurs, dont les flancs sont entourés d'une ceinture cuirassée, qui dans la partie vitale, c'est-à-dire par le travers des machines, atteint jusqu'à 38 centimètres, ce qui n'empêche pas tous les compartiments de la cale d'être recouverts par un pont blindé de 6 centimètres d'épaisseur placé à $1^m,12$ au-dessus de la ligne de flottaison, et qui les rend complètement étanches.

Outre ces quatre gros canons de la batterie, dont les sabords sont placés dans les angles rentrants du fort central qui fait une saillie très prononcée sur les flancs du vaisseau, la *Dévastation* possède encore deux pièces de 27 centimètres placées sur le pont en demi-tourelles barbettes, et six pièces de 14 centimètres en batterie, sur les gaillards d'avant et d'arrière, et vomissant le feu par des sabords disposés en triangle sur la poupe et la proue du navire.

Quant à sa force de locomotion, qui est comme nous l'avons dit, en rapport avec le poids immense du colosse, elle est complétée par une mâture de frégate à trois étages de mâts, qui seule assurerait au vaisseau, dans les circonstances ordinaires de la navigation, une vitesse satisfaisante.

Cet engin de guerre, aussi formidable au point de vue défensif, qu'au point de vue offensif, surtout si l'on ajoute à tout ce que nous avons dit, l'éperon gigantesque, dont nous ne parlons plus, parce qu'il fait réglementairement partie intégrante de tout cuirassé; a pourtant été dépassé, avec l'*Amiral Duperré*, qui apparut quelques années plus tard. En même temps qu'on paraissait adopter ce type, dit à fort central en ressaut, par la construction du *Redoutable*, on mettait en chantier à Lorient un monitor de mer, formidablement armé, et digne d'entrer en parallèle avec le *Thunderer* dont les Anglais étaient très fiers et qui périt misérablement par l'explosion de sa machine, comme cela est arrivé du reste à un certain nombre de leurs cuirassées et aussi des nôtres; car c'est un fait assez curieux, on n'a jamais vu tant d'accidents de navires que depuis l'invention des cuirassés. Le *Tonnerre*, tel est le nom du nouveau garde-côte français, est d'un aspect assez original; car, indépendamment d'une vaste tourelle, qui s'élève du pont et renferme deux énormes canons de 32 centimètres de diamètre, vomissant des projectiles de 450 kilogrammes, il possède une sorte de citadelle qui protège la cheminée, et s'élevant du pont à une certaine hauteur, est terminée par une plate-forme, dont chaque angle est arrondi en tourelle pour porter un canon de 10 centimètres.

Seulement, et c'est ce qui fait surtout la particularité du *Tonnerre*, cette citadelle n'a aucune prétention à l'invulnérabilité, au contraire elle est construite en simple tôle, de façon à ce que les obus ennemis, n'éprouvant aucune résistance, puissent la traverser de part en part, et aillent éclater plus loin que le but; c'est-à-dire sans effet sur le navire.

Cette idée, qui dérive du système cellulaire, nous paraît fertile en heureux résultats, si l'on veut entrer carrément dans cette voie, qui ne laisse plus à la cuirasse qu'un rôle accessoire; mais on n'en a fait qu'un essai timide par la construction de quelques

Le Tonnerre. — Garde-côte français.

L'Amiral Duperré. —Vaisseau cuirassé français.

navires sur le modèle du *Tonnerre* (74 mètres de longueur et machine motrice de 850 chevaux), car lorsqu'il s'est agi de créer un nouveau type de vaisseau, on est revenu aux anciens errements, partiellement du moins, ainsi qu'on va le voir par la description de l'*Amiral Duperré*, dernier modèle de navire cuirassé, adopté par la marine de guerre française.

Il diffère des autres par sa forme presque plate en dessous, mais considérablement renflée au-dessus de la flottaison et venant en diminuant jusqu'au pont qui est sensiblement plus étroit, ce qui ne l'empêche pas d'offrir encore des développements suffisants, puisque la grande largeur du navire dépasse 20 mètres, d'ailleurs proportionnée à sa longueur qui est de 97m,50.

Construit dans les chantiers de la Seyne, l'*Amiral Duperré*, qui est tout en fer, naturellement, puisque les chantiers de la Méditerranée ne fabriquent pas autrement, n'est pas blindé dans toute son étendue, mais seulement à la ligne de flottaison, il est vrai, qu'alors sa cuirasse atteint jusqu'à 55 centimètres d'épaisseur.

Adoptant le système cellulaire, qui a beaucoup préoccupé les constructeurs de tous les pays, dont nous avons parlé comme du système de l'avenir, l'ingénieur a divisé son vaisseau intérieurement, à l'aide de cloisons métalliques calfeutrées par des bourrelets de caoutchouc, en de nombreux compartiments étanches, qui peuvent suppléer au blindage de bout en bout, et présentent cet avantage d'alléger considérablement le navire, dont la vitesse peut alors se rapprocher plus sensiblement de celle des grands steamers de long cours.

A cet effet l'*Amiral Duperré*, est pourvu de deux hélices, placées l'une de chaque côté de l'étambot, et actionnées par une machine à vapeur, d'une force nominale de quinze cents chevaux.

Comme auxiliaire propulseur il a sa voilure équivalente à celle des plus grandes frégates de l'ancienne marine, c'est-à-dire à trois étages de vergues seulement.

Une particularité de ce vaisseau outre sa forme, dont l'originalité est augmentée encore par la disposition des tourelles qui émergent de sur le pont — est le montage de son gouvernail qui ne ressemble en rien à ceux qu'on a faits jusqu'à présent. C'est une large plaque de tôle, dont l'épaisseur est proportionnée aux efforts qu'on en attend, et qui est montée sur un axe, enfermé dans un anneau tube supérieur, et tournant sur un pivot inférieur.

L'armement de l'*Amiral Duperré* se compose, outre son éperon, d'acier aigu et très saillant :

1° De quatre gros canons de 34 centimètres de diamètre intérieur, placés sur autant de tourelles blindées à 50 centimètres d'épaisseur.

Ces tourelles sont construites d'une façon spéciale, que l'on reconnaîtra par notre gravure.

Elles ont deux plate-formes, la supérieure qui sert d'abri, et l'inférieure qui porte le canon monté sur des plaques tournantes du système Coles : c'est-à-dire analogues aux plaques tournantes des chemins de fer.

Ces plaques, mues par la vapeur ou si l'on veut au moyen d'appareils hydrauliques, permettent au canon, qui tire en barbette, de commander au moins les deux tiers du cercle de l'horizon.

Les tourelles ne sont pas non plus disposées selon les usages adoptés jusqu'alors.

Les deux premières : celles de l'avant placées entre le mât de misaine et le grand mât, sont en regard l'une de l'autre et en demi-saillie sur le bord du navire, elles sont reliées entre elles par la passerelle du commandant, son banc de quart, surmonté d'un réduit blindé d'où il peut tout voir et transmettre ses ordres par un appareil téléphonique spécial, dans toutes les parties du navire, et mieux encore, par la pression de pistons en communication avec la machine et le gouvernail, opérer lui-même, en cas de besoin, le changement de marche nécessaire.

Les deux autres tourelles, construites suivant l'axe longitudinal du vaisseau sont placées : l'une devant, l'autre derrière le mât d'artimon et reliées ensemble par un pont de tôle, qui sert de passerelle de relèvement et où se tient aussi le service de la timonerie.

Indépendamment de ces quatre gros canons, l'*Amiral Duperré*, a dans sa batterie blindée qui s'étend entre les tourelles, 14 pièces du calibre de 14 centimètres, disposées par 7 sur chaque bordée, ce qui lui donne une puissance d'artillerie considérable.

Ce vaisseau serait d'ailleurs la machine de guerre la plus perfectionnée que l'on connaisse, si l'*Inflexible* n'existait pas pour donner le dernier mot aux Anglais.

Il est vrai que l'*Inflexible*, qui vient de faire ses preuves, dans l'expédition d'Égypte, n'est pas à proprement dire un vaisseau, c'est plutôt un monitor de mer.

En tous cas, c'est certainement le cuirassé le plus curieux qu'il soit possible de visiter.

Et curieux à tous les points de vue, car voulant utiliser aussi bien pour la navigation que pour le combat, les plus récentes conquêtes de la science, il porte à son bord tant de machines diverses, que c'est en quelque sorte, une exposition mécanique.

Sa description, si tant est qu'on puisse la faire méthodiquement; n'en sera que plus intéressante.

L'*Inflexible*, qui a 97 mètres de longueur, sur $22^{m},87$ de largeur, a de loin les apparences d'un brick gigantesque avec son mât de misaine de $33^{m},50$ et son grand mât de $52^{m},70$; mais de près, il rappelle avec ses immenses tours en forme de fromages, les batteries flottantes américaines.

C'est, du reste, leur rôle qu'il doit jouer, car en action de combat, la mâture et tout le gréement disparaissent et il ne reste plus qu'un monitor blindé de bout en bout, offrant les moyens offensifs les plus puissants que l'on connaisse, une résistance énorme, et ne pouvant, quoi qu'il arrive, tomber au pouvoir de l'ennemi.

Contre les torpilles, qui sont l'ennemi le plus redoutable pour les vaiseaux cuirassés, sa coque est protégée au-dessous de l'eau, par un réseau d'acier qui s'étend sur les deux côtés de la quille, mais s'il arrivait que malgré l'attention des vigies, un bateau torpilleur réussît à s'approcher du navire et à se faire un jour à travers les mailles d'acier, plutôt que de laisser sauter le vaisseau par l'effet de la torpille, on le coulerait bas, et l'opération ne demanderait que dix-huit minutes en ouvrant mécaniquement les 485 valves pratiquées à cet effet dans les flancs du navire.

On pourrait même gagner encore quatre minutes, si l'on avait le temps de jeter les ancres et de déboucher les trous, par où se lancent les torpilles, dont le magasin est à fond de cale.

Si l'on a trouvé un moyen expéditif pour emplir le navire d'eau, en revanche, la puissance des appareils d'épuisement installés à bord de l'*Inflexible* est si considérable qu'en ajoutant le travail manuel, c'est-à-dire les pompes à bras, au travail de la vapeur, on enlèverait jusqu'à 5,000 tonnes d'eau par heure.

Nous avons dit que l'*Inflexible* était blindé de partout, mais sa cuirasse, la plus considérable qu'on ait encore fait, varie d'épaisseur selon les parties du navire, ainsi à la batterie elle a 610 millimètres, aux tourelles 457 millimètres, aux cloisons de cale de l'avant 610 millimètres, et aux cloisons de cale, arrière, 559 millimètres.

On s'étonnera peut-être que les tourelles soient les moins protégées, elles n'en ont d'ailleurs que l'apparence, car elles sont blindées d'une façon toute spéciale; les murailles en sont composées : d'une couche de fer, plaquée d'acier de 12 pouces, d'un matelas en bois de teck, de 11 pouces, d'une seconde couche de fer de 12 pouces, d'un nouveau matelas de teck et d'un dernier revêtement de fer de 2 pouces.

C'est-à-dire qu'aucun projectile, eût-il la puissance de la foudre, ne serait capable de traverser un rempart aussi formidable.

Ces tourelles sont d'ailleurs très curieuses, accouplées entre les deux mâts, de façon à flanquer les deux cheminées de la machine, sans cependant être en face l'une de l'autre, pour que les canons qu'elles renferment puissent être tirés en chasse ou en retraite sans se gêner réciproquement ; elles sont mises en mouvement par des machines hydrauliques d'une puissance énorme ; puisque chacune d'elles pèse, contenant et contenu, 650 tonnes.

Ce mouvement est à double effet : horizontal pour permettre aux deux canons armant chaque tourelle (des colosses, qui pèsent

L'Inflexible. — Vaisseau cuirassé anglais.

80 tonnes et dont la bouche a 40 centimètres de diamètre), de tirer dans toutes les directions; et vertical, pour faciliter le chargement de ces canons, qui se fait d'ailleurs mécaniquement à l'aide de la force hydraulique.

Ainsi, lorsqu'on veut charger les canons, la tourelle tourne sur elle-même de haut en bas, jusqu'à ce que la pièce se présente au-dessous du pont, où un système de rails est organisé pour convoyer gargousses et projectiles sur de petits chariots, de façon qu'à l'aide d'un levier qui ressemble beaucoup à ceux qui font mouvoir les aiguilles de chemin de fer, un homme seul puisse opérer sans fatigue le chargement de ces énormes pièces si peu maniables.

En examinant notre gravure, on comprendra vite le mécanisme, la lettre A. désignant le projectile et la lettre B. l'orifice du canon.

Avec ce système, cinq hommes, et l'officier qui les commande, suffisent dans l'intérieur de chaque tourelle.

Outre la protection naturelle qu'elles trouvent dans leur blindage, les tourelles le sont encore, ainsi, du reste, que les magasins à projectiles et la soute aux poudres, par une enceinte rectangulaire qui s'élève sur la partie centrale du pont, entre les deux mâts.

L'Inflexible. — Les deux tours de la dunette, *vues par devant.*

L'Inflexible. — Chargement mécanique des canons.

Cette enceinte, qu'on appelle la citadelle et qui a 110 pieds de long sur 75 de large, est composée de murailles de bois de teck et de fer de 24 pouces d'épaisseur, le pont, aussi bien en dedans qu'au dehors de la citadelle, est blindé à trois pouces d'épaisseur.

Ce n'est pas tout encore, car la citadelle est couverte par un nouveau pont, cuirassé comme sa muraille, et qui porte une troisième tourelle, blindée intérieurement par deux plaques de fer de 12 pouces d'épaisseur qui se coupent en croix dans les deux diamètres de la tourelle, d'où elle porte le nom d'*armour cross* (cuirasse en croix).

Ce réduit dont les quatre angles, percés de jours trop étroits pour laisser passer un projectile, embrassent tout l'horizon, est le banc de quart du commandant à l'heure du combat.

Les quatre branches de la croix étant également munies de roues pour le gouvernail, d'appareils acoustiques, électriques, et autres, correspondant avec toutes les parties vitales du navire ; de là, il peut sans que son œil quitte l'embrasure par laquelle il voit ce qui se passe au dehors, non seulement donner les ordres à tout son équipage disséminé partout, mais encore, faire lui-même manœuvrer le vaisseau, mettre en mouvement les tourelles, communiquer le feu aux gros canons, et décharger les torpilles toutes préparées dans la cale, puisqu'il n'a besoin pour cela, que de tourner une petite roue, de presser un bouton électrique ou d'actionner un des tubes pneumatiques, qui opèrent le lancement des torpilles; car l'*Inflexible* ne se contente pas d'être un navire cuirassé de toute puissance, c'est encore un torpilleur des plus perfectionnés.

L'idée de mettre tout sous la main du commandant, que je crois plus admirable en théorie qu'en pratique, car elle présente de nombreux inconvénients (ne fût-ce que de faire partir une pièce avant que la culasse n'en soit fermée), n'est pas tout à fait neuve, nous l'avons déjà vu appliquer en France sur l'*Amiral Duperré*, mais ce système prend sur l'*Inflexible* de tels développements que c'est presque une invention.

Il y en a d'autres, d'ailleurs, à bord de ce curieux navire, notamment le *water place* imaginé par M. Froude, le savant ingénieur anglais, pour neutraliser le roulis du vaisseau.

C'est un compartiment établi sous la ligne de flottaison, vers le milieu du navire, à 6^{m}, 10 de la quille, et allant d'un bout à l'autre, dans lequel on immerge 60 tonnes d'eau qui ne l'emplissent qu'à moitié, de façon à ce que cette masse liquide se déplaçant au fur et à mesure des oscillations du navire, soit un contre poids pour empêcher ce mouvement de va et vient des bords qu'on appelle le roulis.

Cette innovation est certainement très ingénieuse, mais outre que son effet n'est pas constant, elle présente quelques inconvénients : d'abord le bruit insupportable produit par l'eau toujours en mouvement, ensuite la possibilité par le poids de cette eau d'ébranler et même de démolir les cloisons du navire.

Aussi est-il à croire qu'elle ne sera pas conservée.

Veut-on maintenant une idée des nombreuses machines qu'on rencontre à bord de l'*Inflexible*, c'est une nomenclature à faire.

A l'avant et à l'arrière, sous le pont blindé se trouvent entre les deux machines motrices de chacune mille chevaux qui actionnent les deux hélices; la machine hydraulique et son accumulateur (pour la manœuvre des tourelles et des canons), la machine du cabestan, celle qui actionne les tubes pneumatiques à l'aide desquels on lance les torpilles, les pompes de compression et accumulateurs qui servent au chargement des torpilles, les appareils distillatoires pour produire l'eau douce nécessaire à la consommation de l'équipage, la machine pour distribuer l'eau dans les différentes parties du navire et la pompe d'épuisement pour les compartiments étanches.

Sur la plate-forme arrière, en dehors de la citadelle, autre réunion de machines, hydrauliques, à vapeur, électriques, affectées à divers usages.

Tout cela réuni, consommerait, marchant à toute puissance, plus de 200 tonnes de houille par jour, mais en n'allumant que la moitié des feux des machines propulsives, l'approvisionnement du bord, qui est de 1500 tonnes de charbon, peut suffire pour seize à dix-sept jours.

Tout l'armement offensif du navire n'est pas dans les tourelles, sans parler de son immense éperon d'acier, qui entre dans les conditions de construction ordinaire, il a des canons mobiles, espèce de mitrailleuses de mer qu'on appelle des *Nordenfelt*, du nom de leur inventeur.

Il a aussi ses torpilles, qu'il peut lancer aussi bien au-dessus que sous l'eau, mais nous en parlerons en détail dans le chapitre suivant, consacré spécialement aux perfectionnements apportés dans la fabrication de ces engins terribles.

Du reste, l'aménagement d'un appareil à lancer des torpilles, dans un navire de combat, n'est pas un avantage si grand qu'il paraît, surtout s'il remplace l'éperon, ce qui n'est pas absolument le cas de l'*Inflexible* dont l'éperon est très redoutable, mais la manœuvre de cet éperon doit être infailliblement gênée par le lancement des torpilles.

Nous trouvons, à cet égard, dans la *Revue maritime et coloniale* de mai 1877, des considérations qui doivent avoir leur place ici.

« C'est aujourd'hui, dit l'auteur de cet article, un avis très répandu parmi les marins (et nous l'adoptons sans crainte de paraître trop hardi, qu'à l'avenir, dans les combats en pleine mer, le dernier mot appartiendra à l'action du bélier. Avoir l'avant construit de manière à faciliter cette action est donc la première nécessité de combat.

« Nous le répétons, on ne saurait nous reprocher de partager cette opinion ; aucune espèce de torpille d'avant ne sera en état de remplacer un bon éperon et voici sur quelles considérations nous nous appuyons :

« Supposons, qu'au lieu de l'éperon on ait ménagé, comme cela a lieu dans le *Duilio*, un appareil de lancement de torpilles Witehead. Pour remplacer l'éperon cette construction doit être dans le plan de la marche, et comme dans les combats à la mer les navires auront vraisemblablement à soutenir une marche assez rapide, les conditions pour porter et lancer commodément les torpilles seront les mêmes que pour jouer du bélier et, comme cette opération est plus simple que la précédente, elle doit lui être préférée.

« Supposons un autre cas, celui où l'éperon est remplacé par des torpilles à bout d'espars. D'abord, chacune des pièces saillantes en dehors du navire sera fort exposée à être brisée dans le combat, et puis surgit une autre question. Quel genre de torpilles mettra-t-on au bout des espars?

« Supposons que ce soit une torpille à percussion, si l'espars vient à casser et que la torpille soit retenue par l'une des cordes, elle ira se loger sous le fond du navire qui l'a lancée, et là elle fera explosion en crevant le navire; si, au contraire, c'est une torpille électrique, son inflammation pourra être produite ou trop tôt, avant qu'elle ait atteint le navire ennemi, ou trop tard quand l'avant du navire qui la porte aura déjà rencontré le navire ennemi, et alors l'explosion sera aussi désastreuse pour le bateau torpilleur que pour l'ennemi.

« Il faut donc que le navire porte un éperon convenable à l'avant pour pouvoir agir comme bélier. Beaucoup de marins admettent comme axiome, que la manœuvre du bélier constitue le fondement de toute manœuvre en haute mer, et que la facilité avec laquelle on l'accomplira sera dans le combat une qualité dominante.

« On a pu lire et entendre dire souvent que la qualité des navires pour ce mode d'attaque était d'autant meilleure, que leur vitesse d'évolution était plus grande. Mais cette vitesse d'évolution comprend deux éléments : d'abord, la longueur de la giration, c'est-à-dire la longueur absolue de l'arc de cercle parcouru ; ensuite le diamètre de cet arc de cercle.

« On ne peut réussir à porter un bon coup d'éperon au navire ennemi, que dans le cas où l'on peut tourner plus vite que lui sur son avant.

« La première rencontre de deux navires qui désirent mutuellement se choquer de l'éperon, doit se produire dans des directions opposées ; les deux navires doivent s'aborder réciproquement par leur avant, et glisser ensuite bord à bord. Supposons que

L'Inflexible. — Intérieur de « *l'armour cross.* »

dans le premier choc, aucun des adversaires n'ait reçu de dommages sérieux, le premier souci de chacun des deux équipages sera de virer le plus vite par son avant sur le bord qui rencontre l'arrière de l'autre.

« Nous ne voulons point ici faire de la tactique maritime et chercher quel est le mode le plus avantageux pour effectuer cette évolution ; nous remarquons seulement que si la longueur des arcs parcourus par les deux adversaires et les diamètres de ces arcs sont égaux, les deux bateaux ayant commencé à tourner sur le bord où la rencontre s'était produite, se verront réciproquement, au même moment dans la direction de leur avant.

« A cet instant, les deux bateaux devront se précipiter de nouveau l'un sur l'autre ; ils se choqueront encore droit par l'avant, puis recommenceront leur évolution, en traçant sur la surface de la mer la figure d'un 8.

« Mais si la marche des deux bateaux sur

le cercle, n'est pas égale, le vaisseau le plus rapide verra d'abord le flanc de son adversaire droit devant son éperon, pendant que cet adversaire sera encore en train d'effectuer sa rotation. Surprenant l'ennemi dans cette situation, le navire le plus rapide peut redresser son gouvernail, ce qui augmente encore sa vitesse, et alors il a de grandes chances pour atteindre le but principal d'un combat naval, c'est-à-dire de venir planter son éperon dans le flanc du navire ennemi.

« Cette courte esquisse théorique de la lutte par le bélier, fait voir que, des deux éléments de l'évolution des bateaux, c'est-à-dire la brièveté de la marche sur le cer-

L'Inflexible. — Chambre des machines

cle qui est de beaucoup le plus important, c'est pourquoi on convient d'admettre qu'un bateau est d'autant plus propre à ce genre de lutte qu'il lui faut un plus petit nombre de secondes pour faire son évolution complète ; en d'autres termes, l'efficacité des bateaux dans le combat à l'éperon est proportionnelle au nombre de secondes qu'ils mettent à tourner de 360 degrés. »

D'où il résulte que ce n'est pas de la vitesse, mais de la légèreté (relative) qu'il faut au navire cuirassé pour posséder la véritable supériorité, ce qui n'est pas tout à fait le cas de l'*Inflexible*, malgré ses formidables moyens d'attaque et de défense, et ses ingénieuses combinaisons.

Les qualités nécessaires sont d'ailleurs si difficiles à réunir, dans un cuirassé quelconque, d'autant plus lourd qu'on veut le rendre plus redoutable, que l'on cherche encore.

On a beaucoup parlé, il y a quelques années, d'un système de construction proposé par M. Griffith, dont le résumé fut donné ainsi par le *Broad Arow*.

« M. Griffith s'est appliqué à rechercher les moyens de réunir dans un même type les avantages du navire circulaire et ceux des navires à marche rapide, il croit y être à peu près arrivé en donnant à la surface immergée, une forme allongée et en ayant quatre hélices placées intérieurement et entièrement indépendantes les unes des autres.

« Les côtés du navire, divisés en un grand nombre de compartiments étanches, en vue de l'attaque des torpilles, serviraient en même temps de soutes à charbon et protégeraient les machines et la chaudière.

De gros canons seraient placés au centre dans la partie circulaire. Le pont principal serait formé de plaques de fer, capables de résister à l'explosion des projectiles creux, et le reste de la coque serait construit en bois, de façon à se laisser traverser de part en part par les boulets de gros calibre.

Selon M. Griffith, les canons n'auront plus désormais, dans les combats de mer, qu'un rôle effacé, mais dans tous les cas, avec les pièces de 80 à 100 tonnes, il n'y a pas à songer, pour leur résister à des cuirassements de bout en bout. Une simple cloison cuirassée, suffirait pour assurer la protection complète de son navire, à qui il est toujours facile, qu'il aille de l'avant ou de l'arrière, de présenter l'avant à l'ennemi. »

C'est peut-être là le navire de l'avenir, avec les hélices placées dans des tunnels, pour les mettre à l'abri de toute avarie ; mais comme il n'est pas encore fait, résumons-nous en prenant les choses comme elles sont.

En somme, c'est l'Angleterre qui a le dernier mot pour la construction d'ensemble, mais il n'en est pas de même pour la question du blindage, où nous n'avons jamais perdu la supériorité acquise dès le premier jour.

Ce qui résulte très clairement des expériences faites à la Spezia, le 23 novembre 1882, sur trois plaques de blindage de provenances diverses, mais d'égale épaisseur (48 centimètres).

Deux de ces plaques étaient anglaises et provenaient des usines Cammel et Brown, la troisième avait été forgée au Creuzot par les procédés de M. Schneider.

On tirait avec le fameux canon de cent tonnes dont les projectiles pèsent 908 kilogrammes.

Au premier coup, les deux plaques anglaises se fendirent de toutes parts, et les murailles sur lesquelles elles étaient fixées présentèrent déjà des symptômes de dislocation, la plaque Schneider resta absolument intacte.

Au deuxième coup, l'expérience était finie pour les plaques anglaises, elles avaient volé en éclats, et la muraille était trouée ; quant à la plaque Schneider sur laquelle se brisa le projectile, et qui resta entière avec quelques fentes insignifiantes, on continua à tirer dessus ; d'abord avec un projectile en acier comprimé de Witworth, qui n'entra que très faiblement dans la plaque en se déformant complètement, ensuite avec un boulet en acier coulé de Grégorin, qui se brisa sans entamer la plaque.

On peut donc dire que le blindage Schneider est invulnérable... pour le moment, du moins.

II

LES TORPILLES

La torpille est l'ennemi le plus redoutable des vaisseaux cuirassés, on pourrait presque dire que c'est leur seul ennemi; car, jusqu'à présent, à part les accidents : incendies, collisions, explosions de machines et autres, qui ont sévi sur les navires de guerre comme une épidémie, on n'a guère pu constater d'autres cas de destruction que ceux produits par les torpilles.

C'est le combat du lion et du moucheron, mais c'est le moucheron qui reste maître du champ de bataille, d'autant qu'il n'est pas rare de voir un gigantesque cuirassé battre en retraite devant un minuscule bateau torpilleur.

Et, du reste, il n'y a pas autre chose à faire, car si merveilleusement qu'ils soient outillés pour l'attaque et la défense, les vaisseaux les plus formidables ne peuvent rien contre une torpille déjà placée, sinon de l'éviter.

Cet engin destructeur dont tout le monde connaît les terribles effets, n'est pas d'origine aussi récente qu'on pourrait le croire.

Sans remonter jusqu'au siège de la Rochelle (1628), où il est certain que les Anglais employèrent contre la flotte française des pétards flottants, munis d'un ressort pour en déterminer l'explosion au premier choc ; on peut en attribuer l'invention à l'américain David Bushnel qui en fit un certain nombre pour agir contre les Anglais pendant la guerre d'indépendance.

L'Angleterre se récria naturellement, et déclara que l'emploi de ces mines sous marines était une barbarie, et une violation du droit des peuples.

Mais quand elle en eût fait supprimer l'usage, elle subventionna Fulton pour perfectionner ces engins, auxquels l'inventeur américain, donna le nom de torpilles, emprunté à cette espèce de poisson, qui jouit du privilège singulier de se défendre contre ses ennemis par des décharges électriques.

L'appareil de Fulton consistait, dans un corps flottant, rempli de poudre et muni à l'intérieur d'une platine de fusil, destinée à en opérer l'inflammation par le moyen d'un mouvement d'horlogerie, monté d'avance, et dont le déclanchement, aussi lent que possible, commençait au moment où l'on glissait cette petite machine infernale, sous le navire qu'il s'agissait de faire sauter.

Des expériences qui eurent lieu en 1805, devant les lords de l'amirauté eurent un plein succès, car avec 180 livres de poudre on fit sauter un brick qui fut dispersé en débris.

Cela n'était pourtant pas concluant, car la difficulté n'est pas de détruire un vaisseau par une explosion de poudre, mais d'arriver à y attacher la torpille et à pouvoir y mettre le feu sans sauter avec.

Fulton crut l'avoir vaincue en faisant porter ses torpilles par des chaloupes armées de gros fusils, qui lançaient des harpons dans le flanc des navires ennemis.

Ce harpon était muni d'un cordage coulant que l'on n'avait qu'à tirer pour faire immerger la torpille à destination.

Combinaison parfaite en théorie, mais si contingente en pratique qu'on abandonna ce système qui ne fut repris avec quelque succès, que lorsque le colonel Samuel Colt, eut imaginé en 1840 d'employer l'électricité pour déterminer l'explosion des torpilles à grande distance.

La découverte du fulmi-coton, puis de la dynamite, apporta successivement des perfectionnements dans la construction des torpilles, et leur donna peu à peu la puissance formidable, qu'elles ont acquise aujourd'hui.

Les Russes furent les premiers qui s'en servirent en 1848, pour la défense du port de Kiel, puis en 1854, à Cronstadt et à Sébastopol; à leur exemple, les Autrichiens en placèrent dans les passes du port de Venise.

Mais ce n'étaient là que des engins défensifs, qui eurent peu d'effet d'ailleurs, les vraies torpilles, les torpilles offensives ont été expérimentées en grand et poussées à leur premier perfectionnement, pendant la guerre de sécession d'Amérique.

Les Américains, toujours gens de progrès s'ingénièrent à la fabrication de ces machines infernales dont le succès fut constaté par la destruction de vingt-cinq navires ou monitors.

Trois sortes de torpilles défensives furent adoptées, pendant cette guerre et restèrent à peu près comme les modèles du genre.

Ce sont : les torpilles de barrage servant à fermer les passages étroits ou peu profonds, les torpilles flottantes qu'on semait avec profusion sur le chemin que devaient parcourir les navires ennemis.

Elles étaient très variées de formes et de capacité ; mais toutes fabriquées par le même système, c'est-à-dire devant éclater par le contact des navires.

Quant aux torpilles électriques employées

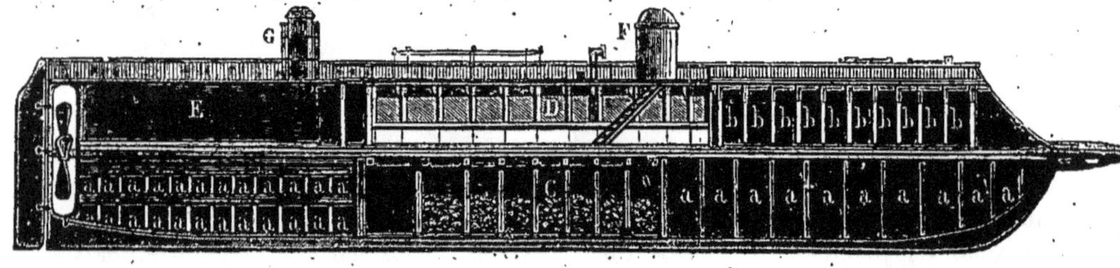

Bateau sous-marin construit à Mobile (États-Unis).

a,a, a...Compartiments destinés à recevoir de l'eau ou de l'air. — *b,b,b*... Compartiments à air comprimé. — C. Soute au charbon, D. Logement de l'équipage. — E. Chambre de la machine. — F. Guérite en cristal. — G. Cheminée.

surtout à la défense des ports, ce n'étaient ni des barils, ni des caisses en bois, ni tout autre objet d'apparence inoffensive, on ne les voyait point parce qu'elles étaient immer-

Le bateau *Torpille*, construit par les confédérés, pour faire sauter les bâtiments fédéraux.

1. Faux sabords. — 2. Kleets. — 3. Cheminée. — 4. Couverture de la machine. — 5. Guérite pour le pilote et le timonier.

gées assez profondément et elles se composaient invariablement d'une caisse en tôle de chaudière à vapeur, soigneusement rivetée et boulonnée et contenant une charge de fulmi-coton ou de dynamite, dont on commandait l'explosion au moyen d'un fil électrique attaché au rivage ou sur un bateau en station dans le port.

Pour les torpilles offensives, il n'y avait pas de système spécial, ou plutôt il y en avait autant que d'inventeurs, et ce n'était pas ce qui manquait à une époque où l'Amérique dépensait toutes ses forces intellectuelles et financières à produire des engins de guerre.

Les plus connus furent les béliers torpilles

Pose d'une torpille par une embarcation à vapeur.

employés surtout à Charleston et à Richmond, et les *Davids*, petits bateaux ainsi nommés par allusion aux Goliaths marins, qu'ils étaient chargés de combattre; et qu'ils ne combattaient naturellement que par la ruse, car les uns comme les autres avaient pour mission de placer des torpilles sous les vaisseaux ennemis et de les faire éclater soit par le contact, soit à plus grande distance, au moyen de l'électricité.

Ce qui était d'autant plus facile aux derniers, que c'étaient des bateaux sous-marins, qu'on pouvait couler à une profondeur voulue d'où ils passaient sous les navires à l'ancre, traînant une torpille flottante, qui éclatait par le contact, au moment où elle s'embarrassait dans la quille de l'ennemi.

Ces bateaux qu'on appela aussi bateaux cigares à cause de leur forme, avaient été inventés à Philadelphie par un ingénieur français, M. Villeroi de Nantes.

L'expérience que l'on fit de son modèle en 1862, eut un grand retentissement et tout le monde s'accorda pour reconnaître que c'était la tentative la mieux conçue dans le domaine de la navigation sous-marine.

Ce bateau avait 11^{m},51 de longueur sur un diamètre de 1^{m},11, en un mot, c'était un cylindre de tôle, terminé à ses extrémités par deux cônes dont l'un, celui d'arrière, portait une hélice, mue par un mécanisme sur lequel les journaux du temps ne nous ont donné aucun détail, mais qui vraisemblablement reposait sur le principe du tourne-broche, actionné à la main.

En tout cas, ce ne devait pas être la vapeur, car le bateau hermétiquement fermé, et éclairé intérieurement par un grand nombre de fenêtres circulaires, ne portait extérieurement aucune trace de cheminée.

On pénétrait dans ce bateau par une écoutille, qui se refermait sur les passagers.

Pour le faire enfoncer, il suffisait de remplir d'eau, par le moyen d'une pompe, un certain nombre de tuyaux en gutta-percha, placés dans l'intérieur du bateau, et que l'on pouvait vider par un conduit à robinet qui communiquait avec l'extérieur lorsqu'on voulait naviguer à la surface des eaux.

Au bateau cigare, d'un maniement assez difficile en somme pour des matelots, peu expérimentés dans l'art mécanique, mais qui était un grand progrès sur les premiers engins de ce genre, dont on se servit en Amérique pour placer les torpilles, succéda bientôt un bateau sous-marin construit à Mobile en 1863 par M. Alstelt, et qui, dans la pensée de son auteur, devait être irrésistible.

Il n'était pas, d'ailleurs, fabriqué tout exprès pour lancer des torpilles ; il avait son armement spécial, composé de caisses de fer, chargées de poudre et arrimées de chaque côté du bord.

Ces caisses hermétiquement fermées étaient accouplées par une chaîne assez longue pour que, placées sous un navire à l'ancre dans un port, elles pussent remonter de leur propre poids et s'appliquer aux flancs du navire pour y éclater au moment opportun, par l'effet d'une pile électrique placée sur le bateau sous-marin.

Si le navire à attaquer était au contraire en marche, la manœuvre du sous-marin consistait à se tenir sous l'eau et à lâcher sur la route que devait suivre l'ennemi, quelques couples de caisses destinées à éclater par le contact de sa quille.

Décrivons maintenant ce bateau sous-marin, dont notre gravure représente une coupe.

Sa longueur est de 21 mètres, et il est coupé horizontalement dans toute sa longueur par un fort plancher en tôle, sa partie supérieure renferme la machine à vapeur et les deux machines électriques, appelées à faire mouvoir l'hélice, — selon la manœuvre du bateau — les deux gouvernails, les logements de l'équipage et un certain nombre de compartiments assez hermétiquement étanches pour emmagasiner de l'air comprimé.

Sa partie inférieure contient les provisions de charbon, de vivres et de nombreux compartiments destinés à recevoir selon les cas, de l'eau ou de l'air.

Sur le pont, hermétiquement fermé, rien ne saillit, sinon une guérite d'observation dont l'orifice est couvert d'une forte glace et le tuyau de la cheminée, que l'on a soin de fermer avec une calotte lorsque le bateau doit opérer sous l'eau.

Dans ce cas, les bastingages mobiles qui lui servent à préserver son pont, quand il navigue comme un bateau ordinaire, sont rabattus, les tuyaux de navigation bouchés ; on fait arriver de l'eau dans tous les compartiments *a. a.*, les feux sont éteints et l'hélice est mise en mouvement par les machines électriques.

Le bateau peut se tenir à une profondeur plus ou moins grande au moyen de ses deux gouvernails, ou du moins de celui de l'avant; car l'autre ne sert qu'en cas de navigation ordinaire.

Si le gouvernail de l'avant est parallèle à l'axe de l'hélice, son action est insensible; si on l'élève, le bateau tend à remonter, si on l'abaisse, le bateau plonge davantage.

Comme théorie, c'est très simple et l'on ne rencontre pas de très grandes difficultés dans la pratique, — à part le changement de moteur qui demande un certain temps — si l'on a le soin de ne se tenir qu'à la profondeur nécessaire à se dérober à l'ennemi, c'est-à-dire à environ un mètre au-dessous de l'eau, car alors la sentinelle qui occupe la guérite peut facilement, par la calotte en verre de cette guérite, surveiller les opérations de l'ennemi, et donner les indications nécessaires au règlement de la manœuvre du bateau.

Outre ce bateau sous-marin, qui n'était pas absolument une invention nouvelle, les Américains en imaginèrent un autre qu'ils appelèrent : le *Bateau Torpille*.

C'était bien le nom qui convenait à cet engin destructeur, puisqu'il n'avait d'autre but que de se placer sous les navires ennemis et de les faire sauter au moyen de torpilles lancées par un puissant projecteur électrique.

Pour cela, ce bateau, qui avait douze mètres de long sur deux de large, était couvert d'une cuirasse de fer d'un quart de pouce d'épaisseur qui le fermait de partout, pour que son immersion fût sans danger.

Au centre était une machine à vapeur faisant mouvoir une hélice et l'équipage pouvait être tenu au courant de la manœuvre de l'ennemi par l'orifice d'une guérite en verre très épais, destinée à loger le timonier et la vedette.

Malheureusement, ce navire qui aurait pu être très redoutable, ne fit de mal qu'à lui-même, car sa chaudière ayant éclaté en tuant trois hommes de l'équipage, il s'engloutit dans les flots.

Comme nous le disions tout à l'heure, le bateau sous-marin n'était point par lui-même une invention nouvelle; sans remonter jusqu'au *Nautilus* de Fulton, sans parler du *Nautile* des frères Coëssin et d'autres essais, faits en France et en Angleterre, on peut constater que le docteur Payerne, après avoir construit un hydrostat sous-marin dès 1847, avait produit en 1855 un véritable bateau sous-marin qui a servi de point de départ à tous les autres.

Vers la même époque l'Anglais James Nasmyth imaginait, dans un but beaucoup moins pacifique, une sorte de bateau, qui, à la vérité ne s'immergeait pas complètement, mais pouvait presque être considéré comme sous-marin.

Ce bateau, appelé *mortier flottant*, parce qu'il était destiné à porter dans les flancs d'un navire ennemi, une bombe dont l'explosion le ferait infailliblement couler, était un petit vapeur à hélice construit de façon à pouvoir s'enfoncer dans l'eau jusqu'au niveau de sa cheminée.

Sa coque de dix pieds anglais d'épaisseur était en peuplier, nature de bois qui a l'avantage d'être très léger, très élastique et surtout presque incombustible, puisqu'un boulet rouge peut s'y loger sans y produire d'autre effet que de carboniser quelques pouces de bois; — il n'avait pas besoin de cuirasse, du reste, à l'époque de sa construction on y pensait à peine.

L'intérieur n'offrait que l'espace nécessaire à contenir l'équipage (c'est-à-dire trois ou quatre hommes déterminés) et la machine, alimentée par une chaudière de haute pression, donnant une vitesse de huit à dix milles à l'heure.

Quant à la bombe, la seule raison d'être de ce bateau qui tenait à mériter son nom; elle était placée à l'avant, dans un immense mortier représenté par la partie blanche de notre dessein et munie, au point de sa lumière, d'une capsule destinée à la faire éclater au moindre choc d'un objet résistant; ce qui devait arriver infailliblement si le bateau mortier, lancé à toute vitesse, se heurtait contre le flanc d'un navire.

Nous n'avons point entendu dire que ce mortier flottant ait jamais servi, mais c'eût été un digne précurseur des torpilles, si l'on avait trouvé le moyen d'avoir à bord des bombes de rechange, car outillé comme il était, il lui fallait regagner la côte pour se recharger à nouveau, ce qui occasionnait une telle perte de temps que cela neutralisait ses qualités destructives.

Quelques années plus tard, en 1862, l'Espagne avait aussi son bateau sous-marin, l'*Ictineo*, expérimenté à Barcelone par l'inventeur, M. Narciso Monturiol, mais ce

Mortier flottant anglais. — Coupe verticale.

n'était déjà plus un monopole, puisqu'à la même époque le contre amiral Bourgois construisait son *Plongeur* à la Rochelle.

Ces deux bateaux avaient d'ailleurs quelque ressemblance. L'*Ictineo*, en forme de poisson, manœuvrait facilement à 12 mètres sous l'eau et portait, outre une puissante tarière, mue par la vapeur et destinée à percer la coque des navires ennemis, des canons qui pouvaient tirer de bas en haut contre la partie vulnérable des vaisseaux blindés.

Les cinquante-cinq expériences de ce petit bateau poisson furent si concluantes que l'inventeur fut chargé par le gouvernement espagnol, d'en construire un beaucoup plus grand... qui ne servit à rien du tout.

Mon Dieu! le *Plongeur* eut à peu près le même sort; il servit du moins à démontrer que la navigation sous-marine était sortie des probabilités et qu'il suffisait de profiter des leçons de l'expérience pour pouvoir l'utiliser.

C'était pourtant un terrible engin de guerre que ce navire de 44^{m},50 de longueur, dont la forme rappelait celle d'une baleine.

Destiné plus spécialement à manœuvrer en mer à une certaine profondeur, il pouvait naviguer à l'ordinaire et alors sa hauteur ne dépassait la surface de l'eau que de 80 centimètres, de plus une partie de sa carapace supérieure, pouvait par un mécanisme spécial, se détacher du reste du navire

Bateau sous-marin, construit à Philadelphie par M. Villeroi.

et servir de canot de sauvetage, capable d'offrir asile à tout l'équipage, composé de 18 hommes.

Son hélice était mue par une force approximative de 80 chevaux, mais ce n'était pas la vapeur qui l'actionnait, c'était l'air comprimé ; à cet effet il y avait à bord de vastes réservoirs, servant à la compression de l'air,

Le *Plongeur*, bateau sous-marin construit à Rochefort.

et d'autres non moins vastes, disposés pour emmagasiner l'eau quand on voulait immerger le navire.

Cette opération se faisait très rapidement : en quelques instants le bateau disparaissait complètement, ne laissant voir à la surface de l'eau que l'extrémité d'une guérite, fermée par une cloche en verre à travers laquelle, le commandant interrogeait l'horizon pour indiquer à son équipage la route à tenir de façon à frapper l'ennemi à coup sûr, en lui enfonçant son éperon dans les basses œuvres.

Tel était le but du *Plongeur*, mais son coup d'éperon quelque redoutable qu'il fût, n'était que la première attaque ; il ne se retirait point sans avoir laissé dans la blessure qu'il venait de faire, une torpille dont il déterminait l'explosion par une batterie électrique, sitôt qu'il était en sûreté.

Théoriquement c'était admirable ; restait à savoir ce que la pratique donnerait.

Nous pourrions citer d'autres bateaux sous-marins : notamment un navire de 78 mètres de long, lancé sur la Tamise en 1864 par un inventeur américain, M. Winam, mais cela nous éloignerait de notre sujet, sans faire faire un pas à la question. Revenons donc aux torpilles proprement dites et comme on n'attend pas de nous l'historique de leurs exploits destructifs, donnons une idée des différentes variétés de l'espèce, ou du moins de celles qui sont connues, car il y a eu beaucoup d'inventeurs et chaque puissance maritime doit avoir au moins un secret en réserve.

Elles se distinguent d'abord par leur usage, puis par leur forme, et enfin par leurs moyens explosifs.

Ainsi, il y a des torpilles fixes, soit retenues par une ancre ou par un pieu ; des torpilles flottantes, particulièrement en usage dans les fleuves au courant rapide; des torpilles de remorque qui sont convoyées par un canot et mises en place au moment opportun ; et des torpilles de lancement, qu'on emmagasine maintenant dans la cale des navires cuirassés et qu'on jette sur l'ennemi comme un projectile.

Les unes éclatent par le contact, c'est généralement le cas des torpilles flottantes; d'autres au moyen de l'électricité ou à l'aide d'un appareil percuteur, mû par l'eau même.

Ce système, inventé par M. Toselli, est assez peu connu pour mériter description : empruntons-là à la *Revue maritime* italienne.

« Une torpille, située à n'importe quelle distance, peut être mise en communication avec une pompe hydraulique par le moyen d'un fil tubulaire de deux millimètres de diamètre, nu ou revêtu, suivant le cas, mais sans besoin, de matière isolante. Une fois que le fil tubulaire est rempli d'eau, il suffit d'un ou deux coups de piston pour déterminer l'explosion.

« L'appareil percuteur se compose d'une cheminée avec capsule ou aiguille fulminante, d'un chien de percussion, d'un ressort qui le fait agir, et d'un cylindre dans lequel se meut le piston actionné par la pompe hydraulique.

« Que l'on emploie une pompe à air ou une pompe hydraulique, le phénomène devra se produire de la même façon. En faisant avancer le piston sous l'effet de la pompe, le levier relève le chien ; celui-ci arrive au point le plus élevé de sa course, échappe avec d'autant plus de vigueur que le ressort est plus énergique, son choc sur le fulminate détermine l'explosion de la torpille. »

Étudions maintenant les différentes formes, en partant de la torpille originaire, la torpédo américaine dont nous trouvons la description dans le *Moniteur de l'armée*.

« Une torpédo est une caisse en étain affectant la forme d'une grande bouilloire, de la capacité de 45 à 50 litres et divisée en deux parties au moyen d'une séparation transversale, la partie inférieure sert de chambre à air, la supérieure ou la plus étroite reçoit la charge. Une verge en fer, en contact avec la poudre, est coiffée d'une capsule ; le marteau destiné à la faire éclater est fixé à l'extérieur de la caisse d'étain et traverse un ressort en spirale qui le met en mouvement.

« Quand la torpédo est immergée, le marteau est dressé et une cheville le maintient dans cette position. A cette cheville est attaché un flotteur au moyen d'une petite corde. On comprend le reste, aussitôt qu'un navire touche la corde ou le flotteur, la cheville tombe; le marteau dégagé s'abat sur la capsule, l'explosion a lieu et le bâtiment plus ou moins entamé au-dessous de la flottaison, coule aussitôt. »

Cet engin a bientôt été abandonné par les Américains eux-mêmes, et remplacé par la bombe sous-marine de Beardilee, qui la première prit le nom de torpille.

C'était un cylindre qui fut de bois d'abord et ensuite de métal, chargé naturellement de poudre ou d'autre matière explosive, et dont l'extrémité contenait un morceau de graphite auquel on mettait le feu au moment voulu par un fil électrique; pour cela il suffisait de faire passer les deux fils du circuit à travers le cylindre et le courant dégagé allumait la composition fulminante.

C'était là la torpille que l'on posait avec les bateaux sous-marins dont nous avons parlé.

Depuis on a modifié tout cela, et nous avons aujourd'hui :

La torpille flottante Punshow, qui se compose d'une enveloppe de cuivre ayant la forme de deux cônes superposés.

Cette enveloppe chargée de matière explosible, le plus souvent de dynamite, est entourée d'un cercle hérissé d'amorces fulminantes et disposé de façon à flotter toujours horizontalement.

La torpille posée, si la quille d'un navire la rencontre, elle touche une ou plusieurs amorces et l'explosion a lieu.

Cette torpille a le défaut d'être aussi dangereuse pour les vaisseaux amis que pour les ennemis, car si elle a été sans effet, elle reste dans le port comme une menace continuelle.

C'est le cas de presque tous les engins de contact, et notamment de la torpille turque (nous l'appelons ainsi par ce qu'elle a surtout été employée par la marine de ce pays).

C'est une torpille fixe destinée à être immergée pour la défense des côtes; sa forme est celle d'un vaste éteignoir additionné de côtes formées par des tiges mobiles qui se terminent par un système percuteur, ce qui fait qu'elle éclate forcément aussitôt qu'un corps d'une certaine résistance entre en contact avec une de ses côtes.

La torpille de remorque Harwey, rappelle un peu les premiers engins américains; c'est une espèce de caisse dont l'aspect excite d'abord l'idée d'une vaste souricière, grâce au levier qu'elle porte à sa partie antérieure, et qui, relevé lorsque la torpille est chargée, retombe de façon à écraser la capsule, qui provoque l'explosion au moindre choc de l'appareil.

Toute la question consiste à obliger les navires à passer dessus; pour cela la torpille rendue plus flottante par l'addition d'une plaque de liège, est remorquée à l'extrémité d'un long câble par un petit bateau à vapeur, qui manœuvre pour l'engager dans la quille du vaisseau ennemi.

La torpille à cylindre est plus spécialement une torpille d'attaque ou de lancement; sa manœuvre est la plus dangereuse de toutes, parce que le bateau qui la porte doit nécessairement approcher de très près l'ennemi.

Notre dessin l'explique suffisamment, c'est une perche portant à son extrémité un cylindre métallique rempli de matière explosible et relié à la tête, chargée d'une composition fulminante par un double fil électrique qui se prolonge jusqu'à la batterie à l'aide de laquelle on déterminera l'explosion, c'est-à-dire sur le bateau même qui a lancé la torpille, et qui, se reculant vivement quand son opération est finie, lâche le fil enroulé sur un treuil jusqu'au moment où il se trouve en sûreté.

Il y en a de moins compliquées et plus

dangereuses encore, qu'on appelle des torpilles volantes; elles affectent des formes différentes soit en cœur, soit en cône, mais sont composées exactement de la même façon, c'est-à-dire d'une enveloppe en tôle mince renfermant trois kilogrammes de poudre Fontaine, pouvant éclater par l'inflammation d'un fulminate.

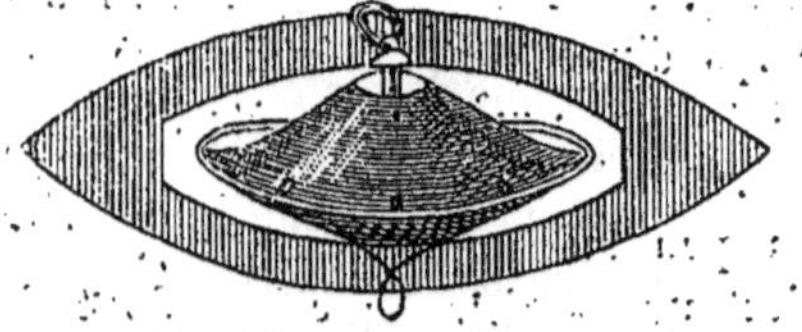

Torpille flottante Punsliow.

Ces torpilles sont emmanchées au bout d'une assez longue perche, fixée elle-même

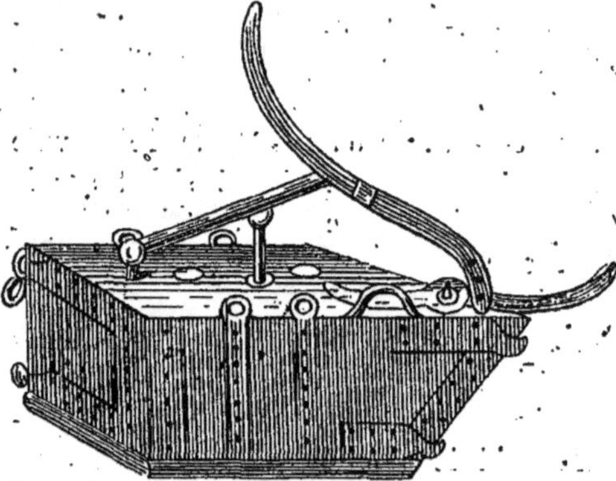

Torpille de remorque Harwey.

à une tige de fer articulée, pour faciliter la manœuvre qui se fait de la façon suivante.

Le bateau torpilleur, qui est quelquefois une simple chaloupe à vapeur, est muni à

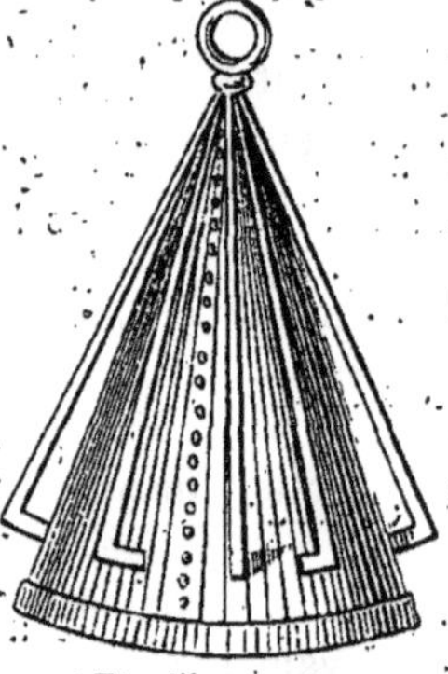

Torpille en cône.

son avant d'une poutre carrée, d'environ, dix centimètres de côté, posée à peu près comme un mât de beaupré, et qu'on appelle butoir parce qu'elle est destinée à arrêter

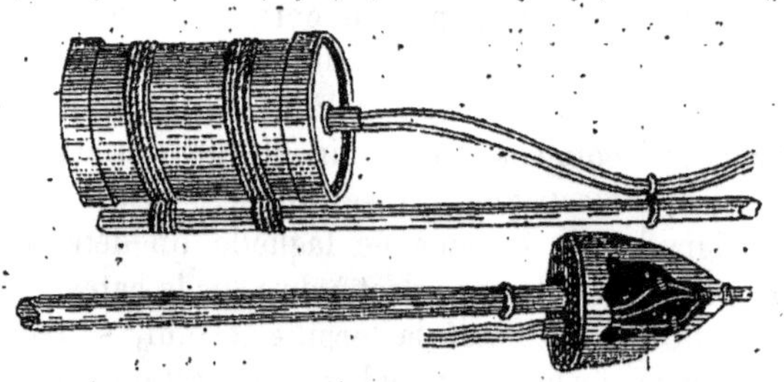

Torpille à cylindre.

Torpille Whitehead.

le bateau à une distance du navire ennemi calculée pour que l'immersion de la torpille puisse se faire vite et sans encombre.

La torpille est alors emmanchée dans

la tige de fer coudée et fixée en avant du bateau.

Dès qu'on approche du navire, on pousse le levier qui fait décrire à la perche un arc de cercle qui amène la torpille à un mètre cinquante au-dessous de la ligne de flottaison, et au moment où le butoir touche le navire à attaquer, on tire le cordon tire-feu, le fulminate s'enflamme, la torpille éclate et ouvre dans les œuvres vives du vaisseau une voie d'eau suffisante pour le faire sombrer en quelques minutes à moins qu'on ait pu choisir assez bien la place de la torpille pour que son explosion atteigne la Sainte Barbe de l'ennemi, auquel cas il saute au lieu de couler, ce qui ne change rien au résultat final.

Bateau torpilleur français.

Presque toutes les puissances maritimes font usage de cette torpille en modifiant plus ou moins sa forme, son système de chargement ou d'éclatement (les Russes s'en sont servis avec succès dans leur dernière guerre avec les Turcs) et naturellement chacune a pour les placer ou les lancer des bateaux spéciaux, que nous n'étudierons point en détail, parce qu'ils partent tous du principe du torpilleur français inventé par l'amiral de Chabannes.

L'*Inflexible* lançant une torpille Withehead.

Ce bateau, suffisamment cuirassé, et très bas sur l'eau, est muni de deux éperons.

l'un à la quille de quatre à cinq mètres de longueur, l'autre à l'étrave, beaucoup plus court et garni d'un tampon.

Quand le torpilleur attaque le vaisseau ennemi, il se précipite dessus, son éperon en sous-œuvre fait un trou par lequel il lance sa torpille ; pendant que le tampon de son éperon d'étrave, faisant ressort, le repousse vivement en arrière, et, lui donnant de l'élan pour sa fuite, lui permet de mettre rapidement le feu à la torpille au moyen de son câble électrique.

Ce système, bien modifié depuis, comme nous le verrons tout à l'heure, était déjà une grande amélioration sur le premier torpilleur, qui pouvait être la première chaloupe à vapeur venue, pourvu qu'elle fût munie à son avant d'une perche de 10 à 12 mètres de longueur, fixée dans un manchon susceptible d'être mû dans un plan plus ou moins vertical.

Cette perche portait à son extrémité une espèce de mâchoire dans laquelle se logeait la torpille qu'il s'agissait de placer, ce qui s'opérait en inclinant la perche jusqu'à l'eau, par le moyen d'une chaîne partant de son extrémité et s'enroulant sur un treuil fixé sur le bateau et pouvant tourner dans un sens ou dans l'autre.

Il y a encore des torpilleurs de ce genre, avec des modifications plus ou moins sensibles, des perfectionnements plus ou moins heureux ; mais nous ne nous attarderons pas à les étudier, car ils disparaîtront aussi bien que les autres, si, comme tout le fait présumer, l'emploi des torpilles-Whitehead se généralise.

La torpille Whitehead, adoptée en Angleterre, est jusqu'à présent le dernier mot de cette science spéciale qui, si elle progresse encore, finira par rendre toute guerre navale impossible, puisque les navires ne pourront plus tenir la mer sans s'exposer à sauter.

Elle consiste en une carcasse en acier malléable, affectant la forme d'un cigare; de 5 mètres de longueur sur 30 centimètres de diamètre et divisée intérieurement en trois compartiments étanches, celui de l'avant renferme le fulminate qui doit déterminer l'explosion et celui de l'arrière, l'air comprimé qui actionne la machine de direction, contenue par le compartiment du milieu.

Cette petite machine, très ingénieuse, se compose de deux cylindres qui mettent en mouvement un arbre de couche terminé par une hélice montée comme celle des navires à vapeur.

Pour pouvoir maintenir la torpille en droite ligne sur l'objet que l'on attaque, le mouvement de la machine directrice est à oscillation, et le compartiment, où elle est, renferme aussi deux poids suspendus en équilibre ; de cette façon, si la torpille dévie dans sa marche, l'équilibre des poids se trouve rompu, et l'un ou l'autre de ces poids frappe un levier, qui, communiquant avec des ailerons placés à l'arrière de la torpille, au-dessous de l'hélice, fait alors l'office de gouvernail, car l'aileron, mis brusquement en mouvement dans une direction contraire, ramène la torpille dans la ligne droite.

Comme on le voit, la torpille Whitehead, n'éclatant que par le contact, se lance à peu près comme un projectile et on peut lui donner une telle impulsion qu'elle se meut sous l'eau avec une vitesse de 25 milles marins à l'heure.

Avec cet engin terrible, il n'est donc plus besoin de bateaux spéciaux pour approcher l'ennemi, aussi les nouveaux torpilleurs qu'on appelle *torpédos* à l'étranger, sont-ils tout simplement de petits avisos, bas sur l'eau pour donner moins de prise aux projectiles ennemis, cuirassés le plus légèrement possible pour conserver beaucoup de vitesse, car c'est là le grand point.

Ceux qu'on a construits à Cherbourg, non pas précisément pour les torpilles Whitehead, mais qui sont très propres à les lancer, ont de 15 à 20 mètres de longueur, et sont actionnés par des machines à vapeur qui varient entre les forces de 40 à 130 chevaux.

Les plus puissants ont deux hélices indépendantes, pouvant faire 400 tours à la minute, ce qui donne une vitesse moyenne de 17 à 18 nœuds, obtenue surtout grâce à ce que leur carène ne présente aucune saillie à l'intérieur, les têtes de rivets étant abattues à la lime.

Inutile de dire que toutes les puissances maritimes ont maintenant leurs torpédos plus ou moins pourvus de vitesse et affectant des formes variées qui se rapprochent pourtant sensiblement de la corvette aviso sans mâture.

Les Allemands sont très fiers de leur *Uhlan*, fort bien compris du reste, quoique un peu large pour sa longueur et sur le modèle duquel ils ont déjà construit d'autres torpédos.

C'est un aviso de grande vitesse actionné par une machine à vapeur de 1000 chevaux qui met en mouvement une hélice unique, mais d'un diamètre de trois mètres, et abritée par une protection métallique, sous-marine naturellement, puisque le navire est très bas sur l'eau, pour pouvoir lancer efficacement ses torpilles.

Ce qu'il y a de particulier dans la construction du *Uhlan*, c'est qu'il est à double coque : cette précaution est prise pour le cas où, la première venant à être endommagée par l'effet du choc avec un navire ennemi, la seconde soit suffisante à assurer sa navigabilité.

Ces deux coques ne sont pas adhérentes, comme on le pense bien, car alors elles ne rempliraient pas leur but, mais le vide qui est entre elles deux est comblé par un muraillement de liège fixé au bord intérieur par de la colle forte marine.

Malgré cette précaution, le torpédo prussien porte à son bord un bateau de sauvetage construit à double coque de la même façon, et qui est à deux fins ; c'est-à-dire qu'il peut servir à placer des torpilles à bout d'espars, et offrir un refuge à l'équipage en cas d'avaries graves, conséquences naturelles d'un combat.

Les Italiens, les Russes, sont moins préoccupés de faire du nouveau en fait de torpédos, par la raison qu'ils installent leurs machines à lancer les torpilles sur leurs monitors et leurs garde-côtes.

En Angleterre, on a beaucoup parlé du *Lightning*, navire porte torpille qui devait faire merveilles : mais essayé en 1878 sur la Tamise, il n'a parcouru que 45 milles en 2 heures 40 minutes, ce qui ne fait encore que 18 milles à l'heure, vitesse très grande pour un cuirassé, mais dépassée par nos torpilleurs français.

On a reporté alors les grandes espérances sur le bateau porte torpille inventé par l'amiral Sartorius et qui est resté longtemps à l'état de projet.

Ses dimensions sont moyennes, mais il est étroit relativement à sa longueur, ses extrémités sont très fines et armées toutes les deux d'un éperon destiné à agir par le choc. Sa forme est conique à peu près comme une toupie dans sa partie inférieure et ovoïde dans sa partie supérieure c'est-à-dire que ce qui représente le pont est suffisamment convexe pour ne pas redouter le choc des projectiles ennemis.

Du reste, cette partie supérieure est blindée avec des plaques d'acier de 76 millimètres d'épaisseur, cuirasse légère dans les deux acceptions du mot et permettant de compter sur une grande vitesse.

Ce bateau ne porte pas de canons, mais à chacune de ses extrémités est un appareil à torpilles et au milieu deux tubes pneumatiques pour lancer des torpilles Whitehead.

Toutes choses bien comprises, mais qui n'ont pas dû donner des résultats bien brillants, car les Anglais, qui ne négligent pas de tambouriner leurs succès, en ont à peine parlé.

Cela tient peut-être à ce qu'ils étaient entrés dans une autre voie en installant leurs torpilles Whitehead au fond de la cale de leurs navires cuirassés de nouvelle construction, dont elles augmentent ainsi la puissance, en apparence, du moins ; car nous avons fait nos réserves à cet égard.

L'*Inflexible*, le curieux navire anglais, dont nous avons longuement parlé, est admirablement outillé pour le service des torpilles, non seulement il possède dans sa batterie sous-marine une série de tubes pneumatiques pour lancer plus sûrement ses Whitehead, par la pression atmosphérique, mais encore il a inauguré un système qui permet de les lancer de sur le pont du navire.

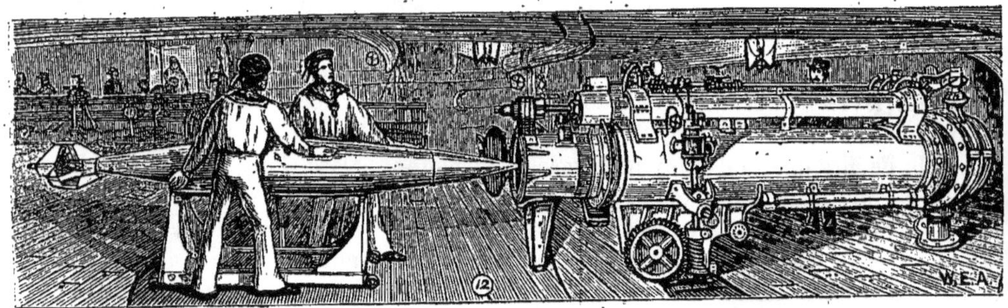

Manœuvre des torpilles Whitehead. — L'entrée dans les tubes pneumatiques.

Cela consiste en une sorte de trépied en fer, fixé sur le bordage de la citadelle, par deux de ses branches ; à la troisième la torpille est suspendue en équilibre.

A un signal donné, l'appareil fait bascule et la torpille chassée par le mouvement, s'échappe et se dirige vers le but qu'elle doit atteindre, en s'enfonçant dans l'eau à une profondeur déterminée à l'avance par l'inclinaison qu'on lui a donnée.

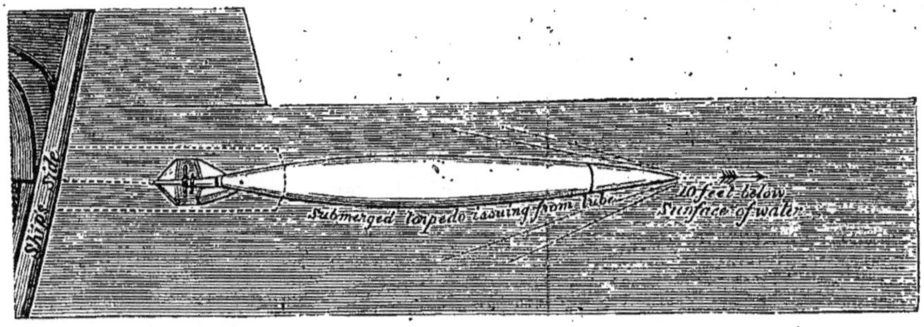

Manœuvre des torpilles Whithead. — Sortie des tubes.

Tout cela est d'une précision si mathématique et d'un emploi si simplifié que nous croyons qu'après le merveilleux engin de Whitehead il faut tirer l'échelle, et que la guerre des torpilles est enfin sortie de la période expérimentative.

Ce qui nous vaudra cette satisfaction qu'on en parlera beaucoup moins en attendant les jours meilleurs, hélas encore problématiques, où l'on n'en parlera plus du tout

LES BALLONS

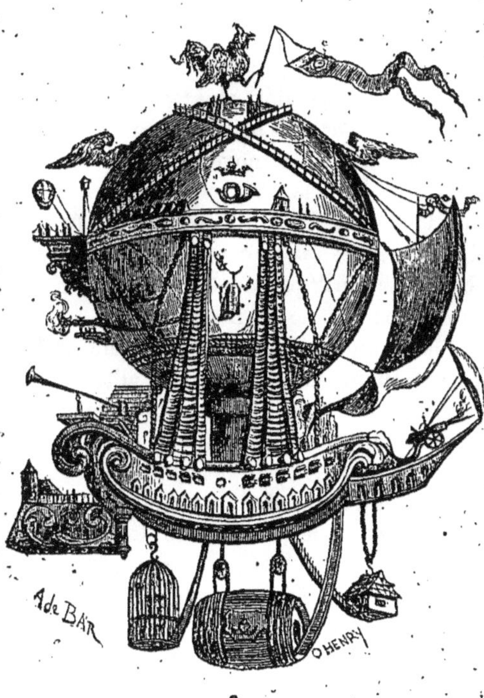

I

LES PRÉCURSEURS DE MONTGOLFIER.

Sans vouloir diminuer la gloire des frères Montgolfier, véritables inventeurs de l'aérostat, on doit reconnaître qu'ils ne furent pas les premiers à rêver et même à tenter la conquête de l'air, conquête toujours à faire, d'ailleurs, car marcher au hasard, comme il plaît au vent de vous pousser, ce n'est pas posséder un moyen de locomotion.

L'allégorie d'Icare, dont les ailes fixées avec de la cire se détachèrent, parce qu'il s'approchait trop du soleil, a été prise au sérieux par des novateurs qui considéraient la mythologie comme de l'histoire et l'on pourrait en citer un certain nombre qui tentèrent par des moyens plus ou moins ingénieux, mais toujours peu pratiques, de s'affranchir des lois de la pesanteur, surtout depuis qu'Archimède inventa le fameux principe qui porte son nom. « Tout corps plongé dans un fluide est poussé de bas en haut avec une force égale au poids du fluide dont il tient la place. »

De fait, toute l'aérostation est dans cet axiome de physique, il s'agissait de l'en faire sortir.

C'est ce que fit Archytas, qui, si l'on en croit Aulu Gelle, s'enleva et se soutint dans l'air, au moyen d'une colombe volante, dans l'an 360 de notre ère, mais comme l'historien ne nous a laissé aucun détail sur cet appareil, nous n'en parlons que pour mémoire.

Au même titre, nous signalerons l'expérience faite au XIIe siècle à Constantinople, par un Sarrasin qui prétendit traverser l'hippodrome avec une longue robe dont les pans retroussés avec des carcasses d'osier, devaient lui servir d'ailes.

Il s'élança courageusement du haut de la tour, se soutint quelque temps dans l'air par le principe qui a fait trouver depuis les parachutes, mais tomba ensuite si lourdement qu'il se cassa les reins.

M. Cousin, qui cite ce fait dans son histoire de Constantinople, dit que ce Sarrasin, qui passait d'abord pour un magicien, fut ensuite reconnu pour fou. Hélas ! c'est le sort de bien des inventeurs quand ils ne réussissent pas.

Plus tard, encouragé peut-être par les doctrines de Roger Bacon qui reconnaissait « qu'on pouvait faire des machines pour voler, dans lesquelles l'homme, assis ou suspendu au centre, tournerait quelque manivelle mettant en mouvement des ailes faites pour battre l'air » et qui avait même donné la description d'un appareil volant, — un bénédictin anglais, nommé Olivier Malmesbury, se fabriqua des ailes avec lesquelles il s'élança du haut d'une tour... et se brisa les jambes.

Cela se passait vers le milieu du XVe siècle; trente ans après, Jean-Baptiste Dante, savant mathématicien de Pérouse, recommença l'épreuve avec plus de bonheur, d'abord; car, enhardi par les essais qu'il avait faits au-dessus du lac de Trasimène, il voulut donner à sa ville natale le spectacle d'une expérience publique.

Son départ fut heureux, il traversa la place d'un vol rapide, mais comme Icare, il voulut s'élever trop haut, sa machine se détraqua et il tomba sur le toit de l'église Saint-Maur, où il se cassa la cuisse.

Cet accident lui valut une chaire de mathématiques à Venise, mais ne fit pas faire un pas de plus à l'art de l'aviation qui continuait à préoccuper les esprits.

Pendant quelque temps, les inventions furent purement platoniques. Ainsi Léonard de Vinci construisit, assure-t-on, une machine à voler, mais n'essaya jamais de la mettre à exécution; un jésuite de Brescia, le père François Lana, qui reprit la question en 1670, se contenta d'en faire un livre dans lequel il fit graver l'appareil qu'il avait imaginé.

Ce n'étaient plus des ailes, mais ce n'était pas encore un ballon, et, à vrai dire, c'était impraticable.

Cela se composait d'une espèce de bateau muni d'un mât portant une voile, qui devait être enlevé et maintenu dans les airs par quatre grands globes de cuivre dans lesquels on aurait fait le vide.

Le père Lana prétendait bien que ces globes, devenant alors plus légers que l'air, n'auraient aucune peine à entraîner le vaisseau, mais les moyens qu'il indiquait pour faire le vide, sont tellement étrangers aux lois de la physique, qu'au point de vue de la science, on peut considérer son système comme l'équivalent du *Voyage dans la lune* de Cyrano de Bergerac.

Plus chimérique encore fut l'invention du père Galien, invention qui d'ailleurs ne parut jamais que sur le papier, dans un petit livre imprimé à Avignon en 1755, et pourtant on eut le courage de prétendre que les frères Montgolfier avaient puisé dans cette rêverie le principe de leur découverte.

Qu'on en juge par cet aperçu :

Le père Galien, partant du principe que l'atmosphère est partagée en deux couches superposées, dont la première pèse 2 et la seconde 1, prétend se servir de la première comme point d'appui pour naviguer dans la seconde.

A cet effet, il construit, sur le papier toujours, un vaisseau gigantesque plus long et plus large que la ville d'Avignon et dont les flancs seraient assez élevés pour dépasser de 83 toises la région de la grêle, sans cela, nous dit-il, on gênerait les mouvements du navire, l'air plus pesant y pénétrerait et le bâtiment sombrerait.

Mais cela ne mérite pas examen; laissons ce navire fantastique qui aurait pesé douze millions de quintaux (dix fois plus que l'arche de Noé, affirme le père Galien) et arrivons aux inventeurs sérieux et pratiques.

Le Portugal en produisit deux dont les historiens confondent les expériences à ce point qu'il est assez difficile de s'y reconnaître.

Cependant il paraît certain qu'en 1709, un moine de Rio-de-Janeiro, excellent physicien, nommé Laurent de Guzmao, fit avec succès une expérience publique d'aérostation, car on lit dans un manuscrit du savant Fereira, cité par Carvalho, membre de l'académie des sciences de Lisbonne :

« Guzmao fit son expérience le 8 août 1709, dans la cour du palais des Indes devant Sa Majesté et une nombreuse et illustre assistance, avec un globe qui s'éleva doucement jusqu'à la hauteur de la salle des ambassades, puis descendit de même. Il avait été emporté par de certains matériaux qui brûlaient et auxquels l'inventeur lui-même avait mis le feu. »

Évidemment il s'agissait d'une sorte de ballon gonflé par l'air chaud, mais on ne possède aucun détail sur l'appareil de Guzmao, parce qu'on l'a confondu avec un autre beaucoup plus problématique, qui n'a peut-être jamais été expérimenté, mais dont le dessin a été gravé, et se trouve à notre bibliothèque nationale.

Daniel Bourgois, dans son *Essai sur l'art de voler* (1754), dit pourtant que c'était une espèce de panier d'osier recouvert de papier. sa forme était oblongue et son diamètre pouvait être de sept à huit pieds.

Du reste, Guzmao ne renouvela pas son expérience, l'inquisition ne lui en donna pas le temps, considérant comme un sorcier l'habile physicien que ses compatriotes appelaient déjà l'*avoador* (l'homme volant); elle le fit arrêter et plonger dans un *in pace* d'où il aurait certainement monté au bûcher sans l'intervention expresse du roi.

Comprenant alors l'inconvénient d'être savant trop tôt, Guzmao abandonna ses espérances sur la conquête de l'air et s'occupa de construction navale jusqu'en 1724, époque à laquelle il quitta le Portugal pour aller mourir à l'hôpital de Séville.

En 1736, apparut, toujours en Portugal, le vaisseau volant du père Bartholomeo Laurenço, connu par une expérience peu concluante et dont il reste peu de traces, et aussi par la requête que l'inventeur adressa au roi, pour obtenir le monopole de la fabrication de ses appareils, requête appuyée d'un dessin qui se multiplia par la gravure.

Nous reproduisons ce dessin avec ses légendes qui nous tiendront lieu de description et feront suffisamment comprendre que si la machine était originale d'aspect, elle était absolument impraticable.

Cependant la question était loin d'être abandonnée, et la découverte par Robert Boyle de l'hydrogène, dont Cavendish prouva, en 1766, que la pesanteur spécifique était quatorze fois moindre que celle de l'air, porta les expériences dans le champ de la science.

C'est ainsi que le docteur Blak d'Édimbourg et, après lui, Tibère Cavallo imaginèrent en petit les ballons, soit avec des vessies gonflées d'hydrogène, qu'on appelait alors l'air inflammable, soit avec des bulles de savon.

Mais c'étaient là des essais à huis clos, et il devait y avoir encore nombre d'expériences publiques, à l'aide de moyens plus ou moins pratiques, avant que l'aérostat fût inventé.

En 1768, un menuisier du Maine,

nommé Le Besnier, exhiba à Paris une machine à voler qui produisit une certaine sensation. L'inventeur ne prétendait pas absolument s'élever dans les airs, mais il

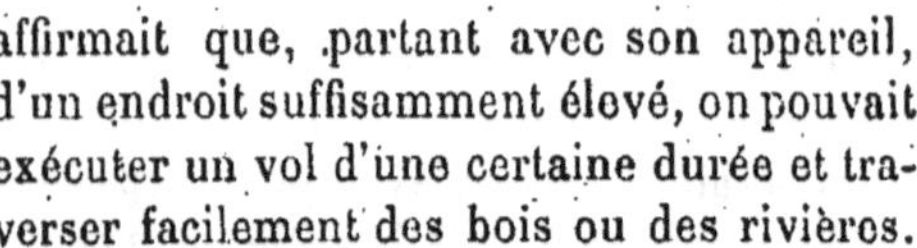

affirmait que, partant avec son appareil, d'un endroit suffisamment élevé, on pouvait exécuter un vol d'une certaine durée et traverser facilement des bois ou des rivières.

Il fit d'ailleurs des expériences qui réussirent assez pour que le *Journal des Savants* fit ainsi l'analyse de sa machine, dans son n° du 13 septembre 1768 :

« Ces ailes sont chacune composées d'un châssis oblong de taffetas, attachées à

Bateau volant du jésuite Lana.

Machine à voler de Le Besnier.

chaque bout sur deux bâtons que l'on ajustait sur les épaules. Ces chassis se pliaient du haut en bas comme des battants de volets brisés. Ceux de devant étaient remués par les mains, et ceux de derrière par les pieds, en tirant une ficelle qui leur était attachée.

« L'ordre du mouvement était tel, que,

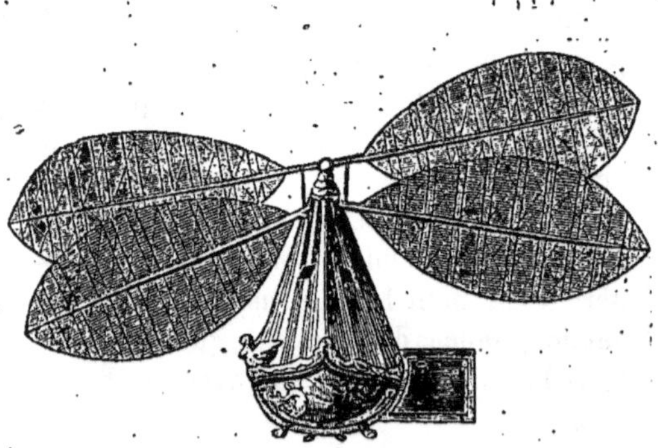

Vaisseau volant de Blanchard.

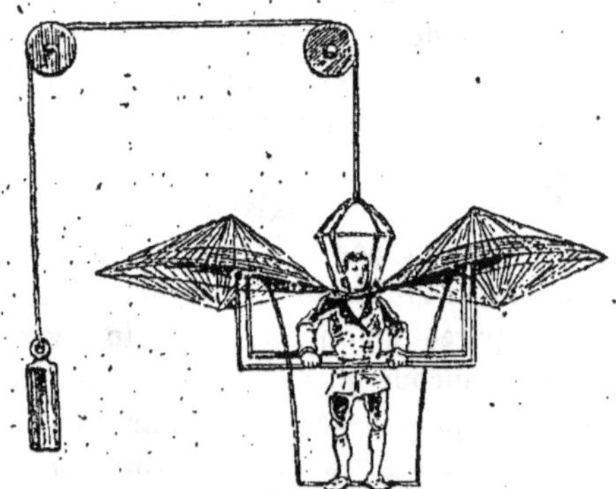

Machine à voler de Blanchard.

quand la main droite faisait baisser l'aile droite de devant, le pied gauche faisait remuer l'aile gauche de derrière, ensuite la main gauche et le pied droit faisaient baisser l'aile gauche de devant et la droite de derrière.

« Ce mouvement en diagonale paraissait très bien imaginé, parce que c'est celui qui

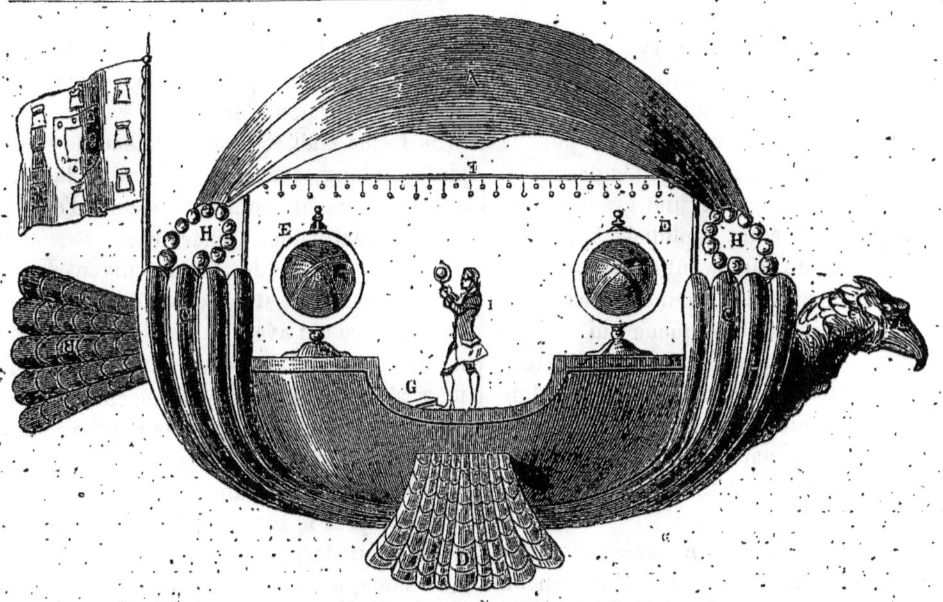

Le bateau volant du père Bartholoméo Laurenço.

A, voilure pour soutenir la barque. — B, gouvernail. — C, C, soufflet pour suppléer au défaut du vent. — D, ailes pour maintenir la machine. — E, E, aimant renfermé dans deux globes de métal attirant le corps de la barque doublée de lames de fer. — F, impériale en fil d'archal, à laquelle quantité de morceaux d'ambre sont suspendus pour attirer une natte de paille de seigle qui tapisse l'intérieur de la barque. — G, boussole. — H, H, poulies pour larguer l'écoute du côté du vent. — I, espace pour dix voyageurs et le pilote, inventeur, qui dirige la manœuvre.

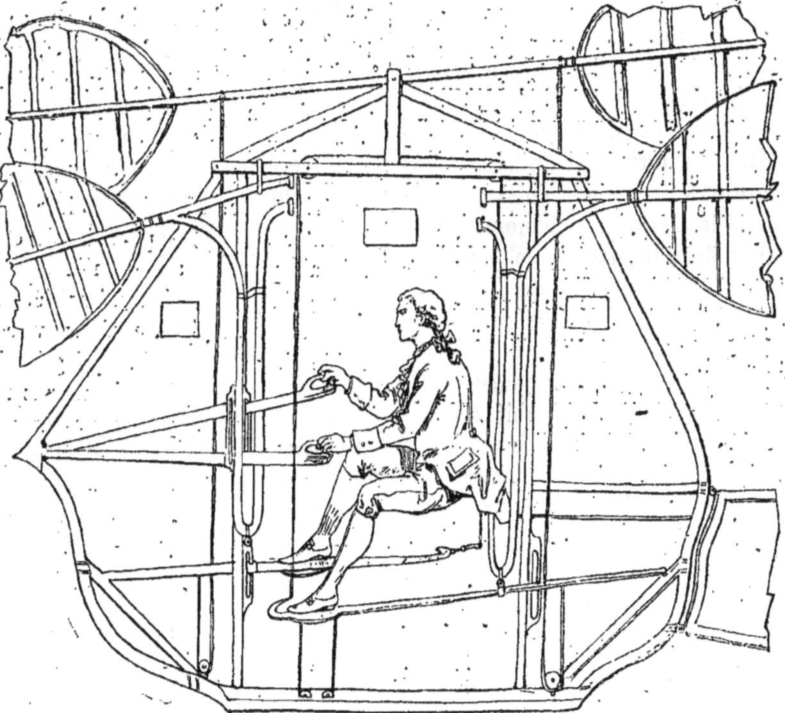

Machine à voler de Blanchard (Coupe intérieure).

est naturel aux quadrupèdes et aux hommes quand ils marchent, ou lorsqu'ils nagent.

« On trouvait, néanmoins, qu'il manquait deux choses à cette machine pour la rendre d'un plus grand usage : la première, qu'il faudrait y ajouter une grande pièce très légère, qui, étant appliquée à quelque partie choisie du corps, pût contrebalancer dans l'air le poids de l'homme; la seconde, que l'on y ajoutât une queue qui servît à soutenir et à conduire celui qui volerait; mais on trouvait bien de la difficulté à donner le mouvement et la direction à cette espèce de gouvernail, après les expériences qui avaient été inutilement faites autrefois par plusieurs personnes. »

Bref, ce n'était qu'un succès d'estime, mais il encouragea les novateurs encore inédits, notamment le marquis de Bacqueville, qui, muni d'énormes ailes, entreprit de traverser la Seine en partant du balcon de son hôtel, situé au coin de la rue des Saints-Pères.

D'abord il se soutint dans l'air avec assez de régularité, mais soit fatigue, soit mauvaise disposition de sa machine, arrivé au milieu de la Seine ses mouvements devinrent incertains et il tomba sur un bateau de blanchisseuse où il se cassa la cuisse.

L'invention de Desforges, chanoine d'Étampes, fit plus de bruit, parce qu'elle donna naissance à un vaudeville de Cailhava (*le Cabriolet volant*), mais elle ne produisit aucun résultat.

L'abbé Desforges avait fait annoncer partout, en 1772, qu'il expérimenterait, à jour dit, une voiture volante de son invention, les curieux coururent en foule à Étampes, mais ils n'en eurent pas pour leur argent, car si la machine, placée sur le haut de la tour de Guitel, évolua quelques instants, ce fut pour tomber sur le sol, sans accident du reste; la descente ayant été amortie par le mouvement de quatre grandes ailes faisant parachute.

Cette voiture devait pourtant, d'après le prospectus de l'inventeur, faire trente lieues à l'heure et ni la pluie ni les vents, ni l'orage ne devaient l'arrêter.

Sa forme était celle d'un bateau de sept pieds de long, sur trois et demi de large, muni seulement, comme système d'aviation, de quatre ailes à charnières.

Ce qu'il y avait de plus intelligent dans cette machine, c'est qu'elle ne pesait que 48 livres, ce qui avec le conducteur faisait un poids de deux cents livres à manœuvrer; mais c'était trop encore; la machine tombée sur la place d'Étampes, ne se releva pas.

Aussi le *Cabriolet volant* eut un succès fou à la Comédie-Française.

Vint après le tour de Blanchard. Blanchard, qui devait devenir célèbre comme aéronaute, avait inventé un bateau volant, qu'il exposait dès 1780, à la curiosité des Parisiens, dans un hôtel de la rue Taranne, appartenant à l'abbé Viennay.

C'était une sorte de caisse matelassée, en forme de nacelle, munie de quatre ailes de 10 pieds de long sur 6 de large, qu'il espérait faire mouvoir à l'aide de leviers.

Le dessin que nous en offrons, d'après une gravure du temps, donne une idée suffisante de cette machine qui ne fut jamais expérimentée. Blanchard aima mieux en inventer une autre, plus simple et qui paraissait pratique au premier abord, parce que, grâce à elle, l'inventeur s'élevait à une hauteur de 80 pieds, mais comme c'était à l'aide d'un contre-poids qui glissait le long d'un mât, la question n'était pas résolue et ne pouvait pas l'être avec cet appareil.

Blanchard le reconnut lui-même, et devint l'un des plus fervents adeptes de l'aérostation, qu'allaient enfin découvrir les frères Montgolfier.

II

LES PREMIERS BALLONS

Les frères Montgolfier, Étienne et Joseph, étaient des fabricants de papier d'Annonay.

déjà connus par l'invention du bélier hydraulique, quand ils s'occupèrent de la solution du grand problème de l'aérostation.

D'abord, ils essayèrent de gonfler différentes enveloppes de papier au moyen de l'hydrogène, mais le papier dont ils se servaient était perméable au gaz, qu'il laissait échapper, de sorte que leurs globes, un moment soulevés dans l'air, ne tardaient pas à redescendre.

Après de nombreux tâtonnements à la recherche infructueuse, du reste, d'un gaz pourvu de certaines propriétés électriques qu'ils croyaient indispensables au succès, ils en vinrent à penser que la fumée s'élevant naturellement dans l'air, un récipient léger, gonflé de fumée, devait aussi s'y soutenir.

Telle fut l'origine de l'invention des ballons à air chaud.

Étienne Montgolfier, se trouvant à Avignon, en novembre 1782, construisit en soie fine un petit parallélipipède capable de contenir seulement deux mètres cubes, il le gonfla d'air chaud en brûlant du papier dessous, et s'il ne s'écria pas *Eureka* quand il le vit s'élever rapidement jusqu'au plafond de la chambre où il avait fait son expérience, c'est qu'il était d'un naturel très modeste.

Il revint à Annonay, communiquer le résultat de son essai à son frère, et tous les deux construisirent alors un ballon pouvant contenir vingt mètres cubes, et dont l'ascension fut si rapide que la machine brisa les cordes qui la retenaient au sol pour s'élancer dans l'espace.

Assurés du succès, les inventeurs annoncèrent une expérience publique qui eut lieu à Annonay, le 5 juin 1783, sous les yeux de la ville entière, et en présence des membres des états du Vivarais qui y assistèrent officiellement et en corps.

Voici comment Étienne Montgolfier rend compte lui-même de cette ascension mémorable.

« La machine aérostatique dont l'expérience fut faite devant Messieurs des États particuliers du Vivarais, le jeudi 5 juin 1783, était construite en toile, doublée de papier, cousue sur un réseau de ficelles, fixé aux toiles. Elle était à peu près de forme sphérique et sa circonférence était de cent dix pieds; un châssis en bois de seize pieds en carré, la tenait fixée par le bas. Sa capacité était d'environ 22,000 pieds cubes; elle déplaçait donc, en supposant la pesanteur de l'air comme un huit centième de la pesanteur de l'eau, une masse d'air de 1980 livres.

« La pesanteur du gaz était à peu près moitié de celle de l'air, car il pesait 990 livres et la machine avec le châssis, en pesait 500. Il restait donc 490 livres de rupture d'équilibre; ce qui s'est trouvé conforme à l'expérience.

« Les différentes pièces de la machine étaient assemblées par de simples boutonnières arrêtées par des boutons. Deux hommes suffisaient pour la monter et la remplir de gaz; mais, pour la retenir, il fallut huit personnes, qui ne l'abandonnèrent qu'au signal donné.

« Elle s'éleva par un mouvement accéléré, moins rapide sur la fin de l'ascension, jusqu'à la hauteur d'environ mille toises.

« Un vent à peine sensible vers la surface de la terre, la porta à douze cents toises de distance du point de son départ; elle resta dix minutes en l'air; la déperdition du gaz par les boutonnières, par les trous d'aiguilles et autres imperfections de la machine ne lui permit pas d'y rester davantage.

« Le vent, au moment de l'expérience était au midi et il pleuvait; la machine descendit si légèrement qu'elle ne brisa ni les ceps, ni les échalas de la vigne sur laquelle elle se reposa. »

Malgré la modestie des inventeurs qu'on retrouve tout entière dans cette note, véritable procès-verbal qui ne contient pas une phrase inutile, pas un mot d'enthousiasme, bien permis pourtant en pareil cas ; la nouvelle de l'expérience d'Annonay produisit un effet immense à Paris où l'on s'en exagérait la portée.

Ce fut un engouement, on ne parlait plus que de cela, et bien qu'on fût certain que les frères Montgolfier avaient été appelés dans la capitale pour répéter leur expérience aux frais de l'Académie des Sciences, on n'eut pas la patience de les attendre.

Le premier ballon.

Faujas de Saint-Fond, professeur au jardin des plantes, ouvrit une souscription qui atteignit dix mille francs en quelques jours.

Sûr de cet argent, il alla trouver les frères Robert, constructeurs d'instruments de physique et leur commanda un ballon.

Malgré leur habileté reconnue, malgré le compte rendu des frères Montgolfier, contenant les détails au moyen desquels on pouvait parfaitement se passer d'eux, les Robert n'osèrent entreprendre la construction de la machine sans s'associer Charles, un jeune professeur de physique qui jouissait alors d'une réputation justement méritée.

Destruction du premier ballon de Charles.

Charles ne s'arrêta pas à chercher quel pouvait être le gaz dont les Mongolfier s'étaient servi (il n'en est rien dit dans leur note). Sachant que le gaz hydrogène est le plus léger de tous, il prépara les moyens d'en fournir pendant qu'on fabriquait le ballon.

Le moyen qu'il trouva est des plus rudimentaires, il consistait à mettre de la limaille de fer dans un tonneau à moitié rempli d'eau.

Ce tonneau, placé debout, était percé à son fond supérieur de deux trous; par le premier, fermé par un bouchon, on introduisait successivement et par petites quantités l'acide sulfurique qui devait déterminer la production du gaz en réagissant sur le fer; et par l'autre un tube de cuir conduisait le gaz dans l'intérieur du ballon.

Aussi fallut-il quatre jours pour gonfler l'appareil en dépensant mille livres de limaille de fer et cinq cents d'acide sulfurique, ce qui serait énorme s'il n'y avait pas eu des déperditions considérables; car le ballon à peu près sphérique, construit en taffetas enduit de gomme élastique, n'avait que douze pieds de diamètre, mais tout fut prêt le 20 août au soir, et l'ascension fut annoncée pour le lendemain, au Champ de Mars, où plus de trois cent mille personnes s'étaient rendues.

Ascension de Pilâtre des Roziers et du marquis d'Arlandes, à la Muette.

Ascension de Charles et Robert.

Le résultat fut magnifique; délivré de ses liens, à cinq heures du soir le ballon s'enleva avec une telle rapidité qu'il disparut en moins de deux minutes au milieu d'un nuage obscur, situé à plus de cinq cents mètres de hauteur, mais la curiosité des Parisiens fut pleinement satisfaite, car il sortit de ce nuage et reparut assez longtemps à l'horizon avant de se perdre dans l'espace.

L'enthousiasme fut immense, mais assez vite tempéré, d'une part par les raisonnements des sceptiques qui réduisaient l'invention à sa portée exacte; de l'autre par le sort final de l'aérostat, qui trop rempli de gaz, avait éclaté en l'air avant d'aller tomber à Gonesse où des paysans effrayés de son apparition, avaient achevé de le mettre en pièces.

Et enfin, et surtout par la polémique violente, qui, à l'occasion de cette perte de l'aérostat, s'engagea dans les journaux entre Faujas au nom des souscripteurs, et les physiciens qu'il avait employés ; polémique qui s'envenima d'autant plus que Faujas ne pouvait pardonner à Charles d'avoir refusé l'entrée de l'enceinte réservée à Étienne Montgolfier, qui venait d'arriver à Paris pour surveiller la construction d'un nouvel aérostat, car son ballon d'Annonay, mal emballé sans doute, ou maltraité par les chemins, n'avait pu supporter le voyage.

Le 19 septembre, conformément au désir de l'Académie des Sciences, il renouvelait son expérience à Versailles en présence du roi, de la cour et d'une nombreuse assistance, moins prompte à s'émerveiller que celle du Champ de Mars, mais dont l'approbation avait plus de poids.

Son ballon, sphère presque parfaite de quatorze mètres de diamètre, était construit avec une toile de coton grossière, mais solide, le tissu disparaissait d'ailleurs sous la peinture en détrempe qui le couvrait et lui donnait l'apparence d'une tente bleue, richement décorée avec des ornements d'or.

Quatre-vingts livres de paille et cinq livres de laine brûlées sous son orifice suffirent à le gonfler et il s'éleva majestueusement dans les airs, enlevant, ce qui l'était infiniment moins, une cage, renfermant un coq, un canard et un mouton; premiers habitants terrestres qui allaient prendre possession de l'air.

Pilâtre des Roziers, grand admirateur de Montgolfier et passionné pour l'aérostation, protesta énergiquement contre le départ de ces trois animaux et s'offrit à prendre leur place, mais Montgolfier qui n'était pas assez sûr de sa machine pour lui confier la vie d'un homme, s'y refusa, promettant si l'expérience réussissait au gré de ses désirs, de construire immédiatement après un ballon capable d'enlever des voyageurs.

L'ascension ne satisfit pas complètement l'inventeur, car son aérostat, déchiré par un coup de vent au moment du départ, ne resta que dix minutes en l'air et descendit dans le bois de Vaucresson, à 1700 mètres du château de Versailles; cependant il tint parole à Pilâtre des Roziers.

Le nouveau ballon, construit chez M. Réveillon, fabricant de papiers peints du faubourg Saint-Antoine, avait 15 mètres de diamètre sur 23 mètres de hauteur, pour donner un espace commode aux observateurs qu'il devait emporter au sein de l'atmosphère, on disposa autour de son orifice une galerie circulaire d'un mètre de large protégée par une balustrade qui permettait de tourner, sans danger, autour du ballon tout en laissant son orifice libre pour y suspendre, au moyen de chaînes, le réchaud de fil de fer portant les matières inflammables dont la combustion devait être constante, pour que l'air chaud dont on gonflerait l'aérostat au départ, ne se refroidit pas.

A cet effet, la galerie était assez vaste pour qu'on put y emmagasiner une provision de paille suffisante pour que les aéronautes pussent à volonté augmenter la force ascensionnelle en activant le feu.

C'était une grande amélioration, sans laquelle, du reste, l'ascension à voyageurs était impossible.

Le 15 octobre, Pilâtre des Roziers essaya l'appareil par une ascension captive.

Le 17 et le 19, l'expérience fut renouvelée avec trois voyageurs : Pilâtre des Roziers, le marquis d'Arlandes et M. Géraut de Vilette, qui s'élevèrent à 200 pieds de hauteur, c'est-à-dire à toute la longueur du câble de retenue.

Ces expériences excitèrent à tel point la curiosité du public que les jardins de M. Réveillon étaient envahis et que la circulation était à peu près impossible dans le faubourg Saint-Antoine et sur les boulevards, jusqu'à la porte Saint-Martin. Tout le monde voulait voir le nouveau ballon qu'on désignait sous le nom *Montgolfière*, par opposition au ballon de Charles et Robert que l'on appelait *aérostate*, au féminin.

Cet empressement fit craindre des embarras et même des dangers, pour le jour de l'expérience publique et on la fit, sans l'annoncer, le 21 novembre, dans les jardins du château de la Muette, que le Dauphin avait mis à la disposition de Montgolfier, ce qui n'empêcha pas un immense concours de curieux au bois de Boulogne, dans les avenues qui y conduisaient, sans compter ceux qui, mieux avisés, étaient montés sur les tours Notre-Dame, et les sommets accessibles des autres monuments de Paris.

La montgolfière, curieusement décorée des signes du zodiaque, de riches draperies et de médaillons encadrant la double L : chiffre du roi, s'enleva rapidement à une heure de l'après-midi emportant sur sa galerie, Pilâtre des Roziers et le marquis d'Arlandes, enthousiasmés plus encore que la foule, qui était partagée entre la crainte et l'admiration, et qui assistait d'autant mieux à ce spectacle encore nouveau pour elle, que le ballon traversa presque tout Paris pour aller atterrir sur la Butte-aux-Cailles.

L'ascension se termina sans accidents et bien que les voyageurs, par une fausse manœuvre, se fussent vus ensevelis sous les flots d'étoffe du ballon dégonflé, Pilâtre n'y perdit que sa redingote qu'il avait laissée dans la nacelle et qui fut partagée en morceaux, par l'enthousiasme des spectateurs.

Cependant, le physicien Charles, ne restait pas inactif ; lui, aussi, il rêvait une ascension personnelle et il avait ouvert une souscription pour en couvrir les frais ; il possédait déjà les fonds nécessaires, quand le succès de la montgolfière vint le stimuler encore.

Cette fois, il inventa un appareil pour la préparation en grand de l'hydrogène.

Il inventa, d'ailleurs, d'un seul jet à peu près tout ce qui constitue le ballon, tel qu'on le fabrique aujourd'hui : la nacelle destinée à porter les voyageurs ; le filet qui soutient cette nacelle ; la soupape qui permet au gaz de s'échapper, et de déterminer la descente graduelle ; le lest, qui donne à l'aéronaute le pouvoir de régler son ascension et surtout de modérer sa chute ; tout enfin, jusqu'à l'enduit de caoutchouc qui donne l'imperméabilité au tissu ; jusqu'à l'usage du baromètre dont la dépression indique mathématiquement la hauteur atteinte dans l'atmosphère.

En un mot, il créa tout d'un coup l'art de l'aérostation, et, à ce titre, il mérite une part de la gloire des Montgolfier qui n'inventèrent que l'aérostat.

Le 1er décembre 1783, tout Paris était dans le jardin des Tuileries pour assister au départ de Charles et de Robert.

Le ballon qui devait les emporter était une sphère de soie à bandes rouges et jaunes de neuf mètres de diamètre, la nacelle en forme de char antique, était peinte en bleu et or.

Ils y montèrent à une heure et demie et après le lâchez tout sacramentel, ils s'élancèrent dans l'espace qu'ils sillonnèrent dans la direction d'Asnières, Argenteuil, Sannois, Franconville, pour aller tomber à Nesles, où ils atterirent vers 4 heures au milieu d'un groupe de cavaliers, qui les suivaient depuis le départ, et parmi lesquels étaient le duc de Chartres et le duc de Fitz James.

Robert descendit, mais Charles voulut profiter d'un reste de jour pour faire une nouvelle ascension, il repartit seul, avec une rapidité si vertigineuse qu'il se promit *in petto* de ne plus s'exposer à d'aussi périlleuses expéditions.

Et, de fait, il ne remonta jamais en ballon, malgré le succès de cette ascension mémorable, qui eut autant, sinon plus de retentissement, que celle de Pilâtre des Roziers, bien qu'elle se produisit après.

De ce jour, les caricatures, les chansons, les vaudevilles, qui avaient accueilli les premiers essais d'aérostation cessèrent presque complètement; on comprenait que si la conquête de l'air n'était pas encore faite, l'art qui devait y mener était né viable et l'opinion publique l'accueillait avec une faveur trop marquée pour que les rivalités de systèmes ne s'éteignissent pas.

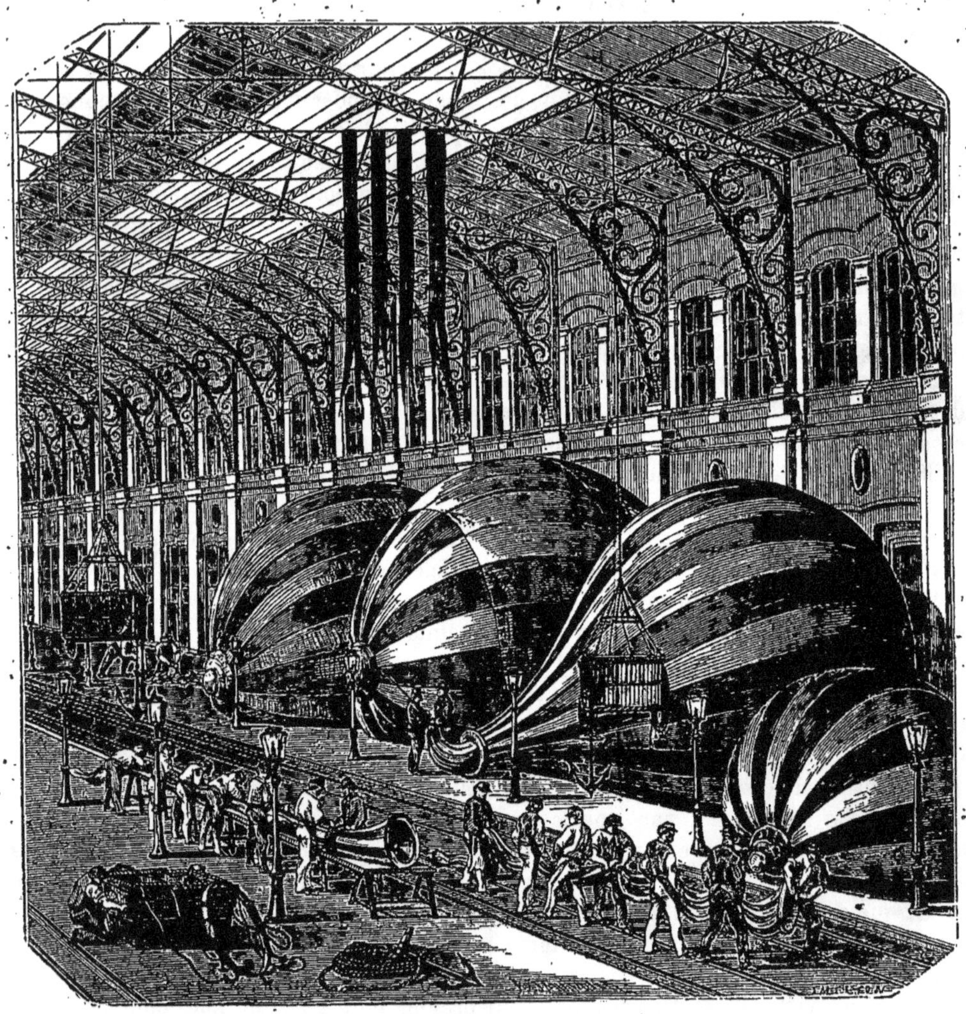

Atelier de construction de ballons. — Gare d'Orléans.

Il y eut, à la vérité, deux sortes de ballons en présence, les montgolfières et les aérostats, mais le champ de l'atmosphère était assez vaste pour qu'ils se le partageassent sans plus songer à se le disputer. Les noms de Montgolfier, de Pilâtre des Roziers et de Charles furent associés dans une célébrité commune qui leur donna bientôt de nombreux imitateurs.

Alors, les ascensions se multiplièrent tellement qu'il serait sans intérêt de les signaler toutes.

Notre intention, d'ailleurs, n'est point de

faire ici, l'histoire des voyages aériens, nous ne voulons parler que de ceux qui ont réalisé, ou tout au moins tenté de réaliser un semblant de progrès, dans cet art qui en a fait si peu d'appréciables depuis un siècle ; mais avant d'aborder ce chapitre, il convient pour la clarté de notre travail que nous donnions maintenant un aperçu de la construction du ballon et de ses accessoires.

III

FABRICATION DU BALLON

La fabrication de l'aérostat (ballon à gaz) demande beaucoup plus d'argent que celle de la montgolfière.

Gonflement d'un ballon au gaz d'éclairage.

Ainsi, tandis que le ballon à air chaud peut être simplement d'étoffe grossière, d'un canevas quelconque, doublé d'un papier suffisant à empêcher la déperdition de l'air chaud, il faut que l'aérostat pour retenir le gaz, infiniment plus subtil, ait une enveloppe aussi imperméable que possible.

C'est la soie qui remplit le plus convenablement cet office, mais comme la soie est très chère, on se sert, surtout pour les ballons qui ne sont destinés ni aux ascensions dans les régions élevées, ni aux ascensions de longue durée, d'un tissu de toile ou même de coton, qui, lorsqu'il est verni, offre une imperméabilité satisfaisante ; la percaline, employée à la construction des ballons postes du siège de Paris, a donné de très bons résultats.

Dans l'un ou l'autre cas, l'enveloppe est fabriquée par le même procédé.

Elle se compose de l'assemblage d'un certain nombre de bandes d'étoffe qu'on appelle *fuseaux* et dont on détermine le modèle au moyen de la géométrie la plus élémentaire.

On décrit sur une surface plane, le plancher de l'atelier notamment, le quart d'un cercle dont le rayon est égal à celui du ballon que l'on veut construire.

Cet arc, dessiné, et que nous supposerons B. C. circonscrivons-le par les deux rayons AB et AC.

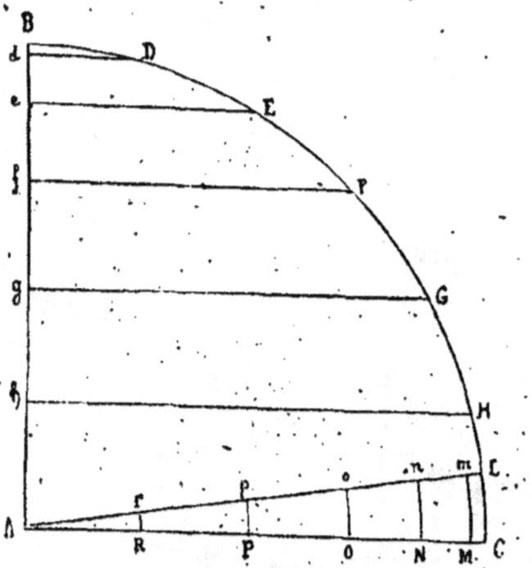

Divisons l'arc en 6 parties égales par les points D. E. F. G. H., chacune de ces divisions qui sera la plus grande largeur de nos fuseaux représentera la vingt-quatrième partie de l'équateur du ballon puisque l'arc B. C. en est le quart.

Reste à trouver les autres dimensions des fuseaux, c'est bien simple.

De chacun des points D. E. F. G. H. on tire sur AB. des parallèles à AC. qui divisent le quart de la sphère, dont nous n'avons qu'une coupe idéale, en autant de segments.

Donnons un corps à cette idée en reportant à l'aide du compas, tous ces segments l'un après l'autre sur la ligne AC.

AM. représentant la longueur HH. et AN. celle de GG. et ainsi de suite.

Puis tirant une ligne du point A. centre de la circonférence, au point H. milieu de l'arc AH. nous partons d'A. comme centre et nous décrivons sur AH. des arcs de cercle de chacun des points M. N. O. P. R., avec des rayons respectivement égaux à HH. GG. etc.

Nous possédons alors toutes nos dimensions en coupe, il ne s'agit plus que de les figurer en élévation.

Pour cela nous faisons une nouvelle figure, qui nous donnera d'ailleurs exactement celle de notre fuseau.

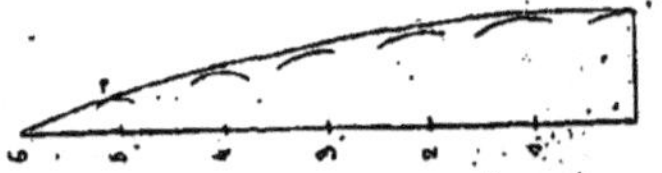

Sur une feuille de papier pliée en quatre, mais assez grande pour servir de patron à la bande d'étoffe qu'il s'agit de tailler, on reporte au compas, sur une ligne verticale toute tracée par le second pli de la feuille de papier, toutes les opérations précédentes.

D'abord six fois la longueur C. L. en partant du pli horizontal du papier, puis de chacun de ces points on décrit des arcs de cercle, avec des rayons respectivement égaux à UM. WN. OO. PP. RR., il ne s'agit plus que de tracer une ligne courbe, tangente à la fois à tous les arcs et à l'extrémité supérieure de la ligne verticale, pour avoir le modèle du quart du fuseau.

On coupe alors le papier quelques doigts plus loin que le contour tracé, pour laisser de la place aux coutures d'assemblage, et en dépliant sa feuille on a le patron exact du fuseau.

En coupant vingt-quatre bandes pareilles on a juste de quoi confectionner l'enveloppe du ballon.

Oui, si l'on veut lui laisser la forme sphérique, mais comme généralement on donne à l'appendice une forme plus ou moins allongée, on en est quitte pour prolonger en conséquence la partie inférieure du fuseau.

Il est entendu que nous ne parlons là que des ballons ordinaires; car dans les aérostats de dimensions colossales, qui, comme on le verra plus loin, sont, presque toujours d'une composition spéciale, on ne pourrait pas se contenter de vingt-quatre fuseaux, à cause du peu de largeur de l'étoffe.

Dans ce cas, si l'on opère par les procédés ordinaires, on taille le patron du fuseau en divisant le quart du cercle en douze parties au lieu de six et l'on fait 48 fuseaux au lieu de 24.

Ces fuseaux coupés, il faut les assembler et les coudre très solidement pour former l'aérostat.

Avant l'invention de la machine à coudre, ce travail, d'ailleurs excessivement long, était toujours défectueux et certains aéronautes prétendent qu'un ballon cousu à la main, laisserait (s'il n'était pas verni au préalable) échapper le gaz avec une telle rapidité qu'il serait à peu près impossible de le gonfler.

La couture à la mécanique ne présente pas cet inconvénient, ce qui n'empêche pas de vernir les aérostats. Il est vrai que l'opération du vernissage est maintenant bien simplifiée, puisque l'on se contente d'appliquer sur la partie extérieure du ballon, une couche d'huile de lin que l'on a rendue siccative en la faisant bouillir avec de la litharge.

Ce vernis s'emploie généralement à chaud, et on l'étend sur la surface de l'aérostat à l'aide d'une brosse douce ou de tampons de laine. Autrefois l'étoffe était enduite des deux côtés, ce qui obligeait à faire l'opération avant l'assemblage des fuseaux.

Le premier vernis employé par Charles, et adopté ensuite par la plupart des aéronautes était composé de caoutchouc dissous dans l'essence de térébenthine; on mélangea plus tard cette dissolution par parties égales avec de l'huile de lin.

Du reste, tous les vernis sont bons pourvu qu'ils assurent, autant que possible, l'imperméabilité à l'aérostat, et, à ce titre, le meilleur est encore à trouver, surtout à l'égard de l'hydrogène pur qui possède, en raison de sa légèreté, une telle diffusibilité qu'il n'existe presque pas de récipients dans lesquels on puisse le conserver sans déperdition; il passe même à travers les pores du caoutchouc qui est pourtant imperméable à la plupart des gaz.

Aussi lorsqu'on a voulu faire des ballons de grande puissance ascensionnelle, ce n'est ni en taffetas de Lyon, ni en soie cuite, ni même en satin croisé qu'on a confectionné leurs enveloppes, mais bien avec un tissu spécial qu'on appelle le *makintosh* et qui est composé d'une feuille de caoutchouc collée au laminoir entre deux feuilles de taffetas ou de toile.

M. Giffard a encore perfectionné cette composition pour ses ballons captifs, ainsi que nous le verrons plus loin.

L'aérostat assemblé, verni, n'est pas terminé, il faut le munir d'une soupape au sommet, et d'un appendice à la base.

La soupape a pour objet de laisser échapper du gaz, au gré de l'aéronaute, lorsqu'il veut modérer son ascension ou opérer sa descente.

Elle se compose assez rudimentairement de deux clapets que des tiges de caoutchouc retiennent fermés et qui s'ouvrent de l'extérieur à l'intérieur à l'aide d'une corde que l'on tire de la nacelle, et qui, pendant à l'intérieur du ballon, en sort par l'orifice béant, qu'on appelle l'appendice.

Cet organe, qui n'a bénéficié d'aucun perfectionnement depuis que Charles l'a inventé est en somme assez grossier et ne tient pas hermétiquement fermé l'orifice supérieur du ballon. Aussi pour remédier à cet inconvénient est-on obligé de luter les joints avec une pâte composée de suif fondu et de farine de graine de lin, que l'on appelle *cataplasme*.

Quant à l'orifice inférieur, formé par le prolongement des fuseaux assemblés que l'on nomme l'*appendice*, il sert à introduire le tuyau de gonflement et reste toujours ouvert pendant l'ascension, de façon à permettre au gaz qui se dilate au fur et à mesure du refroidissement de l'atmosphère, de trouver une issue.

Nacelle et son équipage.

Précaution indispensable, car, sans elle, arrivé à une certaine hauteur, le ballon éclaterait infailliblement par la force d'expansion du gaz, malgré ou plutôt à cause des mailles du filet qui augmentent sa résistance.

Ce filet, qui recouvre tout le ballon et qui a pour objets principaux de permettre de maintenir le ballon pendant l'opération du gonflement et de soutenir la nacelle qui portera les voyageurs — est fixé au cadre

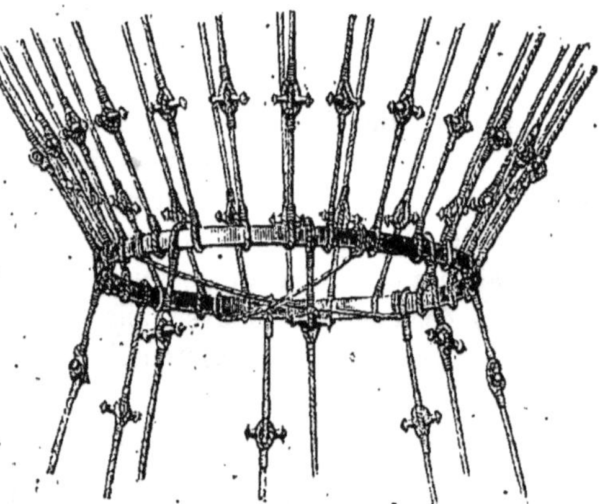

Cercle.

de la soupape par une couronne formée d'un triple câble.

Il doit être construit très solidement en corde de pur chanvre, dont les mailles assez

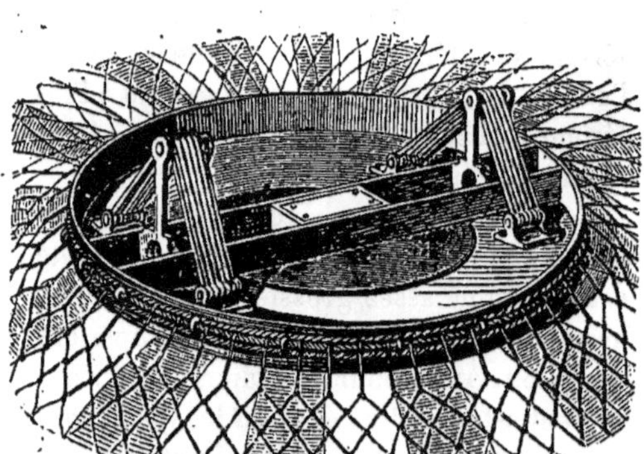

Soupape.

Ancre de ballon.

resserrées au point de départ, vont en s'élargissant progressivement jusqu'au plus grand diamètre du ballon, qu'on appelle l'équateur et qui dans les anciens aérostats était quelquefois figuré par une zone de couleur différente.

Jusque-là, le filet embrasse exactement toute la surface du ballon, ce qui lui permet d'augmenter la consistance de l'enveloppe, précisément dans les points où elle supporte la plus grande pression du gaz.

Passé l'équateur, le filet se continue sans toucher l'enveloppe et les trente-deux cordes qui le composent, terminées par des boucles destinées à recevoir autant d'espèces d'olives de bois qu'on appelle des *gabillots*, viennent, au moyen de ces gabillots, se fixer au cercle qui soutiendra la nacelle.

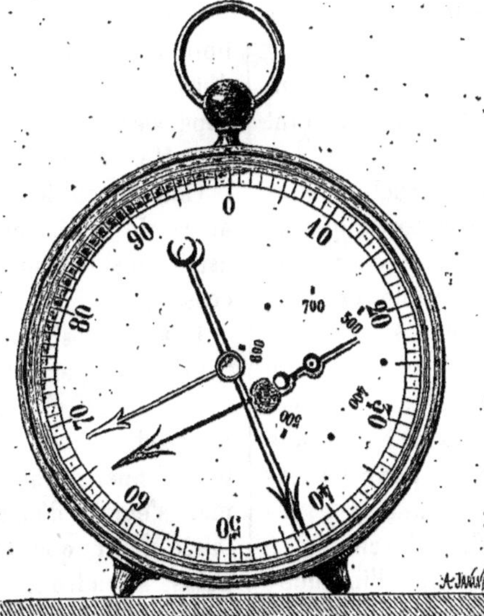

Baromètre métallique compensé, pour les hauteurs de 6,000 mètres.

Ce cercle, généralement en bois, est une des pièces les plus essentielles de l'aérostat, car, outre qu'il permet de répartir sur tous les points du ballon la traction exercée par la nacelle, il sert de point d'attache à l'ancre et à tous les agrès et accessoires nécessaires pour l'ascension et la descente.

La nacelle y est fixée au moyen de huit cordes munies de *gabillots* et dont le point de départ est tressé avec l'osier même dont elle est formée.

Maintes fois on a essayé de remplacer l'osier par une autre substance permettant des formes plus élégantes, mais on y est toujours revenu à cause de sa légèreté et surtout de sa flexibilité, qui lui permet de recevoir presque impunément et sans blesser les voyageurs, les chocs auxquels elle est, de sa nature, exposée par les traînages de la descente.

C'est donc une sorte de panier dont la grandeur est proportionnée au nombre de voyageurs qu'elle doit contenir, mais invariablement meublé de deux banquettes offrant des sièges commodes aux aéronautes et en dessous des magasins pour les instruments, les vivres, les couvertures et autres objets dont ils jugent prudent de se munir.

IV

LES AGRÈS

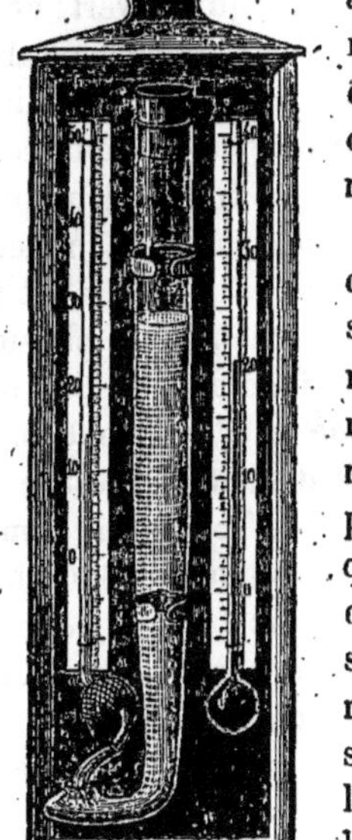

Psychromètre.

Parmi les choses indispensables à l'armement d'un aérostat et que nous appellerons les agrès, il faut d'abord compter l'ancre et le lest, deux antipodes qui sont également utiles à l'aéronaute.

L'ancre, dont l'usage s'explique de lui-même, ne ressemble que superficiellement aux ancres de marine; outre qu'elles sont infiniment plus légères, puisqu'elles n'ont point à agir par leur propre poids, mais seulement par la force qu'elles empruntent au contact d'un objet résistant, leurs pattes sont infiniment plus évasées pour mieux mordre dans les champs et s'accrocher plus facilement après les haies ou au pied d'un arbre.

On se sert aussi, et même plus efficacement d'un grappin à six branches, fait à peu près comme ces instruments destinés à repêcher les seaux tombés dans les puits.

Avec six branches, il y a en effet, beaucoup plus de chances de trouver un point d'appui qu'avec deux.

Ancre ou grappin sont accrochés extérieurement à la nacelle, et la corde qui les soutient, assez longue pour qu'on puisse les jeter d'une hauteur raisonnable, est fixée au cercle et enroulée de façon à ce que le poids de l'ancre la déroule d'elle-même une fois qu'elle est abandonnée dans l'espace.

L'ancre n'est pas d'ailleurs le seul organe d'arrêt des aérostats; on tire pour l'atterrissage d'utiles services du *guide-rôpe*, inventé par l'aéronaute anglais Green.

Comme son nom (anglais) l'indique, c'est tout bonnement un câble attaché au cercle de la nacelle et qui pend dans l'espace, sans utilité apparente, tant que dure l'ascension, mais quand arrive la descente, c'est un guide précieux.

D'abord, sachant qu'il a cent cinquante mètres de long, on est prévenu quand on le voit toucher terre, qu'on n'est plus qu'à cette distance du sol, et qu'il est temps de préparer son ancre.

Service considérable, car quel qu'expérimenté que soit un aéronaute, il lui est très difficile, au moment où son ballon descend, d'apprécier exactement les distances.

En outre, le guide-rope peut, en certains cas, tenir lieu de l'ancre elle-même, il suffit, pour cela, de lui donner la forme aplatie d'une sangle, et de le hérisser, de distance en distance, de touffes de crin, dont le frottement sur le sol, produit une résistance considérable qui s'accentue encore au fur et à mesure que le ballon baisse, au point d'amortir presque complètement le choc de la nacelle.

Sans compter que cette sangle, courant sur la terre à la remorque du ballon peut très bien s'accrocher après un obstacle, s'enrouler autour d'un poteau, d'un arbre, et y tenir assez pour donner le temps aux paysans, dont il y a toujours un certain nombre dans les champs, d'accourir à l'aide d'un aéronaute en détresse, et si le guide-rope s'est remis à traîner, de le saisir et d'arrêter ainsi le ballon.

Comme on le voit, c'est une véritable ancre de miséricorde; aussi le guide-rope est-il considéré maintenant comme une nécessité.

Il y a aussi le *cone-ancre*, inventé par Sivel, pour permettre aux aéronautes de se maintenir en place, quand ils sont emportés au-dessus de la mer, c'est un sac de toile imperméable qui, une fois jeté à la mer, s'emplit d'eau et offre assez de résistance pour que l'aéronaute, en danger, puisse attendre les secours qui ne manqueront pas de lui arriver de la côte.

Non moins indispensable est le lest, car, au fur et à mesure qu'un ballon s'élève, il tend à se mettre en équilibre avec les couches d'air dans lesquelles il arrive et, pour cela, il perd constamment de notables quantités de gaz, par son appendice resté ouvert; de plus, s'il n'est pas absolument imperméable, comme cela arrive souvent, il se refroidit graduellement et perd, peu à peu, une partie de sa force ascensionnelle, si bien qu'à un moment donné l'équilibre lui manquerait et qu'il retomberait à terre.

C'est pour obvier à cet inconvénient que le physicien Charles a inventé le lest, c'est-à-dire une certaine quantité de sable fin, dont on allège la nacelle, au fur et à mesure que la force ascensionnelle du ballon diminue, ce qui rétablit exactement l'équilibre.

Pour que ce lest soit plus maniable et surtout mieux proportionné aux effets progressifs qu'on en attend, on l'emmagasine dans des sacs de quinze à vingt kilogrammes chacun, qui sont fixés avec des tenons en forme d'S, au cercle de l'aérostat.

Le sable, trouvé du premier coup, lors des tâtonnements de l'art aéronautique, est encore le meilleur lest qu'on puisse imaginer, malgré la cendre de plomb, inventée depuis par M. Giffard.

D'abord, il est pesant relativement à son volume; ensuite, quand on le jette par-dessus bord, il forme un nuage floconneux qui ne tombe à terre que lentement et sous la forme d'une pluie sèche incapable de blesser quelqu'un, ni même de causer le moindre dégât sur les cultures les plus délicates.

Arrivons maintenant aux instruments, car si, comme on le dit familièrement, un marin ne s'embarque jamais sans biscuit, un aéronaute ne doit pas essayer d'explorer l'atmosphère sans être pourvu des instruments nécessaires à le guider, en précisant les altitudes et les températures des points qu'il atteint successivement.

Pour cela, il se munit d'abord d'un baromètre qui compte mathématiquement les hauteurs obtenues, et cela, par cette loi de la physique qui veut que le mercure du baromètre ordinaire baisse d'autant plus qu'on s'élève davantage.

Donc, si l'on a pris soin, ce qui est élémentaire, de noter la pression atmosphérique au moment du départ, on pourra, à chaque instant, par un calcul très simple, constater l'altitude atteinte.

Ce calcul n'est même plus indispensable, car il a été fait, une fois pour toutes, par le baromètre métallique de l'ingénieur Richard, compensé pour les hauteurs de six mille mètres, infiniment plus portatif que le baromètre à colonne de mercure, et tellement sensible qu'en le tenant à la main pour monter seulement un ou deux étages on verrait son aiguille traduire en chiffres sur le cadran, la hauteur de l'escalier.

Inutile de dire qu'il est adopté par tous les aéronautes.

Avec un thermomètre à mercure, indispensable pour lui indiquer les températures, le navigateur aérien doit emporter un psychromètre, appareil fort ingénieux qui sert à apprécier la quantité d'humidité contenue dans l'atmosphère.

Il se compose de deux thermomètres ordinaires, seulement la boule de l'un reste sèche, tandis que celle de l'autre est maintenue dans une humidité constante, au moyen d'une mèche plongeant dans un tube de verre, plein d'eau, en communication avec la mousseline qui l'enveloppe.

Si l'air est sec, l'eau qui imbibe la mousseline s'évapore promptement, et comme pour cela il a fallu que la température de la boule ait changé, le mercure baissera d'autant.

Donc, la différence de température, indiquée par les deux thermomètres, sera équivalente au degré d'humidité de l'air.

Nous donnons un dessin de cet ingénieux instrument qui n'est pas utile qu'en ballon.

Que l'aéronaute ajoute maintenant à sa cargaison, une boussole et une lunette d'approche, il peut partir sans trop redouter l'imprévu. Cependant, s'il espère atteindre les régions élevées où l'air devient irrespirable, il doit faire provision de ballonnets, remplis d'oxygène, dans lesquels il puisera la vie, en quelque sorte au biberon.

Mais ce cas fait partie des grandes explorations dont nous parlerons plus tard.

V

LE GONFLEMENT

Le gonflement du ballon a pour objet de lui communiquer sa force ascensionnelle, laquelle n'est pas seulement en raison de son volume, mais aussi et surtout, en raison de la densité du gaz avec lequel s'opère le gonflement.

Voici, du reste, comment se calcule cette force :

1 mètre cube d'air ordinaire pèse, en chiffres ronds, 1,300 grammes, 1 mètre cube d'hydrogène pur ne pèse que 90 grammes, d'où il s'ensuit, que si l'on gonflait avec ce gaz une enveloppe pesant 1 kilo-

gramme, ce petit ballon aurait une force ascensionnelle de 210 grammes.

Pour le gaz d'éclairage, plus communément employé parce qu'il est moins cher, fabriqué d'avance et, d'ailleurs, suffisant pour les ascensions ordinaires, les chiffres changent; car le mètre cube de gaz à brûler pèse environ 180 grammes, ce qui oblige à employer un ballon d'un volume deux fois plus grand, pour obtenir la même puissance initiale.

Les proportions sont encore bien plus considérables pour l'air chaud, avec lequel on gonfle les montgolfières et qui pèse à peu près moitié moins que l'air ordinaire.

C'est pour cela que Montgolfier a donné

Batterie pour préparer l'hydrogène pur.

au ballon qui emporta Pilâtre des Roziers et le marquis d'Arlandes, un volume de vingt mille mètres cubes, car il fallait tenir compte du déchet et du poids énorme de l'appareil.

Charles qui n'avait pas à sa disposition, le gaz d'éclairage, non encore inventé, gonfla ses ballons avec de l'hydrogène pur qu'il fabriqua lui-même par des procédés qui n'ont été que peu perfectionnés, jusqu'au jour où M. Giffard trouva un système plus économique pour produire les énormes quantités de gaz nécessaires au gonflement de ses ballons captifs.

Mais comme ce procédé, dont nous parlerons tout à l'heure, n'est économique qu'à la condition d'opérer en grand, voyons d'abord l'ancien système que l'on peut considérer comme toujours en vigueur.

C'est une batterie composée d'un certain nombre de tonneaux dans lesquels se fait chimiquement la séparation de l'hydrogène et de l'oxygène que contient l'eau.

A cet effet, les tonneaux sont à moitié

remplis d'eau dans lesquels on jette de la limaille de fer; or, comme l'oxygène, dont l'eau renferme 89 parties sur 100, a une grande affinité pour le fer, en introduisant de l'acide sulfurique dans le tonneau au moyen d'un tuyau à entonnoir, on précipite la combinaison de l'oxygène avec le fer; et l'hydrogène dégagé s'échappe du tonneau

Divers systèmes pour constater la marche des ballons. — La flèche de M. Rolier.

par un tube courbe, pratiqué pour cela à son orifice supérieur, et qui le conduit, par l'intermédiaire d'un tuyau collecteur, où viennent se dégorger tous les tubes des deux rangées de tonneaux formant la moitié de la batterie, dans une espèce de cuve pleine d'eau où le gaz doit se purifier avant d'être dirigé dans le ballon.

Cette précaution est indispensable; car le fer et l'acide sulfurique dont la réaction se produit aussitôt leur mélange dans les tonneaux, n'étant pas purs, il en résulte que le gaz arrive mélangé d'acide sulfureux ou d'hydrogène sulfuré qui se dissolvent dans l'eau de la cuve pendant que l'hydrogène pur continue sa route.

Mais comme il est alors trop humide, on le fait passer dans un tube rempli de chaux vive, où il se dessèche vivement tout en perdant la petite quantité d'acide carbonique qu'il renfermait encore.

Sortant de là, il est introduit dans le ballon au moyen d'un gros tuyau de caoutchouc.

Il va de soi que l'hydrogène ne se fabriquant que pour les besoins d'une ascension scientifique, soit de longue durée, soit à de grandes hauteurs, on ne met en batterie que le nombre de tonneaux nécessaires à cette fabrication, qu'il est facile de déterminer à l'avance puisqu'on sait d'après les expériences antérieures, qu'il faut 5 kilogrammes d'acide sulfurique et 3 kilogrammes de fer soit en limaille ou en minces fragments de tôle, pour produire un mètre cube de gaz.

Dans ces conditions, l'hydrogène pur revient à environ un franc le mètre.

Le procédé Giffard, dont nous avons parlé, est bien plus économique, mais il demande un outillage.

Il consiste à faire passer de la vapeur d'eau à travers un foyer chargé de coke incandescent, ce qui produit d'abord de l'hydrogène carboné et de l'oxyde de carbone ; un nouveau courant de vapeur d'eau est introduit par l'autre extrémité du fourneau et l'oxygène qu'il contient change l'hydrogène carboné en hydrogène pur et l'oxyde de carbone en acide carbonique.

Il ne reste plus qu'à séparer les deux gaz, ce qui s'exécute assez facilement en faisant passer leur mélange dans un dépurateur plein de chaux, semblable à ceux qu'on emploie dans les usines à gaz ; l'hydrogène s'y débarrasse de l'acide carbonique et en sort pur pour être dirigé dans l'intérieur de l'aérostat.

C'est avec de l'hydrogène fabriqué de cette façon, et qui ne revient pas à dix centimes le mètre, que fut gonflé le grand ballon captif de l'exposition de 1878.

Le gaz d'éclairage coûte plus de moitié plus cher et est plus de moitié moins puissant, mais il est tout fait, aussi est-il à peu près le seul employé pour les ascensions ordinaires.

On n'a que la peine de faire porter son aréostat à l'usine à gaz, on fixe un long tuyau dans son appendice, on tourne un robinet et il s'emplit tout seul.

Sans présenter de difficultés, l'opération du gonflement demande pourtant beaucoup de soins ; autrefois le ballon était d'abord suspendu entre deux mâts par sa partie supérieure, jusqu'au moment où il ne fallait plus le soutenir, mais le contenir. Ce qui se faisait avec des ficelles attachées au filet, à la hauteur de l'équateur.

Aujourd'hui, pour les ballons du moins qui ne se donnent pas en spectacle, on procède tout autrement, on couche l'aérostat sur le sable et l'on attend que son gonflement progressif le fasse lever de terre, utilisant pour le maintenir, d'abord les sacs de lest qu'on accroche tout autour du filet et qu'on descend d'une maille au fur et à mesure que le ballon prend de la hauteur.

Quand les sacs de lest ont dépassé l'équateur on fixe par le moyen des *gabillots* le cercle, auquel la nacelle est déjà solidement amarrée, aux trente-deux ficelles du filet ; cependant le ballon grandit toujours, et quand les sacs de lest sont arrivés jusque sur le cercle, il est bien près d'être suffisamment gonflé, car il ne faut le remplir de gaz qu'aux deux tiers pour des raisons que nous avons déjà déduites.

En effet, si au départ le ballon était déjà entièrement gonflé, il ne resterait plus de place pour que le gaz puisse se dilater en arrivant dans les hautes régions où l'aérostat éclaterait certainement.

L'expérience de l'aéronaute, et au besoin un dynamomètre qui indique la force ascensionnelle acquise par le ballon (ce qu'on peut savoir aussi par le nombre de mètres cubes de gaz introduit dans ses flancs) déterminent le moment exact où il faut fermer le robinet.

L'aérostat, retenu par les ficelles qui sont encore aux mains des hommes de manœuvre, se balance au gré du vent et n'attend plus que le *lâchez tout* sacramentel pour s'élancer dans l'espace.

VI

LES MONTGOLFIÈRES

Pour ne rien oublier, nous dirons quelques mots du gonflement des montgolfières, bien que ce genre de ballons, jadis très employé pour les ascensions foraines, ou les fêtes publiques, soit à peu près complètement abandonné depuis qu'on peut trouver du gaz d'éclairage dans les plus petites villes.

Ce qui n'est point à regretter, car ces appareils sont extrêmement dangereux aussi bien pour les personnes qu'ils emportent, quand ils sont dirigés par quelqu'un ; que pour les pays qu'ils traversent, quand ils sont abandonnés à eux-mêmes.

On n'a jamais compté les incendies causés par les montgolfières tombant avec leurs foyers incandescents, dans des champs de blé ou au milieu des forêts, et l'on a bien fait, car le chiffre aurait été si décourageant qu'il aurait fallu les proscrire officiellement des fêtes publiques de la province, dont leur ascension était le plus bel ornement.

Aujourd'hui on n'en voit plus que de loin en loin, et dans des pays qui ayant le malheur d'être privés de gaz, ne peuvent pas avoir encore celui d'être privés de ballons.

Du reste, elles n'auraient fait aucun progrès depuis un siècle, si Eugène Godard, l'aéronaute dont le nom a été popularisé par de nombreuses ascensions, ne s'était avisé, après le terrible accident du *Géant*, de croire à leur efficacité pour les longues traversées, et de chercher un moyen pour prolonger le séjour de l'air chaud dans leurs flancs.

Toute la question était là d'ailleurs ; chacun sait que la montgolfière se gonfle avec l'air chaud produit par un feu de paille et de lainages, que l'on brûle sous son orifice, à cet effet plus distendu que celui des ballons à gaz.

En effet, ce feu entretenu pendant vingt minutes, une demi-heure, plus ou moins, échauffe l'air intérieur qui se dilate et provoque l'ascension de l'appareil.

Mais c'est ici le cas de le dire : ce n'est qu'un feu de paille, qui passe vite ; et pour que le ballon conserve une force ascensionnelle quelconque, il ne faut pas que l'air chaud refroidisse, c'est pourquoi la montgolfière est munie à sa base d'un réchaud, dans lequel on entretient du feu, soit avec des étoupes imbibées d'esprit de bois, soit avec des bouchons de paille injectés d'essence de térébenthine, soit même avec des boules pyrogéniques composées de copeaux de sapin et de goudron.

Malgré ce réchaud, menace perpétuelle pour l'aérostat, et les lieux où il attérit; les montgolfières ne pouvaient pas tenir en l'air plus d'une demi-heure ou trois quarts d'heure.

C'est pour remédier à cet inconvénient qui paralysait son système, qu'Eugène Godard a inventé un fourneau qu'il plaçait dans l'orifice de la montgolfière, et avec lequel il prétendait rester en l'air aussi longtemps qu'il aurait de la paille de seigle pour alimenter son feu.

Prêchant d'exemple, il a fait construire une montgolfière de dimensions inconnues jusqu'alors et il a entrepris, au pré Catelan, des expériences d'autant plus suivies, qu'il pouvait enlever dans sa nacelle une dizaine de personnes, et qu'il ne manquait pas d'amateurs.

Ce qui ne l'a pas empêché, comme tous les aéronautes épris de leur art, de revenir au ballon gonflé par le gaz, le seul qui permette véritablement les ascensions de longue durée.

VII

L'ASCENSION

Nous avons laissé l'aérostat, tout gonflé, prêt à partir, mais le signal ne sera pourtant pas donné avant que l'aéronaute n'ait équilibré son ballon.

L'équilibrage repose sur une base certaine, la force ascensionnelle du ballon, mais il se fait aussi un peu par tâtonnement, à cause des déperditions de gaz, qui sont inappréciables pendant le gonflement, et du

Système de chaudière destinée à gonfler la montgolfière Godard.

poids du matériel, dont on n'est jamais bien assuré.

Tout déchet déduit, on estime qu'un mètre cube de gaz d'éclairage peut enlever un poids de 650 grammes ; si l'aérostat cube 2.000 mètres sa force ascensionnelle est donc de 1.300 kilogrammes.

Il pèse environ 500 kilogrammes avec tous ses accessoires, reste 800 ; l'aéronaute et les deux passagers qu'il peut emmener pèsent ensemble 225 kilogrammes, c'est donc 575 kilogrammes de lest qu'il faut prendre pour un équilibrage parfait.

On attache alors 28 sacs de lest tant au

cercle qu'à la nacelle, et l'on commande le lâchez tout; si le ballon ne monte pas alors avec la rapidité qu'on est en droit d'attendre de lui, s'il reste en place, c'est qu'il est trop chargé : un ou deux sacs de lest rejetés alors, suffisent pour déterminer l'ascension.

S'il n'est pas complètement imperméable,

L'aéronaute Testu et les paysans de Montmorency.

il se chargera bientôt d'humidité et tendra vite à descendre ; on remédiera à cela en jetant du lest.

Si, traversant au contraire une couche d'air surchauffée par le soleil dont les rayons ne sont plus interceptés par des nuages, sa force ascensionnelle s'accroît plus que ne le veut l'aéronaute, il en est quitte pour ouvrir la soupape et la déperdition du gaz le fait descendre dans la région où il veut naviguer... au gré du vent, bien entendu : car jusqu'à présent, c'est le vent qui dirige les ballons.

Et pourtant les passagers ne s'en aperçoivent pas, le courant a beau être très rapide, le mouvement est insensible, et de fait il n'y en a pas, car une fois équilibré dans l'atmosphère, le ballon se déplace avec le courant aérien dont il fait partie.

Le mouvement ascensionnel est le seul dont on se rende compte, dans la première partie du voyage, du moins, car sitôt qu'il a mis des nuages entre la terre et lui, l'aéronaute, s'il ne consulte pas ses instruments, ne sait plus s'il monte ou s'il descend.

Et c'est pour qu'il ne soit pas obligé d'avoir toujours le baromètre en main, qu'on a imaginé des moyens rudimentaires de constater la marche du ballon.

Il y a notamment la banderole de papier et le papier à cigarette.

La banderole, en papier très fin de 10 centimètres de large, sur une dizaine de mètres de longueur, se fixe à la nacelle et est laissée flottante, aussitôt qu'on quitte la terre; elle donne à tout moment des renseignements précis sur la marche de l'aérostat.

Si elle flotte horizontalement, c'est que le ballon ne change pas d'altitude; si l'extrémité tend à remonter dans l'air, c'est qu'on descend; si elle se place verticalement, c'est qu'on monte.

Comme on le voit, c'est très élémentaire, mais, à moins que le vent ne souffle en bourrasque, c'est infaillible.

Le papier à cigarettes dont les feuilles sont abandonnées à plat dans l'espace, rend les mêmes services, et pour les mêmes raisons.

A ces deux moyens, connus de tous les navigateurs aériens, M. Rolier, un ingénieur, qui a fait pendant le siège de Paris une ascension qui ne s'est terminée que sur les côtes de Norwège, en a ajouté un autre plus exact encore.

C'est une flèche en métal, portant en guise de pennes, une feuille assez large de papier très fort.

Cette flèche, suspendue en équilibre à une barre fixée horizontalement au cercle du ballon, est sans cesse devant les yeux de l'aéronaute et lui indique constamment la route suivie.

Si le ballon descend, l'air déplacé pèse sur la feuille de papier et fait incliner la flèche, plus ou moins selon la rapidité de la descente.

Si le ballon monte, c'est le contraire qui se produit; car l'air pousse le papier de haut en bas et la pointe de la flèche indique l'impulsion donnée. Ces moyens sont surtout précieux la nuit, alors que l'on ne peut pas consulter le thermomètre et qu'on n'a point de lanterne pour s'éclairer.

Ce n'est pas, du reste, la nuit seulement que l'aéronaute est susceptible de voyager dans l'obscurité, il rencontre souvent sur sa route de certaines couches de nuages dont la traversée se fait absolument à tâtons.

Malgré cela l'ascension proprement dite est à peu près sans danger si l'on ne s'élève pas jusqu'aux régions où l'air devient irrespirable.

Il faut croire que ces régions sont variables (l'atmosphère est encore si peu connu qu'on en est réduit aux conjectures) puisqu'à côté de tel explorateur qui s'est élevé jusqu'à 6 et 7.000 mètres sans éprouver un grand malaise, d'autres ont été pris d'hémorragies à des hauteurs qui ne dépassaient pas cinq mille mètres.

Il en est de même pour la température, qui change brusquement selon les couches d'air que l'on traverse.

On en a eu des preuves par l'ascension de MM. Glaisher et Coxwel, la plus haute qui ait été faite encore, puisque les aéronautes anglais ont atteint jusqu'à 11.000 mètres, sans le vouloir, il est vrai!

Ainsi, jusqu'à la hauteur de 6.000 mètres la température avait été en baissant graduellement, mais, arrivé à cette altitude, le ballon ayant traversé plusieurs couches de nuages, se trouva directement exposé aux rayons d'un soleil ardent qui fit remonter le thermomètre et augmenta tellement sa force ascensionnelle, qu'en peu d'instants, il était à 8.000 mètres de hauteur, où la couche d'air était si différente que le thermomètre baissa rapidement jusqu'à 25 degrés au-dessous de zéro.

Mais ce ne sont là que des observations particulières, les hautes régions sont encore trop peu connues pour qu'on puisse établir des règles générales; ce qu'on peut dire de plus certain, d'après les expériences déjà faites, c'est qu'au-dessus de 5.000 mètres, la raréfaction de l'air devient telle que l'on s'entend à peine parler.

VIII

LA DESCENTE

Si la navigation aérienne est sans danger avec un ballon solide et bien outillé, il n'en est pas de même de l'atterrissement, qui présente toujours quelques difficultés, faciles à vaincre pour un aéronaute expérimenté, dans les conditions ordinaires, mais qui s'accroissent en raison du vent qu'il fait et surtout de la nature du sol où l'on doit opérer la descente.

Car, malheureusement, on n'a pas toujours le choix, lorsque l'on a épuisé son lest et que le ballon à bout de force ascensionnelle, baisse, baisse toujours, il faut bien, quelque part que l'on soit, se décider à toucher la terre.

Si l'on tombe au-dessus d'un village, on ne sait pas où jeter l'ancre, parce qu'on a peur de se heurter contre le toit des maisons ou de renverser les murailles de clôture, pendant un traînage qu'il est à peu près impossible d'éviter.

Si l'on se trouve obligé d'atterrir sur une plaine sablonneuse, où l'ancre ne rencontrant ni une souche, ni une racine, ni un pied d'arbre ne mord point, il faut se décider au traînage en grand, se blottir dans sa nacelle, et la laisser labourer la terre, jusqu'au moment où quelques paysans accourus auront pu saisir le guide-rope et arrêter le ballon à moitié dégonflé, que le vent pousse comme une voile.

Encore faut-il avoir la main plus heureuse que l'aéronaute anglais Yongs qui fut roué de coups par des paysans, qui le prenant pour un sorcier, mirent le feu à son aérostat.

Ou même que Testu Brissy qui fut obligé de jouer de ruse pour échapper aux mains des naturels de Montmorency, qui, tenant sa nacelle par la corde de l'ancre, refusaient de lui faire toucher terre avant qu'il n'eut payé les dégâts qu'il n'avait pas encore faits.

Il faut dire que cela se passait en 1786, alors que les ballons étaient à peine connus.

Testu, voyant qu'il ne s'en tirerait pas à bon marché, attendu que le nombre des curieux qui croissait toujours, causait un réel dommage, dans le blé bon à couper, feignit d'entrer en arrangement et demanda aux paysans de le remorquer jusqu'au village où il satisferait tout le monde.

Une vingtaine d'entre eux s'attachèrent à sa corde et se mirent en route, donnant ainsi un certain élan à l'aérostat, qui, bien qu'il eut passé la nuit en l'air, n'était pas du tout dégonflé.

Testu, alors, profitant de ce qu'on ne le regardait plus, coupa la corde et repartit dans l'espace, aveuglant de la poussière d'un sac de lest, les paysans ébahis qui, naturellement le chargèrent d'imprécations.

Il est vrai qu'il faudrait aujourd'hui aller bien loin pour rencontrer des paysans comme ceux-là; mais on n'a pas non plus toujours un sac de lest à sa disposition.

Le plus prudent est de chercher à atterrir avant d'avoir épuisé ses provisions, et de choisir autant qu'on le peut, un espace convenable, où l'on aura toutes ses aises pour éviter le traînage d'abord et ensuite pour mettre pied à terre, et achever de dégonfler le ballon, qui une fois plié dans la nacelle, pourra rentrer à la remise par la plus prochaine gare de chemin de fer.

IX

DIRECTION DES BALLONS

Ce chapitre pourrait être à la rigueur remplacé par un point d'interrogation, la question n'étant guère plus avancée que le premier jour; cependant il n'est pas sans intérêt d'étudier les divers essais qui ont été faits depuis un siècle, car les ballons, ce qui est naturel, ne furent pas plus tôt connus qu'on cherchait déjà à les diriger.

L'idée n'avait pas été sans préoccuper les frères Montgolfier qui l'avaient à peu près retournée dans tous les sens, comme on peut le voir par leur correspondance.

Ainsi en novembre 1783, Joseph écrivait

La descente. — Le traînage.

à Étienne qui manifestait l'intention d'ajouter des rames à ses aérostats :

« En grâce, mon bon ami, réfléchis, calcule bien; si tu emploies des rames, il te les faudra faire grandes ou petites ; si elles sont grandes, elles seront lourdes; si elles sont petites, il faudra les faire mouvoir avec d'autant plus de rapidité. Faisons le compte sur un globe de cent pieds et diamètre. »

Et la conclusion de ce compte était que la force de trente hommes faisant des efforts, qu'ils ne pourraient pas soutenir cinquante minutes sans se reposer, ne suffirait pas à faire faire au ballon deux petites lieues à l'heure.

Cette autre lettre adressée le 11 décembre 1783, à Étienne par le chanoine Mongolfier (un frère aîné), prouve qu'il étudiait déjà des formes nouvelles pour essayer de résoudre le grand problème.

« Tu sais que Joseph fait faire à Lyon une grande machine de quatre-vingts à cent pieds de diamètre. Je bavardais l'autre jour dans une lettre que je lui écrivais; néanmoins cette idée me trotte par la cervelle et quoique je ne sois qu'apprenti physicien, je pourrais me croire au moins compagnon, depuis que mons Joseph m'a écrit que je

Ascension de Guyton de Morveau à Dijon, 25 avril 1784.

ui avais donné une idée lumineuse pour on projet.

« Après cet éloge de moi, revenons à nos outons.

« Ce n'est pas tout à fait la forme d'un mouton que je veux donner à votre machine, mais bien celle d'un poisson; une large queue et peu épaisse avec un équipage en baleine ou en bambou pour tenir lieu de nerfs et faire mouvoir cet immense gouvernail, qui sera de même rempli d'air inflammable. Des ailes ou plutôt des nageoires sous le ventre, de la même nature, ou simplement en taffetas, mais les plus longues possibles, et toujours remplies de gaz pour être plus légères que pareil volume d'air atmosphérique, enfin toutes les rectifications que vous penserez convenables.

« Mais, comme l'auteur de la nature a donné à chaque individu ce qui lui convenait le mieux pour remplir sa destination, suivez les modèles qu'il vous offre, et puisqu'il s'agit de voguer dans un fluide, imitez l'animal qui vogue le mieux dans un fluide.

« Tu me diras peut-être : Pourquoi ne pas imiter l'oiseau? mais il est spécifiquement plus pesant que l'air. Votre machine, plus légère, s'assimile plutôt au poisson, plus léger ou du moins en équilibre avec pareil volume d'eau. — L'oiseau est obligé de compenser par l'étendue immense de ses ailes comparées à la grandeur de son corps, et par la multiplicité et la vigueur de ses mouvements, son excédent de pesanteur. — Les nageoires du poisson seraient bien plus économiques, bien plus aisées à mouvoir, et suffisantes pour votre opération. »

Malgré ces conseils, que nous avons cités tout au long, précisément parce qu'ils mettent en présence les deux systèmes d'aviation qui divisent les inventeurs, il ne paraît pas que la machine en question ait été construite, du moins par les Montgolfier, car il parut à cette époque un poisson volant qui fut expérimenté avec un certain succès, en Espagne... si l'on s'en rapporte absolument à la gravure qui en fut répandue et qui portait comme légende :

« Poisson aérostatique, enlevé à Plazentia, ville d'Espagne, située au milieu des montagnes, et dirigé par Don José Patinha jusqu'à la ville de Coria, au bord de la rivière d'Aragon, éloignée de deux lieues de Plazentia, le 10 mars 1784. »

Mais cette gravure pourrait bien être un poisson d'avril, un peu en avance, car on ne trouve pas trace d'ascension aérostatique, entreprise par Don José Patinha, avant le 19 septembre 1784, et il est d'autant moins prouvé, que cet inventeur ait dirigé son esquif à *son gré*, qu'il n'a pas renouvelé l'expérience.

La direction de la machine aérostatique anglaise, qui avait précédé celle-là n'est guère plus authentique, on ne la connaît non plus que par la gravure affirmant que ce ballon, car c'est un vrai ballon, s'est enlevé le 22 décembre 1793, au village de Dessessebrugue, dans le pays de Galles, et que, dirigé à volonté par le docteur Jonathan, il a fait dix lieues dans l'air, avant de redescendre à l'endroit d'où il était parti.

Seulement, la légende est plus explicite; elle donne quelques détails sur la construction de la machine, qui était, paraît-il, en fil de laiton très fin, laminé et tissé en forme de toile, et recouverte d'une toile de coton enduite de mastic, le gouvernail était en même matière et la voile, de toile ordinaire.

Ce ballon n'avait point mauvaise grâce sur la gravure, mais ni la voile ni le gouvernail ne lui servirent jamais et le canon que l'on voit à l'extrémité de la nacelle n'a jamais existé que dans l'imagination du dessinateur.

La vraie première tentative de direction de ballon a été faite par Blanchard, le 2 mars 1784; encore était-elle sans conviction, c'était un pis aller; Blanchard, qui n'avait jamais pu réussir à enlever de terre sa machine à voler dont nous avons déjà parlé, s'imagina de l'accrocher à un ballon, avec une modification importante, puisqu'elle est l'idée première du parachute.

Cette ascension ne fut, d'ailleurs, pas heureuse; Blanchard, monta dans sa nacelle avec Dom Pech, un bénédictin très fort en physique et passionné pour l'aérostation, mais le ballon, qui s'était troué pendant les préparatifs, ne s'enleva pas au-delà de cinq à six mètres, la nacelle retomba si rudement sur le sol, que, malgré son amour pour la navigation aérienne, le bénédictin se laissa parfaitement convaincre que le ballon était trop lourd pour enlever deux personnes et s'en retourna chez lui pendant que Blanchard, qui avait fait sa recette et ne voulait pas rendre l'argent, réparait l'avarie pour s'enlever tout seul.

Mais autre incident : au moment où il allait partir, un élève de l'école militaire, Dupont de Chambon, s'élance dans la nacelle et veut partir aussi, Blanchard refuse, l'autre insiste et finit par tirer son épée dont il blesse légèrement l'aéronaute, déchire les ailes de la machine et brise le gouvernail de telle sorte, que lorsque Blanchard, enfin débarrassé de ce jeune fou, put faire son ascension, il opéra exactement comme avec un ballon ordinaire.

Son parachute, son vaisseau volant, ne servirent absolument qu'à éblouir les assistants et s'il descendit à Billancourt, c'est que le vent l'y avait porté.

Il prétendit pourtant le contraire et assura avoir dirigé son aérostat avec son gouvernail et ses rames, mais des physiciens qui avaient suivi son ascension d'un lieu élevé, ont démenti ses assertions.

Ce qui les dément encore mieux, c'est que dans les nombreuses ascensions qu'il fit ensuite, il ne s'embarrassa plus de son vaisseau volant, tout au plus conserva-t-il, dans les premiers temps, son gouvernail, tout aussi inutile que le reste.

Quant au parachute, que le premier il accrocha à un ballon, il ne s'en servit personnellement que plus tard, lorsque Garnerin eût fait sans danger ses premières expériences de descente, qui lui donnèrent, en quelque sorte, la gloire de l'invention, bien qu'elle appartienne à un physicien de Montpellier, nommé Sébastien Lenormand, lequel, en somme, n'avait fait que mettre en pratique un procédé qu'il avait trouvé dans les livres.

Ayant lu dans une relation de voyages que, pour amuser leur roi, des esclaves se laissaient tomber d'une très grande hauteur, sans se faire le moindre mal, à l'aide d'un parasol ouvert qui ralentissait leur chute, en trouvant de la résistance dans l'air ; il voulut essayer par lui-même et se laissa aller de la hauteur d'un premier étage, tenant un parapluie de chaque main ; la chute lui parut insensible.

Alors il se fit fabriquer un parapluie assez grand pour avoir dans l'air la résistance suffisante à porter le poids d'un homme (5 mètres de diamètre), et, dans les derniers jours de décembre 1783, il fit, du haut de la tour de l'observatoire de Montpellier, une expérience publique à laquelle assista Montgolfier.

L'appareil nouveau prit le nom de parachute; et, comme nous l'avons vu, Blanchard s'en empara; d'abord comme en cas pour sa machine à voler dont il reconnut bientôt l'inutilité, ensuite pour augmenter l'intérêt de ses ascensions, en donnant au public le spectacle d'une descente en parachute, d'animaux divers qu'il attachait après.

Bien que ces expériences, souvent répétées, eussent toujours réussi, il ne lui vint jamais à l'idée de perfectionner le parachute pour en faire, au besoin, un instrument de sauvetage pour l'aéronaute, et ce ne fut que treize ans plus tard que Jacques Garnerin y pensa.

Le 13 octobre 1797, cet aéronaute partit du parc Montceaux avec un ballon dont la nacelle était fixée à un parachute, coupa la corde qui le retenait à l'aérostat et descendit ainsi, au grand effroi des spectateurs, sans accident, il est vrai, mais non sans avoir couru des dangers, qu'il conjura bientôt en perfectionnant son appareil, c'est-à-dire en perçant son sommet d'une ouverture circulaire surmontée d'un tuyau de 1 mètre de hauteur par où l'air accumulé dans la concavité du parachute s'échappe, ce qui laisse à l'appareil toute sa puissance de résistance, et supprime les oscillations qui avaient failli coûter la vie à Garnerin.

Ce perfectionnement a servi à l'aéronaute de brevet d'invention, car le parachute d'aujourd'hui est exactement ce qu'il était en 1797, c'est-à-dire un parasol de 5 mètres de rayon, composé de 36 fuseaux de taffetas, cousus ensemble et réunis au sommet à une rondelle de bois qui supporte, au moyen de quatre cordes de 10 mètres de longueur, le panier d'osier qui sert de nacelle au parachute.

A cette corbeille sont encore attachées 36 ficelles partant des extrémités de chacun des fuseaux du parachute, dans le but de l'empêcher de se retourner par l'effort de l'air déplacé, précaution capitale, du reste, car sans cela l'appareil n'offre plus aucune sécurité.

Mais fermons cette parenthèse pour reprendre notre nomenclature, qui, pour être à peu près stérile, n'en a pas moins son intérêt.

Guyton de Morveau fit ensuite à Dijon des expériences de direction avec un ballon gréé sur ses plans, et construit aux frais de l'académie de Dijon.

Une première ascension faite par lui et l'abbé Berteaux, le 25 avril 1784, ne doit pas compter parce qu'au moment du départ le vent emporta la plus grande partie de ses appareils, mais il répéta l'expérience plusieurs fois tant avec l'abbé Berteaux qu'avec M. de Virelly, et s'il se félicita d'abord du succès, c'était évidemment pour ne pas décourager les souscripteurs, car le mémoire qu'il fit ensuite de ses essais ne péchait pas par l'enthousiasme, si bien qu'Étienne Montgolfier à qui il l'avait adressé, put lui répondre ceci :

« L'écueil imprévu qui vous a empêché de réaliser votre projet de voyage, de *poste* en *poste*, ne doit point vous décourager et vous empêcher de le tenter de nouveau. J'ai surtout admiré la franchise avec laquelle vous exposez les obstacles qui ont contrarié vos expériences, et les moyens que vous avez ima-

Poisson aérostatique de don José Patinha.

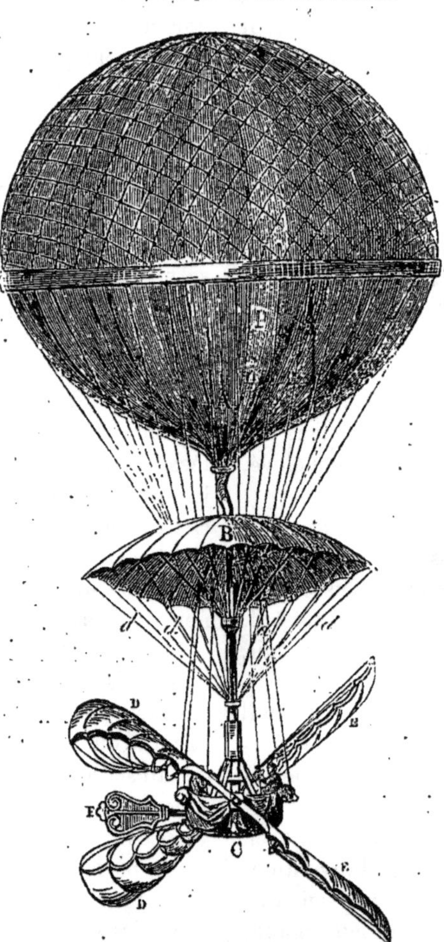

Ascension de Blanchard, 2 mars 1784.

A, Globe aérostatique attaché sur le cercle ab. — B, parasol dont les branches sont maintenues au manche par les ficelles d,d ; il ne doit servir qu'en cas d'accident pour éviter une chute violente. — C, vaisseau portant les voyageurs, fixé au manche du parachute. — D, E, nageoires mues alternativement par les voyageurs. — F, gouvernail.

ginés pour les surmonter. C'est ainsi qu'on devrait toujours écrire sur les sciences, sacrifier son amour-propre à leur avancement et rendre compte même de ses fautes pour les éviter aux autres.

« Un mémoire comme le vôtre leur est plus utile que vingt de ces poétiques descriptions qui se font gloire d'ajouter le vernis du merveilleux, comme si la nature n'était pas assez grande par elle-même sans les ornements étrangers qu'y ajoute leur imagination. »

Machine aérostatique du docteur Jonathan.

Bref, Guyton de Morveau échoua dans ses tentatives et l'académie de Dijon en fut pour les frais de nombreuses ascensions.

Disons maintenant un mot de l'appareil.

C'était un ballon ordinaire, en soie, gonflé de gaz hydrogène, mais la

Ballon du duc de Chartres. — Ascension du 15 juillet 1784.

A.A. Les deux bouts de la nacelle, représentant les gémeaux et les armes de France. B. Gouvernail. C. Rames ou ailes.

partie supérieure était recouverte d'un solide filet en tresse de ruban s'attachant à un assez large cercle en bois, qui entourait le ballon au plus grand de sa circonférence et avait pour mission non seulement de soutenir la nacelle au moyen de cordes, mais encore de servir de point d'appui aux engins de direction, c'est-à-dire à deux voiles de sept pieds de haut sur onze de large, tendues sur des cadres de bois, placés diamétralement en face l'un de l'autre comme pour figurer la poupe et la proue du navire aérien.

L'une de ces voiles, sur laquelle étaient peintes les armes des Condé, devait fendre l'air dans la direction voulue et l'autre, agir comme gouvernail.

Entre ces deux palettes, qui ne réussirent guère qu'à faire imprimer par le vent un mouvement giratoire au ballon — il y en avait deux autres, de vingt-quatre pieds de superficie, qui devaient battre l'air comme les ailes d'un oiseau; le tout devait être manœuvré, à l'aide de ficelles, par les aéronautes placés dans la nacelle.

Mais il aurait fallu qu'ils fussent pour cela plus de deux, et le ballon ne disposait pas d'une force ascensionnelle capable d'enlever plus de deux personnes, car ladite nacelle portait aussi des rames qui demandaient à être constamment actionnées et exactement, dans le même sens que celles du haut, pour n'en pas contrarier l'effet.

Outre cette difficulté, il y en avait une autre, provenant de la mauvaise disposition de l'aérostat, et qui occupait presque continuellement l'un des voyageurs : l'appendice, très prolongé en pointe jusque dans la nacelle, était fermé, par une soupape qu'il fallait constamment ouvrir, pour éviter que la dilatation du gaz ne fît éclater le ballon, dont l'enveloppe était comprimée par l'équateur en bois.

La manœuvre des voiles était donc à peu près impossible, et c'est sur le compte de cette défectuosité que l'on mit le non résultat définitif de l'entreprise.

Pendant que les Dijonnais perdaient leur temps en expériences, de moins en moins douteuses, le duc de Chartres qui devait être célèbre à un autre titre que celui d'aéronaute, sous le nom de Philippe Égalité, entreprenait de son côté de résoudre le problème, qu'on commençait à déclarer insoluble.

Il fit construire par les frères Robert un ballon ayant la forme d'un œuf et dix-huit mètres de hauteur, sur douze de diamètre; comme si cette nouveauté, d'aspect, ne suffisait pas, Meunier, depuis général de la République, mais qui s'occupait alors beaucoup de physique, imagina de remplacer la soupape par un petit ballon gonflé d'air atmosphérique, que l'on plaça dans le grand comme une sorte de diaphragme, avant qu'il fût rempli de gaz hydrogène.

De plus, comme appareils dirigeants, on pourvut la nacelle, rectangulaire et très vaste, d'un gouvernail en toile, tendue sur un châssis rectangulaire, qui s'adaptait d'un côté, tandis que de l'autre il y avait deux disques mobiles qui devaient faire office de rames ou d'ailes.

L'ascension qui se fit à Saint-Cloud, le 15 juillet 1784, fut une curiosité; il y avait tant de monde que les personnes les plus rapprochées se résignèrent à mettre un genou en terre pour que les autres pussent suivre les détails du départ.

Il fut magnifique, le ballon, trop gonflé, s'enleva comme une plume, emportant le duc de Chartres, les deux frères Robert et un de leurs cousins, M. Collin.

En quelques minutes, il disparut dans les nuages, mais les ayant traversés, il entra dans une atmosphère où les vents étaient si violents, que le ballon, leur offrant une large prise par son gouvernail, tournait sur lui-même avec une vitesse inquiétante, tout en montant dans l'espace.

On commença par arracher le gouvernail,

puis les rames; ce qui n'empêcha pas de monter, au contraire; alors pensant que la cause en était au petit ballon on coupa les cordes qui le retenaient, pensant qu'il allait tomber par l'orifice du grand; il tomba en effet, mais si malheureusement, qu'il boucha complètement cet orifice et qu'il fut impossible de le tirer en dehors.

Nouvelle cause d'ascension et si précipitée qu'en peu d'instants le baromètre accusait une altitude de 4,800 mètres.

Le danger devenait alors imminent, car le gaz du ballon, se dilatant toujours, il y avait à craindre qu'il n'éclatât, les aéronautes, à bout d'efforts pour maintenir libre l'orifice que le petit ballon s'obstinait à boucher, perdaient la tête quand le duc de Chartres par une présence d'esprit que l'on taxa très injustement de couardise, saisit l'un des drapeaux qui ornaient la nacelle et, avec le fer de la lance, fit, dans l'aérostat, un trou qui détermina une descente aussi précipitée qu'avait été l'ascension, mais qui se modéra quand le ballon traversa une atmosphère plus dense, si bien qu'il arriva sans encombre dans le parc de Meudon, près de l'étang de la Garenne.

L'expédition avait duré à peine une demi-heure et comme elle ne fut pas renouvelée, on peut considérer le système du duc de Chartres comme n'ayant pas été expérimenté.

L'Angleterre vit quelque temps après un essai du même genre, tenté par le capitaine italien Vincent Lunardi, qui, le 14 septembre 1784, fit à Londres une ascension avec un ballon, sans soupape, de 10 mètres de diamètre, qui devait emporter trois personnes : l'aéronaute, le chevalier Biggin et une jeune Anglaise, Mme Sage (tentée sans doute de donner un démenti à son nom), mais, sa force ascensionnelle s'étant trouvée insuffisante, Lunardi partit seul.

Son ballon réussit beaucoup en tant que ballon, mais les longues rames dont il avait pourvu sa nacelle ne lui furent d'aucun secours et ne l'empêchèrent pas d'aller, au gré du vent, tomber près de Standon dans le comté d'Hertford.

Après Lunardi, il faut citer le docteur Potain qui traversa le canal Saint-Georges, qui sépare l'Irlande de l'Angleterre, à l'aide d'un ballon dont la nacelle était pourvue d'un appareil hélicoïdal qui n'était qu'un perfectionnement de celui de Blanchard.

Mais il est d'autant moins prouvé que ce fut à cet appareil qu'il dut le succès de sa traversée, qu'il n'essaya point de retourner d'où il était venu ; ce qui lui eut été bien facile s'il avait vraiment trouvé le secret de la direction des ballons.

Cela se passait au printemps de 1785 ; quelques mois plus tard, Paris assistait aux expériences d'Alban et Vallet, directeurs de l'usine de produits chimiques de Javel, qui, à force de fournir de l'hydrogène aux aéronautes, avaient entrepris de le devenir eux-mêmes et de faire avancer la science d'un grand pas.

Leur système consistait dans l'application à la nacelle de deux jeux de rames disposées comme les ailes d'un moulin à vent et se mouvant de la nacelle à l'aide d'une manivelle.

Mais leurs essais, qu'ils répétèrent pourtant avec une certaine constance, ne furent point couronnés de succès.

A la même époque, l'abbé Miolan et Janinet faillirent essayer autre chose : une vaste montgolfière qui devait être dirigée dans les airs par l'effet de deux autres ballons, l'un supérieur, gonflé d'air inflammable, l'autre inférieur, gonflé seulement d'air atmosphérique, et aussi par l'effet de la montgolfière même qui, percée d'une ouverture latérale devait trouver un moyen de direction par la réaction qui se produirait dans l'atmosphère par l'air dilaté, échappant de cette ouverture.

Malheureusement, peut-être bien heureusement pour eux, leur Montgolfière prit feu pendant l'opération du gonflement et ils en furent quittes pour être battus par le public, qui les accusait d'avoir mis le feu eux-mêmes pour n'être pas obligés de partir, et pour être chansonnés par le reste des Parisiens... Car c'était le moment où comme le

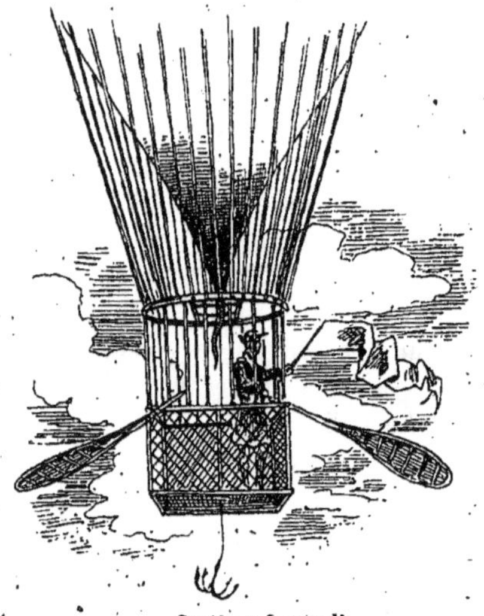

Système Lunardi.

disait Beaumarchais, tout finissait par des chansons.

L'idée d'Alban et Vallet fut reprise et

Système Testu-Brissy.

perfectionnée par Testu-Brissy, alors débutant, mais qui devait devenir un aéronaute célèbre.

Au lieu d'ailes de moulin à vent, il imagina de mettre à sa nacelle des aubes de

Système Alban et Vallot.

moulin à eau; il est vrai que cela ne réussit pas davantage.

Testu-Brissy chercha sa notoriété ailleurs ;

Ascension équestre de Testu-Brissy.

exploitant comme Blanchard la curiosité publique, à l'égard des ballons, il transporta de tous côtés son aérostat, et fut le premier à enlever un cheval dans sa nacelle, non

Machine à voler de Deghen.

pas attaché, et l'équivalent d'un paquet inerte, comme le fit plus tard Poitevin, mais sellé, bridé et lui servant de monture, ce qui, soit dit en passant, devait être un grand

Aérostats du système Petin.

embarras, dans les régions élevées et une difficulté énorme pour la descente.

Mais revenons aux essais de direction par les théories de Monge et de Meunier.

Meunier, dont le petit ballon diaphragme n'avait pas réussi dans l'ascension de Saint-Cloud, tenait à son idée qu'il retourna d'une autre façon dans un travail assez remarquable.

Ainsi, il voulait un ballon sphérique entouré d'une seconde enveloppe qu'on remplirait d'air comprimé au moyen d'une pompe foulante placée dans la nacelle.

Cette accumulation d'air atmosphérique entre les deux enveloppes donnait du poids au système et lui permettait de pouvoir descendre à volonté.

Pour remonter, il suffisait de se délester par une soupape d'une partie de l'air comprimé.

Ce n'était en somme qu'un principe d'aérostation qui mériterait peut-être d'être essayé... Quant à la direction absolue, Meunier avait trop de science pour s'en flatter... Il comptait surtout sur les courants atmosphériques et, pour les chercher, il proposait de fixer à la nacelle un moteur composé d'un certain nombre de palettes en forme d'ailes de moulin à vent, placées avec une telle inclination autour d'un axe, qu'en déplaçant l'air elles imprimaient à cet axe un mouvement longitudinal qui devait se communiquer à l'aérostat.

Cette combinaison était peut-être réalisable, mais il aurait fallu pour cela un moteur plus puissant que les bras des passagers et Meunier n'en indiquait pas d'autres.

D'ailleurs elle ne fut jamais expérimentée pas plus que le système de Monge, qui, comme on va le voir, n'était pas pratique.

Monge ne voyait la direction de l'aérostat possible, qu'avec une série de vingt-cinq ballons sphériques, attachés l'un à l'autre et se suivant comme les grains d'un chapelet.

Chacun de ces ballons devait avoir, dans sa nacelle, un ou deux aéronautes obéissant au chef de l'expédition et exécutant les ordres qu'il leur transmettrait au moyen de signaux, c'est-à-dire montant et descendant au moyen du lest ou de la soupape, de façon à ce que l'ensemble décrivît dans l'air les mouvements de spirale que fait l'anguille dans une rivière.

C'était bien là, dans toute l'acception du mot, un projet en l'air, et qui ne mériterait pas même mention s'il n'empruntait une certaine autorité au nom de Monge.

Un autre plan, qui ne fut pas mis à exécution, parce qu'à l'époque où il se produisit, on avait autre chose à faire qu'à diriger des ballons, fut celui du baron Scott de Martinville, qui réunit un certain nombre de souscripteurs au commencement de l'année 1789.

Il s'agissait d'un immense aérostat affectant la forme d'un poisson, avec nageoires articulées et mobiles, devant imiter dans l'atmosphère, la marche du poisson dans l'eau; idée qui avait déjà hanté les Montgolfier et qui devait être reprise bien des fois.

Le premier qui en essaya la réalisation fut Pauly de Genève, l'inventeur du fusil à piston, qui, en 1816, se mit en tête d'établir à Londres un service de transports aériens et fit construire pour cela un gigantesque ballon, qui, avec la nacelle qui pendait dessous armée d'un gouvernail en queue de poisson et d'une énorme nageoire, avait à peu près la forme d'une baleine.

Mais le succès ne couronna point son entreprise.

Quelques années avant, un horloger de Vienne, nommé Jacob Deghen, était venu se faire bafouer à Paris.

Cet inventeur avait imaginé d'accrocher, en guise de nacelle à son aérostat, un appareil composé de deux cerfs volants et d'un plan incliné qui, devant se porter à droite ou à gauche selon la pression exercée par les pieds ou les mains de l'aéronaute, offrirait à l'air assez de résistance pour imprimer une direction au ballon.

Mais, non seulement l'aérostat ne voulut pas se laisser diriger, mais il refusa de s'enlever, si bien que la populace, exagérant, le droit... qu'à la porte on achète en entrant, rossa le pauvre aéronaute et détruisit sa machine, qui, en somme, n'était qu'une imitation non perfectionnée du deuxième système de Blanchard.

Après cet insuccès on fut une dizaine d'années sans entendre parler de direction des ballons, mais le génie inventif se réveilla et Edmond Génet, frère de madame Campan, qui s'était fixé aux États-Unis, publia en 1825 un mémoire sur un aérostat dirigeable dont il avait obtenu le privilège du gouvernement américain.

Il n'en abusa pas de ce privilège, il ne put même, faute de souscripteurs, en user pour faire construire sa machine, qui se composait d'un ballon ovoïde, long de cent cinquante pieds, large de quarante-six et haut de cinquante-quatre.

Cet aérostat colossal devait recevoir son impulsion d'un manège mû par des chevaux; il fallait pour cela une nacelle d'une certaine ampleur, d'autant que l'inventeur plaçait encore dans cette nacelle les matières et les appareils nécessaires à la fabrication de l'hydrogène.

Vint après le système Dupuis-Delcourt et Régnier.

Il consistait en un ballon de forme ellipsoïde, soutenant en guise de nacelle, un plancher sur lequel était fixé un arbre terminé par une hélice, et devant prendre son mouvement de rotation d'un engrenage mû par une manivelle.

La notice qui accompagnait ce plan disait :

« Pour obtenir l'ascension ou la descente, on dispose entre l'aérostat et la nacelle un châssis recouvert d'une toile résistante et bien tendue. Si l'aéronaute veut s'élever il baisse l'arrière de ce châssis, et la colonne d'air, glissant en dessous, fait monter la machine. S'il veut descendre, il abaisse le châssis par devant, l'air qui glisse en dessus oblige l'appareil à descendre. »

C'était bien, en supposant un air parfaitement calme, car la moindre bourrasque aurait dérangé tout le système et pas toujours sans danger; mais il n'y avait là de prévu que la montée et la descente, qui s'obtiennent bien plus facilement avec le lest et la soupape; la direction dans l'air restait toujours à l'état de problème.

Ce projet, du reste, ne fut pas mis à exécution et Dupuis-Delcourt consacra ses ressources et son génie inventif à la construction de son électro-substracteur, qui occupa beaucoup plus la science.

A la vérité, il n'était plus question de direction de ballon, il s'agissait d'un appareil gonflé de gaz hydrogène pur, destiné à se maintenir à une hauteur de mille à quinze cents mètres pour établir une relation continue entre le fluide électrique de l'air et celui de la terre, et devenir ainsi, grâce à sa forme cylindrique dont les extrémités étaient armées de pointes, un paratonnerre aérien.

L'inventeur mit des années à chercher une matière suffisamment imperméable pour conserver indéfiniment l'hydrogène dans ses flancs; il trouva enfin que le cuivre en lames très minces remplissait toutes les conditions voulues, se ruina dans la construction de son aérostat et mourut sans avoir la satisfaction de le voir expérimenter.

M. de Lennox, qui se ruina aussi pour l'aérostation, mais sans profit pour la science, puisqu'il rêvait la direction, ne fut pas plus heureux.

Ayant jeté une centaine de mille francs dans la construction d'un aérostat dirigeable, devant contenir le gaz pendant plus de quinze jours, il ne put réussir à essayer son système.

Le 17 août 1834, il annonça une expérience publique, et la foule, quoique un peu blasée déjà par des déconvenues précédentes, s'assembla au Champ de Mars.

L'*Aigle*, tel était le nom de l'aérostat,

était magnifique d'aspect, il avait 50 mètres de long sur 20 de hauteur, et sa nacelle, longue de 20 mètres, pouvait, d'après le programme, enlever dix-sept personnes sans compter le gouvernail, les rames tournantes, les vessies natatoires et les autres agrès qui devaient servir à le diriger.

Mais tout cela était si pesant que le ballon ne put s'élever de terre, ce que voyant, la multitude, comme un enfant, qui brise un jouet dont il ne peut pas se servir, le mit en pièces, détruisant ainsi, par un accès de mauvaise humeur, les espérances et la fortune d'un homme qui n'avait que le tort de ne pas réussir du premier coup.

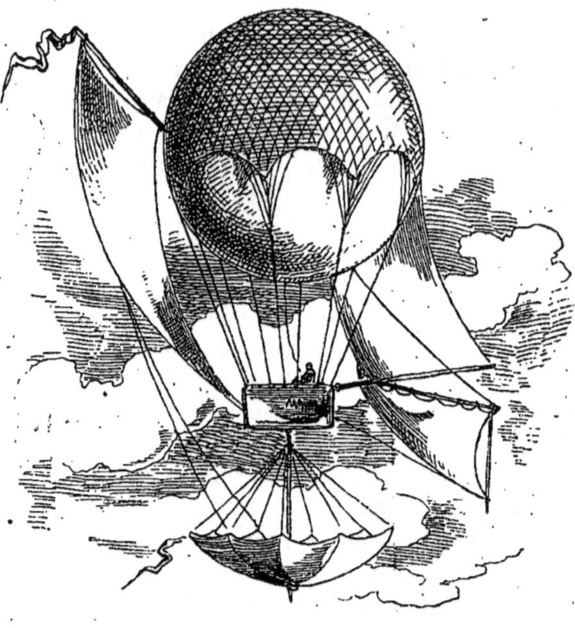
Système Henin.

Après cet essai malheureux vint celui de M. Eubriot en octobre 1839.

Système Ruder. Système Pauly.

L'aérostat de cet inventeur avait la forme d'un œuf; mais par un faux calcul il se présentait par le gros bout : ce qui donnait plus de difficulté, au mouvement qu'on avait la prétention de lui donner, avec des moyens bien insuffi-

Système Jarcot.

sants d'ailleurs, puisqu'ils consistaient en deux moulinets actionnés à bras d'hommes.

C'était encore à recommencer, mais les mécaniciens ne se décourageaient pas et l'on vit apparaître successivement, tant sur le papier que dans les airs, c'est-à-dire beaucoup plus sur le papier, les divers systèmes dont nous allons dire quelques mots.

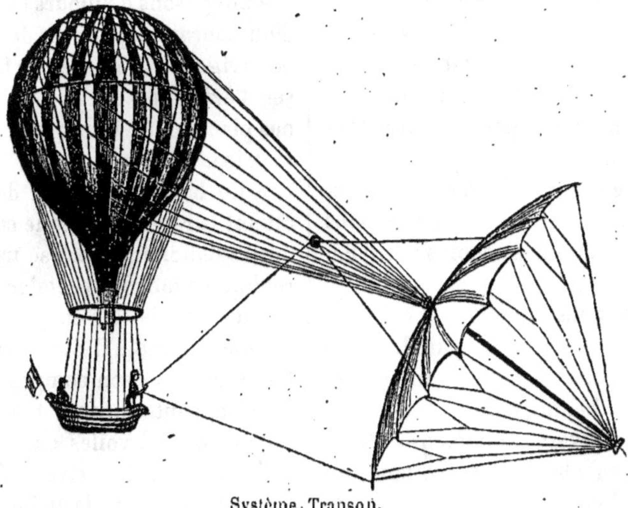

Système Transon.

Le système Henin consistait dans un ballon sphérique, portant au-dessous de sa nacelle un parachute posé en sens inverse dans le but de ralentir l'ascension du ballon et de favoriser l'action de l'air, sur trois voiles attachées à l'aérostat par de véritables vergues, et qu'on pouvait gouverner et orienter de la nacelle, exactement comme les voiles d'un canot.

Système Helle.

Système Segel.

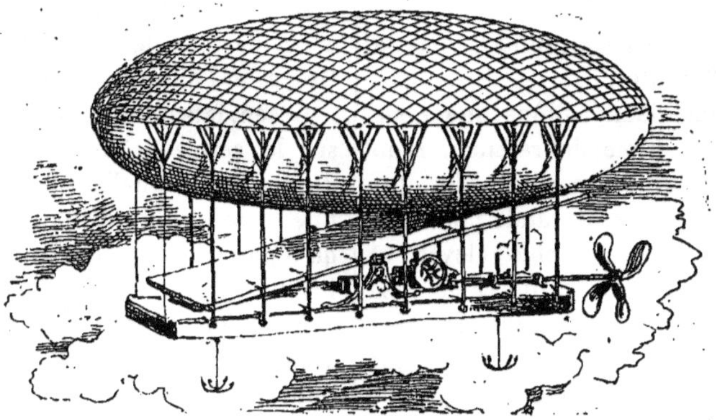

Système Dupuis-Delcourt.

Ce n'était, en somme, que la modification du système Ruder,

qui comportait aussi des voiles, mais, qui, au lieu d'un parachute au-dessous de sa nacelle, avait un second aérostat sphérique comme le premier, mais d'une puissance ascensionnelle moindre pour pouvoir toujours rester au-dessous.

Et de fait, si ce second globe eut pu se tenir constamment à bout de câble, au-dessous de l'autre, la direction, au moins partielle, eut été possible.

Mais toute la question était là? L'idée de M. Henin fut reprise bientôt par M. Transon qui voulait se servir du parachute, fixé, alors, au filet du ballon, comme d'un gouvernail qu'on pouvait manœuvrer de la nacelle, non pas absolument comme un moyen de direction, mais comme moyen de stabilité, ce qui est déjà un point capital.

Quant à la direction il ne la jugeait possible que par l'accouplement de deux ballons, ainsi qu'il l'écrivait lui-même dans le *Magasin pittoresque* (mai 1844).

« J'ai eu soin, dit-il, d'expliquer pourquoi c'est une tentative chimérique de vouloir obtenir la locomotion dans l'air au moyen d'une force qu'on développerait au sein même de la couche dans laquelle on prétend naviguer. Mais la question change de face si on se propose de tirer parti de quelques forces naturelles extérieures au navire aérien, extérieures même à la couche d'air où il est plongé.

« Ces forces existent : ce sont les courants de direction diverse qui, fréquemment, règnent à la fois dans l'atmosphère, mais à des hauteurs différentes.

« Construisons deux ballons que nous réunirons par un câble de retenue. L'un d'eux aura une force ascensionnelle plus grande que l'autre, assez grande pour à la fois atteindre une région plus élevée, et aussi soutenir tout le poids du câble. Les deux ballons, ainsi liés ensemble, forment d'ailleurs un système libre dans l'espace; c'est ce système de deux ballons conjugués que j'appelle l'*aéronef*.

« Supposons d'ailleurs l'existence actuelle d'un courant supérieur, de même que, pour la navigation à la mer, il faut bien supposer l'existence du vent lorsqu'on ne veut pas placer dans le navire même une force motrice.

« Le ballon supérieur de l'aéronef aura atteint la région où règne ce courant, tandis que le ballon inférieur se trouvera dans une région calme. Le premier obéira donc au courant ; mais il n'en prendra pas toute la vitesse comme s'il était isolé, car il traîne à la remorque son compagnon. »

De là, l'auteur conclut qu'en manœuvrant habilement les voiles dans les deux ballons à la fois, on doit arriver à diriger l'aéronef.

C'est fort bien, la théorie est parfaite et la déduction rationnelle, mais le point de départ est-il exact? est-on sûr de trouver des courants superposés?

Là est la question.

Il y en a même encore une autre, car une fois les courants trouvés, il n'est pas assuré que, malgré sa force ascensionnelle moindre, on puisse tenir le petit ballon qui n'a rien à porter dans une région suffisamment inférieure à l'autre, sans arriver à le dégonfler très vite à force de faire jouer la soupape.

L'expérience n'ayant jamais été faite, on ne peut émettre que des conjectures, mais elles ne sont pas favorables à la réussite, d'autant qu'en ce qui concerne l'effet à espérer des voiles, tout avait été essayé déjà et en dernier lieu par l'aéronaute anglais Green, et l'allemand Segel.

Green, faisant les choses largement, posait sur le cercle de son aérostat une longue vergue sur laquelle s'enroulait au besoin une voile trapézoïdale, relativement vaste, qu'il pouvait, au moyen de poulies, hisser jusqu'à l'équateur du ballon.

Vingt fois il renouvela ses tentatives, et vingt fois il ne réussit qu'à une chose qui tombe d'ailleurs sous le sens, c'est-à-dire à prouver qu'une voile adaptée à un aérostat ne fait qu'augmenter la surface déjà considérable qu'il donne en prise aux courants aériens et par conséquent neutralise absolument toute puissance directrice.

La voile de Ségel partait aussi de l'équateur, mais elle venait aboutir dans la nacelle même, ce qui était un embarras de plus; en outre la nacelle était encore munie d'avirons, le tout pouvant servir d'auxiliaire au courant d'air atmosphérique, mais restant de nul effet en sens contraire.

On ne s'en convainquit pas de sitôt et si les inventeurs abandonnèrent peu à peu les voiles, nombre d'entre eux cherchèrent encore un point d'appui par les avirons, notamment Lehmann qui, dans une ascension assez remarquable qu'il fit au Prater de Vienne, munit sa nacelle de trois paires de longues rames, qui firent beaucoup d'effet au départ, mais ne lui rendirent aucun service, lorsqu'il fut en l'air.

Il avait pourtant modifié la forme de son ballon qui était plus allongé que ceux qu'on avait construits jusqu'alors.

Le système Helle, qui n'était qu'une combinaison de volants et d'hélices mus par la force de deux hommes, ne donna pas plus de résultats que tous les ballons à rames expérimentés déjà; les moyens étaient perfectionnés en ce sens que la nacelle, carrée, portait une hélice sur chaque face et qu'une cinquième pendait au-dessous pour servir de gouvernail, mais tout cela ne pouvait avoir d'action sur un ballon sphérique.

Ce qui fut prouvé surabondamment par les essais faits en Allemagne par Schlechtweg de Fribourg et Carl Rozenberg.

Ce dernier avait imaginé un ballon cylindrique, supportant en guise de nacelle, une demi-sphère d'un diamètre double et dans laquelle était installée une paire de rames à aubes, devant communiquer le mouvement à l'aérostat.

C'était le système Testu-Brissy, si peu perfectionné qu'il ne réussit pas mieux.

Schlechtweg avait muni son aérostat sphérique d'un équateur et d'armatures en fer, pour soutenir une assez lourde nacelle en forme de galerie circulaire et d'un diamètre égal sinon plus grand que celui de l'équateur du ballon.

A cette nacelle étaient fixées quatre hélices, aux extrémités de deux arbres se croisant à angle droit et munis d'engrenages pour recevoir leur mouvement d'un moteur, sur lequel on manque de détails, probablement parce qu'il n'y en avait point à donner; car c'est toujours par le moteur que pêchent les inventions que nous passons brièvement en revue.

Le système Jarcot, qui fit après cela quelque bruit, bien que resté sans application, rompait en visière avec la forme adoptée.

Son aérostat, rappelant, du reste, celui de Pauly, était allongé comme une gigantesque moitié d'œuf posée en travers; au-dessous pendait une nacelle aussi longue que le ballon, munie à l'avant d'une hélice communiquant par un arbre de couche avec un gouvernail articulé en queue de poisson.

Au milieu de la nacelle une puissante nageoire aurait pu avoir quelque prise sur l'élément atmosphérique, si l'appareil avait été pourvu d'un moteur capable de lui imprimer des mouvements suffisamment précipités pour lutter contre les courants aériens.

Mais le moteur faisait complètement défaut, l'inventeur se contenta du reste de publier ses plans sans essayer de les mettre en pratique.

Cette forme de poisson, la meilleure peut-être pour l'aérostat dirigeable — autant que cela est possible — a été adoptée aussi par MM. Julien et Samson, qui, s'appuyant sur les expériences faites à l'hippodrome avec un appareil de sept mètres de longueur dont les hélices, mises en mouvement par un ressort d'horlogerie, fonctionnèrent très bien dans une atmosphère abritée, construisirent un ballon plus effilé que celui de Jarcot et disposé d'ailleurs tout autrement.

Cet aérostat avait pour propulseurs deux hélices, mais elles n'étaient pas adaptées à la nacelle, point mort dans l'espace, mais

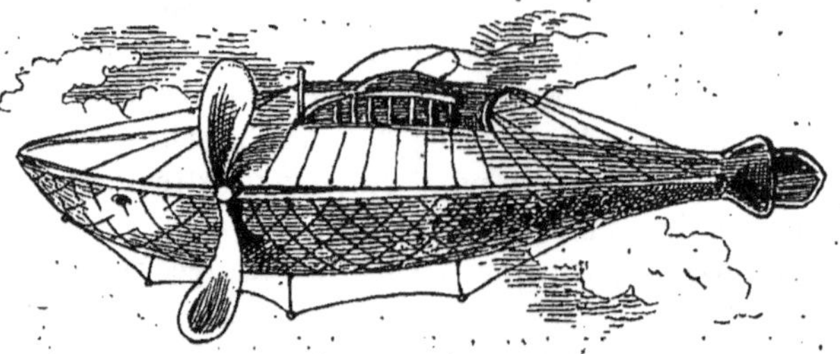

Système Julien et Samson.

au centre même de la résistance, sur l'équateur du ballon.

Ce fut encore le moteur qui manqua, car le ressort d'horlorgerie qu'il faut remonter trop

Ascension de M. Giffard, le 22 septembre 1852.

souvent pour que les interruptions de mouvement ne soient pas nuisibles à la marche, est incapable de donner la force nécessaire.

Il nous en reste autant à dire de quelques systèmes allemands, ayant à peu près le même point de départ et dont les plus connus sont ceux de H. Bell et de Mertens.

Le premier se composait d'un aérostat cylindrique, terminé en cone des deux bouts, mais auquel une carcasse en osier treillissé donnait une certaine consistance, même avant le gonflement.

La nacelle, allongée, était chargée d'une hélice double et d'un gouvernail très allongé en forme de spatule.

L'aérostat Mertens était encore plus compliqué; affectant la forme d'un cigare, il était traversé de part en part, d'un axe qui se terminait à l'avant par une pointe devant lui frayer sa route, et à l'arrière par un gouvernail en queue de poisson.

La nacelle était dans l'aérostat même et suspendue à l'axe autour duquel devaient tourner au moyen d'un moteur... à trouver

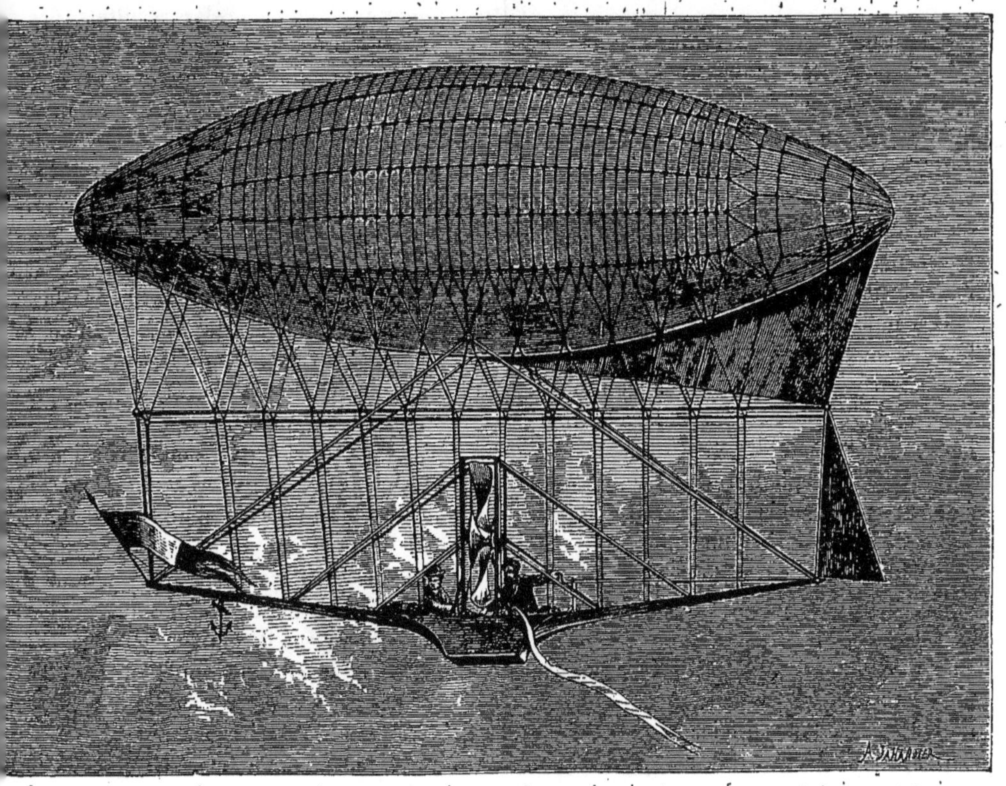

Le ballon Dupuy de Lôme (première idée).

une série de roues qui devaient déplacer l'air et permettre la direction du ballon.

Mais tout cela était d'autant plus contingent que le moteur n'était pas trouvé.

Le système Petin, qui apparut vers 1851, revenait à la forme sphérique des ballons, seulement il ne se contentait pas d'un seul.

L'inventeur, jadis bonnetier dans la rue Saint-Denis, ce qui ne l'empêchait pas d'avoir des idées, réunit quatre aréostats dans le sens horizontal et leur donna, en guise de nacelle unique, une sorte de pont composé d'une charpente en bois de 66 mètres de long sur 10 de large.

Le plancher de ce pont était formé de châssis mobiles garnis de toile, et que l'on pouvait faire jouer comme les lames d'une jalousie, pour offrir plus ou moins de résistance à l'air atmosphérique.

En outre, aux extrémités prolongées de

ce pont, s'élevaient des voiles triangulaires fixées à l'équateur des ballons extrêmes.

L'ensemble ne manquait ni de grandiose ni d'harmonie, surtout sur le dessin, où les ballons, bien gonflés, ne songeaient point à se heurter pour dévier de la position verticale.

Mais la pratique ne laissait pas d'être inquiétante; car cet appareil qui pêchait par le point de départ, puisqu'il ne possédait point de moteur, ne pouvait se mouvoir (si les diverses forces ascensionnelles des quatre ballons ne s'y opposaient pas) qu'en montant ou en descendant.

Or, comme pour s'élever ou s'abaisser, il faut perdre du lest ou du gaz, il s'ensuivait qu'on ne pouvait atteindre une partie du but proposé, qu'au détriment des éléments constitutifs du mouvement.

Ces objections, et bien d'autres furent faites à M. Petin, mais il ne s'en inquiéta pas, et organisa partout des conférences pour recueillir les capitaux nécessaires à l'exécution de son projet.

Au mois de septembre 1851, son appareil était construit, mais la préfecture de police lui refusa l'autorisation d'exécuter son ascension, dans la crainte de compromettre l'existence des personnes qui devaient partir avec lui.

L'inventeur jeta les hauts cris, ce qui s'explique de reste, et passa en Angleterre où il ne put pas davantage faire son expérience.

Il fut plus heureux aux États-Unis, du moins au point de vue des autorisations nécessaires; la libre Amérique lui permit de risquer sa vie et celle des hommes de son équipage en enlevant son aérostat sur la place d'armes à la Nouvelle-Orléans.

Il n'en abusa pas, car il ne put jamais arriver à gonfler ses quatre ballons.

L'expérience est toujours à faire, n'étant jamais venu à l'idée de personne de mettre à profit les combinaisons de M. Petin.

Cependant la navigation aérienne allait entrer dans une voie plus pratique : M. Henri Giffard, jeune ingénieur, qui devait un peu plus tard se rendre célèbre par l'invention d'une machine remplaçant, dans les chaudières à vapeur, la pompe aspirante et foulante d'alimentation, et qu'on connaît partout sous le nom d'*injecteur Giffard*; M. Henri Giffard, très préoccupé du grand problème de direction aérostatique, s'était convaincu aussi bien par le raisonnement mathématique, que par les résultats des expériences précédentes, que ce qui manquait surtout aux ballons, qui ne pouvaient devenir dirigeables qu'à la condition de prendre une forme allongée, pour traverser plus facilement les couches de l'atmosphère, c'était un moteur assez puissant pour imprimer à l'aérostat une impulsion plus forte que la résistance atmosphérique.

En conséquence il imagina un aérostat à vapeur qu'il expérimenta publiquement le 22 septembre 1852, et qu'il a décrit lui-même dans le journal la *Presse* quelques jours après l'ascension.

Cet appareil consistait en : un ballon de forme allongée, représentant par sa section à peu près celle d'un navire et terminé de chaque côté par une pointe.

Long de 44 mètres sur 12 de diamètre au centre, et contenant 2.400 mètres cubes de gaz d'éclairage, il était enveloppé dans sa partie supérieure, d'un filet dont les extrémités venaient se réunir en pattes d'oie à des cordes qui soutenaient horizontalement une traverse de bois, de 20 mètres de longueur, traverse munie à son extrémité d'une voile triangulaire fixée à la dernière corde du filet et servant à la fois de gouvernail et de quille.

Car on pouvait, au moyen de deux manœuvres aboutissant à la machine, l'incliner à droite ou à gauche pour produire la déviation nécessaire à changer immédiatement de direction, voilà pour l'office du gouvernail; celui de la quille se remplissait de lui-même par la position de la voile qu'il suffisait de laisser en place dans l'axe de l'aérostat pour qu'elle maintînt l'ensemble du système dans la direction du vent.

La machine motrice était suspendue, par un ensemble de cordes solides, à six mètres au-dessous de la traverse, sur une sorte de brancard de bois plancheié, et balconné, comme une nacelle, pour porter, outre le moteur, le mécanicien, et son double approvisionnement d'eau et de charbon.

Cette machine, d'une force nominale de trois chevaux, était, comme on le pense bien, d'une construction spéciale : Sa chaudière, verticale et à foyer intérieur, sans tubes, était entourée d'une enveloppe de tôle, qui, utilisant au mieux la puissance calorique du charbon, permettait au gaz de la combustion de s'écouler à une plus basse température.

Du reste, le tuyau de la cheminée était renversé de sorte que la fumée, quelquefois chargée d'étincelles, était dirigée par le bas et ne pouvait communiquer l'incendie au gaz de l'aérostat.

Pour diminuer encore la fumée la machine était chauffée par le coke qui brûlait sur une grille entourée d'un cendrier, de sorte qu'extérieurement on n'apercevait aucune trace de feu, ce qui atténuait encore le danger.

Quant au moteur proprement dit, c'était un cylindre vertical renfermant un piston, qui, par l'intermédiaire d'une bielle, faisait tourner l'arbre coudé placé au sommet.

Cet arbre était terminé par une hélice à trois palettes de 3^{m},40 de diamètre qui faisait environ cent dix tours à la minute.

Eh bien ! cette machine propulsive, bien que représentant l'équivalent du travail de plus de trente hommes, était encore insuffisante, car elle ne donnait qu'une vitesse de 3 à 4 mètres par seconde, tandis que celle du vent, le jour de l'ascension, et presque toujours d'ailleurs, est plus considérable.

Aussi l'expérience, bien que des plus intéressantes, et on peut même dire des plus décisives, fût-elle incomplète.

M. Giffard s'enleva parfaitement dans les airs, gagna l'attitude de 1.800 mètres sans dépenser un sac de lest, ce qui s'explique en ce que sa consommation progressive d'eau et de charbon, lui en tenaient lieu : mais, s'il réussit par moments à faire dévier son aérostat de la ligne du vent, il ne put le diriger absolument et vint descendre sans accident auprès de Trappes.

Ce résultat n'était pas de nature à décourager l'inventeur, aussi en 1855 renouvela-t-il son expérience avec un ballon plus grand (3.200 mètres cubes) et une machine à vapeur plus puissante, mais, malheureusement, le vent était encore plus violent, de sorte qu'après avoir tenu tête au courant aérien pendant assez longtemps pour prouver que ses efforts n'étaient pas stériles, il fut obligé de s'y abandonner.

M. Giffard se convainquit alors qu'il n'y avait rien de décisif à tenter, avant de pouvoir construire des aérostats, assez imperméables pour contenir de l'hydrogène pur sans déperdition ; et c'est pour arriver à la solution de ce problème qu'il se lança dans la construction de ces ballons captifs dont nous ne parlerons pas maintenant pour ne pas interrompre notre revue des essais de ballons dirigeables.

***

L'application de la vapeur à l'aérostation, qui parut en France si audacieuse, n'était cependant point une chose nouvelle, l'Amérique en avait eu la primeur dès 1843, par la construction d'une machine aérienne, qu'un M. Henson prétendait utiliser au transport des voyageurs et des marchandises.

Il est vrai que les résultats en furent si peu éclatants qu'elle ne préoccupa guère l'opinion publique de ce côté de l'Atlantique.

Nous dirons pourtant quelques mots de cette machine, dont nous avons trouvé un dessin dans un journal du temps.

Elle se composait, comme on le verra par ce dessin que nous reproduisons, d'un châssis en bois de cinquante mètres de long sur dix de large, disposé en plan incliné et recouvert d'une étoffe de soie, posée par bandes longitudinales, de façon à représenter une immense aile de moulin, mais sans jointures, sans articulations ; le mouvement devant seulement se produire parce qu'un côté de cet appareil se trouvait plus élevé que l'autre au moyen d'un double plancher fixé à des mâts et recouvrant la partie arrière.

Vers le milieu de la partie inférieure, destinée à être l'avant du navire aérien, s'élevait une voile triangulaire articulée comme les ailes d'une chauve-souris.

Machine aérostatique de M. Henson.

Cette voile, de quinze à seize mètres de longueur, faisait office de gouvernail et était manœuvrée par une barre à pivot placée dans l'intérieur de la voiture nacelle, c'est-à-dire sous la main du pilote.

Car la plus grande curiosité de cette machine, qui, d'ailleurs, ne ressemblait en rien à un ballon, c'est qu'elle portait au-dessous de son châssis une véritable voiture disposée pour recevoir voyageurs et marchandises et munie de roues, probablement pour amortir l'effet de la réaction au moment de toucher terre, mais aussi dans un autre but qu'on s'expliquera tout à l'heure.

Cette voiture renfermait aussi le moteur, machine à vapeur très légère (elle ne pesait que 600 livres), relativement à sa force de 20 chevaux.

Cette machine, qui actionnait deux grandes roues à vannes de 7 mètres de diamètre,

30.

LE BALLON CAPTIF. — L'APPAREILLAGE DE LA NACELLE.

disposées comme celles d'un moulin à eau, et placées verticalement de chaque côté du gouvernail, était d'une construction particulière et il faut reconnaître que le générateur et le conducteur étaient aussi nouveaux qu'ingénieux.

Le premier se composait d'une cinquantaine de cônes tronqués, renversés et disposés au-dessus et tout à l'entour du foyer, dont ils absorbaient ainsi tout le calorique en préservant du contact les matières inflammables.

Le condensateur était formé d'un certain nombre de petits tubes exposés au courant d'air produit par le mouvement de la machine.

Dans l'esprit de l'inventeur, ce moteur, fort bien compris, n'était pourtant qu'un accessoire.

Se basant sur ce que son appareil, ne pesant en tout que 1.800 kilogrammes, pour une superficie totale de 1.500 mètres carrés, était proportionnellement plus léger que beaucoup d'oiseaux; il comptait qu'il pourrait se mouvoir seul, lorsqu'il aurait acquis assez d'élan.

Pour cela il lui fallait une espèce d'embarcadère, aussi élevé que possible, disposé en plan incliné d'où il lançait sa machine dans l'espace.

C'est pourquoi il fallait des roues à la voiture.

La machine, une fois lancée, devait acquérir par la descente, la vitesse nécessaire pour se soutenir dans l'atmosphère pendant le reste du voyage.

Seulement, comme la résistance qu'elle rencontrerait dans l'air ralentirait progressivement cette vitesse, il avait ajouté à son appareil la machine à vapeur qui devait renouveler le mouvement.

Malheureusement, si tout cela était parfaitement combiné sur le papier, il se rencontra tant d'obstacles à l'exécution que la machine Henson ne remplit point le but pour lequel elle avait été créée.

Revenons maintenant en France où les succès relatifs du ballon Giffard avaient fait éclore la société française des aéroscaphes, fondée dans le but de prouver la possibilité de la direction des ballons, et qui, pour prêcher d'exemple, exposait un appareil très ingénieux, construit, en petit, par M. Charvin, et s'adressait, par voie de prospectus, à l'initiative privée, pour réunir les ressources nécessaires à le construire en grand et à l'expérimenter publiquement.

Le meilleur moyen de faire connaître cet aéroscaphe est de reproduire ici le prospectus, qui exposait ainsi les principes d'après lesquels un aérostat peut être dirigeable :

« 1° La faculté de pouvoir, à volonté et sans perte de gaz, modifier en plus ou en moins le rapport de son poids spécifique à celui du milieu ambiant déplacé, ce qui permettra de monter et descendre à volonté.

« 2° La faculté de pouvoir à volonté déplacer son centre de gravité pour prendre, par rapport au plan normal de statique, tels plans inclinés que comporteront les besoins de descente ou d'ascension.

« Nous croyons devoir insister sur ce que la réunion de ces deux conditions suffirait à elle seule pour déterminer la progression forcée d'un aérostat dans une direction voulue.

« 3° La faculté de pouvoir, à volonté, soit que l'on marche en avant ou en arrière, opérer dans la masse atmosphérique, même contre le vent s'il y a lieu, et antérieurement à la marche de l'aérostat, une rupture d'équilibre suffisante pour faire résulter un effet utile de la pression qui reste constante dans les autres points du milieu.

« 4° La solidarité intime de la nacelle et de l'aérostat afin qu'il ne se produise pas à la marche des résistances qui useraient inutilement partie de la force de progression déployée.

« Pour l'obtenir au plus haut degré possible, nous avons placé la nacelle au dedans de l'aérostat même, entre les parties de ballon qui le composent.

« 5° Afin de présenter toute la sécurité désirable, l'aérostat sera divisé en plusieurs compartiments de sorte qu'une rupture, un accident quelconque de l'enveloppe, n'agissant que sur une partie, ne puisse compromettre l'ensemble.

« 6° Une enveloppe le moins possible perméable au gaz, afin de n'en pas permettre la déperdition.

« 7° Des soupapes de sûreté.

« 8° Des propulseurs latéraux, indépendants les uns des autres, afin qu'en arrêtant ceux d'un côté, sans que ceux de l'autre cessent de fonctionner, on puisse obtenir même des conversions de l'aérostat sur lui-même ou des changements de direction dans des angles prononcés.

« Ils auront, en outre, pour objet de le soustraire aux effets du vent qui le prendrait en flanc, car ils feront dévier son action selon les tangentes de leur rotation.

« 9° La faculté de se mouvoir, à volonté, soit en avant, soit en arrière, sans qu'on soit obligé de virer de bord.

« Ce qui, de plus, combiné avec les conditions 1 et 2, rendra efficacement maître de la descente à un point donné. A cette fin, les extrémités de l'aérostat seront conformes mais symétriques.

« 10° La forme de l'aérostat sera un ellipsoïde allongé. C'est celle qui laissera le moins de prise au vent, quelle que soit la direction d'où il vienne ; dans le même but, il sera recouvert d'une légère carapace en alumium.

« 11° A chacune des extrémités et de chaque côté seront des gouvernails pour les changements de direction par légères inflexions.

« Ils seront de plus susceptibles de fonctionner dans un plan horizontal ou vertical, à volonté, afin que, selon les besoins, ils puissent ne pas présenter de surface au vent, ou, après action, être facilement ramenés au point de départ sans produire de réaction sur l'aérostat.

« 12° Des voiles triangulaires seront symétriquement disposées dans l'axe du centre de gravité de l'appareil. Elles s'enrouleront sur leurs vergues comme des stores et concourront, selon les circonstances, soit à la marche, soit à la direction de l'aérostat, d'après le calcul de la surface de toile laissée en prise au vent.

13° Dans la partie destinée à l'installation du matériel ou des voyageurs, il est d'urgence que les fenêtres soient mobiles sur pivot, de sorte que l'on puisse avoir de l'air à volonté, sans que celui-ci ne vienne à s'engouffrer dans l'appareil et faire résistance à la marche, c'est-à-dire absorber inutilement partie de la force déployée.

« 14° Des sièges suspendus en conséquence permettront aux voyageurs de se maintenir dans la perpendiculaire, malgré les plans inclinés que pourra prendre l'aérostat.

« 15° Pour plus de sécurité, des paratonnerres seront disposés de manière à pouvoir soutirer et déperdre le fluide électrique dont pourraient être chargés les milieux qu'on aura à traverser. »

Toutes ces promesses devaient être réalisées par l'aéroscaphe Charvin et il en aurait certainement tenu une grande partie s'il avait été pourvu d'un moteur.

Malheureusement, malgré les sollicitations de l'inventeur, qui demandait le concours patriotique de tous les gens éclairés et amis du progrès, le prospectus ne réussit pas et l'aéroscaphe Charvin resta sur le papier, malgré ses côtés pratiques ; et il ne se produisit pas d'autres tentatives de direction aérostatique, avant 1866, époque à laquelle M. Delamarne fit au Jardin du Luxembourg des expériences fort peu concluantes.

Son système n'avait rien de neuf, du reste, puis qu'il se composait d'un ballon ordinaire gonflé de gaz hydrogène pur et mû par des rames disposées en hélice.

M. Delamarne avait annoncé qu'avec son mécanisme directeur, il se faisait fort de décrire un cercle dans les airs, mais son ballon s'enleva péniblement et n'obéit point du tout au jeu des hélices.

L'expérience renouvelée sur l'Esplanade des Invalides amena la destruction de l'aérostat qui fut déchiré au moment du départ par une hélice qui s'était accrochée dans l'étoffe.

Pendant le siège de Paris, l'idée de la direction des ballons fut reprise avec d'autant plus d'énergie que la nécessité l'imposait. De nombreux projets furent soumis au gouvernement de la Défense et à l'académie des sciences; un seul attira leur attention, il est vrai qu'il avait pour auteur M. Dupuy de Lôme, l'illustre ingénieur qui avait construit tant et de si beaux navires maritimes qu'il ne devait point être embarrassé pour ordonner un navire aérien.

Un crédit de 40,000 francs lui fut ouvert en octobre 1870, pour mettre à exécution l'aérostat qu'il avait projeté et dont notre gravure reproduit le plan, mais il n'eut pas le temps de le construire, de sorte que sur les 64 ballons qui s'élevèrent de Paris pendant le siège, un seul, lancé par l'amiral Labrousse, le 9 janvier 1871, de la gare d'Orléans, eut la prétention de pouvoir se diriger.

Prétention non justifiée, d'ailleurs, et qui ne pouvait pas l'être, car, non seulement ce ballon était sphérique, c'est-à-dire mathématiquement indirigeable, mais il n'avait pas d'autre moteur qu'une hélice, mise en action par quatre marins, qui ne produisit aucun effet dans l'atmosphère.

Cependant, M. Dupuy de Lôme n'avait pas abandonné son projet; il avait, au contraire, modifié et perfectionné son plan, et il put faire une expérience le 2 février 1872, partant du fort de Vincennes avec treize autres personnes, dont huit hommes de manœuvre se relayant pour faire mouvoir l'hélice

Et pourtant, l'aérostat, affectant à peu près la même forme que le ballon Giffard (la seule pratique d'ailleurs, au point de vue de la direction), ne cubait que 3.500 mètres; il est vrai qu'il était gonflé avec de l'hydrogène pur, ce qui augmentait considérablement sa force ascensionnelle.

Comme le ballon Giffard, il avait gouvernail et hélice propulsive, mais cette hélice, mue à bras d'hommes, était insuffisante pour imprimer à l'aérostat une vitesse propre, capable de s'opposer à celle du vent.

L'expérience réussit à moitié parce que l'air était très calme, mais ne fit que confirmer les succès déjà obtenus par M. Giffard, ce qui permet de conclure que le résultat eût été tout autre si l'aérostat avait été plus grand, plus allongé et surtout pourvu d'un moteur à vapeur qui aurait donné à l'hélice une vitesse cinq ou six fois plus grande.

De ce jour, comme si la question était résolue (et cela pourrait être en effet), on n'entendit plus parler en France de nagivation aérienne, au moyen de ballons, jusqu'à ces temps derniers où M. Debayeux a fait, en petit malheureusement (à la mairie du IVe arrondissement de Paris), des expériences fort intéressantes et, d'ailleurs, fort suivies, de direction de ballon, au moyen d'un appareil de son invention qui a la forme d'un cylindre horizontal se terminant par deux calottes sphériques.

Ce nouvel aérostat ne cherche pas son point d'appui dans l'air, au contraire, il le chasse au moyen d'un moulinet tournant rapidement de façon à rompre l'équilibre atmosphérique et à exercer, dans le sens opposé au moulinet, une pression qui pousse sans cesse l'aérostat en avant.

Ce principe implique nécessairement un moteur; or, le moteur n'étant pas encore trouvé... du moins pour des expériences en grand et dans des régions élevées... la question est toujours au même point.

Au cours de cette nomenclature de systèmes et de procédés, nous n'avons point étudié les inventions des partisans du « plus lourd que l'air, » d'abord, parce qu'en dehors de quelques modèles de petites dimen-

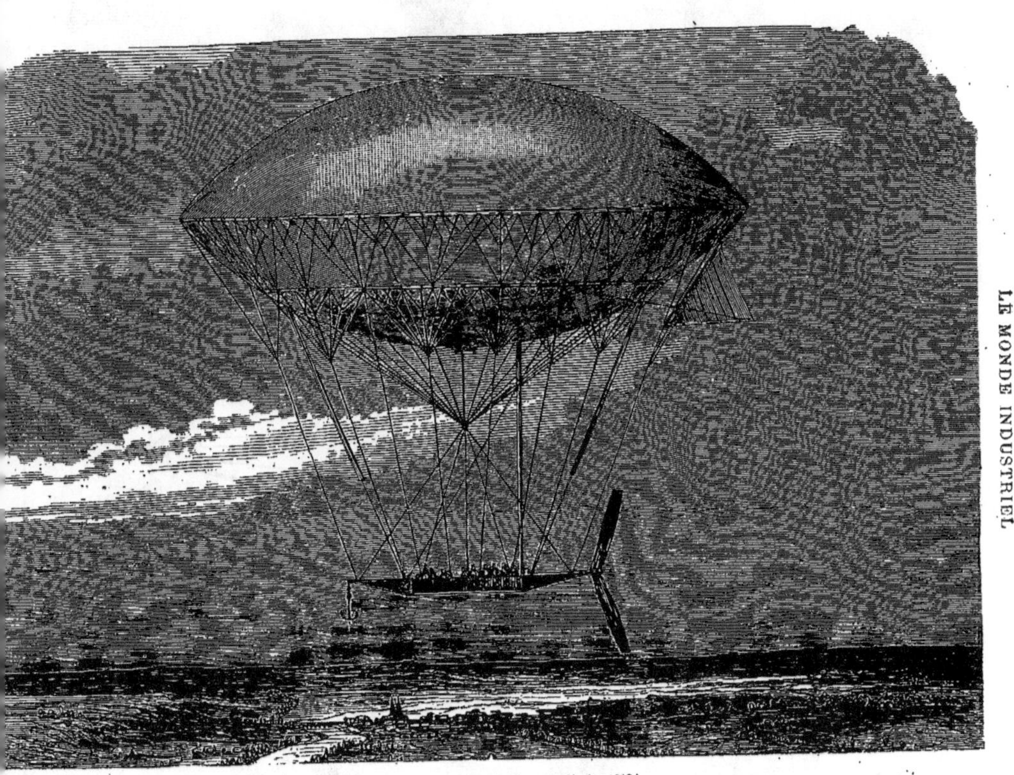

Ascension de M. Dupuy de Lôme. (2 février 1872.)

Aérostat du professeur américain Ritchell.

sions, hélicoptères, aéroplanes ou oiseaux mécaniques qui sont des jouets fort ingénieux, elles n'ont point quitté la théorie pour entrer dans la pratique.

Ensuite, parce que partant d'un principe diamétralement opposé à celui des aérostats elles ne doivent pas avoir de place ici.

Mais si notre pays n'a rien produit de nouveau en aérostation depuis dix ans, il n'en est pas de même de l'étranger.

En 1875, l'Institut des sciences de Lombardie accordait au professeur Cordenons, du lycée de Rovigo, un subside pour l'aider à construire un aéronef de son invention, qui a été expérimenté dans des conditions heureuses, mais peu décisives cependant.

Ce ballon, qui affecte à peu près la forme de ceux de MM. Giffard et Dupuy de Lôme, a sur eux l'avantage que son hélice fait partie intégrante de l'aérostat, composé de deux parties semi-ellipsoïdales, soudées ensemble et enveloppant l'arbre creux qui va de poupe en proue et porte à son extrémité l'hélice propulsive.

Cet arbre, en communication avec le moteur installé dans la nacelle, sert de point d'appui à ladite nacelle, suspendue à ses deux extrémités, et vers le centre à une toile de revêtement supérieur, à peu près comme le plateau d'une balance.

Le moteur se compose d'une machine à gaz ammoniac, qui est enmagasiné liquide dans un vase *ad hoc*, et qu'un tube en caoutchouc conduit à la proue où, produisant le même effet que la vapeur d'eau, il agit sur les pistons de deux cylindres qui mettent en mouvement l'arbre de l'hélice, par l'intermédiaire d'une manivelle à angle droit.

La nacelle, pourvue d'un gouvernail, possède aussi un treuil sur lequel on peut enrouler une corde partant de la proue de l'aérostat, de façon à pouvoir diriger la machine vers le haut ou vers le bas; et surtout pour permettre d'amener la proue à portée de la nacelle d'où l'on peut alors, si besoin est, graisser ou réparer la machine motrice de l'hélice.

Cet ensemble de combinaisons est très ingénieux en théorie, mais il n'a encore fonctionné qu'avec l'aide d'un courant d'air favorable.

Dans le même cas est le curieux ballon du professeur américain Ritchell, expérimenté à Hartfort (dans le Connecticut) le 12 juin 1878.

Cet appareil, qui a relativement réussi, se compose d'un ballon cylindrique de huit mètres de longueur sur trois de diamètre, gonflé à l'ydrogène pur et cerclé de bandes, qui soutiennent une barre de fer placée horizontalement dans l'axe du ballon et à laquelle est suspendu le moteur, c'est-à-dire une hélice; placée tout à fait à l'avant et mise en mouvement par un mécanisme, qui rappelle exactement celui du vélocipède; d'autant que l'aéronaute est à cheval dessus, et que c'est avec ses pieds qu'il fait mouvoir les pédales qui actionnent l'hélice.

Mais ses mains ne sont pas non plus inactives, car il doit les employer à tourner une manivelle qui fait office de gouvernail, pour diriger le ballon à droite ou à gauche.

L'expérience d'Hartfort a réussi comme nous l'avons dit, mais elle n'est pas absolument concluante, car l'aéronaute ne s'est guère élevé qu'à 200 mètres, et il est permis de croire que, s'il a manœuvré son ballon avec un certain succès, à l'aide de son vélocipède, c'est que le temps était remarquablement calme et le vent absolument nul.

Et d'ailleurs, si l'inventeur avait été complètement satisfait de son épreuve, il n'aurait pas manqué de la renouveler, avec accompagnement de la grosse caisse qu'on manie si bien en Amérique.

*
* *

Tel est le bilan, presque négatif, de la navigation aérienne, depuis son origine jusqu'à nos jours, sauf erreur ou omissions, comme on dit en banque, car nous oublions vraisemblablement quelques systèmes; il s'en est tant produit, sur le papier! mais comme, en général, ils n'ont rien prouvé, cela n'a qu'un médiocre inconvénient.

Ce n'est pas à dire, pour cela, que nous

considérions la direction des ballons comme impossible.

Loin de là, nous partageons au contraire l'opinion de M. Gaston Tissandier, qui a acheté son expérience dans la matière par de nombreuses excursions scientifiques; et nous croyons que le principe de la navigation aérienne a été trouvé par M. Giffard et qu'il ne reste plus qu'à appliquer ses procédés en grand pour obtenir des résultats certains.

Et comme conclusion de ce chapitre nous citerons la réponse que M. Tissandier fait dans ses *Notions sur les ballons* aux objections des pessimistes.

« Les ballons, a-t-on entendu dire bien souvent, ne peuvent pas se diriger dans l'air parce qu'ils ne trouvent pas de points d'appui. Rien n'est plus contraire à la vérité. En effet, un ballon immergé dans l'atmosphère peut être assimilé à un bateau sous-marin entièrement immergé dans l'eau. Personne ne met en doute qu'un bateau sous-marin, muni d'un puissant moteur et d'une hélice, ne puisse facilement remonter des courants océaniques.

« Le ballon allongé remontera de même des courants aériens, si la vitesse de ceux-ci est inférieure à celle que l'appareil recevra de son moteur. Il est vrai que les courants aériens, que les vents en un mot, atteignant parfois des vitesses considérables qui dépassent 20 mètres et même 30 mètres à la seconde, nous ne prétendons pas que, dans ces conditions atmosphériques, généralement rares, le navire aérien puisse se diriger dans tous les sens.

« Mais s'il a une vitesse propre de 10 mètres ou 12 mètres à la seconde, il lui sera possible, même dans ces circonstances défavorables, de se dévier sensiblement de la ligne du vent et de se diriger par conséquent, sinon en suivant une route droite, au moins en décrivant une série de zigzags.

« La question du point d'appui est étrangère à cette insuffisance relative dans certaines conditions. — Le navire aérien pourvu d'un moteur trouve son point d'appui dans l'air même, comme le navire sous-marin le trouve dans l'eau. — Les deux cas sont comparables entre eux. La seule différence qu'on y constate est celle qui se rapporte à la densité des milieux; mais dès l'instant que nous avons l'aréostat qui flotte dans l'air, nous pouvons le diriger dans l'air de la même façon que le navire sous-marin, flottant dans l'eau, peut se diriger dans l'eau.

« Les aérostats allongés, dit-on quelquefois encore, doivent atteindre de très grandes proportions : en théorie, cela est facile de les concevoir, mais est-il bien possible de les construire en pratique?

« Nous répondrons à ceci : M. Giffard a construit des ballons imperméables gonflés à l'hydrogène pur et cubant jusqu'à 12,000 mètres cubes. Il les a faits de forme ronde, parce qu'il les destinait à des excursions captives, mais il n'y avait qu'à modifier la coupe de l'étoffe pour leur donner une forme allongée. Il n'est pas un instant permis de mettre en doute aujourd'hui la possibilité de construire un navire aérien de 20,000, de 30,000 mètres cubes et même plus, cela est absolument démontré par l'expérience. Dans ces conditions la machine motrice que l'on enlèverait pourrait atteindre le poids de quelques milliers de kilogrammes. Elle serait d'une puissance considérable, et sans donner ici des chiffres que tout le monde peut calculer et vérifier, elle assurerait facilement à l'aérostat une vitesse propre de 8 à 12 mètres par seconde. Ce navire aérien se dirigerait d'une façon absolue, au milieu de courants aériens de vitesse moyenne, c'est-à-dire plusieurs mois dans l'année. Nous ajouterons qu'il y a dans de telles constructions des difficultés sérieuses — cela est incontestable — mais elles ne sont pas de nature à apporter, en aucune façon des obstacles insurmontables.

« Parmi les autres objections nous en

citerons quelques-unes qui traitent des questions secondaires : « Le moteur à vapeur, dit-on, brûlera constamment du charbon qui se perdra dans l'atmosphère sous

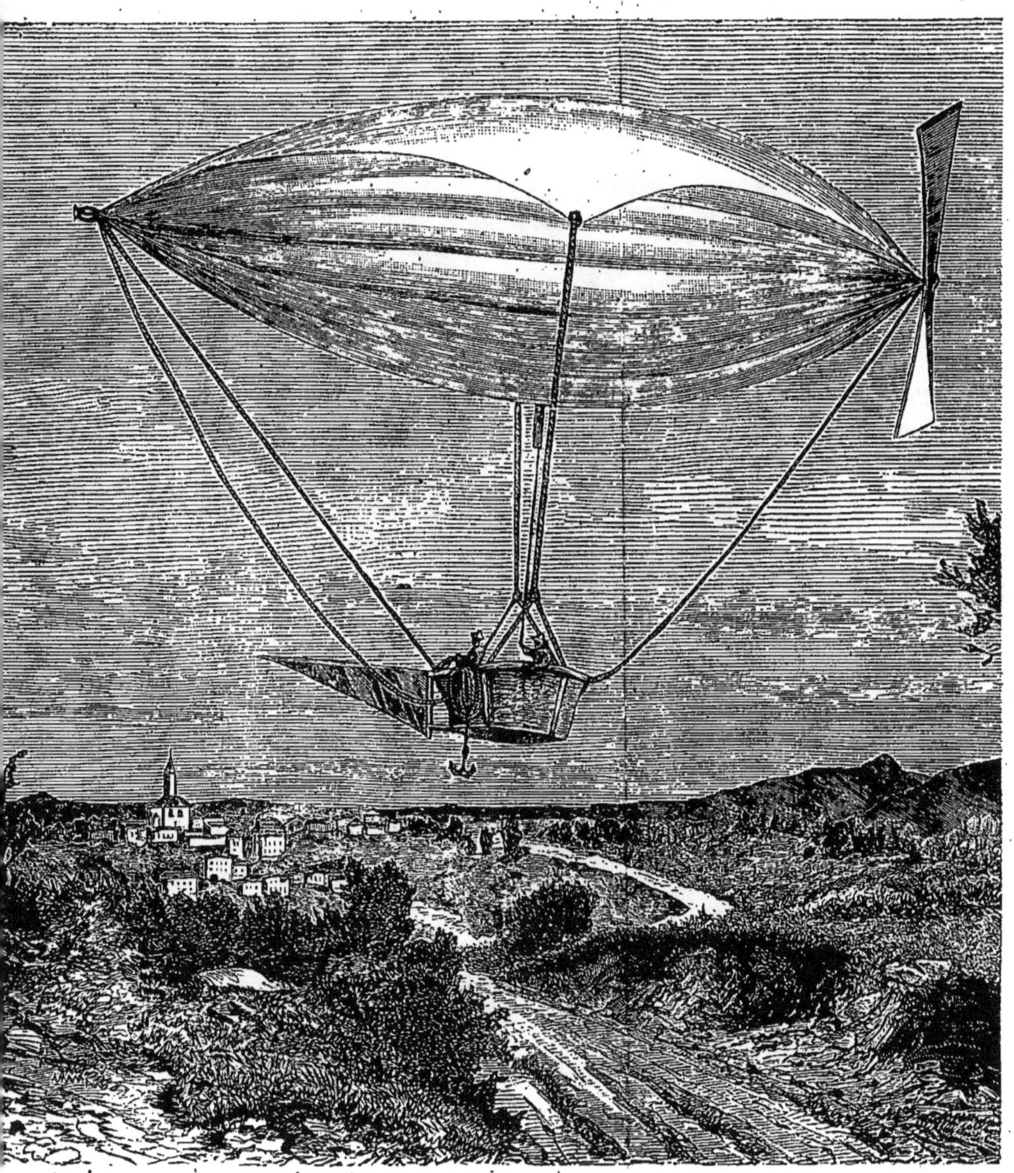

Aérostat du professeur italien Cordenons.

forme de gaz acide carbonique, oxyde de carbone, produits de la combustion. Le navire aérien perdra constamment de son poids. » Cela est vrai, mais on peut atténuer cet inconvénient en utilisant comme combustible l'hydrogène contenu dans l'aérostat et que l'on serait obligé de perdre pour éviter l'ascension du navire aérien ; on peut condenser la vapeur d'eau de la chaudière pour n'en perdre que des quantités insignifiantes, etc.

« Quoi qu'il en soit, le navire aérien ne fonctionnera dans l'air que pendant un temps limité; mais ce temps sera assez considérable pour entreprendre pendant douze ou vingt-quatre heures même, des voyages importants.

« Pour des pérégrinations au long cours, il est évidemment nécessaire d'envisager la construction de ports d'atterrissage où le navire aérien s'approvisionnera tout à la fois d'hydrogène et de charbon. Mais ne dépassons pas le présent au delà de toute mesure et contentons-nous d'avoir démontré la possibilité de construire, avec les ressources actuelles, un navire aérien capable d'être dirigé dans tous les sens par un temps relativement calme et pendant une durée de quelques heures. Oui, nous le répétons avec une conviction profonde et sur la foi des expériences déjà faites, une telle construction peut être exécutée dès à présent, quand on le voudra.

« Ici nous serons conduit à une dernière objection que le lecteur ne manque certainement pas de se faire : « Pourquoi la construction d'un navire aérien dirigeable ne s'exécute-t-elle pas puisque cela est possible?

« Parce que, répondrons-nous, elle nécessite la dépense de quelques centaines de mille francs, en comprenant les frais d'inévitables tâtonnements, d'essais préliminaires, etc.

« Il est très facile de trouver des capitaux pour des entreprises commerciales ou industrielles dont les bénéfices sont assurés : mais le premier navire aérien ne pourra être qu'un appareil de démonstration scientifique, et il faut cependant qu'il coûte très cher, parce qu'il est indispensable qu'il soit très volumineux.

Le ballon de Coutelle, à la bataille de Fleurus.

« On ne peut pas le construire sur un petit modèle comme le premier bateau à vapeur de Fulton ; il faut qu'il naisse Léviathan, il faut qu'il contienne 30,000 francs d'hydrogène pur dans ses flancs, formés de 40,000 francs de tissus; il faut qu'il enlève un moteur d'un prix très élevé ; s'il est en effet de dimensions modestes, s'il ne cube que 2,000 ou 3,000 mètres comme les ballons ordinaires, il sera condamné à l'impuissance.

« Voilà l'objection sérieuse, voilà ce qui arrête la construction d'un navire aérien. Mais là où il n'y a plus qu'affaire d'argent, on peut raisonnablement dire qu'il n'y a pas d'impossibilité. »

UTILITÉ DES BALLONS.

A quoi peuvent servir les ballons? demandait-on à Franklin, à l'époque des premiers essais de Montgolfier.

— A quoi sert l'enfant qui vient de naître? répondit l'illustre Américain.

Aujourd'hui l'enfant a un siècle révolu, mais, comme il sort à peine de ses langes (il y a des croissances si difficiles!), on n'a pu lui demander encore de grandes choses; d'autant que c'est un enfant terrible, qui s'est d'abord tellement galvaudé à se donner en spectacle qu'on n'osait pas trop le prendre au sérieux.

Et pourtant il en a accompli déjà de très utiles, ne serait-ce que pendant notre désastreuse guerre de 1870-71, où Paris assiégé, séparé du reste de la France par une muraille de bayonnettes prussiennes, put, grâce à lui, donner de ses nouvelles à la France anxieuse.

C'est d'ailleurs la plus fructueuse application qu'on ait encore faite des ballons, mais leurs états de services remontent à plus haut que cela.

Dès 1793, la Révolution qui avait besoin de tout utiliser : les hommes et les choses, les employa comme machines de guerre, pour observer les positions et dénoncer les mouvements des armées ennemies.

Une compagnie d'aérostiers fut créée sous la direction de Coutelle, qui eut à peu près carte blanche pour la construction des ballons nécessaires, à la seule condition qu'il ferait pour les gonfler, de l'hydrogène sans acide sulfurique, parce que le soufre, alors très rare, devait être réservé pour la fabrication de la poudre.

Coutelle, physicien de mérite, mit en pratique le procédé que Lavoisier venait de découvrir pour la production de l'hydrogène, au moyen de la décomposition de l'eau par l'action du fer chauffé au rouge; et ses expériences avec un ballon de 9 mètres de diamètre, qui fut nommé l'*Entreprenant*, ayant réussi il fut envoyé avec sa compagnie à l'armée de Sambre et Meuse dont le général Jourdan venait de recevoir le commandement.

Dire que Jourdan le reçut avec enthousiasme serait exagéré, car il craignait que les expériences réitérées du ballon, les exercices des aérostiers, dont l'éducation pratique n'était encore qu'ébauchée, n'amusassent trop ses soldats; mais les renseignements exacts que lui fournit Coutelle, pendant la défense de Maubeuge où il faisait deux ascensions captives par jour, vainquirent ses répugnances et le décidèrent à utiliser ses services, qui furent surtout très signalés à l'attaque de Charleroy et à la bataille de Fleurus.

« Certainement, a écrit lui-même Coutelle, ce n'est pas l'aérostat qui nous a fait gagner la bataille; cependant je dois dire qu'il gênait beaucoup les Autrichiens, qui croyaient ne pouvoir faire un pas sans être aperçus, et que, de notre côté, l'armée voyait avec plaisir cette arme inconnue qui lui donnait confiance et gaieté. »

Moins modeste que Coutelle, l'histoire peut dire que le concours de l'*Entreprenant*, planant dans l'air à cinq cents mètres du sol, et dirigé partout où il le fallait, par deux équipes d'aérostiers maintenant les câbles conducteurs, eut une influence considérable sur le sort de la journée, car, grâce à lui, le général en chef, avisé à chaque instant des mouvements de l'ennemi, put les prévenir et porter ses forces à point nommé là où il le fallait, pour décider la victoire.

Ce succès fut le seul des ballons militaires, Hoche n'ayant pas voulu, après quelques tentatives avortées, quelques accidents même, conserver près de lui le corps des aérostiers qui l'avait suivi au siège de Mayence.

La compagnie de Coutelle fut licenciée; plus tard une seconde compagnie fut organisée pour prendre part à l'expédition d'Égypte, mais, les Anglais s'étant emparés du navire qui portait son matériel, elle ne put être utilisée.

Depuis lors il ne fut plus question en France de l'aérostation militaire que pendant la dernière guerre, où l'on essaya d'éclairer l'armée de la Loire avec le ballon le *Jean Bart* que dirigeait Mangin avec le grade de capitaine des aérostiers : malheureusement l'expérience se fit précisément le jour de la déroute d'Orléans et la tentative ne fut pas renouvelée.

Mais les Américains s'en servirent intelligemment pendant leur guerre de sécession; et le général Mac-Clélan dut en grande partie au ballon qui planait au-dessus de l'armée ennemie, la victoire qu'il remporta devant Richmond en mai 1862.

Moins heureux avaient été les Autrichiens, dans un autre ordre d'idées d'ailleurs, lorsqu'ils avaient voulu faire usage des ballons militaires.

C'était en 1849, pendant qu'ils assiégeaient Venise : ils eurent l'idée de lancer deux cents petits ballons chargés de bombes incendiaires qui, le vent calculé, devaient tomber sur la ville, et y causer des ravages terribles.

Les ballonneaux en papier se gonflèrent fort bien, se dirigèrent parfaitement au-dessus de Venise, mais, arrivés là, ils s'élevèrent tant au lieu de descendre qu'ils furent pris par un contre-courant, qui les ramena sur le camp où les bombes tombèrent, sans causer pourtant de grands dommages.

Comme on le voit l'essai n'était pas encourageant.

Du reste, les ballons militaires ne peuvent être employés utilement que captifs et pour le service d'éclaireurs, si tant est toutefois qu'on puisse les maintenir assez haut pour qu'ils soient à l'abri des projectiles ennemis; car les perfectionnements de l'artillerie moderne remettent tout en question.

La question n'est pas abandonnée cependant, au moins dans notre pays, et il a existé, si elle n'existe encore, une commission chargée, par le ministère de la guerre, d'étudier l'aérostation militaire; à telles enseignes que M. le colonel du génie Laussédat, président de cette commission, a fait, en septembre et octobre 1875, deux ascensions pour se rendre compte par lui-même de l'étendue des terrains que l'aéronaute peut observer du haut des airs.

Il nous reste à parler de l'utilité scientifique des ballons qui, bien que plus abstraite n'échappe à personne, du moins dans l'avenir, car pour le présent, l'atmosphère, l'océan gazeux qui enveloppe notre globe et exerce sur lui tant d'influences diverses — est encore si peu connu qu'on peut toujours citer comme un programme le rapport de l'académie des sciences, après l'examen de la machine de Montgolfier.

« L'aérostat, disait ce rapport, pourra être employé dans beaucoup d'usages, dans la physique, comme pour mieux connaître les vitesses et les directions des différents vents qui soufflent dans l'atmosphère, pour s'élever jusque dans la région des nuages et y aller observer les météores. »

C'est, du reste, ce programme qu'on exécute plus ou moins, depuis l'invention des ballons, en dehors des ascensions qui n'ont pas d'autre but que de satisfaire, et même exploiter la curiosité publique. La première ascension scientifique fut faite à Hambourg, le 18 juillet 1803, par le physicien Robertson, qui s'éleva jusqu'à 7,400 mètres et fit nombre d'observations sur l'électricité et le magnétisme.

Il la renouvela bientôt en Russie, en compagnie d'un savant Moscovite du nom de Saccharoff, et les résultats qu'ils en annoncèrent, touchant l'affaiblissement de la force

Halo lunaire observé du ballon « *le Zénith* »

magnétique de la terre, soulevèrent tant d'objections parmi les savants de Paris que Biot et Gay-Lussac se décidèrent à faire une ascension pour les contrôler. Ils partirent le 24 août 1804, et constatèrent d'ailleurs que Robertson s'était trompé, et qu'à la hauteur de 4,000 mètres les oscillations de l'aiguille aimantée étaient exactement les mêmes qu'à la surface de la terre.

Gay-Lussac voulut monter plus haut. Le

Phénomène de mirage observé par M. Flammarion.

16 septembre il entreprit seul un voyage aérien qu'il poussa jusqu'à 7,000 mètres de hauteur.

Des expériences réitérées qu'il fit pendant six heures, il résulta : que l'action de la pile n'éprouve aucune modification dans les régions élevées de l'atmosphère, que la température décroît graduellement au fur et à mesure que l'on monte, tandis qu'au contraire la sécheresse augmente. Comme si l'on avait su tout ce qu'il était utile de savoir, on fut près d'un demi-siècle sans aller demander à l'atmosphère ses secrets si peu connus; en 1850, MM. Barral et Bixio rouvrirent la marche par deux ascensions scientifiques, M. Welsh les imita en Angleterre en 1852, puis M. Glasher en 1863 et 1864.

Depuis cette époque, il serait moins facile de compter les ascensions scientifiques, tant elles se sont multipliées. MM. Tissandier, Flammarion, de Fonvieille, Dartois et autres ne redoutant point le sort de Sivel et de Crocé Spinelli, morts au champ d'honneur; en ont fait et en font encore aussi fréquemment que possible dont les observations, se contrôlant l'une par l'autre, font avancer peu à peu le sillon creusé dans le champ de l'inconnu.

Ces observations, nous ne les relaterons pas ici parce qu'elles sont de la science pure, mais nous citerons quelques phénomènes de mirage, observés à différentes reprises, en laissant la parole aux observateurs eux-mêmes.

Écoutons d'abord M. Camille Flammarion dont le récit expliquera notre gravure :

« A notre dernière ascension (25 avril 1868) comme nous arrivions à la surface supérieure des nuages et que j'étais occupé à écrire sur mon journal de bord la marche de l'hygromètre, voilà qu'en levant les yeux, j'aperçois tout à coup devant nous un ballon semblable au nôtre, ou pour mieux dire sa partie inférieure, à laquelle était suspendue une nacelle armée d'instruments et dans cette nacelle deux voyageurs,

« J'agite la main droite; l'un des voyageurs, dessiné en silhouette, agite la main gauche, Godard fait flotter le drapeau national; l'ombre d'un drapeau s'agite dans l'ombre de la main de l'ombre de l'aéronaute; il verse du lest; l'ombre du lest s'écoule au-dessous de l'ombre de la nacelle. Nous distinguons jusqu'aux moindres détails, jusqu'à l'ançre suspendue, jusqu'aux cordes et aux ficelles, car le ballon imaginaire paraissait planer à moins de trente mètres de nous.

« Ce n'était pas là un mirage, mais simplement l'ombre de notre aérostat. En me retournant, je vis le soleil diamétralement à l'opposite, qui apparaissait comme une hostie lumineusement blanche, sans éclat.

« Des cercles concentriques, de diverses nuances, se succédaient autour de la nacelle. D'abord au centre un fond jaune blanc, sur lequel les objets ressortent en gris foncé. Puis un cercle bleu pâle. Autour un anneau jaune, puis une zone rouge-gris, et enfin, comme circonférence extérieure, une légère nuance de violet se fondant insensiblement dans la tonalité grise des nuages. »

M. Gaston Tissandier a eu l'occasion d'observer ce phénomène plusieurs fois et même de façon plus complète, notamment dans son ascension du 8 juin 1872.

« Au moment où nous redescendions, dit-il, dans l'*Histoire de ses ascensions;* un phénomène d'optique, analogue au *spectre d'Ulloa*, s'est offert à nos yeux.

« Le ballon avait dépassé les beaux cumulus blancs qui s'étendaient horizontalement dans l'atmosphère; nous planons au-dessus d'un vaste nuage, le soleil y projette l'ombre assez confuse de l'aérostat, qui nous apparaît entouré d'une auréole aux sept couleurs de l'arc-en-ciel. A peine avons-nous le temps de considérer ce premier phénomène, que nous descendons de 50 mètres environ. Nous passons à côté du cumulus qui s'étend près de notre nacelle et forme un écran d'une blancheur éblouissante dont la hauteur n'a certainement pas moins de 70 à 80 mètres.

« L'ombre du ballon s'y découpe, cette fois en une grande tache noire et s'y projette à peu près en vraie grandeur. Les moindres détails de la nacelle, l'ancre, les cordages sont dessinés avec la netteté des ombres chinoises. Nos silhouettes ressortent avec régularité sur le fond argenté du nuage ; nous levons les bras et nos sósies lèvent les bras.

« L'ombre de l'aérostat est entouré d'une auréole elliptique assez pâle, mais où les sept couleurs du spectre apparaissent visiblement en zones concentriques. La température était de 14 degrés environ ; l'altitude de 1,900 mètres. Le ciel était très pur et le soleil très vif. Le nuage sur la paroi verticale duquel l'apparition s'est produite avait un volume considérable et ressemblait à un grand bloc de neige en pleine lumière. Nous étions nous-mêmes entourés d'une certaine nébulosité, car la terre ne s'entrevoyait plus que sous un brouillard indécis. »

M. Tissandier ajoute que des observations analogues ont été faites plusieurs fois déjà par quelques aéronautes, mais qu'il ne croit pas que l'on ait jamais vu l'ombre d'un ballon se découper sur un nuage avec une intensité telle qu'on eût dit un effet de lumière électrique ; pourtant ce qu'il signale dans le récit de son ascension du 16 février 1873, est encore plus complet.

« Pendant trois heures consécutives, dit-il, nous n'avons pas cessé un seul instant, d'apercevoir sur la nappe des nuages au-dessus desquels nous planions, l'ombre de notre aérostat, sans cesse enveloppée d'un contour irisé. Jamais semblable occasion ne s'est offerte à l'observateur aérien de bien étudier les circonstances de production de ces jeux de lumière, jamais d'ailleurs panorama plus imposant de montagnes de nuages ne s'est peut-être présenté aux regards d'un aéronaute.

« Dès que notre ballon a dépassé d'une cinquantaine de mètres environ la plaine de nuages, son ombre s'y projette avec une netteté remarquable et un magnifique arc-en-ciel circulaire apparaît autour de la projection. L'ombre de la nacelle forme le centre des cercles irisés et concentriques, où se distinguent les sept couleurs du spectre ; violet, indigo, bleu, vert, jaune, orangé et rouge. Le violet est intérieur et le rouge extérieur. Ces deux couleurs sont en même temps celles qui se révèlent avec plus de netteté. Nous sommes, au moment de cette observation, à l'altitude de 1,350 mètres.

« L'aérostat, dont le gaz se dilate par l'effet de la chaleur solaire, continue à s'élever rapidement dans l'atmosphère, son ombre diminue à vue d'œil ; bientôt à 1,700 mètres d'altitude, le cercle irisé l'enveloppe toute entière et cesse de se produire autour de la nacelle. Un peu plus tard enfin, à 1 heure 35 minutes, nous nous rapprochons de la couche des nuages, et l'ombre est ceinte cette fois de trois auréoles aux sept couleurs elliptiques et concentriques.

« Rien ne saurait donner une idée de la pureté de ces ombres, qui se découpent dans une brume opaline et de la délicatesse des tons de l'arc-en-ciel qui les entoure. Le silence complet qui règne dans les régions de l'air où se manifestent ces jeux de lumière, le calme absolu où l'on se trouve, au-dessus des nuages, que le soleil transforme en flots de lumière, ajoutent à la beauté de ces spectacles et remplissent l'âme d'une indicible admiration. Nul ne saurait rester indifférent à la vue de ces tableaux enchanteurs que la nature réserve à ceux qui savent l'observer. »

Au nombre de ces tableaux, que la seule description donne envie de contempler, il faut compter aussi les haros lunaires, qu'à de rares exceptions près, on ne peut guère voir qu'en ballon ou sur le sommet d'une montagne.

M. Tissandier pendant l'ascension à grande distance du *Zénith* (23 mars 1875) a eu la bonne fortune d'en observer un des plus complets, que notre gravure représente trop fidèlement pour ne pas nous dispenser d'une description.

On sait, d'ailleurs, que ces phénomènes sont dus à la réfraction de la lumière à travers les paillettes de glace suspendues en nuages dans l'atmosphère ; il faut donc que la température soit très basse, aussi a-t-on plus de chances de la trouver dans les hautes régions de l'air.

Mais que d'autres spectacles grandioses, — sans compter les magnificences des levers et couchers de soleils, observés au-dessus de l'océan des nuages, — ne seront pas réservés aux voyageurs aériens, au jour, prochain peut-être, où les aérostats pouvant se diriger librement dans l'espace, la science prêtera la main à la curiosité, en attendant qu'elle ouvre les voies pratiques à la découverte de l'inconnu!

Ascension du ballon « *le Géant* ».

LES BALLONS CÉLÈBRES

Outre les aérostats dont nous avons déjà parlé, et qui ont acquis leurs droits à la célébrité par leur priorité, nous citerons ici les ballons qui ont le plus attiré l'attention publique; en commençant par le *Flesselles*, vaste montgolfière de 43 mètres de hauteur sur 35 de diamètre, qui s'éleva à Lyon le 5 janvier 1784 emportant dans sa nacelle, Joseph Montgolfier et six autres personnes, Pilâtre de Rozier, le prince Charles de Ligne, le comte de Laurencin, le comte de Dampierre, le comte Laporte d'Anglefort et M. Fontaine.

C'était la troisième ascension aérostatique

et elle ne fut pas très heureuse, car le ballon se déchira à 800 mètres d'altitude et s'abattit avec assez de rapidité pour faire courir des dangers aux voyageurs, mais grâce à

Le ballon captif de l'Exposition de 1867.

l'habileté de Pilâtre de Rozier qui paralysa la chute, ils en furent quittes pour un choc assez rude, Montgolfier fut le plus blessé quoique assez légèrement, aussi et à meil leur escient que le physicien Charles, se promit-il de ne jamais remonter en ballon.

Le *Flesselles* n'en fit pas moins l'admiration des Lyonnais; il était trop légèrement construit, mais son apparence était magnifique, d'autant qu'il était rehaussé de peintures à grand effet.

Vient après le ballon de Blanchard, non pas celui avec lequel il traversa la Manche le 7 janvier 1786, en compagnie du docteur anglais Jefferies, mais celui beaucoup plus populaire avec lequel il fit quelques centaines d'ascensions tant en France qu'à l'étranger et jusqu'en Amérique.

Ce ballon, plusieurs fois renouvelé, comme on le pense bien, fit surtout parler de lui à cause de l'addition d'un parachute dans lequel Blanchard faisait descendre un chien, un mouton ou un animal quelconque, n'osant encore confier une existence humaine à un aussi frêle esquif.

Ce parachute, dont nous avons déjà vu Blanchard se servir, comme en cas, pour sa machine volante, n'était point du tout fixé à l'aérostat, mais enlevé par un petit ballon qui se perdait dans l'air au moment où l'on coupait la corde du parachute.

C'est ce qui fait que malgré ses expériences antérieures (la première fut faite à Lille le 25 août 1785), Blanchard ne passe point pour le promoteur du parachute dont l'invention est attribuée à Garnerin.

C'est, en effet, Garnerin qui, le premier, en 1797, osa descendre lui-même dans le petit panier d'osier attaché au-dessous de son parachute, exemple qui fut bientôt suivi par sa nièce Élisa Garnerin, par Mme Blanchard et bien d'autres jusques et y compris les Poitevin et les Godard, car, depuis, les parachutes sont passés de mode.

Ouvrons ici une parenthèse, pour faire une rapide nomenclature des aéronautes célèbres, dont nous n'avons pas eu occasion de parler; car décrire leurs ballons qui ne diffèrent des aérostats ordinaires ni par les procédés de fabrication ni par les dimensions, serait entrer dans des détails stériles.

Nous avons déjà dit quelques mots de Testu Brissy, le rival de Blanchard, qui inventa les ascensions équestres, mentionnons maintenant en suivant à peu près l'ordre chronologique :

Robertson, qui eut l'idée d'enlever avec son ballon deux parachutes pour faire avec leur aide des essais de direction qui furent d'ailleurs infructueux. L'Italien Zambeccari, célèbre par ses naufrages aériens où en fin de compte il trouva la mort.

Mme Blanchard qui périt victime de son imprudence, comme nous le dirons plus loin.

Grenn, aéronaute anglais, qui fit plus de 1400 voyages aériens; c'est à lui qu'on doit outre le guide rope, le gonflement des ballons par le gaz d'éclairage, deux fois plus dense, mais infiniment plus économique que l'hydrogène pur.

Poitevin et sa femme qui popularisèrent les ascensions équestres et les descentes en parachûtes, complètement abandonnées depuis trente ans.

Les Godard, le père et les fils, aussi intrépides qu'expérimentés et qui ont été, ensemble ou isolément, mêlés à presque toutes les expériences importantes de ces temps derniers.

Mangin, qui commanda le *Pôle-Nord*, le plus grand aérostat libre qu'on ait encore lancé; et dont on utilisa l'expérience, acquise par de nombreuses ascensions, pour la construction des ballons poste du siège de Paris.

Duruof, qui s'est plus spécialement attaché aux ascensions maritimes et qui a plusieurs fois joué sa vie au-dessus des flots, notamment avec le *Neptune*, où, en compagnie de M. Gaston Tissandier, il n'échappa à un naufrage certain que, grâce à la rencontre inespérée d'un courant aérien qui ramena l'aérostat sur le cap Gris-nez; notamment surtout avec le *Tricolore* qui, également parti de Calais, les soutint sur l'eau lui et sa femme, assez longtemps pour qu'on put accourir à leur secours.

Et bien d'autres, qui pour être moins connus n'en ont pas moins trouvé dans le succès la récompense de leur intrépidité, moins inutile qu'elle ne semble au premier aspect, car c'est au grand nombre des ascensions aérostatiques qu'on devra de se familiariser avec les courants atmosphériques et que diminueront peu à peu les impossibilités apparentes de la navigation aérienne.

Quant aux ballons proprement dits il faut arriver jusqu'au *Géant* pour trouver quelque chose d'un peu extraordinaire.

Ce qu'il y a de plus extraordinaire, d'ailleurs, dans le *Géant*, c'est son existence même, car il ne fut créé que pour donner, par le produit de ses ascensions, les subsides nécessaires, aux hélicoptères dérivant du fameux principe du plus *lourd que l'air*, préconisé par MM. Nadar, Ponton d'Amécourt, de La Landelle, et même par le savant Babinet.

Nous ne prétendons point discuter ici ce principe, très admissible en théorie, mais nous regrettons qu'on n'ait pas pensé à le mettre un peu en pratique et nous nous étonnons qu'au lieu de dépenser une centaine de mille francs, et même mieux pour construire un aérostat destiné à ne rien prouver, on n'ait pas employé tout de suite cet argent à la construction de l'hélicoptère qui aurait au moins prouvé quelque chose.

On objectera qu'on espérait en gagner beaucoup plus pour faire les choses en grand, soit; mais, en attendant, le *Géant* n'a pas fait ses frais, et l'hélicoptère est resté sur le carreau.

Il n'en faut pas moins rendre justice au *Géant*, qui était un ballon magnifique, le plus grand qu'on eut encore jamais vu si l'on excepte le *Flesselles*, qui d'ailleurs, n'était qu'une Montgolfière.

Sa hauteur était de 40 mètres et il avait fallu 7,000 mètres de taffetas blanc pour le confectionner; car pour plus de solidité il était formé de deux enveloppes superposées qui lui donnaient ainsi plus d'imperméabilité.

Ce qui le distinguait surtout de ses congénères était sa nacelle, véritable maison d'osier ayant 4m, 30 de hauteur sur 2m, 30 de large, elle ne pesait pourtant que 1,200 kilogrammes.

La première ascension du *Géant* (4 octobre 1863) excita beaucoup la curiosité publique, mais elle se termina piteusement à Meaux.

La seconde fut plus belle, le *Géant* fit majestueusement cent cinquante lieues, mais quand il fallut descendre, en Hanovre, on s'aperçut bien vite que la soupape était trop petite pour laisser échapper suffisamment de gaz, et il en résulta un traînage effroyable qui, pendant une demi-heure, mit cent fois en danger la vie de tous les voyageurs.

Par miracle, ils en réchappèrent tous pourtant, mais non sans blessure et ce voyage célèbre fut pour Nadar l'occasion d'un grand succès... de librairie.

Il est vrai que comme aéronaute sa carrière était finie. Il prit pourtant sa revanche par une belle ascension à Bruxelles (26 septembre 1864), mais c'était pour rentrer sous sa tente avec les honneurs de la guerre; car il céda le *Géant* à une société qui après l'avoir exhibé, au palais de Cristal de Londres, fit, avec, quatre ascensions à Paris pendant l'Exposition de 1867.

Mais la curiosité était émoussée, d'autant qu'à cette même exposition, si fertile en choses extraordinaires, M. Giffard avait un ballon tout aussi géant, mais qui par cela même qu'il était captif, offrait au public des distractions plus actives et absolument sans danger, grâce aux soins de la construction et à l'ingéniosité des appareils de retenue.

Nous ne décrirons point ce ballon, dont on n'a point encore perdu le souvenir, pour

Fabrication du filet du ballon captif de 1878.

ne pas faire de double emploi avec celui que tout le monde admirait en 1878, et qui dépassa de beaucoup le *Géant*. Entre temps, M. Giffard en avait con-

Aérostat américain qui devait servir à traverser l'Atlantique.

struit un autre, qui fonctionna à Londres en 1869 à l'état captif, et qui, sous le nom de *Pôle-Nord*, fit des ascensions libres à Paris, au bénéfice de l'expédition projetée par Gustave Lambert.

Cet aérostat était le plus grand globe

aérien qu'on ait construit jusqu'alors, il fallait 12,000 mètres cubes de gaz pour le gonfler, et son imperméabilité était telle que l'hydrogène pur a pu séjourner dans ses flancs, pendant un mois sans déperdition.

A l'état captif, il enlevait 32 voyageurs à 650 mètres de hauteur; il en emporta beaucoup moins de Paris à l'état libre, mais son ascension n'en fut pas moins remarquable.

Le ballon captif de 1878, n'en fut qu'une nouvelle édition, revue, corrigée et considérablement augmentée, puisque son volume était de 25,000 mètres cubes.

On se souvient, du reste, de son aspect saisissant, qui s'explique par ses proportions : 55 mètres de hauteur sur un diamètre de 28.

Près de lui, l'Arc de Triomphe du Carrousel, déjà perdu dans les vastes constructions du Louvre, avait l'air d'une pendule qu'on aurait oublié de mettre sur une cheminée.

Ce qu'il a fallu d'étoffe pour le construire est effrayant, car il était composé de six couches superposées de toile, de soie et de caoutchouc, et représentait une surface si considérable que pour le peindre en blanc, dans le but de combattre l'effet des rayons solaires, on a employé 480 kilogrammes d'oxyde de zinc délayés dans 250 kilogrammes d'huile de lin.

Comme tous les autres ballons, il était enveloppé d'un filet; mais, dans ce filet, composé de 60,000 mailles, et pour la fabrication duquel il a fallu construire un atelier spécial, il n'est pas entré moins de 35,000 mètres de corde de 11 millimètres de diamètre.

Les cordes de ce filet passaient par un triple cercle : le premier de 64 poulies, le second de 32 et le troisème de 16, avant de se réunir en faisceau autour du peson où se fixait le câble qui tenait l'aérostat captif, lequel câble pesait à lui seul 2,500 kilogrammes.

Inutile de dire que ce n'étaient pas des hommes qui le roulaient et déroulaient sur un immense treuil, mais bien une machine à vapeur à quatre cylindres, de la force de 200 chevaux.

Ce treuil, long de 7 mètres sur 2 mètres de diamètre, portait deux freins composés chacun d'un levier oblique qui venait presser l'arbre du treuil pour en changer le mouvement, à l'aide d'une très ingénieuse application de la *coulisse de Stephenson*, qu'on voit aux locomotives.

Ainsi, il suffisait au mécanicien de tourner un robinet pour que la vapeur fut admise dans les cylindres et que le ballon montât en déroulant le câble du treuil; de même que pour faire descendre l'aérostat il n'avait qu'à tourner le robinet dans un autre sens, alors la coulisse de Stephenson jouait et le treuil changeait de mouvement.

Ce mécanisme, combiné par M. Henri Giffard, comme tous les détails de son ballon, du reste, fut beaucoup admiré.

Ce qu'on remarqua aussi, c'est le mode de suspension, aussi élégant que solide, de la nacelle au ballon, et le système d'attache de celui-ci au câble, car la nacelle, de forme cylindrique et de 25 mètres de diamètre, était creuse au milieu pour laisser passer le câble conducteur qui touchait terre dans une excavation et rejoignait le treuil par un tunnel.

Ce câble, avant de s'engager dans le tunnel, passait sur une poulie, montée sur un système connu en mécanique sous le nom de *suspension à la Cardan*, qui, la rendant mobile dans tous les sens, lui permettait de suivre les mouvements du ballon, sans imprimer la moindre secousse au câble, long de 650 mètres et d'une solidité à toute épreuve, puisqu'il pouvait supporter une force de tension de 50,000 kilogrammes, force six fois plus grande que celle que l'aérostat, chargé de voyageurs, lui imprimait.

Quant au ballon proprement dit, sa sextuple enveloppe et son vernis isolateur le rendaient tellement imperméable qu'il a pu conserver l'hydrogène pendant un mois dans ses flancs sans déperdition sensible.

Par exemple, il ne possédait pas, comme les ballons ordinaires, l'appendice béant, dont il n'avait pas besoin du reste, puisque, destiné à des ascensions captives ne devant pas dépasser 600 mètres, il n'avait point à redouter la dilatation des gaz.

Il était donc fermé de toutes parts, mais à tout hasard il avait à son orifice inférieur trois soupapes pouvant s'ouvrir du dedans au dehors par le simple effet de la pression si elle devenait trop forte; ce qui ne l'empêchait pas d'avoir à son sommet la soupape ordinaire se manœuvrant de la nacelle au moyen d'un cordon.

On pouvait, du reste, juger de la nacelle l'état de la pression par l'installation, non loin des soupapes automatiques, d'un manomètre à mercure, et surtout par celle d'un dynamomètre très ingénieux.

Cet instrument, qui a sa place marquée dans tous les aérostats de l'avenir, se compose de lames d'acier qui, grâce à leur élasticité, cèdent plus ou moins selon la pression, et indiquent l'effort total de traction du ballon, qui est d'autant plus facile à constater qu'une aiguille marque sur un cadran, la pression traduite en kilogrammes.

Le ballon captif, qui fut une des curiosités de Paris, alors qu'il y en avait tant qui se disputaient les regards, fut gonflé le 11 juillet 1878 au moyen de l'hydrogène pur préparé par les procédés de M. Giffard, procédés que nous avons déjà fait connaître, mais perfectionnés encore au point de vue des appareils.

L'opération dura huit jours, et, le 20 juillet, l'aérostat, faisait, aux applaudissements de milliers de spectateurs, sa première ascension qui devait être suivie de beaucoup d'autres, puisque, dans la pensée de son auteur, il n'avait d'autre but que de familiariser le public avec les voyages aériens.

Il y réussit d'ailleurs parfaitement, car on ne compte plus les passagers qu'il emporta dans les airs, mais il allait y réussir beaucoup mieux encore en abaissant considérablement le prix des ascensions, quand la bourrasque du 16 août 1879 vint priver Paris d'un spectacle intéressant.

Les brusques changements de température des jours précédents, le refroidissement et la pluie torrentielle de la nuit avaient amené une condensation de gaz, si bien que la région inférieure de l'aérostat, à peu près vide, ballottait au gré du vent et lui donnait d'autant plus de prise que le ballon était plus solidement maintenu par ses amarres.

Une rafale plus violente que les autres prit de bas en haut l'étoffe flottante, qui se coupa; la déchirure se produisit immédiatement dans toute la hauteur de l'aérostat qui laissa échapper le gaz qu'il contenait et s'affaissa sur le côté, entraînant avec lui le filet et la nacelle, qui, malgré cela, sont restés intacts, aussi bien que les amarres qui n'ont pas cédé à cette pression extraordinaire.

Grâce à cette solidité, l'accident est resté tout matériel, mais le roi des ballons n'existait plus.

On peut compter aussi parmi les aérostats célèbres, bien qu'il n'ait jamais existé que sur le papier, le fameux ballon, que les Américains, qui ne doutent de rien, avaient imaginé pour traverser l'Atlantique.

Le mot ballon est peut-être impropre, car en réalité il y en avait trois, un colossal au milieu et deux petits, destinés à lui servir d'ailes ou de nageoires; le tout relié à une nacelle monumentale, fermée de toutes parts, mais percée de lunettes pour que les aéronautes pussent interroger l'horizon.

On comprend que cette nacelle ne pouvait pas être un simple panier, car il s'agissait là d'un voyage au long cours; aussi devait-elle être outillée et approvisionnée en conséquence, comme on peut le voir sur notre gravure, reproduction exacte de celle qui popularisa cet aérostat gigantesque, auquel il n'a manqué que la vie.

On y remarquera au-dessous de la première nacelle installée en tente abri, et relié à celle-ci par une échelle de corde, le classique panier d'osier, d'où le pilote aurait sous la main, l'appendice du grand ballon et le mécanisme d'attache des deux ballonneaux.

Aérostat qui a servi aux ascensions de Sivel, en Allemagne.

Et au-dessous encore, un canot de sauvetage, précaution indispensable, pour une traversée aussi périlleuse, sinon suffisante à préserver la vie des naufragés.

Cette idée de flanquer un grand ballon d'aérostats plus petits... n'était pas absolument neuve... non qu'elle rappelât d'un peu loin le système Petin, mais elle avait plus récemment été mise en pratique par Théodore Sivel dans une ascension intéressante qu'il avait faite à Leipzig.

Ce n'étaient pas seulement trois ballons que Sivel avait réunis mais cinq, et les quatre petits entouraient complètement le grand, grâce à leur système d'attache, aux extrémités de deux grandes vergues fixées en croix sur le cercle de l'aérostat.

L'ascension fut heureuse, mais ne prouva absolument rien, quant à la direction, ce qui fait que nous n'en parlons qu'incidemment.

Naufrage aérien d'Arban.

LES VICTIMES DE L'AÉROSTATION

Nous croyons devoir terminer cette étude par un article nécrologique; il n'est que juste qu'après avoir montré le côté brillant de la médaille nous en montrions aussi le revers; non que la liste, regrettable à tous égards, qui nous reste à faire soit décourageante au point de vue de l'aérostation; car, sur plus de vingt mille ascensions qui ont été faites depuis l'invention des ballons, c'est à peine si l'on peut constater vingt accidents suivis de mort; encore sont-ils dus le plus souvent à l'inexpérience et à l'imprudence des aéronautes.

Comme si l'art nouveau avait voulu ensanglanter son berceau, la première victime de l'aérostation fut le premier aéronaute : Pilâtre de Rozier, qui, voulant faire oublier la traversée de la Manche que Blanchard avait faite de Douvres à Calais, entreprit de l'effectuer à rebours avec plus de difficultés, puisqu'il partait de Boulogne.

Malheureusement, il ne se contenta pas d'un ballon à gaz; il y adjoignit une sorte de montgolfière cylindrique pour augmenter à volonté sa force ascensionnelle, sans réfléchir qu'il suffisait d'une étincelle s'échappant de son fourneau, pour incendier l'aérostat.

Il partit le 15 juin 1785, accompagné de Romain, jeune physicien, dont ce fut le premier et le dernier voyage aérien; car l'appareil n'avait pas atteint 400 mètres de hauteur qu'il retomba sur le rivage avec une rapidité effroyable.

On se précipita au secours des aéronautes; mais l'un, Pilâtre, avait été tué sur le coup; Romain donnait encore signe de vie, mais ne tarda pas à rendre le dernier soupir.

La mort de l'Italien Zambeccari eut la même cause, le feu.

Le comte François Zambeccari, qui fit de nombreuses ascensions aérostatiques, prétendait se diriger à une certaine hauteur à l'aide d'une lampe à esprit de vin qu'il emportait toujours dans sa nacelle.

On a dit, en effet, qu'il était parvenu à tourner en cercle autour de la ville de Bologne; mais cette assertion est loin d'être prouvée, et il est probable que la lampe de Zambeccari ne lui servit jamais qu'à l'éclairer jusqu'au jour fatal (21 septembre 1812) où son aérostat s'étant accroché dans un arbre, elle y communiqua l'incendie au milieu duquel il trouva la mort.

Il semblait pourtant prédestiné à mourir autrement, car aucun aéronaute n'essuya plus de naufrages. L'un d'eux est resté célèbre par sa durée; pendant une nuit entière Zambeccari flotta sur l'Adriatique, accroché aux filets de son ballon, et ce ne fut que le lendemain matin qu'il put être recueilli mourant, par un bateau pêcheur.

L'accident de Mme Blanchard eut aussi pour cause le feu.

La veuve du célèbre aéronaute, restée sans fortune à la mort de son mari, qui pourtant avait gagné des millions avec ses ascensions, entreprit de la refaire, en suivant la même carrière; mais encouragée par le succès elle alla jusqu'à l'imprudence.

Elle avait coutume de tirer des feux d'artifice du haut de sa nacelle, pendant ses ascensions de nuit; cette témérité fut sans conséquences jusqu'au 16 juillet 1819. Mais ce soir-là une chandelle romaine mal dirigée mit le feu à son ballon, qui se dégonfla subitement et vint s'abattre sur une maison de la rue de Provence; les cordes de la nacelle, arrêtée par une cheminée, se rompirent et Mme Blanchard, poussée en dehors par le choc, trouva la mort en tombant dans la rue.

Encore le feu pour Olivari et Biltord, qui périrent d'ailleurs tous les deux dans des montgolfières.

Le premier, parti d'Orléans le 25 novembre 1802, avait dans sa nacelle une provision de copeaux et de boules résineuses qui, s'enflammant au contact d'un charbon tombé du fourneau, mirent le feu à la nacelle qui fut précipitée d'une grande hauteur.

Le second trouva la mort à Mannheim le 7 juillet 1812. Sa montgolfière s'élevait à peine au-dessus de la ville, quand elle prit feu, il fut précipité sur le toit d'une maison et tué du coup.

Une imprudence d'un autre genre fut cause de la mort de Mosment, arrivée à Lille le 7 avril 1806.

Cet aéronaute cherchait le succès dans la témérité, il dédaignait les nacelles et s'enlevait ordinairement debout sur un plateau de bois qui pendait au-dessous de son aérostat.

Ce jour-là il voulut donner le spectacle de la descente d'un chien en parachute, mais soit que le chien se débattit au moment de son lancement dans l'espace, soit que le ballon délesté subitement du poids de cet animal, donna une trop grande secousse, toujours est-il que l'aéronaute, perdant l'équilibre, tomba sur le sol, où l'on ramassa son corps en lambeaux.

Une douzaine d'années se passèrent sans que la nécrologie de l'aérostation s'augmentât; mais l'année 1824 lui apporta deux cruels appoints, la mort d'Harris et celle de Sadler.

Le premier périt (8 mai 1824) par suite d'un vice de construction dans la soupape de son ballon, qui une fois ouverte pour préparer la descente ne voulut plus se refermer.

Le gaz continuant de s'échapper, le ballon précipitait sa chute. Harris jeta tout son leste, le ballon remonta, mais ce n'était que reculer l'instant fatal, il ne pensa plus alors qu'à le devancer, car il avait près de lui, dans sa nacelle, une jeune femme qu'il aimait assez pour lui sacrifier sa vie; il embrassa sa compagne dans un suprême adieu et se précipita dans l'espace où il trouva la mort.

Le dévouement d'Harris avait sauvé la femme qu'il aimait, car allégé de son poids le ballon descendit assez lentement pour que la voyageuse évanouie pût toucher terre sans accident.

Sadler périt par imprudence, car ayant voulu trop prolonger son ascension il se trouva sans un sac de lest pour opérer sa descente; d'autant plus difficile : qu'il faisait nuit, qu'il était sur le bord de la mer et que le vent soufflait en tempête.

Son ballon se heurta à un obstacle isolé, peut-être un phare, contre lequel les cordes de la nacelle se coupèrent, Sadler se cramponna au filet, mais son aérostat effondré ne put le porter que dans la mer où la mort l'attendait.

Encore douze ans de relâche et vient le tour de Cocking.

Celui-là était un amateur qui prétendait avoir inventé un nouveau genre de parachute; l'aéronaute Green, qu'il avait accompagné dans quelques-unes de ses ascensions, se laissa persuader de l'efficacité de cette prétendue découverte et consentit à le remorquer dans l'air avec son parachute.

L'expérience eut lieu le 27 septembre 1836 au Vauxhall de Londres; arrivé à la hauteur de 1,200 mètres, Green coupa la corde qui retenait Cocking et son appareil.

Une minute et demie après on constatait la mort du malheureux, car son système qui avait toutes les qualités contraires au parachute, puisque c'était un parapluie renversé, tomba comme une masse près de l'auberge de la *Tête du Tigre*, à quelques milles de Londres.

Les accidents se suivent et ne se ressemblent pas, l'aéronaute français Arban en fut la preuve en 1846 à Trieste, où plusieurs fois déjà il avait annoncé une ascension qu'il n'avait pu faire à cause du mauvais temps.

Enfin le 8 septembre, quoique le temps ne fut pas plus beau, poussé par l'impatience de la foule qui avait payé et s'était déjà dérangée plusieurs fois pour rien, il se décida à tenter l'entreprise.

Pour comble de mauvaise fortune, son ballon, insuffisamment gonflé, n'eut pas la force d'enlever la nacelle. Arban, abasourdi par les huées de la foule, et s'imaginant que son honneur était compromis, prend la résolution de partir sans nacelle; il se suspend au filet de son ballon qui s'enlève ainsi facilement, à la stupéfaction du public qui voulait bien crier, mais qui n'aurait pas voulu que l'aéronaute risquât sa vie pour ne pas manquer à sa parole.

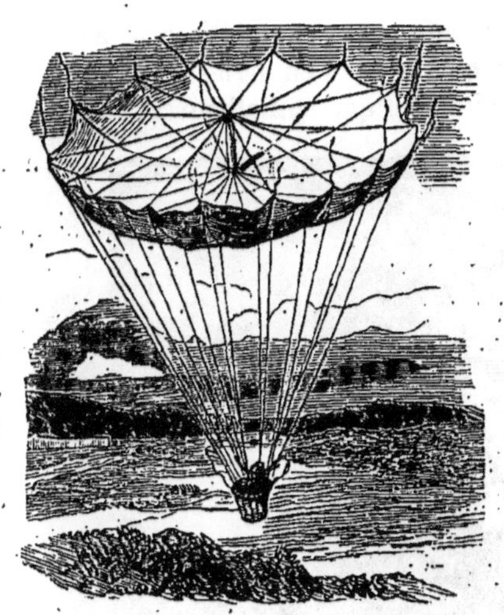

Mort de Cocking.

Cette témérité ne fut d'ailleurs pas punie de mort. Arban, après un naufrage terrible, après avoir lutté trois heures sur la mer pour se défendre contre les vagues qui menaçaient de l'engloutir, parvint à se faire recueillir par des pêcheurs qui le ramenèrent le lendemain à Trieste.

Mais le malheureux était prédestiné, quelque temps après, faisant une ascension à Barcelone, son ballon fut poussé par le vent sur la Méditerranée où il disparut à tout jamais.

George Gale, mourut à la suite d'une ascension équestre faite à Bordeaux le 9 septembre 1850, dans le ballon de son compatriote, l'aéronaute anglais Clifford.

Mort de Mme Blanchard.

Ce jour-là Gale, qui avait coutume de se stimuler par des libations alcooliques, était plus ému que d'ordinaire à ce point que son associé voulut partir à sa place, mais l'autre n'entendit pas raison et s'élança dans la nacelle.

Le voyage se passa bien, et l'aérostat s'abattit sans secousses près du village de Cestas, des paysans accourus détachèrent le cheval, ce qui donna un tel lest au ballon qu'il devint difficile de le retenir. Gale, qui ne parlait que péniblement le français, et

Mort de Sadler.

Naufrage de Zambeccari.

qui, en ce moment, couché dans la nacelle, était peut-être incapable de se faire comprendre, indiqua mal aux paysans ce qu'il fallait faire pour immobiliser le ballon, si bien qu'il s'éleva en ligne droite avec une rapidité telle que le malheureux aéronaute

Mort du matelot Prince (1870).

fut presque suffoqué, ce que l'on put constater d'en bas en voyant sa tête pendante hors de la nacelle.

Il est probable que, revenu à lui, il se leva pour tirer la corde de la soupape, mais il perdit l'équilibre, car on retrouva son corps brisé, presque méconnaissable, à plus d'une demi-lieue de l'endroit où le ballon, encore à demi gonflé, mais sans avaries aucune, fut recueilli.

L'aéronaute français Emile Deschamps, qui mourut à Nîmes le 27 novembre 1853, fut victime d'une tempête de vent qui brisa son ballon à une grande hauteur.

Letur, qui s'était fait une certaine réputation sous le nom de l'*homme volant*, périt plus misérablement encore, car il ne put pas même utiliser un système de parachute dirigeable, avec lequel il avait fait déjà des descentes assez heureuses.

Cela se passait à Londres, au jardin de Cremorne le [illegible] juin 1854, le ballon qui devait enlever l'appareil, au bout d'une corde de trente mètres, était dirigé par un aéronaute sans expérience qui, au lieu de renoncer tout simplement à l'ascension, ce qu'eut fait tout homme prudent, par le vent qu'il faisait, ordonna le lâchez tout sans se préoccuper de sa remorque.

Le départ fut désordonné, c'est-à-dire que le ballon fut enlevé par le vent et non par sa force ascensionnelle ; aussi la descente suivit-elle rapidement, c'était le moment de couper la corde au bout de laquelle pendait Letur; mais l'aéronaute, n'osant se délester d'un si grand poids sans être maître de ses manœuvres, essaya de lutter avec ses sacs de sable, il ne réussit qu'à se tenir à une certaine hauteur, lui, mais non le malheureux homme volant dont l'appareil traînant par terre, se heurtait à tous les obstacles, et avec tant de violence, que Letur eût le crâne défoncé.

Vingt ans plus tard, les mêmes jardins de Cremorne, et peut-être quelques-uns des mêmes spectateurs, furent témoins d'un accident semblable.

C'était encore un homme volant, de Groof, mais plus téméraire que l'autre il n'accrochait pas son appareil à un parachute, espérant que sa combinaison d'ailes articulées, mues par des fils de manœuvres très compliqués, le soutiendrait dans les airs où le remorquerait d'abord un ballon.

Il n'en fut rien pourtant. A la première expérience, le 9 juillet 1874, le malheureux de Groof se cassa les reins.

Résultat déplorable au point de vue de l'humanité, mais ne touchant point l'art aéronautique, qui n'a rien de commun avec les chimériques combinaisons des prétendus hommes volants.

Mais la science eut bientôt à pleurer d'autres morts et nous arrivons à la fatale ascension du *Zénith*, qui coûta la vie à Sivel et à Crocé Spinelli; deux des plus intrépides explorateurs des hautes régions, les plus vaillants pionniers de cette contrée encore presque inconnue qu'on appelle l'atmosphère.

C'était le 15 avril 1875 et M. Gaston Tissandier, échappé par miracle à l'asphyxie, peut-être grâce à l'évanouissement dans lequel il tomba avant d'atteindre les régions où l'air est irrespirable, était avec eux dans la nacelle du *Zénith*.

« Nous avions, dit-il dans ses *Notions sur les ballons*, nous avions l'ambition de dépasser les régions atteintes jusque-là par nos prédécesseurs et de rapporter le fruit d'observations nouvelles.

« Nous n'ignorions point que la nature est jalouse de ses secrets et que l'explorateur qui s'élance vers les grandes altitudes, comme celui qui parcourt les déserts de l'Afrique et les glaciers du pôle, ne peut les lui ravir qu'au prix des efforts les plus énergiques.

« Mais il y avait dans la nacelle du *Zénith* deux hommes qui ne connaissaient ni la défaillance, ni la faiblesse et qui savaient inspirer la valeur : Sivel et Crocé Spinelli, tous deux avaient au plus haut degré ce superbe courage que fait naître la passion du bien, tous deux cultivaient la science, non pas pour les applaudissements qu'elle rapporte, mais pour satisfaire aux besoins les plus nobles de l'intelligence.

« Voulant tenter de faire quelque chose pour la science, nous avions emprunté des ressources à la science elle-même. Des ballonnets, remplis d'oxygène allaient nous fournir le gaz comburant nécessaire à l'entretien de la vie.

« Mais nous comptions sur un ennemi qui se fait voir pour le combattre et non sur une action insensible, lente, perfide qui affaiblit le corps sans que l'esprit puisse en avoir conscience, qui arrache à l'âme ses facultés d'une façon graduelle comme pour frapper plus sûrement le coup de mort.

« C'est au-delà de 7,300 mètres, c'est-à-dire au-delà des régions atteintes par Robertson, par Gay-Lussac, par MM. Barral et Bixio, que la trop faible tension de l'oxygène dans l'air raréfié, a exercé sur nous une funeste influence. C'est à 8,000 mètres que l'asphyxie est devenue menaçante et que l'immobilité nous a saisis. Les tubes adducteurs de l'air vital n'ont pû être soulevés par nos mains paralysées. Nous sommes tombés comme frappés d'un coup de foudre à côté de l'appareil qui nous assurait le salut.

« Cette nacelle du ballon le *Zénith*, où régnaient tout à l'heure la joie, l'enthousiasme, l'espérance, va devenir le théâtre de la scène la plus épouvantable que l'on puisse imaginer. A 8,600 mètres d'altitude, par un froid de plus de 10 degrés au-dessous de zéro, au milieu d'un air sec et raréfié, où la colonne barométrique n'a plus que 26 centimètres, les trois voyageurs sont évanouis, étendus au fond de l'esquif aérien. Si quelque observateur pouvait les voir il croirait peut-être qu'ils sont endormis et qu'ils se reposent des fatigues de la route.

« Ils sommeillent en effet; mais tout à l'heure il n'y en aura plus qu'un seul à se réveiller, un seul pour soulever ses amis que la mort a frappés, pour toucher leurs mains désormais froides, pour les ramener au port où le tombeau les attend. »

Ce drame terrible produisit partout une sensation profonde, la mort de ces deux jeunes gens mettait la science en deuil, l'aéronautique perdant du coup ses plus vaillants champions, ses plus habiles praticiens, se vit pour un moment frappée de stérilité, et la conquête de l'atmosphère que l'on rêvait, que l'on rêve encore avec les émules des Crocé Spinelli et des Sivel, est toujours à faire.

Cet accident, pourtant si près de nous, n'est pas le dernier que nous ayons à enregistrer; le nécrologue aérostatique s'est augmenté depuis par la mort de M. Petit, arrivée au Mans le 4 juillet 1880.

M. Petit était un jeune aéronaute qui ne se contentait pas d'un seul ballon; à l'*Exposition* qu'il montait avec sa femme, il eut la malheureuse idée d'en adjoindre un petit, qu'il tenait captif de sa nacelle, et qu'il surveillait d'autant mieux que son enfant était dessous.

Mais il arriva ce qui devait arriver, la corde du petit ballon, l'*Annexe* scia les flancs du grand, qui, perdant son gaz par une coupure de haut en bas, tomba avec une telle rapidité que l'aéronaute fut tué sur le coup; chose bizarre, sa femme qui était avec lui dans la nacelle, se tira d'une chute de cinq cents mètres par des contusions sans gravité.

Quant à l'enfant, il toucha terre sain et sauf, grâce à la corde qui tenait son aérostat captif.

Ce n'est point par oubli que nous n'avons pas compté dans cette lugubre nomenclature les deux ballons, qui sur les 64 partis de Paris assiégé, pour faire le service de la poste pendant notre douloureuse campagne 1870-71, n'arrivèrent à aucune destination connue.

Car ce ne sont pas là des accidents, ce sont des conséquences de la guerre; ils ne portaient pas des aéronautes faisant un métier, mais des matelots qui accomplissaient un devoir.

Ces obscurs combattants de la chose publique, morts au champ d'honneur, aussi glorieusement que s'ils eussent affronté les balles de l'ennemi se nomment Prince et Lacaze.

Le premier, sorti de Paris, le 30 novembre 1870, à onze heures et demie du soir, pour passer au-dessus des Prussiens sans éveiller leur attention ; marcha si vite qu'il planait déjà sur la mer quand le jour vint à paraître, il se perdit dans l'Atlantique après avoir été signalé par un navire au-delà de Plymouth.

L'autre, parti dans la nuit du 27 janvier, disparut au-dessus de la Rochelle et s'abîma vraisemblablement dans le golfe de Gascogne.

*
* *

Résumons-nous.

En dehors de Crocé Spinelli, et de Sivel, qui sont des martyrs de la science, en dehors de Prince et de Lacaze qui sont des victimes du devoir, nous ne trouvons dans le nécrologue qui précède, que des morts par inexpérience ou par imprudence et nous n'en trouvons pas vingt sur vingt mille, chiffre minimum des ascensions aérostatiques exécutées depuis le premier essai de Montgolfier.

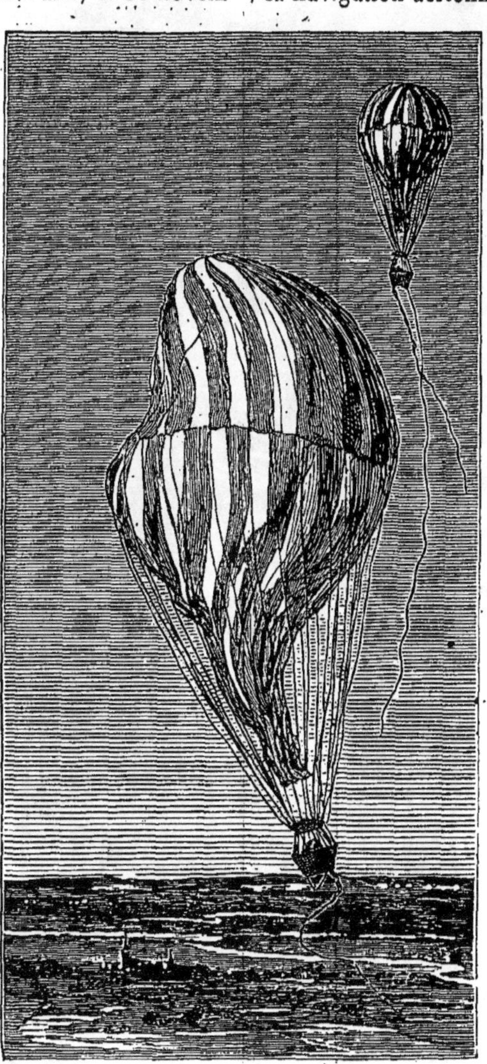

Mort de Petit (1880).

D'où il résulte, statistique en main, que la navigation aérienne n'est pas plus dangereuse que la navigation maritime et que, en tout cas, elle l'est infiniment moins qu'on s'est habitué à le croire.

Il n'y a donc pas lieu de s'exagérer outre mesure les périls qui entourent les aéronautes prudents et expérimentés.

Et si, comme il y a tout lieu de le supposer, la conquête... relative de l'air devient un fait accompli, dans un temps donné ; — ce qui est possible, le jour où l'on construira des aérostats allongés assez puissants pour porter le moteur, permettant de les diriger dans les régions, où ne règnent pas les vents inconnus (c'est-à-dire à quelques centaines de mètres du sol), — il n'y aura pas plus de raison pour faire son testament avant de monter dans un navire aérien, sagement conduit, qu'il n'y en avait en 1878, quand on prenait place dans la nacelle du ballon captif des Tuileries.

Vue intérieure de la gare des chemins de fer de l'Ouest.

LES CHEMINS DE FER

Le tunnel du Mont-Cenis.

Sans se mettre en frais de lyrisme, sans tremper sa plume dans un encrier débordant d'enthousiasme, on peut dire que l'invention des chemins de fer, merveilleuse entre toutes, a changé la face du monde.

Matériellement, en semant sur le passage des voies ferrées, soit pour combler les vallées, percer les montagnes, franchir les fleuves et même la mer, des travaux gigantesques qui ôtent, pour toujours, aux ouvrages si vantés des Romains, le monopole du grandiose dont ils ont joui pendant dix-huit siècles.

Politiquement et intellectuellement, en supprimant les frontières, et en faisant circuler de nation à nation, l'idée de fraternité qui accompagne presque toujours la civilisation et le progrès.

Le lecteur doit être prévenu pourtant que ce ne sont point des considérations de ce genre qu'il trouvera dans cette étude; nous n'avons point la prétention de l'entretenir, avec plus ou moins d'acquit et à grand renfort de citations, du rôle qu'ont joué et que doivent jouer les chemins de fer dans les questions économiques et politiques du présent et de l'avenir.

Tracer l'historique de cette admirable institution nous serait peut-être moins difficile, mais il faudrait remonter bien haut, car pour faire les chemins de fer, dont l'idée paraît aujourd'hui si simple, il a fallu réunir les idées d'hommes de génie dans tous les genres : d'ingénieurs comme Vauban, Riquier, Perrault, qui ont donné la clef des œuvres d'art, et d'inventeurs comme Papin et Watt, qui ont trouvé le seul moteur capable de mettre en action les machines, sans compter les financiers qui ont groupé les capitaux énormes sans lesquels l'entreprise serait encore à l'état de projet.

D'ailleurs, à quoi bon raconter d'ensemble les tâtonnements préliminaires, puisque nous aurons occasion d'en parler en détail, et ne suffit-il pas de dire : Le premier chemin de fer livré au public, est la ligne de Darlington à Stokton, qui fut ouverte en 1825; encore ne fut-elle exploitée qu'avec des chevaux, jusqu'au jour où Stephenson inventa sa locomotive.

La statistique serait trop facile, il n'y aurait qu'à réunir les documents officiels, pour exposer, dans un déluge de chiffres, combien il y a de kilomètres exploités, combien de locomotives, de voitures à voyageurs, à bagages, à bestiaux, à marchandises, à ballast, etc.

Toutes choses inutiles, en ce sens que personne n'en a besoin pour savoir que le chemin de fer n'est pas seulement une industrie, la plus complexe, la plus extraordinaire et la plus considérable qui existe, mais que c'est encore la clef de toutes les autres, puisqu'elle leur donne les débouchés indispensables à leur accroissement.

Ce que nous dirons volontiers, c'est que, comme usine, les chemins de fer français représentent un capital de plus de dix milliards et occupent environ 120,000 personnes, soit 65,000 employés commissionnés et 55,000 en régie, c'est-à-dire ouvriers d'ateliers de réparation et de manœuvres.

Mais ce n'est pas là notre but. Ce que nous voulons, et en cela nous croyons intéresser le lecteur, c'est le faire assister à toutes les opérations de la construction d'un chemin de fer; c'est décrire par le menu tous les objets, machines, accessoires, qu'il est susceptible de rencontrer en voyageant; c'est lui donner l'explication de tous les signaux de route ou de garage, en un mot, le mettre à même de ne s'étonner de rien de ce qu'il verra sur une ligne de chemins de fer, aussi bien dans le matériel fixe que dans le matériel roulant.

Avec un peu de soin, et beaucoup de gravures, nous y arriverons certainement; mais il faut procéder par ordre, et c'est pourquoi notre premier chapitre traitera de l'établissement de la voie.

I

ÉTABLISSEMENT DE LA VOIE

Lorsqu'une ligne est concédée à une compagnie, son tracé a déjà été étudié, avec des évaluations approximatives de la dépense, par les ingénieurs de l'État.

Ce travail préparatoire est complété par les études définitives que la compagnie fait faire à ses frais, et par son personnel spécial.

Ces études comprennent une série d'opérations, d'abord dans les bureaux, ensuite sur le terrain, où le tracé est indiqué en plaine par des piquets, et dans les contrées accidentées par de hauts jalons placés à une distance de cinquante mètres l'un de l'autre.

Le tracé ainsi figuré, une fois accepté par les communes qu'il traverse et même par les propriétaires particuliers qu'il exproprie, et qui ont le droit de faire leurs objections pendant que l'enquête *de commodo* et *incommodo* est ouverte, la compagnie concessionnaire rectifie son projet s'il a soulevé des difficultés, et commence ses travaux par le nivellement.

Il y a quelque vingt ans, alors que les compagnies ne possédaient pas de locomotives capables de gravir des pentes de plus de deux à trois centimètres par mètre, le nivellement était une opération aussi longue que coûteuse, par les travaux de terrassement qui en étaient la conséquence naturelle ; aujourd'hui que les machines augmentent de puissance, les ingénieurs se préoccupent beaucoup plus d'éviter les travaux d'art que les rampes, et les terrassements sont moins considérables ; ils sont cependant toujours d'une importance capitale, car ils ont pour but de faire l'assiette de la ligne.

Nous n'entrerons néanmoins dans aucun détail sur ces opérations ; tout le monde sait du reste comment on fait disparaître une butte (ce qu'on appelle faire un déblai), pour combler un creux (ce qui s'appelle faire un remblai), sur les chemins de fer ; d'ailleurs, ces travaux ne s'exécutent qu'au fur et à mesure que la ligne est faite, de façon à se servir de la voie déjà posée pour charrier les matériaux avec des wagonnets.

Le chemin s'exécute ainsi par tronçons et conserve des solutions de continuité jusqu'au jour où les travaux d'art nécessités par la ligne sont exécutés.

Ces travaux d'art, auxquels nous consacrerons un chapitre spécial, sont de diverses natures, selon les obstacles ou les difficultés que la ligne rencontre dans son parcours.

Passe-t-elle sur une route, un ruisseau ? il faut construire un ponceau ; sous un chemin, une passerelle ; sur une rivière, sur un fleuve, il faut jeter un pont.

Se heurte-t-on à une colline ? une montagne ? si l'on ne peut pas la tourner, il faut la franchir en ouvrant dedans une tranchée, si la butte n'est pas trop longue, en perçant un tunnel, si elle est trop élevée.

Est-on arrêté par une vallée ? on construit un viaduc.

Mais, comme nous reviendrons là-dessus, ne nous occupons, pour le moment, que de l'établissement de la voie.

La ligne nivelée, terrassée sur une certaine étendue, on s'occupe de faire l'assiette de la voie, c'est-à-dire de donner aux terrains assez de solidité pour supporter le passage des trains sans affaissement sensible.

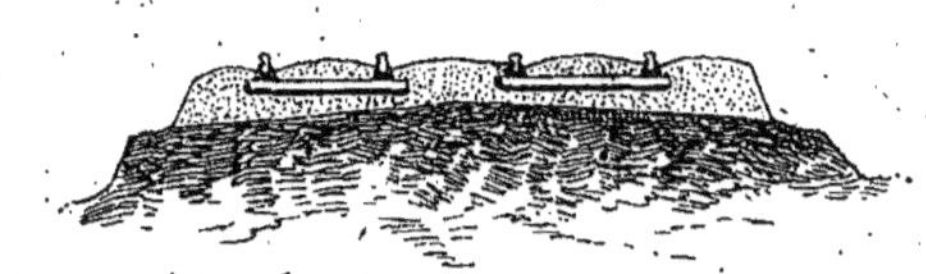

Coupe de la voie.

Sur le sol ordinaire un bon ballast suffit, mais sur les terres rapportées, il faut d'abord damer, pilonner les remblais de façon à ce qu'ils ne se tassent plus.

La ligne traverse-t-elle des terrains marécageux ? c'est bien autre chose. Car il faut appuyer la voie sur des pilotis ou sur des lits superposés de fascines et de pierres, heureux encore quand on n'est pas obligé de bétonner l'espace qui portera les rails.

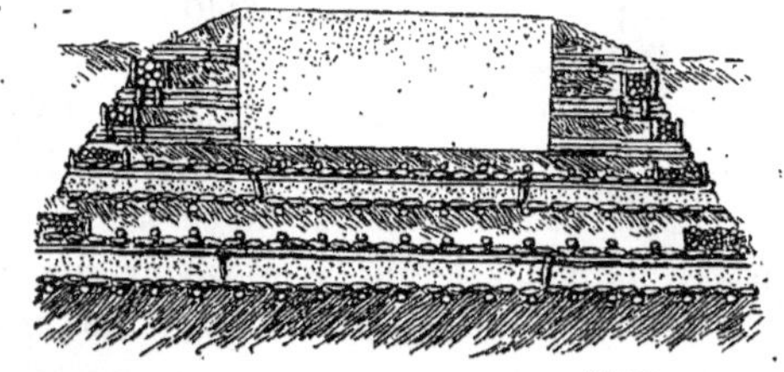

Consolidation de la voie.

Notre dessin donne une idée des travaux de consolidation qu'on est quelquefois obligé de faire, et qui sont plus ou moins compliqués, selon qu'on rencontre seulement des terrains mouvants ou des marais.

De toutes façons, il faut que la ligne soit disposée en dos d'âne, de manière que les eaux puissent s'écouler facilement par les deux côtés.

De toutes façons aussi, il faut qu'elle reçoive un premier ballast.

Ce qu'on appelle ballast est une garniture de menus matériaux, gros sable, gravier ou pierres cassées, dont on charge les chemins de fer sur une épaisseur de 50 centimètres, autant pour donner de la consistance au sol, que pour couvrir les traverses, qui sont ainsi préservées, de la pluie et de la gelée.

La première opération n'ayant pour but que la consolidation, le ballastage ne se fait d'abord qu'à 20 ou 25 centimètres d'épaisseur ; pour le faire économiquement, on pose sur la moitié de la chaussée une voie

Préparation des traverses (chemin de fer d'Amérique).

provisoire, de laquelle on se sert pour charrier le ballast dans des voitures à bascule, qui, s'ouvrant par le côté, versent sur la seconde moitié de la chaussée les matériaux nécessaires au ballastage.

Le ballast étendu et pilonné sur cette moitié, on pose dessus la voie définitive, qui servira pour ballaster l'autre moitié.

C'est donc sur ce premier ballast que l'on va placer les traverses qui seront l'échafaudage du chemin de fer, puisqu'elles porteront les rails.

Bien qu'on ait essayé l'emploi des traverses métalliques, et que les traverses de Fraisans, notamment, donnent d'excellents résultats, les plus généralement adoptées sont les traverses en bois, injecté de sulfate de cuivre, ou de créosote, ou de chlo-

Vue à vol d'oiseau d'une section de travaux de chemin de fer.
1, 2, attaque de tranchée. — 3, remblai. — 4, ballastage. — 5, 6, pose définitive de la voie. — 7, poste de santé; cantine.

rure de zinc, ou même de sublimé corrosif; mais le plus usité de ces agents antiseptiques est le sulfate de cuivre, qui donne d'ailleurs d'excellents résultats et n'est pas très coûteux.

Outre cette préparation, qui a pour objet la conservation du bois, les traverses en subissent une autre qu'on appelle le flambage, et qui consiste, au moyen d'un chalumeau à gaz, dans la carbonisation superficielle des traverses, ce qui, l'expérience l'a démontré, retarde considérablement la pourriture des bois enfouis dans le sol.

Ainsi préparées, les traverses peuvent durer de dix à quinze ans, selon le bois dont elles sont faites; car il va de soi que le bois de chêne résistera plus longtemps que le sapin et même que le hêtre ou le mélèze.

Les traverses employées sur nos chemins de fer sont plus ou moins équarries, selon les systèmes, mais elles doivent avoir au moins 2 mètres 50 de longueur; les compagnies de l'Est et de Lyon ne les reçoivent même qu'à 2,75, et ce n'est pas de trop pour assurer la solidité de la voie, car les rails étant posés à 1 mètre 50 de distance d'axe en axe, il ne reste guère que 60 centimètres d'assiette de chaque côté.

Leur épaisseur varie entre 15 et 18 centimètres, et leur largeur est fixée à 10 centimètres pour les traverses intermédiaires, et à 30 pour les traverses de joint, c'est-à-dire celles qui supportent deux bouts de rails au point où le raccord en est fait.

La seule opération qu'on leur fasse subir avant leur mise en place, est celle qu'on appelle le *sabotage*, et qui consiste à creuser des entailles profondes de quinze millimètres pour recevoir les coussinets qui porteront les rails, et à forer les avant-trous qui recevront les chevillettes; ces avant-trous, dont les parois sont quelquefois calcinées avec un fer rouge, sont le plus souvent enduits de goudron pour que la chevillette ait moins de jeu.

Ceci fait, on les pose parallèlement sur la ligne, à des distances variables qui dépendent surtout de la longueur des rails employés; car il faut toujours qu'un joint soit fait sur une traverse. Cette distance est généralement de 90 centimètres d'axe en axe, car les rails sont presque toujours par longueurs de 6 mètres. Pour cela, du reste, chaque compagnie a son système, mais aucun ne ressemble à celui des Américains, qui aiment trop souvent à faire vite pour tenir toujours à faire bien; leurs traverses sont plus rapprochées que les nôtres, mais elles sont sensiblement moins longues et moins épaisses, et ils ne se donnent pas la peine de les consolider par un ballast quelconque; bien heureux se trouvent-ils quand leurs rails sont suffisamment fixés dessus.

Selon que la ligne à construire est à double voie ou à voie simple, on pose provisoirement d'abord un rang ou deux de traverses, qui ne seront mises en place définitivement que lorsque les rails seront dessus.

Toutes les lignes qui ont un trafic important sont à deux voies : l'une pour l'aller, l'autre pour le retour, séparées par un espace libre qu'on appelle entre-voies, qui n'est que d'un mètre 80 sur la plupart des chemins de fer français, mais qui atteint 2,20 sur la ligne de Lyon.

Cette largeur est utile, pour que deux trains puissent se croiser, sans qu'un employé qui se trouverait entre eux courre danger d'être blessé.

Les petites lignes, les chemins de fer d'intérêt local, sont à voie simple; mais il va sans dire qu'aux abords des stations, il existe une voie de garage permettant aux trains de marchandises de laisser passer les trains de voyageurs, et une voie d'évitement sur laquelle s'engagent les trains d'aller qui doivent se croiser avec ceux de retour.

Du reste dans les stations, les voies sont aussi multipliées que l'exigent les besoins du service, et dans les gares tête de lignes, on en pose autant que la place le permet, et il n'y en a jamais de trop.

Revenons aux traverses, pour suivre l'opération. Mais auparavant, disons quelques mots des traverses métalliques qui nous paraissent appelées, dans un temps donné, à remplacer toutes les autres, surtout si le bois continue à augmenter de valeur, en même temps que le fer à diminuer; car, inaccessibles à l'action de l'humidité, leur durée est en quelque sorte illimitée et elles ont encore sur celles de bois le double avantage de la rapidité de production et de pose.

C'est ce qui résulte des essais de systèmes différents qui ont été faits sur les chemins de fer français, notamment par les compagnies de l'Est et de Lyon qui ont construit quelques-uns de leurs petits embranchements avec des traverses Fraisans, qui pèsent 39 kilog. et coûtent 10,50 pour les intermédiaires, et 54 kilog. coûtant 14 fr. pour les traverses de joint.

Les traverses ne sont pas plutôt posées, qu'on amène dessus les rails qui seront le véritable chemin de fer.

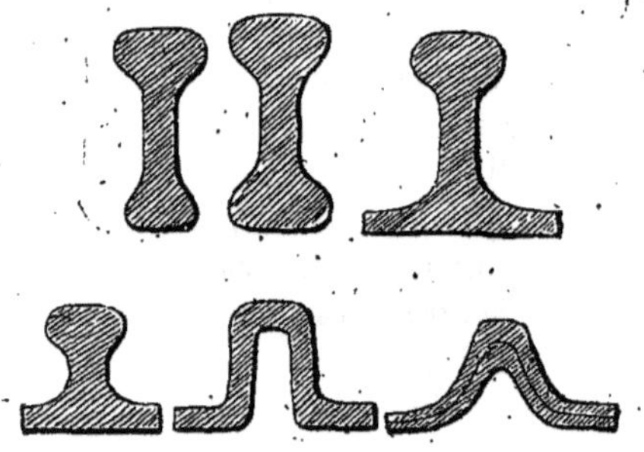

Divers systèmes de rails.

Ces rails, sur lesquels glisseront les roues du matériel roulant, sont de plusieurs systèmes. Sans parler des rails en bois employés dans les chemins de fer primitifs, destinés seulement, d'ailleurs, à desservir les mines, nous citerons :

Le rail à simple champignon employé tout d'abord alors qu'on les faisait simplement en fonte, mais auquel on a complètement renoncé à cause du peu de solidité qu'il trouvait dans sa forme.

Le rail à double champignon, le plus généralement adopté sur les chemins de fer français et qui a remplacé l'ancien non seulement parce qu'il se fixe mieux dans le coussinet, et offre plus d'assiette, mais encore parce qu'on espérait pouvoir le retourner quand il serait usé ; mais il a fallu renoncer à cette espérance d'économie, l'expérience ayant démontré que lorsqu'une des faces du rail était usée, le fer de toute la masse était désagrégé et ne présentait plus ni la même souplesse, ni surtout la même résistance à l'usure par le frottement.

Le rail à patin, qu'on appelle aussi rail Vignolles, du nom de son inventeur; sa forme supérieure, sa surface de roulement est la même que dans le rail à champignon, mais il en diffère par sa partie inférieure, terminée par un double patin par lequel on le fixe directement sur la traverse, sans avoir besoin de coussinet.

Ce système a été adopté en partie par le chemin de fer du Nord, à l'exemple des grandes lignes d'Allemagne qui n'en emploient pas d'autres. Seulement le rail allemand est d'un type spécial, car il est moins élevé.

Il y a aussi des sytèmes particuliers qu'on appelle du nom de leurs inventeurs : rail Brunel, rail Barlow, mais ils sont d'une fabrication si difficile que l'usage ne s'en est pas généralisé. Notre gravure donnant une idée suffisante de leurs formes, nous ne les décrirons pas ; nous remarquerons seulement que leur surface de roulement ne présente pas les mêmes avantages que celle des autres parce qu'ils sont moins bombés à leur partie supérieure.

Cette forme est voulue ; elle est indispensable pour rapprocher le point de contact de la jante des roues coniques des wagons, de la ligne médiane de la surface de roulement du rail, et par conséquent réduire autant que possible, sinon supprimer absolument, le mouvement d'oscillation latérale des locomotives, connu sous le nom de mouvement de lacet.

C'est pour concourir au même résultat que les rails sont posés avec une inclinaison intérieure à la voie d'un vingtième de leur hauteur, mais cette précaution est prise aussi en vue de s'opposer aux efforts qui tendent à produire le déversement extérieur.

Les rails, quel qu'en soit le système, sont fabriqués par longueurs de 6 mètres, soit en fer forgé, soit en acier, car il y a longtemps qu'on a renoncé à la fonte.

Les rails en fer sont les plus usités et leur fabrication a fait de tels progrès que le prix du quintal métrique (autrement dit 100 kilogrammes) qui était d'abord de 40 francs s'est abaissé successivement à 30 et même à 25 francs ; il est vrai que pour les compagnies, l'économie n'est qu'apparente.

Fabrication du rail.

Car si les rails des premiers chemins de fer ne pesaient que 13 kilogrammes par mètre courant, ils ont été portés depuis à 36 et 38 kilogs par suite de l'accroissement du poids des locomotives qu'ils ont à supporter.

Nous retrouverons, au cours de cet ouvrage, l'occasion de parler en détail de la fabrication des rails, soit en fer, soit en acier ; nous dirons seulement aujourd'hui que le rail se fait mécaniquement d'une façon assez succincte, mais très intéressante.

Les ouvriers armés d'immenses tenailles, qui se terminent à peu près comme les pinces d'un homard, saisissent un bloc de métal chauffé à blanc, le portent sous un laminoir qui, en trois ou quatre opérations, lui donne une forme allongée s'approchant

Coupage des rails.

35.

PONT CONSTRUIT SUR L'EMPLACEMENT DE LA PLACE DE L'EUROPE, AU CHEMIN DE FER DE L'OUEST.

le plus possible de celle qu'il s'agit d'obtenir; on le transporte ensuite dans un four à réchauffer et, quand il est redevenu malléable, sous une série de laminoirs qui lui donnent le calibre et la forme voulue; il n'y a plus qu'à régler la longueur, car ce bloc qui n'avait en principe que 50 ou 60 centimètres, atteint maintenant de 9 à 10 mètres.

Pour cela quatre ou cinq ouvriers le traînent avec des pinces sur une plateforme mobile, de façon à pouvoir le présenter à la scie circulaire qui le coupe aussi facilement qu'un fil de fer tranche une motte de beurre.

Le rail, réduit à la longueur réglementaire (6 mètres), passe entre les mains d'autres ouvriers qui le rabotent, le percent de trous pour recevoir les écrous,

La pose des rails.

après quoi il est terminé et propre à être livré aux compagnies, qui ne le reçoivent qu'après lui avoir fait subir les épreuves suivantes :

1° Posé sur deux appuis, distants de $1^m,10$, le rail doit, pendant cinq minutes, supporter en son milieu, sans flexion sensible, une charge de 12,000 kilogrammes s'il est en fer forgé, de 20,000 s'il est en acier; 2° dans les mêmes conditions, il doit supporter sans rupture, pendant cinq minutes, une charge 30,000 kilogrammes s'il est en fer, et de 40,000 s'il est en acier.

Cette épreuve se continue avec augmentation de charge jusqu'à rupture, de façon à en amener une autre qui porte sur la résistance dynamique : il faut que la moitié rompue du rail puisse supporter sans se briser le choc d'un mouton de 300 kilogrammes, tombant de deux mètres de hauteur.

Ces essais faits, les rails sont reçus et peuvent être posés.

Les deux rails de la voie, posés comme nous l'avons déjà dit, avec une légère inclinaison intérieure, sont placés parallèlement à une distance de $1^m,45$ et 46 (entre leurs faces intérieures) bien qu'il n'y ait que $1^m,44$ d'écartement entre les rebords extérieurs des roues des véhicules qui doivent courir dessus ; mais il est indispensable qu'il y ait un peu de jeu ; sans cela, le boudin des roues frotterait presque continuellement sur les rails, ce qui donnerait à la machine un travail de traction beaucoup plus considérable.

Cinq millimètres de jeu de chaque côté sont reconnus suffisants pour les lignes droites, mais pour les courbes on leur donne plus de facilité, et le jeu varie entre 2 et 3 centimètres, selon le rayon des courbes.

Nous reparlerons d'ailleurs de cela quand nous traiterons du matériel roulant.

Le travail de la pose des rails diffère selon le système adopté.

Les rails à patin ou rails Vignolles, employés généralement sur les chemins de fer d'Allemagne, adoptés en France par la Compagnie du Nord, se posent directement sur les traverses, au moyen de longs clous à tête recourbée, ce qui économise l'emploi des coussinets, fort coûteux d'ailleurs, puisqu'il faut 2,332 coussinets par kilomètre de voie simple.

Les rails creux, auxquels l'ingénieur Brunel a donné son nom, se posent de la

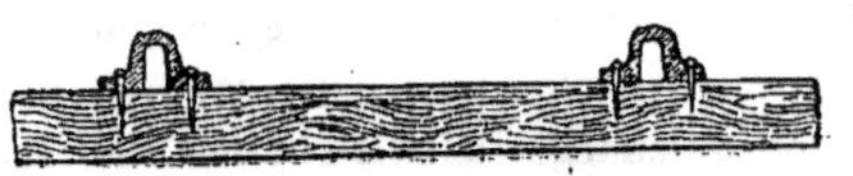

Pose des rails Brunel.

même façon, mais ils ne sont guère usités qu'en Angleterre, encore n'en voit-on que sur la ligne de Londres à Bristol ; car si ce système fait réaliser une économie sur les traverses, il nécessite l'emploi des *longrines*, pièces de bois longitudinales posées sur des traverses beaucoup plus espacées que dans le système ordinaire.

Les rails Barlow n'ont besoin ni de traverses ni de longrines. Leur construction

Pose des rails Barlow.

permet de les poser simplement sur le ballast ; mais, pour les maintenir à l'écartement convenable, on est obligé de les relier de distance en distance par des barres de fer transversales. Ce qui rend l'économie illusoire et multiplie tellement les difficultés de fabrication qu'on les emploie fort rarement.

Les rails à champignons, les plus généralement adoptés dans notre pays, sont fixés sur les traverses au moyen de coussinets dans lesquels ils sont encastrés.

Ces coussinets, qui sont en fonte grise,

Coussinet.

adhèrent aux traverses par de longs clous qu'on appelle chevillettes.

Ils se composent ainsi que l'indique notre dessin, d'une semelle A plate à l'extérieur pour poser d'aplomb sur la traverse ; arrondie à l'intérieur pour recevoir le cham-

Rails posés sur coussinets.

pignon du rail ; de deux joues BB dont le rôle est de maintenir le rail latéralement, et de deux nervures CC destinées à donner de la consistance aux joues; c'est au pied de ces supports que se trouvent les trous DD par où passeront les chevillettes.

Les rails, posés entre les pinces du coussinet, y sont maintenus dans une position verticale au moyen de coins de bois, placés à l'intérieur de la voie, de façon que la pression des bourrelets sur les rails soit transmise à la joue du coussinet par l'intermédiaire d'un corps compressible.

Il y a naturellement plusieurs sortes de coussinets, car il ne s'agit pas seulement, dans la construction d'un chemin de fer, de la pose des rails de six mètres; il faut d'abord que ces morceaux de rails soient placés l'un au bout de l'autre, sans solution de continuité; il faut encore prévoir les courbes, les bifurcations, les croisements, les changements de voie, etc.; pour cela, on emploie :

1° Les coussinets de joints, qu'on appelle aussi *coussinets-éclisses*, parce que, de fait, ils remplacent l'éclisse, qui ne s'emploie plus guère que pour réunir les rails à patin.

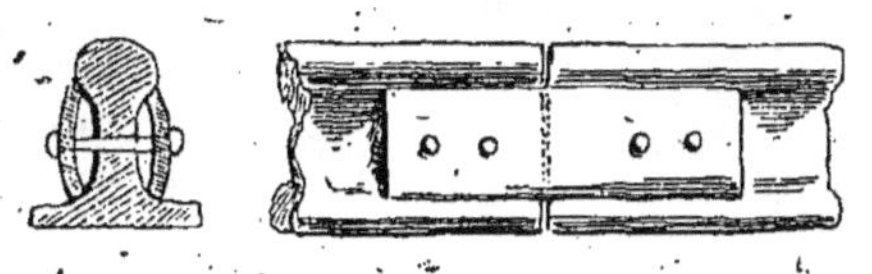

Éclisse : coupe et profil.

Une éclisse se compose de deux bandes de fonte ou de fer qu'on applique de chaque côté de la jointure de deux rails, et qui sont liées ensemble par des boulons qui les traversent ainsi que les rails.

Ce système fut d'abord employé partout, mais on y a renoncé pour les rails à champignon, car il empêchait de mettre un coussinet, là précisement où il y en avait le plus besoin, puisque le joint se trouvant en porte à faux avait beaucoup plus de chance de se désunir que s'il eût reposé sur une traverse.

On l'a donc remplacé par le coussinet-éclisse, qui rend le même service, à la condition d'être beaucoup plus large que le coussinet ordinaire, par la raison que ses joues doivent recevoir les abouts de deux rails.

Construit en fer laminé, cet appareil se compose, ainsi qu'on le voit par notre dessin, de deux parties symétriques ABC, solidement assujetties sur la traverse au

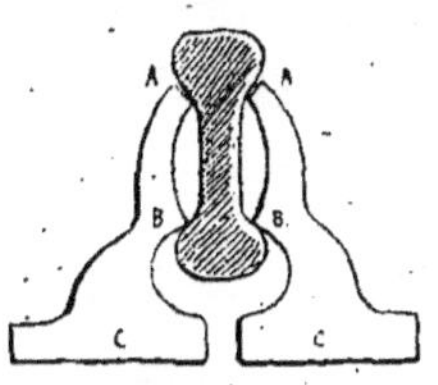

Coussinet-éclisse.

moyen de chevillettes; les deux joues, construites en arc-boutant, supportent les rails en AA et les maintiennent en BB de façon qu'ils ne soient pas martelés au passage des trains.

Ces coussinets servent aussi pour les courbes, d'ailleurs généralement si peu sensibles, qu'elles sont presque toujours, au point de vue de la construction de la voie, une succession de lignes brisées, et qu'on dessine au moyen de rails coupés plus courts, aboutés avec une légère obliquité.

On prend seulement soin, et cela pour faciliter la traction, de surélever le rail extérieur, ce qui permet à la roue de ce côté de faire dans le même temps un peu plus de chemin que la roue du côté intérieur de la courbe.

Pour les croisements de lignes, il y a des coussinets spéciaux qui sont à deux, à trois, à quatre joues, selon que les croisements sont simples, doubles ou triples, ainsi que nous allons l'expliquer.

Le croisement simple, le plus fréquemment employé sur les chemins de fer, s'obtient sans difficulté, et en quelque sorte tout naturellement, par la pose des rails qui sont interrompus à l'intérieur du croisement, mais accompagnés de contre-rails, qui obligent les roues à suivre leur ligne; et surtout évitent les déraillements que pourraient produire les secousses à la solution de continuité; notre gravure explique suffisamment ce mécanisme.

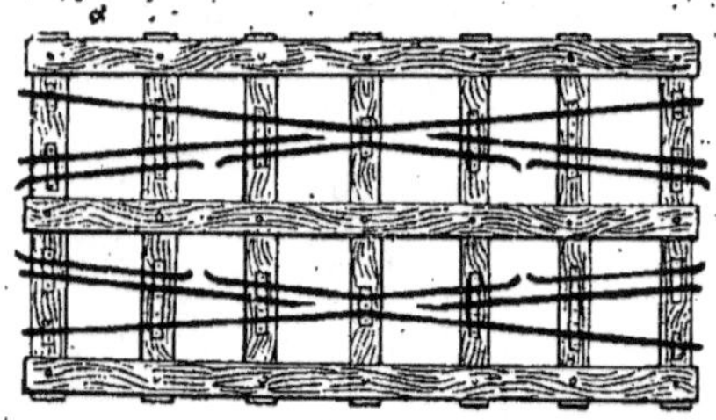

Croisement simple.

Il est vrai que les voies peuvent se croiser autrement, comme il est montré dans le dessin ci-dessous; mais de toutes façons, il faut que les traverses qui portent les rails et les contre-rails du croisement soient reliées entre elles par d'autres traverses longitudinales, qu'on appelle longrines.

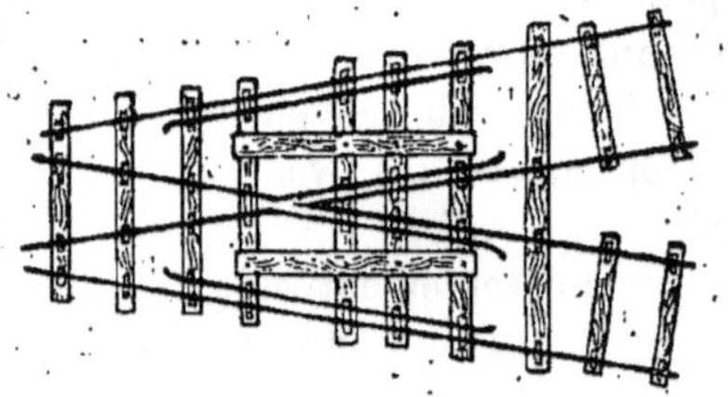

Croisement en biais.

Pour les croisements doubles ou triples ainsi que pour les bifurcations, on se sert de rails mobiles qu'on appelle aiguilles; nom que l'on donne aussi au levier qui sert à les faire mouvoir.

Les deux rails coupés et taillés en biseau (pour adhérer plus parfaitement aux rails voisins) qui composent l'aiguille, sont reliés entre eux par deux tiges de fer qui maintiennent invariable leur écartement; et par une autre barre de fer; avec le levier au moyen duquel on peut les déplacer et ouvrir ou fermer une voie, selon que le rail aiguille

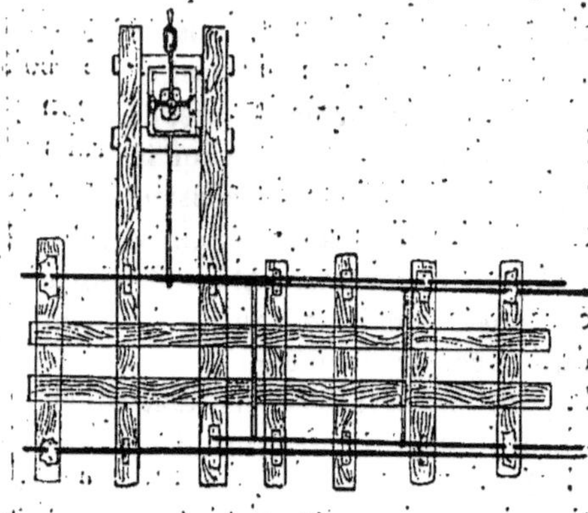

Aiguilles.

sollicité par le levier, vient s'appliquer tout contre ou s'en éloigner.

Tout le monde connaît cette manœuvre que notre gravure explique du reste.

Ajoutons cependant, comme renseignement, que le levier est maintenu à demeure par un contre-poids de façon que si un train lancé sur l'une des deux voies que mettent

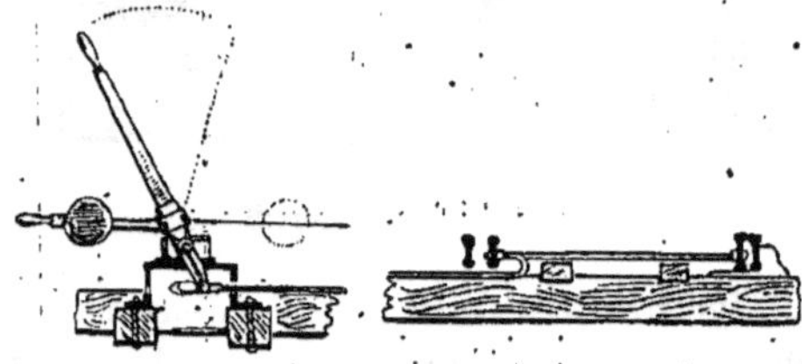

Profil de l'aiguille.

en communication les aiguilles, trouve ces aiguilles fermées, les rebords de ses roues s'engagent entre le rail et l'aiguille, le contre-poids cède à la pression; ce qui fait ouvrir l'aiguille et permet au train de continuer sa marche comme s'il n'avait pas rencontré l'aiguille.

Ce que nous avons dit pour une aiguille s'explique de la même façon pour deux qui sont obligatoires à l'endroit où, comme l'in-

La manœuvre de l'aiguille.

La manœuvre des plaques tournantes.

dique notre gravure, il y a une bifurcation; et l'on conçoit alors l'emploi des coussinets

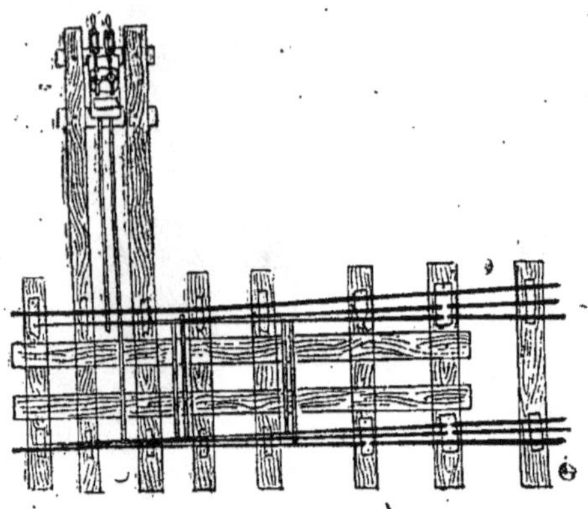

Aiguille double.

à joues multiples dont nous avons déjà parlé.

Il faut aussi des coussinets spéciaux pour les aiguilles. Il y en a même de deux sortes: les coussinets d'aiguilles qui n'ont qu'une seule joue (à l'intérieur) l'autre étant remplacée par une surface plane et rabotée pour faciliter le glissement du rail aiguille quand il doit se rapprocher du premier; et les coussinets de talons d'aiguilles, qui s'emploient pour les croisements doubles ou multiples.

En somme, les coussinets ordinaires pèsent de 9 à 10 kilogr.; les coussinets de joints 12 à 15 kilogr., ceux de croisements et ceux de contre rails varient entre 10 et 27 kilogr. ceux d'aiguille de 14 à 20 kilogr., ceux de talons 26 à 31 kilogr., ceux de passages à niveau de 16 à 23 kilogr., et ceux de traversée de voie de 13 à 37 kilogr.

Tous, comme on le pense bien, doivent être de qualité parfaite et ne sont reçus que s'ils résistent au choc d'un mouton de 30 kilogr. terminé en demi-sphère pour porter d'aplomb, tombant de hauteurs variables, et à une pression proportionnée à leur poids, mais qui n'est jamais moindre de 3000 kilogr.

Nous ne parlerons ici, que pour mémoire, de quelques types de coussinets qu'on a expérimentés pour supprimer les traverses, car ils ne sont pas adoptés généralement; les plus pratiques sont les *coussinets plateaux* qui d'ailleurs ne diffèrent des autres qu'en ce que leur semelle beaucoup plus large se termine en plateau qu'on pose directement sur le ballast, et les *coussinets à cloche;* employés sur le chemin de fer du Caire à Alexandrie, dans lesquels le plateau est remplacé par un cloche que l'on bourre de ballast.

Il y a aussi le système Barberot, mais il ne supprime pas l'emploi de la traverse; de fait, il supprime absolument le coussinet, mais il complique en quelque sorte le travail de la pose, car il faut que le rail soit pincé par deux coins de bois debout, arc-

Rail fixé par deux coins de bois debout.

boutés d'un côté à l'intérieur du rail et de l'autre contre la face d'une entaille inclinée, faite dans la traverse.

Un autre système expérimenté par la ligne du Nord, et adopté d'abord, je crois, par le chemin de fer de ceinture, est le système Pouillet qui remplace les longues et coûteuses traverses par des traverses plus légères de $2^m,05$ de long sur 16 centimètres de largeur et 5 centimètres d'épaisseur; mais ces traverses reposent sur des tablettes en bois qu'on appelle tables de pression et auxquelles elles sont fixées par des boulons, de sorte que l'économie n'existe plus.

Il est vrai que le système donne à la voie une grande stabilité, mais il est d'un entretien si difficile qu'on l'a tout à fait abandonné.

Les aiguilles se placent surtout aux abords des stations; c'est là, en effet, qu'elles sont le plus utiles, et dans les gares où il y a un mouvement de trains considérable, elles sont très multipliées et confiées à des

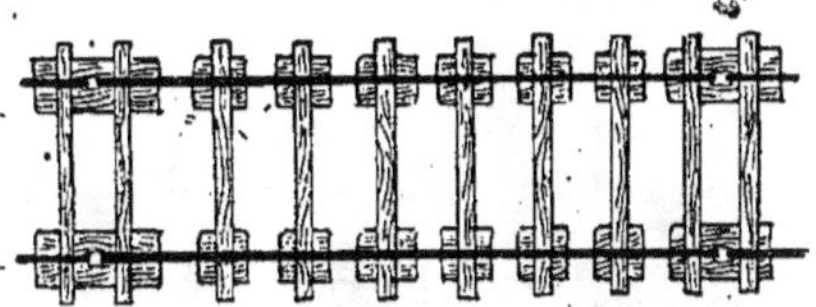

Traverses du système Pouillet.

hommes expérimentés, que l'on juge incapables d'oublier qu'une erreur de leur part peut compromettre la vie de quelques centaines de voyageurs.

Néanmoins, comme moyens de changement de voies, elles ne sont pas suffisantes aux besoins du service, surtout dans les gares têtes de lignes, où il faut à chaque instant manœuvrer des locomotives, des voitures, soit pour composer des trains sur leur voie de départ, soit pour remiser le matériel sous les hangars.

Pour cela on a inventé les plaques tournantes, qui munies extérieurement de frag-

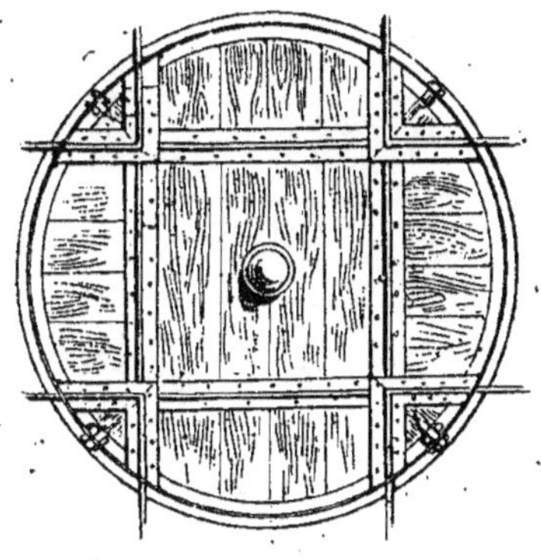

Une plaque tournante (plan horizontal).

ments de rails viennent les adapter comme l'on veut à ceux de la ligne sur laquelle on a besoin de rouler des wagons.

La plaque tournante est un plateau circulaire, quelquefois en bois, le plus souvent en fonte, monté sur un pivot central placé dans une ferme en maçonnerie, dont les bords sont soutenus par différents moyens, selon les exigences de l'emplacement.

Elle se compose de trois parties distinctes : la partie fixe, la partie mobile, et les galets, espèces de roulettes destinées à rendre le mouvement de rotation plus facile et plus doux.

La coupe que nous donnons de cette machine en fera comprendre tous les détails savoir : la cuve d'enceinte; le cercle de roulement fixe, espèce de chemin de fer circulaire dans lequel manœuvrent les roulettes appelées galets; et la crapaudine qui porte le pivot; le tout posé sur une fondation, que l'on fait quelquefois en maçonnerie mais le plus souvent en sable pilonné, par couches

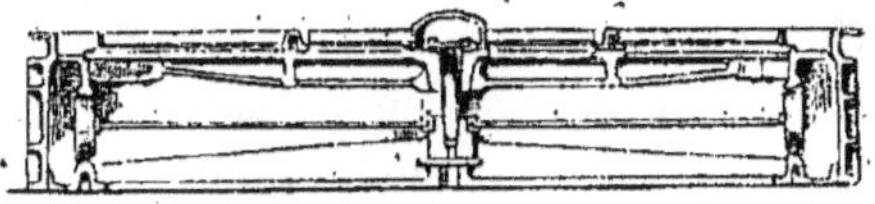

Coupe de la plaque tournante.

minces, après arrosage; les autres lignes sont celles de la charpente que fera mieux comprendre encore notre plan horizontal, divisé en deux parties, le dessous et le dessus.

Le dessus indique la pose des rails, et la place du verrou au moyen duquel on fixe la plaque tournante, au point où l'on a besoin de l'avoir.

Quant à l'emploi de cette machine il est si simple, que je ne l'explique point, notre gravure s'en chargeant de reste.

Je dirai seulement que les plaques tournantes sont de plusieurs sortes et varient de dimensions selon qu'elles doivent servir seulement pour des voitures, ou pour des locomotives seules, ou pour des locomotives avec leur tender.

Dans le premier cas, les plaques tournantes ont 4^{m},50 de diamètre et coûtent environ 5,000 francs; dans le second elles ont 6 mètres et reviennent à près de 7,000 francs; dans le troisième, le plus rare d'ailleurs, et employé seulement aux abords des remises à locomotives, elles atteignent 12 mètres de diamètre et coûtent environ 15,000 francs.

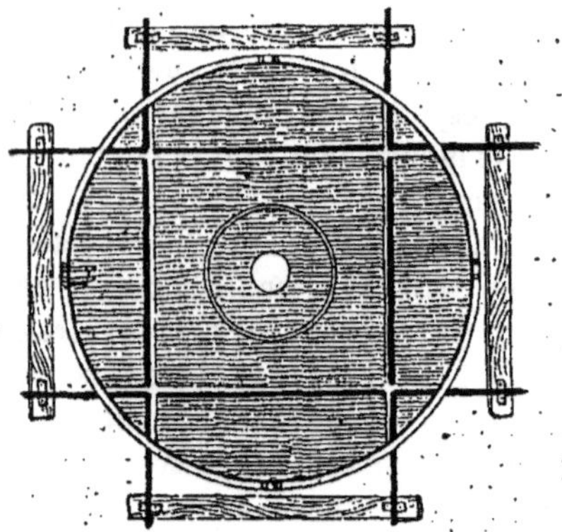

Plaque tournante servant au raccord de deux voies perpendiculaires.

Les plaques tournantes diffèrent aussi extérieurement, par leur situation et par les services qu'on en attend; elles peuvent être posées isolément ou par séries, selon la disposition des voies.

Aussi lorsqu'il s'agit seulement de mettre en communication deux voies perpendiculaires l'une à l'autre, une plaque suffit, et ses rails se croisent à angle droit, de façon à se raccorder avec les voies, sans interrompre aucune ligne, comme dans la gravure ci-dessus.

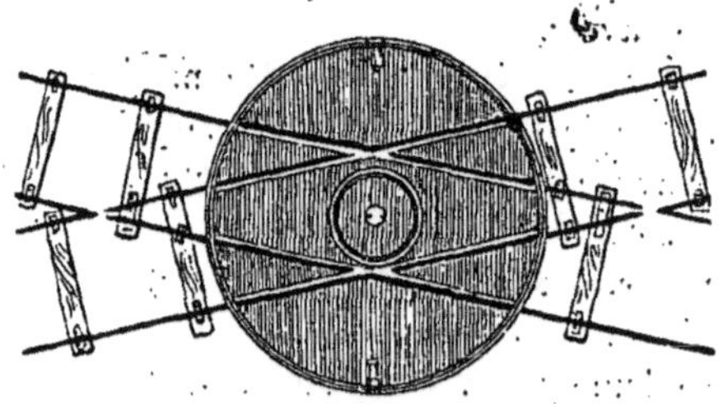

Plaque tournante pour deux voies obliques

Lorsque les deux voies sur lesquelles il faut agir se rencontrent obliquement, les quatre rails de la plaque se croisent en forme d'X, selon l'angle nécessaire au raccord parfait.

Mais dans les grandes gares où les voies sont nombreuses et où le mouvement des voitures est considérable, les plaques tournantes sont généralement posées par séries de trois.

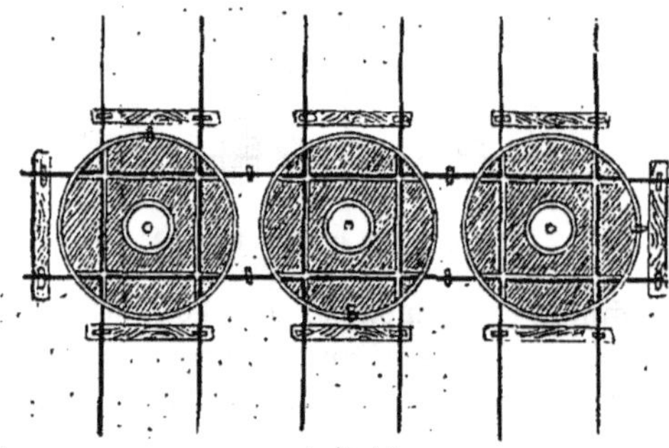

Plaques pour trois voies parallèles, coupées par une perpendiculaire.

Pour trois voies parallèles, coupées par une voie perpendiculaire, les plaques tournantes sont du modèle que nous avons indiqué en premier lieu.

Pour trois voies parallèles, coupées par une voie oblique, les plaques sont chargées

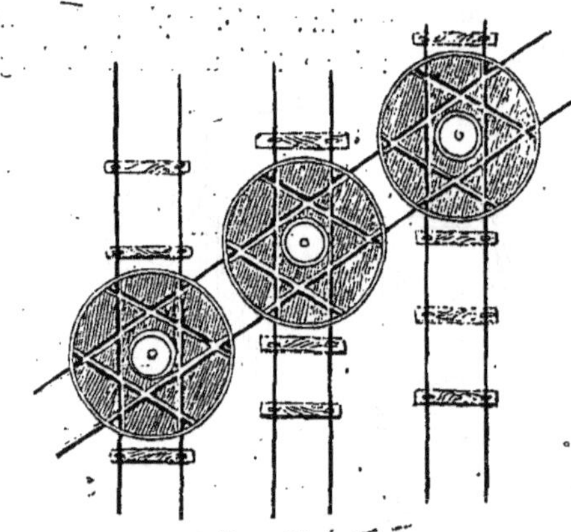

Plaques pour trois voies parallèles, coupées par une oblique.

de six bouts de rails qui s'entrecroisent en forme d'étoile.

On remplace assez souvent maintenant les séries de plaques tournantes, par un chariot, soit mû à bras d'hommes ou par la vapeur, qui, roulant sur la voie transversale, amène les wagons sur celle où l'on a besoin de les transporter.

Ce système est infiniment plus économique que la construction des plaques tournantes, mais il ne peut être employé partout.

La tranchée de Plouaret, creusée dans le roc.

S'il est inappréciable dans les gares de marchandises; dans certaines gares de voyageurs, j'entends de celles qui sont outillées depuis longtemps et n'ont pas tout l'espace dont elles voudraient disposer, il serait un embarras, quelquefois même un danger pour la composition des trains, à l'heure (précisément à celle où l'on en aurait besoin) où les gares sont presque toujours encombrées.

La voie posée, on s'occupe du ballastage définitif de la ligne.

Nous avons déjà dit comment se faisait cette opération, et l'on comprend aisément que la matière qui devient ballast varie selon les localités.

En Belgique, par exemple, où le sable et la pierre manquent, on fait du ballast avec des briques cassées et des scories de forges, ce qui rend les mêmes services de préservation et de consolidation; du reste tout ballast est bon quand il permet l'écoulement rapide des eaux, et c'est pour cela que les détritus marneux, argileux et la craie sont mauvais.

Les Américains emploient peu ou point de ballast; en revanche les traverses sont bien plus nombreuses sur leurs chemins de fer que sur les nôtres. Mais chez eux le bois n'est pas assez cher pour qu'ils croient utile de l'économiser.

Il est pourtant des circonstances où un bon ballast est indispensable : pour les travaux d'art, sur les ponts et les viaducs notamment, que le plancher soit en maçonnerie ou en fer.

Si l'on ne jettait pas dessus, cette couche de menus matériaux qui fait matelas pour amortir les secousses, le poids énorme des trains qui les traversent à toute vitesse, aussi bien que le mouvement de trépidation qu'ils y impriment, disloquerait peu à peu les ponts et userait infiniment plus vite le matériel roulant.

Cette observation nous amène à parler enfin des travaux d'art; aussi bien ne nous manque-t-il plus que cela pour connaître tous les détails de la construction d'une ligne.

II

LES TRANCHÉES ET LES REMBLAIS

Nous ne faisons qu'un seul chapitre des déblais et des remblais, d'abord pour embrasser d'un coup les opérations de terrassement, qui n'entrent à proprement parler dans la catégorie des travaux d'art que par leurs côtés exceptionnels; ensuite parce que souvent ces deux opérations, qui sont pourtant le contraire l'une de l'autre, ne font qu'une.

En effet, si l'on pratique une tranchée, c'est pour ouvrir à la ligne son passage au travers d'une butte ou d'une colline; or, comme la colline est nécessairement précédée ou suivie d'un vallon, il en résulte donc qu'il y aura un remblai à faire immédiatement avant ou après la tranchée.

Dans ce cas, qui est le plus fréquent, les terres enlevées de la tranchée sont transportées dans le creux et servent à construire le remblai, c'est ce qu'on appelle opérer par voie de compensation.

C'est d'ailleurs le système le plus économique à tous les points de vue; car s'il va plus vite et coûte par conséquent moins de main d'œuvre aux compagnies, il a encore l'avantage de n'ôter à l'agriculture que juste les terres nécessaires à la construction de la route.

Les opérations de la tranchée consistent : 1° dans le fouillage, qui se fait au pic ou à la pioche, de façon à rendre la terre assez friable pour être enlevée à la pelle; 2° dans le jet à la pelle, 3° dans le transport, qui se fait à la brouette si la tranchée est peu importante et le remblai très voisin, au tombereau, ou au wagonnet si la distance à parcourir est plus ou moins grande.

L'opération du remblai comprend : le chargement, le nivellement, le pilonnage et le dressement des talus.

Nous reparlerons du reste de tout cela en détail, examinons d'abord les cas où tranchée et remblai ne se font pas d'un seul coup.

C'est d'abord quand les matériaux extraits de la tranchée, ne sont pas de nature à constituer une bonne chaussée, ensuite lorsque la distance de la colline au vallon est assez éloignée pour rendre le transport trop coûteux, ou que le cube du déblai à faire dépasse celui du remblai le plus voisin ; alors on dépose en cavalier de chaque côté du chemin les terres provenant de la tranchée; c'est ce qu'on appelle opérer par voie de dépôt.

Par contre, le remblai correspondant ne pourra être fait qu'à l'aide des matériaux empruntés aux terrains les plus voisins, d'où on l'appelle : remblai par voie d'emprunt.

Ce système laisse de doubles traces le long des voies : de chaque côté des tranchées, d'énormes talus qu'on est souvent obligé de consolider par des murs de soutènement; et près des remblais, sous les apparences d'excavations où séjournent les eaux pluviales, ou de longues bandes de terrain en contre-bas d'où la végétation a complètement disparu par la raison toute naturelle qu'on a enlevé toute la terre végétale.

Les nécessités locales obligent quelquefois de recourir à un troisième système encore plus coûteux, c'est quand on est obligé de creuser une tranchée dans le roc; car, alors, il faut que les matériaux, souvent très difficiles à extraire, et qu'on n'arrache par blocs qu'en faisant jouer la mine; disparaissent complètement.

Il est vrai qu'on les utilise comme pierres à bâtir et qu'on emploie les petits éclats pour faire du ballast.

Voyons maintenant comment s'opère une tranchée.

On l'attaque généralement par les deux extrémités à la fois, pour accélérer l'opération ; mais, d'un côté comme de l'autre, le travail est le même.

Si la tranchée ne doit pas avoir plus de cinq à six mètres de profondeur, on creuse d'abord dans l'axe de la voie, une fosse un peu plus large qu'un wagon de déblai, et qu'on appelle *goulet* ou *cunette*, dont on enlève les terrains à la brouette et au tombereau, jusqu'au moment où la cunette est terminée, dans toute la longueur de la tranchée, on installera au fond deux lignes de rails, sur lesquels les wagons spéciaux aux travaux de terrassements, pourront circuler librement, trainés par des chevaux ; il est même d'usage, pour faciliter leur démarrage, de creuser la cunette en pente douce dans la direction de l'endroit où l'on doit décharger les wagons, c'est-à-dire, si l'on opère par voie de compensation, sur l'axe du remblai le plus voisin.

La cunette finie, la ligne installée, il reste de chaque côté, comme l'indique notre dessin, deux masses de terre qu'il s'agit de faire disparaître pour que la tranchée atteigne sa largeur normale, opération toute simple, puisque, au fur et à mesure qu'on attaque les massifs de terre, on fait tomber les matériaux dans les wagons qui se trouvent en contre-bas.

Voilà pour la tranchée ordinaire ; mais il arrive souvent, — du moins il arrivait souvent alors que, n'ayant pas les moyens de traction suffisants, on évitait les rampes le plus possible, — qu'on se trouvait en face d'une colline qu'il fallait creuser, de 15 à 20 mètres.

Dans ce cas, qui se présente encore; — puisque les chemins de fer qui restent à faire sont généralement ceux qui présentent le plus d'obstacles à surmonter, — on entreprend la tranchée par étages successifs, qui seront aussi nombreux qu'il y aura de fois 5 ou 6 mètres à creuser pour arriver à l'assiette de la voie.

L'opération est d'ailleurs la même, on fait d'abord le premier goulet ; sitôt que les wagons peuvent y passer, on déblaie à côté pour installer une nouvelle voie, de façon à pouvoir attaquer à la fois les deux massifs qui bordent la cunette.

Quand ils sont abattus et que l'étage supérieur est creusé à la largeur voulue, on pratique un goulet dans le second, et ainsi de suite jusqu'à ce qu'on soit au fond de la tranchée.

Les remblais se pratiquent : avec la pelle, la bêche et le louchet; pour les premières couches de terrain, qu'elles soient composées de sable, d'argile, de terre végétale, de tourbe et même de marne ; lorsque le sol offre plus de résistance, on emploie le pic et la pince : le pic sert à faire des saignées dans lesquelles on enfonce des coins, de façon à former des tranches que l'on enlève avec la pince, faisant levier.

Il va sans dire qu'au fur et à mesure que l'ouverture s'élargit, on établit des doubles ou triples voies, et même des aiguilles, s'il est nécessaire, pour que le transport des wagons pleins ne gêne pas le retour des wagons vides, lesquels sont, comme on le pense bien, construits de façon à pouvoir se décharger par l'avant ou par le côté, selon la position du remblai à faire ; car on ne se sert presque plus pour faciliter le déchargement, de ces espèces de ponts en charpente, circulant au besoin sur des rails posés au pied du remblai et qu'on appelait des *baleines*.

On comprend aussi que si le système que nous venons de décrire est excellent pour les tranchées à creuser dans de la terre, il est insuffisant lorsqu'il s'agit de s'ouvrir un passage dans le roc vif.

Là il faut procéder autrement et avoir

Coupe d'une tranchée ordinaire.

Coupe d'une tranchée profonde.

recours à la pointerolle, dans le rocher médiocrement dur, et au fleuret et à la barre de mine pour creuser les trous qui recevront la poudre dans le roc.

Il est vrai qu'on a maintenant des moyens plus expéditifs, depuis l'invention de la machine perforatrice qui a servi à creuser le mont Cenis, et dont nous parlerons plus loin, mais la tranchée de Plouaret que représente notre gravure, a été ouverte à la mine aussi bien que la coupée de l'Escaillon (entre Marseille et Toulon) et bien d'autres encore qu'il serait sans intérêt de citer, puisqu'on ne les compte plus maintenant sur les lignes nouvelles, comme celles du Dauphiné et du Saint-Gothard, qui escaladant des montagnes, semblent se jouer des difficultés en faisant entrer la féerie dans le domaine de la réalité.

Ce n'est pas une raison pour ne pas dire quelques mots des tranchées les plus considérables des chemins de fer de construction moins récente.

Une des plus remarquables est celle de La Loupe (chemin de fer de l'Ouest) qui a 4 kilomètres de longueur sur une profondeur qui atteint jusqu'à 16 mètres; elle a exigé le déblaiement de onze cent mille mètres cubes de matériaux.

De même importance au point de vue cubique, est la tranchée du Tring sur le chemin de Londres à Birmingham.

La tranchée de Gadelbach, entre Ulm et Augsbourg, a fourni un million de mètres cubes de remblais.

Celle de Poincy, sur la ligne de Strasbourg (2 kilom. de longueur), ne représente que cinq cent mille mètres cubes, celle de Pont-sur-Yonne, sur le chemin de fer de Lyon, est moins longue, mais plus profonde, de sorte qu'elle cube autant, sinon un peu plus.

Pour en trouver de plus encaissées il faut aller, d'ailleurs, jusqu'en Californie, car la tranchée de Bloomer, sur le chemin de fer du Pacifique atteint 21 mètres de profondeur dans un parcours de 250 mètres.

N'oublions pas les deux tranchées qui encadrent le grand remblai de Malaunay sur la ligne du Havre, elles ont leur intérêt, car elles ont fourni les matériaux au remblai qui cube 600,000 mètres, ce qui a permis (le cas est rare pour des tranchées de cette importance) d'opérer par voie de compensation.

Un remblai.

Mais la tranchée creusée, les terres relevées en pente douce de chaque côté, il ne faut pas croire qu'elle soit terminée : c'est alors que commencent les travaux d'art, car dans la plupart des cas, les terres ne tiendraient pas et menaceraient la voie d'éboulements continuels.

Il faut donc les consolider : on a pour cela plusieurs moyens.

Le plus radical est le mur de revêtement, indispensable lorsqu'on est en présence des terrains friables à l'excès ; puis le mur de soutènement, élevé seulement à mi-hauteur de la tranchée, quand les terrains présentent plus de résistance, puis encore des arcades en maçonnerie, et surtout des rigoles pierrées pour faciliter l'écoulement des eaux, cause la plus ordinaire des éboulements.

Quelquefois même, une plantation d'arbustes, un bon gazonnement suffisent à retenir les terres qui bordent les tranchées, lorsque celles-ci ne sont pas très profondes, mais c'est une exception sur laquelle il ne faut pas trop compter, car on se trouve souvent en présence de terrains qu'on appelle avec raison : dangereux et contre lesquels on prend des précautions extraordinaires. C'est surtout lorsque le sol est formé de couches perméables de sable, alternant avec des roches en menus fragments et des couches d'argile imperméables, qu'il faut procéder avec énergie, car les eaux provenant des pluies s'infiltrent dans les premières couches et viennent détremper la surface de l'argile qui devient alors glissante et savonneuse et retient d'autant moins les terres, que les talus ont toujours une inclinaison considérable.

Dans ces natures de terrains, les éboulements seraient donc certains, ils peuvent du reste être dûs encore à d'autres causes, car les terres de cette espèce sont sujettes, selon qu'elles sont ou plus moins sèches, à de grandes variations de volume, qui suffiraient, dans certains cas, à déterminer un éboulement, si l'on ne prenait le soin de détruire ce qu'on appelle l'effet du *foisonnement* — produit d'ailleurs par toutes les terres fraîchement remuées, qui occupent plus de volume qu'elles n'en avaient en place — par un fort pilonnement et par l'application sur les parois des tranchées, d'une épaisse couche de bonne terre, également pilonnée avec soin.

Mais cette précaution, toujours bonne à prendre, ne remédie point aux glissements sur les couches argileuses; pour cela on a d'ailleurs trouvé autre chose, deux systèmes que l'on emploie isolément ou simultanément, selon les cas.

Le premier, qu'on s'expliquera très facilement par notre gravure, consiste dans l'assainissement du terrain par un drainage bien établi, soit avec des tuyaux soit avec des fossés remplis de cailloux bien lavés. Le plus souvent, ce sont des tuyaux que l'on place de distance en distance dans le corps même du talus, mais les collecteurs dans lesquels ils viennent se déverser sous la voie sont des fossés.

Ce système est employé avec succès, non seulement contre les terrains argileux, mais encore presque toujours contre les terres sablonneuses, ou les marnes susceptibles d'être délayées par les eaux.

Cependant il ne réussit pas partout et il faut alors recourir au second système qui est né, comme presque tous les procédés de construction des chemins de fer, de la nécessité où l'on était de vaincre une difficulté, jusqu'alors insurmontable.

Le cas s'est présenté pour la première fois quand il s'est agi d'établir définitivement un remblai au Val-Fleury, près de Meudon (sur la ligne de Versailles).

Dans ce Val-Fleury, où il a fallu aussi implanter les fondations d'un viaduc, le sol, composé d'une couche sablonneuse, pénétrée d'eau, et reposant sur de l'argile, était tellement dangereux qu'on avait renoncé dès l'abord à asseoir un remblai dessus, et qu'on avait préféré le remplacer par une estacade de charpente, sur laquelle le chemin de fer passa longtemps.

Mais au bout de sept ans, l'estacade ne présentant plus la sécurité suffisante, on s'est décidé, coûte que coûte, à établir l'indispensable remblai.

Les ingénieurs ont cherché, et ce qu'il y a de mieux, ont trouvé le moyen de dessécher la couche aquifère par le moyen de deux rangs de pierrées verticales, espacés de dix mètres l'une de l'autre et descendant jusqu'au solide, c'est-à-dire à la couche de craie absorbante, qui fait suite à l'argile. Ces pierrées, maintenues par des charpentes, non fermées, absorbent toutes les eaux de la couche sablonneuse qui s'écoulent, par des rigoles, dans un grand puisard creusé tout exprès dans la craie.

C'est ce moyen, modifié selon les cas, que l'on emploie pour consolider les talus des tranchées creusées dans les terrains sablonneux, qui résisteraient au drainage.

Comme on le pense bien, les procédés varient du reste selon les différentes natures du sol. Ainsi, si l'on fait une tranchée dans un terrain dont le fond est compacte, mais dont les couches supérieures sont perméables, il faut encore recourir aux pierrées, mais on opère d'une autre façon et, comme on est assuré de trouver le solide, on se contente de faire un talus en pierres sèches, s'enfonçant de distance en distance à angles aigus dans le sol compacte, et l'on réserve à mi-hauteur des cuvettes pour l'écoulement des eaux, qui y sont amenées d'en haut par des rigoles. Si, au contraire, on est en présence de terrains mous à l'extrême, non seulement on est obligé de recourir à des revêtements en pierre sèche pour consolider les talus de la tranchée, mais encore, le plus souvent, on fait sur cette couche solide un nouveau revêtement en maçonnerie, qui, selon le degré de non-résistance de la terre, atteint tout ou partie de la hauteur du talus.

Nos gravures expliqueront du reste ces différents systèmes qui ne sont certainement pas les seuls, mais qui sont très efficacement employés.

Arrivons maintenant aux remblais — qu'on opère par voie de compensation ou par voie d'emprunt, le travail est identique.

Pour les remblais de peu d'étendue, qui ne nécessitent pas l'emploi des wagons de terrassement, on dépose les terres par couches sur la surface entière, de façon à ce qu'elles soient sans cesse comprimées par les brouettes ou les tomberaux qui amènent les matériaux nouveaux; les remblais faits ainsi sont, du reste, les plus solides, pourvu qu'on ait soin de *régaler* la terre au fur et à mesure qu'elle arrive, pour bien dresser la surface.

Quant ils sont à la hauteur voulue, c'est-à-dire, en tenant compte du tassement, un peu plus haut qu'il ne faut, on les pilonne soigneusement et tout est dit, si la nature du terrain ne fait pas naître de difficultés; car il arrive quelquefois que le sol s'affaisse sous le poids des terres rapportées et alors il faut remédier à cet inconvénient, soit en faisant le remblai avec des matériaux plus légers, tels que : plâtras, débris de construction, ou scories de houille; soit, si la disposition du terrain le permet, en élargissant la base du remblai de façon à répartir la charge sur une plus grande surface.

Quand, par mauvaise fortune, l'un ou l'autre de ces deux moyens ou même les deux réunis, sont insuffisants à donner de la stabilité à la voie, c'est qu'on s'attaque à des terrains mouvants, qu'il faut consolider avec des fascines, des pilotis et du béton, comme nous l'avons dit précédemment.

Il se présente même des cas où aucun de ces systèmes n'est assez énergique; par exemple, lorsque l'on a affaire à des terrains d'apparence solide mais qui se tassent sous le poids comme cela est arrivé pour le remblai de la Meauce près de Provins (ligne de l'Est) qui a pénétré à cinq mètres de profondeur dans le sol.

Le remblai de Sèvres a présenté une difficulté d'un autre genre, les terrains sur lesquels il s'appuie étaient tellement mouvants que les talus s'affaissaient continuellement; alors on a enfoncé verticalement sur chacune des faces du remblai de nombreux plateaux de chêne réunis entre eux par des boulons de fer, traversant toute la masse du remblai à deux mètres au-dessous de la voie.

Placées dans cette espèce d'encaissement les terres ne bougent plus; il n'en a pas moins fallu les consolider encore : d'un côté, avec un rang de pieux reliés par des palplanches, tandis que de l'autre on a établi des pierrées pour dessécher le terrain.

Pour les remblais importants, qui se font au wagon, on procède tout autrement : au lieu d'étendre les matériaux par couches successives, on les verse par masses sur toute la hauteur à la fois. Ce qui s'explique, du reste, puisque les wagons ne pouvant servir qu'à l'extrémité de la voie provisoire il faut bien pouvoir prolonger cette voie, au fur et à mesure que le travail avance, pour que les terres puissent être déchargées à l'endroit utile.

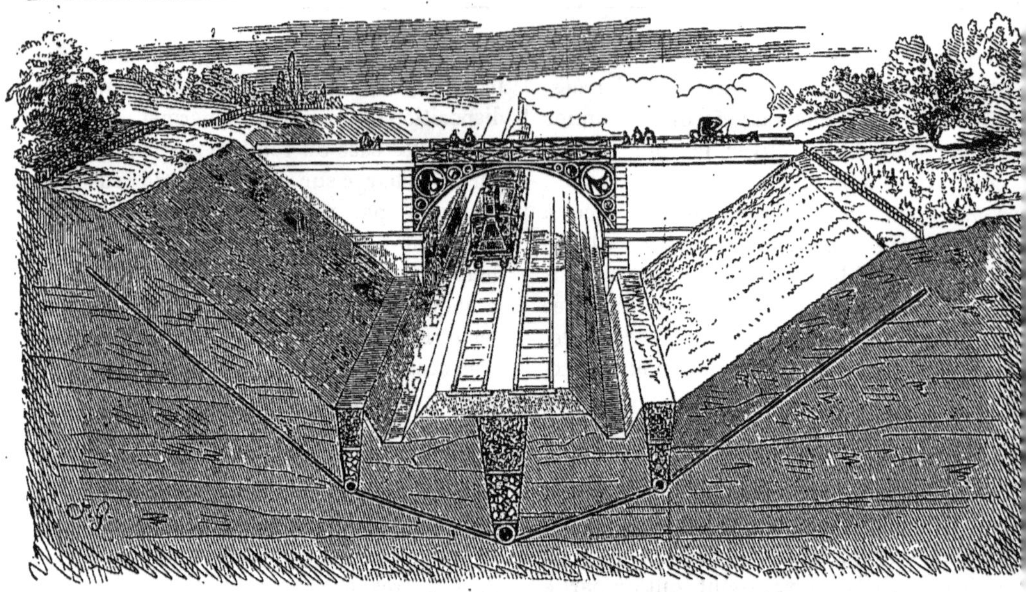

Coupe d'une tranchée dans un terrain marneux, desséché au moyen du drainage.

Donc, on termine complètement, en *régalant* et en pilonnant au mieux la partie la plus voisine de l'extrémité des rails; après quoi on ajoute sur le remblai même, de nouveaux rails, qui permettront de faire une nouvelle section, et ainsi de suite jusqu'à ce que le remblai soit complètement achevé.

Par la méthode anglaise les wagons chargés sont amenés, en nombre suffisant pour former un train, à une certaine distance de l'extrémité du remblai.

Coupe d'une tranchée dans un terrain compacte surmonté de couches perméables, et assaini par un talus en pierres sèches avec cuvettes.

Coupe d'une tranchée dans l'argile et le sable, assainie au moyen d'une pierrée en amont.

Arrivés là, on détache le premier auquel on attelle un cheval qui l'entraîne au trot; quand il n'y a plus qu'une vingtaine de mètres à parcourir, le conducteur, qui a eu le soin de tenir son cheval en dehors de la voie, décroche la prolonge qui servait à l'atteler et l'arrête, tandis que le wagon, qui a acquis de l'élan par une marche accélérée, continue à rouler jusqu'à ce qu'il atteigne le bout de la voie.

Coupe d'une tranchée dans un terrain très mou soutenu avec des murs en pierres sèches.

A cet endroit, il butte dans des traverses empilées à dessein, le choc le fait culbuter et la terre qu'il contient se décharge naturellement sur le remblai à faire.

On le gare alors sur la voie de retour pendant que le cheval remorque le second wagon, qui viendra se vider de la même manière et ainsi de suite pour tous ceux qui composent le train.

On estime que, par cette méthode, une équipe peut décharger une centaine de wagons par jour; résultat médiocre et bon seulement pour les remblais de peu de volume, puisqu'il ne met en place que cent mètres cubes de matériaux par journée de travail.

La méthode française peut faire trois ou quatre fois plus de besogne, il est vrai qu'elle demande une installation plus coûteuse, des équipes plus nombreuses. Il faut d'abord prolonger la tête du remblai par un pont mobile en charpente, reposant sur des tréteaux roulants, qu'on ne saurait mieux comparer qu'à ces grandes échelles doubles dont on se sert pour tailler les arbres d'agrément.

Ce pont doit être assez long pour contenir tout le train, dont les wagons se sont déchargés l'un après l'autre avant de passer dessus, d'où ils reviennent sur leurs pas, pour retourner au chantier où s'extraient les matériaux, c'est-à-dire dans la tranchée la plus voisine.

Il va sans dire que ces wagons sont de plusieurs sortes : les uns, s'ouvrant par le devant ou par l'arrière, sont destinés à verser les terres à la tête du remblai, de façon à former ce qu'on appelle le noyau.

Les autres, s'ouvrant par les côtés, servent plus spécialement à établir les faces du remblai. Quant aux voies sur lesquelles roulent les wagons, elles sont aussi des deux sortes : voies avec rails définitifs, c'est-à-dire celles-là même qui serviront pour l'établissement du chemin de fer; et voies avec des rails d'entrepreneurs, moins solides, mais beaucoup moins coûteuses.

On ne se sert, du reste, de ces dernières que pour des travaux d'une importance secondaire, où l'emploi des wagonnets traînés par des chevaux est suffisant.

Ce procédé est plus expéditif, et partant plus économique, mais il ne donne pas les mêmes résultats de solidité que le remblai au tombereau, qui se trouve pilonné de lui-mêmes par les roues des véhicules et le piétinement des chevaux; il est vrai que ce système ne peut pas être employé par tous les temps dans certains terrains, qui sont impraticables après les grandes pluies; tandis que le service des wagons ne souffre aucune interruption.

C'est cette considération qui le fait adopter généralement pour les remblais importants. Reste à l'ingénieur à prendre ses précautions pour éviter les tassements, et les éboulements qui proviennent le plus souvent de la non-homogénéité des matériaux employés à faire le remblai.

Il peut se présenter, du reste, tant de circonstances de temps et de lieux susceptibles de nuire à la bonne exécution du travail, que la théorie ne saurait les prévoir toutes; c'est la pratique qui se charge de les vaincre.

C'est surtout à cause de cela que nous ne précisons rien sur la largeur des remblais, sur l'inclinaison des talus, qui n'est pas toujours proportionnée à leur hauteur, mais dépend souvent de la nature du sol, du choix des matériaux employés et surtout du prix des terrains.

On comprend très bien qu'aux abords des grandes villes, où les expropriations atteignent des chiffres considérables, on couvre le moins de terrain possible; si l'on a des remblais à faire, on ne les assied pas sur une large base, mais on compense la solidité que leur aurait donné cette grande assise, en les revêtant extérieurement d'un mur de soutènement en maçonnerie ou simplement en pierres sèches.

Du reste, tous les moyens, dont nous

avons parlé pour maintenir les terres qui bordent les tranchées, sont employés, dans les mêmes cas, pour la consolidation des remblais.

Dans la catégorie des remblais, il faut ranger les chaussées, que l'on construit pour permettre à la ligne de traverser les terrains marécageux, les levées nécessaires dans les parcours qui bordent les rivières ou les torrents, et les barrages, indispensables sur les côtes pour mettre la voie ferrée hors des atteintes des plus grandes marées.

L'un des ouvrages les plus importants en ce genre est le barrage de l'Escaut, construit, en 1867, sur le bras oriental de ce fleuve pour donner passage au chemin de fer de Berg-op-Zoom à Flessingue et relier l'extrémité méridionale de l'île de Walcheren au continent.

C'était un travail vraiment gigantesque que d'endiguer un fleuve dont la largeur atteint près de quatre kilomètres, pourtant il n'a fallu que trois mois pour l'accomplir, du moins pour arrêter cette branche de l'Escaut à quelques lieues de son embouchure, de façon à ce que l'autre portion de son lit soit à sec aux heures de marée basse.

Mais les travaux de consolidation ont demandé beaucoup plus de temps, car il ne s'agissait pas là d'un remblai ordinaire et il a fallu employer des procédés spéciaux.

On commença par immerger un lit de fascines reposant sur le fond du fleuve, on jeta dessus une énorme couche de ballast et de terre soigneusement pilonnées, que l'on protégea intérieurement par de solides revêtements de maçonnerie, élevés jusqu'à mi-hauteur du barrage ; le reste est alternativement composé de couches de terre et de ballast, et le tout, qui atteint une longueur totale de 3,640 mètres, est d'une solidité à toute épreuve, en même temps que d'un aspect très pittoresque, qui n'a d'équivalent en France que l'estacade de Saint-Valéry-sur-Somme.

A marée haute, le spectacle est saisissant pour le voyageur, car, le train prenant presque toute la largeur de la chaussée, on semble ne voir absolument que de l'eau ; à marée basse, c'est plus gai, le lit du fleuve étant peuplé de pêcheurs des deux sexes qui cueillent les crevettes et les crabes que le flot y a laissés en se retirant.

Veut-on maintenant se faire une idée de ce qu'a pu coûter un remblai de cette importance : il n'a pas fallu moins de 123 mètres cubes de matériaux par mètre courant, ce qui en chiffres ronds fait un total de cinq cent mille mètres cubes pour le barrage.

Dépense énorme, si l'on songe qu'il a fallu d'abord extraire les matériaux et les apporter de loin ; la plupart, du reste, ont été empruntés à un canal que l'on a creusé à travers l'île du sud Beveland, précisément pour remplacer le bras de l'Escaut, fermé à la navigation par le barrage.

Mais, dans de pareilles entreprises, le temps, l'argent ne sont rien, le résultat est tout.

Nous verrons, du reste, bien d'autres tours de force dans le chapitre suivant.

III

LES TUNNELS

Les tunnels sont la grosse dépense des chemins de fer, ils coûtent, selon la nature du terrain, et le procédé de construction, depuis 1,100 francs jusqu'à 5,000 francs le mètre courant, aussi n'en fait-on que quand cela est absolument indispensable, c'est-à-dire lorsque la ligne rencontre une montagne ou même une colline trop élevée pour pouvoir être percée par une tranchée.

On estime, en général, que partout où une tranchée doit avoir plus de vingt mètres de profondeur, il y a intérêt à la remplacer par un tunnel.

Le percement décidé, et les études géologiques, qui rentrent dans la catégorie des travaux préparatoires du tracé faites; on figure, au moyen de jalons placés sur le sommet ou les flancs du massif, l'alignement extérieur du souterrain.

Si le souterrain dépasse en longueur deux ou trois cents mètres, on creusera de distance en distance, des puits qui serviront plus tard pour aérer le tunnel, mais dont le fond sera d'abord le point de départ d'autant de chantiers, où l'on commencera simultanément le percement.

Dans le cas contraire, c'est-à-dire si le tunnel a peu de longueur, on ne creuse pas de puits d'aération et l'on commence le travail par les deux extrémités à la fois.

Ces puits, dont la distance est d'autant plus rapprochée que l'on veut pousser plus rapidement l'exécution, mais qui ne saurait être utilement de plus de deux cents mètres, se creusent par les moyens ordinaires et sont tous arrêtés au niveau, qui sera celui de la voie.

Jadis, on les faisait dans l'axe même du tunnel projeté, pour permettre l'aération persistante, après l'achèvement des travaux;

Barrage de l'Escaut. — Vue prise de la rive droite à marée haute.

mais comme il a été reconnu que les courants, dont la fonction est d'aérer le souterrain, s'établissaient suffisamment par les deux extrémités, on creuse maintenant les puits à quelque distance des pieds droits de la voûte, ce qui les place d'abord dans de meilleures conditions de résistance, et permet de procéder au percement de la galerie principale, avec moins de dangers d'éboulement, puisqu'en cas d'accident, on peut trouver un abri dans l'enfoncement.

Voici du reste, d'après une coupe du grand tunnel de Blaisy-Bas, la manière dont ces puits se raccordent avec la galerie principale:

A est le puits, qu'une voûte oblique raccorde avec la voûte du tunnel, B est une fosse d'assainissement creusée au fond du puits pour le cas où l'on rencontrerait des nappes d'eau dans le souterrain. C est une rigole qui conduit au canal D, creusé sous la voie, les eaux qui peuvent suinter de divers points du souterrain; E est un renfoncement qui sert à abriter les canton-

Tunnel de Rilly. — Charpente de la galerie provisoire.

niers au moment du passage des trains. Comme on le voit, le puits est maçonné intérieurement; cette précaution est obligatoire dans les terrains qui ne sont pas suf

Percement d'un tunnel à section totale (système anglais).

fisamment résistants, mais elle n'est pas prise dans les terrains durs.

Coupe d'un puits du tunnel de Blaisy-Bas.

Les puits terminés, on creuse une galerie transversale, jusqu'à l'axe du tunnel, et l'on commence le percement de la galerie longitudinale, attaquant des deux côtés à la fois pour se faire plus tôt de la place.

Le fouillage se fait, comme les travaux de terrassement, avec la pelle, la pioche, le pic, la pince, la mine, sans oublier les machines perfectionnées de récente invention, tous ces instruments s'emploient successivement ou simultanément selon la nature des terrains, qui a fait diviser par les ingénieurs les tunnels en trois catégories.

La première comprend les tunnels percés dans un sol très dur et assez résistant pour que les revêtements en maçonnerie soient inutiles.

La seconde vise les terrains assez durs pour que l'étayement ne soit pas indispensable... mais pas suffisamment pour pouvoir se passer du revêtement en maçonnerie.

Le troisième enfin comprend les terrains mous ou friables qui nécessitent et l'étayement et la maçonnerie.

C'est d'un tunnel de cette catégorie dont nous suivrons la construction, parce qu'elle est la plus complexe.

Quatre méthodes principales sont adoptées selon les pays, et donnent de très bons résultats, ce sont :

Le système belge, qu'on appelle aussi système français parce qu'il est employé sur tous nos chemins de fer ; le système anglais, le système allemand et le système autrichien.

Dans le système belge, voici comment on procède :

On perce d'abord une galerie de deux

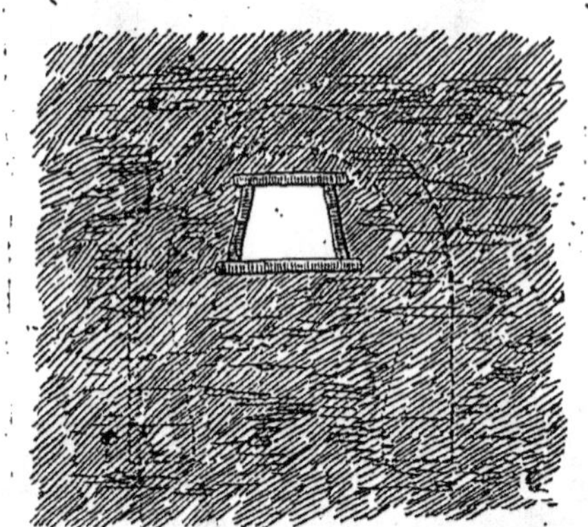

Galerie provisoire d'un tunnel (système belge).

mètres de largeur, placée dans l'axe et presque au sommet du tunnel, puis on la blinde

Établissement du cintre (système belge).

au moyen de charpentes en bois, ainsi qu'on le voit par notre dessin, qui indique également (au pointillé), la dimension du tunnel à construire.

Lorsque cette première galerie a atteint cinq mètres de longueur, on l'élargit par chambres, jusqu'à la naissance de la voûte et l'on blinde ces chambres avec trois boisages en éventail, soutenant un grillage appliqué au plafond, puis on déblaie autour de ce grillage, de façon à poser les cintres sur lesquels s'appuieront provisoirement la voûte en maçonnerie qui se commence aussitôt, fondée sur des longrines destinées à faciliter la reprise en sous-œuvre.

L'excavation présente alors la figure ci-contre.

Pendant que l'équipe de la galerie provisoire pousse son percement plus avant, et que les maçons terminent le clâvage de leur voûte sur la partie la plus éloignée du commencement du chantier, une nouvelle équipe de terrassiers perce en dessous de la longrine transversale, deux tranchées triangulaires qui dessinent l'ouverture du tunnel, sauf un massif central destiné à soutenir la charpente.

Ces tranchées, sont aussitôt étayées, comme l'indique notre dessin, et l'on peut alors continuer les travaux de déblaiement, en commençant d'un côté d'abord, à dégager complètement de façon à ce que les maçons puissent bâtir, l'un après l'autre, et sans être gênés dans leur travail, les pieds droits qui rejoindront la naissance de la voûte, sous les longrines qui la supportent.

La construction de ces piliers en sous-œuvre terminée, on coupe les longrines que l'on remplace dans la muraille par des pierres de raccordement et l'on enlève les échafaudages pour déblayer plus facilement le massif du milieu.

En continuant toujours ainsi par sections de cinq mètres (longueur adoptée pour ne pas s'encombrer inutilement de matériel de charpentes), le tunnel s'achève avec d'autant plus de régularité que les mêmes ouvriers font toujours le même travail.

Et ce n'est pas encore aussi long qu'on pourrait le croire, car le tunnel de la Nerthe, qui a une longueur de 4,800 mètres, a été exécuté en moins de trois ans, encore faut-il dire qu'une grande partie de ce temps a été employée au fonçage et à l'installation des 22 puits qu'il fallait creuser préalablement.

Celui de Blaisy-Bas, presque aussi long, (4,100 mètres) a été fait plus vite, toutes proportions gardées, mais on y a employé 2,500 ouvriers.

Ces deux tunnels étaient les deux plus longs du réseau français avant qu'on en eût percé, entre Roanne et Tarare, un de 6,000 mètres par le même système, adopté aussi sur les chemins de fer espagnols, et qui ne subit de modifications importantes que lorsqu'on se trouve en présence de terrains d'une nature particulière

Ce qui est arrivé pour le tunnel de Rilly (3,500 mètres) où l'on a été obligé de creuser, à la base, une galerie d'écoulement dans l'axe, pour assécher le terrain ; ce qui donnait à la voûte en construction l'apparence d'un égout.

Ce qui est arrivé aussi pour le tunnel de Charleroi à Bruxelles qui, percé sur une longueur de 1280 mètres, à travers des sables mouvants qui comblaient la galerie au fur et à mesure qu'on la creusait, ne pouvait pas se faire par les procédés ordinaires.

On en imagina d'autres dont on trouve le détail dans le *Traité* de *l'exploitation des mines* de M. Burat, que nous reproduisons ici au point de vue général, bien que dans l'espèce il s'agisse d'un tunnel destiné à couvrir un canal.

« 1° Creusement d'une petite galerie dans l'axe du tunnel, à laquelle on donnait seulement $1^m,50$ d'avancement. Le plafond de cette galerie était successivement soutenu par les chapeaux en madriers, placés suivant la direction, ces chapeaux étaient eux-mêmes soutenus d'un côté par la maçonnerie déjà faite et de l'autre par les piliers avec semelles appuyées sur le sol.

Établissement des pieds-droits (système belge).

« 2° Elargissement de la galerie à la dimension et à la forme de l'extrados de la

Construction des pieds-droits (système belge).

voûte, en continuant à soutenir le plafond par des longrines, placées devant suivant la direction et par un boisage en éventail fortement contreventé. Ce boisage, appliqué contre le terrain à l'avancement, permettait de soutenir le front de taille en paroi verticale. De ce travail résultait l'établissement d'une galerie étroite, s'étendant jusqu'aux naissances, et dont les parois étaient soutenues par un garnissage continu et serré, soit en fagots, soit en planches.

« 3° Pose de deux cintres et construction de la voûte sur un mètre d'avancement en abandonnant à l'extrados les chapeaux,

Tunnel (système allemand).

Tunnel (système autrichien).

longrines ainsi que le garnissage, en picotant les vides de manière à obtenir une tension générale du terrain contre la maçonnerie.

« 4° Déblai du stross inférieur en deux gradins placés à distance convenable du chantier de voûte, et reprise en sous-œuvre par la construction des pieds-droits qui furent ainsi construits en deux fois. Le chantier de la dernière reprise construisait en même temps le radier et les banquettes de halage du canal auquel était destiné le souterrain. »

Système anglais.

Le système anglais, qui est à peu près la méthode particulière que nous venons de décrire a pour caractère principal l'emploi de longrines-chapeaux soutenues seulement, à leur extrémité et s'appuyant d'une part sur la maçonnerie déjà faite, et de l'autre sur un bouclier posé contre le front d'attaque pour en maintenir la section régulièrement verticale.

Examinons maintenant les autres méthodes de construction.

Ce qui permet l'avancement par une

Tunnel creusé dans la roche

excavation à section totale et la continuation de la voûte par anneaux complets et successifs.

A cet effet, on creuse une galerie directrice, à la base de la section, de façon à mettre en communication les derniers chantiers; puis, les sections sont attaquées, et, pourvues au fur et à mesure de leur avancement, du boisage complet qui permet le travail des maçons, s'effectuant à quelque distance en arrière du chantier d'abattage.

C'est avec ce système, dont les détails techniques auraient peu d'intérêt, qu'ont été construits tous les tunnels des chemins de fer anglais et beaucoup d'autres à l'étranger, notamment, pour ne citer que les plus considérables : ceux de Czernitz en Sibérie, Wilbolskirchem en Prusse rhénane et de Bügdorf en Hanovre.

La méthode allemande n'est pas autre chose que l'ancien système français appliqué dès 1803 au tunnel de Tronquay sur le canal de Saint-Quentin, et depuis à bien d'autres, les Allemands s'en sont emparés en 1837, et il a gardé leur nom depuis la construction du tunnel de Kônigsdorf.

Ce système consiste à creuser deux galeries inférieures et en deux points symétriques de l'axe du tunnel ; au fur et à mesure que les déblaiements se font, on construit en maçonnerie les pieds droits qui s'élèvent progressivement jusqu'au clavage de la voûte, dont la charpente se trouve naturellement étayée par le massif de terres qu'on laisse provisoirement au milieu et qu'on ne déblaie que peu à peu, au fur et à mesure que les sections du tunnel sont achevées.

La méthode autrichienne, inaugurée en 1837, par le percement du tunnel de l'Obéron, part du même principe, mais l'exé cution diffère par l'enlèvement immédiat des terres du milieu, que le système allemand laisse comme point d'appui aux charpentes intérieures qui supportent les cintres, et qui sont remplacées sitôt leur enlèvement par des étais.

Cette méthode a sur l'autre le grand avantage de donner à la galerie sa forme définitive et de permettre à l'ingénieur qui dirige les travaux de porter plus efficacement ses soins à toutes les parties de l'appareil et d'ordonner à toute heure, si la solidité des bois de charpente ne lui paraissait pas suffisante, des travaux de renforcement faciles à disposer, ce qui est inappréciable, surtout quand on opère dans les terrains de consistance douteuse et surtout dans des terrains coulants.

Chacune de ces méthodes se trouve modifiée, si au lieu de creuser à la main on emploie des machines perforatrices ; ce qui se fait maintenant aussi souvent que cela est possible, parce que le travail s'accomplit infiniment plus vite, et qu'on peut se dispenser du forage des puits d'aération.

Dans ce cas, on commence par percer une étroite galerie au niveau des rails, le reste se fait en rabattage sur cette galerie qui s'avance aussi par sections diversement élargies, de façon à ce que les maçons puissent travailler en arrière sans être gênés et sans gêner eux-mêmes les terrassiers.

A ces systèmes généraux, il faut ajouter des systèmes particuliers. Commandés par les circonstances, comme par exemple pour le percement du mont Cenis, du Saint-Gothard, et plus récemment encore pour le creusement du tunnel sous-marin qui doit traverser la Manche.

Nous allons étudier séparément chacun de ces prodigieux travaux.

Le tunnel du mont Cenis doit avoir le pas, non seulement comme premier en date, mais parce qu'il ouvrit une voie dans laquelle jusqu'alors on n'avait pas eu la témérité de se lancer.

Percer une montagne pour y installer un chemin de fer souterrain de plus de douze kilomètres, paraissait une folie, mais cette folie préoccupa le roi de Sardaigne, Charles-Albert, dès l'origine des chemins de fer, alors que maître des deux versants de la montagne, il sentait la nécessité de relier son royaume avec la France et l'Europe occidentale par une voie ferrée.

Dès 1832, un obscur géomètre nommé Joseph Médail, lui apportait le tracé d'un tunnel dans la direction de Bardonnèche à Fourneaux (qui a été adopté depuis), mais il n'avait trouvé aucun moyen de percement car il ne fallait pas songer à recourir aux moyens ordinaires, vu l'impossibilité de creuser des puits d'aérage à 1,800 mètres de profondeur.

Vers 1845, un ingénieur belge, M. Maus, déjà célèbre par la construction de son plan incliné de la ville de Liége, fut chargé par Charles-Albert d'étudier la percée des Alpes; il inventa à cet effet une machine perforatrice qui empruntait aux torrents coulants de la montagne une force inépuisable, laquelle, à l'aide de courroies de transmissions, mettait en mouvement de gigantesques ciseaux qui découpaient la roche par blocs; l'abattage devait être fait ensuite avec le pic.

Le problème de l'aération était résolu au moyen de ventilateurs mis en jeu par le câble moteur.

Cette machine fut accueillie avec enthousiasme, mais cet enthousiasme s'éteignit comme un feu de paille; d'autant que les événements ne permettaient pas alors d'entreprendre le tunnel dont les évaluations étaient portées à un minimum de quarante millions.

Il fallut les réformes économiques de Cavour et surtout l'impulsion donnée partout à la construction des chemins de fer, pour qu'on revînt à l'idée favorite de Charles-Albert, idée qui commençait à s'imposer par la construction du côté de la France, du chemin de fer de Modane à travers la Savoie, et du côté de l'Italie, par celle de la ligne de Suze à Turin.

Mais le système de Maus fut abandonné parce que la commission chargée de l'examiner ne pensa pas que le câble de transmission put porter la force nécessaire à 6 kilomètres de distance, et l'on étudia une nouvelle machine perforatrice que l'ingénieur anglais Bartlett proposa en 1855.

Ce n'était pas autre chose qu'une locomobile à vapeur, additionnée d'un second piston plein d'air dont la tige était armée d'une barre à mine.

Ce piston pneumatique était une trouvaille, car l'air faisant matelas pendant la marche de la machine, empêchait des chocs trop brusques de se transmettre au piston moteur, dont la barre pouvait ainsi frapper jusqu'à trois cents coups à la minute, et percer la roche vingt fois plus vite que par le travail à la main.

Le problème n'était pourtant qu'à moitié résolu, car si la machine était parfaite pour opérer en plein air ou même dans un souterrain peu profond, elle était impossible dans un tunnel de plusieurs kilomètres de long, où la fumée, la vapeur, l'odeur des huiles réchauffées, vicieraient trop vite le peu d'air respirable qu'on pourrait envoyer aux ouvriers.

Il ne restait donc qu'à remplacer la vapeur par un autre moteur, et ce moteur, l'air comprimé, était tout indiqué; d'autant qu'il avait été trouvé, soit par le marquis de Caligny en 1837, soit antérieurement par le professeur Colladon, de Genève, s'il est vrai que ce savant, qui n'a pris de brevet qu'en 1852, ait proposé son système à Brunel, lorsqu'il perça le tunnel de la Tamise.

La collaboration de trois ingénieurs sardes, MM. Sommeillier, Grandis et Grattoni produisit les compresseurs, immenses machines qui comprimaient l'air à cinq atmosphères et pouvaient l'envoyer, par des conduits, jusqu'au front d'attaque du souterrain, à quelque distance qu'il se trouvât.

Dès lors, le percement du Mont-Cenis était possible, et les travaux commencèrent en 1857, sous la direction de M. Sommeil-

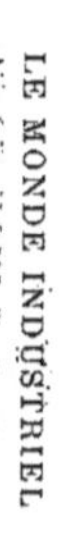

lier qui changea bientôt ses premiers procédés pour adopter des compresseurs à pompe, dont l'idée, infiniment plus pratique, n'est qu'une modification du système Colladon. Il perfectionna aussi le perforateur Bartlett, non seulement en le faisant mouvoir par l'air comprimé, mais encore en donnant un mouvement de rotation à la barre de mine qui agit alors comme un burin.

La machine Sommeillier se compose, du reste, comme suit : un corps de pompe dont l'air comprimé fait osciller un piston, prolongé par une tige porte-outil, à laquelle est fixé un burin monté avec un jeu combiné pour qu'il puisse ressauter ou avancer selon le travail, et cela, à l'aide d'un ressort qui, en repoussant une tige à crochet reliée à l'instrument, la fait engrener dans une crémaillère, fixée au bâtis.

Quant au mouvement de rotation il est imprimé par une transformation mécanique du mouvement de va et vient du piston.

De plus l'instrument est muni d'une lance à eau dont on peut diriger le jet entre les parois du trou foré et l'outil, tant pour maintenir les surfaces fraîches que pour entraîner les poussières du forage. Naturellement, ces machines n'agissaient pas isolément, on les plaçait par huit sur des chariots en fer mis en mouvement par une machine aéromobile, roulant sur des rails auxquels elle était fixée par des freins.

Lorsque chaque burin avait foré dix trous, c'est-à-dire lorsque la galerie était criblée de quatre-vingts trous de mine, on emplissait ces trous de poudre, faisant partir d'abord les mines centrales, ce qui donnait un vide assez grand ; et ensuite les autres, huit par huit ; les déblais étaient chargés sur des wagonnets plats et roulés aux extrémités du souterrain, car le tunnel fut attaqué, comme on le pense bien, des deux côtés à la fois.

Cette opération prenait environ dix heures dont six pour le forage et quatre pour l'explosion des mines et l'enlèvement des déblais, et donnait un avancement de 80 à 90 centimètres, soit environ 1m,80 par journée de travail pour chaque chantier, puisque l'on travaillait nuit et jour.

Et pourtant il fallut quatorze années pour terminer le tunnel, qui ne fut ouvert à la circulation que le 17 septembre 1871, c'est qu'il ne s'agissait pas seulement de forer. Il fallut, sur une longueur de 1,200 mètres, revêtir le souterrain de maçonnerie, puis niveler le sol, poser les voies, creuser les rigoles d'écoulement pour les eaux, et surtout un canal assez large et assez profond pour servir de chemin de sauvetage, dans le cas, Dieu merci, à peu près impossible, où un train de voyageurs serait arrêté dans le tunnel par un éboulement.

Ce merveilleux travail fut accompli entièrement par les Italiens, ainsi l'avait stipulé Cavour dans le traité qui cédait la Savoie à la France.

Du reste, en France, on ne croyait guère au résultat final ; autrement comment expliquer les conditions onéreuses acceptées par notre gouvernement.

L'Italie se chargeait de terminer le travail qu'elle avait commencé, avec ses capitaux et sous la direction de ses ingénieurs, mais la France s'engageait à lui payer pour sa part dix-neuf millions. Cette somme ne devait être exigible que si les travaux étaient achevés le 1er janvier 1882, mais s'ils étaient finis plutôt, elle s'augmentait d'une prime de 500,000 francs pour chaque année gagnée, de sorte que le tunnel du Mont-Cenis nous coûte en réalité vingt-cinq millions.

Le tunnel du Saint-Gothard, qui relie la Suisse et l'Italie et met Lucerne et Milan en communication directe, quoique plus long de près de trois kilomètres, a été fait beaucoup plus vite, puisque, mis en adjudication en 1872, il était ouvert au public à la fin de 1881.

Cela s'explique en ce qu'il n'y avait plus

de tâtonnements à faire et que l'outillage était plus perfectionné, et aussi parce que, vu la disposition du terrain, on a pu mettre en train sept chantiers à la fois.

L'adjudication a été prise pour 58 millions (chiffre bien dépassé depuis) par un M. Faure, qui a émis des obligations pour se procurer le capital nécessaire à une entreprise aussi considérable, et les travaux ont pu commencer aussitôt à la fois du côté de Gœschenen et d'Airolo, les deux stations têtes du tunnel où furent installées les prises d'eau, les turbines et d'immenses chantiers d'approvisionnement pour la maçonnerie.

Le système adopté pour la construction a été le système autrichien; c'est-à-dire que les trous de mine étaient disposés symétriquement sur le pourtour de la section, et que trois d'entre eux étaient percés vers le centre et assez rapprochés l'un de l'autre pour que leur explosion simultanée produisît une excavation conique suffisante à faciliter l'abattage.

Toutes ces mines étaient chargées à la dynamite, ce qui n'a pas été sans influence sur l'accélération du travail, malgré l'extrême dureté de la roche.

Comme machine motrice, on s'est servi des trois turbines Girard, à axe horizontal, alimentées par des conduits reliés à la prise d'eau, chacune de ces turbines donnant le mouvement à un compresseur à tiroir et à piston, autour duquel circulent des courants d'eau froide, pour maintenir les organes de l'appareil à une température peu élevée.

Les travaux de percement ont été commencés avec la machine Sommeillier, à laquelle ont succédé la perforatrice Dubois et François, et en dernier lieu la machine Farroux, qui a donné les meilleurs résultats.

Cette perforatrice a l'avantage d'être automatique, et, de n'exiger de l'ouvrier qui la conduit que la peine d'ouvrir ou fermer un robinet pour la mettre en action, ou l'arrêter quand le foret a pénétré de toute sa longueur dans la roche.

Voici quel est son mécanisme : l'air comprimé, qui arrive par une conduite en laiton, pénètre d'abord dans un cylindre en bronze, puis dans l'intérieur du piston qui est dans ce cylindre et de la tige qui le continue jusque dans un second cylindre contenant le piston qui porte le foret.

L'air comprimé, tout en se distribuant également sur les deux faces de ce piston, se rend dans un troisième piston qui commande par son mouvement de va-et vient, le mouvement de rotation d'une barre qui, engrenée avec la tige du foret, lui communique ce mouvement.

La progression de l'appareil s'obtient, du reste, comme dans la machine Sommeillier, par un taquet qui s'arc-boute sur les dents d'une crémaillère et qu'un piston entraîne dans son mouvement, lorsque le foret ayant suffisamment creusé la roche, doit ouer le rôle de tarière.

Ces machines sont placées par six sur des affûts-mobiles, dont les cadres peuvent s'incliner horizontalement, ce qui permet à un foret de décrire verticalement un angle ouvert.

En somme, ce qui est infiniment plus appréciable, elles font en six heures, ce que les machines Sommeillier faisaient en huit.

Ce qui explique pourquoi il n'a fallu que neuf ans pour creuser un tunnel de 14,900 mètres, quand la percée des Alpes, qui n'est que de 12,200 mètres, en avait demandé quatorze. Il est vrai que les prévisions des ingénieurs ont été dépassées de près de cent millions, dit-on, mais qu'importe l'argent quand il s'agit d'entreprises pareilles.

Si le tunnel du Saint-Gothard n'est pas un beau placement financier pour les actionnaires, il restera du moins comme une puissante manifestation de ce que peuvent le génie et la persévérance humaine.

Le tunnel de la Manche sera encore un

pas nouveau de la science pratique, car il est assez sorti maintenant de l'état de projet pour qu'on puisse dire qu'il se fera dans un temps donné.

L'idée est déjà ancienne, il y a longtemps qu'on recherche les moyens de pouvoir passer en Angleterre, sans payer son tribut à cette ridicule mais très fâcheuse indisposition qu'on appelle le mal de mer.

Dès 1838, M. Thomé de Gamond, qui avait fait de longues études maritimes et géologiques dans le Pas-de-Calais, proposait un plan de tunnel partant du cap Gris-Nez, pour aboutir entre Douvres et Folkestone, après une traversée sous-marine de 28 kilomètres, mais, comme on n'avait pas encore creusé le tunnel du Mont-Cenis et que les machines perforatrices étaient à peine

Entrée du tunnel du Saint-Gothard.

connues, l'inventeur pensait ouvrir à moitié route, à un endroit où le fond de la mer se relève sensiblement et qu'on appelle l'*Étoile de Varpe*, un immense puits qui aurait servi à la fois de regard aérifère pour le tunnel et de port de relâche pour la navigation.

Ce plan, que tout le monde a pu voir à l'exposition de 1867, n'attira pas l'attention qu'il méritait, du moins en France, car en Angleterre, il fut assez étudié pour donner naissance à un autre.

En 1868, des ingénieurs anglais, MM. Low Brunlees et Hawkhsaw, soumirent aux gouvernements anglais et français un projet de tunnel sous la Manche, mais comme ils demandaient à chacun des gouvernements une subvention de 25 millions sous forme de garanties d'intérêts, leur plan ne fut pas

80.

PONT DU CANAL DE L'OURCQ.

pris en considération. Du reste, la guerre de 1870 porta ailleurs le courant des idées.

En 1872, nouveau projet qui ne séduisit pas davantage le ministre des travaux publics français.

En 1873, le comité de patronage anglais se mit de nouveau en rapport avec le gouvernement français, qui ordonna une enquête sur la question d'utilité publique du projet, présenté officiellement au nom d'un comité anglo-français par lord Grosvenor et M. Michel Chevalier.

La commission chargée de l'enquête ne conclut point à la déclaration d'utilité publique, pour ne pas lancer l'État dans une aventure, mais elle engagea le gouvernement à faciliter la tâche des demandeurs en leur accordant une concession éventuelle qui pourrait se changer en subvention, le jour où les travaux préparatoires auraient

Le futur tunnel sous la Manche.

atteint une exécution suffisante à démontrer la possibilité de l'entreprise.

Cette possibilité est à peu près prouvée théoriquement, car il a été reconnu, par des sondages minutieusement faits dans toute l'étendue du Pas-de-Calais, que, sur aucun point, les eaux n'ont plus de 54 mètres de profondeur et que la couche géologique qui les porte est composée de craie grise ou bleue, nature de terrain qui présente le double avantage d'être facile à forer et d'être imperméable à l'eau.

Et ces sondages déjà faits par M. Thomé de Gamond, renouvelés par les ingénieurs anglais, ont été répétés sous la direction de M. Larousse, ingénieur hydrographe déjà célèbre par sa participation aux grands travaux de l'isthme de Suez, qui a été chargé par la Société d'essais d'étudier le fond de la Manche, pour déterminer la forme et la nature des terrains dont il se compose. 1525 coups de sonde ont été donnés à cette occasion dans les eaux françaises et ont produit pour résultat 753 échantillons qui, classés soigneusement et étudiés de même, ont permis de déterminer la limite des terrains crayeux et des terrains argileux.

Cette opération a été plusieurs fois répétée aussi bien dans les eaux françaises que dans les eaux anglaises, si bien que le fond de la Manche a été criblé de 7671 coups de sonde, espacés de cent à deux cents mètres en moyenne ; et qu'on a recueilli près de quatre mille échantillons géologiques que n'ont fait que confirmer les précédentes constatations.

On peut donc dire que le fond du détroit est connu, car la région a été explorée, naturellement dans la direction à donner au tunnel, c'est-à-dire, entre Sangatte près de Calais et la baie Sainte-Marguerite, un peu à l'est de Douvres, et suivant des lignes à peu près parallèles aux côtes et distantes de 250 à 300 mètres.

Toute la question est de savoir si dans la pratique il ne surgira pas quelques difficultés, et si l'on ne se heurtera pas à quelque obstacle imprévu, toutes choses dont on ne pourra s'apercevoir qu'en exécutant le travail.

C'est là le seul point obscur de l'entreprise, car il se peut très bien que la couche de craie grise imperméable qu'on a le droit de s'attendre à trouver partout, d'après le résultat des sondages, soit interrompue, dans un endroit ou dans un autre, par quelque massif de roches, ou ce qui serait plus grave encore, par quelque fissure qu'aucune exploration préventive ne peut faire reconnaître.

Car les autres objections faites par les pessimistes ne sont pas sérieuses ; celle qui se présente le plus naturellement à l'esprit est la possibilité de l'invasion par les eaux du tunnel terminé, ou même en construction, mais cet accident n'est point à redouter si on laisse une couche de terrain suffisante entre le fond de la mer et l'axe du tunnel.

Ce n'est pas, du reste, la première fois qu'on creuse sous les eaux, sans parler du tunnel de l'Hudson exécuté récemment par les Américains, du fameux tunnel de la Tamise dont on a tant parlé jadis ; il existe en Angleterre, dans la Cornouaille notamment, des mines de cuivre ou de plomb dont les galeries s'étendent très loin sous l'Océan. A Batallach, il y a des galeries sous-marines de plus de 6 kilomètres, les houillères de Winte-Haven, sont en partie sous la mer, et jamais elles n'ont été envahies par les eaux.

On pourrait en citer bien d'autres, et surtout les mines de Huel-Cock, dont les galeries sont si peu distantes du fond de la mer, qu'on y entend distinctement le bruit des vagues roulant au-dessus de la tête des mineurs, sans que jamais une infiltration inquiétante y ait été signalée.

Le seul véritable obstacle qui pourra arrêter le tunnel sous la Manche. si sa construction n'est pas poursuivie, sera le mauvais vouloir de l'Angleterre qui, jusqu'à présent, ne voit pas avec plaisir l'établissement d'un souterrain qui annule ses défenses naturelles.

Quoi qu'il en soit, on y travaille activement, sinon à la voie définitive, du moins à une galerie provisoire qui donnera la mesure des difficultés matérielles qu'on doit s'attendre à surmonter.

Une Société d'essais s'est créée au capital de 4,000,000 de francs souscrits moitié en France, moitié en Angleterre, pour creuser sur chaque rive un puits de 100 mètres de profondeur, sur 8 mètres de diamètre.

Ces puits sont creusés, et de leurs fonds on perce des deux côtés des galeries cylindriques provisoires de $2^{m},10$ de diamètre dont l'axe est par conséquent à plus de 40 mètres au-dessous du fond de la mer, c'est-à-dire à une distance très rassurante au point de vue des infiltrations et des affouillements.

Voici, du reste, comment se fait l'opération du côté de l'Angleterre, où la galerie est déjà avancée de plusieurs kilomètres.

On se sert d'une machine perforatrice inventée par le colonel anglais de Beaumont et mue par l'air comprimé.

Cette machine, qui fonctionne comme un gigantesque villebrequin, se compose de deux bras de fer en forme de T, animés par un mouvement de rotation, et portant chacun, sur leur longueur, sept lames d'acier qui entament simultanément la roche crayeuse, en creusant des sillons dont le diamètre est calculé pour que toute la paroi de la galerie soit attaquée à la fois, et creusée à chaque tour d'une profondeur de 7 millimètres, ce qui produit des déblais fort menus qui s'enlèvent automatiquement à l'aide d'une chaîne sans fin munie de godets, comme on en voit sur les machines à draguer les rivières.

Ces godets se vident tour à tour dans un wagonnet placé à l'arrière de la machine, et qu'on n'a que la peine de remplacer sitôt qu'il est vide.

Inutile de dire que lorsque les forets ont déblayé ce qui était devant eux et sont à bout de portée, la machine s'avance pour donner une nouvelle prise au couteau perforateur.

Cela s'opère par un moyen fort ingénieux. La machine, qui a 10 mètres de longueur est divisée en deux corps superposés, en forme de demi cylindres, qui glissent l'un sur l'autre, au moyen d'un piston actionné par l'air comprimé, quand la partie supérieure a atteint son plus grand avancement, c'est-à-dire $1^{m},37$, on lui donne deux supports en fer fixés après, et qui se placent d'eux-mêmes, à peu près comme les pieds des rallonges des grandes tables de salle à manger,

Le demi-cylindre inférieur, débarrassé alors du poids qu'il portait, est relié au piston chargé d'air comprimé qui lui imprime assez de force pour le pousser en avant et l'obliger à prendre, en entraînant le bâti qui le porte, la place qu'il occupait primitivement.

De cette façon, en quelques minutes, la machine entière obvient un avancement de $1^{m},37$.

C'est la seule interruption qu'on fasse subir au travail, mais la machine est si active, qu'elle peut perforer 15 à 16 mètres par jour.

Du côté français, on ira encore plus vite, tout en se servant de la même machine : mais cette machine, montée par la Société de construction des Batignolles, est notablement perfectionnée :

Actionnée par les appareils compresseurs, du système Colladon, la distribution d'air est combinée de façon à donner à l'arbre manivelle une vitesse de cent tours par minute, qui permet au perforateur proprement dit de faire un tour et demi à la minute. Or, comme chaque tour produit un avancement minimum de 12 millimètres ; on peut donc compter sur un percement de $1^{m},08$ par heure, mais comme on perd deux minutes à chaque fois qu'il faut faire avancer la machine, c'est-à-dire aussi souvent qu'on a percé $1^{m},37$, on ne peut guère évaluer à plus de 20 à 22 mètres l'avancement quotidien, car il est inutile de dire que la machine peut travailler constamment et qu'il n'est besoin pour cela que de renouveler les équipes d'ouvriers.

On parle, du reste, d'une machine encore plus expéditive que la perforatrice de Beaumont. C'est l'excavateur Brunton qui sera, s'il n'est déjà, employé dans le chantier anglais.

Le progrès de cette machine est en moyenne de $2^{m},70$ par heure de travail, ce qui fait près de 55 mètres par jour, soit moins d'une année en travaillant des deux côtés à la fois pour achever la galerie provisoire qu'on évalue à $35^{kil},800$.

Encore faudrait-il moins de temps si l'on pouvait percer du premier jet la galerie définitive au diamètre de 7m,50, car ce qui retarde surtout l'action de la perforatrice, c'est le manque de place pour manœuvrer les wagonnets qui emportent les matériaux.

Cette machine, que représente notre gravure, opère à la façon d'une tarière qui fait un trou dans du bois; mue par l'air comprimé, elle se compose d'un arbre central actionné par des chaînes sans fin, courant sur des disques et poulies, et portant à son extrémité des plâteaux superposés, munis de coupoirs

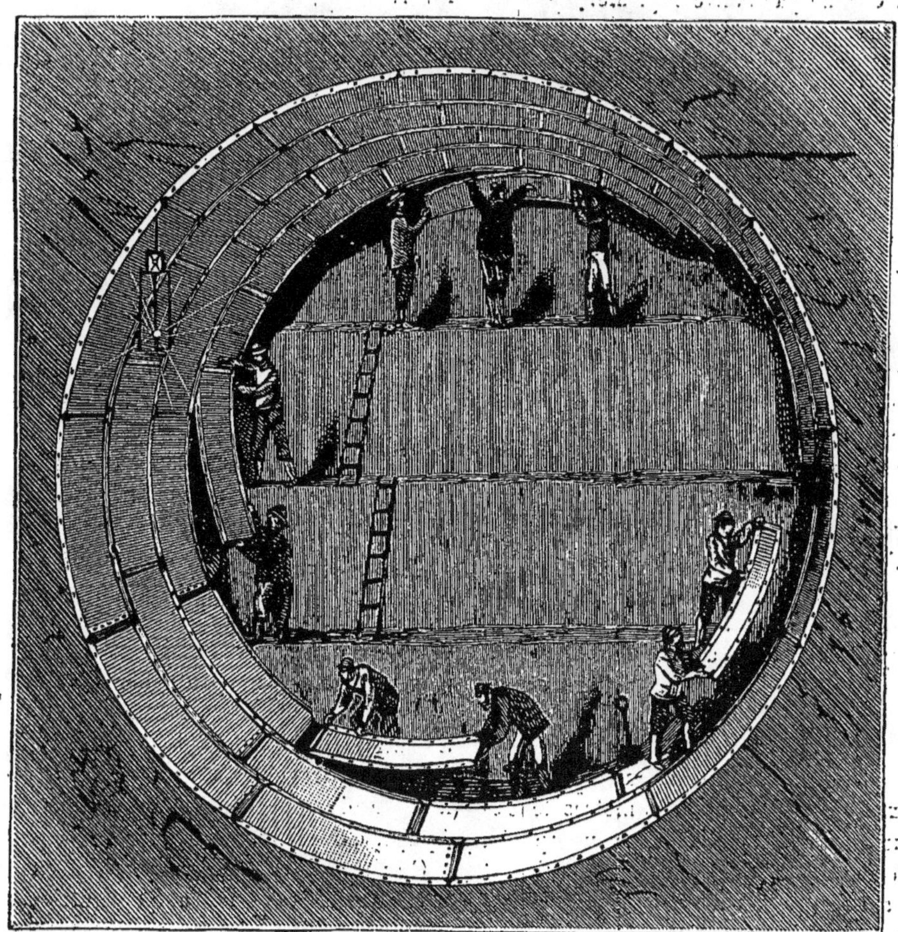

Tunnel sous le fleuve Hudson. — Pose des plaques de blindage.

en acier, en forme de disques, taillés en biseau et pouvant s'incliner relativement au front d'attaque, de manière à donner le meilleur rendement possible.

Outre son mouvement rotatif, la machine est animée d'un mouvement progressif qui lui permet d'avancer à mesure que la roche s'entaille, en glissant sur des rails qui se posent par section au fur et à mesure.

Son travail est aussi net, plus même que celui de la machine de Beaumont; car les disques découpeurs sont enfermés dans un tambour qui reçoit les matériaux et s'en débarrasse sur une toile sans fin d'où ils tombent dans les wagonnets de décharge au moyen d'une série de godets hélicoïdaux placés à son pourtour.

Le perforage n'est pas tout, mais le travail s'exécute si régulièrement, que rien n'est plus facile que d'aveugler les fissures aquifères.

On procède pour cela exactement comme

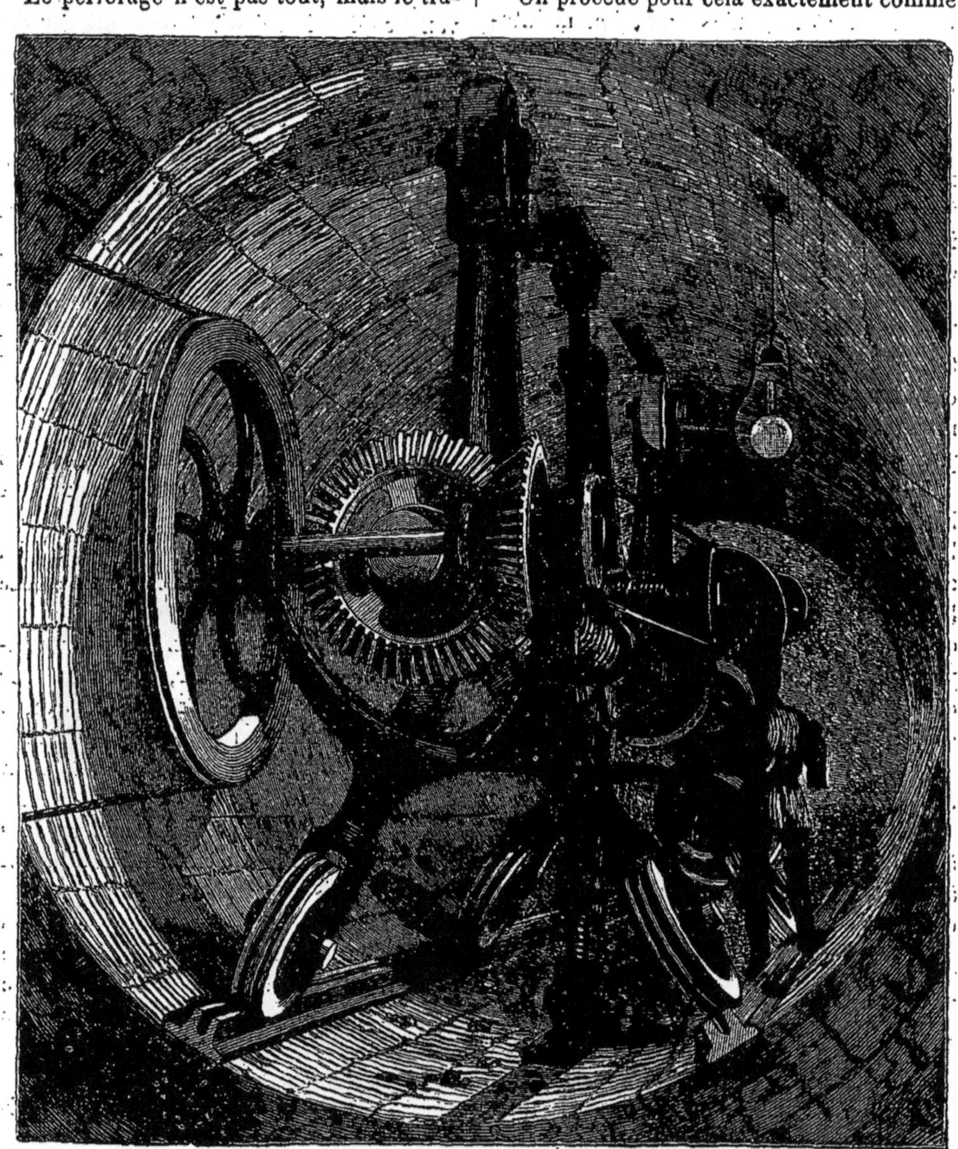

Machine perforatrice Brunton.

dans le tunnel de l'Hudson, au moyen de plaques de revêtement que l'on peut d'autant mieux préparer d'avance que le diamètre, et par conséquent la courbure du tunnel sont toujours les mêmes.

Ces plaques sont encore une sécurité, car boulonnées solidement l'une avec l'autre, elles constituent comme un immense tube de fonte de 2m,10 de diamètre, qui fait une doublure solide aux parois du tunnel.

Nous l'avons dit déjà, c'est la dimension de la galerie provisoire, mais si le tunnel s'exécute, et rien n'en empêche, maintenant, que le procès intenté par l'Angleterre à M. Watkin, directeur des travaux de la côte anglaise, on agrandira cette galerie par un travail annulaire jusqu'à un diamètre suffisant pour recevoir deux voies ferrées, qui seront posées sur la partie inférieure de la circonférence, excentrée à cet effet.

L'ensemble du tunnel ne sera plus alors blindé de plaques de fonte, mais revêtu intérieurement d'un béton de 60 centimètres d'épaisseur dont les éléments sont sous la main, puisque les matériaux d'extraction pourront y concourir avec le galet de la mer.

Il se développera sur plus de cinquante kilomètres, car il ne suffit pas de traverser le Pas-de-Calais, il faut encore que la ligne sous-marine se raccorde avec les deux lignes terrestres de France et d'Angleterre, et comme on ne peut guère donner une pente de plus d'un millimètre par mètre, et qu'il y aura une différence de niveau de cent mètres à gagner ; cela fera encore de chaque côté un souterrain d'une dizaine de kilomètres.

Soit plus de 50 kilomètres de tunnel à percer, à muraille, à aérer suffisamment à assainir par le prompt écoulement des eaux, c'est-à-dire une œuvre immense, qui résoudrait à la fois des problèmes réputés impossibles.

Cela demandera bien quelques centaines de millions, mais les capitaux ne manquent jamais aux grandes affaires, et d'ici cinq ou six ans, à moins que la résistance routinière d'un parti politique de l'Angleterre ne triomphe d'une idée féconde en heureux résultats, notre gravure d'ensemble sera entrée dans le domaine de la réalité, et la science se sera affirmée par un progrès de plus.

IV

LES PONTS ET LES VIADUCS

Après les gigantesques efforts que nous venons d'étudier, c'est retomber dans le terre à terre que de parler des ponts.

Les ponts ont cependant leur intérêt, car beaucoup sont de véritables œuvres d'art, grâce au talent de nos ingénieurs qui ne négligent jamais de joindre, autant que cela est possible, le monumental au solide, l'agréable à l'utile.

Du reste, dans ce chapitre nous ne nous occuperons pas seulement des ponts proprement dits, qui servent à franchir les ruisseaux et les fleuves, nous parlerons aussi des viaducs, ces autres ponts qu'on jette audacieusement sur les vallées, au-dessus même des villes et nous ne manquerons pas d'occasion pour citer encore des travaux de géant.

D'autant qu'en beaucoup de cas il a fallu créer non seulement le matériel, mais encore les moyens d'exécution.

Et c'est là précisément un des côtés grandioses des chemins de fer, c'est que leur établissement a donné à l'architecture aussi bien qu'à la métallurgie et à bien d'autres arts industriels, un élan qu'ils n'auraient jamais trouvé sans cela.

Que de procédés n'a-t-il pas fallu inventer pour résoudre des problèmes qui ne s'étaient encore jamais présentés.

Qui aurait pensé à construire des ponts de plusieurs kilomètres de longueur et de hauteurs vertigineuses, si la nécessité de franchir de gorges profondes, des vallées étendues et jusqu'à des bras de mer, ne s'était imposée par la création des voies ferrées qui, perçant des montagnes, ne doivent rencontrer aucun obstacle.

Le génie humain les a tous surmontés, du reste, et l'on peut dire à sa gloire qu'en général il en a tiré un grand parti, tant au point de vue architectural que pittoresque.

Ce n'est donc pas sans raison qu'on a

donné plus spécialement le nom de travaux d'arts aux ponts et aux viaducs que le voyageur aperçoit à peine, mais dont la plupart n'en sont pas moins dignes de son admiration.

Les ponts si nombreux sur les lignes de chemin de fer, qui sont obligés de laisser libres, les routes et les fleuves et jusqu'aux plus modestes ruisseaux, sont naturellement de plusieurs sortes. On les classe généralement d'après la nature des matériaux employés à leur construction : c'est-à-dire en trois catégories. La première comprend les ponts ou estacades en bois, la seconde ceux qui sont entièrement construits en maçonnerie et la troisième ceux dans lesquels la fonte; le fer ou la tôle sont employés comme matière principale avec ou sans le concours de la pierre.

De là dans ces trois catégories les subdivisions que nous verrons tout à l'heure.

Les ponts en bois sont les plus économiques de tous, mais ils sont de peu de durée; pour cette raison on ne les emploie plus en France, ni même en Europe que comme estacades provisoires servant au passage des trains pendant la construction d'un pont définitif, mais ils sont néanmoins faits avec tant d'art, que l'on a pu dans beaucoup de cas, démonter des ponts provisoires sous la charpente desquels on avait bâti des ponts en maçonnerie sans que le service des trains eût souffert d'interruption pendant la durée des travaux.

Ce fait s'est présenté pour le pont d'Asnières détruit en 1848, et il est d'autant plus notoire que là, il passe en moyenne un train toutes les cinq minutes.

En France, on ne construit donc en bois que les passerelles destinées à servir aux piétons à franchir la voie. En Angleterre les ponts en charpente ne sont, pas très rares surtout dans le comté de Cornouailles et l'on en cite quelques-uns pour leur hardiesse et leur légèreté.

Mais c'est en Amérique surtout que l'on en voit qui ne sont pas simplement hardis, mais téméraires; car non seulement ils n'ont pas de parapets ni même de faux trottoirs pour relier l'extrémité des traverses, mais on dédaigne même de leur donner un tablier, tant on pousse loin la manie de faire vite.

Les accidents sont fréquents, mais qu'importe « *time is money* » et les hommes ne sont pas de l'argent; du reste il y a des compagnies d'assurance contre les accidents.

Tel est le pont de Trestle, sur le chemin de fer du Pacifique, que représente notre gravure et tels sont du reste la plupart des ponts des railways des États-Unis : qu'ils franchissent les courants les plus larges et les plus rapides ou les ravins les plus profonds.

Pour les ponts de faible portée on a adopté un système, dit à *treillage*, inventé par M. Ithies Town et qui est d'autant plus économique qu'on n'y fait entrer que des bois de petite dimension, reliés très ingénieusement par des boulons de fer, qui ne les endommagent pas du tout, si bien qu'on pourrait se servir des charpentes pour un autre usage si l'on démolissait le pont.

Pour les ponts d'une plus grande longueur on daigne quelquefois faire des fondations en pierre, ce qui est arrivé pour le pont du Haut Portage, l'une des plus remarquables constructions en charpente que l'on connaisse et qui, malgré le bas prix des bois en Amérique, a encore coûté près de neuf cent mille francs.

Ce pont n'a pas moins de 240 mètres de longueur et sa hauteur au-dessus des eaux est de 57 mètres, c'est-à-dire que les seize fermes en charpente qui le soutiennent ont 48 mètres d'élévation puisque les piliers de maçonnerie sur lesquelles elles sont assises ne sortent que de neuf mètres de la rivière Genessée.

Ces fermes sont d'ailleurs pittoresques et même élégantes, reliées entre elles par des traverses qui coupent leur hauteur en cinq étages et sur lesquelles elles s'arc-boutent, au moyen de pièces de bois formant une série de losanges assez agréable à l'œil.

Inutile de dire que les mêmes procédés sont employés pour la construction des viaducs, il y en a même qui sont tout en bois, et cela arrive surtout quand ils se trouvent à proximité des forêts où l'on n'a que la peine d'abattre des arbres pour se procurer la matière première, qu'assez souvent, on ne prend pas le temps d'équarrir.

L'un des plus curieux, peut-être même des plus dangereux viaducs de ce genre est celui de Secrettown en Californie, à cause de la courbe assez prononcée qu'il décrit; ce

Viaduc de Secrettown (Californie).

qui ne l'empêche pas de n'avoir ni parapets, ni tablier et de reposer tout bonnement sur une série de tréteaux, reliés très économiquement par quelques traverses.

Il faut dire aussi que la vitesse des trains, surtout sur la ligne du Pacifique, est beaucoup moindre que sur les chemins de fer Européens.

En Europe, et particulièrement en France, nous l'avons dit déjà, on construit plus solidement et aussi d'une façon plus monumentale et nos ingénieurs s'étudient à varier les types, selon les lieux, pour augmenter encore par leurs constructions, les beautés du paysage.

Au point où en est aujourd'hui dans cette spécialité, l'art architectural ; le plus difficile n'est pas de faire beau, c'est de faire stable, car le dicton populaire qui dit « solide comme un pont » ne doit jamais mentir.

40. TRAIN ATTAQUÉ DANS L'INDOUSTAN PAR UNE TROUPE D'ÉLÉPHANTS.

Trestle-Bridge, vu en dessous.

Fragment du chemin de fer établi sur pilotis, dans un marais très profond de la Caroline du Sud.

Or, un pont pour être solide doit être fondé sur le solide, ce qui est le grand problème de la construction, car on n'assied pas des piles dans l'eau courante comme sur la terre ferme. C'est pourquoi nous nous occuperons d'abord des fondations en général, avant de parler des différents systèmes de construction des ponts et des viaducs.

FONDATIONS

Le mode de fondation devant varier suivant la nature du sol que l'on rencontre, la première chose à faire est de reconnaître ce sol au moyen de sondages aussi multipliés que possible, il résulte de ces opérations que le sol est :

Ou formé de roches solides, pouvant supporter le poids de l'ouvrage.

Ou composé d'argile, de sablon, ou même de gravier; auquel cas il n'est pas compressible, c'est-à-dire qu'il ne cédera pas sous la masse de la construction; mais affouillable, c'est-à-dire que les eaux courantes pourront le chasser peu à peu du pied des piles et arriver ainsi à les renverser.

Ou, encore, formé de vases ou de tourbes qui étant à la fois compressibles et affouillables, présentent toutes les difficultés réunies.

Pour fonder sur le terrain solide on emploie différents moyens, selon la profondeur des eaux et la nature particulière du sol.

De toutes façons on commence toujours par draguer l'emplacement que doit occuper la pile, pour débarrasser le sol des matières friables et du limon que la rivière y a charriés. Puis, si l'on n'atteint pas le solide à plus de deux mètres de profondeur, on circonscrit l'espace nécessaire à la construction, par deux rangées de pieux enfoncés dans la terre et reliés avec des palplanches, de façon à former deux enceintes continues autour de la pile qu'il s'agit de fonder.

On remplit ensuite l'espace compris entre les deux enceintes avec de la terre bien pilonnée, du gravier, n'importe quels matériaux pourvu qu'on arrive à former une muraille aussi étanche que possible, qu'on appelle *bâtardeau.*

Il ne reste plus alors qu'à épuiser, au moyen de pompes, l'eau renfermée dans le bâtardeau qui s'élève naturellement un peu plus haut que la surface de la rivière; cela fait on construit la pile à l'intérieur du bâtardeau exactement comme si l'on opérait sur un terrain sec, avec cette différence pourtant, qu'au lieu de se servir de mortier ordinaire on emploie la chaux hydraulique, qui a la propriété de faire prise sous l'eau et d'acquérir en peu de temps une dureté équivalente à celle du ciment, beaucoup plus cher.

Mais on ne trouve pas toujours le solide à deux mètres sous l'eau, si la profondeur de la rivière est plus grande il faut renoncer au bâtardeau fixe et le remplacer par une espèce de bâtardeau mobile, grande caisse sans fond, construite en dehors de l'eau, de la hauteur nécessaire et qu'on échoue sur place.

Il va sans dire que cette immense caisse doit être étanche puisqu'elle doit tenir lieu de bâtardeau.

A trois mètres, trois mètres cinquante même, ce système est encore possible, mais plus profondément, il est impraticable car au fur et à mesure que la profondeur augmente l'épuisement des eaux devient plus difficile et plus coûteux.

Dans ce cas-là, au lieu d'une caisse étanche on immerge une ou deux caisses superposées, non étanches, que l'on fixe sur place au moyen d'un rang de pilotis réunis par des traverses horizontales et des palplanches non assemblées, ce qui serait inutile puisqu'il ne s'agit plus de pomper l'eau.

Cet échafaudage, qui restera à demeure, entouré même, pour plus de sécurité, de grosses pierres jetées en tas pour le protéger contre les affouillements possibles, est alors rempli intérieurement avec du béton composé de gravier et de mortier hydraulique ; et pour que le béton ne se délaye pas dans l'eau avant d'arriver à destination, on l'y fait parvenir au moyen de grandes caisses à fond mobile, où il est d'avance comprimé de façon à s'étaler en couches uniformes.

Au fur et à mesure que le béton monte, l'eau dont il prend la place disparaît naturellement et il devient de plus en plus facile de le tasser.

Arrivé à fleur d'eau, on nivelle sa surface sur laquelle on construit en maçonnerie par les procédés ordinaires.

Dans ce système tout repose donc sur la solidité du béton ; aussi apporte-t-on les plus grands soins à sa fabrication et à sa mise en place.

S'agit-il de fonder sur un sol affouillable, les systèmes que nous venons de décrire sont alors insuffisants et l'on a recours aux pilotis.

Tout le monde sait que les pilotis sont des pieux enfoncés dans le fond des rivières au moyen de moutons qu'on laisse tomber dessus ; ces pilotis, placés en nombre suffisant dans tout l'espace que doit occuper la pile, on réunit leurs têtes, au moyen d'un cadre en charpente, formant un plancher sur lequel s'appuiera la maçonnerie.

Ce système, complété par un enrochement de grosses pierres au pied des pilotis, s'emploie aussi dans les terrains compressibles lorsque la profondeur des eaux n'est pas trop grande.

Les Américains, toujours pressés, les emploient dans tous les cas et même sans l'appui de la maçonnerie ; nous en donnons un exemple par notre gravure représentant une portion du chemin de fer traversant un marais très profond de la Caroline du Sud. Il est vrai que vu la nature du sol, il eût été très difficile et surtout très dispendieux de faire autrement.

Cette construction, très longue, mais peu élevée, n'a pas d'ailleurs le caractère de témérité qu'on rencontre si souvent dans les œuvres d'art des chemins de fer des États-Unis, mais elle n'aurait jamais été entreprise en France, où l'on a presque renoncé au système des pilotis, parce qu'il exige de trop grandes quantités de bois.

On l'a modifié, dans les rivières d'une profondeur moyenne, par l'emploi des encaissements au béton dont nous avons parlé précédemment, et que l'on protège seulement par une rangée de pilotis sur lesquels s'appuient des enrochements de pierres dures.

En Angleterre, les pilotis ont été à peu près remplacés par les *Screw-piles*, espèces de pieux à vis inventé par l'ingénieur anglais Mitchell.

Ce sont des cylindres, en fer forgé, terminés à leur extrémité antérieure par un disque d'un mètre de diamètre, dont la surface hélicoïdale s'enfonce comme un immense tire-bouchon, au moyen de cabestans disposés de façon à appuyer sur la tête du pieu, tout en lui imprimant un mouvement de rotation.

Ce système est évidemment plus coûteux que le pilotis en bois, mais il est aussi plus expéditif et l'on gagne peut-être en main d'œuvre ce que l'on perd en matière première, outre que la solidité est plus incontestable.

Quoi qu'il en soit, il ne s'est pas naturalisé en France, cela tient sans doute à ce qu'au moment de son apparition on avait déjà adopté les fondations tubulaires, indispensables dans les terrains à la fois compressibles et affouillables.

Ce procédé est d'ailleurs tout français, puisqu'il a été employé pour la première fois en 1840, par M. Triger, ingénieur des mines, qui s'en est servi avec succès pour foncer un puits à Chalonnes dans un terrain noyé par les eaux de la Loire.

Voici en quoi il consiste :

On immerge verticalement dans le lit du fleuve une colonne creuse de deux à trois mètres de diamètre formée de plaques de tôle solidement rivées.

Cette colonne est divisée intérieurement, par deux planchers horizontaux, en trois compartiments communiquant l'un avec l'autre, au moyen de trappes fermant hermétiquement.

Le compartiment supérieur reste toujours ouvert. L'inférieur qui n'a pas de fond non plus pour pouvoir toucher le sol, est la chambre de travail où les ouvriers peuvent enlever les déblais et maçonner à leur aise, lorsque le vide a été fait dans le cylindre par le jeu d'une pompe à vapeur d'une puissance suffisante pour en chasser l'eau, par l'effet de l'air comprimé.

Fondations tubulaires du pont du Tay.

Quant au compartiment du milieu, il sert de chambre d'équilibre et sa trappe donne passage : à l'ouvrier qui est descendu dans le bas au moyen d'une échelle, aux déblais qu'on fait remonter d'en haut dans un seau et aux matériaux qu'on lui enverra de la même façon lorsqu'il lui faudra maçonner.

Naturellement, la colonne s'enfonce au fur et à mesure que l'ouvrier creuse le sol pour trouver le solide, sans être jamais incommodé par l'eau, laquelle est absorbée aussitôt par l'air comprimé, envoyé continuellement dans la chambre de travail.

Arrivé au solide, l'ouvrier remplit l'inté-

Fondations du pont de Kehl. — Construction des caissons.

rieur du tube : soit en maçonnerie soit en béton et les difficultés cessent complètement lorsqu'il a atteint le plancher du second compartiment.

Ce système employé avec succès en France pour les fondations des ponts de Mâcon, de Lyon, de Bordeaux; et en Autriche pour le grand pont sur la Theiss, a été modifié en Angleterre de différentes façons.

Le procédé que Brunel employa

Fondations du pont de Kehl. — Immersion du caisson.

en 1852 est le plus simple de tous, il consiste dans l'immersion d'une série de tubes de 2m,50 de diamètre, s'emboîtant les uns dans les autres et pénétrant dans la vase presque par leur propre poids.

Ces tubes en place, on a dragué leur intérieur et on l'a rempli de béton par le moyen que nous avons déjà indiqué.

Le procédé Pott, connu depuis 1845 a été employé pour la première fois par

M. Robert Stephenson pour les fondations du viaduc de Holyhead (dans le pays de Galles), à la traversée du bras de mer de l'île d'Anglesey.

Il consiste dans un tube, ou une série de tubes creux, hermétiquement fermés à leur sommet et dans lesquels le vide est fait par la machine pneumatique.

Depuis on a perfectionné ce système, en remplaçant la calotte qui fermait le tube par l'emploi d'un double cylindre intérieur, dans lequel s'opère le vide, de façon à y faire monter les déblais, on n'a que la peine de l'enlever quand il est plein, sans avoir besoin de se servir de pelles ni de dragues.

Ce système a réussi dans quelques cas, mais il n'était pas bon partout, si bien que lorsqu'il s'est agi de fonder le viaduc de Rochester, on a eu recours au système français, compliqué de la façon suivante :

Le cylindre était fermé hermétiquement à son sommet par une plaque en fer, percée de deux trous par lesquels on introduisait deux cages, ou chambres d'équilibre, placées moitié à l'intérieur moitié au dehors du tube, et munies à leur partie supérieure d'un clapet, maintenu fermé par l'air comprimé ; et latéralement d'une sorte de porte.

Entre ces deux chambres d'équilibre était une grue au moyen de laquelle on montait dans des seaux, les déblais qu'on déposait dans les chambres d'où ils étaient enlevés définitivement au dehors par un treuil fixé au sommet du cylindre.

Ce système donna de bons résultats, mais on reconnut qu'il était d'un emploi difficile parce que la pression de l'air intérieur rendait le tube si instable, qu'il fallait le maintenir continuellement avec des poids énormes ; aussi Brunel ne l'employa-t-il pas pour les fondations du pont de Saltash, où il dut chercher la stabilité sous vingt mètres de profondeur d'eau et de vase.

Il se servit néanmoins de l'air comprimé, mais seulement pour faire le vide entre les deux tubes concentriques, l'un de six mètres de diamètre, l'autre de dix qu'il enfonça dans la vase.

Toute cette partie annulaire fut maçonnée en plein ; ce qui donna un bâtardeau d'une étancheté parfaite et assez vaste pour qu'on put y construire à l'aise après l'épuisement des eaux.

Du reste, dans le système tubulaire, destiné surtout à combattre les grandes difficultés, il ne saurait y avoir de principe absolu puisque les difficultés s'augmentent ou se diminuent selon les localités, les profondeurs d'eau, et la nature plus ou moins affouillable, ou plus ou moins compressible du sol.

C'est ainsi que pour les fondations du pont de Kehl, on dut inventer sinon des procédés nouveaux, du moins des applications nouvelles au procédé déjà connu ; car là il était impossible de trouver le solide à moins de soixante mètres de profondeur, c'est-à-dire à vingt mètres au-dessous des plus basses eaux du Rhin dont le niveau peut varier, selon les saisons, de douze à quinze mètres, et dont le courant, exceptionnellement rapide, produit des affouillements d'autant plus profonds que le gravier qui compose le sol est plus mobile.

Toutes les difficultés étaient donc réunies, puisqu'en raison de la hauteur des piles il fallait porter leur largeur à vingt-huit mètres et leur donner une longueur proportionnée, ce qui ne pouvait se faire par les moyens ordinaires du système tubulaire, mais les ingénieurs français, chargés de ce magnifique travail, trouvèrent autre chose.

Ils formèrent la première assise de leurs fondations au moyen de quatre caissons égaux, placés l'un à côté de l'autre et ayant nécessairement 7 mètres de long, leur largeur était de 5^m, 80, et ils pesaient ensemble plus de deux cent mille kilogrammes.

Voici du reste comment ils procédèrent. Après avoir établi sur le Rhin, à peu de distance des chantiers, un pont provisoire en charpentes, muni des deux voies d'un chemin de fer de service pour convoyer les matériaux, ils mirent ces voies en communication, au moyen de plaques tournantes, avec les échafaudages construits tout autour de l'emplacement que devait occuper chacune des quatre piles qu'ils avaient à construire, lequel emplacement avait été circonscrit, au préalable par des pilotis, supportant un plancher très solide, dont le niveau était à quatre mètres au-dessous du prolongement du pont de service.

C'est sur ce plancher que furent assemblés les caissons, dont nous avons parlé, formés de fortes plaques de tôle soigneusement boulonnées, et représentant avec leur partie inférieure ouverte, une vaste cloche à plongeur de 3^m, 40 d'élévation, d'autant que leur partie supérieure, hermétiquement fermée, était percée de trois colonnes creuses posées symétriquement sur sa largeur.

Celle du milieu, d'un diamètre plus grand que les autres, traversait tout le caisson et débordait même le niveau de sa base de façon à être toujours rempli d'eau, en vertu d'une loi d'hydrostatique que tout le monde connaît.

Les deux autres, au contraire, ne pénétraient que d'un mètre dans le caisson, et étaient terminées par des écluses à air, qui permettaient à l'air comprimé, introduit du dehors par de puissantes machines à vapeur, de faire le vide dans le caisson, et d'obliger encore, par le refoulement, l'eau à monter par la colonne du milieu.

Par les tubes, qui s'augmentaient d'un segment au fur et à mesure que le caisson s'immergeait, et qui contenaient une échelle dans toute leur hauteur, les ouvriers descendaient pour travailler par série de quatre heures, à creuser le sol pour que le caisson pût s'enfoncer, rejetant les déblais sous le milieu, où une chaîne sans fin, munie de godets, établie dans le tube central, les montait à la surface et les versait sur une rigole inclinée qui les conduisait dans un bateau, à peu près comme cela se pratique sur les machines à draguer.

Au fur et à mesure que le caisson s'enfonçait, d'autres ouvriers construisaient dessus en maçonnerie, en posant les premières assises sur les parties libres de son couvercle, exactement comme s'ils eussent travaillé sur un terrain solide ; de sorte que tout se faisait en même temps.

Arrivé à la profondeur voulue, le caisson assis bien d'aplomb sur le gravier asséché par l'effet de l'air comprimé, le tube central fut démonté, les ouvriers dragueurs quittèrent leur chantier et furent remplacés par les constructeurs qui remplirent le caisson de maçonnerie.

Cela fait, on démonta également les deux tubes conducteurs d'air comprimé, et tous les vides furent bouchés avec du béton, de sorte que l'on obtint un cube solide de 28 mètres sur 5^m, 80 de base, et de 20 mètres de hauteur, sur lequel il n'y avait plus qu'à construire, en granit des Vosges et de la Forêt-Noire, la maçonnerie des piles, qui, ainsi établies, présentent toutes les garanties désirables contre les affouillements.

Le pont a, d'ailleurs, avant d'être livré à la circulation subi des épreuves qui mettent sa solidité hors de doute.

PONTS DE MAÇONNERIE

Notre intention n'est point d'entrer dans des détails de construction, qui seraient sans intérêt ici, d'autant qu'ils ont leur place marquée dans une autre partie de cet ouvrage ; nous donnerons seulement, comme nous l'avons fait déjà, un aperçu de quelques procédés spéciaux aux travaux d'art de chemin de fer, tout en citant les plus connus ou les plus dignes d'admiration.

En France, on peut même dire en Europe, les ouvrages d'art sont presque tous de véritables monuments, qu'il s'agisse d'un pont de quelques arches ou d'un viaduc au développement colossal; et ce n'est pas toujours ceux qui ont le plus d'apparence qui représentent la plus grande somme de difficultés vaincues.

Ainsi, tel pont qui n'a qu'une arche, peut être un chef-d'œuvre, si son arc présente un développement inusité, ou si les nécessités locales lui ont imposé une obliquité considérable; mais les constructions qu'on admire le plus volontiers sont celles qui frappent l'œil par leur masse imposante ou par la hardiesse de leur élévation.

A ce double titre on peut citer, dans Paris même, le pont viaduc du Point-du-Jour, construit en 1865 par M. de Bassompierre, pour le chemin de fer de ceinture.

C'est d'abord un pont de 175 mètres de largeur, jeté sur la Seine pour le service des voitures; il se compose de cinq arches en arcs surbaissés de 31 mètres d'ouverture.

Pont viaduc du Point-du-Jour.

Son tablier, qui a la même largeur, offre deux voies carrossables avec trottoirs et porte en son milieu le viaduc proprement dit, dont les hautes et nombreuses arcades sont d'un aspect grandiose.

Comme si le chiffre 31 devait être fatidique dans cette construction, ces arcades sont au nombre de 31 et elles ont justement 31 mètres de hauteur.

Il est vrai que, passé la traversée du pont, le viaduc se continue: d'abord de chaque côté par une large travée, qui laisse le passage aux voitures sur les deux rives de la Seine, et ensuite par une nouvelle série d'arcades, qui se prolongent d'un côté jusqu'à la station d'Auteuil et de l'autre au-delà de celle du Point-du-Jour.

Les jambages des arcades ne sont pas pleins; ils sont percés chacun de deux arcades plus petites dont la double enfilade sert de passage aux piétons et offre aux promeneurs une galerie couverte des plus pittoresques et pourtant fort peu fréquentée, tant il est vrai qu'on va souvent très loin chercher des sites curieux, quand on n'aurait qu'à sortir de chez soi pour en trouver.

Aux environs, nous avons le viaduc de Valfleury, près de Meudon, qui a cela de particulier : c'est que l'on ne voit guère que la moitié des piles qui soutiennent ses sept arcades. En effet, le sol argileux est si mou, à cet endroit, qu'on a été obligé de creuser considérablement pour asseoir les fondations sur un banc de craie solide.

Et le viaduc de Nogent-sur-Marne, trois fois recommandable, parce qu'il décrit une courbe majestueuse, parce que c'est un des plus longs que nous ayions en France (700 mètres et trente arcades), et parce-qu'il se relie à l'un des ponts en maçonnerie les plus hardis qui existent, car ses

Viaduc de Port-Launay.

quatre arches sont à 20 mètres de hauteur et ont 50 mètres d'ouverture.

Si nous voulons nous étendre plus loin, nous ne manquerons point d'objets de comparaison ; sans sortir de France, nous trouverons le viaduc de Chaumont (ligne de l'Est), qui est une vraie merveille, et peut-être le plus bel ouvrage de maçonnerie qu'on puisse voir sur une ligne française.

Voir est une façon de parler, car on l'aperçoit à peine quand on passe dessus, mais il vaut la peine qu'on s'arrête à Chaumont exprès pour le visiter.

Sa longueur totale est de 600 mètres ; ses arceaux, très nombreux, puisqu'ils représentent 60,000 mètres cubes de maçonnerie, ont 50 mètres de hauteur ; ils sont divisés en trois étages par deux séries d'arcs surbaissés : le premier rang de ces arceaux forme une galerie qui permet aux piétons de traverser la vallée de la Suize sans être obligés de suivre la route.

Cet immense travail a été terminé en une année, il est vrai qu'on n'arrêtait ni jour ni nuit, grâce à la lumière électrique.

A peu près dans le même genre, sauf les matériaux de construction, est le viaduc de Barentin (ligne du Havre), dont les vingt-sept arches mesurent ensemble plus d'un demi-kilomètre. Mais son établissement a été beaucoup plus long, car il a fallu le refaire entièrement par suite d'un écroulement.

Le viaduc qui traverse la vallée de l'Indre (ligne de Paris à Bordeaux, entre Tours et Monts), est aussi très remarquable; il a coûté, du reste, deux millions; il compte cinquante-neuf arches, dont la hauteur moyenne n'est que de 22 mètres, mais qui se développent sur une longueur de 750 mètres.

Le plus léger peut-être qu'on ait encore construit (en maçonnerie bien entendu) est celui de Comelle, près de Chantilly, sur le chemin de fer du Nord. Sa hauteur la plus grande est de 25 mètres, et sa structure, tout en moellons, sauf les parements, lui donne une sveltesse extraordinaire.

Mais les plus curieux, à cause de leur situation, sont les viaducs de Morlaix, de Dinan, de Port-Launay, qui passent à des hauteurs considérables au-dessus des maisons. Ils sont d'ailleurs construits presque sur le même modèle, rendu un peu lourd par le rapprochement des piles, rapprochement nécessité par la hauteur, dont il était impossible de diminuer la portée par des supports transversaux, puisqu'il faut que les bateaux-pêcheurs et même les navires d'un fort tonnage passent sous les arches du viaduc.

Un viaduc, qui ne manque point non plus d'originalité et auquel personne ne fait attention parce qu'il est dans Paris même, est celui qui longe l'avenue Daumesnil.

Il est vrai qu'on ne le voit pas, et c'est justement ce qui fait son originalité, car le dessous de ses arches est habité; chaque travée forme une boutique surmontée d'un entresol, où j'imagine qu'il doit être assez difficile de dormir d'un profond sommeil, surtout les dimanches d'été, où les trains de Vincennes, déjà si nombreux en temps ordinaires, se multiplient encore, à moins d'être très acclimaté, l'habitude étant, comme chacun sait, une seconde nature.

Il va sans dire que l'étranger a aussi des viaducs en maçonnerie remarquables.

On cite surtout, parmi les célèbres, celui de Durham, en Angleterre, dont les arches ont 40 mètres d'élévation, et ce qui augmente encore la sveltesse de l'ouvrage, c'est qu'elles ont une ouverture qui varie entre 45 et 50 mètres.

Le viaduc de la Goltsch, en Saxe, est le plus élevé que l'on connaisse, puisque sa plus grande hauteur (80 mètres) égale le sommet du Panthéon; il est vrai qu'en cet endroit il est coupé en quatre étages par des arceaux peu ouverts, qui lui donnent un aspect peut-être un peu lourd, mais assurément très monumental, d'autant qu'il se développe sur une longueur de 580 mètres.

Cet ouvrage, bien plus considérable, mais dont on parle beaucoup moins, parce qu'il est moderne, que du pont du Gard, chef-d'œuvre des Romains, a coûté sept millions.

Mais qu'est-ce que l'argent quand il s'agit d'exploitations aussi colossales que celles des chemins de fer !

PONTS MIXTES

Nous appellerons ponts mixtes ceux qui, mariant la pierre avec le métal, ont des culées et des piles en maçonnerie et des tabliers de fer ou de fonte. Ces sortes de constructions sont aujourd'hui très nombreuses sur les chemins de fer, et se subdivisent, selon la forme ou la disposition des tabliers, en ponts tubulaires et ponts à treillis; catégories que nous étudierons tout à l'heure.

Parmi les plus remarquables des ponts mixtes proprement dits, on cite celui qui relie les deux rives du Rhône, entre Beaucaire et Tarascon, et qui donne passage à l'embranchement du chemin de fer de Tarascon à Nîmes.

Il a coûté six millions et demi et cinq années de travaux.

Il se compose de sept arches en fonte de soixante mètres d'ouverture, s'appuyant sur de colossales piles en maçonnerie, dont la base est garantie contre la violence du courant par un enrochement de pierres de taille, pesant au moins 6,000 kilogrammes chacune.

Les parapets et les corniches sont également en fonte et, si elles n'accusent pas de grandes recherches dans la forme, elles ont néanmoins une élégante simplicité.

Assurément c'est plus gai que la pierre et c'est plus économique, sinon plus solide.

De même nature, et tout aussi remarquables, sont : le pont de Lyon, sur le Rhône, le pont d'Asnières, sur la Seine et, en Angleterre, le grand viaduc de Newcastle construit par Robert Stephenson.

Le pont d'Asnières qui résiste à des charges extraordinaires, puisqu'il n'est pas rare d'y voir trois ou quatre trains à la fois, a cela de particulier que chacune de ses poutres est un petit tube de 2m, 28 de hauteur sur 68 centimètres de largeur.

Mais le pont mixte le plus curieux est dans Paris même et, malgré cela, peut-être même à cause de cela, il n'est pas connu comme il mérite de l'être.

Nous voulons parler du pont de la place de l'Europe, sous lequel on passe en quittant la gare Saint-Lazare.

On peut même dire : qui fait la place de l'Europe, car ce pont, qui représente une somme considérable de difficultés vaincues, est, avec ses six embranchements qui se prolongent dans l'axe d'autant de rues, toute la place, établie autrefois sur un double tunnel.

Ces tunnels étaient encombrants et leur maçonnerie occupait des emplacements dont on avait besoin pour augmenter les voies d'accès à la gare; on résolut un jour de les remplacer par un pont à tablier métallique qui permettrait de créer une ligne spéciale au chemin de fer d'Auteuil en même temps que d'ajouter des voies aux lignes de Saint-Germain, de Versailles et du Havre, dont le trafic est si considérable.

Nous n'insistons point sur l'admirable organisation du double travail de démolition et de reconstruction qui s'accomplit sans qu'on eût à déplorer le moindre accident, et sans qu'aucun des nombreux services du chemin de fer éprouvât la moindre interruption. — Nous voulons dire seulement quelques mots du pont qui est une véritable œuvre d'art.

Il est circonscrit par deux culées qui ne sont pas parallèles, celle qui suit la direction de la rue de Rome a 117m,74 de longueur, l'autre 148m,63.

Entre ces deux culées s'élèvent deux piles beaucoup moins longues, puisqu'elles n'ont à porter que la partie centrale du pont qui a 50 mètres de largeur.

De chaque côté de cette partie centrale, le pont va s'élargissant en éventail, et l'immense développement qu'il prend alors est treillissé de poutres reliées entre elles par des entretoises en tôle, espacées de deux en deux mètres, et sur lesquelles on a construit de petites voûtes en briques creuses destinées à porter le plancher du pont, c'est-à-dire une double couche d'asphalte, posée d'abord sur un lit de béton, du moins, dans toutes les parties qui constituent les chaussées car, pour les jardins qu'on a ménagés dans les espaces triangulaires qui séparent les rues, on s'est contenté de mettre de la terre végétale sur les voûtes de brique.

La dépense de cette colossale construction, que l'on n'a pas pu faire dans des conditions bien économiques parce qu'il ne fallait pas interrompre le service, ne s'est pourtant élevée qu'à deux millions et demi, don seize cent mille francs ont été absorbés pa

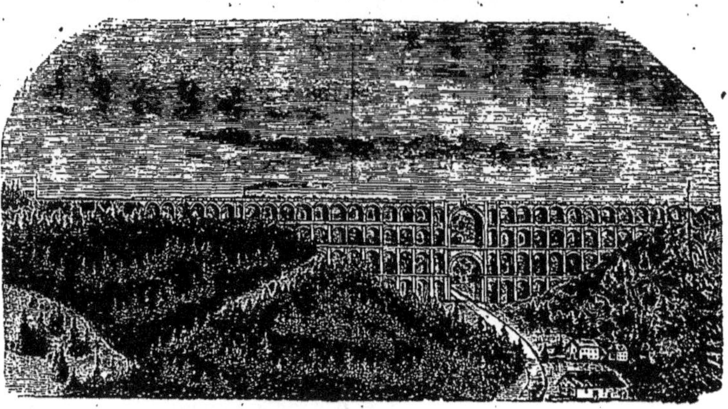

Viaduc de la Goltzcb, en Saxe

le tablier métallique occupant une surface de 8,400 mètres carrés; la maçonnerie doit figurer aussi pour un beau chiffre, car elle a absorbé plus de 10,000 mètres cubes de matériaux.

Rangeons aussi dans la catégorie des ponts mixtes, ceux, et ils ne sont par rares en Amérique, qui emploient à la fois le métal et le bois.

De ce nombre, il en est un tout à fait exceptionnel par sa longueur (24 kilomètres) sur le chemin de fer de Mobile à Montgommery.

Ses piles cylindriques très rapprochées sont en fonte, et le tablier, sans parapets ni ornements, bien entendu, est en charpentes de bois qui ne sont même pas recouvertes d'un plancher.

Cette économie, toute américaine, n'a pas empêché le pont de coûter sept millions et demi et, ce qui est bien plus appréciable pour les Yankees, il a fallu trois ans pour le construire.

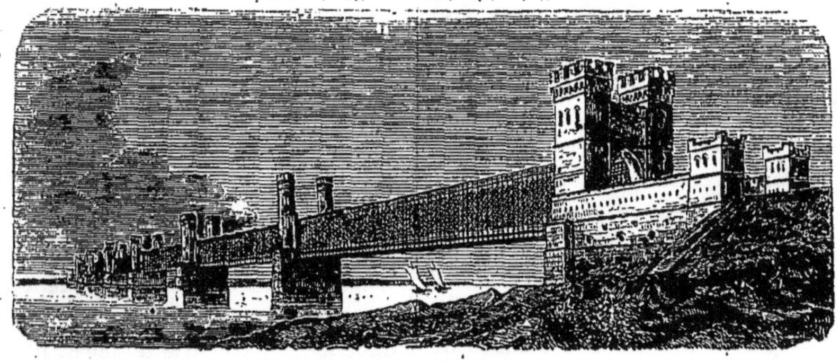

Pont de Coblentz sur le Rhin.

De même matière est le pont de Wittemberg sur l'Elbe, formé de quatorze travées dont trois n'ont que 37^{m},60 d'ouverture tandis que les autres en ont 53.

Mais par la façon dont son tablier est établi avec parois verticales, plancher et plafond, il rentre dans la catégorie des ponts tubulaires.

Viaduc de Crumlin, en Angleterre.

PONTS TUBULAIRES

Les ponts tubulaires, qu'on pourrait quasi appeler des tunnels suspendus, puisqu'ils se composent d'un rectangle creux posé sur les culées ou appuyé sur les piles, et dans lequel circulent les trains — les ponts tubulaires sont nés des chemins de fer et voici à quelle occasion.

On construisait le chemin de fer de Chester à Holyhead, pour relier le plus directement possible l'Angleterre et l'Irlande, puisque Holyhead se trouve en face de Dublin; pour cela il fallait franchir d'une part la rivière de Conway et de l'autre le détroit de Menai qui sépare l'île d'Anglesey, du comté de Carnarvon.

Le pont de Bordeaux.

Les concessionnaires de la ligne pensèrent d'abord, sinon à utiliser les ponts suspendus qui existaient déjà à ces deux endroits, du moins à en jeter de semblables sur lesquels les trains, décomposés, passeraient voiture par voiture, et traînés par des chevaux. Mais l'expédient était vraiment trop indigne de l'art de l'ingénieur ; ils y renoncèrent et se résignèrent à construire des ponts fixés.

Beaucoup de projets furent mis en avant, mais tous furent réduits à néant, par la décision de l'amirauté anglaise qui, au nom de la liberté maritime, question primordiale en Angleterre, ne permit l'établissement des ponts qu'à la condition que le tablier serait au moins de 30 mètres plus élevé que les plus hautes marées, afin que les plus gros navires puissent passer dessous ; et en outre, pour que lesdits navires ne fussent jamais gênés dans leur circulation, on ne devait employer, pour la construction du pont, ni cintres, ni échafaudages d'aucune sorte.

Le génie de Robert Stephenson triompha de ces difficultés et les exigences de l'amirauté, qui pouvaient passer pour une fin de non recevoir, furent satisfaites par le lancement de deux ponts tubulaires.

Celui de Conway, qui a 122 mètres de portée, n'est soutenu par aucun point intermédiaire, les deux poutres longitudinales qui supportent tout l'ouvrage et s'appuyent sur les deux culées, pèsent chacune 1130 tonnes.

Pour le pont de Menai, célèbre sous le nom de *Britannia Bridge*, et qui a une longueur de près de 550 mètres, Stephenson a utilisé un rocher, situé à peu près vers le milieu du détroit, pour construire dessus une tour de 50 mètres de hauteur, qui est devenue la pile médiane du pont; il en a élevé deux autres sur les deux rives et il a dossé ses culées aux levées d'Anglesey et de Carnarvon.

Restait à placer sur ses piles le parallélipipède en fer laminé, qui devait être le tablier du pont. Il posa la partie la plus difficile, celle qui devait être sur le détroit, en quatre sections de 144 mètres de longueur sur 9 de hauteur et $4^{m},50$ de largeur, dont deux furent placées côte à côte, pour former la double voie du pont, qui eut ainsi 9 mètres de largeur.

Et ces sections, qui ne pesaient pas moins de 1800 tonnes, furent amenées sur des radeaux au-dessous de l'emplacement qu'elles devaient occuper et de là, hissées au moyen de presses hydrauliques placées au sommet des tours.

Pour les parties hors de l'eau, ce n'était plus qu'un jeu après pareil tour de force ; elles furent construites en place sur des échafaudages et raccordées avec les tubes déjà placés.

Ce travail gigantesque et véritablement grandiose a coûté quinze millions et les Anglais, qui comptent jusqu'aux clous, quand ils ont quelque satisfaction à en tirer pour leur orgueil national, affirment qu'il en est entré pesant 900 tonnes dans l'assemblement des feuilles de tôle qui composent la double galerie tubulaire ; ce qui est très croyable, d'ailleurs, puisque cette galerie pèse à elle seule 11,000 tonnes.

Poids énorme, mais nécessaire à la solidité du pont, dont la portée maxima est de 140 mètres.

Eh bien! cet ouvrage magnifique a essuyé en Angleterre de nombreuses critiques ; on n'attaquait pas directement le *Britannia Bridge*, qui ne pouvait se faire autrement; mais on discutait le système, non seulement comme trop onéreux, mais comme ayant une utilité très contestable.

Hâtons-nous de dire que sur le continent, en France surtout, les ponts de Stephenson ont toujours été l'objet d'une admiration méritée et que le système tubulaire fut largement adopté sur nos lignes de chemin de fer, soit avec des procédés identiques, comme pour le pont de Macon, sur la Saône, soit avec des modifications qui font entrer ce genre de construction dans la catégorie des ponts treillissés, ainsi que nous le verrons, quand nous aurons cité, comme le plus curieux des ponts tubulaires, le *Victoria*

Bridge, qui se trouve en Amérique, sur la ligne de New-York au Canada.

Ce pont, qui traverse le fleuve Saint-Laurent et qui se prolonge en viaduc sur les deux rives, a 2,740 mètres de longueur; il se compose de vingt-cinq travées dont la portée varie de 74 mètres aux culées, à 100 mètres entre les piles du milieu, qui, pour cette raison, augmentent d'épaisseur en même temps que s'accroît aussi la hauteur du tube dont le plancher s'élève à 18 mètres au-dessus de l'étiage.

Construit bien plus légèrement que le pont de Menai, il n'est entré dans sa composition que 10,000 tonnes de fer, c'est-à-dire moins qu'à Menai, pour une longueur quadruple; il est vrai qu'il n'est qu'à une voie, mais il reste encore un bel écart.

Cela n'empêche pas sa solidité d'inspirer une confiance sans réserve, car les trains passent dedans, sans l'ébranler, avec une vitesse moyenne de quarante kilomètres à l'heure, qu'ils augmenteront certainement le jour où il plaira aux Américains de lutter de rapidité avec les chemins de fer français et anglais.

PONTS A TREILLIS

Comme nous l'avons dit, les ponts treillissés ou à treillis, très communs en Allemagne, sont des ponts tubulaires, dont les planchers, plafonds, aussi bien que les parois verticales, au lieu d'être pleines sont évidées et construites avec des barres métalliques se croisant en lacis.

L'Angleterre a essayé ce genre de construction pour la traversée du royal canal, par le chemin de fer de Dublin, mais sans l'adopter d'une manière définitive.

On en voit quelques-uns en France, dont le plus important est le pont de Bordeaux pour lequel on a été obligé de faire des fondations tubulaires avec les procédés employés au pont de Kehl; mais c'est surtout en Allemagne et en Suisse que ce système a été adopté sur une large échelle.

Le premier, de quelque importance qui ait été construit, est le pont d'Offenbourg sur la Kinzig; il est à double voie et repose sur les culées de l'ancien pont, dont le tablier en fonte avait été emporté par les grandes eaux.

Il se compose de trois treillages en fer de 71 mètres de longueur sur 6^{m},30 de hauteur et reliés entre eux par des entretoises et un cadre qui forment un véritable pont tubulaire à claire-voie.

Le treillis du milieu est construit plus solidement que les autres, pour le cas ou deux trains, se croisant sur le pont (ce qu'il est toujours facile d'éviter si l'on veut), produiraient la charge maxima dans toute son étendue.

Les treillis extérieurs se composent de deux séries de barres parallèles, de fer laminé de 10 centimètres de largeur sur 2 d'épaisseur, se croisant à angle droit et rivées entre elles à froid avec des boulons d'une fabrication très soignée, pour éviter ainsi le jeu entre les rivets et les barres.

Quant au plancher qui demande une plus grande solidité, il est composé de rails Vignoles, placés à l'envers, formant des arcs-boutants et des entretoises qui s'étendent jusqu'en dehors des treillages extérieurs, de façon à servir de supports aux trottoirs.

C'est sur ce plancher que sont posées les traverses et les longrines sur lesquels sont fixés les rails de la double voie.

Telle est, à peu de modifications près, la disposition de tous les ponts treillissés.

Le pont de Kehl, dont nous avons déjà parlé, à propos de ses fondations, appartient à ce système, relativement économique et qui donne de très bons résultats.

Du moins pour sa partie fixe qui couvre le milieu du Rhin, car les parties mobiles placées à chaque extrémité et qui naguère appartenaient à deux nationalités différentes, rentrent dans la catégorie des ponts tournants en fonte, que l'on voit dans les bassins de tous les ports de mer.

Ces ponts tournants, dont on comprendra la manœuvre en consultant notre gravure, s'imposaient, du reste, par le peu de hauteur du pont dont le tablier n'est guère qu'à 1m,10 des plus hautes eaux du Rhin. car il fallait bien livrer un passage à la navigation et nous n'avons pas à voir ici s'ils ont été construits avec une arrière pensée stratégique, dans le but de séparer, à un moment donné, l'Allemagne de la France.

Précaution que les hasards de la guerre ont rendue inutile, aussi bien moralement

Le pont de Kehl (partie tournante).

que physiquement, les deux nations voisines étant bien plus séparées par le souvenir de leur lutte sanglante que par le cours du Rhin.

Ces ponts tournants, se raccordant exactement comme les plaques tournantes dont nous avons déja parlé, ont chacun 26 mètres de long, et reposent sur les culées extrêmes. Le pont fixe, dont la longueur est de 180 mètres, s'appuie sur les quatre piles fondées dans le Rhin; il se compose de trois fermes en treillis de fer, assemblées sur un chantier spécial et mises en place avec des machines non moins spéciales, puisque le poids de chacune dépasse deux millions de kilogrammes.

En dehors des treillis extérieurs, règnent

pour le service des piétons, deux passerelles dont les entrées s'ouvrent entre les colonnes des portiques gothiques, d'un effet pittoresque, mais d'un goût douteux qui encadrent le pont fixe à ses deux extrémités.

Pour donner une idée de la solidité des ponts de cette nature, nous raconterons l'épreuve qu'on a fait subir à celui-ci, avant de le livrer à la circulation, et qui est identique, toutes proportions gardées, pour ses similaires.

D'abord les deux ponts tournants, malgré leur poids énorme, ont été manœuvrés chacun par quatre hommes; une fois en place, un train composé de cinq locomotives et de leurs tenders, c'est-à-dire d'un poids de près deux cent mille kilogrammes, s'est avancé sur la première travée; un

Pont du Tay en Écosse.

autre train de quinze wagons est venu se placer à côté sur l'autre voie et tous les deux ont traversé le pont, doucement, puis vite, puis en faisant des stationnements divers.

L'épreuve a été répétée par cinq locomotives sur chaque voie, marchant en sens inverse.

Enfin quatorze locomotives et quatre-vingts wagons, pesant ensemble 960,000 kilogrammes, ont stationné sur le pont toute une journée, sans faire fléchir le tablier de plus de 12 millimètres; ce qui fait une pression moyenne de 8,000 kilogrammes par mètre courant, que jamais aucun pont ne peut avoir à supporter en service ordinaire et même extraordinaire.

Après le pont de Kehl, qui a coûté huit millions et dont la partie difficile, la fondation des piles, a été l'œuvre des ingénieurs français, les plus remarquables des ponts à treillis sont :

Celui de Cologne sur le Rhin, qui a 400 mètres de longueur, et qui a coûté des millions ; il est vrai que, outre la voie ferrée, il porte pour les voitures et les piétons, une route qui relie ainsi la ville de Cologne à celle de Deutz.

Celui de Coblentz, également sur le Rhin, tout aussi long et tout aussi coûteux, bien qu'il ne serve qu'au chemin de fer, mais ses culées portent, aussi bien du côté de Coblentz que de celui de la fameuse citadelle d'Erheinbretsten, deux forts détachés, à tours carrées, qu'on ne manquerait point d'utiliser en cas de guerre.

Citons aussi les deux ponts de la Vistule à Dirschan et à Varsovie, et en Suisse, le pont de l'Aar qui, long seulement de 160 mètres, a coûté plus d'un million.

Mais ce dernier, affecté aussi au service des voitures et des piétons, reposant sur des piles en fonte, appartient plutôt à la catégorie des ponts métalliques.

PONTS MÉTALLIQUES

Nous plaçons dans cette catégorie, aujourd'hui très nombreuse, les ouvrages d'art, ponts ou viaducs qui ne reposent pas directement sur des piles en maçonnerie.

Ce genre de construction est adopté, par économie de temps, plutôt que d'argent, pour les ponts d'une certaine élévation, et surtout pour les viaducs qu'on peut mettre en place, en quelque sorte sans échafaudages, comme nous le verrons plus loin.

Il va sans dire que quelques-uns de ces ponts ont leur tablier dans le système tubulaire, ou à treillis, mais d'autres ont servi à expérimenter des combinaisons nouvelles, qui ont été plus ou moins adoptées.

Tels sont notamment le pont de Saltash et le viaduc de Chepstow.

Le pont de Saltash (près de Plymouth), que les Anglais appellent un *bowstring*, est ainsi nommé (tant la langue de Shakespeare et des Jockeys est explicite) parce que son tablier est soutenu par des tirants verticaux attachés à un axe supérieur tubulaire.

Tout cela est dans le mot, et il en résulte que le *bowstring* est une espèce de pont suspendu, non à des cordages mobiles, mais à des barres fixes rivées à un support tubulaire.

Au pont de Saltash, dont les deux travées ont 140 mètres d'ouverture, ce support n'est pas une poutre construite par les procédés ordinaires, c'est un arc tubulaire en tôle rivée qui donne au pont un curieux profil elliptique.

En somme c'est le contraire du système tubulaire : le tablier, au lieu d'être dessus, se trouve dessous, et les trains n'en passent pas moins bien pour cela.

Le viaduc de Chepstow repose à peu près sur le même système, à cette différence pourtant que le tablier est tubulaire, mais il est également suspendu à un autre tube cylindrique en tôle.

Le résultat, du reste, n'a pas été merveilleux, car les vibrations du tube supérieur sont très sensibles.

Ce système a donné naissance à celui d'un constructeur français, M. Oudry qui a imaginé de courber ses tubes en arc, mais qui a eu l'idée de les remplir de béton pour leur donner la stabilité voulue ; ce qui lui permit de faire des ponts métalliques en arc.

Plus tard, perfectionnant son procédé en le simplifiant, ce qui est le meilleur des perfectionnements, il n'a plus employé que des parois courbes, isolées, en tôle. Le pont d'Arcole, de Paris, est un modèle en ce genre, et, à ce titre, nous le citons comme un type remarquable, bien qu'il n'appartienne pas à la construction de chemin de fer.

Le plus célèbre des ponts métalliques portant des voies ferrées, il l'a même été plus que de raison par un accident terrible, est le pont du Tay, construit en Écosse sur un de ces bras de mer, contenus dans les échancrures des côtes, que les Anglais appellent des *fish*.

Sa longueur est de trois kilomètres et sa

hauteur de près de cinquante mètres, car il faut que les navires puissent passer dessous ; aussi repose-t-il sur des piles en fonte, ressemblant à d'immenses tréteaux, consolidées par des traverses et s'appuyant sur des plies en maçonnerie, qu'on a été obligé de fonder par le système tubulaire.

Ces difficultés de construction donneront une idée de l'immensité des travaux, surtout quand on saura que ce pont, de tous points gigantesque, se compose de 89 travées, dont quatorze ont une portée de 60 mètres; ce sont naturellement celles qui sont le plus spécialement affectées au passage des gros navires et que les pilotes reconnaissent de loin au parapet, en arc très élevé qui recouvre le tablier, et donne à ces parties (il y en a deux comme cela dans la longueur du pont) l'aspect d'un pont tubulaire.

Il n'en est pourtant pas un dans toute l'acception du mot, car si le tablier est formé d'une poutre tubulaire, il n'est point protégé par les parois verticales qui, avec le plafond, constituent le tube comme nous l'avons décrit, et les trains, au lieu de traverser un tunnel suspendu, passent dessus comme sur un viaduc ordinaire.

Le pont de Fribourg ne manque point non plus de curiosité, surtout à cause de sa hauteur qui atteint 86 mètres sur un développement de près de 400 mètres.

Nous en pourrions citer beaucoup d'autres très remarquables, aussi bien en France qu'à l'étranger, mais cette nomenclature serait sans profit pour le lecteur ; nous préférons, dans l'espoir qu'il sera de notre avis, entrer dans quelques détails sur les procédés de construction des ponts et viaducs métalliques.

Nous trouvons, précisément dans l'*Illustration* du 7 octobre 1882, des renseignements très précis sur l'établissement du viaduc du Val Saint-Léger, achevé récemment sur le chemin de fer de grande ceinture, et que l'on peut classer parmi les plus beaux spécimens de l'art de l'ingénieur.

« Cet ouvrage a été construit dans des conditions d'établissements très difficiles, à raison du sol peu consistant sur lequel il est assis, et malgré ces difficultés, sa dépense a été aussi réduite que possible, car, malgré l'importance de ce travail, elle ne dépasse pas 1,251,000 francs.

« Ce viaduc est établi dans une vallée, qui, au point de vue géologique, se présentait dans des conditions on ne peut plus défavorables. Aussi l'étude de la traversée de cette vallée par le chemin de fer de grande ceinture a-t-elle longtemps arrêté les ingénieurs. Bien des solutions ont été cherchées. Bien des emplacement ont été choisis, pour être abandonnés, et ce n'est qu'à la suite de longues et consciencieuses études que la solution exécutée aujourd'hui a été définitivement adoptée.

« Les nombreux sondages exécutés, lors des premières études de la ligne, avaient montré que les flancs du val étaient constitués par des bancs calcaires plus ou moins disloqués, reposant sur une puissante couche de sables glaiseux, fluents et extrêmement aquifères, au-dessous desquels on trouvait un banc épais d'argile plastique. Celui-ci, à son tour, reposait sur la craie, dont les affleurements se montrent à Port-Marly, et qui, au point où est établi le viaduc, ne se rencontre qu'à une profondeur de 25 à 32 mètres.

« Les bancs calcaires n'existant pas dans le bas de la vallée, c'était sur cette craie qu'il fallait asseoir les fondations du viaduc et c'était la première fois que l'on osait aborder de pareilles profondeurs. Aussi, les ingénieurs eurent-ils à rechercher les moyens les plus économiques de mener à bonne fin une telle entreprise.

« Les différents systèmes de fondations en usage, tels que puits blindés, pilotis et autres, furent tour à tour examinés et écartés, et, après avoir renoncé à un viaduc à arc métallique, dans l'aspect eut été fort gracieux, mais qui n'aurait pas offert des conditions de solidité suffisantes, par suite des glissements certains des couches calcaires sur lesquelles ses deux extrémités auraient reposé, on se décida à exécuter un viaduc métallique à poutre droite, ayant une longueur totale de 311 mètres, de façon à pouvoir asseoir les culées, supportant les extrémités du tablier en fer, sur les bancs calcaires des crètes et des flancs du val, et sur ceux du thalweg. Là où les mêmes bancs étaient très inclinés ou disloqués, et où ils disparaissaient même tout à fait, on fut obligé de soutenir le tablier par trois piles descendues jusqu'à la craie, au moyen de caissons en tôle, analogues à ceux employés dans les fondations pneumatiques.

« L'ouvrage était donc composé de deux culées en maçonnerie, ayant ensemble une longueur de 53 mètres, formées d'arcades de 8 mètres d'ouverture, et d'une poutre mé

Transport d'un pont à treillis (pont de Ceà en Espagne).

tallique de 258 mètres de longueur, supportée par trois piles, et divisée en quatre travées dont les deux plus grandes, celles du milieu, ont une portée considérable, 70 mètres, et les deux autres, près des culées, 56 mètres.

« La partie métallique proprement dite est formée de quatre grandes poutres : placées sous chacun des rails de la voie. Ces poutres sont reliées entre elles par un contreventement d'une très grande légèreté et partent des trottoirs en encorbellement.

« Cette légèreté n'est pas seulement apparente, car le tablier ne pèse que cinq mille kilogrammes par mètre linéaire, alors que la plupart des ouvrages de cette nature, pour des parties aussi élevées, dépassent souvent cette limite.

« La partie la plus difficile de ce grand travail a été la fondation des piles; c'est cependant la plus ingrate, car au moment où toutes les fondations ont été terminées, on n'apercevait encore à fleur du sol que trois bases en maçonnerie, comme si rien n'avait été fait, et on ne pouvait se douter des efforts qu'il avait fallu déployer et des difficultés qu'il avait fallu vaincre pour arriver à les exécuter. Ainsi la pile du milieu du viaduc a une hauteur totale, au-dessus de la fondation, de 45 mètres ; mais la plus grande partie de cette hauteur est cachée sous terre et la partie apparente n'a que 20 mètres d'élévation.

« Les deux piles extrêmes ont été implantées, celle de Versailles à 33^{m},60, celle de Poissy à 30 mètres.

Lancement du tablier d'un viaduc (viaduc de Vallorbes).

L'ensemble des fondations des trois piles n'a cependant exigé que dix mois de travail et n'a donné lieu qu'à une dépense de 430,000 francs, soit 145,000 francs par pile ou 4,800 francs par mètre linéaire de profondeur de fondation.

« Après l'exécution de la partie apparente des piles, on poussa très activement la mise en place ou le lançage du tablier métallique.

« Nous ne dirons qu'un mot de cette opération bien connue, car elle est déjà employée depuis plus de vingt ans. Le tablier une fois assemblé et monté par fractions de 100 mètres sur un terre-plein préparé en arrière des culées, est placé sur des rouleaux et tiré ensuite au moyen de câbles et de treuils. Il s'avance ainsi en porte à faux, pour se rapprocher de la première pile. Quoique cette masse de fer pèse 1,068,000 kilogrammes, dix hommes ont toujours suffi pour la mettre en mouvement. Sa vitesse d'avancement a été en moyenne de 30^{m},60 par heure.

« Afin d'éviter que la partie du tablier qui s'avance ainsi dans le vide, en porte à faux, ne se déforme, on l'avait soutenue, par le milieu, au moyen d'une pile provisoire en charpente de 20 mètres de hauteur, placée de façon à partager également la distance considérable que le tablier avait à franchir.

« Lorsque l'extrémité du tablier était arrivée enfin à reposer sur la première pile, on continuait le montage en arrière de la culée, d'une nouvelle longueur de 100 mètres qu'on lançait de la même manière que la première, et ainsi de suite jusqu'à la mise en place complète de tout l'ouvrage. »

Cette opération suffisamment expliquée par notre gravure, — laquelle représente le lancement du tablier du viaduc de Vallorbes à 58 mètres de hauteur — subit souvent des modifications de détails, selon les localités et surtout suivant la distance qui sépare les piles; car si la partie moyenne n'excède pas 30 à 40 mètres, on ne construit pas de piles provisoires.

D'autres fois aussi on ne fragmente pas le tablier dans sa longueur... et surtout lorsqu'il s'agit de ponts du système tubulaire on le lance par poutres entières, dont on assemble ensuite, sur place, le plancher et le plafond.

On est alors quelquefois gêné pour trouver, à pied d'œuvre, un terre-plein assez vaste pour faire les premiers assemblages, mais dans ce cas la difficulté est facile à vaincre puisqu'au moyen de wagons spéciaux qu'on appelle *trucs*, on peut transporter un pont tout entier, de n'importe quelle distance au lieu de la mise en place.

Ces wagons ont été sinon inventés, du moins tellement perfectionnés par M. Oudry, le constructeur français qui a exécuté sur les chemins de fer, tant de beaux travaux d'art, qu'il a pu transporter tout d'une pièce à 63 kilomètres de distance, un pont de 60 mètres de long avec une vitesse de 20 kilomètres à l'heure, sur une voie provisoire.

Ce pont a été déchargé et mis en place sur le Cea (en Espagne), en moins de huit heures, si bien que les locomotives ont pu passer dessus dans la même journée, pour remorquer les matériaux destinés au prolongement de la voie.

Du reste M. Oudry a fait depuis mieux que cela, avec ces mêmes wagonnets, sur les roues desquels la charge était répartie également, au moyen d'un ingénieux système de leviers : il a transporté un pont de 300 mètres, à une distance de plus de 100 kilomètres de son chantier d'ajustage.

Pour les viaducs à piles métalliques, d'ailleurs économiques et dont l'emploi s'impose, en quelque sorte, partout où il y a de grandes hauteurs à atteindre, le lançage du tablier se fait de la même façon, mais à plusieurs reprises, car, par une combinaison fort intelligente, en même temps qu'originale, le tablier placé en porte à faux sert d'échafaudage pour la construction de la pile qui doit le porter, pile métallique bien entendu, et qui reposant presque toujours sur une assise en maçonnerie, se compose d'un faisceau de colonnes en fonte réunies par des entretoises en fer, toutes pièces qui arrivent toutes fabriquées de l'usine et qu'on n'a plus qu'à assembler sur place : ce qui est aussi le cas du tablier.

En conséquence, le tablier est construit tout entier sur le sol ferme, préparé *ad hoc* en arrière de la première culée du pont.

Sitôt achevé, on commence le lançage au moyen de rouleaux en fer que l'on fait mouvoir avec des leviers spéciaux, armés de cliquets à peu près comme ceux dont on se sert pour le montage des matériaux pour la construction des maisons ; car il ne s'agit plus de compter sur l'effet des treuils placés sur l'autre culée pour tirer le pont.

Il avance du reste, comme cela, lentement, mais sûrement et surtout régulièrement, et la raideur des poutres qui le composent, aussi bien que la masse de la partie qui reste sur le ferme, en formant contrepoids, lui permettent de rester en porte à faux sur une longueur de 50 à 60 mètres, naturellement selon la distance qui sépare la culée de la première pile.

Arrivé dans l'axe de cette pile, le lançage est arrêté et on installe une grue sur l'extrémité du pont, qui devient alors le chantier de construction.

A l'aide de cette grue, on descend sur le soubassement de la pile tous les matériaux qui doivent la composer, des ajusteurs les assemblent, les rivent, les boulonnent ; la pile s'élève graduellement et, quand elle atteint la hauteur voulue, on fixe dessus, des rouleaux de fer, sur lesquels le tablier glissera pour continuer son avancement.

On fait alors pour la seconde pile, ce qu'on a fait pour la première et ainsi de suite jusqu'à ce que le tablier, ayant terminé ses stations aériennes, atteigne la culée opposée.

Inutile de dire qu'au fur et à mesure que le travail avance, il devient moins pénible.

Mais, si (comme on peut s'en rendre compte par notre gravure), l'opération est audacieuse, imposante même, elle n'en est pas moins toujours très délicate, quelquefois même périlleuse, lorsque la violence du vent vient augmenter encore les difficultés qui tiennent à la nature même du travail.

Mais, nos ingénieurs joignent à la prudence du chef d'atelier, qui a charge d'âmes, la connaissance approfondie des conditions de résistance des matériaux et ils font si justement les calculs qu'elle comporte, que les constructions de ce genre qui ont été faites en France, ont toutes été menées à bonne fin, sans accidents et dans un délai relativement très court.

On peut citer dans le nombre, comme les plus remarquables :

Le viaduc de la Sioule, élevé de 60 mètres et dont les piles sont distantes de 57 mètres ;

Le viaduc de la Cère au Riberès (dans le Cantal), il est à 56 mètres au-dessus de la vallée, et sur son développement de 236 mètres, il ne compte que 6 piles distantes entre elles de 41 à 45 mètres ;

Et celui de la gare de bifurcation de Busseau d'Ahun, que représente notre gravure et dont la hauteur au milieu est de 58 mètres.

Prolonger cette nomenclature serait bien facile, mais inutile puisque nous ne faisons pas ici l'histoire des chemins de fer, et que nous nous occupons seulement des procédés de fabrication.

PONTS SUSPENDUS

Depuis longtemps déjà, les ponts suspendus sont considérés en France et dans toute l'Europe comme des constructions si dangereuses, qu'on ne les emploie pas sur les chemins de fer et qu'on commence à les abandonner même pour les routes ordinaires.

L'Angleterre en essaya pourtant et Stephenson en a construit un jadis, sur la ligne de Stockton à Darlington, mais, ses oscillations étaient tellement fortes après le passage des trains, qu'on a jugé prudent d'étayer le tablier avec des cintres en bois, jusqu'au jour où l'on détruisit complètement le pont, pour le remplacer par un autre.

Mais les Américains, qui ne reculent devant aucune témérité, n'ont pas craint de les employer sur leurs chemins de fer.

Ils en ont deux, d'ailleurs très remarquables, et qui au point de vue de l'art font le plus grand honneur à leur constructeur, l'ingénieur allemand Robling.

Ce sont le pont du Niagara, et celui du Kentucky.

Le premier, établi d'abord, et qui a servi de type à l'autre, a 246 mètres de longueur, — et il faut convenir qu'il n'était pas possible de lancer une travée d'une portée aussi considérable sans la soutenir par un système de suspension quelconque.

Ce système est le même que celui de tous les ponts suspendus connus, des câbles courbes allant d'une pile à l'autre, et auxquels sont fixés de nombreux tirants, seulement le pont est d'une construction spéciale.

Construction des piles métalliques (viaduc de Busseau d'Ahun).

Il est formé de deux tabliers superposés, le premier qui est établi à 74 mètres au-dessus du niveau de la rivière, est un pont tubulaire de $7^m,24$ de largeur sur $4^m,60$ de hauteur, qui sert uniquement au passage des piétons et des voitures.

Le second, qui en somme, n'est que le plafond du premier, porte la voie unique de la ligne ferrée.

Ces deux tabliers réunis ensemble aussi solidement que possible, au moyen d'un grand nombre de pièces verticales et obliques, offrent une rigidité satisfaisante augmentée encore par l'établissement d'un parapet en treillis de chaque côté du tablier supérieur.

On n'a point lésiné non plus sur le nombre des câbles de suspension, outre les tiges verticales qui rattachent le tablier aux câbles dans les ponts suspendus ordinaires,

VIADUC AUPRÈS DE FREDERICKSHALD EN NORWÉGE.

on y voit une grande quantité de câbles obliques, rivés en dessous du tablier supérieur, et qui le soutiennent des deux côtés dans toute sa longueur, à environ un mètre des rails.

Ce système donne beaucoup de stabilité à l'ouvrage, ce qui n'est pas superflu, car si l'on en juge par l'effet produit par une simple voiture traversant un pont suspendu ordinaire, le passage des trains lourdement chargés, même à une vitesse très modérée, doit causer de terribles oscillations.

Pont suspendu sur le Niagara. (Amérique du Nord.)

Il paraît cependant que la trépidation produite par un train, est relativement beaucoup moins considérable que celle de tout autre véhicule.

C'est du moins ce que disent les Américains qui vantent naturellement leur *Niagara Bridge*... mais on n'a pas, de ce côté-ci de l'Atlantique de données bien certaines sur les résultats de l'entreprise, aucun rapport officiel n'en ayant jamais été livré à la publicité.

L'important est qu'il existe, et il est même plus que probable que son fonctionnement est satisfaisant puisqu'on en a construit un autre semblable et d'une portée bien plus considérable encore, puisque la travée du pont de Kentucky n'a pas moins de 367 mètres de longueur et que sa hauteur de suspension est de 96 mètres.

Ma foi, c'est peut-être le cas de placer ici le cliché si connu. « Quel peuple que les Américains! » en y ajoutant ce léger correctif : « Mais comme ils font peu de cas de la vie humaine! »

LES GARES

Les gares doivent être comptées parmi les travaux d'art de chemin de fer, bien que l'art nouveau, celui qui a une si belle place à prendre sous le nom d'architecture industrielle, ne se soit encore signalé que par des manifestations isolées qui s'affirment de plus en plus, mais qui sont toujours assez timides.

Cela tient à ce qu'on a d'abord été préoccupé de l'utile; on a pensé aux cours d'abords et de dégagements, aux halles pour abriter les trains, aux constructions accessoires; puis, quand il s'est agi de donner une forme à tout cela, comme on était trop pressé pour chercher du nouveau et qu'il fallait faire quelque chose qui frappât par son aspect; on a copié les architectures anciennes, et l'on a produit des monuments dont l'extérieur ne répond pas du tout à la destination.

C'est ainsi qu'en Angleterre la plupart des grandes gares sont de lourdes imitations des portiques et des colonnades de la Grèce, et qu'en Allemagne on a la manie de rappeler les ogives et les tours crénelées du moyen âge.

En Suisse on a été plus intelligent. La plupart des gares de deuxième et de troisième ordre ont l'aspect de chalets, ce qui permet au voyageur de se faire une idée de cette construction devenue un peu légendaire, car à moins de sortir des sentiers battus pour s'enfoncer dans la campagne, les chalets sont plus rares dans la Suisse qu'on visite, que dans les environs de Paris.

C'est encore en France qu'on a été le plus sage et qu'on a montré le meilleur goût, en variant l'aspect des gares, non pas absolument selon leur destination mais au moins selon les sites qu'elles ont mission de décorer; aussi en rencontre-t-on à peu près de toutes les formes, depuis la simple maison bourgeoise jusqu'au palais, il faut convenir pourtant que c'est la caserne qui domine, ce qui s'explique en ce sens qu'on s'attache surtout à donner une grande étendue aux gares.

Car on n'a jamais trop de place pour faciliter tous les services, et de fait c'est la question primordiale.

A Paris, où l'espace manque, on n'a pas fait ce qu'on aurait voulu faire et ce que l'on ferait certainement aujourd'hui.

Ce qui le prouve c'est que les gares les plus récentes sont très monumentales.

En première ligne, vient la gare du Nord construction la plus grandiose de ce genre que possède Paris; elle est due à M. Hittorf qui l'acheva en 1863.

Sa façade, qui n'a pas moins de 160 mètres de longueur, est ornée de statues colossales; celles du sommet personnifient : la ville de Paris au milieu et de chaque côté, deux par deux, huit grandes villes étrangères desservies par la ligne : Londres, Berlin, Vienne, Saint-Pétersbourg, Bruxelles, Amsterdam, Cologne et Francfort.

Les autres, placées au-dessus des colonnes du rez de chaussée représentent les principales villes de France et de la région du Nord.

Cette façade donne au premier coup d'œil, l'idée des cinq grandes divisions de la gare.

Au centre est la grande nef qui est la gare proprement dite, elle a 70 mètres de largeur, mais elle est subdivisée intérieurement par deux rangs de colonnes en fonte, en une nef centrale de 35 mètres de largeur servant à abriter les trains qui partent ou qui arrivent et deux bas côtés de chacun 17m,50 où se trouvent les quais de départ et d'arrivée.

A gauche sont les diverses salles d'attente et la salle des pas perdus, à laquelle on accède par une cour assez vaste pour que les voitures y circulent librement.

A droite sont les salles d'arrivée, de distribution de bagages, et des remises couvertes pour les voitures qui attendent les voyageurs.

La gare de l'Est, que l'on cite après, doit son grand aspect à la vaste cour qui précède sa façade, moins large que celle du Nord, mais presque aussi monumentale.

Elle se compose d'une colonnade ouverte, formant péristyle surmontée à chaque extrémité d'un pavillon carré à deux étages et portant au milieu, mais un peu plus en arrière, l'ouverture de la grande nef, qui sert d'encadrement à une très belle verrière semi-circulaire et qui est couronnée d'une statue allégorique de la ville de Strasbourg.

Comme à la gare du Nord, les salles d'attente se trouvent à gauche, mais les salles destinées à l'enregistrement des bagages s'ouvrent directement sur le vestibule.

La gare Montparnasse qui appartient à la compagnie de l'Ouest et dessert plus spécialement les lignes de Bretagne est à peu près du même genre que celle de l'Est, si ce n'est que la nef centrale y est remplacée par deux nefs plus petites, reliées ensemble par un entre-colonnement surmonté d'un timide campanile.

Cette façade, en bordure sur le boulevard et en contrebas de la ligne, ne sert d'ailleurs qu'au plaisir des yeux des voyageurs qui arrivent par la rue de Rennes, car l'entrée principale de la gare se trouve à gauche, sur une vaste cour que les voitures atteignent par une rampe, mais à laquelle les piétons accèdent par un escalier.

La gare d'Orléans a plus de développement mais lorsqu'on l'a reconstruite en 1867, l'architecte, M. Renault, ayant cru devoir adopter les dispositions de la gare précédente; elle n'est pas très monumentale et ne s'écarte guère du style caserne.

Au milieu de la façade, est un gros pavillon en saillie, flanqué de deux ailes de 60 mètres de longueur sur 20 de largeur, non compris la galerie couverte qui les précède à l'extérieur et se raccorde à la saillie du pavillon central.

Dans l'aile droite sont les salles d'attente, dans l'aile gauche sont les salles de bagages, au milieu la salle des pas perdus donnant sur les guichets de distribution des billets.

La gare Saint-Lazare, dont la façade resserrée s'aperçoit à peine extérieurement et la gare de Lyon, mal servie par la disposition du terrain, ne se recommandent point par leur aspect monumental, chacune d'elles a pourtant sa curiosité.

La gare Saint-Lazare a sa merveilleuse salle des pas perdus, constamment remplie de la foule des voyageurs des lignes de banlieue et de ceinture, et à laquelle il ne manque qu'une chose : un éclairage digne de son immensité.

La gare de Lyon possède l'organisation intérieure la meilleure et la plus commode qui se puisse voir à Paris, où, faute de place, on a souvent été obligé de négliger certains détails.

D'abord, ce qui est inappréciable pour le public, les voyageurs n'y sont pas parqués dans des salles d'attente où quelquefois ils perdent à attendre l'ouverture des portes, un grand quart d'heure qu'ils auraient pu consacrer aux parents et aux amis qui les ont accompagnés.

Une demi-heure avant le départ des trains (autant dire toute la journée, puisqu'il part des trains toutes les demi-heures), ils peuvent circuler sur les quais de départ, assister à la formation des trains, et choisir leurs places sitôt que les voitures sont attelées.

Cette liberté, dont nous ne relèverons point les avantages, on en jouit maintenant partout en Europe; partout la mère, qui se sépare de ses enfants, peut les mettre en quelque sorte en wagon, et leur serrer une dernière fois la main au moment où le train s'ébranle, il n'y a qu'en France (dans une partie seulement puisque tout le réseau de Lyon est excepté), où le voyageur est considéré comme un bétail qu'il faut enfermer avant le départ, ou comme un être inepte qu'il faut protéger contre les locomotives.

Je sais bien que dans certaines gares,

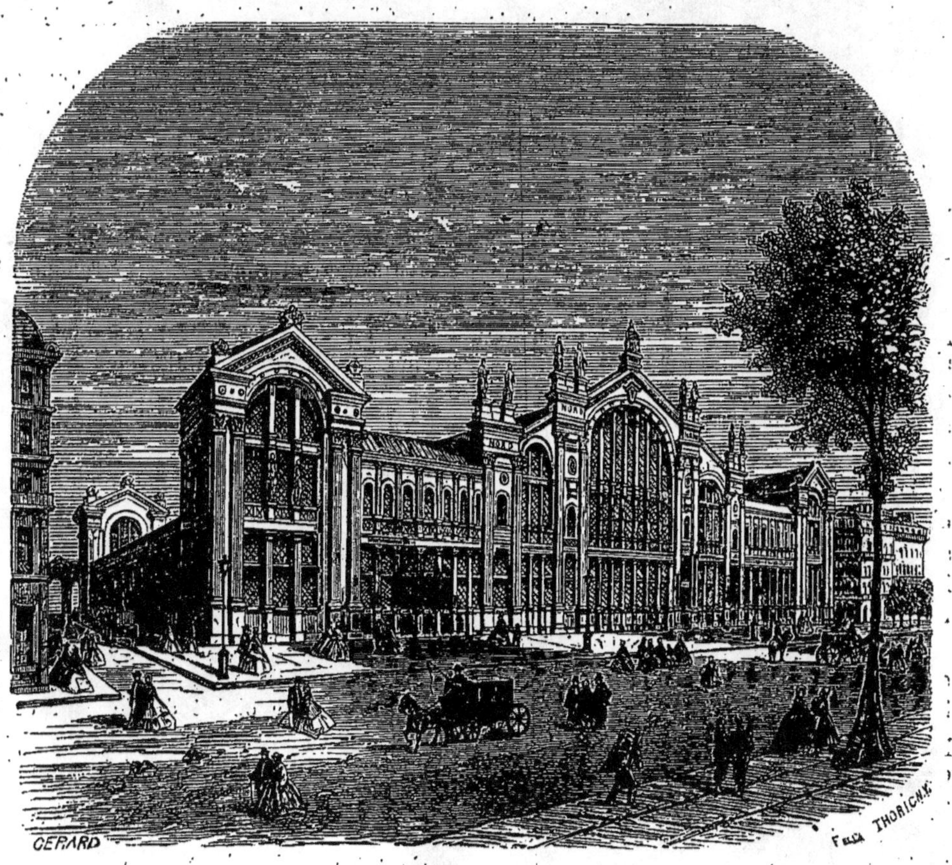

La gare du Nord à Paris.

pour les trains de banlieue notamment, il serait difficile, peut-être même impossible à cause de l'exiguité de l'emplacement et de la fréquence des trains, de laisser circuler les voyageurs sur les quais avant les cinq minutes qui précèdent l'heure du départ.

Mais qui empêche pour les trains de grandes lignes d'ouvrir les portes des salles d'attente?

La routine, parbleu; la routine, qu'on ne devrait pourtant jamais rencontrer quand il s'agit de chemin de fer, puisque ce mot est synonyme de progrès.

Vue à vol d'oiseau d'une gare de premier ordre et de ses accessoires.

ACCESSOIRES DES GARES

Les gares se divisent d'abord selon leur destination en trois catégories ; gares de voyageurs, gares de marchandises et gares mixtes, réunissant dans le même local les services des voyageurs et des marchandises.

Au point de vue de l'importance elles forment quatre classes.

La première comprenant les gares têtes de ligne.

La seconde, les points de bifurcation et les grands centres, en un mot toutes les gares où s'arrêtent les trains rapides.

La troisième comprend celles des villes secondaires et la dernière les points intermédiaires qui ne sont pas desservis par les trains express.

Les gares intermédiaires des chemins de fer de banlieue, s'appellent plus communément stations.

Maintenant si l'on voulait donner au mot gare une autre acception, il y aurait encore une nouvelle catégorie, les gares d'évitement, qui sont disposées sur les chemins à voie unique, afin de permettre aux trains montants de se garer pour laisser passer les trains descendants.

Mais ce n'est point là ce que nous entendons par gare, et pour nous faire mieux comprendre, nous renvoyons le lecteur à notre grande gravure qui donne une vue d'ensemble (mais idéale), d'une gare de premier ordre avec ses accessoires, que nous allons expliquer en détail à l'aide des numéros portés sur la gravure.

Le n° 1 désigne la cour de départ, donnant accès sur la galerie où se distribuent les billets, où s'enregistrent les bagages et où se trouvent aussi les salles d'attente.

2. Est la cour d'arrivée. Les bâtiments contiennent intérieurement : les salles de délivrance des bagages, la consigne et les bureaux des employés de l'octroi ou de la douane, selon les localités.

3. Est la halle où stationnent les trains. Elle est bordée de chaque côté par un vaste trottoir sur lequel s'ouvrent : du côté du départ les salles d'attente des différentes classes, le buffet, la buvette, les lavabos et water closet, la lampisterie : et du côté de l'arrivée, les divers bureaux du chef de gare, du sous-chef, du commissaire spécial, les postes des facteurs et employés dont le service est utile à l'arrivée des trains et notamment, en hiver, la chaufferie de l'eau pour les bouillottes que l'on met sous les pieds des voyageurs de première et de seconde classe ; ceux de troisième n'inspirant pas assez d'intérêt aux compagnies pour que l'on prenne la peine de les réveiller pour cela.

4. Est le bâtiment de l'administration, où sont installés tous les services relevant de la direction.

5. Remise pour les wagons à voyageurs, qui sont toujours en assez grand nombre d'abord pour désencombrer les gares tête de ligne, ensuite pour pouvoir composer immédiatement des trains supplémentaires si les besoins du service l'exigeaient.

6. Est la messagerie à grande et petite vitesse, au milieu est la halle servant au dépôt et à la manutention des marchandises, autour sont les écuries et remises pour le camionnage.

7. Petit bâtiment en rotonde qui sert de poste aux mécaniciens et aux chauffeurs de service.

8. Bureaux des ingénieurs et dessinateurs chargés des études pour les ateliers de construction et de réparation.

9. Ateliers de construction et de réparation. Il ne faudrait cependant prendre le mot construction au pied de la lettre, car s'il est des compagnies qui fabriquent elles-mêmes la plus grande partie de leur matériel (et elles ont dans ce cas des ateliers spéciaux) ; dans la plupart des gares, même de premier ordre on ne fait que les réparations, dans beaucoup même, il n'y a qu'un atelier dit de *petit entretien* qui se compose d'une ou plu-

sieurs forges, d'une halle où l'on remplace les pièces usées, d'un atelier pour les tapissiers, et de magasins pour les huiles, les graisses et les pièces de rechange.

11 et 12. Sont des remises à locomotives, nous avons représenté les deux sortes qui sont les plus usitées; il y en a cependant de polygonales, et de rectangulaires; toutes présentent des avantages particuliers mais ont naturellement aussi leurs inconvénients.

Car il ne suffit pas seulement de remiser le plus grand nombre de machines, dans un espace déterminé; il faut que l'accès de la remise soit facile, que la manœuvre puisse se faire commodément, c'est-à-dire qu'on puisse entrer ou sortir une locomotive, sans déranger les ouvriers occupés au nettoyage, ou à la réparation des autres.

Les formes circulaire et polygonale sont peut-être celles qui demandent le moins d'emplacement, aussi sont-elles adoptées de préférence dans les gares importantes, mais il est à craindre que la plaque tournante qui en occupe le centre, et qui commande toutes les voies rayonnantes, ne vienne à manquer; et dans ce cas toutes les locomotives sous remise se trouveraient immobilisées à la fois jusqu'à ce que la plaque soit réparée.

Les remises en forme de fer à cheval sont celles qui offrent le logement à meilleur marché, mais elles ont l'inconvénient de n'être pas couvertes au centre et de n'offrir l'abri aux locomotives que lorsqu'elles sont en place.

Les remises rectangulaires sont surtout adoptées dans les gares de second ordre, où le nombre des machines à remiser est peu considérable, dans ce cas la manœuvre n'est pas faite au moyen de plaques tournantes, très coûteuses à établir, dans de grandes proportions, mais à l'aide des chariots de service.

Dans toutes les remises, du reste, des fosses sont pratiquées sous les voies où stationnent les locomotives, pour faciliter les petites réparations et les travaux de nettoyage, indispensables après chaque voyage.

On estime qu'en moyenne, le remisage coûte de 8 à 9,000 francs par locomotive, sans compter l'entretien.

13. Réservoir d'eau pour alimenter les machines des ateliers.

Ces réservoirs qui varient de forme et de grandeur puisque, selon les gares, il en est qui contiennent jusqu'à 300 mètres cubes, se composent d'un bâti ou piédestal qui supporte le réservoir proprement dit, quelquefois quadrangulaire ou polygonal, le plus souvent circulaire mais toujours construit avec des plaques de tôle boulonnée, et recouvert en zinc.

A côté du réservoir est un petit bâtiment renfermant une machine à vapeur fixe, ayant pour mission d'actionner les pompes aspirantes, qui prennent le liquide à la prise d'eau et le conduisent dans le récipient; d'où naturellement d'autres conduits le distribuent selon les besoins du service.

14. Chantier des roues de rechange.

15. Hangards pour les marchandises, ceux-ci sont placés dans une direction perpendiculaire à la voie, ce que l'on évite le plus possible aujourd'hui, car cette disposition nécessite l'emploi de plaques tournantes d'autant plus nombreuses que la gare est plus importante, ce qui occasionne des manœuvres multipliées, une grande perte de temps et partant des frais considérables d'emmagasinage.

Aussi, toutes les fois qu'on le peut, construit-on maintenant les hangards à marchandises parallèlement à la voie.

16. Quai de déchargement des marchandises.

17. Machine à vapeur faisant marcher les pompes qui servent à remplir le réservoir placé à côté et portant le nº 18.

Ce réservoir est destiné spécialement au service des locomotives, qu'il alimente par l'intermédiaire des grues hydrauliques dont nous parlerons tout à l'heure.

19. Grues tournantes pour charger ou décharger des wagons de marchandises.

Ces machines, très nombreuses dans les gares importantes et dont tout le monde connaît le fonctionnement, sont de plusieurs sortes, selon les usages auxquels on les destine, celles qui n'ont à donner qu'un travail intermittent ou qui ne doivent pas enlever de grands fardeaux sont mues à la main au moyen d'un treuil, celles au contraire qui ont un fonctionnement continu ou qui sont appelées par occasion à déplacer des wagons tout chargés sont actionnées par la vapeur.

Grue Decauville.

Les types les plus perfectionnés en ces genres, sont la petite grue roulante de M. Decauville et la grande grue fixe de M. Voruz.

Grue Voruz.

La petite grue roulante construite dans les ateliers de Petit-Bourg est aussi simple qu'ingénieuse. Montée sur un truc articulé à huit roues qui lui permet toutes sortes d'évolutions, puisqu'elle peut changer de direction au moyen des plaques tournantes; elle est munie de quatre verins qui la calent en place au moment du levage.

Mais son perfectionnement consiste surtout dans l'application d'un treuil moteur du système Mégy-Etcheverria, grâce auquel on n'a plus à redouter le danger qui provient, dans les grues ordinaires, du mouvement rapide des manivelles au moment de la descente du fardeau.

Grue hydraulique.

Avec ce treuil, pourvu d'un régulateur automatique, on tourne la manivelle pour monter le fardeau et quand on veut arrêter il suffit de lâcher la manivelle qui ne tourne plus. Si l'on veut descendre le fardeau, on appuie sur la manivelle comme si l'on voulait tourner à l'envers et cet effort, qui ne fait pas osciller la manivelle de plus d'un centimètre, imprime au fardeau le mouvement de descente qu'on peut arrêter à volonté, rien qu'en lâchant la manivelle.

Cette machine n'a encore été construite que pour enlever des fardeaux de deux tonnes, mais on comprend qu'il est bien facile d'en augmenter la puissance.

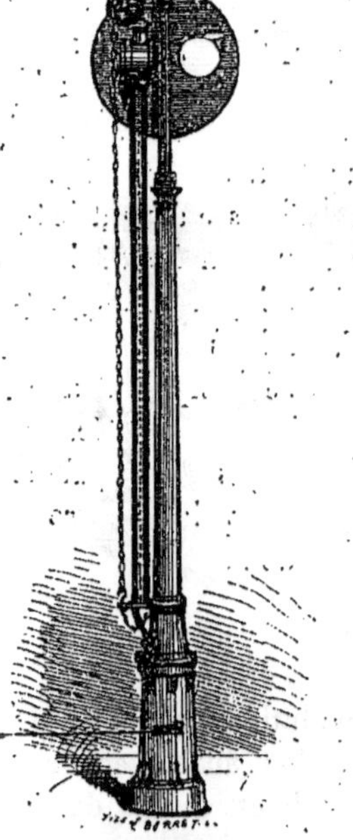

Disque signal.

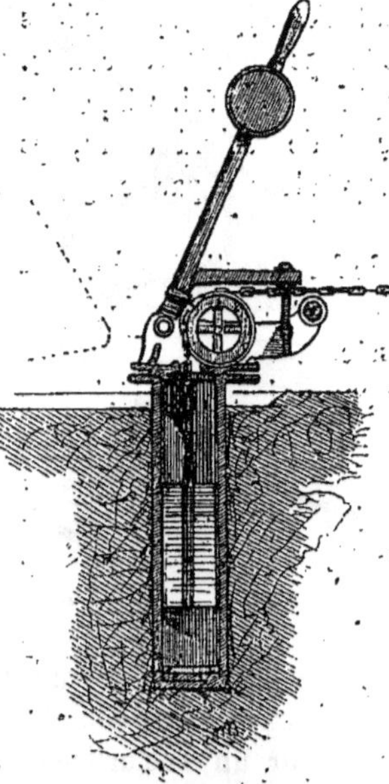

Manœuvre du disque.

La grue Voruz qui figurait à l'Exposition de 1878 est au contraire un appareil colossal qui ne pèse pas moins de 30 tonnes.

Elle se compose d'un pivot central (de 9,000 kilog.) enfoncé de cinq mètres de profondeur dans un massif de maçonnerie, et terminé à sa sortie du sol par une plaque assez spacieuse pour supporter : d'un côté la chaudière d'une machine à vapeur verticale ; de l'autre le levier et au centre, le treuil dont l'arbre est mis en mouvement par une double manivelle, actionnée par deux pistons, renfermés dans des cylindres ; le tout couvert par un bâti qui met à l'abri le mécanicien, ainsi que tous les appareils qu'il gouverne.

Sauf pourtant la flèche de levage qui a 7^{m},50 de portée, et le long de laquelle sont disposés des cylindres poulies sur lesquels passe la chaîne qui s'enroule sur le treuil. Cette grue peut donc mouvoir, dans un rayon de 7m,50, un wagon complet aussi chargé que possible, et remplacer avantageusement ces grands échaffaudages encombrants munis de treuils, dont on se sert encore sur quelques lignes pour charger et décharger les voitures de déménagements sur des trucs roulants.

20. Est l'estacade à coke... c'est là que les locomotives viennent renouveler leur approvisionnement de combustible pendant les quelques minutes d'arrêt de chaque train; l'eau s'emmagasine au même endroit, aussi de chaque côté de l'estacade, voit-on des grues hydrauliques, désignées par le n° 21.

Ces grues sont tout simplement des colonnes en fonte, terminées en potence par un boyau en cuir, qui sert à diriger dans le compartiment du tender, destiné à cet usage, l'eau qui arrive du réservoir.

Ce système a été modifié, car il était défectueux, d'abord, en hiver l'eau gelait dans les conduits, ensuite, il fallait au moins cinq à six minutes pour approvisionner une locomotive; ce qui les rendait impraticables pour le service des trains express ou rapides qui n'ont que des temps d'arrêt très courts.

On a donc remplacé, au moins dans les gares de premier et de second ordre, les grues hydrauliques à colonnes par des grues à réservoirs.

Ces réservoirs, de forme cylindrique, contiennent cinq à six mètres cubes d'eau, c'est-à-dire la capacité nécessaire au remplissage des tenders, ils communiquent intérieurement avec le ou les becs (car on en place souvent un de chaque côté), par une soupape que l'on fait mouvoir en tirant sur la chaîne adaptée latéralement à chaque tuyau de conduite; la soupape levée, l'eau s'écoule et pénètre dans le tender par le boyau de cuir qui termine chaque tuyau.

De plus, pour remédier à l'inconvénient de la gelée, la base de la grue est munie d'un calorifère, dont le tuyau traverse le réservoir; de sorte que non seulement l'eau ne gèle pas, mais elle est encore chauffée d'avance et très économiquement, puisqu'on ne brûle dans le calorifère que du combustible de rebut.

22. Approvisionnement de charbon.

23. Disque signal.

24, 25 et 26, désignent les différents travaux d'art: pont, viaduc et tunnel, dont nous avons suffisamment parlé; occupons-nous maintenant des signaux, qui ont une importance si capitale pour la sécurité des voyageurs, qu'il ne faut pas les considérer seulement comme des accessoires.

LES SIGNAUX.

Les signaux, qui ont pour objet d'assurer la marche des trains, et de prévenir le mécanicien des obstacles ou des circonstances qui doivent lui faire diminuer ou augmenter sa vitesse, ou même s'arrêter tout à fait, — sont de plusieurs sortes, on les distingue en signaux fixes appartenant à la voie, et en signaux d'exploitation, comprenant les signaux mobiles, et les signaux télégraphiques, qui, bien que fixes, n'en sont pas moins d'une nature toute particulière.

Les signaux fixes consistent dans les disques, qui sont placés réglementairement à 800 mètres en avant de toute station et dans ceux, non moins réglementaires, et encore plus indispensables, qui précèdent toutes les bifurcations.

Ils se composent d'une colonne en bois ou en fonte surmontée d'un disque circulaire, quelquefois d'une palette carrée, mais en tous cas, peinte en rouge d'un côté et en blanc de l'autre.

Si le plan du disque est parallèle à la voie, le mécanicien, conduisant un train, sait que la route est libre et continue son chemin.

Si, au contraire, la face rouge se présente devant lui, perpendiculairement à l'axe de la ligne, c'est que la voie est embarrassée, et alors il doit arrêter son train.

Ceci soit dit pour le jour, bien entendu, car la nuit le disque ne serait pas aperçu d'assez loin, mais il est alors éclairé d'une lanterne qui a un verre rouge d'un côté, un verre blanc de l'autre, et comme le disque est percé d'un trou rond, bouché par la lanterne, si le mécanicien aperçoit un feu blanc, c'est que le disque est parallèle à la voie, et que la voie est libre; si, au contraire, il voit le feu rouge, c'est que le disque est tourné et qu'il faut s'arrêter.

Cette nécessité s'impose toutes les fois qu'un train est engagé sur la voie, à une distance moindre de cinq minutes, s'il est de même vitesse.

Le disque n'a donc que deux mouvements à faire : le mouvement de rotation qui le fait se présenter de face, et le contre mouvement qui lui redonne sa position normale.

Cela s'obtient à distance, au moyen d'un levier analogue à ceux qui font mouvoir les aiguilles.

A l'arbre du disque est attaché un fil de fer, soutenu le long de la voie par des petits poteaux de 3 centimètres de hauteur et qui court ainsi jusqu'au levier, placé à portée de l'aiguilleur; près d'y arriver, ce fil de fer est continué par une chaîne, qui s'enroule sur la gorge d'une poulie et reste toujours tendue au moyen du contre poids qu'elle supporte et qui descend verticalement dans un petit puits, creusé au pied du levier.

Quand le disque est tourné parallèlement à la ligne, c'est-à-dire quand la voie est libre, le levier se tient presque verticalement et le petit bras dont il est muni, près de la poulie, laisse la chaîne se mouvoir librement dans le sens horizontal; mais si l'on fait décrire au levier un quart de cercle, l'anneau de la chaîne, qui se trouve en face de l'extrémité du petit bras disposé à cet effet, s'embraye dans cette extrémité; ce qui détermine la traction du fil de fer et partant le mouvement de rotation du disque, qui présente alors sa face rouge.

Ramener le disque à sa position première, est d'autant plus facile qu'au pied du levier se trouve un contre-poids à équerre qui fait, en quelque sorte, la besogne tout seul.

Naguère encore, la lanterne était fixée après le disque, mais on a renoncé presque partout à ce système, parce qu'on a constaté que quelquefois, par le brusque mouvement de rotation, l'huile montait précipitamment et éteignait la lumière; aujourd'hui la lanterne, indépendante du disque est fixée après le montant et on la hisse à son sommet par une espèce de monte-charge à rainures Dans ce cas, il n'est pas besoin de la munir de verres de couleur, il suffit que le trou percé dans le disque soit bouché avec un verre rouge, pour que le signal soit le même; en effet si le disque est parallèle à la voie la lanterne est découverte et le mécanicien aperçoit sa lumière blanche; si au contraire le disque est tourné, la lanterne est masquée et on ne voit plus alors que le feu rouge qui passe au travers du carreau du disque.

Sur certaines lignes, notamment sur celle de Paris-Lyon, la manœuvre du disque est contrôlée par un trembleur électrique. Ce n'est rien comme installation et c'est énorme comme sécurité.

Le disque de station, en se tournant à l'arrêt, met en mouvement une sonnerie électrique, dont le carillon continue à la station voisine tant que le disque ne change pas de position; c'est-à-dire cinq minutes après le départ du train qu'il s'était agi de couvrir.

Avec ce système, qui devrait être adopté partout, on sait, sans se déranger, par les brouillards les plus intenses, par la neige la plus épaisse, si la manœuvre du disque se fait régulièrement; sinon, on peut, au besoin, y remédier à temps.

On a essayé, on essaye tous les jours d'autres systèmes de signaux, on s'est surtout préoccupé de signaux automoteurs (c'est-à-dire se mouvant sans l'intermédiaire d'employés) et qui présentent d'autant plus de sécurité que c'est la locomotive

Télégraphe à cadran. — Manipulateur.

elle-même qui les met en mouvement, en passant sur une pédale remplaçant le levier ordinaire, et couvre ainsi le train qu'elle remorque, en mettant le disque à l'arrêt.

Malheureusement l'opération est incomplète, car il faut bien rendre la voie libre cinq minutes après le passage du train qui l'a fermée.

Et puis, inconvénient plus grave encore, il peut arriver que l'appareil automoteur se dérange, et comme il n'y a personne sur place pour voir si le disque a obéi, per-

Télégraphie de chemin de fer. — Gare tête de ligne.

sonne ne se trouve prévenu et le train passé peut être en grand péril, sans même que l'on s'en doute.

C'est pourquoi, l'on est revenu au système des signaux actionnés par les aiguilleurs qui, en cas de mauvais fonctionnement du disque, peuvent le suppléer par des signaux mobiles qu'on appelle signaux à la main.

Il y en a de plusieurs sortes : le drapeau pour le jour, la lanterne pour la nuit; tout aiguilleur, garde barrière et la plupart des cantonniers sont munis de ces deux instruments.

Roulé et présenté horizontalement le drapeau indique que la voie est libre, quelle que soit du reste sa couleur.

Un drapeau vert déployé invite le mécanicien à ralentir la marche du train ; ce qui arrive surtout aux abords des parties de voie en réparation.

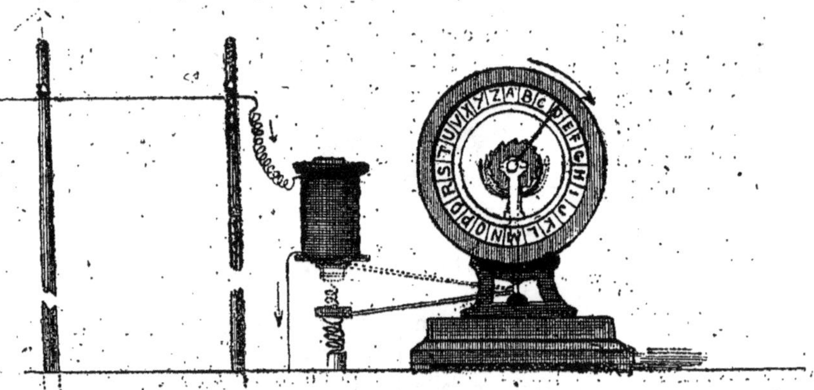

Télégraphe à cadran. — Récepteur.

Un drapeau rouge déployé, indique l'arrêt aussi immédiat que possible, presque toujours pour laisser à un train attardé, le temps de reprendre l'avance réglementaire qu'il doit avoir.

Télégraphie de chemin de fer. — Station intermédiaire.

La nuit, c'est avec une lanterne qu'on remplace le drapeau, que le mécanicien ne pourrait pas voir suffisamment. Cette lanterne, carrée, est munie sur trois côtés de verres de couleurs ; l'un blanc, l'autre vert et le troisième rouge.

Le feu blanc, présenté au mécanicien, dit que la voie est libre, le feu vert invite au ralentissement et le feu rouge à l'arrêt complet.

Outre ces signaux, il y a encore, et notamment pour les temps de brouillard intense, qui empêchent de distinguer les feux à une distance suffisante, les pétards et boîtes détonantes qu'on place sur les rails et que les roues de la locomotive font éclater en passant dessus.

S'il ne s'agit que de recommander la prudence aux mécaniciens, les pétards se placent partout aux abords des voies de birfucation, où il est susceptible de se trouver des trains ou des machines; s'ils doivent signaler un obstacle, il est important qu'ils soient placés à 7 ou 800 mètres en avant, autrement le mécanicien ne serait pas en mesure de profiter de l'avertissement qu'ils lui donnent.

En principe, sitôt qu'un pétard éclate sous les roues d'une locomotive, le mécanicien qui la gouverne doit serrer ses freins, fermer son régulateur, ne s'avancer qu'avec la plus grande précaution et ne reprendre sa marche ordinaire que, si au bout de quelques minutes, il n'a distingué aucun obstacle; ce qui arrive d'autant plus souvent qu'alors la raison qui avait motivé son arrêt n'existe plus.

Tous les signaux dont nous venons de parler sont donnés aux trains. Mais il en est d'autres que les trains donnent eux-mêmes; outre les feux qu'ils portent réglementairement la nuit: blanc à l'avant, rouge à l'arrière, ils arborent quelquefois des drapeaux, notamment lorsqu'ils précèdent un train extraordinaire.

Ainsi, un train de marchandises, trop pesant, a-t-il été obligé de se dédoubler, il porte un drapeau vert le jour, un feu vert la nuit, qui indiquent que sa seconde moitié le suit à dix minutes d'intervalle.

Si le drapeau ou le feu (également verts) sont placés à la droite du train, dans le sens de sa marche, c'est qu'il précède un train supplémentaire, annoncé déjà d'ailleurs à toutes les stations de la ligne, et surtout aux gares où il doit s'arrêter, par des signaux ou des avis télégraphiques.

Quant à la locomotive elle n'est pas avare de signaux; qui tous se donnent par des coups de sifflets stridents qui déchirent quelquefois les oreilles des voyageurs.

Un train en rencontre-t-il un autre, il le salue d'un coup de sifflet; s'engage-t-il sous un tunnel, coup de sifflet prolongé, qui annonce aux employés alors dans le souterrain, qu'ils doivent se garer.

Passe-t-il sur un viaduc, devant une station où il ne s'arrête pas, même coup de sifflet, du moins le croit-on, car les modulations stridentes ne sont pas toujours les mêmes, le sifflet des locomotives a son langage que tous les initiés connaissent.

Un seul coup prolongé indique l'attention, c'est une espèce de *gard'a vos* général.

Deux coups saccadés invitent le chauffeur et les vigies à serrer les freins. Et c'est pourquoi le sifflet retentit surtout à l'arrivée et au départ des stations, à l'entrée et à la sortie des tunnels, ou des tranchées courbes; ce qui ne l'empêche pas de se faire entendre encore souvent le reste du chemin (il est, du reste, recommandé aux mécaniciens de s'en servir fréquemment en temps de brouillard pour avertir les cantonniers et employés de la ligne de l'approche du train.

Outre cela, le sifflet du mécanicien lui sert aussi aux approches des bifurcations et croisements de lignes pour demander la voie qu'il veut prendre.

S'il donne un long coup de sifflet d'attention l'aiguilleur, qui comprend, ouvre la voie de gauche; s'il répète trois fois son signal c'est la voie de droite qu'il faut lui ouvrir.

C'est encore à l'aide de son sifflet, que le mécanicien, lorsqu'il est dans le voisinage d'un dépôt peut demander, s'il en a besoin, une locomotive de renfort : il n'a pour cela qu'à répéter des coups de sifflets longs et prolongés d'une façon spéciale pour que le chef du dépôt fasse disposer d'avance l'aide qu'il réclame, tant il est vrai que tous les services sont admirablement organisés sur nos lignes de chemin de fer, où chacun sachant ce qu'il doit faire, le fait avec d'autant plus de ponctualité que la moindre négligence pourrait avoir les conséquences les plus graves.

SIGNAUX TÉLÉGRAPHIQUES.

Nous ne parlerons point ici du télégraphe électrique, qui a sa place marquée dans un des chapitres les plus intéressants de ce livre, nous ne nous occuperons de cette merveilleuse invention, dont chacun connaît, d'ailleurs, les effets et les causes, qu'en ce qui concerne l'exploitation des chemins de fer à laquelle elle a rendu de tels services qu'on peut presque dire, sans se montrer excessif, que sans le télégraphe dont les fils bordent la ligne, il n'y aurait point de sécurité pour les voyageurs.

En effet, c'est le télégraphe qui porte, pour ainsi dire instantanément, dans toutes les stations d'un réseau, les avis nécessaires au libre passage des trains supplémentaires, au garage des trains de marchandises et de ballast et tous les signaux qu'il serait impossible autrement de transmettre à des distances de plus d'un kilomètre.

Ce n'est qu'un auxiliaire, si l'on veut, mais c'est un auxiliaire aussi utile, plus utile même, que le balancier ne l'est au danseur de corde.

Grâce à ses perfectionnements, un train en détresse peut demander des secours, de n'importe quel point de la voie, au moyen d'un appareil mobile mis immédiatement en communication avec le dépôt le plus proche.

On peut signaler aux stations intéressées la position exacte d'un train sur la ligne et même, à l'aide d'appareils spéciaux qu'on perfectionne et qu'on expérimente tous les jours, transmettre directement des ordres au conducteur d'un train en marche; ce qui permet, en cas d'accident imminent, de prévenir à temps le chef du train dont la rencontre est à craindre.

Outre ces sortes de communications électriques, qui ne sont que des en cas, il en est de régulières qu'on peut classer en deux catégories : la première comprenant les dépêches administratives adressées à tout ou partie des stations de la ligne, ou échangées entre des stations intermédiaires et transmettant les ordres de toute espèce, les réclamations, vérifications, etc.

La seconde, bien plus importante au point de vue de la sécurité des voyageurs, comprend le service des trains, elle relate d'une façon continue et, de station à station, leur nombre, le sens de leur marche, l'heure précise de leur passage, de leur avance ou de leur retard sur l'heure réglementaire; ce qui permet aux chefs de stations avisés de prendre, si besoin est, pour la sécurité de la circulation, les dispositions utiles à la modification de la marche des trains.

Malgré les progrès réalisés dans les appareils électriques, c'est toujours le télégraphe à cadran qui est adopté sur toutes les lignes. Nous décrirons ce système, parce qu'il n'est plus guère employé que sur les chemins de fer; il repose, d'ailleurs, sur le même principe que tous les autres (un fil métallique, conducteur d'un courant électrique émané d'une pile de Bunsen) et n'en diffère que par les appareils.

Ces appareils sont au nombre de deux, le manipulateur, qui sert à expédier les dépêches et le récepteur, à l'aide duquel on les reçoit, chacun d'eux se trouvant à une extrémité du fil, c'est-à-dire l'un à la station du départ, l'autre à celle de l'arrivée.

Le manipulateur, destiné à interrompre ou à rétablir le courant électrique, se compose d'une roue métallique, qui se meut à l'aide d'une manette. Une languette, placée à gauche, appuie constamment sur le contour de la roue, tandis qu'une autre, placée à droite et terminée par une dent, n'est en contact avec la roue crénelée que quand elle rencontre une de ses treize dents. Ces deux languettes étant en communication avec le fil de la ligne, chaque fois que celle de droite touche la roue, le courant électrique s'établit dans le fil conducteur et arrive dans l'électro-aimant placé à la station d'arrivée, le contact, monté sur un ressort à boudin, est alors attiré et prend la position indiquée par la ligne pointée.

Chaque fois, au contraire, que la languette ne touche pas la roue, il n'y a pas transmission de courant et le contact reprend sa position normale, d'où il s'ensuit que, pendant que la roue fait un tour complet, le courant est rétabli et interrompu treize fois, et le contact fait vingt-six mouvements de haut en bas ou de bas en haut, qui correspondent aux vingt-six cases du cadran établi autour de la roue du manipulateur aussi bien que de celle du récepteur, et qui contiennent les vingt-cinq lettres de l'alphabet et le signe +, considéré comme point d'arrêt.

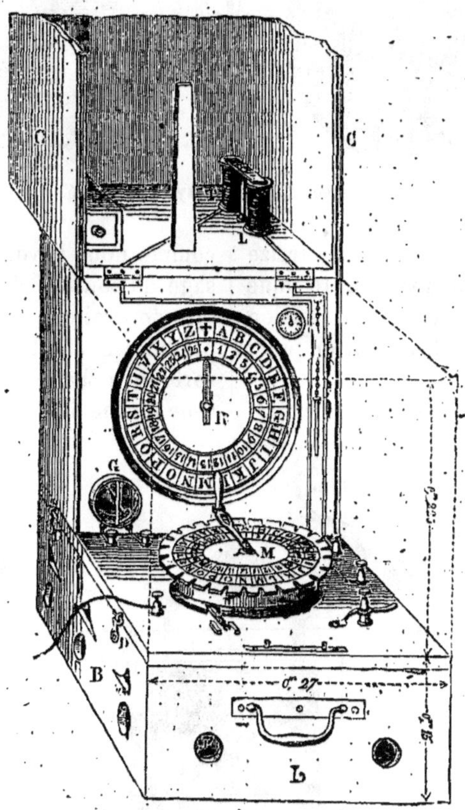

Appareil télégraphique de secours.

On comprend facilement, que pour transmettre une dépêche, il suffise de poser la manette du manipulateur, successivement sur toutes les lettres qui la composent, en faisant un tour de cadran entre chaque lettre ; voyons, maintenant, comment elle parvient à destination.

Le récepteur est composé de la même façon que le manipulateur : d'un cadran, au centre duquel est une roue d'échappement portant une aiguille qui répète les mouvements imprimés à la manette du manipulateur et indique sur le cadran les lettres touchées par la manette.

Et voici pourquoi :

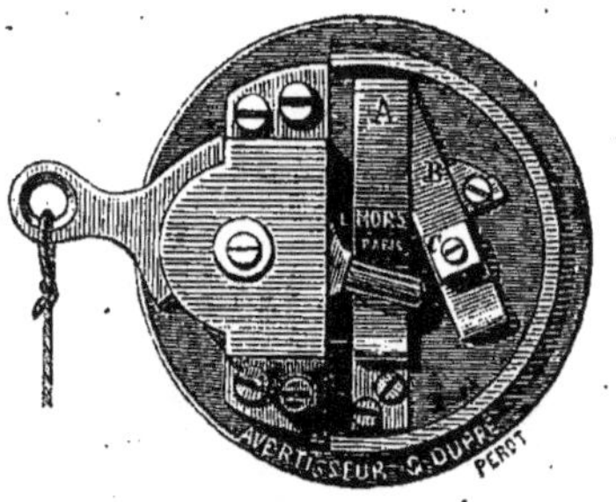

Avertisseur d'incendie, système Dupré.

La roue d'échappement, crénelée à treize dents, est entourée d'une ancre qui termine un levier coudé, dont l'angle varie, selon les cas, puisqu'il est mobile autour du point central.

Chaque fois que le contact se soulèvera, comme nous l'avons dit déjà, pour le passage du courant électrique, l'ancre se portera de droite à gauche, et le contraire se produira quand le contact se rabaissera, de sorte qu'à chaque mouvement de l'ancre la roue tourne de l'intervalle d'une demi dent

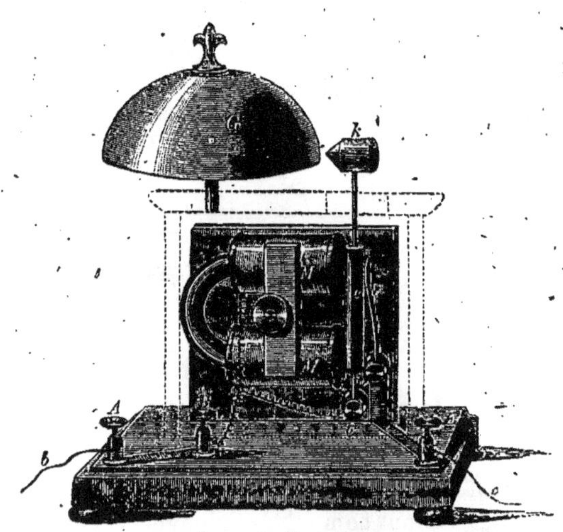

Sonnerie électrique.

et l'aiguille parcourt une division du cadran. Donc l'aiguille marque automatiquement tous les temps d'arrêts indiqués par la manette du manipulateur ; et pour recevoir une dépêche il suffit de transcrire successivement toutes les lettres sur lesquelles elle s'arrête, étant convenu que le signe + indique la fin des mots, et en quelque sorte la ponctuation.

Tel est le mécanisme primitif de la télégraphie électrique, auquel il convient pourtant d'ajouter l'emploi de la sonnerie d'avertissement.

Le mécanisme est des plus simples : il consiste en un mouvement d'horlogerie dont le ressort maintient un petit marteau qui frapperait constamment sur un timbre s'il n'était retenu par un arrêt.

Lorsque le courant électrique passe, cet arrêt se dégage, le mouvement d'horlogerie agit librement et le marteau frappe sur le timbre, jusqu'à ce que l'employé de la station d'arrivée, prévenu par cette sonnerie qu'on va lui transmettre une dépêche, ait fait avec son manipulateur le tour du cadran qui indique qu'il est présent.

Si, par hasard, il est momentanément éloigné du bureau, la sonnerie continue jusqu'à ce que le mouvement d'horlogerie ait besoin d'être remonté, mais en ce cas il sera néanmoins prévenu, car l'arrêt du mouvement d'horlogerie fait mouvoir une tige, qui dégage un petit écriteau sur lequel est écrit le mot : Répondez.

Inutile de dire que ce système de sonnerie a été, comme tous les appareils de télégraphie, modifié et perfectionné, nous aurons à en reparler.

Naturellement, chaque station doit posséder manipulateur et récepteur, beaucoup même les ont en double et en triple ; car il y a trois sortes de stations télégraphiques sur les chemins de fer.

Les postes tête de ligne, les postes intermédiaires de bifurcation et les postes intermédiaires qui n'ont à correspondre qu'avec les stations voisines.

Mais tous les postes intermédiaires sont outillés pour savoir à l'instant même quelle est la position des trains en marche sur la ligne.

Au milieu de la table où sont placés les appareils télégraphiques, se trouve un indicateur spécial de la situation du poste vis-à-vis des trains qui s'en approchent.

La première station du côté montant et la première du côté descendant, sont représentées là, chacune par une aiguille qui garde la position verticale tant que la voie est libre, et qui s'incline dans la direction de la marche du train qui est entre les deux stations, jusqu'au moment où le chef de la station d'où le train vient de partir annoncera télégraphiquement son arrivée.

En dehors des stations il a y aussi sur les voies ferrées des appareils placés de quatre en quatre kilomètres, soit dans les guérites des gardes-voies, soit fixés à des poteaux sur le bord de la ligne, pour servir en cas de besoin à transmettre les demandes de secours.

Ces appareils, dont tout l'ensemble tient dans une boîte de peu de volume, comme on peut le voir dans notre dessin, se composent d'un manipulateur M, et d'un récepteur R ; ce qui constitue un télégraphe à cadran complet, moins les piles.

Il n'en est pas besoin du reste, l'appareil étant installé à demeure au fond d'une guérite C, sur une table solide où sont fixés les boutons où aboutissent les fils, installés d'avance pour mettre le télégraphe en communication avec la ligne.

Du reste, le chef d'un train en détresse n'a point de dépêche à recevoir, l'important est qu'il puisse en transmettre une ; et qu'il soit certain qu'elle arrive à destination.

La boussole G est là pour cela, car elle indique par le mouvement de son aiguille le passage du courant électrique ; si elle ne bouge pas pendant l'émission de chaque lettre par le mouvement du manipulateur, c'est que la dépêche ne parvient pas, le fil se trouvant momentanément traversé par un courant en sens contraire, auquel cas il faut recommencer.

Quant au cadran récepteur, il sert de contrôle au télégraphiste peu exercé, car il peut lire dessus la dépêche qu'il envoie.

Ces appareils étant susceptibles d'être manœuvrés par le premier venu, chaque boîte est pourvue d'une instruction indiquant le nom des stations auxquelles aboutit de part et d'autre le fil télégraphique, et, sommairement, la manière de faire fonctionner l'appareil.

En somme, le service de la télégraphie des chemins de fer emploie cinq fils : un pour la transmission des dépêches entre les stations extrêmes, un pour les dépêches de gare en gare, un pour les demandes de secours, et les deux autres servant à l'indication de la marche des trains et reliant entre elles toutes les stations de la ligne.

Comme on le voit, s'il arrive des accidents ce n'est pas faute de moyens préventifs.

Parmi les signaux télégraphiques n'oublions pas, bien qu'il ne soit pas spécial aux chemins de fer, l'avertisseur d'incendie du système Dupré, d'autant qu'adapté, comme il l'est maintenant par M. Mors, aux boutons d'appels électriques que l'on place dans les compartiments de chemin de fer, sur certaines lignes du moins, à la portée des voyageurs, il peut rendre de grands services.

Tout le monde connaît ces boutons d'appel qu'il suffit de toucher pour provoquer une sonnerie, qui se prolonge jusqu'à ce que l'on retire son doigt, eh bien! M. Mors a eu l'idée d'y adapter l'avertisseur Dupré, grâce auquel ils préviennent automatiquement de tout commencement d'incendie.

Et voici comment : au-dessus de la lame de contact inférieure du bouton, se trouve une petite pièce de butée munie d'une pastille d'alliage fusible, assez épais pour empêcher en temps normal le contact des deux ressorts de l'interrompteur ; dans ces conditions le bouton de sonnerie fonctionne comme à l'ordinaire, mais si un incendie se déclare, la température du compartiment augmente naturellement, et la pastille qui est préparée pour se fondre à 37° disparaît ; alors le ressort inférieur, dégagé de l'obstacle qui l'empêchait de se soulever, se relève et se met en contact continu avec le ressort, ce qui fait que la sonnerie tinte sans interruption, prévenant ainsi le conducteur qu'un échauffement de 37° s'est produit dans le compartiment où est placé le bouton.

Nos gravures feront mieux comprendre le mécanisme.

Dans la première, qui représente l'intérieur d'un bouton de sonnerie ordinaire, A est le ressort supérieur, B la lame inférieure recourbée à angle aigu pour faire ressort et qui se mettrait en contact avec A, si elle n'en était séparée par la pastille de métal fusible C, appliquée sur le ressort par une vis qui traverse la lame B.

Dans la seconde, qui montre un bouton de sonnerie actionné par un cordon de tirage, comme celui qu'on voit dans les voitures du chemin de fer du Nord, la disposition est à peu près la même, si ce n'est que le ressort supérieur A est recourbé en forme d'S, pour pouvoir subir les effets de la traction du cordon de tirage, par l'intermédiaire d'un doigt logé dans la partie creuse du ressort et qui frotte sur sa partie bombée, quand le cordon est abaissé, pour produire le contact et faire retentir momentanément la sonnerie correspondante.

Le même effet se produit automatiquement, mais d'une façon continue, le cordon de tirage restant fixe, et par conséquent le doigt n'agissant pas sur le ressort A, si la pastille d'alliage vient à fondre ; car la lame B, n'étant plus retenue, vient toucher le ressort A et leur contact continu provoque la sonnerie d'alarme.

Comme on le voit, il était difficile de trouver rien de plus simple et à la fois plus ingénieux.

LES BILLETS

Puisque nous en sommes aux accessoires administratifs des gares, n'est-ce pas le moment de parler des billets de chemin de fer et des ingénieuses machines qu'ils nécessitent.

Car ce sont les Compagnies qui fabriquent

elles-mêmes leurs billets ,sur de petits cartons dont la couleur varie selon les classes.

Les machines sont de trois sortes : machines à imprimer et à numéroter, machines

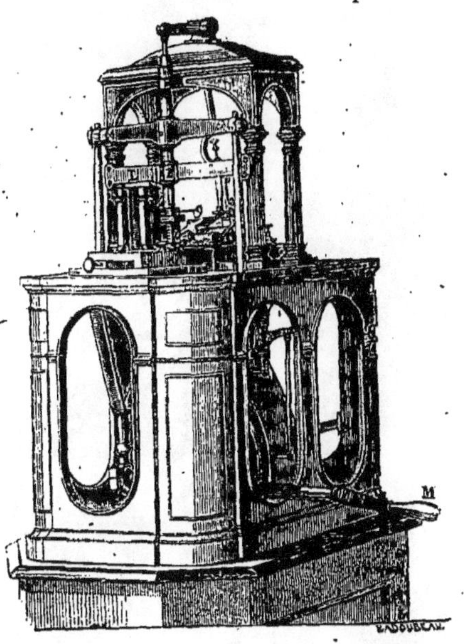

Machine à imprimer et numéroter les billets.

à compter, et machine à dater au timbre sec.

La machine à imprimer et à numéroter, qui peut livrer 70,000 billets par journée

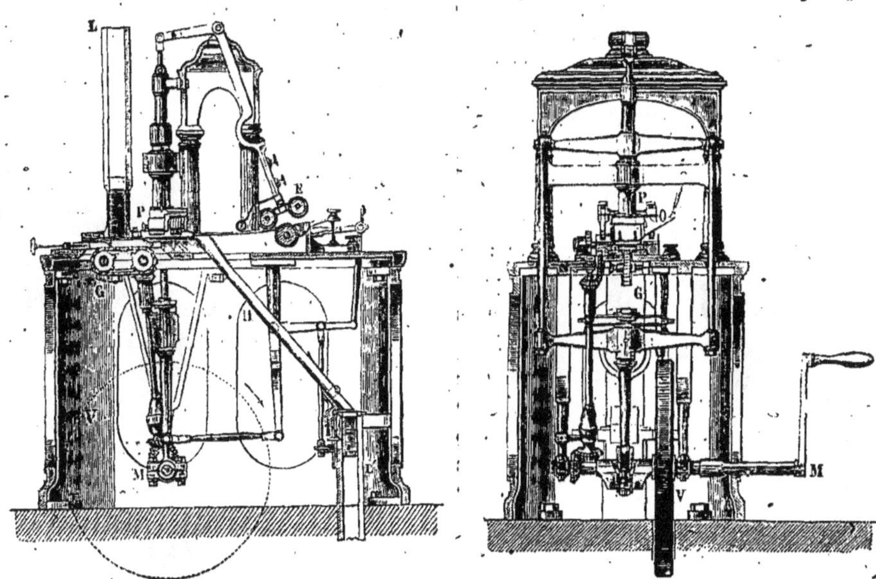

Machine à imprimer et numéroter les billets
Coupe longitudinale. Coupe transversale.

de travail, est à double effet, puisqu'il y a deux parties distinctes dans l'impression du billet : la partie invariable qui se compose des indications identiques pour tous les

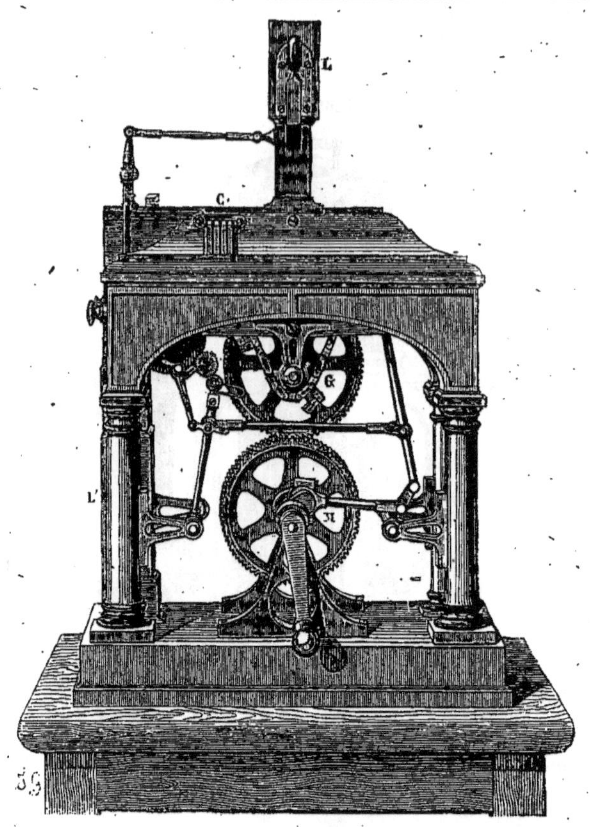

Machine à compter les billets de chemin de fer.

bulletins d'une même série, comme par exemple, *Paris Fontainebleau, première classe! place entière*, etc., et la partie mobile qui est le numéro d'ordre du billet et doit

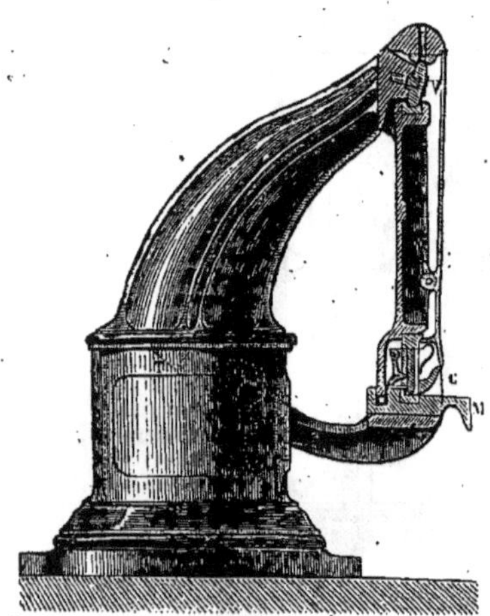

Machine à dater au timbre sec.

Au repos. En action.

par conséquent augmenter d'un à chaque billet imprimé.

Tout cela s'opère automatiquement, grâce à la machine que M. Lecoq a inventée et perfectionnée, et l'ouvrier qui la conduit n'a pas autre chose à faire que d'entasser d'une main les cartons, découpés d'avance, dans une coulisse verticale, indiquée par la lettre L, tandis que de l'autre il tourne la manivelle M.

Cette manivelle, au moyen d'une chaîne sans fin G, dont le mouvement est régularisé par un volant V, entraîne l'un après l'autre; par le jeu de chaque maille de la chaîne, les cartons entassés dans la coulisse et les amène successivement dans une rainure horizontale au-dessous du poinçon imprimeur P, qui appuie dessus, après s'être humecté sur un feutre constamment enduit d'encre d'imprimerie par les rouleaux encreurs D qui, par un mouvement de bascule, viennent passer sous le poinçon chaque fois que celui-ci se relève après avoir imprimé un carton.

Ce poinçon, nous l'avons dit déjà, ne contient dans le compositeur qui le termine que les indications invariables. Le billet n'est donc pas terminé quand il sort de sous le poinçon; poussé par le carton qui vient prendre sa place, il se trouve alors sous le compteur qui va le numéroter; après quoi, poussé encore d'un cran et à chaque mouvement de la chaîne sans fin, de la longueur d'un billet, il tombe par le conduit incliné H dans une seconde coulisse L' où tous les cartons imprimés viennent s'empiler régulièrement.

Mais nous n'avons pas dit comment s'opérait ce numérotage; notre troisième dessin le fera comprendre en montrant le compteur placé à côté du poinçon imprimeur.

Il se compose de quatre petites roues montées sur un axe fixe, autour duquel chacune peut se mouvoir librement et indépendamment des autres; sur la circonférence de chacune de ces roues sont gravés en relief sur dix dents, espacées régulièrement, les chiffres de 0 à 9 de façon qu'en faisant mouvoir à son gré ces quatre roues, on pourrait composer tous les nombres entre 1 et 9,999, étant admis que les zéros placés à gauche ne comptent point.

Telle est l'idée du compteur, il ne s'agit plus que de le faire mouvoir automatiquement, à l'aide d'un mécanisme plus expéditif et plus régulier que la main.

Cet appareil est une petite fourchette dont les quatre doigts sont inégaux (le premier plus court et les autres augmentant progressivement) et qui reçoit un mouvement de va et vient, transmis par la manivelle.

Pour commencer le travail, le premier doigt fonctionne seul, et à chaque mouvement qu'il fait, c'est-à-dire à chaque billet qui se présente au numérotage, il fait avancer la roue d'une dent, et par conséquent fait paraître un nouveau chiffre ce qui donne successivement (les trois autres roues étant toujours à zéro) 0001;0002,0003,0004,0005, et de même jusqu'à 9.

Alors, la première roue ayant fait un tour complet, le premier doigt entre dans une entaille, pratiquée exprès pour que le second puisse s'approcher et entrer en communication avec la seconde roue qu'il fait tourner d'une dent, faisant ainsi apparaître le chiffre 1 sur lequel il restera pendant tout le temps que la première roue mettra à faire un nouveau tour sous l'action du premier doigt, qui produira successivement tous les nombres de 1 à 19. Là, le même jeu se renouvelle; le second doigt fait un mouvement qui amène le chiffre 2 et le premier doigt continue à faire tourner la première roue pour faire apparaître successivement toutes les unités.

Et ainsi de suite jusqu'à 99. Maintenant c'est au tour du troisième doigt à agir; ce qui s'explique puisque la troisième roue est installée de façon à s'avancer d'une dent, lorsque la deuxième a fait son tour complet.

La quatrième ne se mouvant non plus que

lorsque la troisième a accompli toute sa révolution ; on comprend alors comment les billets seront numérotés régulièrement de 1 jusqu'à 9999, nombre que l'on pourrait augmenter en ajoutant une cinquième roue au système, mais qui est suffisant, puisque l'usage des compagnies de chemin de fer est de fabriquer leurs billets par séries de 10000.

Les billets imprimés, numérotés, il faut les compter pour les envoyer aux différents bureaux. Ce travail pourrait se faire par un employé, mais une machine est bien plus expéditive, et surtout bien plus exacte, puisqu'un employé est susceptible de se tromper, tandis que la machine que représente notre dessin, et qui est capable de compter jusqu'à 250,000 billets par jour, ne le peut pas.

Et voici pourquoi.

Les billets, entassés dans la glissière verticale L, passent l'un après l'autre, par le même mécanisme que dans la machine à imprimer, sous un compteur, également du même système, qui les inscrit sur ses roues au fur et à mesure qu'ils s'en échappent pour aller s'empiler dans la coulisse L'. Il s'en suit donc qu'aucune erreur n'est possible, et qu'on n'a qu'à consulter le compteur pour connaître le nombre des billets qui sont passés d'une glissière dans l'autre.

Un avertisseur peut d'ailleurs être fixé au compteur à chaque centaine, comme cela se fait dans les machines à imprimer les journaux.

Avant d'être remis au public, les billets ont encore une opération à subir, il faut qu'ils soient datés, et c'est ce que font les buralistes, au fur et à mesure qu'ils les distribuent, au moyen d'un timbre sec, fort ingénieux, dû encore à M. Lecoq, et dont nous donnons deux dessins.

Le timbre proprement dit est un composteur mobile dans lequel le buraliste introduit tous les jours des caractères d'acier un peu tranchants, pour mieux entrer dans le carton et représentant, selon les lignes : soit la date en lettres, soit plus ordinairement le numéro d'ordre du jour et le millésime de l'année ; ces deux nombres étant séparés par un espace.

Cette ligne doit être imprimée à sec sur chacun des billets distribués ; à cet effet, la machine possède au-dessous du poinçon timbreur, entre ce poinçon et une pièce plate, un intervalle suffisant C pour y introduire le billet.

Au moment où il fait cette opération, l'employé pousse devant lui, par M, la partie mobile de la machine, de façon à lui faire prendre d'un choc rapide la position indiquée dans notre deuxième dessin.

Alors, le poinçon, donnant sur le billet une pression équivalente à 300 kilogrammes environ, qu'il reçoit du changement de position de la vis V, le billet est daté et on n'a qu'à laisser revenir la partie mobile de la machine à sa position première pour le reprendre.

L'opération se fait du reste plus vite qu'on ne saurait le décrire, et nous ne la décrivons précisément parce qu'elle se fait si vite, qu'on n'a pas le temps de se l'expliquer.

LA LOCOMOTIVE

Bien que nous ne voulions ici qu'effleurer une matière, que nous traiterons en détail lorsque nous nous occuperons des machines à vapeur ; il nous est à peu près impossible de ne pas remonter au moins succinctement jusqu'à l'origine de la locomotive, ce merveilleux moteur dont la puissance s'accroît tous les jours si bien qu'on pourrait croire qu'elle est à peu près sans limite.

Mais aussi, que de progrès réalisés dans sa fabrication depuis un siècle, plus d'un siècle même, si l'on compte parmi les ancêtres de la locomotive, la voiture à vapeur que Cugnot expérimentait sur les routes ordinaires dès 1769.

Voiture à vapeur de Cugnot.

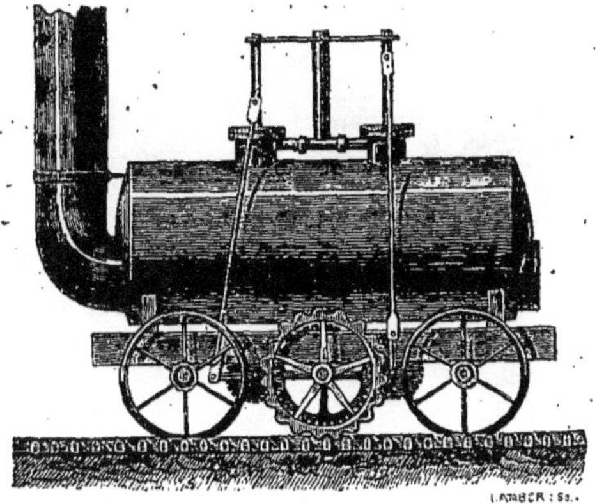

Locomotive à roues dentées de Blenkinsop.

Locomotive à jambes de Brunton.

La Fusée. — Locomotive de George Stephenson.

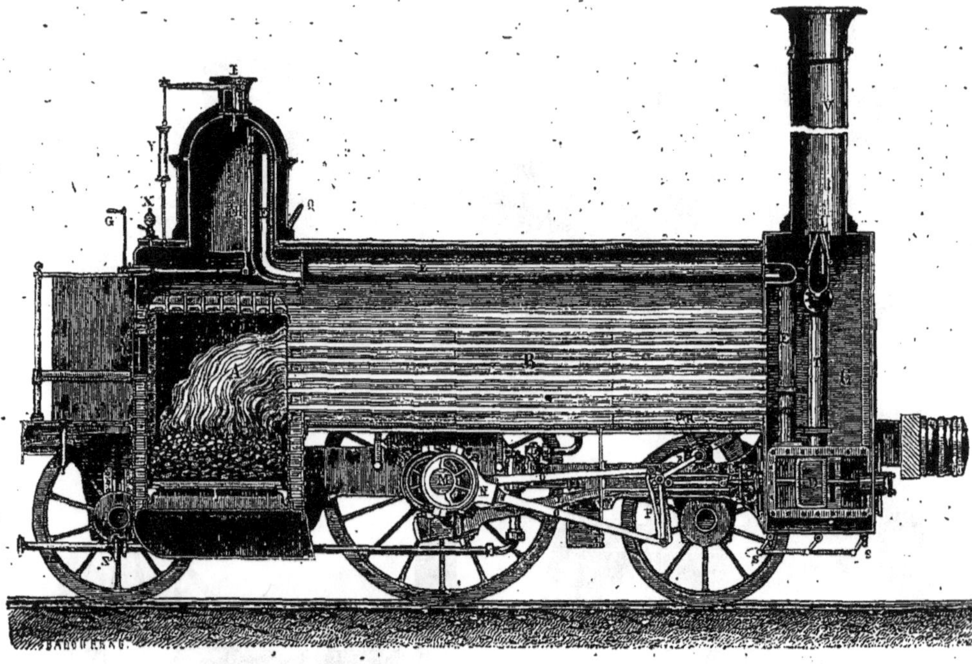

Locomotive. — Coupe longitudinale

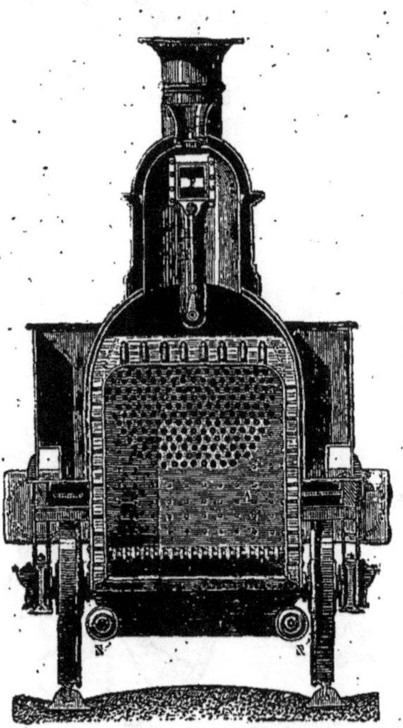

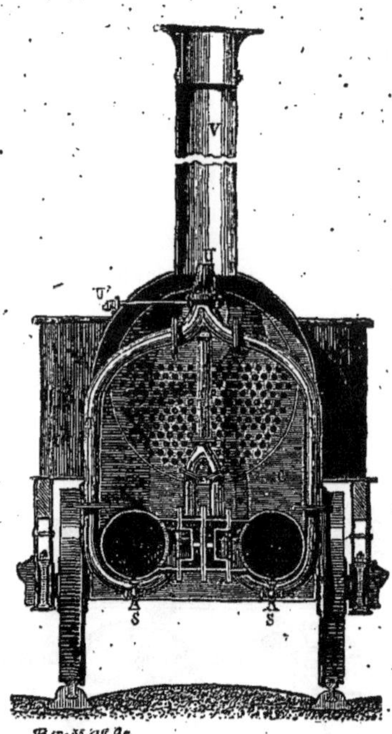

Locomotive. — Coupes transversales

par la boîte à feu. par la boîte à fumée.

Certes, cette machine que tout le monde peut voir encore au Conservatoire des arts et métiers, était bien informe, mais elle portait la chaudière qui lui communiquait le mouvement et elle fut l'idée première de celles qui lui succédèrent, à savoir : la machine de Trewithick et Vivian qui circula en Angleterre sur le chemin de fer de Merthyr Tydvil et celle d'Olivier Evans qui apparaissait en Amérique à la même époque, c'est-à-dire en 1804.

Les voies ferrées, adoptées généralement pour le service des charbonnages importants, nombre d'inventeurs surgirent : mais leurs efforts furent enrayés par une difficulté, qui leur paraissait d'autant plus insurmontable qu'elle était imaginaire.

On avait admis alors comme un principe que les roues de la locomotive, portant sur les rails polis, n'y trouveraient pas un point d'appui suffisant pour faire avancer la machine et le train qu'elle doit remorquer, et à l'exemple de Trewithick et Vivian, qui avaient recommandé de rendre les jantes des roues suffisamment raboteuses, pour qu'elles ne glissent pas sur les rails, tous les constructeurs s'ingénièrent à enchérir sur ce système, sans s'apercevoir qu'ils créaient des obstacles à leurs locomotives.

C'est ainsi, qu'en 1811, Blenkinsop crut avoir trouvé la solution du problème en imaginant des rails dentés en crémaillères, s'engrenant avec les roues également dentées de la locomotive.

Vers la même époque, Brunton, ne voulant pas changer les rails, modifia son moteur, il ne chercha plus à lui donner son point d'appui sur les roues qui le portaient, mais sur des espèces de béquilles, placées à l'arrière de la machine et qui s'appuyaient sur le sol et se relevaient alternativement à peu près comme les jambes d'un cheval.

En 1813, Blackett, mieux avisé, termina par où l'on aurait dû commencer, c'est-à-dire par des expériences réitérées, qui démontrèrent que le poids de la locomotive donnait aux roues assez d'adhérence sur les rails pour les empêcher de tourner sur place.

La fausseté de la théorie primitive démontrée, il n'y avait plus qu'à aller de l'avant, c'est ce que fit Georges Stephenson en construisant, en 1825, une locomotive à roues couplées, aussi supérieure aux précédentes que devait l'être sur celle-ci, la *Fusée*, sortie en 1829 des ateliers de Georges et Robert Stephenson, et justement célèbre par la révolution qu'elle fit dans la locomotion sur les chemins de fer, grâce à sa chaudière tubulaire et au système de tirage produit par l'injection de la vapeur dans la cheminée; toutes choses très perfectibles d'ailleurs et qu'on ne s'est pas fait faute de perfectionner depuis.

Car c'est là le vrai point de la locomotive d'aujourd'hui, que nous allons essayer de décrire aussi succinctement et aussi clairement que possible, à l'aide de nombreuses gravures.

Toute locomotive, quel que soit son genre de construction, comprend trois parties essentielles qui se distinguent au premier coup d'œil :

L'appareil producteur de la vapeur, chaudière, foyer, etc.

L'appareil récepteur, c'est-à-dire les pistons auxquels la vapeur imprime un mouvement de va et vient.

Et l'appareil moteur qui transmet le mouvement aux roues de la locomotive.

Examinons chacun en détail, en nous reportant aux trois figures de la page 365, qui donnent une coupe longitudinale de la locomotive et deux coupes transversales : côté de l'avant, côté de l'arrière.

L'appareil producteur se compose de trois parties principales : le foyer A, qu'on appelle aussi la boîte à feu ; le corps cylindrique B qui est la chaudière proprement dite et la boîte à fumée C, couronnée par la cheminée de la locomotive.

La boîte à feu, de forme rectangulaire et

entourée d'eau sur quatre de ses faces, est divisée en deux parties très inégales par la grille, destinée à supporter le coke ou le charbon de terre, que le chauffeur y jette par la porte A.

Cette grille est horizontale lorsque le combustible adopté est le coke, et à gradins inclinés si l'on brûle de la houille; mais dans tous les cas ses barreaux doivent être mobiles et disposés de façon à ce que le chauffeur puisse les enlever promptement quand besoin est d'éteindre son feu.

Au-dessous de la grille est le cendrier, caisse en tôle, dans laquelle tombent les fragments de coke enflammé, et l'amas des escarbilles qui interceptent bientôt l'air que le cendrier devrait donner au foyer et nuisent ainsi un peu au tirage.

La chaudière, ou corps cylindrique, se compose d'un certain nombre de tubes en laiton de 4 à 5 centimètres de diamètre, qui varie entre 100 et 300 selon les machines.

Ces tubes ne sont pas posés immédiatement les uns sur les autres, il faut au contraire que l'eau circule autour d'eux dans la chaudière, qu'ils ne font d'ailleurs que traverser, étant fixés aux deux bouts du corps cylindrique et s'ouvrant d'un côté sur la boîte à feu et de l'autre sur la boîte à fumée.

Le but de ces tubes, inventés par l'ingénieur français Marc Seguin, vers 1825, et adoptés depuis par Stephenson, est d'augmenter considérablement la surface de chauffe; en effet, l'air chaud, la fumée qui se dégagent du foyer, sont obligés de passer par ces tubes qui communiquent leur chaleur à l'eau qui se trouve logée entre leurs intervalles, et la mettent promptement en ébullition, ce qui explique la quantité de vapeur prodigieuse pour l'étroit espace qui lui est réservé, que développe la chaudière des locomotives.

Ce système, outre l'immense avantage que nous venons de faire ressortir, en a encore un autre non moins appréciable : c'est qu'avec lui l'explosion de la chaudière est impossible, et cela s'explique facilement, car en supposant que la vapeur mal réglée vienne à acquérir une pression dangereuse, qui cédera d'abord? ce n'est pas l'enveloppe extérieure de la chaudière, mais bien les tubes d'une épaisseur beaucoup moindre et d'ailleurs infiniment plus exposés. Or, si les tubes crèvent, qu'arrive-t-il? l'eau pénètre dans le foyer et éteint le feu, ce qui localise l'accident et prévient tout danger subséquent.

Nous avons dit que l'air chaud et la fumée traversaient les tubes de la chaudière, on a compris naturellement que ces produits de la combustion se rendaient dans la boîte à fumée C, et de là s'échappaient par la cheminée V, mais on a dû remarquer que cette cheminée était bien courte pour donner le tirage nécessaire.

Le remède à cet inconvénient a été trouvé par Stephenson, qui a utilisé la vapeur perdue à produire un tirage assez énergique, non seulement pour pousser la fumée au dehors, mais encore pour activer la combustion du foyer, à telles enseignes qu'on est souvent obligé de modérer ce tirage au moyen d'un régulateur composé de deux valves qui peuvent se rapprocher ou s'élargir à volonté par le jeu d'une tige U placée extérieurement.

A cet effet, la vapeur qui a déjà servi à mettre en mouvement la locomotive est amenée dans la cheminée par deux tuyaux TT, qui se réunissent en un seul au point U pour se précipiter par la cheminée.

Occupons-nous maintenant des différents organes de la chaudière.

Le premier, le plus important de tous, est le tuyau de prise de vapeur; il est représenté dans notre dessin par E. E. E.

La vapeur qui se forme en-dessus du niveau de l'eau, dans la chaudière, niveau qui ne dépasse que de quelques centimètres le tube le plus élevé, s'emmagasine d'abord dans une espèce de dôme situé au-dessus du foyer, et à une assez grande distance du niveau de l'eau pour que la vapeur soit sèche, c'est-à-dire qu'elle ne renferme pas de gouttelettes d'eau en suspension.

C'est dans ce dôme, qu'on appelle réservoir de vapeur, que s'alimente le tuyau E pour distribuer la force motrice comme nous le verrons tout à l'heure.

Au moyen d'une manivelle G, placée sous sa main, le mécanicien peut régler à son gré la prise de vapeur, car la manivelle agit à l'aide d'un levier de renvoi H, sur un registre F qui ouvre ou ferme à volonté l'ouverture du tuyau E.

C'est ce qu'on appelle le *régulateur*, il y en a naturellement de plusieurs sortes, les plus connus sont : le régulateur à papillon et le régulateur à tiroirs.

Le premier adapté à l'orifice du tuyau de prise de vapeur se compose d'un disque circulaire, percé d'ouvertures et tournant devant un autre disque percé d'ouvertures de même grandeur.

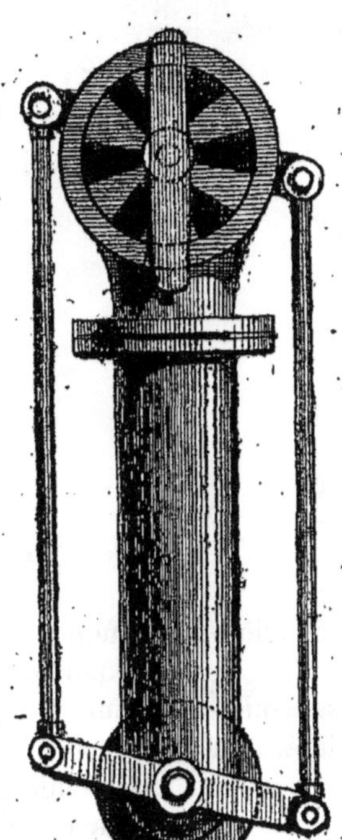

Régulateur à papillon.

Si les ouvertures se correspondent, le tuyau de vapeur est ouvert en grand, sinon il est plus ou moins fermé, selon que les deux disques laissent des ouvertures plus ou moins grandes.

Le mécanisme de cet appareil se meut au moyen de deux bielles latérales articulées à la tige, qui est sous la main du mécanicien.

Le régulateur à tiroirs, adapté seulement aux machines qui ont deux tuyaux pour conduire la vapeur aux cylindres, est placé à leur point d'intersection, c'est-à-dire presque au sommet du réservoir de vapeur, l'orifice du tuyau de prise est un peu en dessous ; la tringle que commande le mécanicien met en mouvement deux tiroirs obliques percés de lumières et reliés par une tige, qui glissent dans le sens de la longueur de la locomotive ; la position de ces tiroirs, par rapport aux orifices des tuyaux d'échappement, règle l'admission plus ou moins complète de la vapeur dans ces tuyaux.

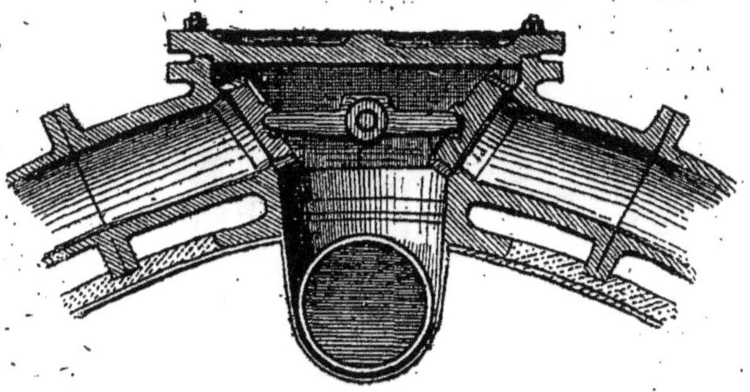

Régulateur à tiroirs.

En somme, c'est toujours le même principe, il n'y a que les moyens qui diffèrent.

Ils diffèrent encore bien plus dans les machines nouvelles qui ont plus ou moins abandonné la disposition en dôme des réservoirs de vapeur.

Le sifflet à vapeur.

Parmi les autres organes de la chaudière il faut remarquer:

1° Les *soupapes* de sûreté, elles sont quelquefois au nombre de deux, placées au sommet du réservoir de vapeur, et mues par le même mécanisme, indiqué sur notre dessin par les lettres I et Y.

I est la soupape chargée par un levier dont l'extrémité coudée agit sur un ressort

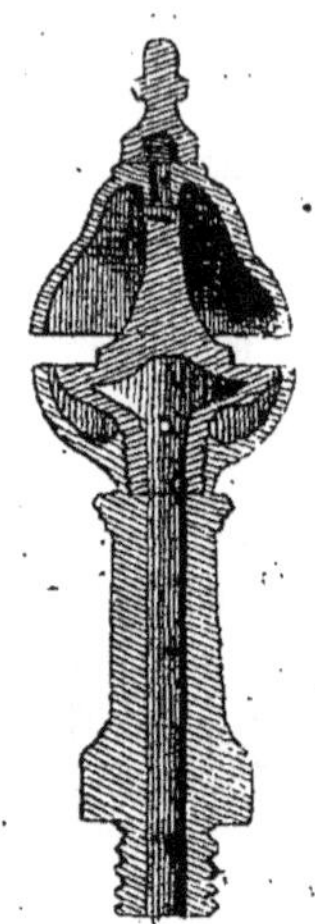

Coupe du sifflet.

à boudin placé dans la boîte Y et le fait fléchir plus ou moins selon la pression de la vapeur. On comprend alors le rôle de la soupape, car si la pression passait les limites voulues, le levier se soulèverait entraînant avec lui la soupape, et le surcroît de vapeur s'échapperait par l'ouverture.

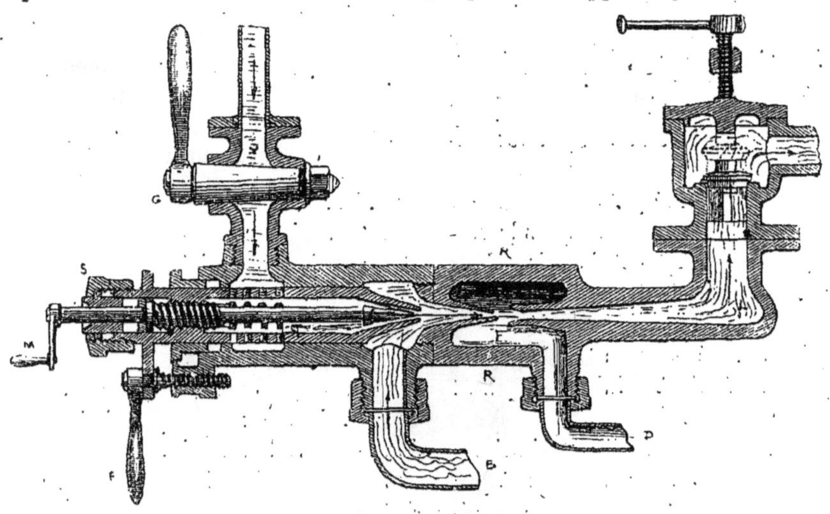

L'injecteur Giffard.

2° Le *manomètre*. — La pression est indiquée au levier de la soupape, par une aiguille, mais le mécanicien a mieux que cela sous les yeux, pour juger de l'état de cette pression; c'est-à-dire un manomètre à air comprimé.

Cet instrument se compose d'un tube à deux branches dont une extrémité ouverte communique avec la vapeur, et dont l'extrémité fermée est remplie d'air comprimé qui agit sur une colonne de mercure, en raison inverse de la pression qu'il supporte.

D'où il s'ensuit que le mercure indique exactement cette pression, exprimée en atmosphères, sur l'échelle graduée qui accompagne le tube, dans lequel il est renfermé.

3° Le *sifflet.* — Le sifflet à vapeur, dont le bruit strident est si agaçant pour le voyageur, mais dont les signaux sont si utiles au service, est indiqué sur notre dessin par la lettre X.

Il se compose d'une sorte de timbre en bronze, ne s'ajustant pas exactement sur une coupe qui, lorsque le mécanicien tourne le robinet, laisse échapper la vapeur par une fente circulaire.

Le jet de vapeur frappe alors le timbre et produit, en sifflant, les différentes modulations que le mécanicien peut régler, selon la façon dont il fait mouvoir le levier, qui ouvre ou ferme, à sa volonté, le conduit vertical communiquant avec le réservoir à vapeur.

4° La *pompe alimentaire*, dont les tuyaux sont indiqués sur notre dessin par les lettres Z' Z.

Cet appareil, actionné par le mouvement même de la machine, comme nous le verrons plus loin, a pour objet de puiser dans le tender et d'amener de l'eau dans la chaudière, et ses dimensions sont calculées pour que le liquide amené dans un temps donné, soit en quantité égale à celui qui disparaît sous forme de vapeur.

Ce qui permet de maintenir dans la chaudière le niveau de l'eau à une hauteur à peu près constante, mais il est facile de rectifier le travail de la pompe, si besoin est, car au moyen d'un tube de verre qui communique avec la chaudière, le mécanicien peut constater à chaque instant la position du niveau.

Outre ce tube indicateur, le mécanicien a encore sous la main deux robinets qui ne manqueraient pas de le renseigner et qu'il consulte d'ailleurs la nuit; le premier, placé au-dessous du niveau, doit toujours donner de l'eau, le second, qui est au-dessus, doit toujours laisser échapper de la vapeur.

Nous ne nous appesantirons pas sur le mécanisme, d'ailleurs assez simple des pompes alimentaires, car il n'en existe presque plus; elles ont été remplacées sur presque toutes les locomotives par un appareil fort ingénieux, qui a fait la fortune et la réputation de M. Henri Giffard, et qu'on appelle *injecteur Giffard.*

Cet appareil automoteur, qui repose sur le principe de la communication latérale du mouvement des fluides, se compose d'un tube en cuivre S, dans lequel on peut faire mouvoir un autre tube T, terminé en cône en face du tuyau E, qui amène l'eau dans l'appareil.

Cette eau est chassée par l'effet de la vapeur, arrivant par les petits trous dont le conduit est percé, et s'injecte dans la chaudière par l'extrémité du cylindre coudé en L... non seulement seule, mais encore avec la vapeur qui s'est condensée à son contact.

L'opération peut être suivie au moyen des regards R et R', pratiqués de chaque côté du cylindre, par lesquels on constate que l'eau d'alimentation coule bien par le conduit L, et les petites quantités qui s'en échappent s'accumulent dans les cavités F. F; d'où il est facile de les chasser en ouvrant le robinet de purge D.

Rien de plus aisé, du reste, que l'emploi de cet injecteur; au moyen du robinet G et de la manivelle M, agissant sur une tringle fixe contenue dans le tube T, on règle l'arrivée et la sortie de la vapeur.

Les deux poignées à vis E et M servent à rapprocher, plus ou moins, l'extrémité conique du tube T de l'orifice du tuyau E pour régler la quantité d'eau qu'on veut injecter dans la chaudière.

Passons maintenant à la deuxième partie de la locomotive.

APPAREIL RECEPTEUR

L'appareil recepteur se trouve placé à l'avant de la locomotive, il se compose, de chaque côté de la machine, d'un cylindre contenant un piston moteur.

Nous savons déjà que la vapeur est prise dans le réservoir par le tuyau E E E dont on peut suivre le développement sur notre coupe longitudinale.

Comme on le voit, ce tuyau, qui se bifurque à droite et à gauche, aboutit de chaque côté, au bas de la boite à fumée, dans un récipient nommé cylindre, qui contient l'organe de distribution qu'on appelle le tiroir, lequel est indiqué par la lettre D.

C'est la cheville ouvrière de la machine; c'est lui qui permet d'introduire la vapeur tantôt à droite et tantôt à gauche du piston et conséquemment de le faire mouvoir dans un sens ou dans l'autre.

Deux dessins feront mieux comprendre le jeu du tiroir, qu'il faut d'abord se représenter comme une caisse rectangulaire s'appliquant sur sa base renversée, exactement sur le côté du cylindre à vapeur, mais mobile sur ce plan au moyen d'une tige qui lui communique un mouvement de va et vient nécessaire à l'introduction de la vapeur, dont la direction dans nos deux dessins est indiquée par des flèches.

Examinons d'abord la première position: A indique le tuyau de prise de vapeur, qui dans notre dessin d'ensemble est appelé E E E; la vapeur arrivant par ce tuyau remplit la boîte B qui contient le tiroir F, mais, ne pouvant pénétrer dans l'intérieur du tiroir, elle s'échappe par le conduit recourbé E et pénètre dans le cylindre D en poussant devant elle le piston P, qui s'achemine alors de la gauche vers la droite.

Naturellement, la vapeur qui se trouvait à droite du piston, est repoussée du même coup et n'ayant pas d'autre issue, s'échappe par le conduit C, d'où elle pénètre dans le tiroir, puis dans le conduit G qui, se recourbant au-dessous du cylindre rejoint le tuyau H, par où la vapeur perdue s'élance dans la cheminée.

Mais pendant la seconde partie du mouvement du piston, le tiroir J, dont la course est juste moitié moindre et qui fait par conséquent deux mouvements contre un du piston, s'est placé à sa seconde position.

Alors le mécanisme est le même en sens contraire; c'est-à-dire que la vapeur arrivant dans le cylindre par le tuyau A s'échappe à droite par le conduit C et pénétrant dans le cylindre D oblige le piston P à un mouvement de la droite vers la gauche.

On comprend alors que ces oscillations répétées, puissent communiquer le mouvement à la machine, d'autant qu'on sait qu'il y a un appareil recepteur de chaque côté, et que le mouvement des tiroirs est réglé de façon que les deux pistons marchent toujours en sens contraire; c'est-à-dire que l'un marche de la droite vers la gauche, tandis que l'autre va de la gauche vers la droite, ce qui permet au mouvement d'être continu; comme nous allons le voir tout à l'heure, mais avant, disons un mot des accessoires du recepteur.

Il n'y a guère à citer que les robinets purgeurs, indiqués sur nos dessins d'ensemble par les lettres S S.

Ils servent à faire écouler l'eau provenant de la condensation de la vapeur, qui s'accumule toujours dans les cylindres lorsqu'ils ne sont pas encore échauffés; c'est-à-dire au commencement de la mise en marche.

C'est une précaution utile; on n'en saurait trop prendre avec un instrument aussi délicat que la locomotive.

APPAREIL MOTEUR

Si l'on a suivi notre description, la transmission du mouvement est maintenant bien facile à comprendre, puisqu'on connait le jeu des pistons.

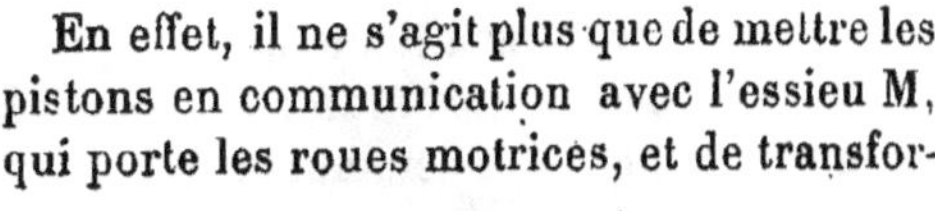

En effet, il ne s'agit plus que de mettre les pistons en communication avec l'essieu M, qui porte les roues motrices, et de transfor-

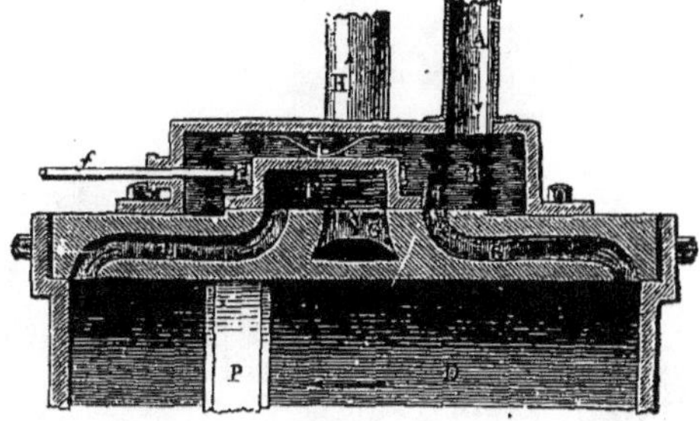

Mécanisme du tiroir.

1re Position. 2e Position.

mer leur mouvement de va et vient en un mouvement circulaire continu, ce qui n'est une chose ni difficile ni neuve, puisque l'application en est faite tous les jours sous nos yeux par la meule du remouleur, le rouet à pédale et la machine à coudre.

Pour les locomotives il fallait faire plus parfait, aussi l'essieu M porte-t-il deux coudes qui sont en sens contraire et entourés à leur extrémité par un anneau terminant une tige de fer, qu'on appelle *bielle* et qui reçoit le mouvement de va et vient de l'un des pistons.

Comme il y a deux pistons, qui marchent toujours en sens contraire, l'essieu coudé reçoit un mouvement continu, sans temps d'arrêt, et tourne en entraînant avec lui les roues motrices qui le portent.

Ces roues, adhérant d'autant plus aux rails que la machine est plus pesante, se développent sur la voie ferrée, de façon que chacune de leur rotation imprime à la locomotive une marche en avant, égale à leur circonférence.

D'où il s'ensuit que plus les roues motrices sont grandes, plus la locomotive peut acquérir de vitesse.

Maintenant, veut-on quelques détails sur

Locomotive mixte et son tender.

le fonctionnement des bielles, rien de plus simple à l'aide de notre coupe longitudinale.

Les deux bielles L s'articulent avec la tige de chaque piston, encastrée dans une sorte de cadre métallique qu'on appelle *glissière*, elles en reçoivent naturellement le mouvement, qu'elles communiquent à l'essieu par son coude formant manivelle.

Ces deux manivelles sont disposées à angle droit, l'une sur l'autre, de façon à ce que

Locomotive tender (système Engerth)

des deux bielles qui y sont fixées, l'une se trouve toujours au point le plus avantageux de sa course, tandis que l'autre est au point le plus faible qu'on appelle le *point mort*,

Locomotive Crampton.

ce qui fait qu'il est impossible que le mouvement ne soit pas continu.

En somme, l'action de la vapeur ne s'exerce que sur les roues motrices, les autres sont tout bonnement entraînées par le mouvement et n'ont d'autre but que d'équilibrer la machine.

Fort bien, dira-t-on, les roues motrices sont actionnées par l'essieu, l'essieu par les bielles, les bielles par les pistons, les pistons par les tiroirs, mais qui communique le mouvement aux tiroirs?

La vapeur d'abord, qui a une action directe suffisante sur les pistons pour mettre la machine en action, et l'essieu coudé ensuite.

A cet effet, il porte deux *excentriques* N N, qui, au moyen de deux bielles O O, qu'on appelle *barres d'excentrique*, transmettent le mouvement qu'ils reçoivent de l'essieu à la tige du tiroir par l'intermédiaire d'un organe spécial P qu'on appelle *coulisse*.

C'est la fameuse coulisse de Stephenson, sans laquelle on ne pouvait que se porter en avant, sans avoir la faculté de renverser la vapeur pour faire ce qu'on appelle machine en arrière.

Et c'est pour obtenir ce résultat qu'il faut deux excentriques et deux bielles de chaque côté, l'une produisant le mouvement du tiroir, l'autre permettant de le changer, en faisant passer brusquement le tiroir à la position inverse de celle qu'il devrait occuper normalement; ce qui est rendu très facile au mécanicien au moyen des leviers de renvoi R R, qui se terminent par la manette Q placée à sa portée, à côté du réservoir de vapeur.

La coulisse de Stephenson ne sert pas seulement à changer la marche de la locomotive (ce qui s'explique très facilement si l'on se rappelle le jeu des tiroirs), elle est aussi utilisée à modifier la longueur de course des tiroirs, précaution souvent nécessaire pour équilibrer, selon les besoins de la marche, la prise et le renvoi de vapeur dans les cylindres et réaliser ainsi des économies importantes, soit en diminuant la dépense de vapeur, soit en augmentant la puissance de locomotion.

Mais ce n'est là qu'une application, que l'expérience seule du mécanicien peut mettre à profit; revenons à notre description générale, en nous occupant du tender qui n'est pas simplement un accessoire, sa présence après la locomotive est de première nécessité, car il porte l'eau et le combustible qu'il faut pour l'alimenter.

Le tender est un wagon, construit spécialement, monté comme la locomotive (comme toutes les autres voitures du reste) sur un châssis portant sur des ressorts. Il se compose d'abord, d'un réservoir en tôle contenant de 5 à 8,000 litres d'eau, selon la puissance de la locomotive qu'il doit desservir.

Ce réservoir entoure, en forme de fer à cheval, un espace où l'on emmagasine de mille à trois mille kilogrammes de coke ou de charbon de terre, à la disposition du chauffeur.

Ces deux charges, qui diminuent au fur et à mesure de la consommation de la locomotive, mais qu'on renouvelle en route, se trouvent aussi réparties également sur la surface du wagon.

N'oublions pas que, pour introduire l'eau dans la caisse d'où partent les tuyaux d'aspiration des pompes d'alimentation, on se sert d'une espèce d'entonnoir conique percé de trous, qui plonge dans l'arrière de la caisse.

Cet entonnoir, dans lequel on introduit le boyau de cuir de la grue hydraulique, a pour but de filtrer en quelque sorte l'eau d'approvisionnement et d'empêcher les detritus et les impuretés qu'elle pourrait contenir, de pénétrer dans la chaudière par les tuyaux d'aspiration.

Outre l'eau et le combustible, le tender porte, dans des boîtes, divers ustensiles et pièces de rechange, dont on peut avoir besoin en route, aussi bien qu'un assortiment de ficelles, de graisse, de chiffons, toujours utile.

Muni d'un frein, il est ordinairement

relié à la locomotive par une barre d'attelage et deux chaînes de sûreté, et ouvert à son avant, pour que la communication soit facile.

Ceci soit dit pour les tenders indépendants, car beaucoup maintenant ne font qu'un corps avec les machines que l'on appelle des locomotives tenders..

Nous allons d'ailleurs étudier, dans le chapitre suivant, les différents types de locomotives en usage sur nos chemins de fer.

VARIÉTÉS DE LOCOMOTIVES

La forme des locomotives varie selon l'usage auquel on les destine et selon le génie des inventeurs.

Sous le premier point de vue, on peut les classer, en France du moins, dans trois catégories principales.

Les machines à voyageurs, qu'on appelle aussi machines à grande vitesse, affectées spécialement au service des trains postes et express;

Les machines à marchandises, destinées exclusivement à la petite vitesse.

Les machines mixtes qui s'attellent indifféremment sur les trains omnibus et sur les trains de marchandises.

Naturellement dans ces catégories il y a des subdivisions; ainsi, par exemple, si les lignes du Nord, de l'Est et de Lyon, se servent pour leurs trains express des locomotives Crampton, celle d'Orléans emploie les machines Polonceau, tandis que celle de l'Ouest se trouve très bien des machines Buddicom.

Les locomotives à voyageurs ont une vitesse minima de 40 kilomètres à l'heure qu'elles peuvent doubler, et qu'elles doublent du reste quand elles remorquent des trains rapides, composés d'un petit nombre de voitures, car on comprend facilement qu'elles ne puissent entraîner avec la même rapidité une file de quinze à vingt wagons chargés de voyageurs, dont le développement, plus encore que le poids, oppose une résistance à sa marche.

Ce résultat, magnifique d'ailleurs, n est obtenu que depuis que l'ingénieur anglais Crampton eut l'idée, vers 1848, de placer les roues motrices non plus au-dessous, mais à l'arrière de la chaudière, ce qui lui permit de leur donner un diamètre de $2^m,10$, $2^m,30$, il y en a même en Angleterre qui ont jusqu'à $2^m,60$.

Certes, tous les constructeurs savaient bien qu'on ne pouvait augmenter la vitesse des locomotives qu'en agrandissant les roues motrices, mais elles étaient déjà aussi hautes que possible pour ne pas compromettre la stabilité de la machine, étant accepté comme une nécessité l'usage où l'on était de placer ces roues sous la chaudière.

Campton résolut le problème en les reportant à l'arrière.

Ce n'est pas là, du reste, le seul perfectionnement de sa locomotive, qui se recommande aussi par une grande stabilité, obtenue d'abord par l'abaissement du centre de gravité général, et ensuite par l'écartement des essieux, la machine n'ayant que six roues pour une longueur beaucoup plus grande. Nous donnons, du reste, un dessin en coupe qui fait voir tous les organes et montre la disposition de cette machine qui, ayant une grande puissance de vaporisation, puisque la surface de chauffe de la chaudière équivaut à plus de cent mètres carrés et un foyer et un réservoir de vapeur, de dimensions considérables, peut se passer du dôme des locomotives ordinaires.

Les roues motrices, placées à l'arrière tournent dans des gaînes qui encastrent la place du mécanicien et la boîte à feu, les deux autres paires de roues ont des diamètres inégaux, ce qui ne les empêche pas d'être couplées pour se communiquer réciproquement leur mouvement de rotation, par une tige de fer en communication avec les barres d'excentrique; elles sont placées l'une vers le milieu de la chaudière et l'autre un peu en arrière de la boîte à feu.

Les organes de cette machine sont exactement ceux que nous avons déjà décrits, tout au plus en diffèrent-ils par leur position. Ainsi les cylindres, de même que le piston P, sont horizontaux, et placés dans

Locomotive à petite vitesse (système Petiet).

l'intérieur du châssis, tandis que les tiroirs T, sont obliques ; c'est avec la disposition de la prise de vapeur, qui arrive plus directement dans le tiroir en descendant du réservoir, et celle du tuyau d'échappement O, qui s'en va presque tout droit dans la cheminée, les seules modifications à signaler.

La locomotive Polonceau, qui a autant de vitesse, mais peut-être un peu moins de puissance que la machine Crampton, a comme elle ses cylindres horizontaux, seulement ils sont placés à l'intérieur du châssis ; elle se distingue aussi par l'élévation de ses roues et par l'absence du dôme comme réservoir de vapeur, remplacé du reste par une capacité suffisante au-dessus du niveau de l'eau dans la chaudière.

La machine Buddicom est remarquable par sa légèreté et la simplicité de sa construction ; elle a encore le classique réservoir en forme de dôme, et ses cylindres sont extérieurs et inclinés.

On peut citer encore parmi les types

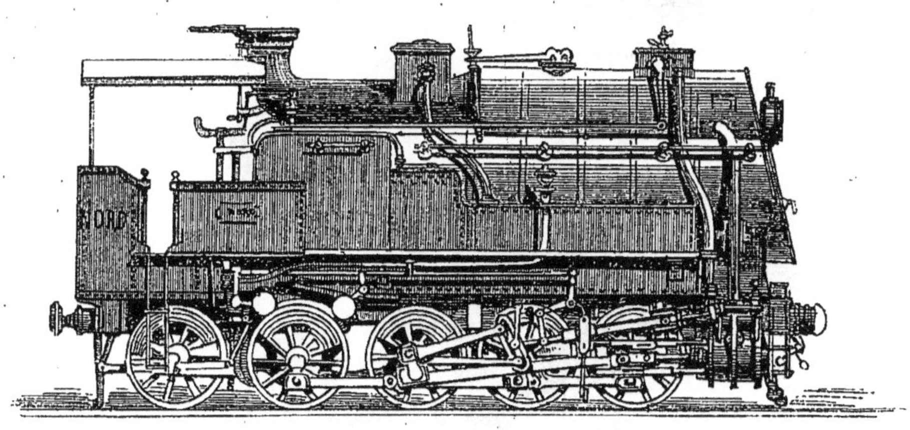

Locomotive mixte (système Petiet).

étrangers : la machine Crampton à train articulé, employée sur les chemins de fer badois, et pouvant remorquer des trains de voyageurs à grandes vitesses dans des courbes de petit rayon ; la machine Stephenson à trois cylindres, et d'autres machines anglaises des systèmes Mac Connil et Sturrock, dont on parle surtout pour les dimensions extraordinaires de leurs foyers.

Locomotive tender (système Weidknecht).

Locomotive à quatre cylindres (système Fairlie).

Locomotive américaine.

Les machines à marchandises, dont la vitesse maxima n'est que de 30 kilomètres à l'heure, reposent sur un principe tout différent que les locomotives à grande vitesse; elles demandent à des roues motrices, qui varient entre $1^m,10$ et $1^m,50$ de diamètre, les moyens de traction extraordinaires qu'il leur faut pour remorquer des trains composés quelquefois de quarante-cinq wagons chargés de dix tonnes de marchandises, et non seulement sur les surfaces planes, mais sur les rampes, qu'on évite de moins en moins maintenant dans la construction des voies ferrées, précisément par ce qu'on possède des machines d'une puissance exceptionnelle, dérivant plus ou moins du type créé par l'ingénieur autrichien Engerth, lequel dérivait lui-même de la *Bavaria*, locomotive construite à Munich, dans les ateliers de Maffei, spécialement pour monter les fortes pentes du chemin de fer du Sömmering et qui, bien que fort incomplète, remporta le prix au concours ouvert en 1851, par le gouvernement autrichien.

La locomotive Engerth, qui date de 1853, est le meilleur perfectionnement de cette machine, aussi a-t-elle été adoptée presque partout pour les transports à petite vitesse.

Elle diffère des autres : d'abord en ce que le tender en fait partie intégrante; mais, ce qui est bien plus important au point de vue de la puissance, parce que sa chaudière étant plus développée, sa surface de chauffe est bien plus considérable.

Le corps cylindrique repose sur quatre paires de roues, dont trois sont couplées ensemble, pour recevoir par des bielles le mouvement imprimé aux roues motrices par les pistons des cylindres, ce qui augmente sinon la force, du moins l'assiette de la traction.

De plus, et pour le même effet, des deux paires de roues qui supportent le tender la première reçoit, au moyen de roues dentées placées au-dessous de la chaudière, le mouvement moteur de la dernière paire de roues de la locomotive.

Quant au reste, ce sont les mêmes organes que dans les machines ordinaires.

Inutile de dire que le système Engerth a été modifié pour son adaptation sur les chemins de fer français, où les pentes sont moins raides que dans les montagnes du Sömmering.

C'est ainsi qu'on peut voir sur la ligne de l'Est, notamment, des machines Engerth indépendantes de leur tender.

Sur la ligne du Nord, où le tender ne fait qu'un corps avec la chaudière, il y a des locomotives à huit, à dix et à douze roues, (le système Beugnot en comportait même quatorze).

Ces locomotives à douze roues, construites par M. Petiet sont à quatre cylindres, les deux premiers commandant les trois paires de roues couplées de l'avant, et les deux autres les trois paires de l'arrière.

La chaudière, extraordinairement vaste pour augmenter d'autant la surface de chauffe, est couchée horizontalement sur les six essieux, et surmontée elle-même d'un dessiccateur cylindrique qui se termine à l'arrière par le tuyau coudé de la cheminée.

Autour du corps cylindrique est placé le tender avec son réservoir à eau et son approvisionnement de combustible.

Ce système, repartissant la charge, qui n'est pas moindre de 60 tonnes, augmente l'adhérence des roues sur les rails et facilite le démarrage des trains pesamment chargés.

Ce sont des machines de ce genre que la compagnie de Lyon emploie pour remorquer les trains de son chemin de fer de montagne, la ligne du Dauphiné (Grenoble à Gap) dont les innombrables travaux d'art dénoncent presque tous un progrès accompli, une difficulté vaincue.

On voit aussi des locomotives d'une puissance exceptionnelle sur la ligne de Clermont-Ferrand à Tulle, qui peut passer aussi pour un chemin de fer de montagne.

Les machines mixtes, comme leur nom l'indique, sont un compromis entre les deux extrêmes ; elles ont besoin d'une partie de la vitesse des Crampton et d'une partie de la puissance des Engerth, mais nous n'avons guère à y revenir, car c'est une locomotive de ce genre que nous avons décrite avec détails.

Nous mentionnerons pourtant quelques variétés de l'espèce, les machines mixtes étant aujourd'hui préférées en France, non seulement pour le service des trains de voyageurs d'une vitesse moyenne de 40 kilomètres, mais aussi pour remorquer les convois de marchandises.

Il y a, sur la ligne du nord notamment, une machine du système Petiet à cinq paires de roues et à quatre cylindres, qu'on emploie même au service des trains express.

Dans cette locomotive les roues motrices de l'avant et de l'arrière n'ont que $1^{m},60$ de diamètre, qui serait insuffisant pour obtenir de grandes vitesses, si le jeu des pistons n'était plus précipité que dans les autres machines.

Il y a le système Meyer, qui vise plus particulièrement le service dans les courbes de petit rayon.

Cette locomotive est à douze roues montées par six sur deux trucs indépendants l'un de l'autre et supportant la chaudière, la vapeur est distribuée dans les quatre cylindres par des tuyaux articulés qui servent aussi à son échappement dans la cheminée.

Le même problème a été résolu d'une autre façon par la machine Quensland qui n'est qu'une modification du système Fairlie.

Dans cette locomotive, en usage dans l'Inde anglaise, il y a deux chaudières supportées chacune par trois paires de roues montées sur un truc indépendant. Les quatre cylindres sont aux deux extrémités ainsi que les boîtes à fumée et le centre de la machine est occupé par un double tender au milieu duquel le mécanicien et le chauffeur trouvent leur place.

Il y a aussi la machine Dupleix, construite par M. Haswell, peu usitée, d'ailleurs, mais qui a cela de particulier que ses quatre cylindres sont superposés deux par deux et agissent sur une manivelle à deux bras qui évite ainsi l'emploi des contre-poids.

Une locomotive plus pratique, peut-être, pour les services de longue durée, est celle du système Compound, employée sur le petit chemin de fer de Bayonne à Biarritz, c'est du reste une application du système à haute pression des machines motrices de la marine.

La vapeur agit à pleine pression dans un premier cylindre, puis, par sa détente, dans un autre cylindre de dimension plus grande.

Cette locomotive donne de très bons résultats, mais elle fait de si courts trajets que l'expérience n'est pas très concluante.

Il y a bien encore un autre type de locomotive mixte. Ce sont celles qui desservent les trains de banlieue et qu'on emploie dans les gares pour ranger les trains arrivés ou aller chercher, sous remise, les voitures nécessaires à la composition des trains à former.

Ce sont des machines tenders, de dimensions assez restreintes pour pouvoir circuler sur les plaques tournantes ordinaires, mais dont la construction n'a rien d'assez particulier pour les faire sortir des catégories auxquelles elles appartiennent par leur provenance, car si elles partent toutes du même principe, elles diffèrent plus ou moins d'aspect selon les constructeurs qui les ont établies.

Celle que représente notre gravure sort des ateliers de M. Weidknecht qui les fabrique de toutes les grandeurs, aussi bien pour les exploitations de chemins de fer à voyageurs que pour les chemins de fer industriels.

Elle se recommande par sa légèreté relative et la simplification de ses organes.

Un mot maintenant des machines américaines, qui diffèrent surtout des nôtres par la forme évasée de la cheminée, forme adoptée, d'ailleurs, sur tous les chemins de fer étrangers où l'économie fait préférer comme

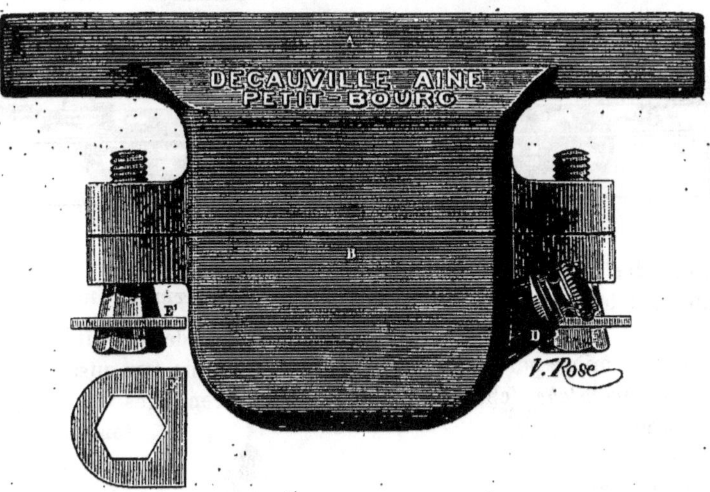

Boîte Panama (système Decauville). — Élévation.

combustible, le bois ou la tourbe à la houille et au coke.

Le feu de bois exige cette cheminée en entonnoir, de proportions considérables et, comme il produit beaucoup de fumée et, surtout, beaucoup d'étincelles qui pourraient être dangereuses, l'orifice de la cheminée est recouvert d'un tamis métallique qui laisse échapper la fumée, mais empêche les étin-

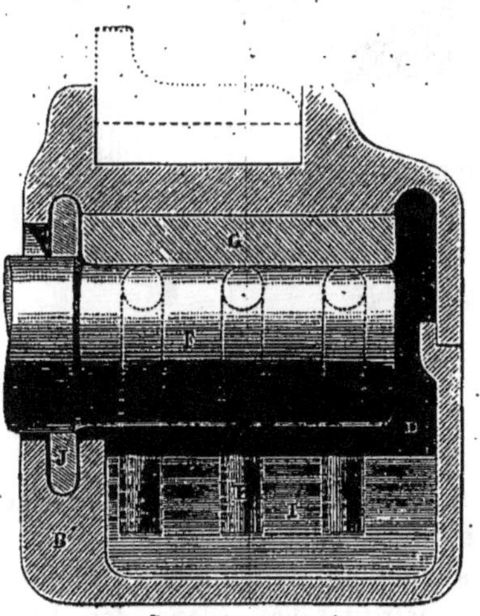

Coupe transversale.

celles d'aller incendier les forêts voisines.

Cette différence d'aspect n'est pas la seule à signaler, ainsi les deux paires de roues de l'avant sont indépendantes des roues couplées de l'arrière, d'ailleurs d'un diamètre beaucoup plus considérable; placées de chaque côté des pistons, leurs essieux peuvent prendre, selon les sinuosités du chemin, une direction oblique par rap-

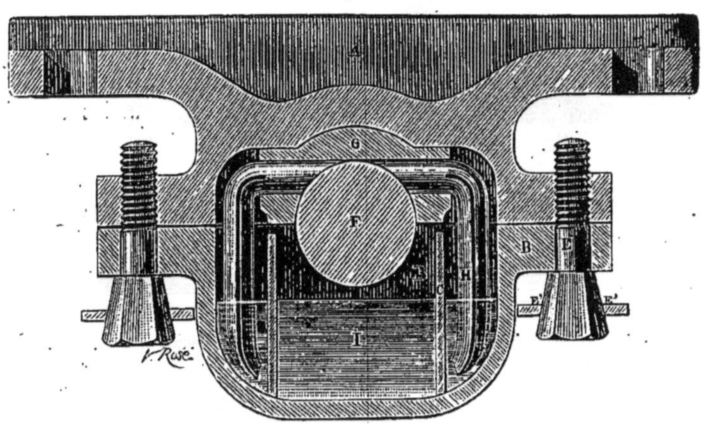

Boîte à huile (dite Panama) (système Decauville). — Coupe longitudinale.

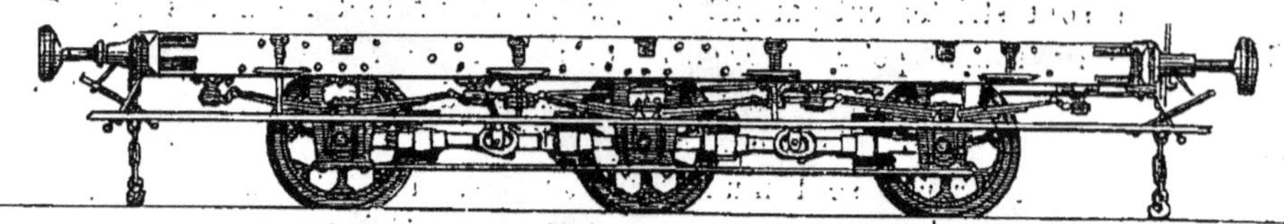
Matériel roulant. — Train d'un véhicule, vue de profil.

port aux essieux des autres roues, précaution excellente pour les courbes à petit diamètre.

En avant de la première paire de ces petites roues est le *cow-catcher* (chasse-bœuf) appareil inutile en Europe, en France surtout, où les lignes étant bordées de palissades il n'y a jamais de bœufs à chasser de sur la voie... mais qui a sa raison d'être en Amérique, où les rails sont posés en pleine campagne et traversent des prairies où les troupeaux de bisons ne sont pas rares.

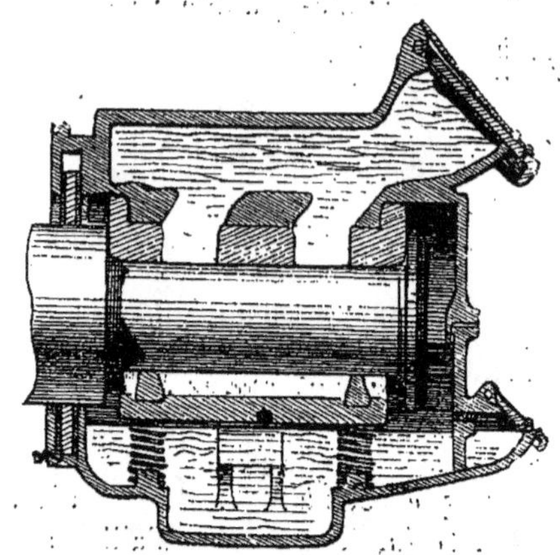
Boîte à huile et à graisse.

Pour la même raison, mais plus spécialement contre les éléphants, le *cow-catcher* qui est, en somme, une grande claie en fer de forme triangulaire, est adapté aux locomotives des chemins de fer de l'Inde anglaise, qui sont, du reste, construites d'après le système américain.

MATÉRIEL ROULANT.

Tout le monde connaît le matériel roulant des chemins de fer, aussi n'est-ce point la partie apparente des wagons que nous voulons décrire mais bien celle que l'on ne voit pas.

Quelle que soit sa destination, un wagon ou une voiture — car on ne donne guère le nom de wagon qu'aux véhicules à marchandises — se compose de trois parties principales :

Les roues, le train, et la caisse.

Les roues ne sont point, comme dans les voitures ordinaires, indépendantes autour de l'essieu qui en accouple deux ; elles sont, au contraire, solidaires et font corps avec l'essieu, qui tourne dans des boîtes fixées au bâti ou aux ressorts, de plus, les différents essieux

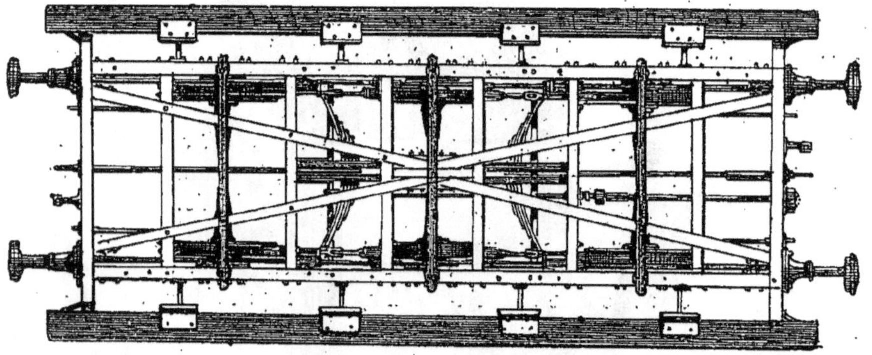
Châssis d'une voiture à voyageurs (plan).

d'une voiture sont strictement parallèles.

Cela est indispensable pour éviter les déraillements qui se produiraient infailliblement, s'il en était autrement, malgré les rebords dont les roues sont munies pour se maintenir sur les rails.

En effet, que la roue de droite vienne se heurter contre une pierre, un obstacle quelconque, sa jumelle, si elle était indépendante, continuerait à tourner et comme elle serait imitée par toutes les roues du même côté, entraînerait le corps de la voiture. Ce serait bien pis encore si les essieux n'étaient pas parallèles car, à la première courbe un peu prononcée, l'essieu de devant prendrait une direction oblique et, en raison de la vitesse acquise, la voiture aurait bien des chances pour verser.

Ce n'est donc pas sans raison qu'on a adopté le système actuel.

Les wagons sont ordinairement à quatre roues fixées à deux essieux; il y en a cependant à six et même à huit, mais, dans ce dernier cas, c'est exactement la même chose, car les roues ne sont couplées que deux à deux et la voiture est alors portée sur deux trains distincts, qui ont chacun quatre roues et peuvent se mouvoir indépendamment l'un de l'autre autour d'une cheville ouvrière.

Les roues, munies d'un rebord qui a pour objet de les maintenir sur les rails, sont de plusieurs sortes; il y en a de pleines et d'évidées.

Les roues pleines sont généralement en fonte, cerclées d'un bandage de fer; sur quelques lignes, cependant, on en voit qui sont composées de secteurs en bois reliés autour du moyeu en fonte par des bandages en fer forgé.

Les roues évidées sont, presque toujours, tout en fer forgé, il en est néanmoins dont le moyeu est en fonte.

Mais, dans tous les cas, comme nous l'avons dit déjà, elles ne font qu'un corps avec l'essieu dont les extrémités, qu'on appelle *fusées*, supportent les boîtes à graisse, et voici comment :

Autour de la fusée se trouvent deux capacités; celle de dessus est remplie de graisse qu'on y introduit en soulevant un couvercle extérieur; celle de dessous est pleine d'huile qui, par le moyen de mèches, humecte continuellement une brosse sur laquelle repose la fusée de l'essieu.

C'est là le mode de graissage ordinaire, la graisse proprement dite n'est qu'un en cas et n'intervient que si l'huile, devenue plus fluide par suite de l'échauffement, n'humecte plus la surface frottante; alors il arriverait ceci, que le métal se gripperait et que la fusée pourrait se couper sans qu'on s'en aperçût, mais la graisse vient automatiquement empêcher cet accident car, communiquant avec la fusée par des conduits bouchés avec du métal très fusible, si la chaleur augmente dans la boîte, elle fait fondre les bouchons et la graisse, s'écoulant progressivement, enduit les surfaces frottantes et les empêche de gripper.

Comme on le voit, ce système, indispensable d'ailleurs, en raison de la vitesse des trains et du poids considérable des wagons, est ingénieux; ce qui ne veut pas dire qu'il soit économique puisqu'une boîte à graisse ainsi établie coûte de 18 à 27 francs; mais la sécurité de la traction doit passer avant la question de dépense.

A cet égard, du reste, on expérimente maintenant sur presque toutes les grandes lignes un nouvel appareil que M. Decauville a inventé pour les wagons de terrassement, qu'il a construits pour les travaux de l'isthme de Panama et que, pour cette raison, il appelle « *Boîtes Panama.* »

Cette boîte, à alimentation pneumatique, se compose, ainsi qu'on le voit par nos dessins :

1° — Du chapeau A, dessus de boîte en fonte, dans lequel s'encastre le coussinet de bronze fixé au longeron du wagon au moyen de deux boulons.

2° — Du coussinet en bronze G, dont la forme spéciale est calculée pour laisser passer les têtes des six bouts de jonc H.H.H, et qui s'encastre dans le chapeau en forçant légèrement,

3° — Du réservoir à huile B, dessous de boîte qui est fixé au chapeau A par deux vis à tête hexagonale E.E, qui unissent le dessus et le dessous de la boîte d'une façon hermétique au moyen d'une garniture de cuir ou de toile suiffée.

Pour empêcher, du reste, les vis de se desserrer pendant les parcours continuels du wagon, la tête de la vis est pourvue d'une rondelle frein E' que l'on soulève d'une main lorsque l'on serre ou desserre la vis; de l'autre, avec une clef anglaise.

La fermeture hermétique est également assurée à l'entrée de l'essieu, par une forte rondelle en feutre gras J, contre laquelle s'arrêtent les plus petits grains de poussière.

Au moment de mettre un wagon en service il faut emplir le réservoir aux deux tiers avec de bonne huile à graisser les machines, qui s'introduit par un bouchon à vis D, dont le filet de 15 millimètres de longueur ne peut, par conséquent, se desserrer tout seul.

Les extrémités des joncs H plongent alors dans l'huile I et se remplissent assez rapidement pour que le wagon puisse circuler deux minutes après que la boîte a été garnie.

Il se produit alors une ascension continue de l'huile par les faisceaux capillaires des joncs, dont le travail est augmenté par le mouvement de rotation de l'essieu formant succion par le vide. L'alimentation se ralentit si le wagon va doucement, elle augmente s'il va vite; en somme, elle est proportionnelle au travail de l'essieu et par conséquent l'usure de la fusée est absolument nulle.

Quant à l'usure de l'huile, elle est cent fois moindre que dans les boîtes ordinaires, car aucune impureté ne peut s'introduire dans la boîte, et même si par impossible il s'en introduisait, elle ne pourrait être entraînée par le jonc qui ne met sur le dessus de l'essieu que de l'huile filtrée.

Ajoutons que des cloisons en tôle, figurées par C. C. dans notre coupe verticale, empêchent l'huile de barbotter pendant la marche du wagon.

Ce système, de tous points économique, sera vraisemblablement bientôt adopté partout.

La seconde partie des wagons, qui, comme la première, est identique pour toutes sortes de véhicules, est le train.

Le train se compose d'un châssis en charpente formé de deux longerons ou brancards, consolidé par des traverses, et par une croix de Saint-André, également en charpentes.

Ce châssis repose sur des ressorts d'acier plus ou moins nombreux, plus ou moins flexibles, selon la destination des voitures, qui sont eux-mêmes reliés avec les boîtes à graisse que portent les essieux, lesquelles sont maintenues par des feuilles de tôle solidement fixées au châssis et qu'on appelle : plaques de garde.

Outre les ressorts de suspensions, chaque train possède aussi des ressorts de traction qu'on appelle *tampons de choc;* ces tampons dont tout le monde connaît le fonctionnement, sont des rondelles de caoutchouc vulcanisé, fixées au bout d'une tige de fer mue par des ressorts en acier. Ils se touchent d'une voiture à l'autre, ce qui est indispensable pour qu'ils amortissent les secousses, au moment où le train se met en marche et quand il s'arrête.

La caisse, qui est la troisième partie du wagon, varie de forme et de construction selon la destination des voitures.

Chacun sait que les voitures à voyageurs se subdivisent en premières, deuxièmes et troisièmes classes; que les voitures de première sont plus confortables que celles de seconde, qui elles-mêmes le sont plus que les troisièmes, lesquelles ne le sont point du tout, nous ne dirons donc rien de ces véhicules, et c'est seulement pour faire un travail complet que nous mentionnerons les autres.

Il y a les wagons-postes qui sont vastes, aérés, chauffés et disposés comme de véritables bureaux dans lesquels les employés du service ambulant peuvent faire commodément le triage des lettres et des dépêches.

Il y a des wagons-ambulance qui, Dieu merci, sont d'un usage très restreint, mais comme il faut tout prévoir, même les malheurs de la guerre, chaque compagnie en possède un certain nombre qui sont admirablement appropriés à leur destination; on a même pour joindre à ces voitures, au cas

Wagon construit à Paris pour le pape Pie IX.

où l'on aurait à former des trains complets de blessés, des wagons-cuisine, et des wagons pharmacie que l'on peut faire communiquer les uns avec les autres au moyen de passerelles.

Il y a, pour l'usage des voyageurs qui peuvent s'octroyer quelques douceurs, des voitures mixtes comprenant deux compartiments de première classe et, à chaque extrémité, deux coupés qui se subdivisent en coupés-lits, et en coupés-fauteuils-lits, selon les lignes.

Il y a les wagons-salons, flanqués généralement de deux compartiments de deuxième classe, le milieu est une voiture assez vaste pour contenir 16 personnes, meublée, comme un salon, de canapés et de fauteuils, et quelquefois additionnée d'une terrasse pour les fumeurs et d'un autre petit compartiment plus indispensable encore, bien que les compagnies de chemin de fer aient l'air de le considérer comme un objet de luxe.

Il y a aussi les wagons-lits, autrement dits *Sleeping-Car*, empruntés aux Américains qui sont nos maîtres en fait de confort en voyage.

Ils se composent de compartiments, dont les moelleuses banquettes se convertissent, pour la nuit, en lits, munis de draps et de couvertures, dans lesquels on peut se coucher comme à l'hôtel, ou, pour être plus exact, comme dans une cabine de paquebot, en se déshabillant aussi complètement qu'on le veut, puisque, attenant à cette chambre à

Wagon construit en Angleterre pour le vice-roi d'Égypte.

coucher roulante, il y a un cabinet de toilette, muni de tous les accessoires nécessaires.

C'est bien, sauf le prix de location, qui augmente considérablement celui du voyage; mais ce n'est rien en comparaison du confort américain, où le sleeping-car n'est pas considéré comme compartiment de luxe, puisqu'il suffit de payer un dollar en sus du prix de la place pour avoir la jouissance d'un lit.

Aux États-Unis où les trajets sont longs,

du reste, le sleeping car est le véhicule ordinaire; immense, puisqu'il peut contenir cinquante personnes et qu'on y est parfaitement à l'aise, d'autant que si l'on s'y trouve trop gêné on peut chercher une place dans une autre voiture et se promener si l'on veut d'un bout à l'autre du train, au moyen des passerelles qui relient tous les wagons.

Comme voitures de luxe, mais toujours dans des conditions très abordables, les Américains ont des *state rooms*, qui sont des wagons salons, et des *palace cars*, où l'on peut voyager seul avec sa famille et s'y faire servir ses repas tout en voyageant, les trains de grandes lignes contenant tous des wagons restaurants, ou des wagons hôtels.

Sur la ligne du Pacifique, dont le trajet est d'une semaine, il y a même un wagon imprimerie où l'on édite un journal, paraissant tous les jours, avec les nouvelles reçues télégraphiquement aux stations de la route.

Il y a loin de là, avec ce qui se passe en Europe et surtout en France, dont le matériel est très perfectible.

Mon Dieu! ce n'est pas qu'on ne sache fabriquer des voitures de luxe, mais cela coûte si cher!

On en a fait sous l'empire, la ligne de l'Est, la ligne d'Orléans, la ligne de l'Ouest, probablement les autres aussi, ont construit leur train impérial dont chaque voiture coûtait cent mille francs.

C'était beau, c'était commode, mais cela ne servait guère, et aujourd'hui cela ne sert plus du tout.

Oh! pour le beau, on sait l'établir : la question est d'y mettre le prix.

Ainsi ce wagon, construit en France pour le pape Pie IX, était une merveille de confort, augmentée encore par les richesses de la sculpture et de la galvanosplatie.

Cet autre, que les Anglais ont fabriqué pour le vice-roi d'Égypte, n'était pas moins riche, mais moins complet, puisqu'il ne comprenait qu'un fumoir, tandis que l'autre renfermait un appartement complet.

Sans doute, ce n'est pas ce luxe que nous demanderions aux compagnies françaises, il faut savoir proportionner ses désirs, mais nous trouverions tout simple et tous les voyageurs seraient de notre avis, qu'on supprimât définitivement les voitures de troisième classe où la bronchite règne en souveraine pendant l'hiver, et qu'on les remplaçât par les secondes; les voitures de premières deviendraient alors des secondes, et l'on pourrait suppléer avantageusement aux premières avec des voitures du système américain, où l'on peut respirer et se mouvoir à l'aise.

Seulement n'y comptons pas... d'ici longtemps du moins.

Il nous reste maintenant à parler des wagons à bestiaux et à marchandises.

Dans la première catégorie, il y en a de confortables : les wagons-écuries, créés à peu près spécialement pour les chevaux de course, les autres ne sont que des caisses carrées, sans séparation pour les grands animaux, comme chevaux, bœufs et vaches, et coupés en deux étages pour les porcs et les moutons.

Quant aux wagons à marchandises, il y en a de plusieurs sortes :

Fourgons pour les bagages, contenant armoires et tablettes pour les objets fragiles, mais où il ne faut pas trop compter qu'on les mettra.

Wagons fermés, pour les marchandises qui redoutent la pluie.

Wagons, couverts seulement d'une bâche, pour des colis moins délicats.

Wagons complètement découverts pour les houilles, matériaux et autres.

Wagons trucs pour placer les voitures et les chariots de déménagement.

Wagons à sucre, à boîtes au lait, et combien d'autres que tout le monde a vus plus ou moins et dont la nomenclature n'intéresserait personne.

Parlons plutôt des freins, qui sont une

nécessité de la locomotion, puisqu'ils servent à régler la vitesse et à précipiter les arrêts, et qui sont adaptés à un nombre de voitures assez considérable, puisque, réglementairement, un train doit posséder, outre le frein du tender, un frein pour sept voitures, c'est-à-dire deux pour quatorze et quatre pour vingt-quatre, qui est le maximum des véhicules composant un train de voyageurs.

Avant qu'on ne connaisse les freins automoteurs, qui, d'ailleurs, ne sont pas encore adoptés partout, il fallait un employé spécial pour manœuvrer le frein, d'où les voitures qui en sont munies portent à l'arrière une espèce de guérite destinée à abriter le garde-frein.

Rien ne paraît plus simple que le mécanisme du frein, et cependant aucun accessoire de chemin de fer n'a plus exercé le génie des inventeurs; car il ne s'agit pas seulement de pouvoir arrêter un train lancé à toute vitesse, il faut pouvoir l'arrêter à temps pour éviter des accidents, mais non pas instantanément, comme prétendent y être arrivés certains novateurs (puisqu'alors le remède serait pire que le mal [1], mais le plus vite possible, en tenant compte du choc terrible que les voitures ne manqueraient pas de se donner entre elles si elles étaient arrêtées trop brusquement.

Le principe du frein est celui du sabot des charrettes et voitures ordinaires qui, par l'effet d'un mécanisme, vient frotter sur la jante des roues et fait ainsi une résistance qui modère progressivement le mouvement de rotation.

Dans les chemins de fer, où les sabots agissent intérieurement sur les deux roues d'un même wagon, ce mécanisme, mû par une manivelle placée sous la main du serre-frein, se compose d'un bras de levier, communiquant par des engrenages et des leviers coudés à une tige oblique qui, par l'intermédiaire d'un autre levier coudé, presse les sabots contre les roues, ou les éloigne si l'on tourne la manivelle dans le sens contraire.

Cette même manivelle communique en même temps au moyen d'une bielle, un mouvement identique au second frein, qui serre le sabot placé au devant de la première roue.

Ce système est parfaitement suffisant pour les arrêts prévus aux stations, mais il ne peut pas empêcher un train d'une moyenne vitesse, de faire encore quelques centaines de mètres et souvent plus; c'est pourquoi on a cherché à le modifier, non dans sa forme, qui est toujours la même, mais en lui donnant des moteurs plus expéditifs.

C'est alors qu'apparurent en Angleterre le frein Newal, qui bien que manœuvré par un garde frein, agissait à la fois sur plusieurs voitures; en Allemagne le frein Lindner reposant à peu près sur les mêmes principes et en France, au moins sur les chemins de fer de l'ouest et de l'est; le frein Stilmant qui fut bientôt remplacé par le système de M. Bricogne et Guérin; lequel agit directement sous l'action du frein du tender, ce qui évite tout le temps perdu par le mécanicien à donner le signal d'arrêt et par le garde-frein à exécuter ses ordres; par ce système on peut arrêter un train à moins de deux cents mètres, distance trop grande encore, pour les temps de brouillards où l'on ne voit pas si loin devant soi : on l'a, du reste, considérablement diminuée par l'em-

1. Veut-on des chiffres? Voici ceux que M. Gentil, ingénieur des mines a établis en ramenant les vitesses normales des trains à celles qu'acquièrent les corps en tombant de diverses hauteurs.

Il en résulte que si un train faisant 25 kilomètres à l'heure s'arrêtait instantanément on éprouverait un choc équivalant à une chute faite de $2^m,45$ de hauteur. Mais cette hauteur augmente, selon la vitesse des trains, avec une progression effrayante.

Ainsi la vitesse de 30 kilomètres, interrompue subitement produit sur le voyageur

le même effet que s'il tombait de. .			3,53
pour 40 kilomètres	—	—	6,29
pour 50 kilomètres	—	—	9,82
pour 60 kilomètres	—	—	14,15 etc.

ploi du frein Achard, mû par un courant électro-magnétique, que le mécanicien peut interrompre ou rétablir à volonté, pour serrer ou desserrer d'un seul coup tous les freins du convoi.

Ce système des plus ingénieux, puisqu'il

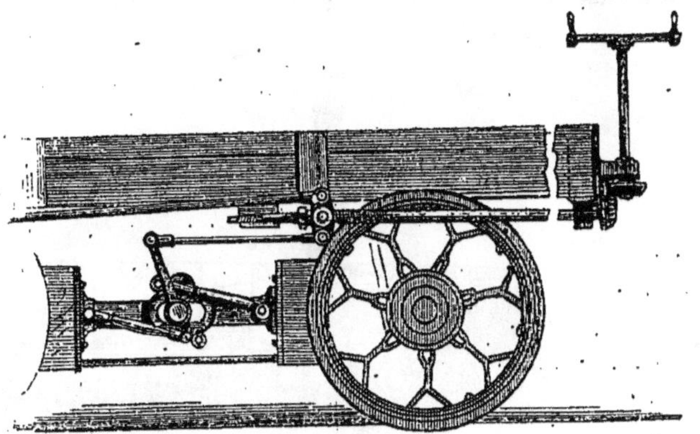

Mécanisme du frein.

peut servir ou au ralentissement progressif, ou à l'arrêt complet du train, par le calage presque immédiat des roues, a ouvert la voie à tous les procédés automoteurs, expérimentés ou mis en application sur nos lignes de chemins de fer.

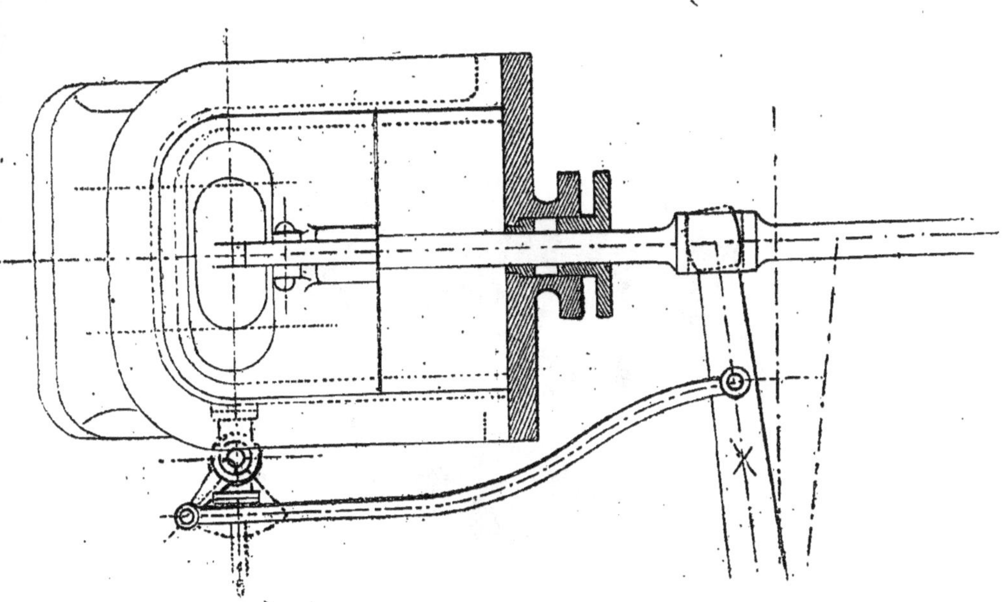

Frein à contre-vapeur (système Harmignies).

Les plus connus sont :

Le frein Smith, système pneumatique qui emploie le vide pour s'opposer au serrage des roues par les sabots ; naturellement, sitôt qu'on veut faire cesser ce travail continu, c'est-à-dire dès qu'on a besoin d'arrêter le train, le mécanicien tourne un robinet, la pression pneumatique n'existe plus et le frein entre aussitôt en action.

Le frein Westinghouse, qui repose exactement sur le même système, mais qui emploie l'air comprimé comme moteur.

Locomotive Jouffroy.

Et le frein Sanders (le plus récent du reste) qui, bien que fonctionnant par le vide, fait des arrêts tout aussi prompts que le frein Westinghouse.

Locomotive Fell (chemin de fer du Mont-Cenis).

Il consiste en ceci : Au-dessous de chaque voiture sont placés des ballons élastiques dans lesquels le vide est maintenu d'une manière constante, soit par l'action d'un éjecteur d'air à jet de vapeur, soit par une pompe à air activée par la machine de la locomotive.

Tant que le vide existe dans les ballons les freins sont libres, mais sitôt que l'on détruit plus ou moins le vide, ce qui s'obtient en tournant un robinet placé sous la main du mécanicien, les freins sont plus ou moins serrés.

Un tuyau, placé le long des trains et qui relient entre eux tous les ballons, leur permet de recevoir instantanément le même degré de vide, degré que le mécanicien peut régler et contrôler sans se déranger, puisqu'il a devant lui un manomètre de vide, placé sur la locomotive.

Ce système, très employé d'ailleurs est peut être celui qui offre la sécurité de fonctionnement la plus absolue, car son installation ne nécessite aucune espèce de soupapes, en outre son action commence dès qu'il y a introduction d'air dans le tuyau de conduite et ne peut pas être assez brusque pour occasionner une secousse.

L'un et l'autre ont leurs partisans, mais l'on peut dire, en thèse générale, que le meilleur système est, outre celui qui est le plus pratique, celui qui arrête le train, sans secousses dangereuses, à la distance la plus réduite.

Mais, ce n'est pas seulement par le frottement des sabots sur les roues, qu'on a cherché à arrêter progressivement les trains en marche, on a essayé aussi, et avec succès, le principe de la contre-vapeur, qui apparut vers 1860, et que M. Baude, le savant ingénieur, décrivait ainsi, dans un compte rendu des séances de la société d'encouragement.

« On a pu tirer de ce principe, et faire du renversement du tiroir un frein énergique et utile, en évitant les conditions fâcheuses qu'entraînait son emploi sans préparations préalables [1].

« Pour cela, on a disposé la machine de manière à faire précéder ce renversement par l'arrivée de la vapeur de la chaudière à l'entrée de l'orifice d'échappement du cylindre; cette vapeur refoule les gaz du foyer, et est seule aspirée dans le cylindre pendant la marche constante du piston. Elle y est comprimée et, dès lors, échauffée, et elle rentre ensuite dans la chaudière.

« Pour éviter un échauffement trop considérable, on a essayé d'injecter dans le cylindre, non pas de la vapeur seule, mais un mélange de vapeur et d'eau, et quelquefois on n'y a mis que de l'eau seule. C'est, en effet, l'échauffement des organes qu'on s'est appliqué à combattre, et une émulsion de vapeur et d'eau, telle qu'elle résulte de la projection d'une certaine quantité d'eau hors de la chaudière, est éminemment propre à enlever par la vaporisation de l'eau liquide, cet excès de chaleur provenant de la compression de l'air semi-gazeux qui est aspiré par le cylindre. »

L'application de cette théorie a été facile et a donné d'excellents résultats, puisque la contre-vapeur est employée maintenant dans tous les cas, même pour les arrêts aux stations; d'autant que depuis vingt ans les appareils ont été singulièrement perfectionnés.

Le meilleur, peut-être, disons l'un des meilleurs, pour ne décourager personne, est le système Harmignies, adopté d'abord par la compagnie des Dombes et du Sud-Est, qui l'a reconnu comme plus puissant, en même temps que plus pratique, que tous les autres procédés connus.

Il se compose d'un obturateur qui, au moment où l'on veut faire contre-vapeur, ferme les conduits d'échappement un peu au-dessus de leur jonction; en même temps se démasquent deux orifices de 2 millimètres carrés, qui amènent l'eau du tender et débouchent au-dessous de l'obturateur; puis, le régulateur étant ouvert en grand, on renverse la marche.

La manœuvre est extrêmement simple, puisque le même mouvement qui intercepte la communication entre l'échappement et la

1. Introduction dans le cylindre des gaz de la combustion et même de cendres capables de le détériorer.

boîte à fumée, démasque aussi les orifices d'arrivée d'eau froide, et sans nuire en quoi que ce soit au fonctionnement des injecteurs Giffard; il suffit au mécanicien d'un effort de traction modéré sur une tige guidée parallèle à l'axe de la chaudière et dont la course n'est que de quelques centimètres.

De plus, l'obturateur est muni d'un clapet, qui prévient tous les inconvénients qui pourraient se produire, si, par impossible, le mécanicien, en reprenant la marche normale, oubliait de rendre l'échappement libre, car la vapeur se dégage alors en soulevant le clapet avec un bruit particulier, qui attire forcément son attention.

Comme puissance, on a constaté un arrêt à moins de 400 mètres, avec train lourdement chargé, descendant à vitesse moyenne une rampe de 21 millimètres.

D'où il s'ensuit que la contre-vapeur est un auxiliaire excellent, mais qu'il ne faut cependant pas compter absolument sur elle pour remplacer les freins.

On doit pourtant se louer de son adoption sur toutes les locomotives; car, lorsqu'il s'agit de la vie des voyageurs, deux sûretés valent mieux qu'une.

CHEMINS DE FER DIVERS.

Notre travail serait incomplet si nous ne disions quelques mots des différents systèmes de chemins de fer qui se rattachent, de près ou de loin, à celui que nous avons largement décrit.

Ces systèmes sont nés presque tous de ce qu'on appelle les inconvénients des chemins de fer, inconvénients très réels du reste, malgré tous les mérites de l'invention, dont les plus apparents sont : le prix exorbitant de l'établissement de la voie et du service d'exploitation et le poids énorme de la locomotive, qui fait perdre à la traction la plus grande partie de la puissance développée par la vapeur.

C'est pour remédier à l'un ou l'autre de ces inconvénients, le plus souvent aux deux, que les inventeurs ont multiplié leurs efforts.

Certains ont trouvé, ou cru trouver, des moyens nouveaux pour effectuer les transports sur voies ferrées avec plus de sécurité et d'économie ; nous allons étudier brièvement leurs créations.

Le système Jouffroy, paru le premier, nécessite, entre les deux rails ordinaires, l'emploi d'un rail central strié peu profondément en crémaillère sur lequel circule une grande roue qui est la cheville ouvrière de la machine de traction.

Le moteur de cette machine est une chaudière, comme celle des locomotives, placée sur un châssis porté seulement par deux roues à jantes et reliée par des articulations : au train d'avant, qui porte les pistons et le mécanisme et soutient la roue matrice; et à un train d'arrière à deux roues seulement, qui porte le tender.

Les roues de la machine du tender, ainsi que celles de tous les wagons, sont libres autour de l'essieu, la roue d'avant ne fait qu'un corps avec son essieu, coudé de chaque côté pour recevoir son jeu des bielles, comme dans les locomotives ordinaires, mais les jantes de cette roue motrice sont en bois, pour obtenir plus d'adhérence sur le rail strié.

Ce moyen d'adhérence n'a pas paru sérieux aux ingénieurs officiels chargés de l'étudier et ce système, qui avait beaucoup de légèreté et de souplesse, n'a pas été perfectionné, après des essais d'ailleurs peu satisfaisants.

Mais le rail central était trouvé et d'autres inventeurs allaient essayer d'en tirer parti.

Ce fut le baron Seguier qui commença, du moins en théorie, car son système, pour lequel il prit un brevet en 1846, ne fut appliqué que plus tard, avec des perfectionnements apportés successivement par MM. Dumery, Giraud et Fedit et surtout par M. Fell, qui ne se contenta pas de construire une locomotive, mais l'employa au service du chemin de fer spécial qui fonctionna sur le Mont-Cenis, de Saint-Michel à Suze, pendant le percement du tunnel.

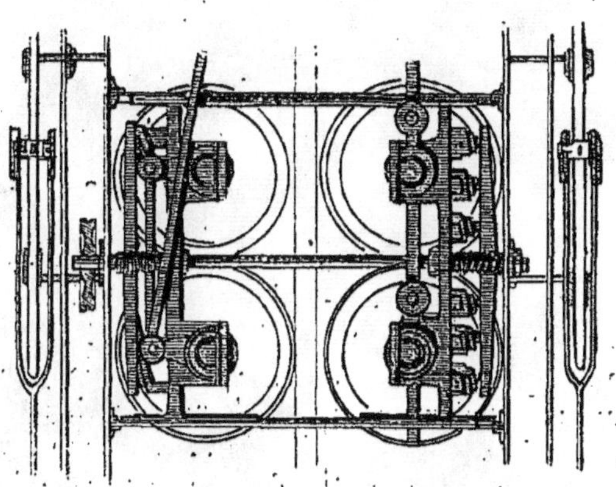

Système Fell (les roues horizontales).

C'est cette dernière que nous décrirons, au moins dans ses organes nouveaux, car elle ressemble à toutes les locomotives mixtes à deux paires de roues couplées et cylindres

Le chemin de fer du Rigi.

noteurs, mais outre ces cylindres moteurs l y en a, placés entre les roues qui courent sur les deux rails ordinaires de la voie, deux autres qui actionnent deux autres paires de

Chemin de fer du mont Washington, en Amérique.

roues, placées dans le sens horizontal et tournant sur les gorges d'un rail central posé sur un plan, plus élevé de 20 centimètres, que les rails qui portent les roues verticales.

Ce rail médian est lisse, ce qui ne l'empêche pas d'assurer une adhérence considérable à la machine, car les roues horizontales sont pressées dessus par des ressorts à boudins, actionnés par un sommier que le mécanicien peut mettre en mouvement à volonté.

Comme on sait que le poids énorme des locomotives n'a d'autre but que de donner plus d'adhérence aux roues sur les rails polis, il était donc permis d'espérer qu'avec le système Fell, on pourrait opérer une révolution dans la construction des machines.

Mais il paraît que cette espérance était prématurée, car l'addition d'un rail central, et des roues horizontales qu'il nécessite, au matériel roulant ne serait pas compensée par le bénéfice qu'on en retirerait en sécurité.

Peut-être si l'on construisait une ligne nouvelle pourrait-on l'établir plus économiquement, en employant des rails plus légers et des machines moins pesantes pouvant gravir les pentes les plus raides et franchir les courbes du plus petit rayon, mais sur les chemins déjà existants et pourvus d'un matériel colossal, il n'y avait rien à tenter.

Le système Fell n'en est pas moins sorti triomphant de la période expérimentale puisque le chemin de fer du Mont-Cenis qui avait 80 kilomètres de longueur, des rampes de 8 centimètres par mètre et des courbes de 40 mètres de rayon, a fonctionné pendant trois ans.

Il est vrai qu'il n'avait pas une grande vitesse, puisqu'il mettait cinq heures à faire le trajet, avec des trains minuscules de deux et trois wagons, mais comme chemin de fer de montagne c'est encore assez joli.

C'est d'ailleurs la véritable, sinon la seule application vraiment pratique du système Fell, qui a servi de type à celui du célèbre chemin de fer du Rigi, qui transporte tous les étés des milliers de curieux et de touristes, aussi bien qu'à ceux du Kolkenberg, près de Vienne en Autriche, et du mont Washington aux États-Unis.

Sur ce dernier, qui monte d'ailleurs à une altitude de plus de deux mille mètres et qui à cet égard, aussi bien qu'à celui de la témérité toute américaine de sa construction — est le plus curieux de tous; la pente atteint jusqu'à 33 centimètres par mètre, tandis qu'au Rigi elle n'est que de 25 centimètres.

A des pentes plus fortes, il fallait opposer un système plus énergique c'est ce qu'à fait l'ingénieur Marsh, en Amérique et, après lui, l'ingénieur suisse Riggenbach, constructeur du chemin de fer du Rigi.

Leur troisième rail n'est pas seulement serré par les roues horizontales de la locomotive et du wagon qui la suit, il est encore denté en forme de crémaillère sur laquelle s'engrène un pignon, également denté, placé sous la machine; moyen qui augmente l'adhérence et la sécurité, mais qui diminue encore la vitesse (il faut près de deux heures au train pour monter au sommet du Rigi qui n'a que 1700 mètres d'altitude).

Aussi, nombre d'ingénieurs préfèrent-ils, pour l'ascension des montagnes, le système des machines fixes remorquant les trains, sur des plans inclinés à l'aide de chaînes sans fin ou de câbles, qui ont fait donner à ce système de traction le nom prosaïque de chemins de fer à la ficelle.

Dans le principe, le plan incliné se composait d'une machine à vapeur placée au sommet, et actionnant un câble dont chaque extrémité était fixée à un wagon, roulant sur des rails ordinaires, l'un montant la côte pendant que l'autre la descendait. C'est le premier système funiculaire, employé au petit chemin de fer de Lyon aux Brotteaux et au chemin de fer d'Ouchy à Lausanne pour ne citer que les plus connus : mais il a été notablement modifié depuis, surtout par M. Agudio, ingénieur italien dont les perfectionnements ont été adoptés pour la construction du chemin de fer du Vésuve, d'ailleurs tellement peu incliné qu'il ressemble presque à un ascenseur.

Dans ce système, qui repose sur le principe de la chaîne des bateaux de touage, il y a d'abord un cable fixe qui va d'une extrémité à l'autre de la ligne; mais qui s'enroule deux fois sur les gorges de deux tambours, disposés sur un chariot placé à l'arrière du wagon.

Ces deux tambours sont mis en mouvement par un cable sans fin, qui tourne sur deux poulies placées à côté des tambours, lequel est lui-même mû par deux machines à vapeurs fixes, placées aux deux extrémités de la ligne et qui en tirent chacune un brin dans un sens opposé.

On comprend alors que le wagon locomotour monte progressivement le long du cable toueur, en même temps que le wagon de contre-voie descend.

Ce cable, les freins puissants dont sont munis les wagons, sont d'une sécurité considérable; elle n'a pas paru encore suffisante à M. Agudio, car il a perfectionné son système en remplaçant son cable toueur par un rail central à crémaillère, analogue à celui du Rigi.

Dans ce cas, les poulies de transmission du locomoteur, au lieu d'être placées verticalement à la queue du wagon, sont disposées horizontalement dessous, de façon à étreindre fortement le rail, et à augmenter ainsi l'adhérence de l'appareil.

Le plus remarquable chemin de fer de ce genre, bien que moins connu que celui du Vésuve, est au Brésil, il sert à franchir la *Serra do Mar* sur près de dix kilomètres de longueur, de Santes à Jundiahy.

Il est vrai que l'altitude à atteindre n'est que de 800 mètres; on n'en a pas moins divisé la montée en cinq tronçons, se terminant chacun par une plate-forme sur laquelle on a installé une machine à vapeur d'une puissance suffisante à remorquer avec une vitesse de 16 kilomètres à l'heure, un train pesant cinquante tonnes.

Mais laissons les plans automoteurs, dont l'application n'est pas spéciale à la locomotion, pour revenir aux chemins de fer proprement dits, par le système Arnoux employé encore aujourd'hui sur la ligne de Paris à Sceaux.

Ce système, créé spécialement pour permettre la circulation des trains sur des courbes de très petits rayons, a une certaine parenté avec le système Fell (l'emploi des roues supplémentaires), mais elles sont disposées d'une autre façon.

Le wagon, aussi bien que le bâti qui porte la locomotive se compose de deux trains, le premier, mobile autour d'une cheville ouvrière, relié au second qui est fixe.

Le premier train, qui a beaucoup de rapport avec les avant-trains des voitures ordinaires, se compose d'un disque maintenu par des barres de soutènement, qui tourne autour de la cheville ouvrière, et entraîne par sa flexion l'essieu du train de derrière.

Mais pour que cet entraînement, d'autant plus fréquent qu'il y a plus de courbes (et on les avait prodiguées exprès sur la ligne d'expérimentation) n'amène pas un déraillement, le train antérieur est maintenu sur la voie au moyen de quatre roues obliques, fixées sur un disque en bois, qui frottent sur les rails et les pressent d'autant plus que la courbe est plus prononcée.

Ce système donne des résultats satisfaisants, mais il faut dire que le chemin de fer sur lequel on l'emploie n'a que des trains d'une pesanteur limitée, autrement il serait presque sans effet. C'est pourquoi on ne l'a pas adopté sur les grandes lignes, dont on aurait pu construire ainsi les tronçons nouveaux plus économiquement.

Cette question d'économie a donné naissance à d'autres systèmes plus récents.

Ainsi M. Larmanjat, puis M. Saint-Pierre et Goudal, ont imaginé des chemins de fer à rail unique, pouvant s'établir sur l'accotement des routes.

Dans le système Larmanjat les véhicules ont quatre roues, deux sur l'axe longitudinal,

Chemin de fer du Vésuve. — La voiture, élévation et coupe.

qui portent sur le rail, et deux dans l'axe latéral roulant sur le sol et suffisantes à maintenir l'équilibre.

Un essai a été fait sur une longueur de cinq kilomètres entre Montfermeil et le Raincy, il a donné de bons résultats. Mais pour que ce système soit pratique il faut que la chaussée, parcourue par les trains, soit parfaitement de niveau, autrement il y aurait des cahots si précipités que le voyage serait impossible.

Ce n'est du reste pas là une difficulté insurmontable. M. Larmanjat paraît pourtant avoir abandonné son idée; car, à l'exposition de 1878, il présentait une locomotive destinée à gravir, sur les chemins de fer ordi-

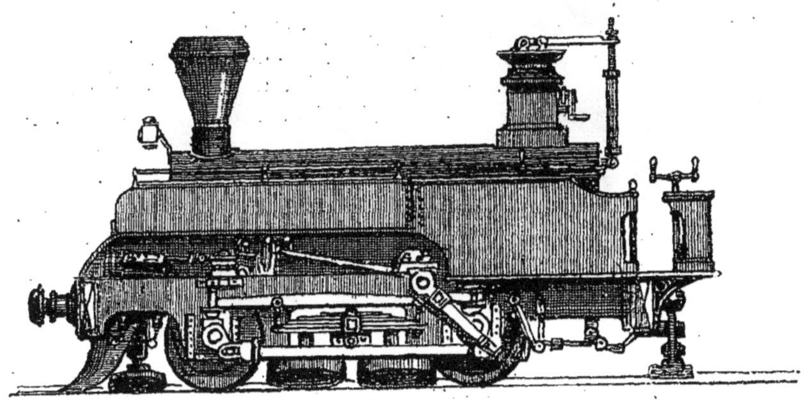

Locomotive de M. Saint-Pierre et Gondal.

LE CHEMIN DE FER DU VÉSUVE.

naires, les pentes les plus prononcées, et qui n'est, en somme, qu'un perfectionnement de la locomotive Fell, puisqu'il lui faut un rail central denté, sur lequel une roue spé-

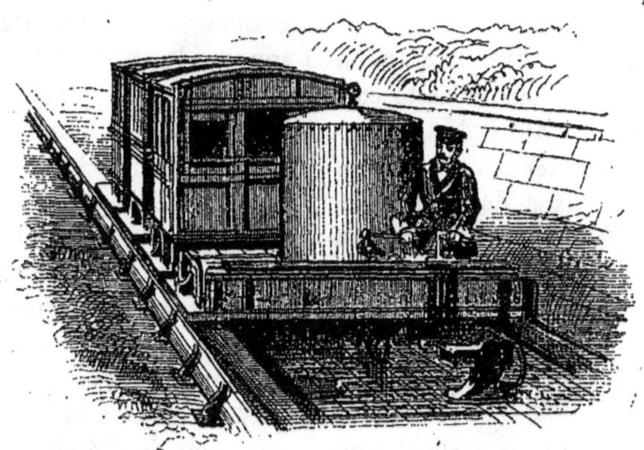

Chemin de fer à glissement (système Girard).

ciale s'engrène pour augmenter l'adhérence des roues porteuses sur les rails, sans surcharger la machine.

Le système Saint-Pierre et Goudal est une simplification du procédé Fell ; il n'emploie pas trois rails, mais, à la place des deux rails de voie, il nécessite l'établissement de deux bandes d'asphalte pour faire un chemin uni à ses roues porteuses.

Le rail unique devient alors un rail central sur lequel deux paires de roues, presque horizontales et recevant leur mouvement de deux cylindres placés à l'avant de la locomotive, pressent pour donner de l'adhérence au convoi.

Bien plus nouveau était le système Girard dont on a beaucoup parlé, il y a quelques années, lors des expériences faites près

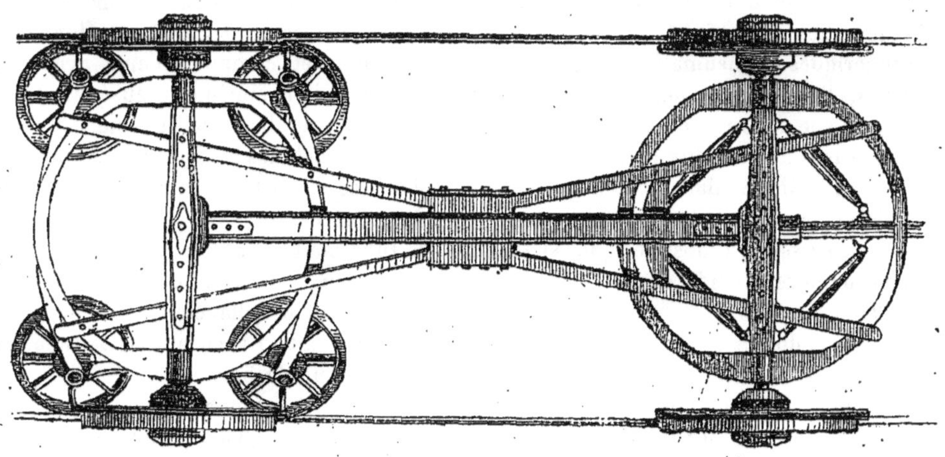

Système articulé Arnoux (chemin de fer de Sceaux).

de Paris, au hameau de la Jonchère. Avec ce système il n'est pas besoin de roues, pas même de locomotive, c'est l'eau qui est chargée du mouvement. Pour cela

M. Girard a imaginé un rail plat, sur lequel des patins cannelés portant les véhicules, glissent par l'effet d'eau comprimée introduite entre le rail et le patin.

Il suffit donc d'une machine fixe actionnant des turbines, pour fournir cette eau; mais cela démontre l'inanité du système appliqué aux chemins de fer; car l'établissement des machines fixes de distance en distance, le long de la voie, serait plus couteux que les locomotives.

Et puis comment se ferait le service des gares? les croisements de lignes seraient bien difficiles, les passages à niveau impossibles!

Cet essai était pourtant un perfectionnement car la première idée de M. Girard n'excluait pas les roues des véhicules.

Son appareil locomoteur consistait alors en deux turbines placées sous les wagons, et imprimant aux roues un mouvement de rotation, grâce à une conduite d'eau disposée le long des rails.

Il est vrai que ce n'était alors qu'une application du système anglais expérimenté sur le chemin de fer de Dublin à Cork, par l'ingénieur Shuttlewarth.

Cela nous amène tout naturellement à la série des chemins de fer à air comprimé, atmosphériques et pneumatiques, qui sont, d'ailleurs, l'application, peu différente, du même principe qu'on peut résumer ainsi:

Fixer sur toute la longueur de la voie un tube métallique, dans lequel peut se mouvoir un piston que l'on pourra actionner par la pression atmosphérique, si l'on a le soin de faire le vide dans le tube, de l'autre côté du piston.

La marche du piston étant obtenue, il suffira de le relier avec un wagon ou avec un train, pour lui communiquer le mouvement, s'il dispose d'assez de force motrice.

L'air comprimé a donné lieu à plusieurs systèmes. D'abord M. Andraud a pensé à l'emmagasiner sur les locomotives pour remplacer la vapeur; pour cela il faisait porter le réservoir d'air par le tender et comme son récipient ne contenait pas de provisions suffisantes pour acquérir une grande puissance de traction, il renouvelait son fluide moteur à des réservoirs fixes échelonnés sur la voie.

M. Pecqueur, qui a perfectionné ce système, n'a point chargé sa locomotive, il a imaginé de disposer sur toute la longueur de la voie un tube servant de réservoir, où la machine puiserait l'air comprimé au fur et à mesure de ses besoins.

De là une complication de tiroirs, de glissières creuses, en communication avec les tubulaires à soupape, dont le tuyau à air comprimé était muni de distances en distances, qui rendirent le système impraticable.

Mais déjà M. Andraud avait proposé autre chose, qu'il appelait système éolique et qu'il expérimenta en petit, aux Champs-Élysées en 1856.

Cela n'était d'ailleurs possible qu'en petit, car l'air comprimé ne peut pas donner assez de force pour traîner des trains lourdement chargés, surtout dans les conditions d'installation que nous allons rappeler.

Le moteur consistait en un tube de cuir, rendu imperméable par une enveloppe de caoutchouc, et communiquant avec un réservoir d'air comprimé, creusé en canal, sous le sol, au bord de la voie, et dans lequel des machines à vapeur fixes, placées de distance en distance, condensaient l'air au degré nécessaire.

Ce tube était couché le long de la voie entre les deux rails; au point de départ, la voiture directrice (elle était seule dans les expériences faites) reposait sur le tube par une large roue de bois.

Voulait-on lui communiquer le mouvement, il n'y avait qu'à ouvrir un robinet, le boyau de cuir s'emplissait d'air comprimé et, se grossissant à vue d'œil, lançait la voiture sur les rails.

Ce système, par suite de modifications,

pourrait devenir pratique, mais pour économique, jamais.

Le système atmosphérique employé en France, sur la ligne de Saint-Germain (du Pecq à Saint-Germain) et en Angleterre sur le chemin de fer de Londres à Croydon, a les mêmes inconvénients ; aussi a-t-il été abandonné en 1856 à Londres, et en 1859 à Saint-Germain, c'est-à-dire aussitôt qu'on a eu des locomotives assez puissantes pour faire monter aux trains des pentes de 3 centimètres.

C'est ainsi que pour ramener à 1 fr. 32 c. par train et par kilomètre la traction, qui coûtait entre le Pecq et Saint-Germain de 3,80 à 4 francs par kilomètre, on anéantit un matériel qui avait coûté très cher et qui comprenait, outre les puissantes chaudières à vapeur qu'il fallait entretenir constamment sous pression, bien que l'action qu'elles avaient à communiquer aux pompes pneumatiques ne fût que de trois minutes par heure, l'installation sur toute la ligne du tube propulseur, à l'intérieur duquel voyageait le piston.

Ce tube, en fonte, couché entre les deux rails, avait 63 centimètres de diamètre intérieur ; il était formé de 850 segments de 3 mètres de longueur, pesant chacun 1470 kilogrammes, c'est assez dire son prix élevé.

Il était, dans toute sa longueur, percé d'une fente par laquelle passait l'espèce de long couteau qui reliait le piston au wagon conducteur. En avant du piston, c'est-à-dire du côté où le vide était fait par les machines pneumatiques, la fente se trouvait fermée par une bande de cuir, renforcée par de minces lames de tôle, qui faisait fonction de soupape, son adhérence avec le tube étant maintenue par un mastic composé de cire, de caoutchouc et d'argile délayé dans de l'huile de phoque.

Mais pour que la tige de communication du wagon pût s'avancer dans la fente au fur et à mesure que le piston progressait, il chassait devant lui une série de galets de diamètres décroissants qui déplaçaient la soupape.

Le trajet se faisait régulièrement à raison d'un kilomètre par minute, mais il coûtait douze francs, tandis que par la traction actuelle il n'en coûte guère que trois.

C'est la condamnation de ce système, d'ailleurs très satisfaisant au point de vue mécanique, mais qui, même à prix égal, ne serait pas pratique sur une grande ligne, à cause des difficultés d'embranchement, et surtout aussi parce que le conducteur n'a rien en main pour arrêter ou même modifier la marche du train entre deux stations, le piston donnant toujours la même force motrice.

Un perfectionnement, ou, pour mieux dire le principe même du chemin de fer atmosphérique a donné le chemin de fer pneumatique.

C'est le tube pneumatique qui donne l'action au train, s'est dit M. Ronnel, l'ingénieur anglais qui a construit le premier tube pneumatique pour la transmission des dépêches (reprenant ainsi, en la réalisant, l'idée de Wallance) pourquoi ne pas placer les voyageurs dans le tube même ?

Il n'y avait pour cela qu'à l'agrandir assez pour qu'il pût recevoir un wagon.

C'est ce qu'il fit en construisant un chemin de fer d'essai dans le parc de Sydenham.

Au lieu d'un tube il construisit un tunnel en maçonnerie de 600 mètres de longueur, sur 3^{m},20 de diamètre.

La voiture, installée comme un grand omnibus, porte elle-même son piston moteur à l'une de ses extrémités sur un disque de même diamètre que le tunnel, et dont le pourtour est garni d'un cordon de peluche de soie, formant brosse, qui frotte sur les parois de la galerie et intercepte suffisamment le passage de l'air pour maintenir le vide, fait à l'avant, par la machine pneumatique.

Chemin de fer atmosphérique. Coupe intérieure du tube.

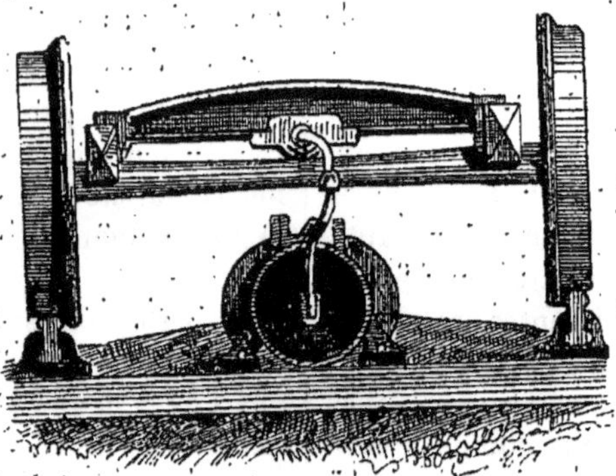

Coupe du chemin de fer atmosphérique.

Chemin de fer pneumatique de New-York

Le tunnel.

La voiture.

Pour partir, il suffit de desserrer le frein qui retient la voiture sur un plan incliné, elle descend alors par son propre poids et s'engage dans le tunnel; dès qu'elle a dépassé l'ouverture grillée d'une galerie latérale, la bouche du tunnel se ferme par une porte en fer à deux battants et la voiture, poussée par un courant d'air comprimé que lui envoie un ventilateur, s'achemine vers l'extrémité du tunnel, exactement comme les dépêches dans le tube du télégraphe pneumatique.

Le retour est encore beaucoup plus simple, car le vide suffit à le déterminer.

Chemin de fer métropolitain de New-York — Croisement de Biver street.

Ce système fort ingénieux, il faut en convenir, mais qui ne ferait pas fortune en France, où l'on aime à voir clair, autant que possible, en voyageant; est représenté aussi à New-York par un petit chemin de fer qui mène à Warren Street, avec cette différence, peu importante du reste, que c'est le wagon lui-même qui fait office de piston, étant de forme cylindrique et d'un diamètre presque égal à celui du tunnel.

Nous le répétons, ce procédé est ingénieux et certainement pratique pour les petites distances, il pourrait même l'être pour traverser plus économiquement qu'avec le système ordinaire, des montagnes ou des bras de mer (et rien ne prouve qu'on ne l'essaiera pas dans le futur tunnel sous la Manche), mais ce n'est pas encore cela qui détrônera la locomotive, qui est lourde, il est vrai, mais qui ne manque point de majesté et qui a pour elle deux qualités primordiales dans la question de locomotion : la puissance et la rapidité.

CHEMINS DE FER URBAINS

Puisque nous étudions tous les systèmes, mentionnons les chemins de fer urbains qu'on appelle plus communément chemins de fer métropolitains, parce qu'ils ne desservent encore que des capitales.

Mais nous n'en aurons que peu de choses à dire, puisque, sauf les immenses travaux d'art qu'ils nécessitent, ce sont jusqu'à présent des chemins de fer ordinaires et les projets qui sont à l'étude pour celui qui doit sillonner Paris n'apportent pas de modifications radicales aux systèmes de construction déjà adoptés.

Examinons-les pourtant !

A Londres, le chemin de fer métropolitain procède surtout par viaducs et par tunnels, et les rares passages à ciel ouvert sont presque tous encaissés dans de profondes tranchées.

Du reste, tous ces tunnels ont d'abord été des tranchées, car, à cause du réseau inextricable des égouts et des conduites d'eau et de gaz qui se développent sous la ville, on n'a pu procéder par les moyens ordinaires, et, à part quelques rares et courtes exceptions, tous les travaux ont été exécutés à ciel ouvert ; en multipliant les boisages et les systèmes de consolidation sur les parois latérales des tranchées, pour empêcher la chute des maisons voisines.

La tranchée achevée, à une largeur supérieure à 8m,70, largeur normale du souterrain qui traverse une grande partie de la ville, on bâtissait dedans la voûte définitive du tunnel, en anse de panier à trois centres avec pieds droits en arc de cercle, de façon à ce que la clef de voûte fût à cinq mètres du niveau des rails, et sur cette voûte on reformait la rue telle qu'elle était auparavant.

Mais non pas aussi facilement, car il fallait remettre en place les innombrables tuyaux de conduite que, vu leur direction, à peu près dans tous les sens et à des niveaux très différents, on était souvent obligé de détourner : soit pour les placer sous la voie dans des tranchées ad hoc, soit pour les suspendre aux parois latérales ou à la voûte du souterrain avec des supports en fer.

Ce fut un travail gigantesque, d'autant que le grand égout *Fleet Sewer*, l'équivalent de notre égout collecteur, fit irruption dans le souterrain au moment où la ligne allait être livrée à la circulation.

Aussi la section qui relie la ligne du *Great-Western* au *Great-Northern* a-t-elle coûté 32,500,000 francs, c'est-à-dire 4,500 francs par mètre courant.

Eh bien, c'est encore moins cher que la construction sur viaducs, puisque le réseau de Blakwall à Fenchurcht Street, qui est établi de cette façon, revient à plus de 5,400 francs le mètre courant, et pourtant sur ce parcours le prix des terrains est moindre que dans les quartiers que traverse le *Metropolitan-Railway*.

C'est d'ailleurs le plus intéressant de tous, car des sept stations qu'il dessert, trois seulement sont à ciel ouvert ; les autres sont souterraines et éclairées par des soupiraux percés de chaque côté de la voie, débouchant dans les jardins qui bordent la rue sur toute la longueur de la ligne.

Chaque station comprend un étage de plain pied avec la voie publique et c'est de là que partent les escaliers de départ et d'arrivée.

L'exploitation d'un pareil chemin de fer présentait des difficultés qui ont été vaincues par un aérage intelligent, un éclairage abondant et un système de signaux très perfectionné, établi de façon que deux trains engagés sur la même voie : soit montante, soit descendante, ne peuvent jamais se trouver à la fois entre deux stations voisines; c'est-à-dire qu'un train ne quitte jamais une gare, sans que le train précédent ait dépassé la station suivante.

Quant à la ventilation, elle est d'autant meilleure qu'on ne se sert point des locomotives ordinaires, à cause de la fumée qu'elles dégagent ; on emploie des locomotives-tender qui, à ciel ouvert, fonctionnent comme les autres, mais, une fois sous terre, marchent sans fumée.

A cet effet, une soupape, manœuvrée par le mécanicien, ferme la chaudière et les gaz se rendent dans un condenseur rempli d'eau froide, le tirage se trouve ainsi arrêté puisqu'un registre intercepte en même temps l'arrivée de l'air sous le foyer; mais le chauffeur a dû forcer le feu en conséquence, de façon à ce que la vapeur emmagasinée, augmentée de celle qui continue à se produire, soit suffisante pour actionner la machine jusqu'à la prochaine tranchée.

A New-York, il existe aussi un chemin de fer souterrain qui partant de la *Battery* pour aboutir au *Central Park* passse sous la grande avenue, et a environ 18 kilomètres de développement (en y comprenant l'embranchement de la *Madisson Avenue*, qui aboutit à la rivière de Harlem); il est établi naturellement dans les mêmes conditions.

Mais il y en a un beaucoup plus pittoresque parce qu'il emprunte le système aérien sur la plus grande échelle et passe, à son gré, dans les rues les plus fréquentées à la hauteur du premier ou du second étage, quelquefois les deux à la fois, comme au croisement que représente notre gravure; mais on ne se donne pas la peine de construire des viaducs pour le porter, de simples échaffaudages soutenus par des colonnes en fonte, quelquefois même en bois, suffisent, sans parapets, naturellement; bien heureux encore quand on daigne plancheyer la voie pour ne pas atterrer les piétons par la vue, presque à découvert, des trains passant au-dessus d'eux.

New-York n'a pas, du reste, été la première ville américaine à posséder un chemin de fer urbain. Baltimore en avait deux lignes avant elle, toutes deux traversant souterrainement, et beaucoup plus en tunnels complets qu'en tranchées, les plus beaux quartiers de la ville.

Ce chemin de fer, à deux voies, dont la la longueur totale atteint à peine 6 kilomètres, a coûté plus de cinq millions de dollars, mais il rend des services en proportion et son exploitation est prospère.

Citons encore, au moins pour mémoire, Liverpool, qui possède aussi son railway souterrain, moins étendu à la vérité, mais suffisant aux besoins de la ville.

Et en perspective, Vienne et Berlin, où les travaux de construction sont poussés, dit-on, avec assez d'activité.

Paris attend toujours son chemin de fer métropolitain, car le chemin de fer de ceinture ne doit pas être considéré comme tel, bien qu'il relie entre elles toutes les grandes lignes, par la raison qu'il ne dessert que les quartiers excentriques.

La question paraît pourtant résolue, en théorie du moins. Nous aurons, dans un temps donné, des chemins de fer qui traverseront la ville, puisqu'il s'est formé une compagnie pour leur construction et probablement aussi leur exploitation.

On sait déjà le prix que coûteront les places : trente centimes en première classe et quinze centimes en secondes, pour toutes les stations, avec faculté de correspondance avec les voitures de la compagnie des omnibus ; il est vrai qu'on ne sait pas encore d'une façon officielle, où, comment, par quel système seront construits lesdits chemins de fer.

Faute de renseignements certains sur les plans adoptés, s'il y en a, disons toujours

Chemin de fer de Festiniog. — La station de Tan-y-Bwlch.

Chemin de fer à voie étroite de la province de Buenos-Ayres (système Decauville).

quelques mots des projets qu'on a vu se produire depuis trente ans, bien que tous, d'ailleurs, fissent des emprunts plus ou moins larges aux systèmes dont nous venons de parler.

Le projet de M. Telle, qui fit quelque

Locomotive et tender du chemin de fer de campagne (système Decauville).

bruit vers 1855, consistait à établir un chemin de fer ordinaire sur des arcades bâties au milieu des rues, à peu près comme le viaduc de départ du chemin de fer de Vincennes, et atteignant la hauteur du premier étage.

Gare de départ du chemin de fer de Sousse à Kairouan (système Decauville).

Ce qui ne serait pas impossible, si les chevaux voulaient s'habituer au bruit des trains et les habitants des maisons voisines à la fumée des locomotives.

Le plan de M. Lacordaire, ingénieur des ponts et chaussées, qui voulait établir une galerie souterraine traversant toute la ville, aurait pu être mis à exécution, si l'autorité municipale d'alors avait consenti à laisser détourner les égouts.

Il fit bien un nouveau projet qui laissait tout en place, parce qu'il creusait son souterrain au-dessous du niveau des égouts, mais ce projet a été abandonné.

Même sort était réservé à celui de M. Jules Brame, qui pourtant était des plus séduisants.

Il s'agissait de l'établissement, en viaduc, à la hauteur d'un premier étage, d'un boulevard de fer, dont la chaussée aurait été consacrée à l'emplacement de deux voies ferrées, et les trottoirs réservés au service des piétons et donnant sur deux rangées de maisons à deux façades, l'une sur le boulevard chemin de fer, l'autre sur une voie parallèle affectée aux voitures.

Ces rues seraient naturellement en contrebas, mais elles communiqueraient entre elles au moyen de passages établis sous la voie ferrée, à la rencontre de toutes les rues transversales.

C'était le projet Telle, perfectionné, tellement perfectionné même, au moyen d'escaliers doubles mettant en communication les trottoirs du boulevard avec ceux des rues latérales; et de balustrades bordant lesdits trottoirs avec passerelles pour franchir la voie ferrée; que sa réalisation aurait coûté des sommes fabuleuses, sans parler de la difficulté d'établir les boulevards projetés dans une ville déjà toute bâtie.

L'inventeur objectait à cela que la location des immeubles créés couvrirait une partie des dépenses de construction, mais on ne le crut point sur parole.

Il ne serait pourtant pas impossible que cette idée-là revînt sur l'eau, si tant est que nous ayions jamais un chemin de fer métropolitain.

Il y aurait peut-être aussi quelque chose à prendre au projet que M. Carton de Wiart publia lorsqu'il proposa de relier les gares du Nord et du Midi de Bruxelles, par une rue de fer à quatre voies traversant toute la ville.

« Les deux voies du milieu sont à ciel ouvert, tandis que les autres passent sous une galerie recouverte par une terrasse d'une largeur suffisante pour permettre le passage des voitures.

« De cette façon la circulation des convois est rendue tout à fait indépendante de la circulation des voitures et des piétons.

« La rue de fer aura 19 mètres de largeur, 8m,50 à ciel ouvert et 5m,25 de chaque côté pour la partie ouverte. La partie de la terrasse destinée au passage des voitures aura 3 mètres de largeur, il restera ainsi 2m,25 pour établir un trottoir devant les maisons. La circulation des voitures aura lieu dans une direction différente sur chaque terrasse.

« L'impossibilité pour les voitures, de circuler dans les deux sens, présente peu d'inconvénients à cause du peu de distance qui sépare les rues croisées par la rue de fer. Il suffira toujours lorsqu'on voudra changer la direction, d'aller tourner à quelques pas la première rue, et rien ne serait plus facile, du reste, si la distance était trop forte, que d'établir un pont reliant les deux terrasses. »

Aux dimensions près qui, suffisantes peut-être pour Bruxelles, ne le seraient pas à Paris, ce système paraît assez pratique, surtout si l'on pouvait faire la traction des trains autrement que par des locomotives à vapeur.

Les essais que l'on fait maintenant à Berlin, où l'on établit un chemin de fer urbain mû par l'électricité, décideront peut-être la question.

Et si les roues en papier que les Américains fabriquent maintenant d'une façon très sérieuse ne font pas de bruit, leur adoption serait une grande difficulté vaincue.

D'ici là, il faut nous en tenir à nos tramways, dont nous ne dirons rien ici parce qu'en somme, que la traction soit faite par des chevaux ou des machines, ce sont des chemins de fer ordinaires; nous aimons mieux, dans l'intérêt de nos lecteurs, entrer dans quelques détails sur des applications industrielles plus récentes et surtout plus complètes de la voie ferrée ; en un mot sur les chemins de fer industriels.

CHEMINS DE FER A VOIE ÉTROITE

La seule chose pratique qu'on ait essayée, non pas comme la plupart des systèmes que nous venons d'étudier, pour remplacer les chemins de fer ordinaires, mais au contraire pour les compléter, est le chemin de fer à voie étroite, qui serait excellent pour les lignes d'intérêt local. On peut même dire qui est, puisque quelques applications ont été faites, notamment dans le pays de Galles, où l'on compte déjà plusieurs lignes très prospères, sur voie de 60 centimètres de largeur, et dont la plus importante est le *Festiniog Railway*, qui fait d'ailleurs près d'un million de recettes annuelles.

Il est vrai que ce chemin de fer est outillé comme les grandes lignes; son matériel roulant n'en diffère que par le volume; et la traction en est faite par des locomotives Fairlie à six et à huit roues.

Une ligne de ce genre fonctionne dans la République Argentine (chemin de fer de l'ouest de la province de Buenos-Ayres) sur une étendue de 10 kilomètres, qui sera vraisemblablement prolongée.

On peut même en voir une beaucoup plus près de nous, à Petit-Bourg, dans l'usine de M. Decauville, qui a fourni tout le matériel, aussi bien fixe que roulant, du chemin de fer de Buenos-Ayres.

Cette usine, aujourd'hui célèbre dans le monde entier, bien que n'existant que depuis sept ans, est d'ailleurs une vraie curiosité ; car c'est là que se fabriquent, de toutes pièces, les chemins de fer portatifs, à tous usages, pour les charrois à petite distance, connus partout sous le nom de porteurs Decauville et qui, à cause de cela, méritent une description.

Il va sans dire que le fondateur de l'usine de Petit Bourg, n'est pas le seul constructeur qui s'occupe avec succès des chemins de fer portatifs industriels, mais comme il a précédé ses émules dans la carrière, comme il a apporté au système tant de perfectionnements qu'on peut dire qu'il l'a en quelque sorte inventé, il est tout naturel que nous l'étudiions chez lui, pour en faire connaître à nos lecteurs les détails intéressants.

Le porteur Decauville est un chemin de fer en miniature, il possède tous les éléments constitutifs, tous les accessoires d'exploitation des grandes lignes, avec ces avantages en plus :

1° Qu'il peut servir comme voie fixe, restant en place, comme un chemin de fer ordinaire, et, dans ce cas, les trains acquièrent, selon le moteur adopté, une vitesse variable, mais qui peut atteindre 12 kilomètres par heure si la traction est faite par des chevaux.

2° Qu'il peut servir comme voie mobile, que l'on enlève derrière le train pour la poser par devant, au fur et à mesure de son avancement; dans ce cas, la vitesse varie entre un ou deux kilomètres à l'heure selon le nombre d'hommes dont on dispose pour la manœuvre des bouts de voie.

3° Qu'il peut se poser, par n'importe qui sur n'importe quel sol, sans connaissances spéciales, sans travaux d'installation préalables.

On va comprendre pourquoi :

La voie se compose de rails à patins en acier, dont la force varie selon leur écartement; ainsi pour les voies de 40 centimètres, les rails pèsent 4^{kil},50 le mètre; pour les voies de 50 centimètres, 7 kilogrammes; de 60 centimètres, 9^{kil},50, et de 75 centimètres, 12 kilogrammes.

Ces rails, coupés par bouts de 5 mètres pour les parties droites, de 2^{m},50 et même de 1^{m},25, pour les parties courbes et les changements de voie ; sont reliés ensemble par des traverses embouties, ce qui donne aux travées l'apparence d'une échelle qui peut être transportée facilement : par un seul homme pour les voies de 40 et 50, et par deux pour les voies plus larges.

Ces travées se posent tout simplement sur le sol, l'une au bout de l'autre, sans qu'il soit besoin d'employer ni chevillette ni boulon, pour en faire la jonction ; puisque l'un des bouts qu'on appelle le bout mâle est

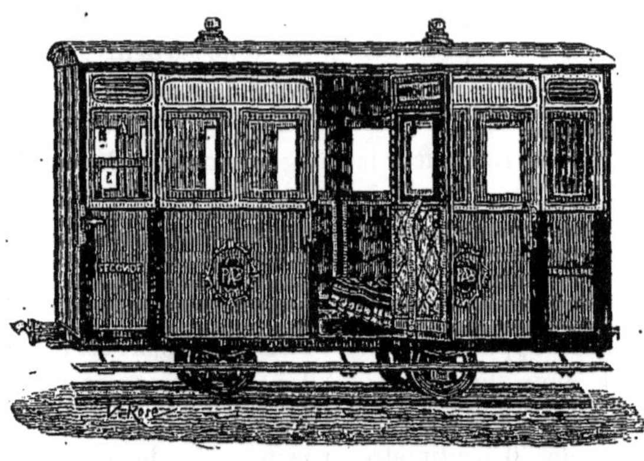

Voiture mixte de 1re, 2e et 3e classe.

armée de clisses rivées sur un seul côté du rail.

Il suffit donc de pousser ce bout mâle sur le champignon du rail déjà en place, et qu'on appelle bout femelle, pour obtenir une solidité telle que la voie peut être soulevée en entier sans que la jonction se détruise.

Voilà pour les voies portatives ; il va sans dire que si l'on veut poser plus solidement une voie fixe on peut l'établir sur des traverses, mais ce n'est pas indispensable et l'expérience a démontré que, dans la plupart des cas, il suffit de faire une fouille de cinq centimètres de profondeur à la place que la voie doit occuper, et de combler ensuite le vide avec un ballastage de terre pilonnée,

Wagon découvert à 8 places.

de macadam ou d'asphalte, si la voie doit être traversée par des voitures.

Les voies courbes, se raccordant par bouts de 2m,50 et de 1m,25 avec les voies droites, sont naturellement dans les deux directions (droite ou gauche) ; leur rayon est de 8 mètres pour la traction par cheval, de 6, de 4, et même moins, selon les conditions particulières du terrain, pour le travail de l'homme.

Outre les différentes travées dont nous avons parlé, il y a encore des petits bouts de voie de 25 centimètres de longueur, qu'on appelle des passé-partout; ils servent au raccordement des voies, quand, par hasard, on se trouve, en pose portative, obligé

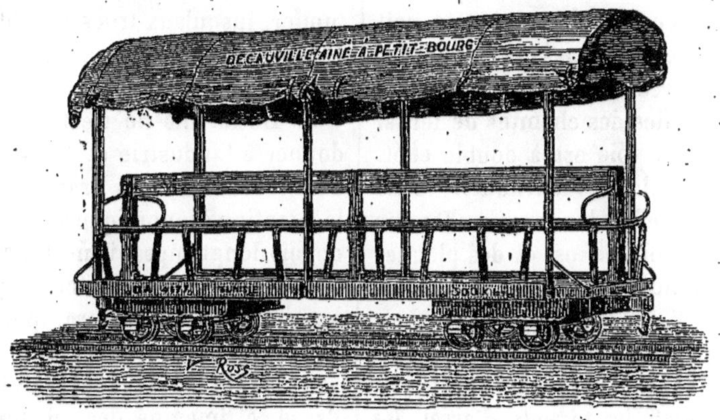

Wagon de troupe à 16 places.

d'employer des courbes qui se trouveraient bout mâle contre bout mâle, ou bout femelle contre bout femelle.

Il est vrai qu'on a remédié à cet inconvénient par la création des voies hybrides, appelées ainsi parce que chaque bout de voie est à la fois mâle et femelle, le rail de droite se terminant par une jonction mâle et celui de gauche par une jonction femelle.

Ce système demande un peu plus de travail pour la pose, mais il a sur l'autre l'avantage de la solidité et même de l'économie; puisque chaque courbe peut servir indifféremment dans la direction de droite ou de gauche.

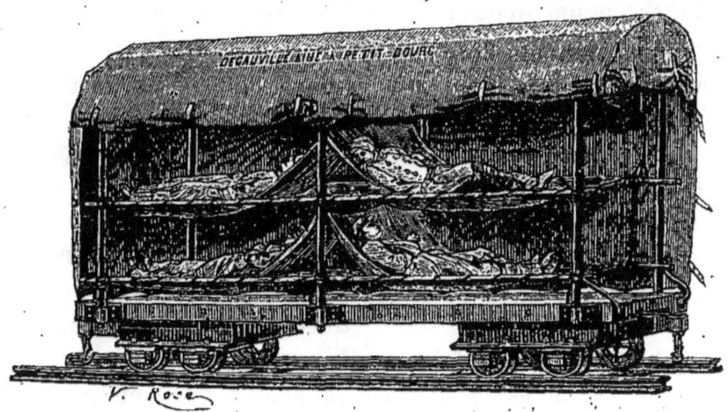

Wagon ambulance.

Tous les cas d'établissement de voie sont d'ailleurs prévus par le système Decauville.

Ainsi : pour les passages à niveau il y a des travées spéciales, de 1m,25 de longueur (pour suivre plus rigoureusement le bombement des routes qu'il s'agit de traverser) dans lesquels les rails ne sont pas en relief, mais encastrés dans des madriers de chêne boulonnés solidement sur les traverses d'écartement, de façon à ce que les roues des voitures puissent les franchir sans cahots.

Pour les croisements de voie, il y a des aiguilles se manœuvrant soit à la main, soit d'un coup de pied, en passant, s'il s'agit d'une simple bifurcation ; soit au moyen de leviers comme celles des chemins de fer, si le changement de voie est à double effet.

Il y a aussi des plaques tournantes, faites sur le modèle de celles des grands chemins de fer, pour les voies fixes, et des plaques tournantes mobiles pour les voies portatives.

Celles-ci se composent de deux plateaux superposés, l'un en forte tôle, sur lequel sont fixés le pivot, les taquets d'arrêt, les raccords de voie et les huit fers demi-ronds qui remplacent les galets de roulement, l'autre en fonte, supportant le wagon et pouvant tourner autour du pivot. Un anneau, fixé au milieu de ce plateau pour le soulever, sert de bouchon qui se dévisse pour permettre le graissage du pivot.

On peut, du reste, suppléer à l'emploi des plaques tournantes, lorsqu'on ne prévoit pas avoir à faire de changements de voie à angle droit, par un appareil très ingénieux qu'on appelle *dérailleur ;* c'est une sorte de plan incliné, dont un bout est de même niveau que la voie et qui va s'amincissant régulièrement jusqu'à l'autre bout ; la pente, si faible qu'elle soit, entraîne insensiblement les wagons, qui sortent de la voie pour passer sur une autre.

Ce qui permet — le dérailleur ne faisant qu'une seule pièce avec ses traverses et ses éclisses — de greffer instantanément des voies portatives, à droite et à gauche, à un endroit quelconque de la voie fixe.

Sur ces petits chemins de fer si faciles à établir, et que pour cette raison on rencontre maintenant dans toutes les grandes usines, dans toutes les importantes exploitations agricoles ou forestières, on peut faire rouler soit à bras d'hommes, soit par traction de chevaux ou de locomotives, à peu près toutes sortes de wagonnets ou wagons, car l'usine de Petit-Bourg en construit 90 types différents : depuis la civière à charroyer le fumier, jusqu'aux trucs capables de transporter les plus gros canons et les pièces de bois les plus lourdes.

M. Decauville ne s'est pas contenté de donner à l'industrie et à l'agriculture, ces deux mamelles de la France, les moyens de locomotion économique qu'elles attendaient depuis longtemps ; il ne lui a pas suffi de créer des matériels spéciaux pour tous les besoins de l'agriculture, pour toutes les nécessités industrielles, il a pris aussi en considération les exigences de la guerre moderne, et imaginé des chemins de fer de campagne, qui ont été expérimentés d'abord dans le Turkestan, pendant la guerre Turco-Russe, et plus récemment en Tunisie, pendant notre expédition contre les Kroumirs.

Nous ne dirons rien ici de ses wagonnets industriels, parce qu'au cours de cet ouvrage nous ne manquerons pas d'occasions de parler de leurs ingénieuses dispositions, mais nous étudierons le matériel de campagne du chemin de fer de Sousse à Kairouan, improvisé en quelques semaines, et qui n'en a pas moins donné de très bons résultats, à telles enseignes qu'il fonctionne encore aujourd'hui, et que depuis janvier 1883, on y a créé un train express qui part tous les matins de Sousse et se rend à Kairouan (65 kilomètres) en cinq heures, par traction de chevaux ; car, sur ce chemin de fer, aussi bien que sur celui du Turkestan, qui avait 106 kilomètres de longueur, on a dû renoncer à l'emploi de la locomotive, qui, bien que très légère (trois tonnes à vide), est encore trop lourde pour une voie construite hâtivement sans terrassement, sans ballastage, malgré les différences de nature du sol, qui, très sablonneux d'abord, est extrêmement marécageux dans les dix derniers kilomètres.

Du reste, la locomotive, excellente sur une voie fixe établie avec assez de loisir pour qu'on puisse en assurer la solidité, n'a jamais été préconisée par M. Decauville pour les chemins de fer militaires de campagne, qu'il faut presque toujours improviser.

Il prétendait, et l'expérience lui a donné raison, que la traction par chevaux était préférable, en ce sens qu'en terrain plat, ils ne font pas beaucoup moins de travail qu'une locomotive, et que, sur les pentes, ils en font beaucoup plus, puisqu'ils peuvent gravir, sans grand effort, des côtes de douze à quinze pour cent, tandis que la locomotive perd tout son effet utile si la rampe dépasse trois pour cent.

Ne parlons donc que pour mémoire de cette locomotive, malgré son intérêt spécial comme réduction des puissantes machines de nos grandes lignes, et passons au matériel roulant, presque aussi varié que sur les chemins de fer ordinaires.

Il n'y a point de wagons-écuries, parceque, déduction faite du temps qu'il faudrait perdre à l'embarquement et au débarquement, la cavalerie va tout aussi vite sans le secours du chemin fer de campagne, créé plus spécialement pour le transport du matériel, des approvisionnements, de l'infanterie et de l'artillerie.

Il y a des wagons plate-forme pour le transport des canons de campagne sur leurs affûts; pour les pièces plus lourdes il y a des trucs spéciaux composés de deux trains indépendants (ce qui permet leur passage dans les courbes) et munis chacun d'un encastrement dans lequel le canon se pose au moyen d'une grue.

Le transport des hommes se fait : 1° par wagons mixtes fermés, composés d'un compartiment de première classe (pour les officiers) et de deux demi compartiments de seconde et de troisième classe, le tout installé avec confortable, et la caisse des premières avec plus de luxe même que sur les chemins de fer français.

Ce type n'est d'ailleurs pas spécialement créé pour les chemins de fer militaires ; il roule depuis plusieurs années sur les lignes particulières que les planteurs de nos colonies, de Porto-Rico et même de Java ont installés sur leurs exploitations.

Ce qui est plus particulier au chemin de fer militaire de Tunisie c'est :

2° Le wagon découvert à huit places, installé comme un break ou une tapissière élégante.

3° Le wagon de troupe à seize places, dont les banquettes sont placées dos à dos comme sur les impériales de nos omnibus.

Et 4° le wagon ambulance, affecté spécialement au transport des blessés et pouvant en contenir quatre, sur des hamacs, comme on le voit par notre dessin.

Nous disions tout à l'heure que le Decauville fonctionnait dans les contrées les plus éloignées ; nous aurions pu citer le Japon, Saïgon, Java, Natal, l'Urugay, le Vénézuela, le Pérou, où il y a plus de trente kilomètres de voie, le Mexique tout autant, Porto-Rico beaucoup plus, puisqu'on y compte trente-sept installations particulières d'un grand développement — ce qui en somme n'a rien de bien extraordinaire, étant connus les succès du système, qui a été la curiosité des expositions où il s'est montré depuis sept ans qu'il existe.

Mais ce qui étonnera davantage, c'est d'apprendre son entrée jusque dans l'Afrique centrale ; c'est un fait, pourtant : par trois fois déjà, il y a pénétré, emporté par des explorateurs qui, chargés de s'assurer si le fleuve Ogôoué communique, réellement comme on le croit, avec la rivière de Congo, n'ont pas trouvé d'autre moyen de côtoyer le fleuve, que leurs canots à vapeur ne peuvent descendre partout, à cause des rapides qui empêchent fréquemment la navigation.

Moyen excellent d'ailleurs, puisque les deux systèmes de locomotion se complètent l'un par l'autre.

En effet, le fleuve est-il navigable, ils

Porteur Decauville sur les rives de l'Ogôoué.

marchent chargés du chemin de fer portatif qui, intelligemment emballé tient fort peu de place ; approche-t-on des rapides, le chemin de fer est déballé, posé sur le sol, et sert à son tour à traîner les canots qui, sur des trucs faits exprès, outillés d'ailleurs comme ceux qui portent les canons, peuvent prendre place avec leur chargement complet.

Cent vingt-cinq mètres de voie ont suffi aux premiers explorateurs pour convoyer leurs sept canots, et il faut croire qu'ils ont rendu de vrais services, puisque les deux expéditions qui sont parties depuis, l'une de Belgique et l'autre de France, se sont pourvues d'un matériel semblable.

Il serait curieux que ces courageuses explorations, si souvent renouvelées et toujours plus ou moins infructueuses, trouvasseut des résultats, grâce à de nouveaux moyens de locomotion.

Curieux, oui, mais pas anormal, car ce qui le mieux aide au progrès, c'est le progrès lui-même.

Rail Decauville. - Partie droite.

Rail Decauville. — Bifurcation.

LES MINES ET LES CARRIÈRES

LES GISEMENTS

L'industrie minière, aussi vieille que le monde, a pour objet, depuis que l'humanité a été éclairée par les premières lueurs de la civilisation, la mise en valeur des richesses inépuisables, enfermées plus ou moins profondément dans les entrailles de la terre; c'est-à-dire l'exploitation des mines et des carrières.

Sans vouloir faire ici un cours de géologie, même élémentaire; sans prétendre expliquer, sinon au point de vue pratique, les phénomènes d'accumulation et de formation des matières minérales, nous dirons cependant quelques mots sur ces accumulations, qu'on appelle les gisements.

Chacun sait que l'écorce terrestre, du moins dans l'épaisseur qu'il nous est donné de connaître, est composée d'un grand nombre de substances, de natures diverses, qui, selon la façon dont elles se présentent, prennent les noms de terrains ou de roches.

On appelle terrains l'ensemble de différents groupes géologiques, réunis par assises de différentes natures, ou mélangés ensemble et disséminés, par parcelles plus ou moins considérables, qualifiées selon les cas : de *grains*, *cristaux* ou *paillettes*.

Par contre on appelle roches, la réunion des substances de même nature en grandes masses; mais comme ces agglomérations n'ont pas la même origine, on distingue deux sortes de roches.

Les roches sédimentaires ou stratifiées (la science dit aussi *neptuniennes*) sont de formation aqueuse; c'est-à-dire que les matériaux qui les composent ont été entraînés en fragments, par les eaux fluviales et déposées en couches qui se sont solidifiées par le travail des siècles, tels sont tous les calcaires et les schistes ardoisiers.

Et les roches éruptives, volcaniques, ou *plutoniennes* qui sont de formation ignée et ont été constituées par des matières enfouies au-dessous de la croûte terrestre, que les forces souterraines ont poussé progressivement ou d'un seul jet, à une distance plus ou moins grande de la surface, quelquefois même au-dessus de la surface : tels sont les granits et les marbres.

Au point de vue de l'exploitation, les roches sont classées :

En *roches tendres*, qui ne font pas feu au choc de l'acier, elles comprennent la houille, les argiles, les schistes ardoisiers, le sel gemme, les calcaires marneux ou crayeux et les alluvions agglutinées par un ciment calcaire ou ocreux.

En *roches traitables*, non scintillantes, mais de deux sortes : les roches à texture molle, comme le grès de Fontainebleau, le grès houiller, le calcaire siliceux; et les roches très tenaces, comme le marbre, les schistes métamorphiques, les serpentines, et les hématites non quartzeuses.

En *roches tenaces*, dont la nature est scintillante et comprenant outre les roches quartzeuses : les hématites compactes, le fer oxydulé, les pyrites de fer et de cuivre. Et en *roches récalcitrantes*, composées généralement du quartz, dans lequel est mélangé en quantité plus ou moins abondante, le minerai métallique précieux.

Des trois éléments distincts de la formation de la croûte terrestre, il s'ensuit que les gisements de matières exploitables affectent trois formes principales : en couches pour les roches sédimentaires, en coulées pour les roches éruptives, et en amas pour les terrains.

Mais ces formes se subdivisent comme nous allons le voir en les étudiant séparément.

LES COUCHES

Les couches ou Strates, qu'on appelle aussi *bancs* quand elles sont très épaisses et *lits* ou feuillets, quand elles sont minces sont, comme nous l'avons dit déjà, des dépôts de matériaux sédimentaires qui, accumulés par l'action des eaux pendant une même période de tranquillité, sont entassés par assises, d'une nature souvent très différente.

Formées par des fleuves au cours très régulier, on doit présumer qu'elles sont étendues horizontalement l'une sur l'autre, et c'est ce qui arriverait généralement, mais toutes les couches n'ayant pas la même origine; puisque les houilles sont des végétaux fossiles décomposés par le fait de leur accumulation, dans des lacs intérieurs remblayés depuis par l'affaissement des terres; puisque les sels gemmes proviennent d'une évaporation et que certains autres minéraux sont produits par des actions chimiques, il s'ensuit de nombreuses exceptions, provenant surtout des révolutions qui se sont produites dans l'écorce terrestre depuis la formation des couches, et qui les ont dérangées de leur position primitive.

Les unes sont simplement inclinées de droite ou de gauche, d'autres décrivent des courbes considérables, d'autres même comme on le voit surtout dans le bassin houiller de Mons, sont dites plissées, parce qu'en effet elles affectent la forme qu'on pourrait donner à une feuille de papier, en la froissant entre ses mains.

Il arrive aussi que les couches sont brusquement interrompues par l'effet d'un déchirement de la roche, d'un affaissement partiel, laissant une cavité béante qu'on appelle *faille*; ce qui a dérangé d'une façon plus ou moins notable la position de la couche, dont la continuité se retrouve seulement plus haut ou plus bas; c'est-à-dire au-dessus ou au-dessous de l'intervalle de matière étrangère, qu'on appelle indifféremment *saut* ou *rejet*.

Quelquefois même, une faille supprime complètement la couche, ou du moins change sa nature, et il n'est pas rare dans une exploitation houillère de rencontrer après une faille, un petit banc de schiste. Ces accidents qu'on appelle *barrage*, rentrent du reste dans la catégorie des changements de nature, qu'il est difficile de prévoir et que l'exploitation seule fait découvrir.

Les couches, comme tous les gisements d'ailleurs, se définissent scientifiquement par leur direction, leur inclinaison, leur allure et leur puissance.

La direction d'un gîte se désigne par la position de son plan horizontal, par rapport au méridien, ainsi l'on dit par exemple qu'un gisement est S. 30° N. si la ligne idéale, tracée horizontalement sur la couche, part d'un point situé à 30° du sud, pour aboutir à un autre point distant de 30° du nord.

L'inclinaison se calcule par l'angle qu'une ligne droite, tirée de l'extrémité de la plus grande pente, ferait avec l'horizon.

L'allure est la manière dont la couche se dirige, soit en étendue soit en inclinaison.

Quant à la puissance c'est l'épaisseur du gisement, épaisseur qui peut varier selon que la couche rencontre des étranglements ou des renflements, qu'on appelle selon leur nature particulière : *crans*, *crochons* ou *couffées*.

Au point de vue de l'exploitation, il y a d'autres dénominations qu'il est bon de connaître dès maintenant.

Ainsi les mineurs appellent *chapeau*, *tête* ou *crête*, l'affleurement de la couche au sol.

Salbandes, les faces principales de la substance qui compose la couche à exploiter.

Épontes, les parois de la roche de nature étrangère, dans laquelle est enfoui le gisement, ces parois touchent naturellement aux salbandes.

Le *mur* de la mine est l'éponte inférieure; c'est-à-dire le banc sur lequel la couche est assise, on l'appelle aussi sol par la même raison.

Le *toit* ou *faîte*, est l'éponte supérieure, c'est-à-dire le banc qui surmonte la couche.

Ces termes connus, il nous sera plus facile d'être clair dans la suite de notre description.

LES FILONS

Les filons sont des failles, produites dans les roches, par les bouleversements de l'écorce terrestre, et remplies postérieurement soit en totalité, soit en partie; de matières minérales dont la nature diffère selon le mode de remplissage qui, d'après M. Élie de Beaumont ne s'est pas toujours opéré de la même manière.

« Quelques filons métalliques ont été remplis de matières fondues qui y ont été injectées, et en cela ils ressemblent aux filons de basalte et de porphyre. D'autres, et la plupart des filons métalliques sont dans ce cas, paraissent avoir été remplis par des matières tenues en dissolution dans des eaux, qui peut-être étaient à une haute température. D'autres, enfin, paraissent avoir été remplis par des matières sublimées ou entraînées par un courant gazeux. »

Pour cette raison, les filons sont composés de zones superposées et le plus souvent symétriques par rapport au salbandes, ce qui leur donne un aspect rubanné plus ou moins accentué par les reliefs de la roche

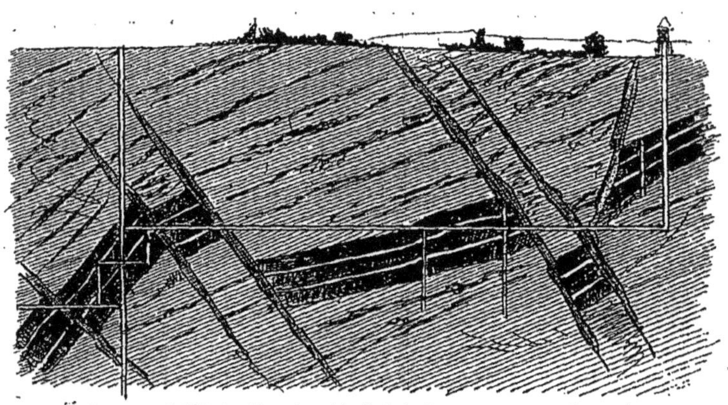

Couches interrompues par des failles. — (Mines de Blanzy.)

encaissante et qu'on appelle le *remplissage*, lorsqu'ils s'intercalent trop apparemment dans le filon.

Du reste, la faille n'est jamais remplie en totalité d'une même matière ; la matière utile, celle qu'on exploite en un mot, s'appelle *minerai*, tandis que la matière étrangère, qui se trouve plus ou moins abondamment dans le filon prend le nom de *gangue*.

Il faut remarquer cependant que dans certains cas, la gangue peut devenir le minerai et *vice versa;* par exemple si dans deux filons de composition semblable on exploite de la galène et de la blende, mais cela ne constitue pas une exception, puisqu'alors la galène et la blende sont tour à tour matière utile, ou matière sans valeur.

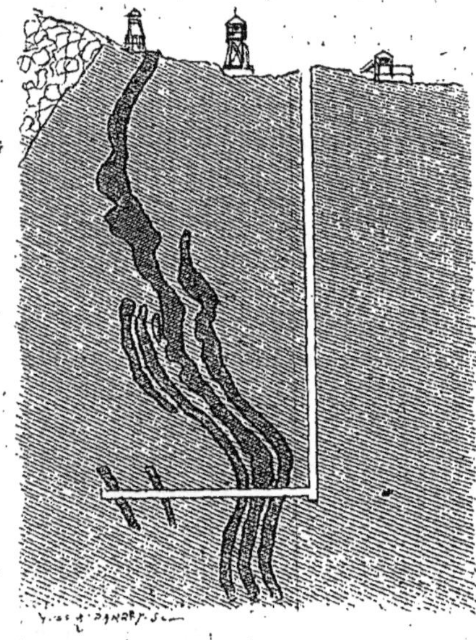

Couches peu inclinées. — (Mines du Creuzot.)

Contrairement à la couche, dont le changement de puissance est un accident, la manière d'être du filon, est l'inégalité de puis-

Couches plissées (bassin houiller de Mons, entre les puits de l'Agrappe et de Cache-Après).

sance; cela tient à sa formation même, car en général les filons ont leur plus grande largeur dans leur partie la plus profondément encaissée et se terminent en

Roches sédimentaires. — Carrière de ciment à Grenoble.

ointe du côté de la surface de la terre. Mais, bien qu'on admette en principe que la puissance d'un filon soit en rapport avec sa longueur, son amoindrissement n'est pas régulier et il présente presque normalement les étranglements et les renflements alternatifs, qui ne se trouvent qu'accidentellement dans les couches ; lorsque ces changements de puissance sont nombreux, on dit que le filon est en chapelet.

Du reste, rien de plus variable que les formes du filon, quelquefois il n'a que quelques mètres de largeur sur une puissance de quelques millimètres (dans ce cas on lui donne seulement le nom de veine), quelquefois il est immense comme celui de la *Veta Madre* (mines d'argent de Guanaxato au Mexique) qui a plus de quinze kilomètres de longueur sur quarante mètres de puissance ; quelquefois il est presque à fleur de terre (mines d'étain) ; quelquefois à des profondeurs considérables (mines de cuivre).

Si la plus grande partie se terminent en pointe, on en voit aussi qui se ramifient en plusieurs branches, d'autres qui forment des enchevêtrements qu'on appelle *stocwerks*, d'autres même qui s'arrêtent brusquement, ayant rencontré une faille préexistante qu'ils n'ont pas pu traverser.

En général, un filon est rarement isolé, et lorsqu'une localité en renferme plusieurs de même nature, ils sont presque toujours dans une situation parallèle, ce qui prouve qu'ils sont du même âge puisque la force qui les a produits les a dirigés dans le même sens.

Si au contraire ils n'ont pas même origine, ils sont généralement inclinés en sens contraire et se rencontrent presque toujours. Le plus récent prend alors le nom de filon croiseur et le plus ancien celui de filon croisé.

Quelquefois ces deux filons réunis marchent ensemble mais le plus souvent ils conservent chacun leur direction propre, le croiseur poursuivant sa marche à travers l'autre : soit directement, soit en subissant momentanément l'influence du premier et en ne reprenant son cours qu'à une certaine distance.

Lorsque cette circonstance se produit, ce qui arrive toujours lorsque le plus petit filon ne coupe pas l'autre en suivant la ligne de sa plus grande pente on dit que le filon croiseur est rejeté par le filon croisé.

Quant à la direction du filon on peut la considérer comme invariable. Cependant, s'il passe d'une roche de matière ignée dans une roche sédimentaire, il se produit alors dans le sens de la stratification une déviation qui fait donner au filon le nom de filon couché.

Ce terme désigne aussi les filons, qui se trouvent enfermés entre les strates même des terrains sédimentaires, le cas est assez rare, car si le filon est d'une certaine puissance on ne doit plus l'appeler autrement que couche, à moins pourtant que ce filon ne doive son origine à une altération, par l'action du feu, ou un phénomène d'ignition quelconque, de la roche sédimentaire qui l'enferme, auquel cas, il prend le nom de *filon métamorphique*.

Quelques exploitations de mercure, de plomb et de cuivre ont pour base des filons de cette nature.

On appelle *filon de contact*, celui qui se trouve placé à la jonction de deux terrains de nature différente, c'est-à-dire dans les fissures qui se sont produites au passage de la roche éruptive dans la roche ou le terrain préexistants.

Le type le plus remarquable de ce genre est le filon aurifère exploité à la mine d'or d'Eureka en Californie ; dans ce cas, du reste, tout est le fait de la roche éruptive, car c'est elle qui a produit la fente et c'est elle aussi qui a injecté le minerai.

Mais, le métal que l'on trouve plus généralement dans les filons de contact est le cuivre, qui s'engendre le plus souvent dans les roches vertes telles que serpentines, diorites, euphotides, aphites, amphiboles et autres de la même famille.

Lorsque la configuration des terrains oblige le filon de contact à des déviations, répétées on l'appelle filon en escalier, mais, de toutes façons, ces sortes de gisements diffèrent des filons rubanés dont les types les plus complets se rencontrent en Saxe et dans le Harz, par la distribution du métal qui y est toujours irrégulière et inégale, le minerai étant du reste noyé dans une quantité considérable de gangue.

Un dernier renseignement qui s'applique à tous les filons, quelle que soit leur nature, presque jamais ils ne remplissent exactement la faille qui leur a donné naissance; et les espaces invariablement tapissés de cristaux qu'ils laissent vides dans la roche, s'appellent *fours* ou poches.

LES COULÉES

Les coulées sont une conséquence de la formation des roches ignées.

On sait que les matières volcaniques qui les composent ont été bouleversées par les révolutions terrestres et que, poussées par des forces souterraines, elles ont déchiré les couches solides qui les recouvraient pour se frayer un passage au travers.

Selon la puissance de projection et les résistances trouvées, ce phénomène varie d'aspect. Ainsi, dans certains cas, les matières métalliques se sont arrêtées avant d'arriver à la surface et se sont répandues dans les interstices, dans les boursouflures que présentait alors l'écorce terrestre, brusquement soulevée, à peu près comme les filons, dont nous avons déja parlé, ont rempli les failles dans les roches sédimentaires; aussi appelle-t-on les gisements produits de cette façon *filons éruptifs*.

Quelquefois les matières ignées, poussées plus vigoureusement, ou rencontrant moins d'obstacle dans la nature du sol supérieur, ont traversé complètement ce sol, et se sont élevées au-dessus à des hauteurs plus ou moins grandes, en masses plus ou moins considérables, sous forme de dômes irréguliers, de pics, de colonnes, d'aiguilles; c'est ce qui constitue les basaltes, les granits et la plupart des quartz.

Les Dykes, espèces de barrages que l'on rencontre souvent dans les filons et dans les couches stratifiées, sont généralement considérés comme d'origine éruptive, étant en quelque sorte des ramifications, des racines, des protubérances ignées.

Quelquefois encore, souvent même, les matières en éruption se sont trouvées, en arrivant à la surface du sol, trop fluides pour continuer leur ascension et se sont répandues à une distance d'autant plus grande de leur point de sortie que la pente du terrain était plus considérable, et se sont solidifiées par un refroidissement très lent en masses irrégulières qu'on appelle indifféremment *coulées* ou *nappes*.

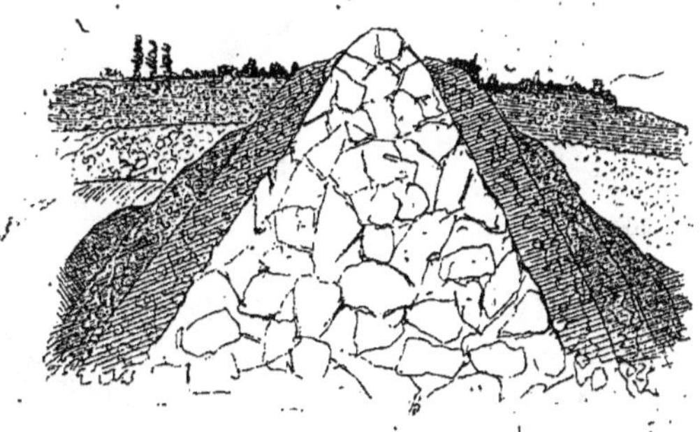

Les gisements de nature éruptive se présentent donc sous trois formes différentes:

En roches d'aspects divers qui contiennent des minerais en quantité plus ou moins considérable, mais qu'on exploite plus généralement pour la roche elle-même.

En nappes qui auraient une certaine analogie avec les couches, n'étaient les profondeurs moindres de leur enfouissement et l'irrégularité de leur puissance.

Et en filons éruptifs qui gisent à peu près de même façon que les filons fentes.

On distingue cependant deux sortes de filons éruptifs : ceux dans lesquels la matière éruptive est elle-même la roche métallique, le minerai y ayant été injecté par grandes masses, soit fondu, soit à l'état

Filons croisés.

pâteux; tel est le cas de nombreuses mines de fer oxydé et oxydulé, dont celle de Dannemora en Suède est un des types les plus remarquables.

Et ceux dans lesquels le minerai est disséminé dans la roche éruptive en parcelles plus ou moins ténues et qu'on appelle selon les cas : veines, veinules, chapelets, sacs, nids, boules, rognons, géodes, mouches, etc.

C'est ainsi que l'or, le platine, l'étain gisent dans le granit, comme les minerais de cuivre dans les roches d'amphibole et de serpentine.

Filon rejeté.

LES AMAS

Les amas, comme leur nom l'indique, sont des gisements très irréguliers aussi comportent-ils de nombreuses variétés.

Il y a les *amas* proprement dits, qui sont des agglomérations de matières minérales dans des cavités souterraines plus ou moins étendues, que les géologues appellent des sacs.

Ils prennent le nom d'amas couchés ou parallèles quand ils sont disposés en forme aplatie, presque lenticulaire et s'étendent entre deux couches de création sédimentaire, dans la même direction que ces couches.

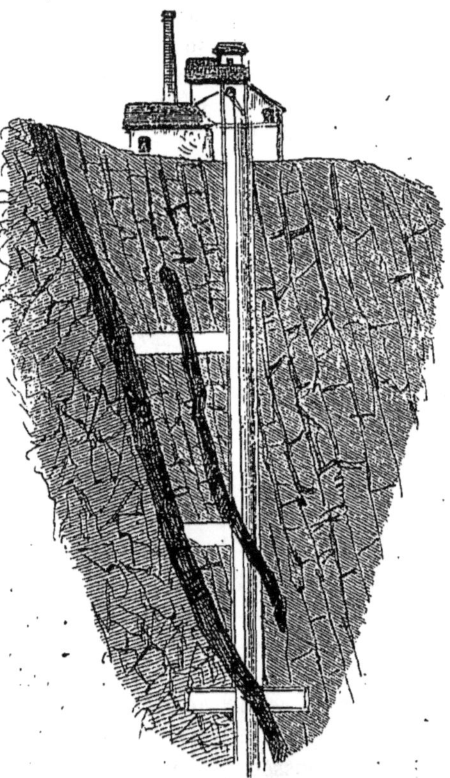

Filon de contact. — Mine d'or d Eureka (Californie.)

Si, au contraire, ils coupent plus ou moins obliquement les couches dans lesquelles ils sont enfouis, on les appelle amas coupants ou transversaux.

Nous parlons là d'amas notables comme ceux qui alimentent la célèbre mine de Fahlun, en Suède; la mine d'argent de Konsberg, en Norwège; les mines de Vieliczka et de Bochnia, en Pologne; la mine de fer de Sie-

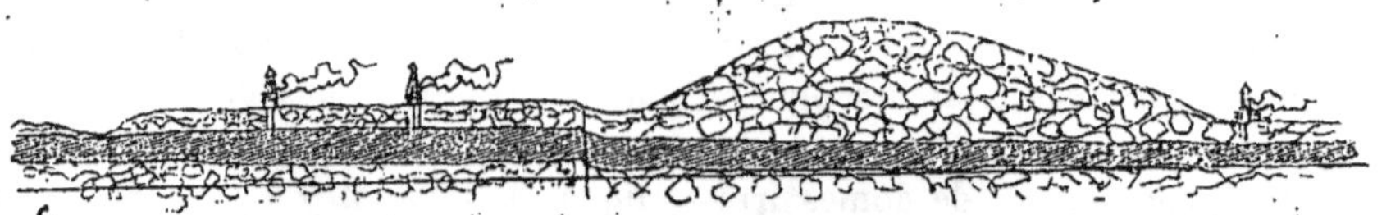

Amas d'alluvion. — Mines de fer de Mazenay (Saône-et-Loire).

gen, près de Coblentz, la mine de plomb de la Sierra de Gador, en Espagne; et les carrières de gypse des environs de Paris; mais il y a aussi des amas beaucoup moins

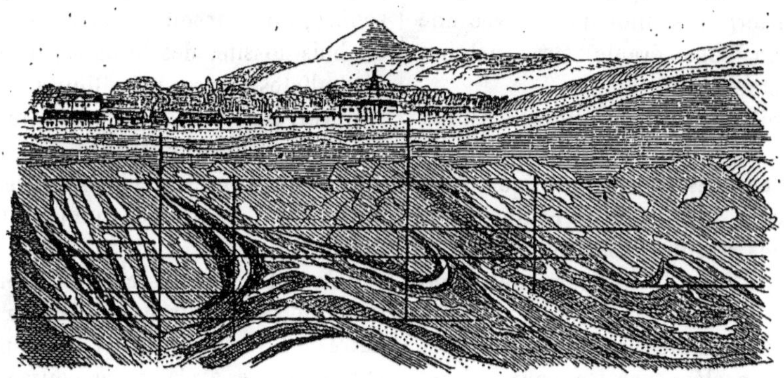

Amas couchés. — Mines de sel de Bochnia (Pologne autrichienne).

considérables qui prennent différents noms selon leurs proportions.

Ainsi, on appelle *rognons* ou *nodules* des agglomérations de matières minérales, dont la forme est généralement arrondie et dont la dimension ne dépasse guère celle de la tête.

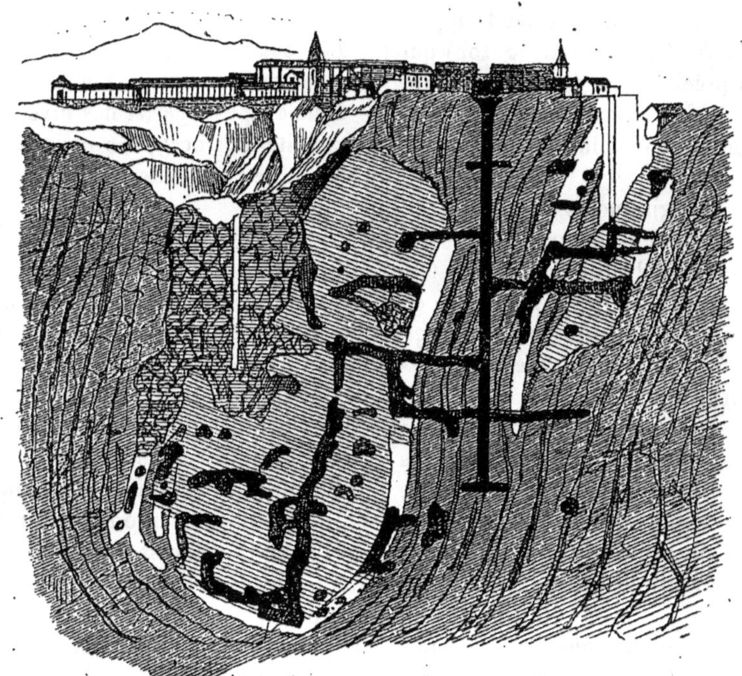

Amas coupants. — Mines de cuivre de Falhun (Suède).

Noyaux, les amas encore plus petits et affectant la même forme et *amandes :* ceux, toujours très petits, dont la surface aplatie leur donne quelque rapport avec le fruit de l'amandier. Eu égard à leur disposition, les amas se divisent en trois sortes.

Amas couchés, lorsque leur masse fait partie d'un terrain sédimentaire, avec une accumulation considérable sur quelques points seulement.

Amas droits, lorsque leur masse n'est pas dans le sein de la couche stratifiée.

Amas entrelacés ou *stokwer*, quand ils ne sont pas en masses, mais composés de petites veines remplies de minerai.

C'est aussi dans la catégorie des amas qu'il faut ranger les gisements d'alluvion, composés de matières métalliques entraînées et amoncelées par les eaux; classe fort intéressante d'ailleurs, puisqu'elle comprend, outre de nombreux gîtes de minerais de fer et de manganèse, les placers de la Sibérie, de la Californie et les mines de diamant du Brésil et du Cap.

Il y a aussi ce que les Allemands appellent *grazenlaufer* (coureurs de gazon) qui ne sont pas précisément des amas et qui seraient plutôt des filons à fleur de terre, n'était leur minime étendue et leur peu de puissance.

Du reste, les gisements irréguliers ne sont pas rares, tant la nature est diverse.

Contentons-nous de les signaler et terminons cette introduction par la citation de la loi du 21 avril 1810, qui classifie les gisements en général, en trois catégories distinctes : mines, minières et carrières.

« Art. I. — Les masses de substances minérales ou fossiles renfermées dans le sein de la terre ou existantes à la surface, sont classées relativement aux règles de l'exploitation de chacune d'elles, dans les trois qualifications de mines, minières et carrières.

« Art II. — Seront considérées comme mines celles connues pour contenir en filons, en couches ou en amas : de l'or, de l'argent, du platine, du mercure, du plomb, du fer en filons ou couches, du cuivre, de l'étain, du zinc, de la calamite, du bismuth, du cobalt, de l'arsenic, du manganèse, de l'antimoine, du molybdène, de la plombagine ou autres matières métalliques; du souffre, du charbon de terre ou de pierre, du bois fossile, des bitumes, de l'alun et des sulfates à bases métalliques.

« Art. III. — Les minières comprennent les minerais de fer dits d'alluvion, les terres pyriteuses propres à être converties en sulfate de fer, les terres alumineuses et les tourbes.

« Art. IV. — Les carrières renferment les ardoises, les grès, pierres à bâtir et autres, les marbres, granits, pierres à chaux, pierres à plâtre, les pouzzolanes, les strass, les basaltes, les laves, les marnes, craies, sables, pierres à fusil, argiles, kaolins, terres à foulon, terres à poterie, les substances terreuses et les cailloux de toute nature, les terres pyriteuses regardées comme engrais.

Le tout exploité à ciel ouvert ou avec des galeries souterraines. »

Mais avant de parler des divers procédés d'exploitation, occupons-nous d'abord des travaux de recherche.

RECHERCHE DES GITES

La recherche des gisements, bien qu'opération préliminaire, est la plus importante de toutes celles qui constituent l'exploitation puisqu'elle en est le point de départ, elle est quelquefois la plus coûteuse car elle ne réussit pas toujours.

En effet, il ne suffit pas seulement de découvrir un gîte carbonifère ou métallifère, il faut déterminer sa nature, sa direction, son allure, et sa puissance assez approximativement pour qu'on soit à peu près assuré que son rendement soit compensateur.

Il y a pour cela des règles que la science géologique enseigne, mais ces règles sont trop générales et par cela même trop superficielles, pour qu'une industrie qui ne peut fonctionner qu'avec des capitaux immenses, puisse se fonder seulement dessus, car, comme le dit fort justement M. Perdonnet :

« La géologie nous apprend bien que les minerais métalliques en filons se trouvent plutôt dans les pays de hautes montagnes que dans les plaines et au contact des roches en couches et des roches massives ; que certaines substances exploitables, la houille, par exemple, ne sont très abondantes que dans les roches d'une nature particulière, etc.

« Mais elle ne nous fournit aucun moyen de prononcer d'avance avec certitude, quels sont les minerais qui se trouvent sur une portion limitée de terrain et en quelle abondance on les rencontrera.

« La distribution de la richesse minérale dans le sein de la terre est tellement irrégulière, que l'industrie des mines est un véritable jeu, une loterie. »

Loterie est bien le mot, car c'est au hasard seul que l'on doit la découverte des gisements les plus riches.

Un berger qui avait laissé tomber son feu, en avive les cendres avec son bâton ; quand il le retire il est tout étamé, et voilà les mines d'étain du Hanovre trouvées.

Un cheval impatient piaffe sur place et dans le sillon qu'il creuse brille une plaque d'argent massif, et voilà les mines d'argent du pays de Galles découvertes.

Un bûcheron arrachant un arbre lui trouve des racines métalliques blondes et ténues comme les cheveux d'un enfant. Et voilà les mines d'or de l'Amérique du Sud.

Les mines d'argent d'Espagne ont été mises au jour par un muletier et un paysan de la Sierra Almagrera, qui, creusant la terre, par hasard, à vingt-cinq centimètres de profondeur, découvrirent le filon célèbre sous le nom de *Jaroso*, qui n'était pas le seul, dans la Sierra Almegrara puisque de 1840 à 1848, une dizaine de concessions produisirent pour plus de cent millions de francs en argent et en plomb.

La découverte des placers de la Californie, racontée de différentes façons, est tout aussi providentielle. Car que ce soit le mormon Marshal, ou ses enfants, qui aient trouvé une pépite d'or dans le ruisseau qu'il venait de creuser pour alimenter une scierie mécanique, l'or californien n'en a pas moins fait tourner la tête à tous les désœuvrés, à tous les audacieux du monde entier, dont la plupart sont allés fertiliser le sol de leurs sueurs, et l'engraisser de leurs cadavres.

On pourrait citer nombre d'autres exemples ; tenons-nous-en à ceux-là qui sont suffisamment typiques, mais qui n'influencent pas les chercheurs sérieux.

Car en matière de mine, il ne faut pas plus compter sur le hasard, qui ne fait des fortunes qu'accidentellement, que sur la science pure qui les consolide souvent, mais qui les défait quelquefois.

Ce qu'il y a de mieux c'est l'expérience, acquise quelquefois par les autres, et c'est pourquoi on opère le plus souvent dans les régions déjà exploitées ; là, en effet, il y a plus de chances de rencontrer des couches ou des suites de filons, on a d'ailleurs des indices plus ou moins certains par les documents écrits, par les traditions orales, et surtout, par les tas de déblais provenant des exploitations voisines.

Si l'on opère dans une contrée vierge on est obligé de s'appuyer un peu plus sur les théories, mais on ne néglige point la pratique ; on examine les fragments de roches métalliques, qui apparaissent soit dans le lit des rivières, soit sur le flanc des montagnes, la forme, le volume de ces fragments, comparés à leur densité et aux pentes du terrain, permettent à un homme expérimenté d'apprécier assez exactement la distance qui existe entre l'endroit où on les trouve et celui d'où ils viennent, et même la direction qu'il faut prendre pour rencontrer cet endroit, qui est vraisemblablement le chapeau d'un affleurement quelconque.

Évidemment la géologie est d'un grand secours pour ce travail, mais on trouve un aide plus immédiatement efficace, en consultant les pâtres, qui journellement sur les montagnes ne sont pas sans en avoir remarqué les particularités et ne demandent pas mieux que d'y conduire les explorateurs.

Du reste, un filon métallique qui affleure est vite remarqué par un œil exercé.

La nature de son chapeau donne même des indications qui sont presque toujours assez précises, ainsi il est de règle parmi les mineurs de pronostiquer la richesse d'un

Roches éruptives. — Mines d'argent du Parral au Mexique.

gisement, par l'abondance et l'aspect du chapeau, qui est presque toujours composé de minerai de fer oxydé plus ou moins altéré, mélangé à du quartz ou à du cristal de roche.

Si le fer du chapeau est décomposé, scoriacé, mélangé de terre aux tons rougeâtres, il y a gros à parier que le filon argentifère est très riche, d'après le dicton des chercheurs de filons de la Cornouaille qu'on peut traduire ainsi : Une bonne veine d'argent porte toujours un chapeau de fer.

Même remarque a été faite au Mexique, au Pérou, dont les filons si riches avaient des chapeaux en matières pulvérentes, rouges ou noires, et appelées, selon les cas, *colorados*, *négros* ou *pacos*.

Dans les filons de cuivre, de zinc, de plomb, d'antimoine, le chapeau n'est pas en fer; en approchant du sol la matière métallique s'est convertie, par suite de l'action atmosphérique, en oxydes, en sulfates, en carboniques, sur lesquels on peut préciser la nature du gisement mais qui ne prouvent rien quant à sa richesse.

Forage d'un puits de recherche, à la sonde.

Du reste, la découverte d'un affleurement n'est qu'un atout dans la main de l'explorateur, et encore pas un atout majeur ; car il ne suffit pas de constater la présence du gîte, il faut l'étudier jusqu'à une certaine profondeur pour reconnaître son allure et s'assurer que sa puissance est assez considérable pour que l'exploitation en soit possible d'abord : aux conditions de prix et de qualité demandées par l'industrie, ensuite au point de vue du bon aménagement et de la sécurité des travaux.

Pour cela, les ingénieurs ont trois manières de procéder, par sondages, par tranchées à ciel ouvert, et par travaux souterrains.

Nous allons étudier séparément les trois opérations, qui constituent l'ensemble des travaux d'exploration.

SONDAGES

Le sondage ne peut être employé utilement comme procédé d'exploration des gîtes, que dans les minerais carbonifères et dans les terrains où l'on recherche des sels gemmes ou des eaux salines, par la raison que ces terrains permettent aisément le passage de la sonde, qui ne saurait pénétrer à des profondeurs suffisantes, dans les roches où gisent le plus souvent les filons métallifères.

Comme on le pense bien, les sondages ne sont pas usités que pour cela, ils servent aussi, et ce fut d'ailleurs leur première destination, à la recherche des nappes d'eau souterraines d'un jaillissement assez puissant pour permettre l'établissement de puits artésiens.

Dans les mines déjà en exploitation, on y a fréquemment recours, soit pour établir des communications utiles au bon aérage des travaux, ou à l'écoulement des eaux souterraines, soit, et surtout dans les mines de charbon, pour explorer l'intérieur des matières exploitables et reconnaître, à l'avance, les accumulations de gaz délétères ou d'eaux, qui peuvent exister dans les cavités naturelles de la roche non encore attaquée, et qui seraient susceptibles, à un moment donné, d'envahir les travaux et d'augmenter encore, par l'asphyxie ou l'inondation, les causes d'accidents, si fréquents déjà dans les houillères.

Dans ce cas, les sondages sont horizontaux et doivent avoir toujours une avance de huit à dix mètres sur le chantier d'attaque dont on peut alors, sitôt qu'un vide est signalé par la sonde, suspendre l'abattage jusqu'à ce qu'on ait pu constater la nature de ce vide.

Mais à part cette différence dans la direction, le principe de l'opération est toujours le même.

On comprend aisément qu'un sondage ne puisse donner sur les gîtes minéraux que des renseignements incomplets. C'est pourquoi on les fait généralement de petit diamètre pour que l'exploration soit conduite le plus économiquement et aussi rapidement que possible.

Néanmoins, selon la nature du terrain qu'il s'agit de forer, selon les profondeurs qu'on doit atteindre, on emploie trois sortes de sondes :

La sonde du constructeur, qu'on appelle aussi petite sonde, parce qu'avec elle on ne peut faire des trous que de 5 à 7 centimètres de diamètre de 25 à 30 mètres de profondeur ;

La sonde du mineur, qui donne un forage de 16 centimètres et avec laquelle on peut atteindre jusqu'à 200 mètres ;

Enfin, la sonde du fontainier, dont le diamètre est plus fort, puisqu'on peut le pousser jusqu'à 1 mètre, et avec laquelle on a été pour certains puits artésiens jusqu'à 8 et 900 mètres de profondeur.

Sa puissance n'a d'ailleurs d'autres limites que celle du moteur à l'aide duquel on la fait manœuvrer.

C'est cette dernière, la plus intéressante de toutes, dont nous allons étudier le fonctionnement, quand nous aurons mis sous les yeux de nos lecteurs les différentes espèces de sondes usitées généralement dans les deux premiers systèmes.

La sonde est, comme chacun sait, une sorte de tarière destinée à agir dans la terre à peu près comme la tarière ordinaire se comporte dans le bois, du moins en ce qui concerne l'*outil*; car toute sonde comprend trois parties distinctes : la *tête*, la *tige* et l'*outil*.

La tête, qui sert à suspendre l'appareil à la corde ou à la chaîne qui le relie avec le moteur, est munie à cet effet d'un anneau tournant comme celui des montres, plus, d'assemblages disposés pour recevoir les leviers avec lesquels on imprime un mouvement de rotation, qui ne doit point se communiquer à la corde.

La tige est l'intermédiaire entre l'outil et la tête; elle se compose de barres de fer carrées dont l'épaisseur a de 2 à 5 centimètres de côté, et dont la longueur varie de 5 à 8 mètres, selon la hauteur de la chèvre où est fixé l'appareil.

Naturellement ces barres sont assemblées entre elles très solidement, et, pour surcroît de précaution, on en augmente le nombre au fur et à mesure que le sondage s'opère.

L'outil est la tarière proprement dite, mais elle change de forme selon les usages auxquels on la destine.

S'agit-il d'attaquer la roche dure? on se sert du trépan, espèce de ciseau terminé par une pointe en biseau, qui opère par percussion.

Dans les roches tendres, les terrains friables, on emploie la tarière, instrument en forme de gouge, qui agit par rotation.

Naturellement, pour les terrains plus ou moins résistants, il y a plusieurs sortes de tarières, comme on le verra par notre dessin.

Pour enlever les matériaux, on a des cuillers, appelées aussi sondes à clapet, dont le fonctionnement s'explique facilement par notre dessin; en effet, si la sonde s'enfonce, la résistance qu'elle éprouve fait lever le clapet, et la boue formée avec la roche broyée et l'eau qui suinte presque toujours des parois du puits, monte dans le tube qu'elle remplit; le clapet se referme tout naturellement par le mouvement ascensionnel imprimé à la sonde, le poids des matières le maintient en place, et le tube arrive ainsi tout chargé à l'orifice.

On comprend aussi aisément que si le trou foré n'est pas assez large, on remplace les trépans et tarières, qui ont fait le premier travail, par d'autres d'un diamètre plus fort, jusqu'à ce que l'on ait atteint le calibre voulu. Alors, comme dans la plupart des cas, il faut glisser dans le puits une série de tuyaux pour empêcher les terrains ébouleux de le combler au fur et à mesure qu'on le creuse, on égalise ses parois au moyen de l'*équarrissoir*, cylindre terminé en pointe pour faire office de pivot, et muni intérieurement de lames verticales très tranchantes qui rabotent le sondage par un mouvement de rotation imprimé à l'outil.

Ceci connu, occupons-nous maintenant des procédés de fonctionnement, que l'on distingue par les noms de sondages à la corde et sondages à la barre.

Le sondage à la corde est d'origine chinoise, et on l'appelle quelquefois sondage chinois, parce qu'il est toujours employé dans le Céleste-Empire pour la recherche des eaux salines.

Il consiste à faire battre dans un trou de sonde un mouton en fer pesant de 100 à 150 kilogrammes, terminé par une couronne crénelée en acier qui entame la roche par un double mouvement, le premier, percutant, obtenu de la façon suivante :

Le mouton est suspendu par une corde très résistante à l'extrémité d'une longue pièce de bois, qui reçoit un mouvement de bascule d'un homme qui pèse de tout son poids sur le bout libre de la pièce de bois, de façon à soulever le mouton à 60 centimètres de hauteur.

Quand il touche au fond, un autre homme

à l'aide d'un levier, sur lequel la corde fait un tour, lui imprime un mouvement de rotation pour faire agir l'instrument broyeur dans toutes les directions et surtout pour faire adhérer entre ses dents les matières broyées, qui remontent ainsi à l'orifice quand on juge nécessaire de nettoyer le mouton.

Inutile de dire que ces moyens assez rudimentaires, mais avec lesquels, pourtant, les Chinois arrivent à forer des puits de 400 mètres, ont été perfectionnés en Europe où ils ont été connus par les relations des Pères des Missions étrangères.

M. Jobard, de Bruxelles, notamment, a doté ce procédé d'un outillage mieux approprié à nos usages industriels.

Il a d'abord converti le mouton en un cylindre en fonte de 15 à 20 centimètres de diamètre sur 1 mètre de hauteur et pouvant peser jusqu'à 300 kilogrammes.

Ce cylindre, spécialement destiné aux

Sondage à la barre. — Travail à la main.

terrains très résistants, est terminé par une sorte de trépan armé de dents d'acier mobiles, pour qu'on puisse les remplacer quand elles sont usées; il est dans toute sa longueur; creusé de cannelures assez profondes pour que les boues, composées de matières broyées, puissent remonter par ces espèces de canaux et se déverser en partie dans l'extrémité supérieure du cylindre, creusée à cet effet en forme de cône.

Pour agir dans les terrains peu consistants, le cylindre est creux, en fonte aciérée, et il porte à sa base deux soupapes en ailes de papillon destinées à lui faire jouer le rôle de cuiller pour enlever les matières broyées; seulement comme ce cylindre n'a pas assez de poids pour agir efficacement par percussion, il est surmonté d'un bloc de fonte, véritable mouton qui, glissant sur une tige en fer au moment où le cylindre touche le fond, vient frapper dessus et l'oblige à s'enfoncer dans la matière molle qui constitue le terrain.

Dans l'un ou l'autre cas, cylindre ou mouton sont suspendus à une corde garnie de nœuds en tôle, pour empêcher son usure par le frottement contre les parois du trou, qui s'enroule dans la gorge d'une poulie fixée à une chèvre ordinaire dont la hauteur est proportionnée à celle dont on veut faire tomber le mouton.

Après son passage sur la poulie, cette corde se ramifie en autant de cordons qu'on veut employer d'hommes à la manœuvre de la sonde.

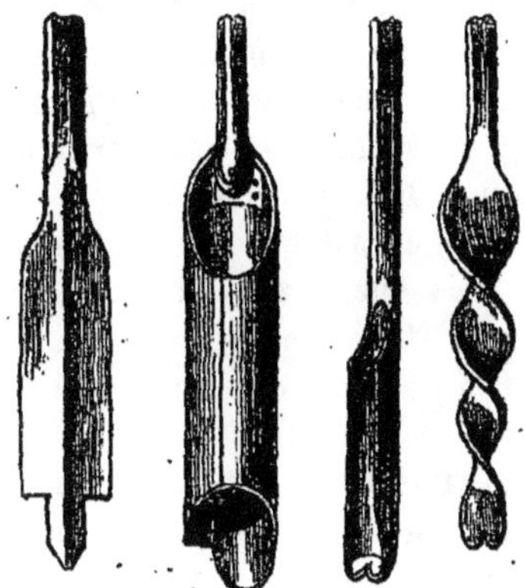

Trépan. Tarières diverses.

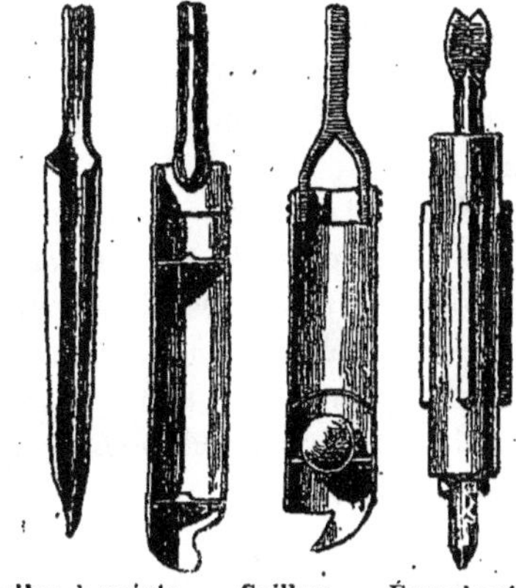

Tarière à pointe. Cuillers. Équarissoir.

Il va sans dire que le moteur à bras d'hommes pourrait être facilement remplacé par un cabestan, ou même par une machine à vapeur, il l'a été du reste pour quelques sondages exécutés par ce procedé, d'ailleurs économique comme outillage et comme main d'œuvre, en Allemagne et en France, mais on ne s'est pas attaché à le perfectionner de nouveau, en raison des inconvénients qu'il présente et qui le rendent inapplicable dans les sables mouvants et les argiles coulantes.

Le principal de ces inconvénients est la difficulté de conserver au forage la direction verticale ailleurs que dans un terrain parfaitement homogène, encore n'est-on jamais assuré de mener l'entreprise à bonne fin, puisqu'il suffit de la rupture de la corde, du bris d'une sonde, ou même de la chute d'une pierre sur l'outil pour l'arrêter complètement.

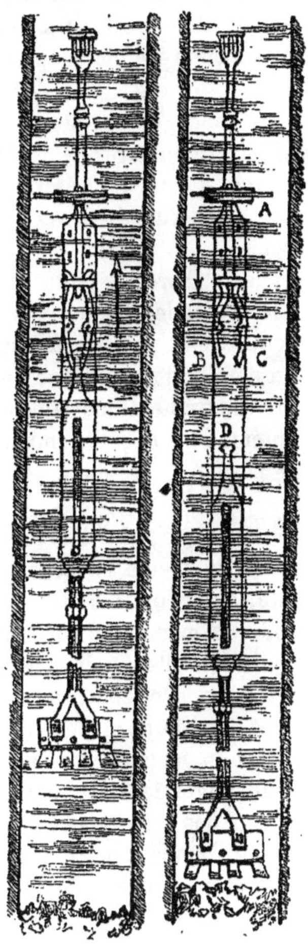

Trépan à déclic.

C'est assez dire que ce système est généralement abandonné, et que l'on a adopté partout le sondage à la barre, qu'on appelle à cause de cela sondage ordinaire, il repose d'ailleurs sur le même principe, à cela près que la corde est remplacée par une barre ou tige rigide, mais il exige un outillage assez compliqué et qui devient d'autant plus considérable que les travaux doivent être poussés à une profondeur plus ou moins grande.

Pour les sondages d'exploration qui ne dépassent pas 200 mètres de profondeur, et qui, par conséquent, ne présentent pas de difficultés extraordinaires, voici comment on procède.

On creuse d'abord un puits de quelques mètres de profondeur pour recevoir aussi verticalement que possible un cylindre de bois d'un diamètre assez grand pour laisser passer les instruments de sondage, et qui est maintenu dans sa position par un cadre de bois posé sur le sol à l'orifice du puits.

Au-dessus de ce puits, on élève une chèvre, ou mieux même un échafaudage en charpente, que l'on construit assez haut pour rendre la manœuvre plus facile, c'est-à-dire pour que l'on puisse, au fur et à mesure que la sonde pénètre dans les terres, ajouter des tiges d'une plus grande longueur d'un seul coup, afin d'éviter les pertes de temps qu'exigeraient le démontage et l'assemblage des tronçons de la barre.

Pertes de temps déjà assez fréquentes dans l'opération, puisqu'il faut remonter la sonde assez souvent, soit pour la fixer à de nouvelles barres qui l'allongent progressivement, soit pour nettoyer le trou en enlevant les boues à l'aide des cuillers ou des cylindres à clapet dont nous avons déjà parlé.

Naturellement le montage et la redescente de l'instrument s'opèrent à l'aide de la chèvre ou de l'échafaudage dont le sommet est muni d'une poulie sur les gorges de laquelle passe une corde ou une chaîne, dont une extrémité est fixée à la tête de la sonde, et l'autre s'enroule sur un treuil posé sur le sol, mû soit à bras d'hommes, soit au moyen de courroies de transmission par une machine à vapeur.

Le battage se fait à l'aide du trépan qui diffère de celui que nous avons décrit, par sa longueur qui varie entre 1m,50 et 4 mètres, et par les dents d'acier qui garnissent son extrémité inférieure et dont le nombre augmente selon le diamètre du forage, ces dents sont d'ailleurs mobiles, de façon que l'on puisse les remplacer séparément au fur et à mesure de leur usure.

Le trépan est solidement boulonné à une tige de bois que le mécanisme extérieur soulève de 40 centimètres pour le laisser retomber ensuite, ce qui constitue le battage.

Ce mécanisme se compose d'un grand levier, fixé solidement à l'un des montants de la chèvre de façon à pouvoir tourner autour d'un point fixe. Chaque extrémité du levier est armée d'un crochet : à l'un est attaché le câble qui porte la sonde, à l'autre une corde qui lui imprime son mouvement de bascule par l'effet d'une roue à cames, commandée par le treuil.

La sonde reçoit ainsi son mouvement percutant : le mouvement de rotation qui suit chaque coup battu, lui est donné par ce qu'on appelle la clef *de levier*, barre de fer disposée pour passer dans l'anneau de la tête de la sonde, et à laquelle un ouvrier, quelquefois deux, impriment un mouvement de tourniquet qui oblige les dents du trépan ou de la tarière, si le terrain est assez mou pour en permettre l'usage, à mordre également dans toute la surface du sondage.

Lorsqu'on opère dans la roche très résistante l'opération se borne à la répétition de ces mouvements alternatifs et au nettoyage du trou foré, mais si l'on travaille dans les terrains ébouleux elle se complique du *tubage,* opération qui consiste dans le revêtement, au fur et à mesure, des parties forées, au moyen de cylindres et tuyaux en tôle dont chaque tronçon doit naturellement diminuer de diamètre puisque, descendus successivement à l'aide de la chèvre, ils doivent passer les uns dans les autres pour s'emboîter en quelque sorte comme les tuyaux d'une lorgnette, avec cette différence pourtant qu'ils ne doivent pas se replier, puisqu'ils ont pour objet de maintenir, au diamètre convenable, les parois du trou de sonde.

Ce système, dont tous les organes y compris le moteur à vapeur figurent dans notre grand dessin (p. 452) — et qui est en somme celui que l'ingénieur français Mulot, véritable créateur des puits artésiens, employa pour le forage du puits de Grenelle — est irréprochable pour les sondages ordinaires dont le diamètre ne dépasse guère 125 millimètres; mais pour les profondeurs plus grandes qui, à cause du tubage, nécessitent des profondeurs plus considérables, il laissait quelque chose à désirer, aussi l'a-t-on notablement perfectionné.

D'abord en remplaçant les barres primitives, qui donnaient un poids énorme à l'appareil, au-dessus d'une certaine longueur, par des tiges en fer creux ou même en bois, qui sont infiniment plus légères et d'autant plus maniables, qu'elles s'ajustent l'une au bout de l'autre au moyen de vis, d'anneaux brisés ou de porte-mousqueton.

Malgré cette importante modification on a reconnu qu'à de grandes profondeurs les tiges encore lourdes, étaient, par l'effet du choc, susceptibles de se briser, l'ingénieur allemand d'Œynhausen a remédié à cet inconvénient en partageant la tige en deux sections : la première immobile et maintenue en équilibre par un levier chargé de contrepoids, et la seconde, l'inférieure naturellement, agissant seule dans la percussion.

L'idée est ingénieuse et le moyen d'exécution très simple, il suffit que la section inférieure reliée par un câble ou levier de bascule, puisse se relever sans entraîner dans son mouvement la section supérieure, et pour cela elles sont aboutées dans une coulisse divisée également en deux sections qui glissent l'une dans l'autre sur une longueur égale à celle de l'angle que décrit le balancier moteur, de façon qu'au moment où la partie inférieure de la tige, entraînée par le poids du trépan qui frappe le fond du sondage, glisse de la longueur de la coulisse, la partie supérieure se pose dessus sans recevoir aucune des vibrations produites par le choc.

On a pourtant trouvé encore quelque chose de plus pratique, le trépan à déclic inventé par l'ingénieur saxon Kind lorsqu'il entreprit le forage si laborieux du puits artésien de Passy.

Ce système remplace très avantageusement la coulisse dont nous venons de parler d'autant qu'il peut s'adapter aussi bien au forage des puits de mine qu'aux opérations du sondage, il n'y a pour cela qu'à augmenter le volume et la pesanteur du trépan, ce que l'inventeur a fait d'ailleurs puisqu'il a creusé à des profondeurs considérables des puits de trois à quatres mètres de largeur.

Le trépan est relié à une série de tiges en bois, dont le nombre augmente naturellement en même temps que la profondeur, par un déclic qui lui permet, à un moment donné, de tomber tout seul au fond du trou pendant que les tiges, plus légères et qui d'ailleurs baignent dans l'eau, le suivent plus lentement pour le remonter ensuite à l'aide d'un mécanisme dont nos dessins feront mieux comprendre le fonctionnement.

Regardez la deuxième section de notre dessin : A, tête du déclic, est un clapet circulaire en caoutchouc, dont le diamètre n'est qu'un peu moins large que celui du trou de sondage, rempli d'eau, du moins dans sa partie inférieure ; lorsque l'ensemble de l'appareil, trépan et tiges, abandonné à son propre poids descend rapidement, le clapet ou chapeau en gutta-percha est soulevé brusquement par la pression de l'eau et le mouvement fait ouvrir les pinces B et C, la tête D du trépan s'échappe et celui-ci tombe au fond du trou, en se précipitant le long d'une glissière qui sert, non seulement à le guider

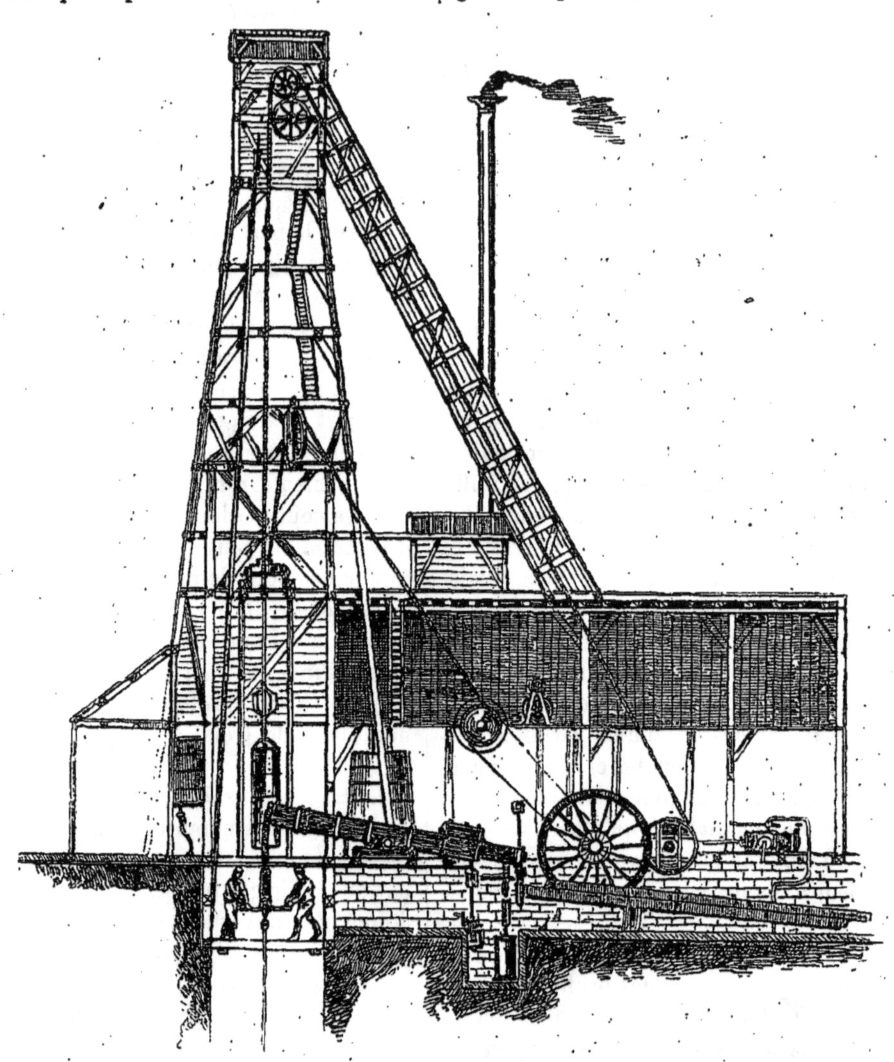

Sondage à la barre avec trépan à déclic. — Travail mécanique.

dans sa chute, mais à le maintenir en position pour que les pinces qui le suivent plus lentement dans son mouvement, le rejoignent et, comprimées par les glissières, reprennent leur première position autour de sa tête pour le remonter, tout naturellement de la hauteur de la course du balancier, au moment où les tiges qui sont amarrées à ce balancier sont sollicitées par son mouvement de bascule ; c'est ce qu'on peut voir dans la première section du dessin.

Il va sans dire que l'inventeur de ce système avait aussi perfectionné les outils; à Passy il ne se servit pourtant jamais d'aucune espèce de tarière, comme avait été obligé de le faire M. Mulot, à Grenelle, mais il faut dire que son trépan pesait 2,800 kilogrammes; malgré cela, le forage n'avançait guère que d'un demi millimètre par choc, ce qui permettait d'en donner trois ou quatre cents avant de procéder au curage, qui se faisait avec une cuiller à clapets de 80 centimètres de diamètre sur un mètre de longueur, qu'on transportait de l'orifice du puits au canal, où on la faisait basculer pour la vider, sur un chariot roulant sur rail, qui venait mécaniquement la chercher aussitôt sa sortie du puits.

Perforateur Mac Kear

Il nous reste à parler d'un système encore plus ingénieux puisqu'il supprime l'opération toujours assez lente du curage; seulement il n'est guère pratique que dans les terrains faciles et à des profondeurs peu considérables.

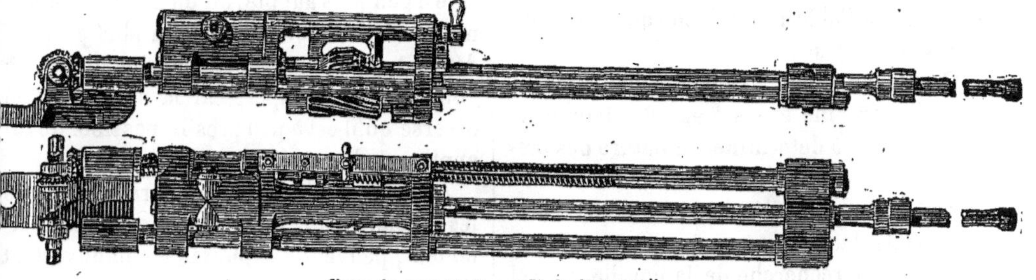
Vues de face et de profil de l'appareil.

Ce procédé, inventé par l'ingénieur anglais Beart, et introduit en France avec des perfectionnements par M. Fauvelle, est basé sur une sonde creuse dans laquelle on entretient un courant d'eau continu, qui entraîne avec elle les détritus au fur et à mesure que la tarière les désagrège du terrain.

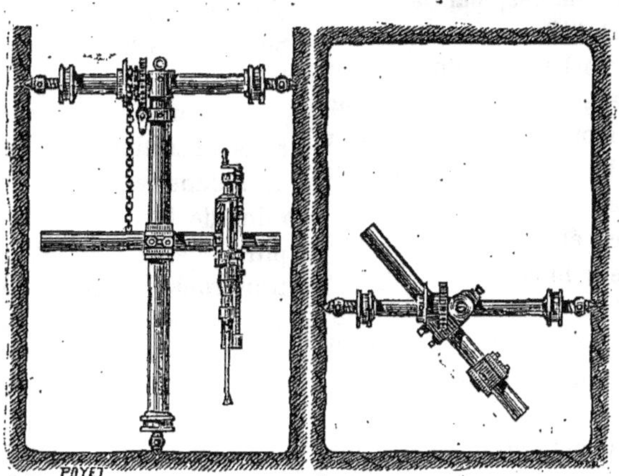

Coupe verticale d'un puits. Vue d'en haut du puits.

Il a donné d'assez bons résultats; il est excellent, d'ailleurs, pour le forage des puits artésiens, surtout avec les modifications qu'y a apportées assez récemment M. Linnton et qui rendent son emploi plus général, grâce à la forme spéciale du trépan ; il ne s'est cependant point répandu pour le travail des mines parce que les terrains faciles ne sont pas très communs.

Mais, fût-il applicable partout, qu'il ne serait pas bon pour les sondages d'exploration, où il ne s'agit pas seulement de faire un trou, mais d'en extraire les matières en parcelles assez grosses pour être analysées.

Aussi, dans certains cas, c'est-à-dire quand on veut obtenir des échantillons de roches dures avec leurs stratifications, emploie-t-on un trépan spécial composé de quatre ou cinq lames de ciseau fixées sur un noyau central circulaire ; par ce moyen, on découpe dans le fond du puits un cylindre de roche que l'on amène entier à l'orifice à l'aide d'une cloche qui s'emboîte exactement dessus.

Ces échantillons, ainsi obtenus, s'appellent des témoins et c'est en effet leur examen qui sert à déterminer la nature des terrains qu'on explore.

Outre les sondages verticaux que nous venons de décrire et qui ne sont employés que pour la recherche de la houille, du sel gemme et des eaux salines, par la raison que les minerais métallifères gisent presque toujours dans des roches fort dures où la sonde serait sans effet; il y a aussi des sondages inclinés et même horizontaux, qui se font comme nous l'avons dit déjà, pour le service des mines en exploitation.

Ces sondages ne peuvent être faits qu'à petit diamètre et leur longueur ne dépasse jamais trente mètres, leur difficulté augmente, du reste, selon que leur inclinaison se rapproche plus ou moins de la ligne horizontale.

Dans ce cas on ne peut procéder mécaniquement que par pression et par rotation, car si l'on voulait agir par percussion, il faudrait frapper directement avec des masses sur la tête de la sonde : ce qui n'est pas très expéditif... le mieux est de disposer la sonde sur un système de poulies ou de galets à gorge; qu'on met en mouvement par un treuil.

LES TRANCHÉES.

Rechercher les gisements à l'aide de tranchées, c'est-à-dire en creusant des fossés plus ou moins larges, pour enlever la terre végétale qui recouvre les affleurements, est certainement le moyen le plus économique, mais il ne donne que des indications très incomplètes, quelquefois même erronées, par la raison que la richesse du gîte, dont on découvre des portions à la surface, n'est presque jamais en rapport avec les spécimens qu'on en peut étudier.

Il est vrai qu'alors on se base sur ce principe à peu près adopté, qu'un gisement s'anoblit d'autant qu'il s'enfonce plus profondément dans la terre, et c'est justement où l'on peut se tromper, car la nature est si diverse qu'il est à peu près impossible de lui appliquer des règles générales.

Aussi, n'explore-t-on par tranchées que les carrières et les mines qui, exceptionnellement, peuvent s'exploiter à ciel ouvert et l'on commence un travail qui sera continué s'il y a lieu, par l'exploration définitive, en ouvrant ces tranchées perpendiculairement à la direction des affleurements.

Nous n'entrerons dans aucun détail sur cette opération que nous avons déjà décrite dans cet ouvrage, en parlant des chemins de fer, renvoyant le lecteur au chapitre de l'exploitation à ciel ouvert, où nous traiterons des procédés spéciaux aux diverses branches de l'industrie minière.

LES TRAVAUX SOUTERRAINS.

Les travaux souterrains, effectués pour la recherche des gisements métallifères et carbonifères sont de deux sortes : les puits et les galeries employés selon les circonstances de terrains et la situation des affleurements reconnus.

Par exemple, si les chapeaux des gîtes se montrent à la surface d'un plateau ou d'une plaine, c'est un puits qu'il faut forer pour les explorer, soit dans l'inclinaison même des gisements, soit perpendiculairement pour passer au travers des bancs ou couches présumées, quitte à ouvrir des galeries d'allongement au fond du puits.

Si, au contraire, on est en présence de filons ou d'une couche dont l'affleurement est sur le flanc d'une montagne, c'est une galerie qu'il faut percer : *galerie d'allongement*, si on la pousse au milieu de la masse minérale dans le sens de sa direction, ou *galerie de traverse* quand on la dirige perpendiculairement à cette direction, de façon à traverser tous les filons parallèles d'un même gisement.

Étudions séparément chacune de ces opérations.

LES PUITS DE MINE.

Comme on ne se décide jamais à foncer un puits sans être à peu près certain de trouver un gîte exploitable, on lui donne toute la solidité, toute la perfection désirables pour qu'il puisse servir ensuite, selon ses dimensions, soit à l'extraction des produits, soit à l'établissement des pompes d'épuisement, soit à la montée et à la descente des ouvriers, soit à l'aération de la mine ; ce qui est le cas le plus ordinaire.

Cela ne veut pas dire qu'il y ait quatre sortes de puits, puisqu'un seul peut réunir la plupart de ces services, pourvu que sa section soit assez grande.

Les puits diffèrent entre eux : par les procédés de construction qui se trouvent imposés, par la nature des terrains qu'il s'agit de traverser ou même par les ressources locales ; ainsi, il y a les puits *boisés*, les puits *muraillés*, les puits *cuvelés* et les puits *tubulaires*.

Par leur direction, car, bien qu'ils soient le plus souvent creusés verticalement, il y en a aussi d'inclinés qu'on appelle, selon les pays : *fendues*, *montages* ou *descenderies*.

Quant à leur forme et à leurs dimensions elles dépendent des usages auxquels on les destine, mais ne créent point de catégories spéciales au point de vue de la construction.

LE FORAGE.

Avant de parler de la construction, il faudrait dire un mot du forage ; le procédé est bien connu puisqu'il consiste à fouiller la terre et à enlever les matériaux, en un mot à faire un trou, mais les différentes natures de terrain font naître des difficultés qu'on ne surmonte précisément qu'à l'aide des procédés que nous expliquerons l'un après l'autre.

En raison des divers terrains qu'il faut attaquer, les outils du mineur sont assez nombreux, outre les pelles dont il se sert dans tous les cas pour ramasser les débris désagrégés, il a la pioche pour les roches ébouleuses, le pic à une ou deux pointes aciérées, et une autre espèce de pic à deux branches courbées en arc, qu'on appelle *rivelaine*, pour les roches tendres.

Dans les roches demi dures il doit se servir de la *pointerole*, espèce de marteau dont un côté est aiguisé en pointe, et sur la tête duquel il frappe avec une massette, ce qui ne l'empêche pas d'avoir recours aux coins qu'il enfonce dans les fissures et aux leviers pour soulever les parties détachées.

Quand il rencontre la roche dure, il est obligé de faire jouer la mine, soit avec de la poudre, soit avec de la dynamite ; pour cela, nouveaux outils.

D'abord un *fleuret*, mince barre de fer aciéré qu'il enfonce dans la roche avec un marteau, pour faire un trou de cinq à six centimètres de diamètre, qu'il obtient facilement en faisant tourner son outil d'un cinquième de circonférence à chaque coup frappé.

Puis une *curette*, espèce de gouge terminée en cuiller, avec laquelle il nettoye son trou au fur et à mesure qu'il se creuse, et cela d'autant plus facilement qu'il a soin d'y jeter de l'eau de temps en temps, pour que son fleuret ne perde pas sa trempe au contact de la roche, rendue brûlante par le frottement.

Ces opérations se font aujourd'hui mécaniquement et d'une façon bien plus économique, à l'aide des machines perforatrices dont nous aurons occasion de reparler lorsque nous nous occuperons des galeries souterraines; nous ne décrirons ici que le perforateur Mac Kean et la perforatrice Sachs, parce qu'ils nous paraissent le plus propres au travail vertical que nécessite le fonçage du puits.

Le perforateur Mac Kean, qui a fait ses preuves au percement du tunnel du Saint-Gothard, y a toujours été employé depuis le commencement de la deuxième année des travaux, et ses derniers perfectionnements qui datent de 1875, l'ont fait adopter aux célèbres mines du Rio-Tinto, et considérer généralement comme supérieur à tous les autres.

Il se compose d'un cylindre percuteur, susceptible d'un mouvement d'avance et de recul sur deux longerons; dont l'un est uni et l'autre fileté, sur une partie de sa longueur.

Dans le cylindre, en bronze phosphoreux, se meut un piston en fer forgé, muni de deux paires d'anneaux Ramsbottom, et dont la tige, élargie en forme de double cône, non loin du piston auquel elle est rivée et boulonnée, se termine par un porte-outil auquel le burin se fixe au moyen d'un manchon.

L'air comprimé s'introduit dans la machine par un tuyau de prise et passe par un orifice circulaire, pour arriver dans la chambre cylindrique du tiroir.

Les mouvements, tous automatiques d'ailleurs, de la machine se produisent ainsi :

Le mouvement de percussion est déterminé par le jeu du tiroir, susceptible d'osciller autour de son axe, qui se meut dans la chambre d'arrivée de l'air comprimé, de façon à découvrir alternativement les orifices d'introduction; seulement ce tiroir, évidé intérieurement, communique par sa partie centrale avec l'air extérieur, au moyen de l'orifice d'échappement.

Le mouvement est donné au tiroir par un balancier, soulevé alternativement, dans un sens ou dans l'autre, par la partie de la tige du piston, renflée en forme de double cône.

Pour déterminer le mouvement de rotation du fleuret, des rainures hélicoïdales sont pratiquées sur l'élargissement cylindrique, à bouts coniques, de la tige du piston.

Ce double cône est engagé dans un cylindre à rainures hélicoïdales, placé parallèlement à la tige du piston et capable de tourner autour de son axe.

Dans le mouvement de recul du piston, le cylindre à rainures est tenu fixe par un rochet, tandis que la tige du piston, en engrenant avec le cylindre, est obligée de tourner autour de son axe, en proportion de la longueur du pas de l'hélice et de la longueur du mouvement de recul.

Quand le piston fait son mouvement en avant, le cylindre, redevenu libre, n'exerce aucune influence sur l'action de la tige du piston, qui s'avance en ligne droite et, à son tour, donne un mouvement de rotation au cylindre.

Toutefois, par précaution, la tige du piston est maintenue par un rochet qui, pendant le mouvement en avant, l'empêche de retourner à sa position précédente.

Dans le recul qui suit, la tige du piston s'engrène de nouveau avec le cylindre, qui se trouve alors arrêté par son rochet, et elle opère encore une rotation avant d'avancer en ligne droite pour frapper le coup.

Le mouvement d'avance de l'appareil se produit au moyen du double coin de la tige

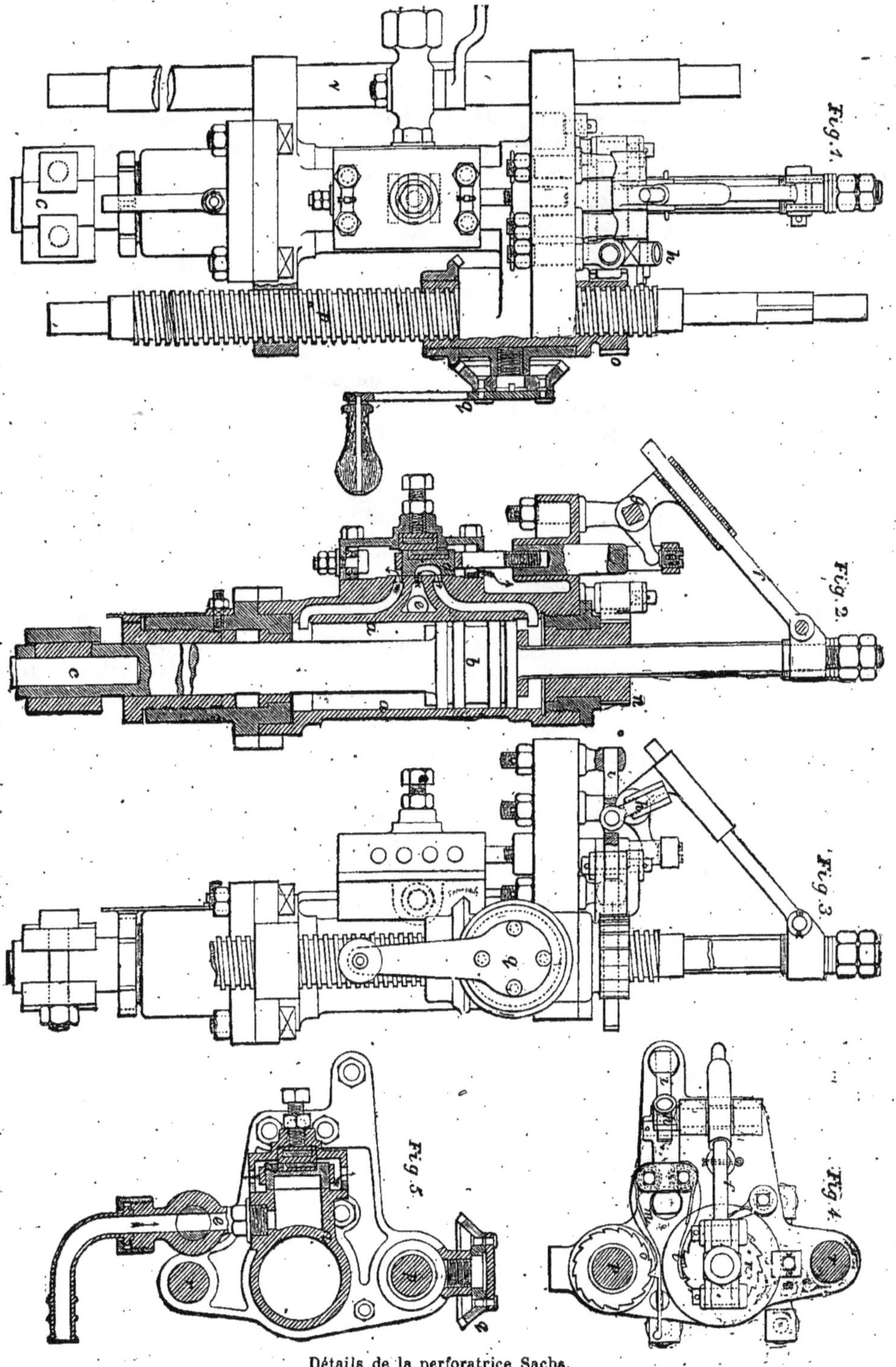

Détails de la perforatrice Sachs.

du piston et des deux balanciers qu'elle fait mouvoir et voici comment :

Le mouvement oscillatoire du bras postérieur du balancier se communique à un levier porté par l'un de deux rochets, fixés ensemble sur le longeron à vis ; et disposés de façon à ce que leurs dents placées de face, et non sur leur périphérie, puissent s'engrener l'une avec l'autre et être maintenues dans cette position par un ressort à boudin.

Le rochet, portant le levier et qui oscille avec le balancier, est mobile, mais l'autre est fixé dans une rainure longitudinale pratiquée dans le longeron à vis, de sorte que lorsque ce dernier rochet est tourné, il entraîne dans son mouvement le longeron vissé qui tourne dans l'écrou fixe et ainsi avance le cylindre.

Les dents du premier rochet, glissent sur celles de l'autre, dans un sens, mais ne s'engrènent avec elles que dans l'autre sens. Ainsi, lorsque dans son mouvement oscillatoire, le premier rochet en glissant sur les dents de l'autre; est par l'effet du balancier, suffisamment tourné pour s'engager dans sa dent la plus proche, il engrène avec et dans son mouvement en arrière il l'entraîne et le tourne, naturellement de la longueur d'une dent à chaque fois ; longueur qui se reproduit exactement sur le longeron à vis et effectue, nécessairement, l'avancement de la machine.

Quand, par hasard, le premier rochet n'a pas reçu du balancier un mouvement assez mesuré pour gagner juste une dent de l'autre, il ne se produit aucun avancement; les dents du premier rochet glissant en arrière dans leur position antérieure.

Mais, à cause de la forme conique du renflement de la tige du piston, le mouvement du balancier devient plus fort, en même temps que la course du piston devient plus longue, en proportion de la pénétration du fleuret dans le roc ; de façon que lorsque la course du piston atteint son maximum, le premier rochet avance suffisamment pour gagner la dent suivante de l'autre, et l'avancement s'opère graduellement.

Comme il y a quinze dents sur chaque rochet : chaque avance d'une dent équivaut au quinzième d'une révolution et le pas de la vis, étant de 25 millimètres, il s'ensuit que chaque avancement d'une dent est égal au quinzième de 25 millimètres.

La machine peut donc marcher longtemps sans qu'on ait besoin d'opérer le mouvement de recul ; puisqu'elle peut faire un trou d'un mètre de profondeur ; ce qui équivaut à dire qu'elle est susceptible d'un avancement, automatique et minutieusement gradué, d'un mètre de développement.

Le mot longtemps est relatif, bien entendu; car le perforateur peut, selon la pression atmosphérique qu'on lui donne, frapper de 500 à 800 coups à la minute, et creuser dans le même espace de temps de 70 à 300 millimètres, selon la dureté du roc.

Comme on le voit, tout cela est très simple, et il n'est pas besoin pour conduire cette machine d'un ouvrier très fort en mécanique.

Pour le travail des puits de mine, le perforateur Mac Kean ne se monte pas sur le chariot que représente notre premier dessin, donné seulement pour montrer d'ensemble, les articulations de la machine ; mais sur un affût spécial que notre troisième dessin fera bien comprendre.

Il se compose d'une colonne, fixée au fond du puits par une forte vis et terminée en forme de T par une traverse, dont chaque extrémité se visse également aux parois du puits.

Le serrage de ces trois vis fait comprimer trois tampons de caoutchouc et maintient ainsi l'appareil fixe malgré la granulation de la pierre sous les pointes.

A cette colonne est adapté un tube-traverse, maintenu à la hauteur voulue par une chaîne qui part de la traverse supérieure. Ce tube supporte un perforateur, deux si l'on veut, puisqu'on peut en mettre un de chaque côté ; on peut même, pour un travail plus accéléré, ajuster à la colonne un deuxième tube traverse, formant la croix avec le premier, et sur lequel on peut adapter deux autres machines, d'autant que la genouillère est mobile autour de la colonne; ce qui permet de faire autant de trous qu'il est nécessaire sans démonter l'appareil, puisque le perforateur peut tourner également autour du tube-traverse, pour que l'on puisse donner à l'outil la direction que l'on veut.

Lorsqu'il s'agit de faire partir les mines, on desserre l'appareil, on le remonte dans le puits à une certaine hauteur et on le range de façon qu'il ne gêne pas pour l'opération du déblayage, qui se fait alors dans les conditions ordinaires.

La perforatrice Sachs, construite par la Société Humboldt, qui s'occupe spécialement du matériel de mines, a été constamment perfectionnée depuis son invention, et elle ne laisse aujourd'hui presque rien à désirer.

Mue naturellement par l'air comprimé, elle en dépense relativement peu, car il n'agit que dans le cylindre principal où fort peu d'organes sont en contact avec lui ; de plus sa marche étant automatique ne dépend ni de l'habileté, ni du bon vouloir de l'ouvrier qui la dirige.

Un dessin d'ensemble et des coupes en feront comprendre le fonctionnement.

A est un cylindre à air comprimé, pourvu des mêmes orifices d'admission et d'échappement qu'un cylindre à vapeur. B est le piston qui se meut dans ce cylindre et qui est terminé par deux tiges de diamètre différent.

L'une commande le tiroir de distribution D par l'intermédiaire de la tige F qui, glissant dans un fourreau, agit sur le levier coudé, G dont le petit bras actionne directement la tige du tiroir.

L'autre porte le fleuret, non représenté sur notre dessin, mais dont la place est marquée dans la douille C.

L'air comprimé arrive dans le tiroir par l'orifice E et s'y comporte exactement comme la vapeur dans le tiroir des locomotives, suit la direction indiquée par la flèche, pénètre par le conduit à l'arrière du piston et pousse le fleuret avec force contre la roche, pendant que l'air qui se trouvait à l'avant du piston en est chassé et sort par un tuyau recourbé, analogue à celui de l'arrivée.

En même temps la tige F, actionnée par le mouvement du piston, fait pivoter le levier G qui pousse le tiroir en avant et renverse ainsi la distribution.

C'est ce même levier qui communique au fleuret son action rotative, par le moyen du petit bras H, qu'il commande et qui imprime un mouvement de va-et-vient à la tige I, terminée par une crossette armée de deux cliquets qui viennent butter alternativement contre les rochets N et O; de sorte qu'à chaque mouvement du piston le rochet N tourne d'une dent et imprime un mouvement de rotation au fleuret.

Le mouvement d'avancement a deux causes : d'abord l'augmentation de la course du piston dans le cylindre, au fur et à mesure que le trou se creuse, ensuite le rochet O qui fait avancer la perforatrice le long de deux tiges fixes, dont l'une est unie et l'autre filetée, et qui lui servent à la fois de supports et de guides.

A cet effet, les dents du rochet O, sont plus longues que celles du rochet N, le cliquet ne peut donc venir en prise avec la dent suivante à chaque coup de piston, car il faut pour cela que l'amplitude du mouvement soit suffisante, c'est-à-dire que la course du piston atteigne son maximum.

En d'autres termes le rochet O n'agit que lorsque le piston est à bout de forces.

Cette machine, très facile à conduire, est complétée par une manivelle de deux engrenages coniques qui permettent d'éloigner l'outil de la roche, aussi rapidement que possible, soit pour changer le foret, soit pour déplacer la perforatrice.

Il va sans dire qu'elle peut tout aussi bien être employée au percement d'une galerie qu'au forage d'un puits, cela dépend de l'affût sur lequel on la monte.

L'affût autrement dit le bâtis, n'est pas une question aussi secondaire qu'elle le paraît; il joue un rôle au moins aussi important que celui de la perforatrice puisque l'exécution rapide et économique des travaux dépend en partie de lui.

L'affût pour le foncement du puits doit être, à la fois, assez léger pour faciliter les manœuvres et assez lourd pour assurer la direction des coups, tout en amortissant les chocs et les vibrations qui en résultent, deux qualités qui ont l'air de s'exclure

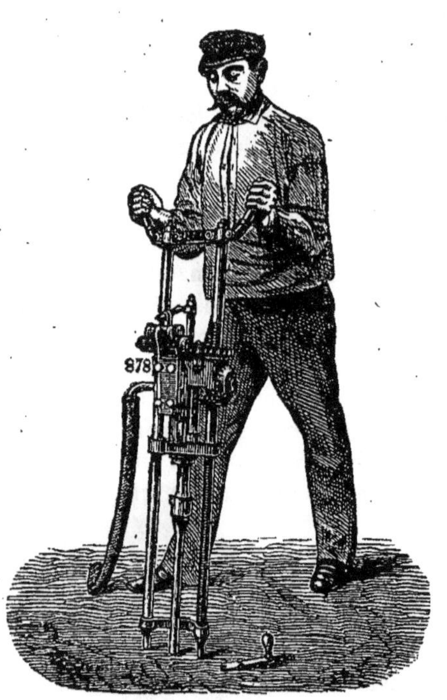

Perforatrice Sachs, montée pour forage des puits.
Affût à main. Affût à contre-poids.

l'une l'autre et qui doivent pourtant se trouver ensemble, pour que l'instrument soit parfait; aussi a-t-il subi de nombreuses modifications.

Au début, la Société Humboldt montait sa perforatrice Sachs pour le creusement des puits, sur un bâti très simple, composé de deux barres directrices reliées par deux traverses, dont la supérieure terminée par deux manches, servait à l'ouvrier à maintenir l'appareil en fonctionnement, tout en guidant la perforatrice.

Ce système, peu coûteux, est toujours bon pour faire les trous peu profonds, et dans les roches tendres, mais le travail devient très pénible, quelquefois même impossible, quand il faut atteindre des profondeurs considérables, car l'ouvrier déjà obligé de maintenir l'appareil, ne peut assurer la direction des coups et le fleuret peut se fausser et même se briser.

On a remédié à cet inconvénient en rendant l'affût indépendant de l'ouvrier, c'est-à-dire en fixant la perforatrice sur un bâti à trois pieds auquel on ajouta encore un contre-poids pour lui donner plus de stabilité, plus tard le contre-poids fut remplacé par un jambage de plus. Ce qui n'empêcha pas d'employer aussi des affûts, dont les trois pieds étaient consolidés par des poids.

Mais le dernier perfectionnement a prévalu parce qu'il est plus simple; il présente deux types que nos gravures expliquent suffisamment.

L'un, destiné au travail en roches tendres ou demi dures, n'a qu'un seul jambage formant trépied avec les barres directrices, mais sur la traverse inférieure de ces deux barres se pose une masse pleine qui donne de la stabilité à l'appareil. L'autre, meilleur

Affût Humboldt, pour roches dures.

Affût Humboldt, pour roches tendres.

pour le travail en roches dures, a un jambage de plus, et ses barres directrices sont encastrées dans la traverse inférieure, aussi massive que dans le premier type, mais évidée pour laisser un libre passage au fleuret.

Les deux systèmes, du reste, très employés surtout à l'étranger, donnent des résultats excellents.

Il va sans dire qu'avec les perforatrices, il faut comme dans le travail à la main, injecter de l'eau dans le trou de mine pour refroidir le fleuret et lui conserver sa trempe, il en faut, même davantage puisque les coups sont plus fréquents, aussi l'outillage est-il complété par un réservoir spécial, muni de tubulures et de robinets qui permettent de le remplir, et de le vider au fur et à mesure des besoins avec un tuyau d'injection en caoutchouc, terminé par une lance.

Pour le travail du puits le réservoir reste à l'orifice puisqu'on peut allonger le tuyau, autant qu'il est nécessaire, mais ceux qui doivent servir pour le percement des galeries, sont montés sur roues de façon à suivre le chantier d'abattage.

Quand ce trou atteint la profondeur voulue, qui varie entre 25 et 50 centimètres, l'ouvrier l'assèche le plus possible, et place dedans une cartouche remplie de poudre ou de dynamite, dans laquelle est fixée une mèche qu'on appelle *fusée Bickford* du nom de son inventeur, et fusée *de sûreté* parce que brûlant avec une lenteur connue, le mineur, lui donnant la longueur nécessaire, a tout le temps de se mettre à l'abri de l'explosion.

Cette mèche est tout bonnement une corde ronde, recouverte d'un enduit imperméable pour qu'elle ne redoute point l'humidité, et dans laquelle se trouve un petit canal rempli de poudre, qui communique avec la cartouche au moment voulu.

La mine tirée, le puisatier abat avec son pic ou son levier les parties de la roche qui ont été fendues ou ébranlées et il n'a plus qu'à en mettre les fragments dans la benne qui les remontera à l'orifice.

Cette benne qui sert à la fois à l'extraction des déblais et à l'introduction des outils, des matériaux et même des ouvriers dans le fond du puits, est un sceau, ou un panier de grande dimension fixé à un câble qui s'enroule sur un treuil placé à l'orifice, et qui est mu à bras d'homme quand il s'agit d'un puits de peu de profondeur ou de petit diamètre et par un manège à chevaux, si le puits est plus considérable.

Inutile de dire que ce moteur est remplacé par une machine à vapeur toutes les fois que cela en vaut la peine, la vapeur étant encore l'instrument le plus puissant, le plus docile et le moins coûteux que l'on puisse employer.

Dans ce cas l'appareil se compose de deux bennes dont les câbles plats sont fixés en sens inverse sur deux balanciers actionnés par la machine à vapeur, de façon que pendant que l'un s'enroule sur son treuil et fait monter la benne chargée l'autre se déroule pour descendre une benne vide

Ces bennes, en douves de chêne cerclées de fer, comme un tonneau, contiennent généralement deux tiers de mètre cube; elles sont suspendues par quatre chaînettes au crochet du câble.

Celle qui arrive chargée à l'orifice du puits, monte d'abord un peu plus haut pour qu'on puisse fermer les deux trappes qui se tiennent toujours fermées et qu'on a dû ouvrir pour lui livrer passage, alors sur cet orifice on amène un truc roulant sur rails, sur lequel la benne est descendue et fixée par deux chevilles de fer, à un axe, autour duquel on pourra la faire basculer pour la vider, quand on l'aura poussée par le petit chemin de fer jusqu'au lieu où se déposent les déblais.

Tel est le procédé général, qui varie naturellement selon les machines employées, car si tous les moteurs fixes ou locomobiles peuvent à la rigueur s'appliquer au montage des matériaux, — quand on ne rencontre pas de ces difficultés, d'autant plus fréquentes qu'elles naissent de la nature des terrains et de la puissance des couches aquifères qu'elles contiennent, — il en est de spéciaux qui, fabriqués expressément pour le service qu'on en attend, simplifient beaucoup le travail et économisent les frais d'extraction dans tous les cas.

Les plus employés sont les machines d'enfonçage et d'extraction de M. Robey et Cie de Lincoln, dont la réputation n'est plus à faire et qui sont d'un usage courant surtout en Angleterre.

Il y en a, du reste, de plusieurs sortes ou, pour parler plus économiquement, la même peut être modifiée selon les travaux qu'on veut lui faire faire. Nous les décrirons du reste, avec détails lorsque nous en serons à l'extraction des minérais.

BOISAGE DES PUITS

Le fonçage du puits n'est qu'une partie de l'opération; partie principale, il est vrai, lorsqu'on opère dans des terrains d'une grande consistance, ce que l'on appelle de la roche dure, mais c'est en quelque sorte une exception, car il arrive fréquemment que les roches sont fissurées et qu'elles se fissurent encore davantage lorsqu'elles sont entaillées, ce qui les rend susceptibles soit de se gonfler, soit de se resserrer par le contact de l'eau ou seulement de l'air humide, de façon à provoquer des éboulements.

En outre, on peut rencontrer en fonçant un puits, des roches ébouleuses ou traverser des couches aquifères.

C'est pour remédier à ces inconvénients qu'on a recours selon les cas au boisage, au muraillement et au cuvelage.

Boisage et muraillement peuvent rendre le même service, en général le boisage est préféré parce que l'opération est plus rapide et moins coûteuse, mais il faut faire la part des nécessités ou des aptitudes locales.

Ainsi par exemple, en Belgique, dans le bassin du nord, où le bois est aussi rare que la brique est commune, on muraille tous les puits, même ceux qui ne sont faits qu'en vue d'une exploration.

En Allemagne, où le bois ne manque point et où on le travaille avec habileté, on boise partout, tandis que dans le bassin de la Loire, on revêt presque aussi vite, sinon aussi économiquement, l'intérieur des puits, forés circulairement, d'un muraillement de moellon piqué.

A ces exceptions près, il est d'usage de boiser les puits qui ne sont pas appelés à un service de longue durée, et l'on muraille ceux dont on compte se servir plus longtemps.

Les puits destinés à être boisés sont toujours creusés à section carrée, rectangulaire ou polygonale, de façon à ce que le revêtement intérieur puisse porter d'aplomb sur les parois.

Le boisage consiste en une série de cadres dont la distance varie entre 60 centimètres et 1m, 35, selon la consistance des roches, reliés l'un à l'autre par un garnissage de fortes planches, ou quelquefois même de gros rondins refendus, mais, dans tous les cas, assez longs pour s'appuyer sur deux cadres.

Chacune des pièces de bois de ce garnissage, est chevillée sur les cadres et de plus fixée au moyen de coins, de façon à ce qu'elle exerce une certaine pression sur les parois du puits.

Les cadres sont naturellement formés d'autant de pièces de bois que le cadre a de côtés, mais deux de ces pièces, les plus longues, sur lesquelles sont assemblées les autres, et qu'on appelle à cause de cela *porteuses*, reposent par une extrémité sur des entailles assez profondes pratiquées dans le roc, et qu'on appelle *potelles*. Enfin, le premier cadre, dont les pièces sont beaucoup plus longues, doit reposer solidement sur l'orifice du puits et être construit de manière à pouvoir supporter au besoin tout le boisage inférieur, qui se trouve naturellement relié avec le cadre porteur, puisque tous les cadres intermédiaires sont soudés entre eux, outre les garnissages, par de longues pièces verticales qui servent à guider les cages ou les barres d'extraction et que l'on appelle coulants.

Pour les puits destinés à des services multiples, le boisage se fait de la même façon, seulement le puits est divisé en divers compartiments par des cadres contigus dont les pièces sont engagées, à tenons et à mortaises, dans les deux porteuses du rectangle.

Ces compartiments sont le plus souvent au nombre de trois, comme on le voit dans notre dessin.

A est le compartiment réservé à la benne montante, B celui de la benne descendante, C est celui des pompes d'épuisement.

DD et EE sont les pièces porteuses, FF et GG les traverses, également encastrées dans la roche, HH les cloisons séparant

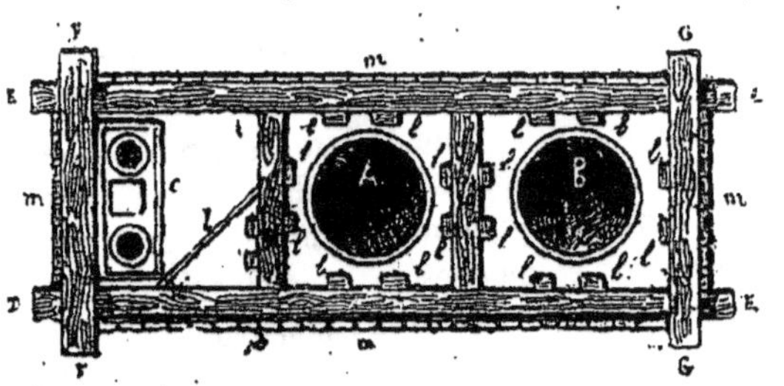

Boisage d'un puits (place à compartiments).

les compartiments, I sont les échelles, LLL sont les coulants et MMMM les garnissages.

Les puits inclinés, assez communs en Allemagne, surtout dans les mines du Hartz, sont presque toujours rectangulaires et se boisent par les mêmes procédés, perfectionnés par une habileté de main-d'œuvre extraordinaire. On cite des puits de 3 mètres de largeur sur 8 de long qui atteignent jusqu'à 600 mètres de profondeur et dont

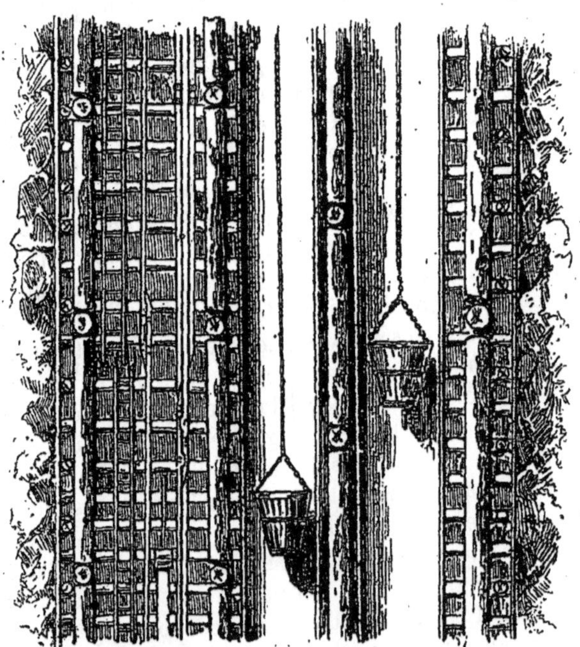

Boisage d'un puits à compartiments (coupe).

le boisage n'est fait qu'avec des sapins écorcés de 25 à 40 centimètres de diamètre.

Le système que nous venons de décrire est employé avec succès et même sans grandes difficultés contre les roches ébouleuses, mais il se présente souvent d'autres cas, notamment quand on rencontre des couches épaisses de sables mouvants ou d'argiles coulantes.

Alors en emploie soit le procédé des coins divergents, soit celui de la trousse coupante.

Le premier consiste en ceci : ayant établi solidement un cadre, on enfonce dans le terrain, le plus profondément possible, des coins appuyés sur le cadre et bien jointifs. On enlève le morceau de terrain ainsi isolé et l'on continue l'opération jusqu'à ce que la couche dangereuse soit traversée.

La trousse coupante se compose d'un boisage, préparé d'avance, que l'on fait entrer à forte pression dans la couche mouvante, en ayant soin d'enlever les terres à l'intérieur, au fur et à mesure de la descente.

C'est à peu près le procédé des puits tubulaires, dont nous parlerons plus loin.

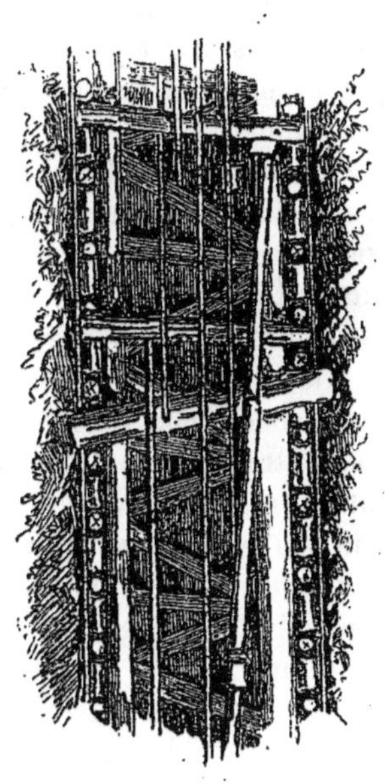

Boisage d'un puits (type du Hartz).

Muraillement d'un puits.

MURAILLEMENT DES PUITS

Que les matériaux employés soient le moellon piqué où les briques, il y a, selon la nature des terrains que l'on traverse, différentes manières de procéder au muraillement des puits.

Si la roche est consistante, on ne commence le muraillement que lorsque l'on a terminé le fonçage du puits, dont on a eu soin de soutenir les parois par un boisage provisoire.

Pour asseoir le travail, on place au fond du puits un cadre en charpente dont les quatre pièces sont encastrées et scellées dans la roche entaillée à cet effet; sur ce cadre on en pose un autre qu'on appelle un *rouet*, et qui a exactement la forme du puits, c'est à dire ronde ou elliptique, car on muraille fort rarement les puits carrés où rectangulaires.

C'est sur le rouet que l'on élève la maçonnerie, exactement comme si l'on construisait une colonne, avec cette différence pourtant que de distance en distance on place des cadres porteurs très solides, pour que toute la charge de l'édifice ne repose pas sur les matériaux inférieurs.

Quelquefois pourtant, quand les puits sont peu profonds et qu'on les muraille en briques, la construction est faite en spirales, et en quelque sorte d'un seul morceau; on a eu soin pour cela de préparer le rouet pour qu'il puisse former la première spire de l'édifice.

Quant aux charpentes qui ont servi à soutenir les parois du puits pendant le fonçage, on les retire au fur et à mesure que le muraillement avance, et l'on remplit la place qu'elles occupaient avec de l'argile que l'on pilonne soigneusement.

Il arrive cependant quelquefois qu'on laisse subsister le boisage provisoire, mais cela n'empêche pas d'en remblayer parfai- les vides, car il faut que le revêtement en maçonnerie ne fasse qu'un corps avec les parois du puits.

Si l'on travaille dans une roche peu solide, le muraillement du puits se fait par sections, qu'on appelle *reprises*, et au fur et à mesure qu'on le creuse.

Ces reprises sont, en somme, des anneaux de maçonnerie dont la hauteur varie, selon que l'on redoute plus ou moins les éboulements, entre 5 et 10 mètres, séparés par des rouets montés sur des cadres appuyés sur des consoles, que l'on enlève ensuite, pour raccorder entre eux ces anneaux muraillés.

Dans le cas où le terrain n'offre pas assez de solidité pour qu'on puisse y établir des consoles, on soutient le cadre sur lequel on construit, au moyen de tirants attachés au cadre porteur placé à l'orifice du puits.

Si l'on est obligé de traverser des couches friables ou d'argiles coulantes, il faut, comme nous l'avons dit pour le boisage, avoir recours à la trousse coupante.

La base de cet appareil est formée d'un rouet en bois ou en fonte, taillé en biseau pour pouvoir s'enfoncer facilement dans le terrain. On bâtit sur le rouet un anneau de maçonnerie qui s'enfonce progressivement par son propre poids jusqu'à ce qu'on ait rencontré le terrain solide; arrivé à une couche imperméable, on creuse une banquette dans laquelle on établit le rouet définitif, qui supportera le muraillement.

CUVELAGE DES PUITS

Le cuvelage s'impose toutes les fois que le puits que l'on fonce doit traverser des nappes d'eau, qu'on appelle des niveaux, ou même des couches trop aquifères pour que les fissures ne puissent être aveuglées par les moyens ordinaires.

Le cuvelage est donc un tube que l'on construit en cœur de chêne, en fonte, en tôle, ou même en maçonnerie pour préserver le puits de toute infiltration.

Il va sans dire que le fonçage des puits de cette sorte est plus laborieux que celui des autres, car lorqu'on rencontre un niveau, il faut le traverser coûte que coûte en employant les meilleurs moyens d'épuisement qu'on peut avoir à sa disposition, la pompe doit être installée en même temps que les appareils de fonçage.

La couche imperméable atteinte, on taille dedans une banquette assez large, que nous indiquons dans notre dessin par AB.

On installe en A un fort rouet en cœur de chêne, soigneusement assemblé, qui s'appelle une *trousse à picotter;* entre le cadre et les parois de la banquette, c'est-à-dire en B, un second rouet qu'on appelle *lambourde*, et dans l'intervalle D qui les sépare et qui est généralement de 6 à 7 centimètres, on enfonce, autant qu'il peut en tenir, de coins de sapins nommés *picots*, pendant qu'on remplit l'espace compris entre la lambourde et la roche (E) de mousse, que l'on tasse le plus possible.

Au-dessus, en C, c'est-à-dire au niveau même de la banquette, on établit une trousse semblable sur laquelle reposera le cuvelage.

Si ce cuvelage est en chêne, il se compose de cadres contigus parfaitement dressés sur leur faces jointives, de façon que ces joints puissent être rendus imperméables par un simple calfatage à l'étoupe; du reste, l'imperméabilité est encore donnée par le pilonnage de béton fin, ou mieux encore de bon mortier hydraulique, que l'on introduit entre la face intérieure du cuvelage et les parois du puits.

Les cuvelages en fonte ou en tôle, adoptés assez généralement en Angleterre, reposent de la même façon sur des trousses à picoter; ils se composent de panneaux métalliques, dont on calfate les joints horizontaux avec de la laine goudronnée et les joints verticaux qui séparent les différents segments du cuvelage, par l'application de bourrelets ou ceintures en caoutchouc.

Que l'on cuvèle en bois ou en fonte, il est de règle que l'épaisseur des pièces diminue progressivement au fur et à mesure qu'on approche de l'orifice.

Le cuvelage en briques usité surtout dans les mines d'Allemagne se fait par les mêmes procédés que les muraillements dans les puits cylindriques, on l'appuie sur un rouet qui présente une surface hélicoïdale de façon à former la base d'une spirale continuée jusqu'à l'orifice, par les briques superposées.

Ce procédé, outre qu'il est plus solide que la construction par assises, évite la perte du temps qu'il faudrait employer à fermer chaque anneau par une clef : qui est d'autant moins agréable à l'œil que la brique qui la forme, a toujours besoin d'être taillée à la hachette.

Les Allemands cuvèlent aussi en maçonnerie, notamment dans les bassins houillers de la Ruhr, des puits quadrangulaires; le muraillement est formé de deux rangs de briques comme dans les puits circulaires, mais les côtés sont voutés pour opposer plus de résistance à la poussée des eaux qu'on traverse.

PUITS TUBULAIRES

Lorsqu'au lieu d'avoir à traverser seulement des terrains aquifères, des nappes à pression plus ou moins considérable, on se trouve obligé, comme cela arrive quelquefois, de creuser dans des terrains submergés, sous le lit même des rivières ou des fleuves, il faut renoncer au procédé de fonçage ordinaire des puits et procéder de la même façon que pour les fondations tubulaires dont nous avons déjà parlé à propos des ponts de chemins de fer.

Ce procédé, inventé en 1841 par M. Triger, lorsqu'il eut à foncer un puits de mine sous les eaux de la Loire, à Chalonnes, établit le cuvelage en même temps, c'est-à-dire avant même que le fonçage ne soit fait, puisque c'est le cuvelage formé de segments en fonte, dont les joints sont parfaitement étanches qui permet aux ouvriers mineurs de creuser les puits aussi facilement que s'ils travaillaient dans un terrain ordinaire; grâce à l'air comprimé, qui chasse l'eau au fur et à mesure qu'elle se présente dans le cuvelage; lequel est, à cet effet, muni de haut en bas de deux tubes dont l'un sert à l'introduction de l'air, comprimé par une machine à vapeur établie à proximité de l'orifice, et l'autre, de conducteur à l'eau refoulée vers l'extérieur par l'effet de l'air comprimé.

Ce cuvelage tubulaire, qui s'augmente de nouveaux segments au fur et à mesure que son extrémité inférieure pénètre dans la terre, est divisé en trois compartiments par deux cloisons horizontales et ne communiquant entre eux que par des trappes à clapets, qui se ferment hermétiquement et ne se lèvent que pour le passage des ouvriers, des matériaux ou des déblais.

Le compartiment supérieur reste toujours ouvert, et son orifice qui dépasse celle du terrain sert à l'expulsion des déblais qui sont montés du compartiment inférieur où les ouvriers travaillent à pied sec, au moyen de seaux qui passent d'abord dans le compartiment du milieu servant de chambre d'équilibre et dont pour cette raison il n'y a jamais qu'une trappe d'ouverte à la fois.

Avec ce procédé, tel qu'il a été employé par son inventeur, on fonce un puits par les moyens manuels ordinaires mais il n'exclut pas l'addition des moyens de forage mécanique.

Cela nous amène à parler du système de M. Chaudron, ingénieur belge, qui, s'il n'est pas d'une application aussi étendue est infiniment plus rapide et partant plus économique dans les terrains aquifères. Le fonçage se fait comme les forages artésiens que nous avons étudiés en parlant des sondages, à l'aide de trépan de grand diamètre et un

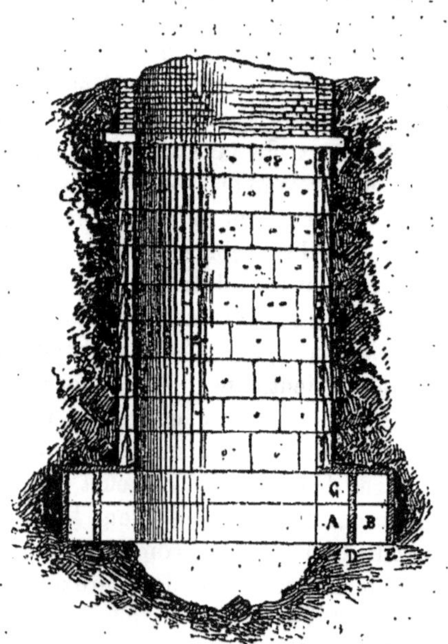

Cuvelage en fonte, d'un puits.

Puits tubulaire (système Triger).

cuvelage en fonte suit au fur et à mesure de l'avancement des travaux.

Ce cuvelage, qui est la trousse coupante perfectionnée se compose d'une série de tubes de fonte, soigneusement boulonnés dont le premier destiné à couper le fond du puits pour pénétrer dans le terrain, porte extérieurement une boîte remplie d'étoupes et de mousse qui, une fois en place et pressée par le poids des anneaux superposés du cuvelage, donne une étanchété assez parfaite pour que l'eau puisse être épuisée facilement.

Cette étanchété est d'ailleurs complétée par le remplissage, avec du beton fin, du vide qui existe entre la colonne de fonte et les parois du terrain.

Maintenant, qu'il soit bien entendu que tous les systèmes dont nous avons parlé n'ont rien d'absolu comme application, car selon la nature des terrains, la coupe, la profondeur, la direction des puits, on emploie l'un ou l'autre et quelquefois même des modifications de l'un et de l'autre.

De là, de nombreux procédés qui ne sont, en somme, que des perfectionnements apportés aux systèmes déjà connus, par les ingénieurs chargés de l'exécution des travaux.

Le perforateur *Éclipse*. — (Système Burton.)

GALERIES SOUTERRAINES

Les galeries de mines sont de plusieurs sortes, non seulement par leur position relativement aux couches ou filons cherchés, mais encore par l'usage auquel on les destine plus tard. Car lorsqu'on perce une galerie d'exploration, on espère bien qu'elle servira à l'exploitation. Ce n'est du reste qu'une question de dimension; les procédés de creusage sont les mêmes, soit que l'on ouvre une galerie en partant du fond d'un puits ou d'un point quelconque de sa profondeur, soit qu'on la perce sur le flanc d'une montagne; dans ce dernier cas, il n'y a que le procédé d'extraction qui change, car au lieu d'enlever les déblais par le puits au moyen des bennes, on les convoie sur des wagonnets, non seulement jusqu'à l'entrée du puits, mais encore directement jusqu'à l'endroit choisi pour le dépôt des déblais.

On nomme galerie d'allongement, celle qui a pour objet d'explorer le gite qu'on se propose d'exploiter dans sa direction même; et galerie de traverse, celle que l'on pousse perpendiculairement au gîte, dans l'espérance de rencontrer plusieurs gîtes parallèles.

Le percement des galeries n'est donc entrepris que lorsqu'on connaît déjà parfaitement l'allure des gîtes; pour rester dans la direction adoptée on a recours à la boussole, et l'on se dirige toujours en ligne droite, en établissant de distance en distance, au milieu du ciel de la galerie déjà creusée, des points de repère qui sont en somme des chevilles en bois et auxquelles on suspend des fils à plomb qui donnent aux ouvriers mineurs, comme les jalons des arpenteurs, la direction à suivre pour conserver leur alignement.

L'abattage de la roche se fait quelquefois à la main dans certaines galeries d'exploitation, mais il peut toujours se faire mécaniquement dans les galeries de recherches, alors qu'il n'est pas utile d'enlever le minerai en blocs plus ou moins considérables.

A la main, l'outillage varie selon la nature des terrains; ainsi dans les roches ébouleuses, les sables, les terres végétales, la pioche et la pelle sont parfaitement suffisantes.

Dans les roches tendres : sables agglutinés, alluvions, argiles durcies et presque tous les minerais carbonifères on se sert du pic à une ou deux branches.

Dans les roches demi-dures, comme le calcaire, la serpentine, le grès peu agglutiné on ajoute la pointerolle et la massette à l'usage des pics.

Dans les roches tenaces comme le granit, le gneiss et les terrains de transition, il faut forer les trous de mine que l'on charge soit avec de la poudre, soit avec de la dynamite comme nous l'avons expliqué précédemment.

Enfin dans les roches récalcitrantes comme les quartz et les poudingues, on a recours au préalable à des moyens plus énergiques empruntés au feu et à l'eau, c'est-à-dire que l'on chauffe violemment les roches qu'il s'agit de percer, de façon à ce que la vaporisation de l'eau qu'elles renferment les fasse dilater et se fendre, d'autant mieux que lorsqu'elles sont incandescentes on projette dessus un courant d'eau qui les refroidit subitement; il est facile alors de procéder à l'abattage, soit en introduisant des coins ou des pinces dans les fissures, soit en forant des trous de mine dans la roche sensiblement attendrie.

Ce procédé, qui n'est plus indispensable depuis qu'on possède de puissantes machines perforatrices, n'est d'ailleurs employé que dans les pays où le combustible est à bon marché, en Norwège notamment où les ouvriers allument le samedi soir, en quittant le travail, des feux qu'ils n'éteignent que le lundi matin en venant le reprendre.

Un autre système diamétralement opposé, mais qui rend les mêmes services est assez généralement adopté pour l'exploitation des marbres en Russie et en Sibérie.

Avant que les froids deviennent assez rigoureux pour empêcher le travail en plein air, les ouvriers pratiquent dans les roches, des fissures plus ou moins profondes et plus ou moins allongées selon les blocs qu'ils espèrent enlever, ils les remplissent d'eau qui, par l'effet de sa congélation, augmente de volume au point de briser la roche.

Ce procédé n'est pas exclusivement russe

d'ailleurs, on l'emploie aussi en France (quand le temps le permet) dans un certain nombre de carrières de pierre à bâtir.

Revenons au percement des galeries : pour le faire mécaniquement, on emploie les perforatrices, aujourd'hui si nombreuses et si diverses que nous allons emprunter la classification que M. Fillot en a faite dans les *Annales des ingénieurs civils.*

« 1° Machines procédant par le percement de trous de mines nombreux et disposés les uns pour déterminer, les autres pour limiter l'effet de la poudre. Cette classe est la plus générale : elle comprend un grand nombre d'appareils qui peuvent se diviser en deux catégories, suivant la disposition et le mode d'action de l'outil.

« La première sera celle où l'outil est un fleur et agissant par percussion et n'ayant qu'un mouvement accessoire de rotation ; il faut y ranger les percusseurs à air comprimé de MM. Sommeillier, au mont Cenis, Darnig (Prusse) employé à la Vieille-Montagne, Bergstrom (Suède), Lows (Angleterre), enfin le percusseur à vapeur de Haupt à Philadelphie.

« La seconde catégorie sera celle où l'outil est une tarière, ou une bague armée de saillies suffisamment dures, agissant par un mouvement de rotation sous une pression continue ou périodique : elle comprendra : les perforateurs à main de M. Leschot, ainsi qu'une modification de ce système combiné avec le moteur à pression d'eau de M. Penet; par M. de La Roche-Tolay, nous rattacherons à cette catégorie les machines Dubois et François ainsi que la machine Ferroux employées au percement du Saint-Gothard.

2° Machines supprimant l'effet de la poudre en procédant par la division des masses, au moyen de sillons étroits qui y sont creusés : soit par un outil à mouvement alternatif armé de couteaux comme cela a lieu dans la haveuse à pression d'eau de M. Carret, Marshall et Cie, soit par un pic oscillant; c'est la machine à découper la houille de MM. Jones et Lewick, marchant à l'air comprimé ; soit au moyen de disques tournants armés de ciseaux ou de dents de scie : soit, enfin, par l'action de disques en plomb tournants, combinée avec celle d'un corps rodant. Les trois premières ne peuvent s'appliquer qu'aux pierres susceptibles de se tailler au couteau ou au pic ; les deux premières machines mentionnées sont particulières à l'exploitation des mines de houille. »

Notre intention n'est certainement pas ici d'entrer dans l'examen de toutes ces machines, d'autant que dans notre travail sur les chemins de fer nous avons donné des détails sur les principales perforatrices à tunnels, qui peuvent s'appliquer aux galeries d'exploration par la raison que qui peut le plus peut le moins, nous y renvoyons donc nos lecteurs, et nous n'étudierons que les plus récentes des machines spéciales à l'exploitation des mines.

De ce nombre est la haveuse Winstanley, employée surtout dans les houillères d'Angleterre pour remplacer le havage à la main, qui se fait toujours à la partie inférieure de la taille ; ce qui obligeait l'ouvrier à travailler couché — mais qui peut rendre de grands services pour le percement des galeries d'exploration dans les terrains ébouleux et dans les roches tendres.

L'outil en est une sorte de scie circulaire, dont les dents sont armées de couteaux inclinés dans le même sens, pour entailler la roche. Cette scie reçoit son mouvement de rotation par l'intermédiaire d'un pignon à engrenage, d'un arbre moteur, actionné par deux petits cylindres oscillants, dont les axes forment l'un par rapport à l'autre un angle de 90 degrés.

Le tout est monté sur un bâtis en fonte porté par quatre petites roues, qui roulent sur des rails établis dans la galerie au fur et à mesure de son avancement. Pour le percement de la roche tendre, on se sert aussi, principalement en Amérique, d'un perforateur à diamants, composé d'une tige mue d'un mouvement de rotation, par le mécanisme ordinaire et coiffé d'une espèce

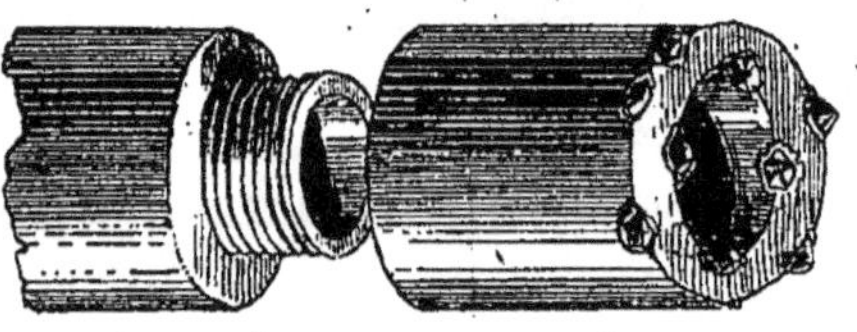

Perforateur à diamants. — (Système américain.)

de bague, ou de manchon terminé en cone et dans lequel on a serti un certain nombre de diamants noirs, c'est le contact de ces diamants, taillés en pointe naturellement, qui,

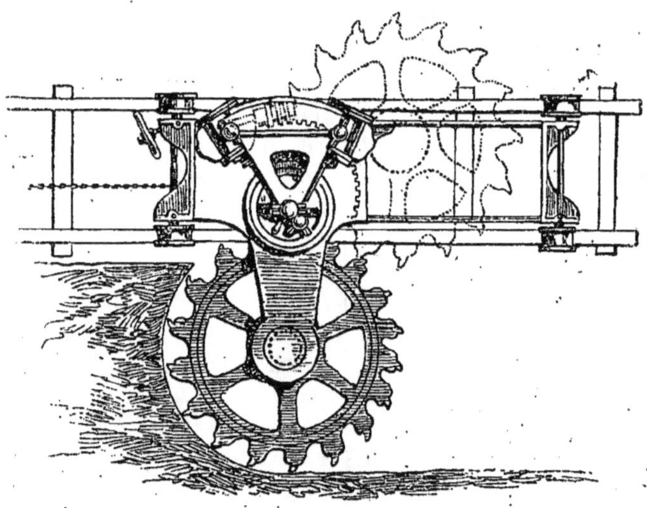

Haveuse mécanique. — (Winstanley.)

par une évolution très rapide creuse la roche en la reduisant en miettes.

C'est du reste exactement le système du perforateur Leschot avant le perfectionnement qu'on y a apporté par l'addition du moteur à pression d'eau de M. Penet.

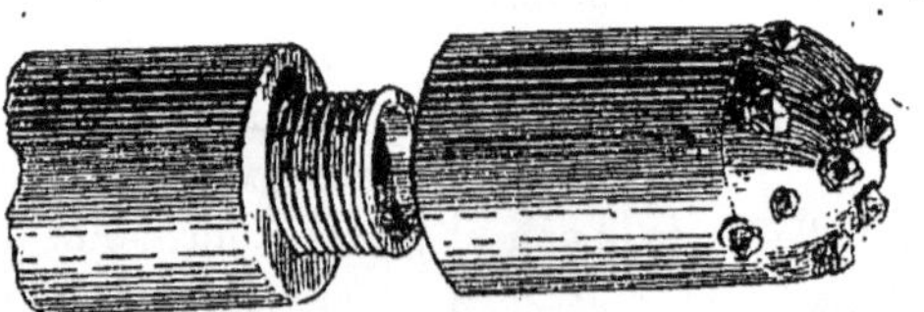

Perforateurs à diamants. — (Système Leschot.)

Cet appareil se compose d'une tige creuse, autrement dit d'un tube de fer, à l'extrémité

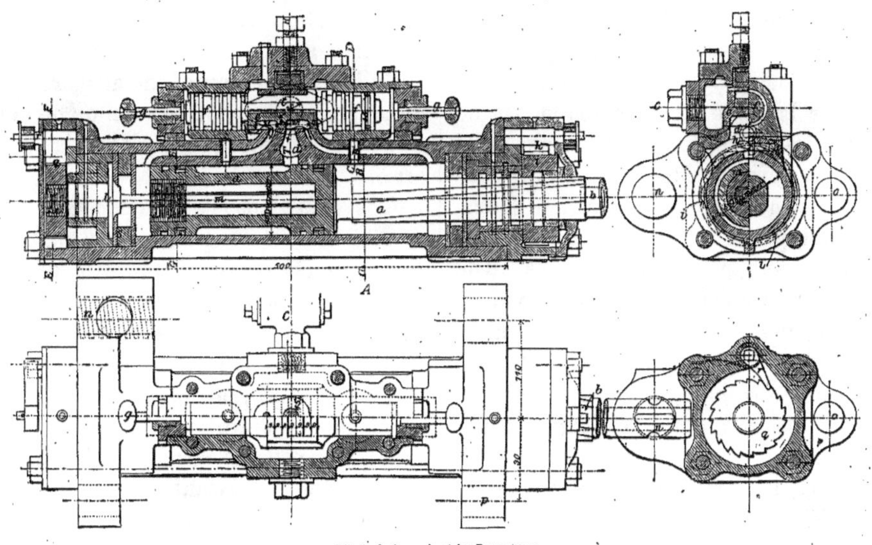

Détails de la perforatrice Broszmann.

duquel on visse en guise de tarière une espèce de fraise en acier, hérissée de pointes de diamants noirs enchâssés de façon à produire dans la roche, une fois le mouvement de rotation donné, le plus possible de cercles coupants, qui se trouvent assez rapprochés l'un de l'autre pour que la roche se désagrège complètement partout où porte la fraise, qui fore alors comme une tarière.

Les déblais très menus, quasi poussiéreux, sont enlevés au fur et à mesure de l'avancement de l'outil, par un courant d'eau très énergique qui arrive dans le trou soit par un tuyau en caoutchouc ajusté à la tige, soit même directement par la tige puisqu'elle est creusée intérieurement.

Pour les roches plus résistantes où il faut faire jouer la mine, il ne manque pas de perforatrices à fleuret, nous avons déjà parlé du perforateur Mac Kean, de la machine Sachs que construit la société Humboldt, nous parlerons aussi de la perforatrice Broszmann, plus spéciale au travail de galeries, parce qu'elle est simple, robuste, d'un entretien presque nul, d'une manœuvre facile et par conséquent des plus pratiques. Aussi, quoique récente, a-t-elle déjà conquis ses droits de cité dans les exploitations importantes.

En voici la description avec dessins explicatifs.

Un piston percuteur *a* est renfermé dans un cylindre muni de conduits et tiroirs de distribution analogues à ceux d'une machine à vapeur, il est en quelque sorte double puisqu'il est formé de deux disques reliés par une partie évidée ; lorsqu'il est au milieu de sa course il forme deux petits canaux *hh'* qui débouchent à chacune des extrémités de la boîte de distribution.

Dans cette boîte le tiroir *e* reçoit son mouvement d'un piston distributeur *ff* qui est prolongé par deux tiges *g g* sortant à l'extérieur et qu'on peut aisément tirer ou pousser à la main.

Si, après avoir ouvert le robinet d'admission d'air, on pousse le piston distributeur à l'extrémité arrière, le tiroir se placera comme dans le premier dessin, la lumière de droite communiquera avec l'échappement *d*, l'air comprimé arrivant à l'arrière du piston percuteur agira sur lui en le lançant en avant.

Dès que le piston a dépassé le milieu de sa course, l'air comprimé passant par le canal de gauche *h'*, arrive à l'arrière du piston distributeur, tandis que l'avant communique avec l'échappement par le cylindre et le conduit de distribution de droite.

Le tiroir sera donc poussé à l'arrière et, la distribution étant renversée, le fleuret sera ramené.

Voilà pour le mouvement percuteur : quant au mouvement de rotation de l'outil, il ne se produit que pendant la marche arrière.

A cet effet, dans le piston pénètre une tige carrée terminée à gauche par un plateau *b*, une roue à rochet *q*, sur les dents de laquelle vient buter un cliquet *r*, qui l'empêche de tourner dans un sens. L'outil *a* est pourvu de cannelures hélicoïdales et traverse un écrou en bronze, pouvant tourner à frottement dans le prolongement du cylindre et terminé par une roue à rochet *i*, munie d'un cliquet *k* agissant en sens inverse du cliquet *r*.

Pendant le coup avant, l'air presse le plateau *b* contre le fond du cylindre, rend fixe la tige qui sert alors de guide au piston ; les cannelures de l'outil agissent sur l'écrou en bronze et le font tourner. Au coup arrière, l'air qui agissait sur le plateau *b* communique avec l'échappement et rend cette tige libre, le cliquet *k* empêche la roue à rochet *q* de tourner ; c'est donc le piston percuteur qui recevra le mouvement de rotation.

En somme, machine très recommandable, en ce qu'elle peut être confiée à n'importe quel ouvrier.

Il y a aussi les perforateurs Burton : l'un

mû par la, vapeur pour le travail à ciel ouvert, et par l'air comprimé pour le forage en galeries souterraines; et l'autre manœuvré à bras d'hommes et construit plus spécialement pour les petites exploitations qui ne nécessitent pas l'installation d'un moteur mécanique.

Le premier, connu sous le nom de perforateur « Éclipse » a pour organes principaux, comme toutes les machines de ce genre, du reste, le cylindre et son piston, le tiroir, pour l'admission et la distribution de la force motrice et les mécanismes d'avancement et de rotation.

Le tiroir étant disposé d'une façon presque identique à celle des tiroirs de locomotive, la succession d'admission et d'échappement de vapeur ou d'air comprimé, produite par le jeu des pistons, se continue et se renouvelle tant que le robinet de prise est ouvert, et le fonctionnement est d'autant plus régulier qu'il est pour ainsi dire sous point mort, puisque l'un des conduits étant constamment en communication avec l'échappement, le tiroir ne peut fermer simultanément les conduits d'admission.

Du reste, il n'y a aucune perte de force; car le piston n'ayant à vaincre dans sa course rétrograde que, son propre poids augmenté de la résistance due au frottement du foret, on n'a donné à sa face antérieure que le développement nécessaire à opérer ce travail.

Restait à éviter les vibrations toujours nuisibles dans les appareils à grande vitesse. A cet effet un matelas d'air comprimé ou de vapeur est laissé à chaque extrémité du cylindre et le piston est muni de rondelles en caoutchouc et en acier.

L'avancement du foret s'obtient automatiquement par l'effet d'une came dont le double biseau fait légèrement saillie à l'intérieur. Cette came est clavetée sur un arbre portant à l'autre extrémité un levier sur lequel est placé un cliquet appuyé sur un rochet; par un ressort longitudinal.

L'arbre est maintenu en position par un bras, et un ressort d'arrêt empêche la roue dentée de tourner à gauche.

Lorsque le piston accomplit sa course en avant il déplace la came, qui imprime un mouvement de rotation partielle à l'arbre et au levier; ce dernier soulève le ressort et ramène le cliquet en avant en le rapprochant de la verticale.

Alors le ressort dégagé presse sur le cliquet qui descend et fait tourner le rochet d'un nombre de dents en rapport avec la course du piston ou pour mieux dire, proportionné à la résistance du roc.

Le mécanisme de rotation est tout aussi simple. Il se compose d'une hélice portant trois spires et munie à sa naissance d'une roue dentée dans laquelle engrènent deux cliquets.

A son autre extrémité l'hélice est engagée dans un écrou en bronze dur qui porte des spires identiques à celles de l'hélice. La roue et ses cliquets sont logés dans un évidement pratiqué dans le couvercle du cylindre et les cliquets sont maintenus sur l'engrenage au moyen de petits ressorts à boudins.

Il s'ensuit que pendant que sa course rétrograde, le piston est obligé de tourner à à gauche sur l'hélice qui reste fixe; ce qui fait prendre au piston et conséquemment au foret emmanché au bout, une position nouvelle après chaque choc, d'autant que dans sa course en avant le piston accomplit un mouvement rectiligne, l'hélice et le rochet tournant alors à droite.

La rotation s'obtient donc graduellement et automatiquement, et rien n'est plus facile à manœuvrer que ce perforateur avec lequel un seul homme peut faire beaucoup de besogne, à la condition pourtant de graisser constamment le piston et le tiroir, du moins si on opère à la vapeur, car l'emploi de l'air comprimé ne nécessite pas une lubrification aussi fréquente.

Le perforateur à bras repose sur les

mêmes principes, mais ses organes sont disposés autrement.

L'action lui est donnée par deux volants manivelles placés à chaque extrémité d'un arbre armé d'une came, qui dans son mouvement de rotation soulève le piston, lequel est muni à sa partie supérieure, d'un segment de cuir surmonté d'une rondelle en acier.

Dans sa course ascendante le piston com-

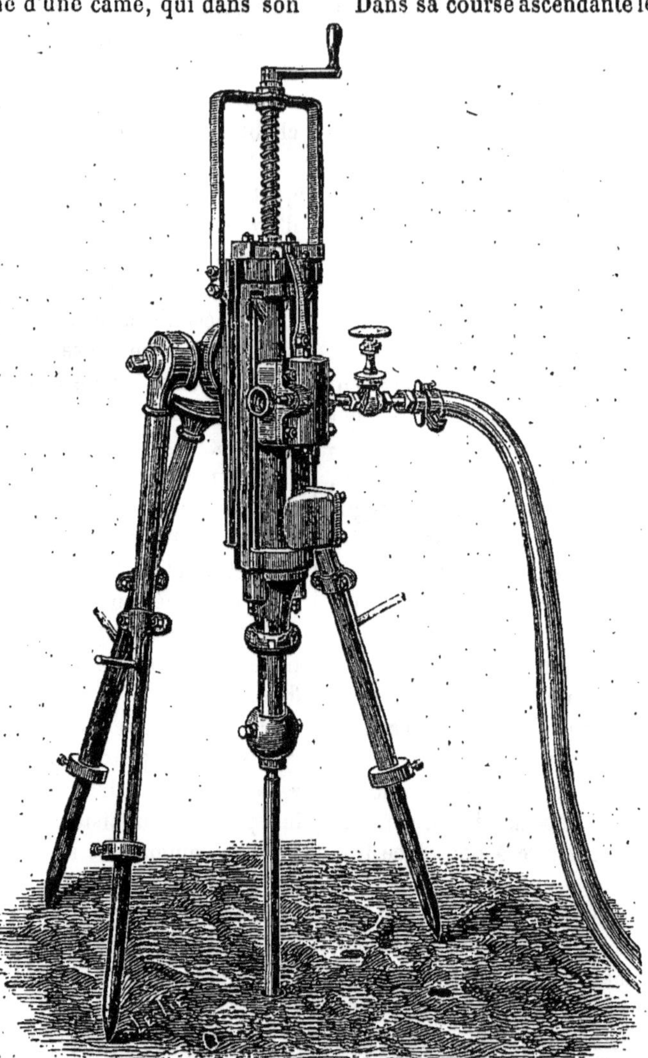

Affût à trépied du perforateur *Éclipse*.

prime, à une pression qu'il est facile de régler, l'air contenu dans la partie supérieure du cylindre et aussitôt que la came a quitté le manchon qui la retient, il retombe brusquement et fait naturellement pénétrer le foret dans la roche.

Cette compression de l'air est occasionnée par le segment de cuir, mais comme à chaque coup, malgré l'étanchetédu segment il s'échappe toujours une certaine quantité d'air, une soupape destinée à l'aspiration de l'air qui doit remplacer celui qui se perd, est placée à la partie inférieure du cylindre.

Outre cette soupape d'aspiration il y a encore une soupape d'équilibre, indispensable d'ailleurs pour régler la pression et la maintenir constante.

Affût Humboldt. — (Premier système.)

Affût à treuil.

Le fonctionnement se produit d'une façon parfaite si l'on a soin de bien entretenir le segment de cuir qui doit être fréquemment débarrassé des poussières et graviers aspirés avec l'air.

Affût à treuil pour deux perforatrices.

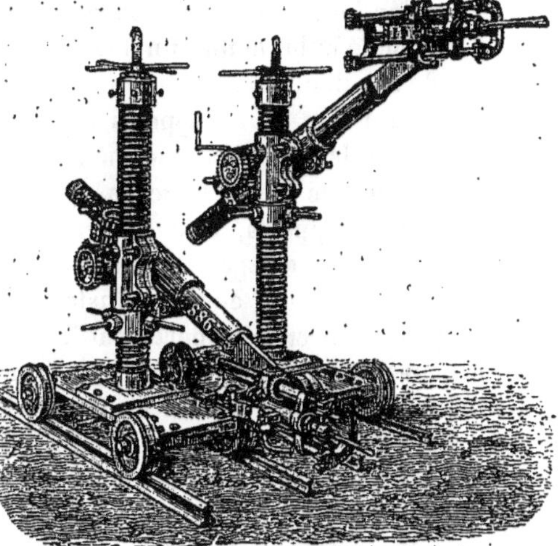

Affûts à colonnes pour deux machines.

Le mécanisme qui donne la rotation se compose : d'un manchon en fonte de deux pièces réunies à la partie inférieure par une bague en acier et à l'autre extrémité par un chapeau en bronze portant douze dents, d'un rochet en acier, fixé sur l'écrou à six pans de la barre qui porte le foret; ce rochet reçoit deux cliquets armés de ressorts et assemblés avec la face supérieure du manchon.

Lorsque la came soulève le manchon, elle tend à lui imprimer un mouvement de rotation que l'on paralyse, pendant une partie de la course du piston, au moyen d'un guide vertical embrayé dans une des dents du chapeau, mais qui se rétablit sitôt que la dent n'est plus en contact avec le guide.

La barre du foret étant solidaire avec le piston au moyen d'une clavette à ressort, il s'ensuit que les deux cliquets entraînent dans leur mouvement rotatif l'écrou hexagonal du porte-foret et par suite tout le système.

Le mécanisme de l'avancement est aussi très simple. A l'arrière du perforateur se trouve une tige de fer munie à sa partie inférieure d'un levier présentant un plan incliné; lorsque le manchon dépasse la course qu'on lui a fixée il rencontre le bec du plan incliné et lui donne un léger mouvement de rotation, qui se communique à la tige tournant sur deux supports fixés au bâti, laquelle le transmet elle-même par l'intermédiaire de deux secteurs dentés, calés sur ces supports, à un levier muni d'un tourillon qui s'engage alors dans un plateau, fou sur une douille ajustée sur les six pans de l'écrou du porte-outil.

Ce plateau reçoit deux cliquets agissant sur un rochet en acier, fixé à la douille de sorte que si, par suite de la rotation, les cliquets parcourent sans effet quelques dents du rochet, aussitôt que le manchon n'agit plus sur le levier, le ressort longitudinal reprend sa position primitive et force la douille à tourner à gauche aussi bien que l'écrou du porte-foret qu'elle entraîne.

Et l'avancement se produit, puisque l'écrou ne peut se déplacer dans le sens vertical et que, comme nous l'avons dit, la barre du foret est solidaire du piston.

Quant aux affûts de ces perforateurs ils diffèrent selon les travaux à exécuter: pour le forage à ciel ouvert, la machine est montée sur un trépied disposé de façon à pouvoir se placer solidement même sur un sol accidenté, par l'effet de la mobilité des pieds.

Pour le travail en galerie souterraine on se sert d'un affût à colonne fixe, dont les articulations sont formées par des emboîtages coniques, munis d'écrous que l'on serre à bloc et qui assurent une rigidité absolue, indispensable d'ailleurs pour l'efficacité du travail.

Si l'on veut, ou pour mieux dire, si l'on peut installer dans les galeries à creuser, des machines plus expéditives, il y a les perforatrices à tunnels que l'on peut monter seulement par quatre ou six sur un affût.

Outre celles dont nous avons déjà parlé, les plus connues sont: pour les roches dures, le perforateur Dubois et François appliqué avec succès dans les charbonnages belges, et en France, aux mines de Blanzy; ce n'est qu'une modification du système Sommeiller, les deux faces du piston étant d'inégale grandeur, de façon que le mouvement de percussion contre la roche soit plus accentué que le mouvement de recul, la seule chose nouvelle, d'ailleurs très appréciable dans la

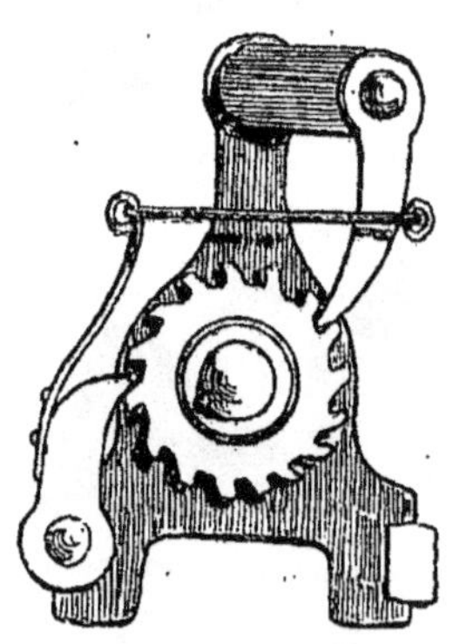

pratique, est la disposition ingénieuse que donne le mouvement de rotation au burin.

C'est une came, placée au-dessus de la

boîte où se distribue l'air comprimé, et qui reçoit de deux petits cylindres, ascendant et descendant, un balancement autour de son axe, au moyen d'une tige rigide placée dans le sens de la longueur, ce mouvement se communique à une dent qui pousse une roue à rochet, disposée à l'arrière de la machine et dans laquelle la base de la barre à mine, qui glisse à frottement doux, tourne sur elle-même et toujours dans le même sens, puisqu'un cliquet empêche le mouvement arrière de la roue à rochet.

Il y a aussi la machine Mac Kean, que nous avons déjà décrite et qui est peut-être la plus ingénieuse de toutes, puisqu'elle est complètement automatique et que tous les mouvements, y compris même celui d'avancement de l'appareil contre le front d'attaque, s'y font mécaniquement et sont commandés par le mouvement du piston.

Pour le travail en roches tendres ou demi-dures, il y a la machine Penrice qui supprime entièrement l'emploi de la poudre ou de la dynamite.

L'outil se compose d'un plateau circulaire divisé en quatre secteurs occupant chacun les deux tiers de la surface d'un quadrant, le dernier tiers servant à l'évacuation des déblais et au passage des ouvriers.

Chaque secteur présente des rainures dans lesquelles sont implantées de champ des couteaux d'acier taillés en biseau, disposés quatre par quatre de façon à désagréger la roche par éclats, car ils frappent des coups rapides, tout en tournant lentement autour de l'axe de percussion.

L'ensemble est actionné par un arbre coudé qui, recevant l'impulsion du piston moteur; la communique, au moyen d'engrenages, à trois arbres transversaux qui ont des fonctions spéciales.

Le premier rend le piston solidaire, mais avec débrayage facultatif, du mouvement de rotation du trépan.

Le second assure, au moyen de galets avec lesquels il est lié, l'avancement de la machine au fur et à mesure que le trépan pénètre dans la roche.

Le troisième transmet le mouvement à une chaîne sans fin, munie de palettes solides qui enlèvent les déblais et les déposent à l'arrière de la machine, dans des wagonnets préparés à cet effet.

Outre ces organes, l'avant de l'appareil est muni d'un tuyau courbé en arc qui, par les nombreux petits trous dont il est percé, projette de l'eau sur le front d'attaque, pour faciliter le travail du trépan et le refroidissement des couteaux.

Cette machine peut donner par vingt-quatre heures un avancement moyen de 3m,75 dans le granit et de 5m,50 dans le grès dur.

Beau résultat, mais qui est bien dépassé encore par la perforatrice de Beaumont, et surtout par la machine de Brunton, que nous rappelons seulement ici, les ayant décrites à propos du percement du tunnel sous la Manche.

Un mot maintenant sur les affûts, en commençant par ceux que fabrique la société Humboldt, naturellement pour ses perforatrices spéciales, mais auxquels on pourrait adapter n'importe quelle autre.

Dans le principe ils étaient assez compliqués, ainsi qu'on peut le voir par notre dessin portant le n° 852, mais on s'aperçut bien vite qu'ils étaient lourds, encombrants et surtout difficiles à manier, aussi les remplaça-t-on par l'affût à treuil, qui présente cet avantage qu'on peut fixer dessus, sans employer beaucoup plus de place, deux perforatrices au lieu d'une.

Mais si ces deux machines attaquant à la fois le haut et le bas du chantier, faisaient beaucoup de besogne, elles faisaient aussi beaucoup de déblais qu'il était difficile d'enlever vite parce que l'affût accaparait presque toute la largeur de la mine.

Alors on essaya l'affût à colonne, infiniment moins embarrassant, mais qui construit comme il était, ne pouvait donner place

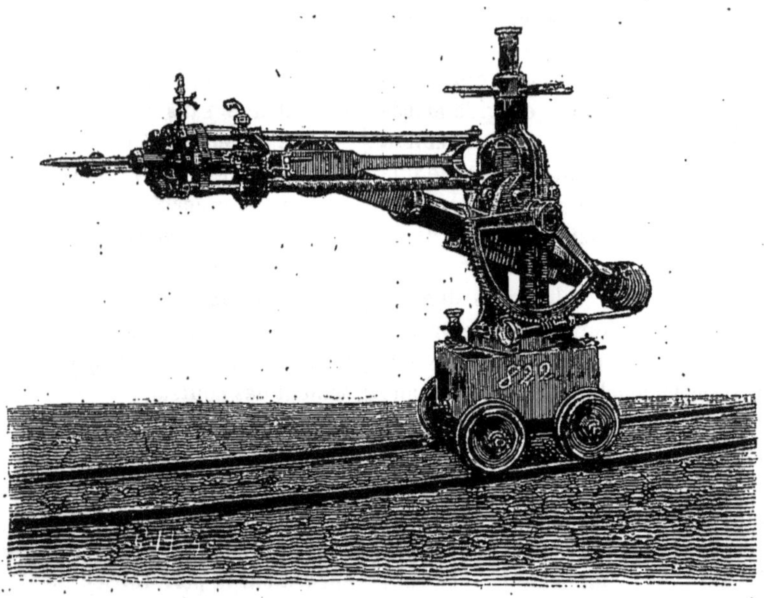

Affût Steinforth.

qu'à une seule perforatrice; il est vrai qu'on avait la ressource de mettre deux affûts en batterie, comme on le voit dans notre dessin, quitte à en éloigner un après le coup

Affût Pelzer.

de mine, de façon à rendre une voie libre pour le déblayage.

Vint après l'affût Steinforth, qui aux mêmes qualités joint une plus grande stabilité.

Puis l'affût Pelzer, encore plus solide

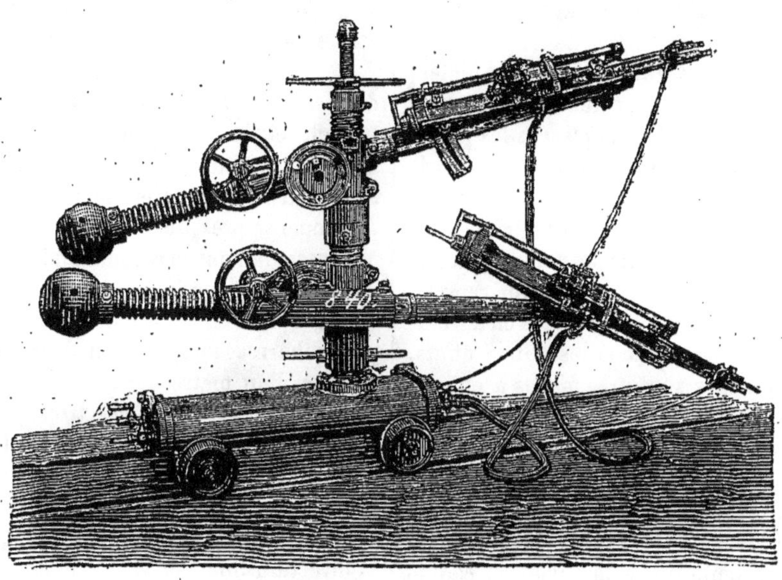

Affût Humboldt à chariot tubulaire.

et dont la disposition permettait le placement de deux perforatrices, en donnant seulement un soubassement à la colonne.

C'est en partant de ce principe que la

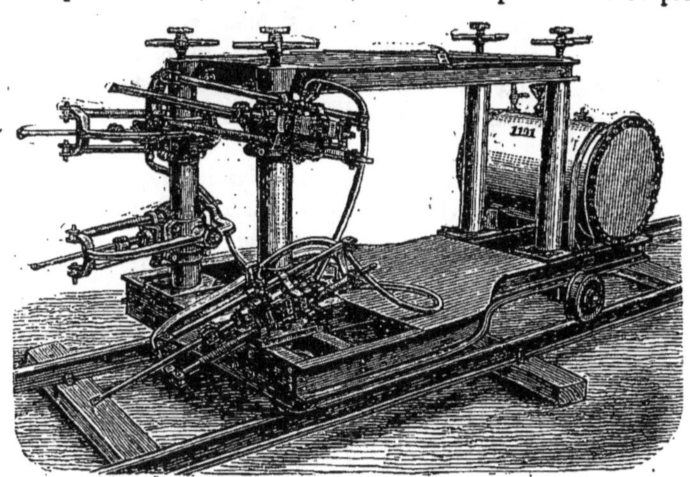

Affût Humboldt avec réservoir, pour quatre perforatrices.

société Humboldt a créé son affût double, qui réunit en un petit volume les avantages de tous ses prédécesseurs, et même de nouveaux, notamment le remplacement du chariot massif qui porte l'appareil, par un chariot creux composé de deux cylindres accouplés, dont l'un contient l'eau nécessaire à l'injection dans les trous de mine, et l'autre une provision d'air comprimé suffisante pour activer le travail des perforatrices.

Sur ce chariot s'élève une colonne filetée, dans les endroits qui portent les deux bras mobiles, sur lesquels sont placées les perforatrices, dont les fleurets peuvent être dirigés dans tous les sens, par suite des mouvements de rotation qu'on peut imprimer aux bras et aux perforatrices, au moyen de petits volants et de poignées qui remplacent très avantageusement les clefs employées à cet usage dans les autres affûts, d'autant qu'elles sont très faciles à égarer.

Pour mettre en travail rien de plus facile : on approche l'affût du chantier en faisant légèrement pénétrer dans le roc les pointes qui terminent les bras, on serre la vis qui surmonte la colonne contre le toit de la galerie, on embranche le tuyau en caoutchouc sur la conduite d'air comprimé et les machines fonctionnent avec autant de régularité que de stabilité.

La même société fabrique aussi des affûts à quatre et à six perforatrices qui, bien que très simples, peut-être même parce que très simples, ont été très appréciés pour le percement du grand tunnel de Cochein.

Les affûts des perforateurs Mac Kean, en ce qui concerne le travail en galeries souterraines, sont de deux sortes.

Il y a l'affût à colonne et l'affût à chariot.

Le premier, plus spécialement employé quand on ne veut mettre en action qu'un seul perforateur, est un appareil support qui, muni d'une vis, s'adapte à la hauteur de la galerie. Son pied et les pointes du haut sont flexibles.

La partie supérieure du tube creux est munie d'un tampon de caoutchouc qui le maintient fixe après serrage, malgré la trépidation occasionnée par le mouvement accéléré de l'outil.

La genouillère, qui maintient le perforateur sur la colonne d'appui, peut tourner autour et glisser dessus au moyen de vis; le perforateur peut, lui-même, décrire un cercle complet dans la genouillère.

Ce système de montage permet de donner à l'outil la direction nécessaire au travail, et de forer horizontalement aussi bien que sous toutes les inclinaisons, quitte à retourner l'appareil-support lorsqu'on doit opérer près du plafond.

Le second, qui se recommande plus particulièrement pour la manœuvre simultanée de deux machines, est un chariot trépied peu embarrassant, puisqu'il n'occupe qu'une surface d'un mètre.

Sur ce chariot dont les trois pieds sont des vis qui s'enfoncent dans le sol, s'élève une colonne filetée sur laquelle on fixe, à la hauteur voulue, les bras tubes qui portent les perforatrices, lesquelles peuvent prendre la direction que l'on veut, puisque, comme dans le système précédent, elles tournent dans leur genouillère, qui elle-même est mobile autour du bras tube.

D'ailleurs tout est mobile dans cet affût; aussi bien la traverse portant la colonne montante, qui peut glisser sur les bras du chariot; que les bras tubes, qui peuvent monter, descendre et tourner à volonté autour de la colonne.

La rigidité de l'appareil est obtenue : d'une part par l'effet des vis du trépied sur le sol et de l'autre par l'extrémité de la colonne montante, munie d'une pointe flexible et d'un tampon de caoutchouc, qui la maintient fixe après le serrage.

C'est du reste le même système que pour l'affût à colonne.

Pour les travaux plus accélérés, lorsqu'on veut, par exemple, faire fonctionner à la fois quatre ou six perforateurs, il y a un chariot spécial que fera bien comprendre notre gravure.

Les machines y sont adaptées par la queue et fixées par devant, dans des crochets où elles tiennent par leur propre poids.

Au moyen de la série de vis dont le chariot est muni, on peut baisser, remonter, tourner d'un côté ou de l'autre l'arrière ou le devant de chaque perforateur; de façon à les avoir tous en marche simultanément et à pouvoir régler leur travail pour ne pas s'écarter de l'alignement de la galerie à percer.

C'est ce système qui a été employé, en plus grand, pour les travaux du tunnel du Saint-Gothard; mais il est d'autant mieux applicable aux galeries de mines qu'avec lui on peut opérer sur un front d'attaque de 2 mètres de côté.

En résumé tous les affûts sont bons, pourvu qu'ils soient légers, solides et peu encombrants et à cet égard les meilleurs, de même que les outils qu'ils portent, sont naturellement les plus robustes, parce qu'au besoin ils doivent pouvoir être conduits par des ouvriers qui ne sont pas mécaniciens.

BOISAGE DES GALERIES

L'abattage de la roche n'est pas le seul travail du percement des galeries, car il est extrêmement rare, à moins qu'on n'attaque de la roche récalcitrante, que les excavations puissent se soutenir d'elles-mêmes au moins sur une grande longueur; il est donc nécessaire de combattre préventivement les éboulements possibles, au moyen de revêtements, qui varient de formes et de matières suivant la nature des terrains traversés et les exigences locales; mais qui tous cependant rentrent dans les deux catégories de boisage ou de muraillement. Le boisage peut être total ou partiel selon qu'on redoute l'éboulement de toutes les parois ou d'une seule.

Dans le premier cas il consiste à appliquer contre les parois de la galerie, et au fur et à mesure de son avancement, une série de cadres de bois équarri, ou même de bois en grume, qui se composent chacun de deux pièces quasi verticales qu'on appelle des montants, d'une pièce supérieure qui forme le chapeau et d'une pièce inférieure qu'on appelle indifféremment *sole* ou *semelle*.

Tous les cadres sont reliés entre eux par un garnissage composé de fortes planches ou plus communément de gros rondins refendus, posés horizontalement en dehors des cadres et de façon à ce que chacun, pour plus de solidité, s'appuie sur deux cadres; des coins sont du reste enfoncés entre les parois et le garnissage pour donner plus de stabilité encore.

S'agit-il d'un boisage partiel, on procède de la même façon en supprimant une ou deux des quatre pièces qui forment le cadre, quitte à fixer les autres par des encastrements pratiqués dans la paroi solide.

Pour ce travail, on emploie, selon les ressources locales, le chêne, le hêtre, le pin, le sapin rouge et le sapin blanc, et l'on donne aux pièces de bois une force proportionnée à la résistance qu'elles doivent opposer à la poussée des terres, mais en général le boisage n'est adopté que pour les galeries dont la hauteur ne dépasse pas deux mètres, ou pour celles plus vastes qui sont percées dans des terrains de consistance moyenne.

Dans les autres cas, on muraille les galeries soit avec de la pierre sèche, soit en maçonnerie, briques ou moellons scellés avec mortier de chaux et de sable.

MURAILLEMENT DES GALERIES

Le muraillement d'une galerie n'étant pas autre chose que la construction d'un tunnel, nous ne détaillerons point les opérations qu'il nécessite, renvoyant notre lecteur à ce que nous en avons dit déjà à propos des chemins de fer, en ajoutant seulement quelques observations spéciales aux galeries de mines, qui, de dimensions

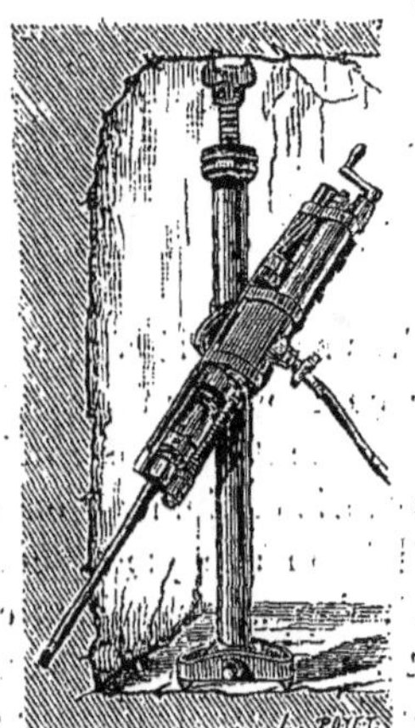

Perforateur Mac Kean. — Affût à colonne.

Perforateur Mac Kean. — Affût à chariot pour deux machines.

Perforateur Mac Kean. — Affût à six machines pour grandes galeries.

Boisage total d'une galerie.

Boisage partiel d'une galerie.

beaucoup plus restreintes que celles qui doivent donner passage à un chemin de fer, ne nécessitent, dans la plupart des cas, ni un outillage si parfait, ni une installation aussi complète ; puisqu'on n'a point à lutter contre les effets de la trépidation des trains lourde-

Carrières de marbre de l'Échaillon.

ment chargés, ni contre celui de l'air qu'ils déplacent en si grande quantité quand ils sont lancés à toute vitesse.

Il suffit qu'une galerie de mine soit aussi étanche que possible pour s'opposer à l'infiltration des eaux, et assez solide pour résister à la poussée des terrains susceptibles de se gonfler au contact de l'air humide.

A cet effet, son muraillement se compose, le plus souvent, d'une voûte en plein cintre reposant sur des pieds droits que l'on fonde dans des entailles latérales.

Cela suffit presque toujours, avec le plancher qui relie les bases des pieds droits,

et sur lequel on installe un petit chemin de fer de roulage; à assurer le soutènement, du ciel et des parois de la mine.

Cependant lorsqu'on traverse des couches aquifères, dont les eaux pourraient filtrer au-dessous des pieds droits, et attaquer ainsi les bases de l'édifice, lorsque même le sol est très sujet au gonflement, on est obligé, pour s'opposer à la poussée qui en résulterait, de terminer l'ouvrage en dessous

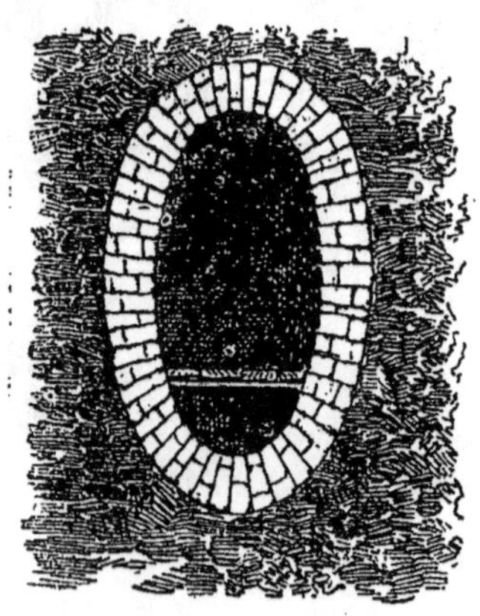

par la construction d'une voûte renversée qui s'établit exactement, comme la voûte supérieure, quoique avec plus de facilité.

De cette façon la galerie, infiniment plus solide, puisque c'est un tube encastré dans la terre, présente la forme ovoïdale, que l'on détruit intérieurement par l'établissement d'un plancher en bois destiné à la circulation et que, à cause de cela, on place naturellement assez haut, pour avoir le plus de dégagements possible.

En dehors de cela, tout ce que nous avons dit précédemment de la construction des tunnels s'applique exactement au muraillement des galeries de mines.

EXPLOITATION

Les procédés d'exploitation varient non seulement selon les localités, mais surtout selon les matières qu'il s'agit de mettre en valeur et suivant la situation et la manière d'être des gîtes exploitables, ils rentrent cependant tous dans deux grandes catégories : exploitation à ciel ouvert et exploitation souterraine.

L'exploitation à ciel ouvert comprend les terres alumineuses et argileuses; les sables ordinaires, et matériaux de construction et de pavage, tels que : gypses, calcaires, granits, schistes ordinaires, pierres meulières, marbres; les sables d'alluvion métallifères; la plupart des minerais de fer; certains dépôts de sel gemme, les marnes, les tourbes et généralement tous les gîtes en amas superficiels ou très rapprochés de la surface.

Nous dirons quelques mots de chacune de ces matières, en indiquant leurs principaux gisements, avant de nous occuper des procédés d'extraction.

MINÉRAUX S'EXPLOITANT A CIEL OUVERT

Les terres alumineuses, les plus communes de toutes, ne sont cependant pas celles qui contiennent le plus de minerais exploitables; car si l'alumine est la base de toutes les argiles et d'un certain nombre de cristaux, elle est généralement répandue en parcelles trop tenues pour pouvoir être utilisées.

A l'état pur, où elle est extrêmement rare, elle se présente en cristallisations qui, selon le coloris qu'elles ont reçu par le contact des substances métalliques gisant dans les mêmes couches, portent les noms de rubis, de saphir oriental, et de corindon, c'est-à-dire les pierres les plus précieuses après le diamant.

Si elle se combine naturellement avec d'autres métaux, elle produit, selon ces combinaisons : les aluns de potasse, les aluns de soude, les aluns de chrome et de fer; de plus, l'alunite, le grenat, l'émeraude, le mica, le feldspath, et plusieurs autres matières plus ou moins précieuses connues sous les noms : d'aluminates de glucine, (chrysolite orientale et chrysobéryl) d'aluminates de magnésie (rubis spinelle, candite et ceylanites), d'aluminates de plomb et d'aluminates de zinc.

C'est aussi de l'alumine que se tire l'*aluminium*, métal qu'on peut dire inventé vers 1854, par M. Sainte-Claire-Deville; car, si on le connaissait en Allemagne dès 1827, on ne savait pas l'extraire du minerai d'une façon assez économique, pour qu'il fût autre chose qu'un produit de laboratoire.

Il n'est, du reste, exploité sérieusement encore que par deux usines, l'une en France, à Salindres (Gard), qui en produit environ 2,000 kilogrammes par an, et l'autre en Angleterre, à Newcastle, qui ne doit pas en livrer beaucoup plus au commerce.

Il a pourtant considérablement diminué de prix, puisqu'il ne coûte que 100 francs le kilogramme tandis qu'en 1854 on le payait 3,000 francs.

Les *argiles*, qui sont une combinaison d'alumine, de silice et d'eau, se trouvent à peu près partout, mais rarement pures, et mélangées en proportions variables avec des matières étrangères, telles que carbonates de chaux, oxydes de fer ou autres, d'où on les divise en quatre grandes catégories savoir :

1° Les argiles infusibles, qui selon leur plus ou moins grande pureté sont de deux sortes : les kaolins et les terres plastiques.

Le kaolin, employé à la fabrication des porcelaines, ne se trouve que dans les pegmatites de la Chine — où il fut exploité d'abord — et dans les terrains analogues de Saint-Yrieix près de Limoges, et du comté de Cornouailles, en Angleterre.

Il existe aussi, en grandes quantités, dans les porphyres des environs de Hall, en Saxe et dans les granites des environs de Fribourg.

L'argile plastique constitue la terre réfractaire avec laquelle on fait les briques, carreaux, creusets, cazettes pour faire cuire les porcelaines, la terre à potier, la terre de pipe d'Alsace et du Pas-de-Calais, et la terre connue sous le nom de « terre anglaise de Montereau ».

Les exploitations principales sont : en France, à Gournay, Forges-les-Eaux, Dreux et Montereau; en Belgique, à Andances; en Angleterre à Sourtbridge, dans le comté de Cornouailles; en Allemagne, à Vollendar, près de Coblentz et à Gross Almérode, pour la fabrication spéciale des creusets de Hesse.

2° Les argiles fusibles, déjà moins pures que les premières, sont également de deux sortes.

Les argiles figulines, qui, contenant de cinq à six pour cent de chaux, servent pour le modelage en sculpture, et pour la fabrication des faïences communes, des tuiles, briques et carreaux ordinaires, ainsi que des tuyaux de drainage et de cheminée; les carrières des environs de Paris : Vanves, Vaugirard et Arcueil en fournissent des quantités considérables.

Et les argiles smectiques, qu'on appelle aussi terre à foulon, parce qu'on les emploie surtout au dégraissage des draps.

On les trouve plus ou moins mélangées de chaux et de magnésie: en Alsace, en Normandie, en Angleterre (Cornouailles), où on l'appelle pierre de savon, dans l'île de Cymolis (archipel Grec), et en quantité beaucoup moins abondante, dans les carrières de plâtre de Montmartre.

3° Les argiles effervescentes, qu'on appelle ainsi de la propriété qu'elles possédent de faire effervescence avec les acides; on leur donne le nom de marnes, quand elles contiennent de cinq à vingt pour cent de calcaire.

4° Les argiles ocreuses qui, renfermant une portion plus ou moins considérable

Carrière de pavés des environs de Paris.

d'oxyde de fer, servent à fabriquer nombre de peintures minérales qu'on appelle : ocres, bols ou terres.

Les meilleures ocres jaunes proviennent de Normandie, du Berry, de la Bretagne et de la Bourgogne.

Le bol d'Arménie, qui est une ocre rouge, s'obtient par le lavage de sables très abondants dans l'île de Lemnos.

La terre d'Ombre se tire d'Italie comme la terre de Sienne, ainsi nommée du lieu de sa provenance.

Dans cette catégorie on peut classer aussi l'almagre, qui se trouve en Espagne et sert à polir les glaces; et la terre de Bucaros, originaire de Portugal, avec laquelle on fabrique les alcarazas destinés à la conservation de l'eau fraîche.

Les sables ordinaires (nous ne nous occupons naturellement que des fossiles) se divisent, selon les matières qui les composent, en sables calcaires ou sables siliceux.

Les premiers sont formés de particules calcaires mélangées plus ou moins de grains de quartz.

Les seconds portent différents noms, ainsi il y a :

1° Les sables quartzeux, qui ne contiennent que des parcelles de quartz.

Les ardoisières d'Angers.

2° Les sables micacés, formés de débris de granit contenant silice et alumine en proportions variables.

3° Les pouzzolanes composées de silice, d'alumine et de peroxyde de fer et renfermant quelquefois de la magnésie, de la chaux, de la potasse, de la soude, soit ensemble ou séparément, mais toujours en petite quantité.

4° Et les arènes, ainsi nommées parce qu'on les extrait des sommets arrondis de certaines collines ; ce sont des sables quartzeux mélangés d'argile brune ou rouge orangé, en proportion qui varie du quart aux trois quarts du volume.

Le sable sert non seulement à la fabrication des mortiers de construction, mais à la composition des moules pour la fonderie.

C'est aussi avec le sable, additionné d'autres matières que l'on fait le verre, le cristal et les glaces.

Les meilleurs pour cet usage sont les sables extraits des carrières de Fontainebleau, de Nemours et de la Champagne; et leur supériorité est si bien constatée que les Anglais s'en approvisionnent, pour leur cristallerie de luxe seulement; car, pour leurs glaces, ils emploient le sable de mer de l'île de Wight.

Les matériaux de construction sont presque tous des calcaires, tant cette famille est nombreuse et variée; mais les pierres à bâtir peuvent provenir aussi de roches quartzeuses et de roches silicatées; les minéralogistes les divisent du reste en cinq classes :

Les pierres argileuses, pierres calcaires, pierres gypseuses, pierres scintillantes et pierres volcaniques.

1° Les pierres argileuses comprennent les amiantes, les micas, les talcs, les pierres de touche, les pierres à rasoir et les schistes ardoisiers, les plus abondants de tous.

Le schiste ardoisier est un composé d'argile impure, peu perméable à l'eau, d'une structure feuilletée, et dont la couleur est d'un gris bleuâtre qui tire sur le rouge, quand il contient du fer, et sur le noir quand il contient du charbon.

Les exploitations les plus importantes de notre pays sont les ardoisières d'Angers, qui ont d'ailleurs une célébrité, et celles des Ardennes, notamment Fumay et Charleville.

A l'étranger on cite celles de la principauté de Galles en Angleterre, celles du du Plastberg en Suisse, d'Eisleben en Saxe, des montagnes du Harz, dans le Hanovre et de la côte de Gênes en Italie. La Belgique et la Hollande exploitent aussi quelques carrières d'ardoises.

2° Les pierres calcaires se subdivisent : en calcaire, proprement dit, craie, tuf calcaire, calcaire grossier, calcaire compacte et marbre.

La pierre calcaire proprement dite produit la chaux, qui n'est en somme que la combinaison par parties égales de l'oxygène avec le calcium, mais comme ces pierres, qui se trouvent d'ailleurs à peu près partout, sont plus ou moins mélangées avec de l'argile, de la magnésie, du quartz et des oxydes de fer et de manganèse, il s'ensuit que les chaux ont plus ou moins de qualité.

Les gîtes les plus purs sont ceux qui produisent la chaux hydraulique notamment en Anjou, et ce ciment qu'on appelle à tort ciment romain, puisque les Romains ne l'ont jamais connu, et qui se fabrique surtout dans le Dauphiné.

La *craie*, qui se rencontre par bancs et couches considérables, notamment dans la Champagne et à Meudon, aux environs de Paris, sert à la composition de la peinture en détrempe, elle entre aussi sous le nom de blanc de Meudon dans la fabrication du mastic de vitrier et de ces crayons blancs, qui servent aux écoliers à écrire sur les tableaux noirs.

Le tuf calcaire ou tuffeau fait partie des pierres tendres à bâtir, qu'on exploite sur une grande échelle, dans la Touraine et dans l'Anjou, et qu'on emploie aussi bien pour les constructions de luxe que pour les plus humbles maisonnettes. On le distingue selon l'épaisseur qu'on lui donne à la taille en *quartier*, *moellon* ou *parpaing*.

Le calcaire grossier est la pierre coquillière, qui s'extrait en masses des carrières des environs de Paris et se taille assez rudimentairement en petits moellons, cette classe comprend : la *Lambourde*, le *Vergelet*, le *Saint-Leu*, le *Conflans* et le *Parmin*.

Le calcaire compacte est ce qu'on appelle généralement la pierre dure, c'est-à-dire le *liais*, dont il y a trois ou quatre variétés, mais dont le grain est toujours très fin, le *cliquart* qui contient peu de débris coquilliers, la *roche* qui en renferme davantage, ce qui ne l'empêche pas d'être plus dure et le *banc franc*, un peu moins résistant, mais d'un grain plus fin et plus égal.

Les pierres dures les plus belles s'exploitent en France où nous avons notamment : les carrières d'Allemagne (près de Caen) qui exportent jusqu'en Amérique, à telles enseignes que l'église Saint-Georges de New-York en est construite.

Les pierres de Tonnerre et de tout le département de l'Yonne, dont les exploitations les plus importantes sont à Pacy et à Lerrines.

Les pierres de Lorraine, venant d'Euville, Lunéville et Mécrin, près de Commercy.

Les pierres de Chauvigny dans le Poitou, et celles de Saint-Ylie dans le Jura.

L'Angleterre a aussi quelques carrières importantes, les plus connues sont à Portland et à Bath.

Le marbre, infiniment moins commun que la pierre, est cependant si peu rare, qu'on aurait plutôt fait de citer les pays où il n'y en a pas que ceux où il y en a.

Les marbres se distinguent en marbre statuaire et en marbre de décoration.

Le premier est de couleur uniforme, sans nuance ni veine et surtout sans filandres. Les exploitations les plus célèbres sont celles de Serravezza et de Carrare en Italie, de Paros, de Tenos, et des îles de Naxos et de Chio en Grèce; et plus près de nous, les carrières de l'Échaillon, d'où l'on a tiré les blocs dans lesquels ont été sculptés les groupes et statues de la façade de l'Opéra.

Les marbres de décoration se désignent surtout par leurs couleurs et le nom des carrières d'où ils sont extraits; il y a cependant une classification par espèce, ainsi les *brèches* sont des composés de débris de marbres plus anciens, agglutinés dans les carrières par un ciment de même nature; les *lumachelles* sont formées de coquillages agglutinés par un ciment calcaire; quant aux *poudingues*, aux *brocatelles*, ce ne sont que des variétés de brèches aussi bien que le *cervelas*, qu'on appelle ainsi parce que son aspect rappelle celui du cervelas ou du fromage d'Italie.

Après l'Italie, où le marbre entre couramment dans la construction, c'est la France qui est la plus riche en exploitations marbrières. Les Pyrénées, les départements du Nord, du Pas-de-Calais (Marquise notamment), les Vosges, l'Aude en fournissent de toutes les couleurs et de toutes les variétés, y compris la griotte dite d'Italie qui s'exploite à Caunes, dans le département de l'Aude.

La Belgique a de riches carrières de marbre gris (Sainte-Anne) et de rouge royal de Franchemont, le plus estimé des marbres de Flandre.

La Prusse a les marbres de Mecklingausen, de Neanderthal et de Buschenberg.

L'Autriche a ses marbres blancs de Vezza, de Villasenina et de Ceni.

L'Espagne et le Portugal ont les carrières de l'Alentejo, d'Estrenas, de l'Estramadure et de l'Alhambra.

La Turquie a les marbres d'Andrinople, de l'île de Marmara, de l'île du Prince et de Fenerbaetché.

Il n'y a guère en Europe que l'Angleterre qui n'exploite pas de marbres; mais elle a dans l'Inde les carrières à statuaire de Delhi, de Gya, de Jyepore et de Joudpore, sans oublier les marbres plus communs de Madras, d'Assam, de Durha et de Bellary.

Parmi les albâtres, qui sont de même nature que les marbres, on cite ceux de Volterra en Italie, dont les variétés les plus remarquables sont le *giallo* qui rappelle le marbre jaune de Sienne et le *fiorito* qui ressemble aux marbres gris veinés de Serravezza; et l'albâtre algérien que l'on trouve soit vert-émeraude, soit rouge vif, jaune d'or et de toutes les nuances du jaune jusqu'au blanc laiteux.

3° Les pierres gypseuses, qui fournissent le plâtre, se distinguent en cinq espèces selon la forme et la situation des lits ou couches dans lesquelles elles se trouvent, savoir : le gypse feuilleté, le gypse strié ou filamenteux, le gypse écailleux, l'alabastrine ou faux albâtre, et le gypse commun, employé surtout à la fabrication du plâtre (il suffit pour cela de le faire chauffer à 130 degrés) dans des fours spéciaux qui ne sont pas rares dans les environs de Paris, dont les carrières sont très abondantes.

Mines de fer de Dannemora.

4° Les pierres scintillantes ou siliceuses comprennent les grès purs, les pierres à briquet ou silex, les pierres meulières, les granits et les porphyres.

Les grès qui servent surtout au pavage des rues et qu'on exploite abondamment à Fontainebleau et dans les environs de Paris près de Chevreuse et d'Orsay, se divisent en grés siliceux très dur et a grain très fin; grès calcaires un peu moins résistants et grès argileux, qu'on appelle assez improprement molasses car ils acquièrent à l'air une dureté extraordinaire.

Les silex, que l'on rencontre très communément dans les couches de craie, sont des rognons d'une pierre extrêmement dure qu'on appelle pierre à fusil.

La pierre meulière qui s'exploite en Seine-et-Oise et surtout en Seine-et-Marne,

Mines d'or du Brésil. — Procédés primitifs.

à la Ferté-sous-Jouarre, est un composé de débris quartzeux, de chaux carbonatée d'alumine et d'oxyde de fer, dans des proportions assez variables pour en faire de deux qualités, les premières d'un gris blanchâtre et dures comme du silex, sont employées à la fabrication des meules de moulin, les secondes d'un jaune rougeâtre, qui ne se trouvent, du reste qu'en petits morceaux, servent de matériaux de construction.

Le granit est formé par l'agglomération de trois minerais : le feldspath, le quartz et le mica qui s'y rencontrent en proportions variables et qui sont plus ou moins colorés par le voisinage ou l'incorporation d'une certaine quantité d'oxyde de fer.

D'où de nombreuses variétés de granits, dont la nomenclature serait sans intérêt, les granits répandus un peu partout d'ailleurs, étant surtout connus par leurs lieux d'extraction et dénommés généralement par leur couleur; les contrées où ils se trouvent le plus abondamment dans notre pays sont les côtes de Bretagne et de Normandie.

Le *gneiss* est une variété de granit dans laquelle le mica est disposé en lames parallèles, ce qui lui donne un aspect schisteux ou rubanné; il n'a pas de gîtes particuliers et se trouve par filons ou en amas dans les couches de granit.

Quant au porphyre, c'est encore une roche granitique, mais dans laquelle il n'entre ni mica ni quartz et qui est composée d'une pâte feldspathique, contenant en plus ou moins grande quantité, des cristaux de feldspath, qui graduent la qualité de la matière; le porphyre, employé à la décoration des édifices s'exploite surtout dans les Vosges et dans les Pyrénées.

5° Les pierres volcaniques comprennent : les laves, les trachytes, les trapps et basaltes et les tufs volcaniques.

Les trachytes, qu'on exploite principalement sur les bords du Rhin, sont des roches éruptives de la formation la plus ancienne, dans lesquelles les cristaux de feldspath ont pris un assez grand développement pour présenter des surfaces cristallines très nettes fort appréciées pour le dallage.

Les trapps ou basaltes sont des masses éruptives plus modernes, composées généralement de pyroxène (silicate de magnésie et de fer) et de labrador (c'est-à-dire feldspath mélangé d'alumine, de soude et de chaux); on les exploite pour le pavage, les bordures de trottoirs et surtout les bornes; dans le Cantal, dans le Puy-de-Dôme et en Écosse.

Les laves sont des matières minérales rejetées par les volcans éteints et s'étendant sur leurs flancs, en masses plus ou moins épaisses, et qui se sont solidifiées par un lent refroidissement à l'air libre.

Les plus estimées pour la construction sont celles de Volvic, bien connues d'ailleurs sous le nom de pierres de Volvic.

Les tufs volcaniques que l'on n'exploite qu'aux environs de Naples, sont des laves, moins dures, moins résistantes, soit parce qu'elles ont été vomies plus ou moins récemment par le Vésuve, soit parce qu'elles ont été enfouies plus ou moins longtemps sous des couches de terres végétales.

Il nous reste à citer comme matières s'exploitant à ciel ouvert, la tourbe, — dont nous parlerons plus loin parce qu'elle nécessite un procédé d'extraction spécial — et les sables d'alluvions métallifères qui contiennent selon leur nature, presque tous les minerais de fer, l'or, le platine, le palladium, l'iridium, le diamant et les pierres précieuses qui, comme lui, se trouvent : soit dans les alluvions superficiels, soit dans le sable de certaines rivières.

Le fer, qui est extrêmement rare à l'état natif, ne s'y trouve que sous deux formes : fer *tellurique* (de la terre) dont quelques échantillons ont été recueillis en Dauphiné, en Auvergne, en Saxe et aux États-Unis. et fer *météorique* ou *sidérique* provenant des aérolithes qui tombent quelquefois des espaces célestes : dans cet état il est toujours incorporé avec des quantités plus ou moins grandes de nickel, de cobalt, de chrôme ou de manganèse, et d'ailleurs si rare qu'il n'est pas exploitable, puisqu'on cite comme des curiosités une demi douzaine de blocs de cette nature qui ont été trouvés sur la surface de la terre, en Sibérie, en Louisiane, au Brésil, au Pérou et au Mexique et dont le plus considérable ne pèse que 20,000 kilogrammes.

Mais les minerais desquels on l'extrait sont plus communs, on pourrait en citer vingt-deux, quatre seulement sont exploités savoir : la *magnétite*, l'*oligiste*; la *limonite* et le fer *carbonaté*.

La *magnétite*, connue aussi sous les noms de fer *oxydulé*, fer *oxydé*, *magnétique* ou *mine noire en roche;* est la pierre d'aimant naturelle, de couleur noire, elle forme dans les terrains de cristallisation, soit des dépôts grenus ou compactes, soit même des montagnes entières comme à Dannemora, à Tuberg en Suède et à Arendal en Norwège.

C'est le minerai le plus riche en fer; il en contient jusqu'a 72 pour cent, dont la qualité est exceptionnelle.

Outre les célèbres exploitations de Suède et de Norwège (on y compte jusqu'à 524 mines) on cite celle du cap Calamita dans l'île d'Elbe, de Saint-Léon en Sardaigne; des environs de Blagodat, dans les monts Ourals; et de Mokta el Hadid en Algérie.

La France possède aussi quelques gisements de magnétite, notamment à Villefranche (Aveyron), à Collobrières (Var), dans la vallée de Carol (Pyrénées-Orientales), à Drelette (Manche) et aux environs de Nogent et de Segré, en Maine-et-Loire, mais le minerai n'y est pas très abondant.

L'*oligiste*, qui contient jusqu'à 60 pour cent de fer, se présente sous plusieurs formes :

Cristallisé, il est d'un noir rougeâtre et prend généralement le nom de *fer oligiste*, il est très abondant à l'île d'Elbe, dont les mines sont de longtemps célèbres, en Angleterre dans les comtés de Lancastre et de Cumberland, puis au Brésil, en Suède dans le Hartz et dans l'ancien duché de Nassau.

La France n'en possède qu'un gisement, à Framont dans les Vosges.

En masses amorphes et compactes, l'oligiste est d'un rouge foncé et constitue ce que les mineurs appellent la *mine rouge* en roches, les exploitations principales sont en Belgique sur les bords de la Meuse, et en France aux environs de la Voulte et de Privas dans l'Ardèche.

En masses fibreuses, l'oligiste qui est alors la sanguine du langage vulgaire, s'appelle *hématite rouge*, il est moins commun sous cette forme que sous les autres, nous en avons cependant une mine en France à Baïgorry, dans les Basses-Pyrénées.

La *limonite*, qui prend son nom de sa situation dans le limon des terrains d'alluvion, mais qu'on appelle aussi fer *oxydé hydraté*, et fer *hydroxydé;* est presque aussi riche que l'oligiste et se présente comme lui sous différents aspects.

1° En masses mamelonnées, fibreuses, de couleur noire ou brune, on la désigne sous les noms d'*hématite brune* ou *hématite noire*, elle n'est pas rare en France, mais les gîtes les plus considérables sont ceux de Rancie, de Vicdessos, dans l'Ariège et du Canigou dans les Pyrénées-Orientales.

2° En masses composées de petits globules agglutinés comme des œufs de poisson, elle prend le nom de fer *oolithique;* c'est sous cette forme que le minerai est le plus répandu dans notre pays; notamment dans les départements de Meurthe-et-Moselle, de la Haute-Saône, des Vosges, des Ardennes, de l'Aube, de la Marne, de l'Ain, de l'Isère et de l'Aveyron.

3° En masses, également granulées, mais dont les globules sont de la grosseur de pois, ce qui lui a fait donner le nom de fer *pisolithique;* on le trouve abondamment dans les départements du Cher, de l'Indre, de la Haute-Saône et du Doubs.

4° En masse compactes de couleur brune on l'appelle *mine brune en roche*, on l'exploite ainsi chez nous dans l'Ariège et dans le Gard.

5° En masses terreuses, d'un jaune de rouille, que l'on rencontre dans quelques plaines basses immédiatement au-dessous de la terre végétale, mais en trop petites quantités pour pouvoir être exploitées, on l'appelle alors indifféremment : *Limonite terreuse*, *limonite ocreuse*, fer *limoneux*, *mine de fer des marais* ou *mine de fer des prairies*.

Le *fer carbonaté*, le moins riche de tous puisqu'à l'état le plus pur il ne peut donner que 47 pour cent de matière utile, se divise en deux catégories.

Le fer *spathique*, qu'on appelle aussi mine d'acier, parce qu'il renferme une certaine quantité de manganèse ; il se montre sous une apparence cristalline en couches ou en filons de puissance assez considérable, dans la Carinthie, la Styrie, la Thuringe, à Stiegen en Westphalie, en Bohême, en Saxe, dans le Tyrol, dans les Pyrénées Orientales où on l'exploite pour la fabrication des aciers catalans, dans le Dauphiné notamment à Allevard et à Vizille, ou on l'emploie pour les aciers de Rives, et à Aiguebelle et Modane dans la Savoie.

Placers de Californie. — Lavage de l'or au *Berceau* et au *Longton*.

Le fer *carbonaté lithoïde* qui se rencontre surtout dans les terrains houillers, et qu'on appelle à cause de cela fer des houillères.

C'est le minerai le plus commun en Angleterre où il s'exploite dans les mêmes gisements que les charbons et quelquefois par les mêmes puits.

Très abondant, également en Russie, en Westphalie, dans le Palatinat et aux Etats-Unis, il ne se rencontre généralement en France qu'en rognons ou en couches trop peu étendues pour qu'on puisse en tirer parti ; on n'en connaît qu'une seule exploitation à Palmesalade, dans le Gard.

L'or est peut-être plus commun que le fer, car il y en a presque partout à la surface du globe et il y a peu de rivières dont le

sable n'en charrie, mais le plus souvent en parcelles si petites qu'il est impossible de l'exploiter.

Il se présente soit à l'état natif plus ou moins pur, soit combiné avec d'autres minéraux; dans le premier cas il a trois sortes de gîtes.

On le trouve: 1° en lits ou en veines sous forme de petits grains, de cristaux, de lamelles quelquefois imperceptibles dans des gangues quartzeuses, comme en Australie, en Californie, aux environs de Salzbourg, au mont Rose et surtout au Brésil, notamment à Gongo-Socco, à Villarica et à Taquary.

2° Dans des filons pierreux ou métallifères, soit en veinules dans des filons de quartz, comme à la Gardette dans les Alpes

Mines d'or d'Australie. — Lavage à la *battée* et au *sluice*.

Dauphinoises, soit en particules presque invisibles dans des filons argentifères comme en Transylvanie, en Saxe, en Hongrie et en Amérique; soit encore dans des filons de pyrites cuivreuses ou ferrugineuses, comme au Rammelsberg, dans le Hartz, à Macugnaga, dans le Piémont et à Berésof dans les monts Ourals.

Et 3° dans les terrains d'alluvions superficiels, qui le plus souvent sont aussi platinifères et gemmifères; ce qui est sa façon la plus ordinaire de se montrer; puisque ces sortes de gisements produisent plus de 90 pour cent de l'or versé annuellement dans le commerce.

Au premier rang de ces gisements sont, ou ont été, ceux de la Californie qu'on appelle des *placers*, ceux d'Australie, ceux du Brésil, de la Nouvelle-Grenade, du Chili, de la Sonora et de Sinaloa, au Mexique, des îles Philippines, des îles de la Sonde, de la Guyane française, et plus près de nous, ceux de la Russie sur les versants des monts Ourals.

Les minerais dans lesquels l'or est contenu en plus ou moins grande quantité sont l'or *argentifère* qu'on appelle *Electrum* quand il renferme plus de 30 pour cent d'argent, il se trouve en Sibérie, en Australie, au Brésil, en Californie, en Transylvanie et dans l'ancienne Colombie.

L'*or rhodifère*, ainsi nommé parce qu'il contient 3 à 4 pour cent de rhodium ; il existe surtout dans les sables platinifères de Choco et de Barbacoas, dans la Nouvelle-Grenade.

L'*or amalgamé*, qui renferme jusqu'à 60 pour cent de mercure ; on ne l'a encore trouvé que dans la vallée de Mariposa, en Californie et dans la Nouvelle-Grenade.

L'*or palladié*, extrait à Gongo-Socco, dans le Brésil, qui contient 25 pour cent de palladium.

L'*Auro poudre*, qui se compose de 86 parties d'or, 10 de palladium et 4 d'argent, on l'appelle aussi *Porpezite*, parce que c'est dans la capitainerie de Porpez, au Brésil, qu'on l'a découvert.

Il y a aussi *l'or tellurique*, qu'on ne trouve guère qu'à Offenbanya et à Nagyag, dans la Transylvanie, où il prend trois noms différents : *Elasmose* quand l'or n'y entre pas pour plus de 10 pour cent, *Mullerine* où il y a 26 pour cent d'or et *Sylvanite* ou or blanc, qui en contient plus de 30 pour cent.

Le platine, très cher à cause de sa rareté, se trouve comme l'or à l'état natif et dans des sables de même composition quartzeuse et ferrugineuse, mais non dans tous. On l'exploite seulement dans la Nouvelle-Grenade, dans les provinces de Matto-Grosso et de Minas-Geraes au Brésil, dans la rivière Yaki à Haïti, dans les monts Ratoos à Bornéo, et surtout sur les pentes orientales des monts Ourals, notamment à Nischne-Tagilsk, le plus important centre d'exploitation que l'on connaisse.

Bien que se présentant à l'état natif et sous forme de grains ou de paillettes, le platine est presque toujours accompagné, sinon combiné avec des minerais étrangers, notamment le *Palladium* et l'*Iridium*, deux métaux qui ne sont connus que depuis 1803 et qui s'extraient tous les deux du minerai de platine, dont ils en sont en quelque sorte la gangue.

Le diamant, le plus précieux de tous les minéraux, a ses gisements dans des sables de même composition que l'or et le platine, sables qui se trouvent le plus fréquemment dans le lit des rivières, parce qu'ils ont été produits en grande partie par les éboulis des roches métamorphiques.

Cependant on l'a rencontré quelquefois dans la roche même au sein de laquelle il a pris naissance notamment au Brésil, mais dans ce pays c'est surtout dans le lit du fleuve Jiquitinhonha et de ses affluents qu'on le recherche, ce qui n'empêche pas d'explorer aussi certains terrains de transport souvent très accidentés, mais sans sortir de la zone diamantifère qui est comprise entre les fleuves Jiquitinhonha, Paraguaçu, Doce et Paraguay, dans la province de Matto-Grasso.

Dans l'Inde, qui a eu longtemps avec le Brésil le monopole des diamants, on les trouve, mais non plus en si grande quantité qu'autrefois, sur les rives du Kistrah et du Pennar, dans le Golconde, dans un poudingue formé de quartz, de silex et de jaspe, agglutinés par un ciment ferrugineux qui gît dans le fond des vallées à peine recouvert de terre végétale.

Des gisements de même nature se rencontrent aussi dans les provinces de Saint-Paul et de Minas au Brésil, et au pied du mont Ratoos, dans l'île de Bornéo.

Au Cap, où l'on exploite maintenant le diamant sur une grande échelle, et par les procédés les plus modernes c'est le fond des rivières qu'on explore, travail pénible parce que ces rivières coulent, quand elles ne sont pas à sec, dans des lits étroits, sinueux et creusés à quinze ou vingt mètres de profondeur. Mais l'emploi du porteur Decauville pour le transport des minerais, simplifie beaucoup les difficultés.

Quant aux pierres précieuses qui se trouvent aussi dans les alluvions, et c'est la plus grande partie, elles proviennent surtout des Indes orientales, c'est l'archipel de la Sonde (Bornéo particulièrement), le Bengale, le Golconde, Visapour, le Pegu et l'île de Ceylan qui fournissent les plus belles.

Nous n'allongerons point ce travail d'une nomenclature des pierres précieuses, qui ont toutes la même origine que les cristaux et n'en diffèrent que par le coloris qu'elles empruntent aux matières minérales au milieu desquelles elles gisent ; nous avons hâte, du reste, d'arriver aux procédés d'exploitation.

PROCÉDÉS D'EXPLOITATION A CIEL OUVERT

L'exploitation à ciel ouvert, la moins coûteuse de toutes, varie selon la conformation des gisements et la nature des matières qu'il s'agit de mettre en valeur, mais quel que soit le système adopté, on ne s'écarte jamais des principes généraux que M. Burat résume ainsi :

« 1° Donner aux excavations une forme telle que les massifs se présentent toujours dégagés sur deux faces, ce qui conduit à les disposer en gradins droits, ou dessus d'escalier.

2° Ménager des rampes pour les transports, ou, si l'exploitation est trop profonde, établir des treuils d'extraction, en ayant soin de faire le triage dans le fond, afin de n'avoir pas à remonter toutes les matières inutiles.

3° Expulser les eaux atmosphériques et les eaux d'infiltration, soit par des tranchées soit par des puits d'absorption, soit enfin par des moyens mécaniques, après les avoir réunies dans des puisards. ».

Voici maintenant les différentes modifications de détail apportées à ces prescriptions générales, soit par la dispositon des terrains, soit par les formes particulières à donner aux matières extraites.

EXPLOITATION EN MATIÈRES TENDRES

Si l'on opère dans des matières peu résistantes, comme les sables fossiles, les terres argileuses, la plupart des minerais de fer et certains sables d'alluvion, on procède à peu près comme si l'on voulait creuser une tranchée, c'est-à-dire qu'après avoir débarrassé le gîte reconnu de la terre végétale qui le recouvre, on enlève d'abord un prisme triangulaire de façon à se ménager une rampe pour descendre dans l'excavation que l'on agrandit tant que le gisement reste exploitable, en abattant successivement des prismes rectangulaires.

Naturellement, la rampe s'adoucit en prolongeant plus ou moins la ligne de base qui forme l'angle droit du triangle, ce qui est indispensable pour l'extraction des matières abattues, qui se fait encore quelquefois au tombereau, bien qu'il y ait des moyens plus efficaces dont nous parlerons plus loin et auxquels on est obligé d'avoir recours lorsque la circulation sur les rampes devient trop difficile.

Les sables aurifères, platinifères et gemmifères font exception à cette règle, il y a pour l'or et les diamants des procédés spéciaux.

L'exploitation de l'or en terrains d'alluvion est peut-être la plus facile et la moins dispendieuse de toutes, puisqu'il suffit de laver les sables qu'on extrait du lit des rivières ou des terrains de transport accumulés sur leurs bords, pour les séparer de l'or qu'elles contiennent.

Il y a pour cela plusieurs moyens : le plus élémentaire qu'on appelle la *battée* consiste, selon les pays, soit en une sébille ordinaire ou une petite auge en bois munie de deux anses, que l'ouvrier remplit de sable et d'eau et qu'il agite jusqu'à ce que les parcelles d'or soient tombées au fond.

Le *berceau*, plus employé en Californie, est une caisse montée sur deux tourillons et qu'on fait osciller alternativement de gauche à droite ou de droite à gauche, pour que l'eau entraîne les sables.

Le *longton* est une auge fixe dont le fond est percé comme un crible, et dans laquelle on jette les sables que l'on agite par un courant d'eau continu, les paillettes passent à travers les grilles avec le sable fin et sont recueillies dans une caisse inférieure pour être lavées de nouveau au berceau.

Table à secousses pour laver les sables aurifères.

Le *sluice* est un long canal en planches (il y en a qui ont cent mètres de long) assez incliné pour que le sable, qu'on y jette au fur et à mesure de l'extraction, puisse être entraîné par un courant d'eau, les paillettes d'or restant au fond du canal couvert, pour les retenir, de rugosités et de cannelures qui y forment des espèces de poches.

Table conique pour le lavage de l'or.

Cet appareil est le plus expéditif de tous, puisqu'un ouvrier peut laver avec près de vingt mille kilogrammes de sable par jour.

Comme procédés élémentaires pour obtenir par le lavage, non de l'or pur, mais des sables aurifères très riches, citons encore ceux qu'on emploie en Russie, c'est-à-dire soit des tables à secousses, des tables à

Les mines de diamant du Cap. — Installation du porteur Decauville.

toiles, des tables dormantes, et des tables coniques; procédés qui ne sont pas d'ailleurs spéciaux à l'or et sont adoptés aussi pour le lavage des minerais, qu'on débarrasse ainsi du plus gros de leurs gangues.

La table à secousses consiste en une table

Wagonnets basculeurs (système Decauville) employés aux mines de diamant du Cap.

inclinée et suspendue à quatre poteaux au moyen de chaînes, qui est projetée en avant par des leviers mis en action par un arbre à cames; elle vient alors buter contre des heurtoirs en bois, qui lui font reprendre sa première position, de sorte qu'elle a un mouvement de va-et-vient continuel avec des secousses qui mettent les sables en suspension dans l'eau, qui coule continuellement sur la table ; de façon que les molécules métalliques, plus lourdes, se déposent sur le fond de la table et glissent vers le bas du plan incliné, où on les recueille pour les remettre sur la table, jusqu'à ce qu'elles soient suffisamment séparées des sables.

Les tables dormantes, sans mouvement comme leur nom l'indique, sont placées généralement deux à deux (d'où on les appelle tables jumelles) et sur un plan très incliné ; de façon que les sables aurifères, qui sont jetés dessus et constamment relevés vers le haut par des ouvriers, qui les agitent au moyen de rateaux, se séparent assez facilement des parcelles métalliques.

La table à toile est une toile sans fin tendue sur un plan incliné et qui tourne continuellement (à l'aide d'un moteur quelconque) dans le sens du chevet de l'appareil, c'est-à-dire de bas en haut.

Les sables et l'eau, amenés par des rigoles sur le plan incliné, descendent tout naturellement, tandis que les grains métallifères qui s'attachent à la toile remontent avec elle, et tombent, quand la toile se retourne, dans un bac plein d'eau disposé pour les recevoir.

La table conique est un cône très surbaissé, qui reçoit un mouvement rotatif continu d'un arbre placé au centre et qui est mû par un engrenage.

Autour de cet arbre est l'entonnoir, par lequel on introduit les sables et le courant d'eau, qui tombent ensemble sur la table tournante et s'y trient en raison de leur densité ; c'est-à-dire que les sables sont entraînés tandis que les paillettes d'or s'agglomèrent sur les bords inférieurs du cône.

Beaucoup plus simples sont les procédés employés par certains orpailleurs, qui d'ailleurs n'exploitent pas sur une grande échelle ; les uns versent tout simplement le sable fortement étendu d'eau, sur des tables inclinées recouvertes de drap grossier ou même de peaux de bêtes, dont les aspérités et les poils retiennent les parcelles d'or.

D'autres se contentent de barrer les cours d'eaux aurifères avec des couvertures de laine, qu'ils retirent lorsqu'ils les supposent suffisamment chargées de paillettes du précieux métal.

Mais ce sont là des usages locaux et non des procédés d'exploitation.

Pour le diamant : le lavage n'est pas l'opération principale, c'est l'extraction, qui est difficile, d'autant que la matière est rare.

Si l'on explore des ruisseaux peu profonds et naturellement peu larges, on creuse dans leur lit et l'on lave les sables à la battée, mais le cas ne se présente plus guère, et l'on préfère, du reste, opérer comme dans les torrents plus profonds.

On commence par en mettre le lit à sec au moyen de barrages, en ayant soin, autant que possible, de détourner l'eau pour les besoins du lavage, puis on déblaie la première couche de terre qui généralement ne contient pas de diamants (il y a cependant des exceptions puisque la fameuse *Étoile du Sud*, qui pèse 250 carats, a été trouvée en 1853 dans des déblais abandonnés), mais l'exception prouve la règle et la règle est que le terrain ne devient diamantifère que lorqu'on y trouve des petites pierres de transition que l'on appelle selon leur couleur : *patha de arroz*, *fava freta*, *agulha siriçoria*, et qui sont presque toujours mélangées avec de l'émeri.

A ces indices connus sous le nom de *formations* on en ajoute un autre, à Minas Geraes ; c'est la présence dans les débris quartzeux, qu'on appelle *cascalho*, de l'or en poudre granuleuse.

Le gisement reconnu, on creuse et on déblaie par les procédés ordinaires, que l'on emploie aussi dans l'exploitation à sec des terrains de transport, avec cette différence que, dans ce cas, les gisements étant plus profonds, on a infiniment plus de peine, d'autant que la plupart du temps l'eau manque pour laver les terrains.

Il est vrai qu'on remédie à cet inconvénient en amoncelant les déblais diamantifères sur des escarpements en pente douce, où ils seront suffisamment détrempés et lavés quand viendra la saison des pluies.

Et pour que le lavage se fasse progressivement et surtout que les pierres précieuses ne soient pas entraînées trop rapidement, on pratique, dans ces escarpements qu'on appelle des *gupiaras*, des rigoles en forme d'escaliers où la chute des diamants, qui sont toujours enveloppés d'un ciment terreux argenté ou rougeâtre, peut être surveillée.

Cela nécessite, naturellement, des frais de transport assez considérables mais les diamants ne seraient pas aussi chers, s'il n'y avait qu'à se baisser pour en prendre.

Passons des diamants à la tourbe; la transition est subite, puisque les uns sont aussi rares que l'autre est commune, mais nous devons dire un mot aussi de l'exploitation des tourbières.

La tourbe, qui est employée comme combustible dans les pays où, comme en Hollande, le bois et les charbons sont chers, est extrêmement répandue, les exploitations les plus considérables sont dans les Pays-Bas, le Danemark, le Hanovre et la Westphalie; on en trouve aussi en France dans plus de quarante départements, mais les gisements les plus considérables sont ceux de la vallée de la Somme, qui s'étendent depuis Saint-Quentin jusqu'à Abbeville.

Le procédé d'extraction est des plus simples, si la tourbe est recouverte de terre végétale; si au contraire elle est recouverte par les eaux, on l'assèche le plus possible, soit par des canaux d'écoulement, qui au besoin peuvent servir au transport des matières, soit, si la situation ne permet pas la création de canaux, au moyen des pompes d'épuisement dont nous parlerons tout à l'heure.

La tourbe superficielle est généralement de mauvaise qualité, elle est d'autant plus fibreuse que les matières végétales qui la constituent sont plus ou moins complètement décomposées, mais il faut bien l'enlever d'abord, ce que l'on fait avec une bêche ordinaire, après quoi on la dispose en tas que l'on laisse sécher pour la vendre à bas prix.

La tourbe compacte, qui vient après, s'extrait : soit au moyen d'un louchet, espèce de bêche augmentée d'une partie tranchante placée à angle droit et qui permet d'enlever des parallélipipèdes de 30 centimètres de longueur sur 14 à 16 d'épaisseur et de largeur.

Soit, d'une façon plus expéditive, avec une caisse ouverte et tranchante à sa base, et garnie intérieurement de lames coupantes qui la divisent en compartiments réguliers; on laisse tomber cette caisse d'une certaine hauteur dans la tourbière, et, quand on la retire, elle rapporte autant de pains de tourbe qu'il y a de compartiments dans la caisse.

Si l'on est envahi par l'eau, en trop grande quantité pour être épuisée, on peut encore creuser la tourbière au moyen d'une espèce de pelle en tôle percée de trous, emmanchée à angle droit au bout d'une longue perche, que l'ouvrier manœuvre placé dans un bateau; cela s'appelle une *drague*.

On se sert aussi, mais seulement pour extraire les parcelles de tourbe qui pourraient nager dans les eaux, d'un sac en toile assez claire, dont l'ouverture est adaptée à un cercle de fer, emmanché dans une longue perche.

De toutes façons, la tourbe extraite doit être séchée aussi complètement que possible, et pour cela, empilée de façon à ce que l'air puisse circuler facilement entre chacun des parallélipipèdes, c'est pour cette seule raison, du reste, qu'on l'extrait sous cette forme, quand on ne veut ni la réduire en mottes, moulées sous des presses spéciales, ni la convertir en charbon pour en faire un combustible supérieur.

POMPES CENTRIFUGES

Pour le desséchement des tourbières, et même pour l'épuisement de tous les travaux

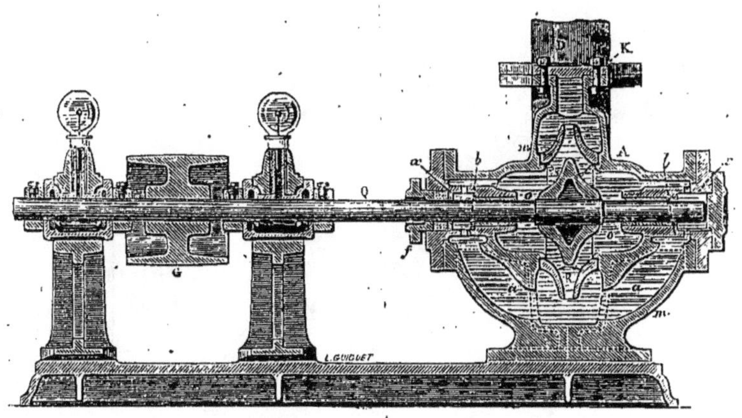

Pompe rotative Dumont. — Détails de l'appareil (fig. 1).

de recherches et d'exploitation à ciel ouvert aussi bien dans les carrières que dans les mines, on emploie généralement des pompes centrifuges, faisant infiniment plus de

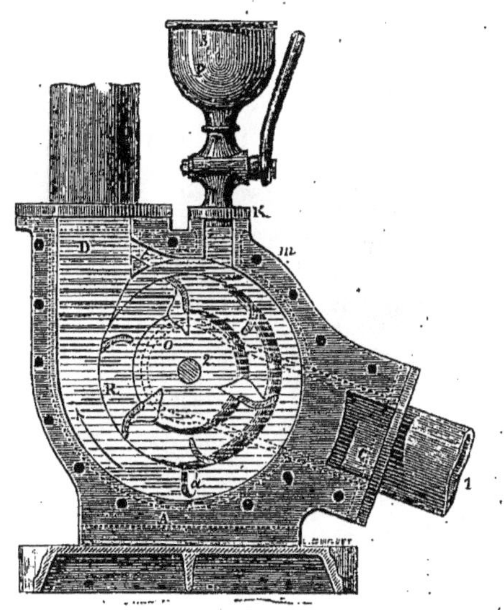

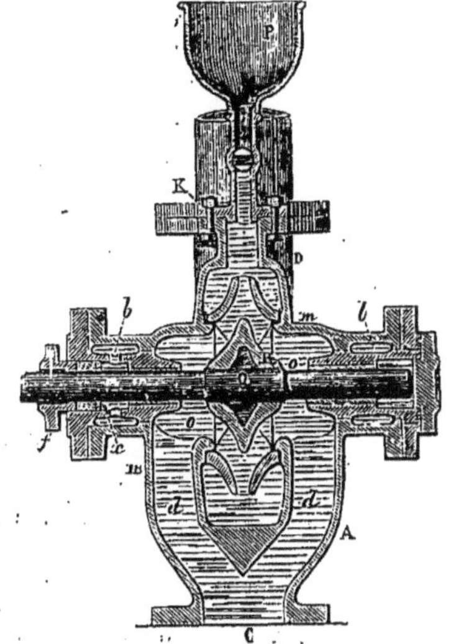

Figure 2. Pompes rotatives Dumont. Figure 3.

travail et plus économiquement que les pompes à pistons.

Nous allons en donner une idée par la description de la pompe Dumont, l'une des plus répandues, au moyen de trois dessins : le premier représentant une coupe longitudinale, suivant un plan vertical, passant | par l'axe de la pompe ; le second, une vue

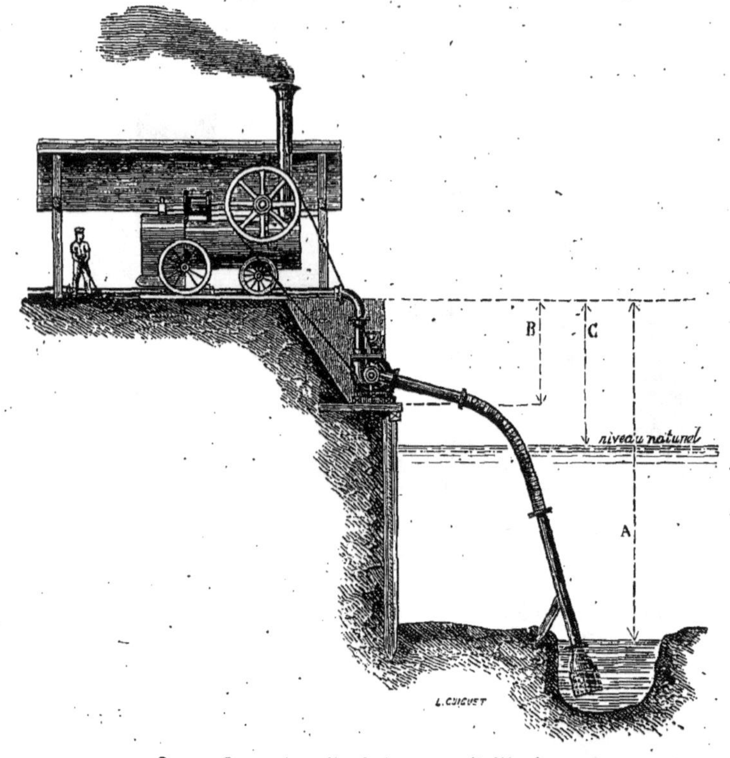

Pompe Dumont appliquée à un travail d'épuisement.

de face en supposant le corps de pompe | coupé par le milieu ; et le troisième, une

Le mortaisage.

coupe suivant la ligne brisée indiquée dans | la deuxième figure par les chiffres 1, 2, 3, passant par l'axe de la pompe et celui de la tubulure d'aspiration et montrant l'arrivée de l'eau dans la pompe.

Dans les trois dessins, A est le corps de la pompe, composé de deux coquilles *m*, *m*, réunies par des boulons, et renfermant une roue à aubes, R, calée sur un axe Q, qui traverse une presse-étoupe.

Cet axe est muni à son extrémité d'une poulie G, tournant entre deux paliers et par laquelle il reçoit son mouvement d'un moteur soit à vapeur, soit hydraulique, au moyen d'une courroie (du moins c'est le cas le plus ordinaire, car il y a aussi des pompes à action directe dont nous parlerons tout à l'heure.

C'est le tuyau d'aspiration, qui se bifurque à son départ du corps de pompe en deux conduits *d d* aboutissant aux ouvertures centrales *a a*, qui correspondent à celles du disque mobile R.

Naturellement ce tuyau se prolonge par des tubulures aussi loin qu'il le faut pour atteindre le niveau de l'eau, et se termine par un clapet, muni d'une crépine; prolongement percé d'un grand nombre de trous de petit diamètre, qui a pour effet d'empêcher les corps étrangers de pénétrer dans la pompe et aussi de repartir la succion sur tous les points de la masse d'eau à enlever.

Cette crépine fait naturellement saillie sur le tuyau, car pour le bon fonctionnement de la pompe, pour qu'il n'y ait pas une résistance trop considérable, en raison de la division de l'eau en petits filets il faut que sa section totale, c'est-à-dire l'addition des diamètres de ses trous, soit au moins quadruple de celle des tuyaux. P est le tuyau de refoulement, qui s'allonge naturellement par une tubulure pour déverser l'eau pompée dans le conduit d'écoulement. Quelquefois même on place sur ce tuyau, et comme intermédiaire avec le conduit, un bassin déversoir qui emmagasine provisoirement l'eau, et qui peut servir, après les suspensions de travail, à réamorcer la pompe, car le fonctionnement des pompes centrifuges ne s'obtient que si le corps de pompe est rempli d'eau.

Pour suppléer à cette installation on se contente de placer en K, au sommet du corps de pompe, un bouchon fileté qu'il suffit d'enlever pour y introduire de l'eau ou, mieux encore, un entonnoir P, commandé par un robinet qu'on n'a que la peine de tourner pour amorcer la pompe.

Voyons maintenant le fonctionnement : la pompe pleine d'eau et un mouvement de rotation communiqué à l'axe, l'eau qui se trouve dans la roue à aubes R est entraînée dans le mouvement de rotation. La force centrifuge développe dans cette masse d'eau une pression qui s'exerce du centre à la circonférence; lorsque cette pression est devenue suffisante, l'eau s'échappe par toute la circonférence de la roue à aubes. La dépression qui se produit au centre de la roue y fait affluer celle que renferment les deux conduits *d d*, qui se réunissent en G au tuyau d'aspiration. L'eau qui s'échappe par la circonférence de la roue à aubes afflue dans le corps de pompe et s'écoule par le tuyau de refoulement. La rotation continuant, le mouvement du liquide s'établit d'une manière constante et uniforme.

Et c'est la continuité de ce courant d'eau qui explique comment la pompe centrifuge, peut, sous un petit volume, donner des quantités d'eau considérables.

En effet, tandis que dans les pompes à mouvement alternatif, l'eau ne peut guère, sans qu'il en résulte des chocs violents ou même des ruptures, avoir une vitesse supérieure à 50 centimètres par seconde dans les divers passages, cette vitesse atteint facilement 3 mètres par seconde dans les pompes centrifuges Dumont; elle pourrait même être plus grande théoriquement, mais il faut tenir compte des résistances dues au frottement et aux changements de direction; on peut donc obtenir le même volume d'eau avec des sections bien moindres.

La régularité du courant a aussi pour effet de supprimer les chocs, trépidations, ébranlements dus aux mouvements alternatifs et de rendre complètement inutiles tous réservoirs d'air.

Il y a d'ailleurs d'autres organes : ainsi, les petits conduits *a a* amènent de l'eau prise sur le corps de pompe, et qui, pressée par toute la colonne de refoulement, pénètre dans les chambres *bb* qui entourent les frottements.

Du côté où sort l'arbre, cette eau communique avec une chambre hydraulique x, placée entre la garniture du calfat, arrêtée par une bague, et la douille dans laquelle l'arbre est ajusté. L'eau, enfermée dans cet espace, empêche complètement toute rentrée d'air qui pourrait se produire de l'extérieur par suite du vide relatif existant dans la partie centrale.

t est un petit orifice qui sert à l'évacuation de l'air qui pourrait se cantonner au sommet du corps de pompe.

Donc la continuité et la régularité du travail sont également assurées.

Les pompes Dumont, montées quelquefois sur chariot, quand on veut les rendre mobiles, sont, plus généralement pour le service de l'épuisement dans les carrières, fixées toutes prêtes à marcher, soit avec un seul palier, soit avec deux, selon les besoins de l'exploitation, sur un bâti qui économise tous les frais d'installation.

D'un petit volume, et conséquemment d'un faible poids, elles peuvent se placer partout et être mises en chantier par un ouvrier aussi étranger à la mécanique que possible; puisqu'il suffit de les fixer sur leur plan de pose, sol ou charpente, d'y ajuster les tuyaux et de leur donner le mouvement par une courroie actionnée par une machine à vapeur quelconque.

Aussi fonctionnent-elles maintenant partout où il y a à faire des travaux d'épuisement assez considérables pour nécessiter l'emploi d'une machine à vapeur ou d'un moteur mécanique d'une puissance équivalente.

EXPLOITATION EN MATIÈRE DURE

Les matières résistantes qui s'exploitent à ciel ouvert sont les pierres à bâtir, les ardoises, les grès, les meulières, les granits et les marbres, mais les procédés ne varient que par certains détails que nous dirons tout à l'heure.

Si l'on opère en plaine, on commence comme toujours, du reste, par enlever la terre végétale, pour mettre à découvert la roche vive qu'il s'agit d'exploiter, puis on perce, au milieu de l'espace déblayé, une grande rainure verticale qui sert de centre d'opérations ; car de chaque côté de cette rainure on travaille par gradins droits comme si l'on voulait faire un escalier, en organisant son chantier de façon que chaque ouvrier, devant abattre une tranche de quelques décimètres de hauteur, est placé en avant de celui qui doit abattre la tranche immédiatement inférieure.

Si le gisement se trouve sur le flanc d'une montagne ou d'une colline, comme cela arrive généralement pour les marbres et les schistes ardoisiers, on établit immédiatement des gradins sur toute la hauteur de la montagne, c'est ce que l'on a fait à Trélazé (près Angers) dont les carrières, bien qu'exploitées maintenant souterrainement, peuvent être considérées comme type d'une grande exploitation à ciel ouvert; c'est ce que l'on fait d'ailleurs dans toutes les ardoisières importantes.

Pour les grès à pavés et les matières aussi résistantes, qu'on ne tient pas à obtenir en blocs de grand volume, l'extraction consiste en deux opérations : le *burinage* et le *mortaisage*.

Le burinage est le percement dans la roche de trous de mine disposés de façon à détacher des blocs aussi réguliers que possible.

Cette opération peut se faire avec des perforateur mécaniques ; de main d'homme, elle nécessite deux ouvriers, l'un qui tient et dirige le burin d'acier, l'autre qui l'enfonce à grands coups de marteau.

Le mortaisage demande plus d'habileté ; car il a pour objet de diviser le bloc séparé

Le burinage.

de la roche en tranches d'égale épaisseur qu'on subdivisera ensuite en pavés d'échan-

Méthode à la trace. Le mortaisage.

tillon ; pour cela, l'ouvrier trace d'abord au pic un sillon peu profond sur la pierre, puis, dans ce sillon, il place, aussi près l'un de l'autre qu'il le juge nécessaire, une série

Perforateur Mac Kean. — Fonctionnement dans une carrière.

Transport des pavés. — Carrières des environs de Paris.

de coins d'acier qu'il enfonce à coups de marteau dans toute l'épaisseur du bloc qui, sauf des veines exceptionnelles, se fend alors régulièrement.

Pour le marbre, la pierre de taille, le granit, que l'on veut et que l'on doit extraire en blocs considérables, le burinage n'est pas suffisant et l'on a recours à la méthode qu'on appelle à la *trace* et qui consiste à isoler le bloc par des entailles profondes, de façon à ce qu'il ne tienne plus à la roche que par une de ses faces.

On commence généralement, pour plus de sécurité, par l'entaille de la base qu'on appelle le *sous-chèvement*, mais ce n'est certes pas la plus facile, car les ouvriers sont obligés de travailler couchés et comme ils disent « à col tordu » ; à mesure que l'entaille devient profonde, on étaie le bloc avec des morceaux de bois que l'on enlève quand il est isolé sur cinq de ses faces.

On remplace alors les étais par deux rouleaux sur lesquels le bloc tombera et qui serviront à l'éloigner du chantier quand il aura été détaché de la roche, ce qui s'opère alors, soit par le burinage en ayant soin de faire partir toutes les mines à la fois, soit par un mortaisage pratiqué d'abord avec des coins et ensuite avec des pinces et des leviers qui exercent un effort d'autant plus vigoureux que le bloc ne repose plus sur aucune base.

Pour les meules de moulin, qu'il faut exploiter d'un seul morceau, le procédé à la trace est aussi employé avec cette modification fort ingénieuse qui remplace le burinage.

Au lieu de forer des trous de mine dans la surface qui reste adhérente à la roche, on isole le bloc à enlever au moyen d'une rigole dans laquelle on enfonce une rangée circulaire de coins de chêne, desséchés au four, après quoi on la remplit d'eau. Les coins de bois se gonflent en quelques heures sous l'action de l'humidité et exercent sur la roche une pression suffisante pour y produire des fissures assez profondes, dans lesquelles on introduit des pinces et des leviers pour achever de détacher la meule de moulin.

Tout aussi ingénieux est le système employé aux environs de Saint-Pétersbourg pour extraire le marbre en grandes masses. Dans la belle saison on creuse dans les carrières, des entailles longitudinales très profondes, qui tracent la forme que l'on veut donner aux blocs, puis quand les froids arrivent on remplit ces entailles d'eau, qui, se transformant bientôt en glace, augmente de volume et oblige les blocs à se séparer de la masse rocheuse : Le printemps revenu on n'a plus qu'à achever de les détacher et à les enlever de la carrière.

Il va sans dire que le forage des trous de mine, au lieu d'être fait laborieusement à la main, peut être accompli mécaniquement d'une façon beaucoup plus expéditive, et partant plus économique.

D'autant que le perforateur Mac Kean est outillé pour ce service, son poids relativement minime, sa monture sur chariot mobile, permettant de le transporter à volonté aussi bien pour travailler horizontalement sur le front d'attaque du chantier, que verticalement sur les blocs déjà dégagés.

Il peut opérer même sur des plans très inclinés : il suffit d'ajuster à la vis montante, qui est le support de l'outil, un tube traverse de même genre que celui qu'on emploie pour le forage des puits, lequel est terminé par une vis qui, enfoncée dans le sol, aide à la rigidité de l'appareil qui a déjà son premier point d'appui sur les trois pieds du chariot.

On n'a plus alors qu'à fixer le perforateur à l'endroit utile pour que le trou de mine se fore automatiquement.

Dans ce cas, le perforateur n'a pas besoin d'être mû par l'air comprimé, il marche à la vapeur, ce qui est encore économique puisqu'une machine de quatre chevaux, marchant à l'ordinaire, peut en actionner deux en leur donnant une vitesse moyenne de 700 à 800 coups par minute, que l'on pourrait facilement augmenter, car, aux expériences de démonstration, la machine chauffée à 7 atmosphères, a donné jusqu'à 1200 coups par minute.

Du reste, il ne s'agit pas seulement ici d'une théorie; le perforateur Mac Kean, monté pour les travaux à ciel ouvert, est très employé pour l'exploitation des carrières, pour l'approfondissement des ports, (à Fiume notamment), pour le creusement des canaux, le percement des tranchées de chemins de fer, et nous pourrions citer telle compagnie anglaise « le North Western Railway » qui a employé jusqu'à 60 perforateurs pour les travaux d'établissement de sa ligne.

TRANSPORT DES MATÉRIAUX

Comme nous étudierons plus en détail tous les systèmes adaptés au transport des matériaux quand nous en serons à l'exploitation souterraine, nous ne nous occuperons ici que de ceux qui sont plus spéciaux aux carrières et mines à ciel ouvert.

Les sables et les matériaux de construction, en général, sont ordinairement enlevés au tombereau, mais comme les tombereaux ne peuvent pas toujours pénétrer dans l'intérieur des carrières, les matériaux sont amenés au lieu de chargement, soit par le portage, le brouettage, le traînage ou le roulage.

Le portage, qui n'est plus guère usité que dans certaines carrières de pavés des environs de Paris, se fait sur des crochets à dos d'hommes ou même de femmes, qui ainsi chargées n'ont souvent d'autre chemin que des planches étroites, placées en pentes plus ou moins prononcées, pour relier les différents plans de la carrière.

C'est le mode de transport le plus imparfait, et même le plus coûteux, bien que les femmes qu'on y emploie ne soient pas rétribuées en proportion de leurs fatigues, aussi l'abandonne-t-on de jour en jour, et les carrières de la ville de Paris ont adopté le roulage par le porteur Decauville avec wagonnet spécial.

Le brouettage est assez économique dans les exploitations, peu considérables, de sable ou d'argile, mais pour cela il ne faut pas que l'inclinaison des pentes dépasse cinq degrés.

Le *traînage* est effectué par deux ou davantage d'hommes, attelés par des bricoles à de petits chariots à roues ou simplement à patins, pour glisser plus facilement sur le sol.

Quand les pentes sont trop fortes ou le parcours trop long, les traîneurs sont aidés par des pousseurs; quand les uns et les autres ne sont pas remplacés par des chevaux.

Le roulage, qui consiste à opérer les transports au moyen de wagonnets roulant sur rails de bois ou de métal, tirés par des hommes ou des chevaux, est le système le plus expéditif sur des pentes douces; depuis l'invention des petits chemins de fer portatifs, connus sous le nom de porteurs Decauville, on l'emploie dans toutes les exploitations importantes, partout où l'on peut poser une voie, c'est-à-dire aussi bien à ciel ouvert que dans les galeries souterraines.

Outre les avantages que ce système présente à peu près partout, mais principalement dans les grandes exploitations de minerais de fer, dans les carrières argileuses pour le service des briqueteries presque toujours installées à proximité, et dans les mines de diamant du cap de Bonne-Espérance — puisque, composé de sections de rails il peut changer de place sans frais et sans perte de temps, aussi souvent qu'on veut changer les lieux d'extraction ou les dépôts de déblais — il est pourvu d'un outillage spécial qui assure son succès.

Ainsi les wagonnets, construits sur des types qui diffèrent selon les usages auxquels

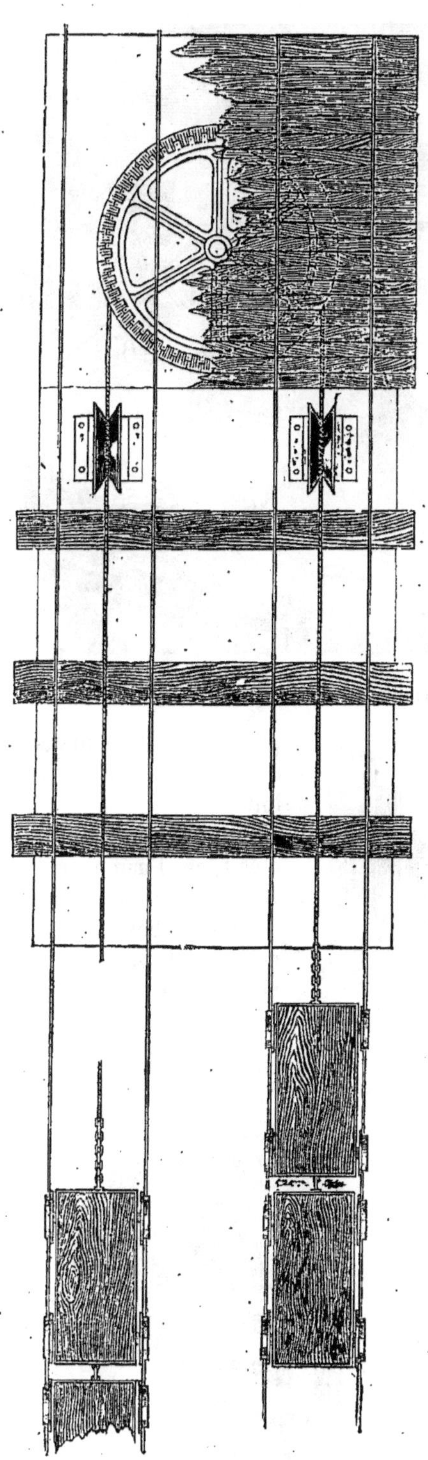

Tête de plan incliné. (Vue en plan.)

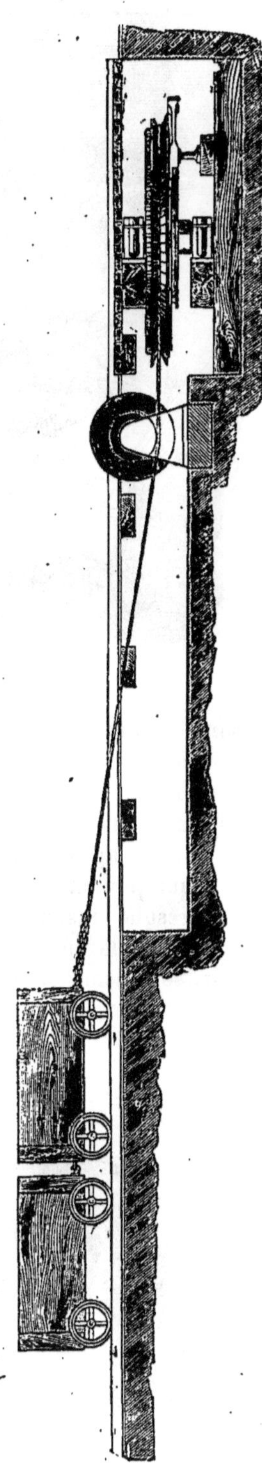

Tête de plan incliné. (Vue de côté.)

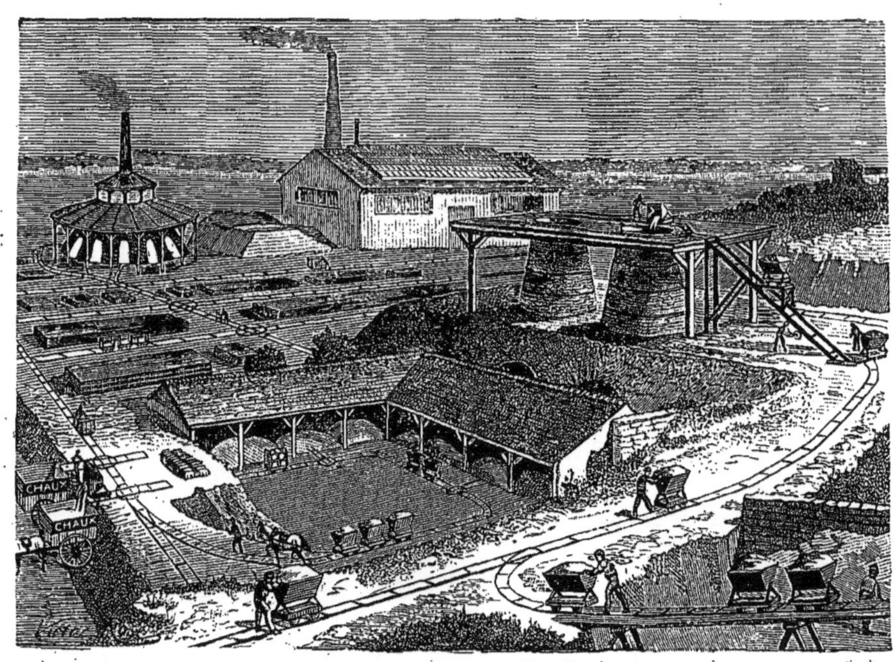

Application de porteur Decauville pour les briqueteries.

ils sont destinés (autant dire les *berlines*, puisque c'est le nom propre de ces véhicules), arrivent à bout de voie, sur un appareil culbuteur qui permet de les vider presque instantanément soit sur le dépôt des déblais, soit même directement dans des wagons plus grands si les matériaux doivent être convoyés plus loin.

Wagon des carrières de la ville de Paris.

Ce système n'est pas exclusif, car l'usine de Petit-Bourg fabrique aussi des berlines à bascule, se versant par l'avant, par l'arrière ou par les côtés ; selon les besoins de l'exploitation.

Berline Decauville avec culbuteur.

Fonctionnement de l'appareil culbuteur.

Mais, les plus communément employées dans les mines et dans les carrières, sont des caisses à bascule, équilibrées sur deux axes, sans porte ni charnière et qui déchargent d'un seul coup tout leur contenu, sitôt qu'on les pousse du côté opposé.

Pour que ces caisses, qui restent d'ailleurs en équilibre parfait pendant les parcours les plus accidentés, ne se touchent pas par le haut lorsqu'on en attelle plusieurs à la suite l'une de l'autre, on adapte à chaque bout du porteur un tampon central formé d'une bande en fer plat, allant d'un longeron à l'autre et muni d'un crochet anneau. Ce système facilite beaucoup la circulation dans les courbes et présente une élasticité suffisante au tamponnement.

Un système de roulage, fréquemment employé dans les carrières et même dans les mines souterraines; est celui du plan automoteur, mécanisme très simple, en somme, et qui est l'élément primitif des chemins de fer funiculaires.

Il consiste en l'emploi de deux files de wagons, les pleins à l'extrémité d'une corde ou d'un câble métallique, les vides à l'autre et disposés de façon, à l'aide d'une grande poulie et de galets conducteurs; que les wagons pleins en descendant, en vertu de leur poids, remontent les premiers à la galerie de chargement.

Il suffit pour cela que la corde qui les relie ait juste le double de la longueur de la galerie ou du puits incliné à desservir.

Tous les plans automoteurs sont bons, quand ils fonctionnent bien, naturellement; le plus recommandable est celui qu'on fabrique à l'usine de Petit-Bourg parce qu'il est le plus perfectionné et qu'il fonctionne avec le plus de sécurité.

M. Decauville emploie comme agent principal une poulie à mâchoires, qui a sur les poulies à surface plane, l'avantage de repartir également sur la partie du câble, en contact avec le fond et les côtés de la gorge de la poulie ; l'effort exercé par la traction sur le câble et qui tend constamment à l'aplatir.

D'où, moins d'usure et par conséquent meilleure conservation du câble.

Cette poulie n'est pas, d'ailleurs, très compliquée.

Elle se compose de deux parties : la partie supérieure est une roue de fonte sur le pourtour extérieur de laquelle se trouve une série de gorges et de collets en fonte coulés en coquille afin d'être plus résistantes à l'usure. Dans chaque gorge on place une éclisse mobile sur un axe fixé sur les deux collets adjacents.

La seconde partie, qui se visse en saillie sur le pourtour intérieur de la première; est une bague, munie également de gorges et de collets alternatifs, supportant les éclisses de la partie inférieure de la machine

Cette bague est fixée sur la roue de fonte au moyen de boulons et d'écrous, qui permettent de faire varier la distance entre les axes des deux séries d'éclisses, selon le diamètre du câble dont on veut faire usage.

De sorte que le pincement des mâchoires sur le câble est progressif et proportionnel à la tension, et plus le câble s'engage dans la mâchoire; c'est-à-dire, plus le point de centre du câble se rapproche de la ligne passant par les axes des éclisses contre lesquelles elle s'appuie, plus l'action des mâchoires est énergique.

On comprend aussi qu'avec ce système la forme et la régularité du câble ne sont jamais altérées, mais comme malgré tout il peut se casser, on prévoit les accidents qui pourraient en résulter, à l'aide d'un frein puissant, fixé sur l'arbre de la poulie.

Ce frein, qui peut arrêter presque instantanément le mouvement, en cas de rupture du câble sur une voie, et empêcher ainsi la descente d'un wagon sur l'autre, permet en outre à l'ouvrier chargé de la manœuvre, de modérer ou d'activer le mouvement, à sa volonté, avec la plus grande facilité.

Il y a aussi les chemins de fer aériens, employés dans tous les cas où le chemin de fer terrestre n'est pas possible, soit qu'il y ait des pentes trop considérables à franchir, soit qu'il faille traverser une vallée ou même une rivière ; ce qui se fait sans difficultés.

Ce système fut connu d'abord sous le nom de chemin de fer à la Palmer (nom de son inventeur) et un certain nombre d'applications en ont été faites en Angleterre et en France, et notamment, pour ne parler que de mines, dans les houillères de Rive-de-Gier.

Le chemin à la Palmer consiste en un rail posé sur une longrine fixée à des poteaux plus ou moins élevés ; sur ce rail se meut une roue à gorge, maintenue dans la position verticale par un appareil en charpente qui ressemble exactement au bât qu'on charge sur les bêtes de somme et dont les deux caisses contiennent les matériaux qu'il s'agit de transporter.

Les chemins de fer aériens d'aujourd'hui sont bien plus simples et surtout bien moins coûteux, ils sont nés du besoin qu'on éprouva d'abord de transporter des déblais inutiles, d'un côté à l'autre d'une carrière.

Comme il importait d'opérer d'une façon économique, on tendit un câble en travers de la carrière, et, copiant le procédé employé pour les bacs qui servent à traverser les rivières ; avec trois poulies assemblées en triangle, on fit une chape à laquelle on suspendit une sorte de nacelle destinée à transporter les matériaux, et dont on régla la course avec une corde attachée à chacune de ses extrémités.

Tel est le principe des chemins aériens qui sont aujourd'hui si perfectionnés, qu'on en pourrait citer nombre de systèmes.

Nous n'en citerons que trois : le système Hodgson, comme le premier en date, le système Otto, que construit la société Humboldt et le système Bleichert, dont le brevet est exploité en France par M. Weidknecht; ces deux derniers comme les plus modernes et les plus employés.

Le système Hodgson, appliqué d'abord au transport du granit des carrières de Bardon Hill au chemin de fer (distant de plus d'une lieue) est un cable métallique sans fin, reposant sur des poteaux placés à cinquante mètres les uns des autres, et mis en mouvement au moyen de poulies par une machine à vapeur.

A ce chemin aérien qui marche, il suffit de fixer, par des crampons, un certain nombre de caisses chargées, pour que les matériaux qu'il s'agit de transporter se rendent à destination.

Les autres systèmes ne diffèrent de celui-là que par l'implantement plus ou moins économique des poteaux de soutènement, la disposition des poulies extrêmes, et des galets que portent les poteaux pour laisser glisser le câble, et surtout par les moyens de suspension au câble des caisses transporteuses.

Ainsi dans le système Bleichert, dont notre gravure donne l'ensemble, le chemin naturellement à double voie, puisqu'il s'agit d'un câble sans fin, est consolidé par deux cordes qui passent au-dessous de la traverse porte-galets du poteau et sur lesquelles les caisses glissent au moyen des poulies dont elles sont munies ; ce qui diminue considérablement le poids imposé aux câbles moteurs, et leur laisse toute leur liberté de transmission.

Ces chemins aériens qui ont déjà reçu plus de deux cents applications en Europe : tant pour le transport des matériaux de construction, de déblais et de remblais, de tuiles, briques, farines, et nombre de produits manufacturés, sont employés dans les mines et carrières en Angleterre, en Allemagne, en Hollande, en Espagne, en Italie, en Russie et en Suède, aussi bien et même plus qu'en France où ils fonctionnent notamment aux houillères et fonderies de Decazeville.

Dans le système Otto, également très répandu surtout à l'étranger, la même combinaison se présente, mais en sens inverse : chaque voie se compose aussi de deux câbles superposés.

La corde-rail qui est fixe, et sur laquelle

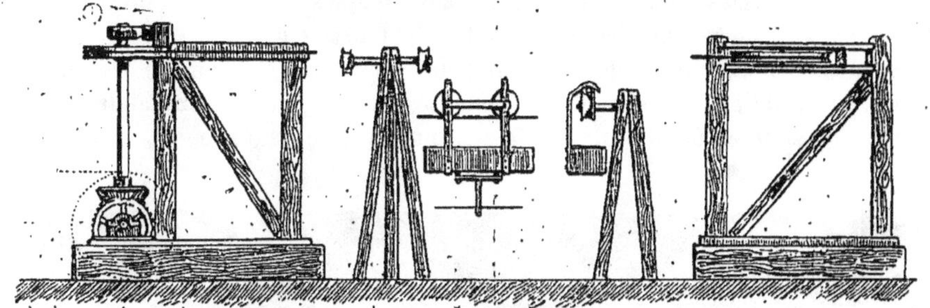

Chemin de fer aérien. (Système Hodgson, détail des appareils.)

Chemin de fer aérien. (Système Bleichert.)

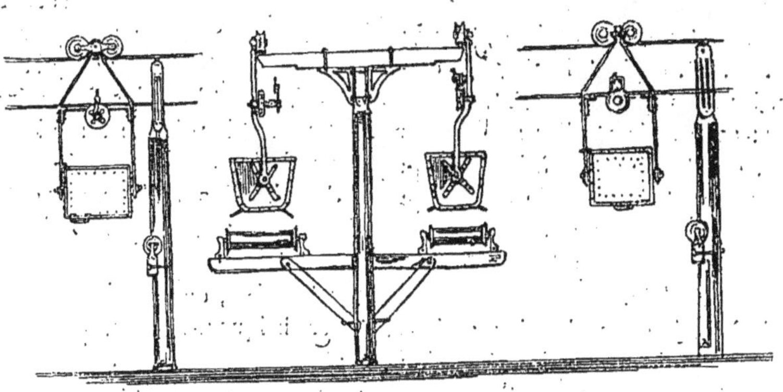

Chemin de fer aérien. (Système Otto, détail des appareils.)

court la caisse, suspendue par des tiges de fer très légères à un système de deux poulies jumelles, qui augmente son assiette et permet de lui donner une capacité de deux hectolitres et demi.

Et la corde motrice, chaîne sans fin qui

donne le mouvement aux caisses, par l'intermédiaire du disque ou des galets dont leur encadrement est muni.

En outre, ces caisses sont montées sur leurs supports de façon à ce que leur déchargement soit fait par un simple mouvement de bascule, qui s'obtient en retirant la clavette tenant la caisse en équilibre.

Le chargement se fait aussi très facilement grâce aux rouleaux protecteurs installés juste sous les caisses, sur des traverses adaptées aux appuis tête de ligne.

Nos petits dessins, compléteront l'idée de ce système, qui, en dehors de son utilité pratique, se recommande encore par une certaine élégance.

Mine de houille. — Intérieur d'une galerie.

EXPLOITATION SOUTERRAINE

L'exploitation souterraine est la seule possible pour les matières qui gisent en filons ou en couches plus ou moins inclinées.

On est même presque toujours obligé d'y avoir recours pour les couches horizontales; et la plupart des exploitations commencées à ciel ouvert s'achèvent souterrainement, lorsque les carrières ont atteint une profondeur telle qu'il ne serait plus possible de maintenir les parois des excavations trop considérables, encore moins de monter économiquement à la surface les matières qu'il s'agit de mettre en valeur.

Avant de nous occuper des procédés d'extraction, qui varient selon la composition, la disposition et la puissance des gîtes, nous allons dire quelques mots des différents minerais, exploités souterrainement, qui se distinguent d'abord en deux classes :

Les minerais carbonifères qui fournissent le combustible, et les minerais métallifères qui sont la matière première des métaux.

MINERAIS CARBONIFÈRES

Les premiers comprennent les différentes espèces de houille, l'anthracite, le lignite et même le bitume ; bien que ce ne soit pas absolument un combustible.

La houille, comme tous les charbons fossiles, du reste, se compose essentiellement d'un élément fixe : le carbone, mélangé en proportions variables à trois éléments gazeux : l'hydrogène, l'oxygène et l'azote, d'où de nombreuses sortes de houilles qui se rencontrent quelquefois dans les mêmes bassins, voire dans les mêmes gisements et qu'on a classé selon leurs caractères généraux, en cinq catégories, savoir :

1° *Houilles maigres anthraciteuses*, qui brûlent sans flamme ou avec une flamme très courte; s'allumant assez difficilement elles ne donnent de bons résultats qu'employées en grandes masses, comme dans les briqueteries, verreries, fours à chaux, etc.

2° *Houilles demi-grasses*, dont la flamme assez courte mais blanche et non fuligineuse répand une légère odeur de goudron ; elles sont très recherchées pour le chauffage bourgeois.

3° *Houilles grasses maréchales*, qui brûlent avec une flamme assez longue et toujours fuligineuse. Ce sont celles qui produisent le plus de fumée et cette fumée répand une odeur de goudron très prononcée, aussi ne conviennent-elles bien que pour les forges depuis celles de l'artisan jusqu'à celles de grandes usines métallurgiques.

4° *Houilles grasses à longue flamme*, bonnes pour la grille, mais employées de préférence à la fabrication du gaz, non seulement parce que le gaz qu'elles produisent est le plus éclairant de tous, mais encore à cause de la qualité supérieure du coke qui en résulte.

5° Les *houilles maigres à longue flamme*, excellentes pour l'alimentation des chaudières à vapeur et en général des appareils qui ne demandent pas une température très élevée.

Les combustibles minéraux se rencontrent presque toujours par bancs ou couches superposées, séparées entre elles par d'autres couches soit de grès houiller, de schiste houiller ou de calcaire houiller. Ces couches, dont l'épaisseur est variable, sont quelquefois très nombreuses dans les mêmes localités. Ainsi à Valenciennes on en a reconnu onze; à Saint-Étienne, il y en a 13 ; à Aniche, 24; à Fimfkirchen, 25; dans les mines de Silésie, 35 ; à Newcastle, 40 ; à Sarrebruck, 77 ; à Charleroi, 80; en Westphalie, 90 et plus de 100 dans le bassin de Mons.

La houille n'est très répandue que dans l'hémisphère boréal. Les États-Unis d'Amérique en ont des gisements immenses, dont on évalue la surface à cent mille kilomètres carrés ; c'est-à-dire près de quatre fois plus qu'en Europe, où on la rencontre surtout en Angleterre, en Belgique, en France et en Prusse bien qu'il y ait quelques exploitations importantes en Russie, en Autriche et même en Espagne.

La grande Bretagne compte une vingtaine de bassins, dont les deux plus considérables sont celui de Newcastle ; qu'on peut considérer comme le berceau de l'industrie houillère, et qui a une longueur de 77 kilomètres sur 22 de large ; et celui du pays de Galles, long de 120 kilomètres sur une largeur moyenne de 60.

La Belgique, qui vient après, a cinq bassins : Mons, le Centre, Charleroi, Namur et Liège qui, en y regardant bien, n'en forment qu'un seul, se prolongeant à l'est jusqu'aux environs d'Aix-la-Chapelle et au midi dans nos départements du Nord et du Pas-de-Calais. Ce bassin houiller, le plus riche du continent, aurait alors une longueur de 400 kilomètres sur 10 à 15 de largeur.

La houille est exploitée en France dans 40 bassins mais tous d'une médiocre étendue, puisqu'ils sont repartis sur 30 départements. Le plus considérable est le bassin de Valenciennes (mines d'Anzin).

Viennent ensuite par ordre d'importance ceux : de Saint-Etienne et Rive-de-Gier (Loire et Rhône); d'Alais (Ardèche et Gard); de Commentry (Allier); du Creuzot et Blanzy (Saône-et-Loire); d'Aubin et Decazeville (Aveyron); d'Ahun (Creuse); de Graissessac (Hérault); de Carmaux (Tarn); de Ronchamps et Champagney (Haute-Saône); de Brassac (Puy-de-Dôme et Haute-Loire); de Saint-Eloy (Puy-de-Dôme); d'Epinac et Autun (Saône-et-Loire); de Decize (Nièvre), etc.

La Prusse compte trois bassins houillers considérables : celui de la Rurh, ou de Westphalie, qui n'est que le prolongement de la zone houillère de Belgique; celui de la Haute-Silésie, qui prend une importance exceptionnelle de sa situation relativement orientale; et celui de Sarrebruck, dans la vallée de la Sarre, qui a une superficie de près de 3,000 kilomètres carrés.

En Asie, la houille n'est encore exploitée qu'en Chine, au Japon et dans le Bengale.

En Afrique, on n'en connaît qu'un seul gisement, dans la colonie de Natal, de même qu'en Océanie, où le seul bassin houiller est dans la Nouvelle-Galles du Sud (Australie).

L'*anthracite*, qu'on appelle quelquefois houille éclatante à cause de son éclat métalloïde, est un carbone presque pur (95 pour cent sur 2,55 d'hydrogène et 2,45 d'oxygène et d'azote) qu'on rencontre soit en amas très irréguliers, soit en couches peu épaisses mélangées avec des couches de schiste, de grès, ou de calcaire houiller.

Il n'est guère commun qu'en Amérique, où il gît dans les houillères, à ce point que presque toutes les mines des États-Unis produisent des houilles plus ou moins anthraciteuses.

En Europe, les principales exploitations sont dans le pays de Galles (Angleterre), en Saxe, en Bohême, et en France dans les départements de la Mayenne, de la Sarthe, de Maine-et-Loire, de l'Isère et de la Savoie.

Le *lignite*, qui, comme son nom l'indique, est la décomposition plus ou moins parfaite de tiges de végétaux et même de bois, ce qui fait qu'il prend plusieurs noms :

Lignite fibreux, dans lequel il est souvent facile de reconnaître encore des fragments de troncs, de branches ou de racines qui le composent.

Lignite terreux, composé d'un mélange de charbon et de matières terreuses.

Lignite parfait, qui est un charbon d'un beau noir luisant et souvent assez dur pour pouvoir être travaillé ou poli; dans ce cas, il devient le *jais* ou *jayet*.

Celui-là est le plus rare de tous; car on ne le trouve guère qu'en Espagne, dans le comté de Sussex, en Angleterre, et à Sainte-Colombe-sur-l'Hers, dans le département de l'Aude; tandis que les autres lignites se rencontrent assez communément, en Allemagne, en Angleterre, en Russie, en Italie, dans l'Asie, dans l'Amérique du Nord, en Tasmanie et à la Nouvelle-Zélande sans compter la France, où on l'exploite dans 14 départements et notamment dans les Bouches-du-Rhône, le Gard, la Haute-Saône, les Basses-Alpes, les Vosges, le Vaucluse, la Haute-Savoie et les Hautes-Pyrénées.

Notons en passant que dans la plupart des cas, le lignite s'exploite à ciel ouvert, comme les terres alumineuses dont il fait d'ailleurs partie, lorsque, à l'état terreux, il renferme des pyrites de fer; ce qui fait que, en certains pays, on l'emploie pour la fabrication de l'alun et de la couperose verte, comme dans d'autres on en fait une couleur brune, connue sous les noms de terre d'ombre, terre de Cologne, terre de Cassel.

Le bitume ou plutôt les bitumes, car il y en a de nombreuses variétés, sont essentiellement composés de carbone et d'hydrogène, quelques-uns contiennent aussi de l'oxygène, mais dans tous, en somme, se trouve un corps solide très carburé, mélangé au carbone avec des huiles qui se volatilisent à l'air.

D'où il y a des bitumes solides, visqueux, ou liquides.

La science appelle les premiers *asphaltes*, les seconds *malthe* ou *pissalphate*, et les troisièmes *pétrole* : il est vrai que l'industrie, gardant le nom de bitume pour désigner le principe des matières bitumineuses, ne donne le nom d'asphalte qu'aux sables quar-

Mines d'argent de Potosi. (Bolivie.)

tzeux, qu'aux roches calcaires ou schisteuses, imprégnées de bitume et qui s'exploitent principalement au Val-Travers, près de Neuchâtel, en Suisse ; et à Seyssel, dans le département de l'Ain.

Quant au bitume proprement dit, il se rencontre de différentes façons, quelquefois à l'état pur, comme en Judée où il surnage sur les eaux de la Mer-Morte, qu'on appelle à cause de cela lac Asphaltite.

Quelquefois, comme à l'île de la Trinité (aux Antilles), sur le fond d'anciens lacs desséchés, en masses solidifiées par l'évaporation des huiles.

Et quelquefois encore, comme aux environs de Montpellier et de Clermont-Ferrand, en gouttes visqueuses qui s'échappent des rochers.

Le pétrole, qui s'exploite d'une façon spéciale, puisqu'en certains pays, notamment l'île de Zante, la Sicile, les environs de Bakon en Russie, il s'échappe naturellement du sol pour former des sources où l'on n'a que la peine de le puiser; est surtout abondant dans l'Amérique du Nord, puisque les deux tiers du pétrole du commerce proviennent de la Pensylvanie, de la Virginie occidentale et de la vallée d'Enniskillen dans le haut Canada.

Là, il gît sous terre à des profondeurs

Mines de sel de Bochnia. (Chambre de l'empereur François.)

plus ou moins grandes, et on l'exploite en forant des puits, qui sont presque toujours jaillissants d'abord, mais dans lesquels il suffit d'installer des pompes pour faire monter le pétrole à la surface du sol, où des tonneaux le reçoivent au sortir de la pompe.

La seule difficulté consiste dans le forage des puits, qui atteignent quelquefois jusqu'à 200 mètres de profondeur; mais, comme nous avons déjà décrit cette opération, nous n'y reviendrons pas.

MINERAIS MÉTALLIFÈRES

Les minerais métallifères qui s'exploitent en mines proprement dites, sont, outre le fer, l'or, le platine et autres métaux dont nous avons déjà parlé; parce que, si on les rencontre quelquefois en filons, ils se trouvent plus communément dans les sables et terrains d'alluvion.

L'argent, le cuivre, l'étain, le plomb, le zinc, le mercure, l'antimoine, le nickel, le cobalt, le bismuth et l'arsenic.

L'argent se trouve : soit à l'état natif; soit en combinaison avec le chlore, le soufre, l'iode, le brôme, l'antimoine, l'arsenic, le sélénium, le tellure et le mercure; soit encore mélangé, mais en très petites quantités, à des minerais de cuivre et de plomb, qu'on appelle alors argentifères.

Il s'ensuit des noms divers donnés aux minerais exploités.

L'*argent natif* se rencontre presque toujours dans des gîtes étrangers, soit en petits cristaux, en dendrites, en filaments qui pénètrent des matières pierreuses, soit disséminé en parcelles imperceptibles dans des argiles ferrugineuses qu'on appelle *colorados* au Mexique, *pacas* au Pérou et *terres rouges* en France.

Quelquefois cependant il gît seul et en masses assez considérables, comme à Kongsberg, en Norwège et dans quelques mines du Haut-Pérou, de Sibérie, de Saxe et du Hanovre, où on le trouve en pépites et en blocs plus ou moins gros.

On en a extrait, on en extrait encore dans les mines de Potosi, au Pérou, et de Kongsberg, qui pèsent jusqu'à 100 kilogrammes, quelquefois plus. A la vérité, on ne trouve plus de blocs comme celui de 100 quintaux, tiré au xve siècle d'une mine des environs de Schneeberg (Saxe), car le plus remarquable de notre siècle, qui fut extrait de la mine de Kongsberg en 1834, ne pesait que 7 quintaux.

L'*argent sulfuré* ou *argyrose*, que les mineurs appellent *argent noir* à cause de sa couleur, est le minerai qui fournit la plus grande partie de l'argent livré au commerce; à l'état le plus pur, il contient 86 parties et demie d'argent sur 13 et demie de soufre. Les exploitations les plus considérables sont celles de Guanaxato et de Zacatecas au Mexique, de Marienberg, Freyberg, Annaberg, et Schneeber en Saxe, de Potosi au Pérou, de Kongsberg en Norwège, de Joachimsthal en Bohême et de Schemnitz et Kremnitz en Hongrie.

L'*argent chloruré* ou *kerargyrite*, qu'on appelle aussi *argent corné* à cause de son aspect qui rappelle la corne, contient 76 pour cent d'argent et 24 de chlore, il se trouve surtout dans les mines de Zacatecas et Catorce, au Mexique; de Pasco et Huantahaja au Pérou; et de Chanarcillo, Huasco et Arqueros au Chili.

Les autres combinaisons de l'argent, comme *l'argent antimonial*, *l'argent arsénical*, *l'argent antimonié sulfuré*, *l'argent sulfuré arsénié*, sont en quelque sorte accidentelles, et les minerais de ces natures sont assez rares. On trouve cependant à Guadacanal, dans l'Estramadure, un gisement assez considérable d'argent arsénical, et à Freyberg en Saxe, de l'argent antimonié sulfuré, en quantité assez notable pour former la presque totalité du gîte.

Quant aux minerais qui contiennent l'argent en petite quantité et qu'on appelle complexes, parce que leurs gangues sont des matières utiles, il n'y en a que trois qui sont exploités comme minerais d'argent.

Ce sont d'abord :

Le *cuivre gris*, qu'on appelle aussi *argent gris*, parce qu'il renferme jusqu'à dix et même quelquefois 15 pour cent d'argent; on le trouve en abondance dans les mines de la Saxe, de la Hongrie et de la Transylvanie.

La *galène* (plomb sulfuré) qui est presque toujours argentifère; il est vrai que la proportion d'argent ne dépasse presque jamais trois pour cent et qu'elle est souvent moindre.

Malgré cette pauvreté, qui n'est qu'apparente eu égard à la valeur intrinsèque de l'argent, la galène est traitée comme minerai d'argent, partout où l'on exploite le plomb, et en France notamment, à Poullaouen et Huelgoat (Finistère) à Pontgibaud (Puy-de-Dôme), à Villefort et Vialas (Lozère), à Pompéan (Ille-et-Vilaine), etc., etc.

Et le *mispickel*, autrement dit fer *arsénieux* ou *pépite arsenicale*. Cette matière contient rarement plus d'un pour cent d'argent, ce qui ne l'empêche pas d'être traitée comme minerai : en Saxe, en Hanovre et dans les autres contrées de l'Allemagne où on la trouve en notables quantités.

Le cuivre se trouve, soit à l'état natif, soit en parties plus ou moins considérables dans vingt-trois minerais différents, mais on n'en exploite que sept.

Le *Cuivre natif* se rencontre en grains isolés, ou en lamelles d'épaisseurs variables, dans presque tous les gîtes cuprifères, il a cependant des gisements spéciaux, où il se trouve en masses considérables, notamment à Corocaro, dans la Bolivie, et surtout dans l'État de Michigan, dans l'Amérique du Nord, où une seule mine produit annuellement près de trois mille tonnes de métal.

Le *Cuivre pyriteux*, le plus répandu de tous, puisqu'il fournit au commerce les deux tiers de la consommation, est un composé d'environ 35 parties de cuivre, 35 de soufre et 30 de fer, les mineurs l'appellent *Cuivre jaune* à cause de sa couleur.

On le rencontre tantôt en filons, en veines, en veinules, tantôt en amas, ou en rognons, mais presque toujours accompagné d'autres minerais de cuivre, de plomb, de fer ou de zinc.

Les exploitations les plus considérables sont au Chili, où l'on compte plus de 1,600 mines occupant 20,000 ouvriers, dans les comtés de Cornouailles et de Devon en Angleterre; en Norwège (mines de Loraas), en Suède (mines de Fahlun, Garpenberg, et Nya-Kopparberg), en Hanovre (mines du Rammelsberg), en Saxe (mines de Kurprinz, près de Freiberg), en Italie (à Monte Catini, près de Volterra) et dans la Russie ouralienne.

En France, il y a quelques gisements, notamment à Chessy, à Sainbel (Rhône), à Baigorry (Basses-Pyrénées), et à Langeac (Haute Loire), mais ils ne sont pas assez puissants pour être exploités avantageusement.

Le *Cuivre sulfuré*, appelé aussi *chatcoome* est une combinaison de cuivre (au maximum 79 pour cent) avec du soufre. On le trouve presque toujours mélangé avec des sulfures d'argent, en quantités considérables dans l'Oural et dans l'Altaï, en Russie, et moins abondamment, en Hongrie, en Saxe et dans le comté de Cornouailles. La couleur de ce minerai est d'un gris plus ou moins noirâtre.

Le *Cuivre panaché*, ainsi nommé à cause des plaques rouges ou bleues qui panachent le plus souvent sa couleur jaune bronze violacé, mais qu'on appelle aussi *phillipsite*, est un sulfure de cuivre et de fer, dans lequel le cuivre domine (60 pour cent).

On le rencontre dans presque tous les gîtes cuprifères de Suède, du Cornouailles et du Chili, mais il n'est exploité spécialement qu'au Monte Catini, en Toscane.

Le *Cuivre oxydulé*, minerai rouge, teinté de gris, est un composé de 88 parties 1/2 de cuivre et de 11 1/2 d'oxygène, qui se trouve dans beaucoup de gîtes cuprifères, mais qui n'est assez abondant pour donner lieu à une exploitation spéciale que dans quelques mines du comté de Cornouailles.

Le *Cuivre gris*, dont nous avons déjà parlé, et qui s'exploite comme minerai d'argent. Les gisements les plus considérables qu'on en connaisse sont en Algérie; au col de Mouzaïa.

Le *Cuivre carbonaté bleu*, qu'on appelle *azurite*, n'a point d'exploitation spéciale parce qu'on ne le rencontre que dans les filons cuprifères ; on en pourrait tirer 55 pour cent de cuivre mais on se garde bien de l'extraire des cristaux d'un certain volume, car il a bien plus de valeur comme pierre fine.

C'est aussi le cas du *Cuivre carbonaté vert*, qui n'est autre que la *malachite*, mais qui a cependant des gisements spéciaux, très rares, il est vrai, puisqu'on n'en a encore trouvé qu'en Sibérie et au Sénégal.

L'étain n'existe pour ainsi dire pas à l'état natif (on ne l'a rencontré en fragments qu'en Bolivie et à la Guyane française) :

Extraction du pétrole. — Puits Woodford et Philipp (Pensylvanie).

il provient d'un seul minerai, le *Cassitérite* composé de 78 parties d'étain et de 22 d'oxygène, dont la couleur varie depuis le brun rougeâtre jusqu'au gris clair en passant par la gamme des rouges et des jaunes, selon la nature des gîtes où on le rencontre ; car il y a l'étain de roche provenant de filons, de veines, ou de veinules et l'étain d'alluvion qu'on trouve en grains dans certains sables et terrains de transport.

Les mines d'étain ne sont pas nombreuses, bien que le minerai ne soit pas rare, mais il se présente toujours, comme en France, dans la Loire-Inférieure, le Morbihan, la Haute-Vienne et la Creuse, en quantités trop minimes pour être exploitées avantageusement.

Les plus abondantes sont aux Indes, dans la presqu'île de Malacca, et dans les îles de Jeng, Ceylan et de Banda, mais les plus célèbres sont celles de Cornouailles qui s'étendent en certains endroits jusque sous la mer.

Mines du cap Lend Shen en Cornouailles. — Cuivre et étain.

En deuxième ligne, citons les mines de Suède, de la Saxe, de la Bohême et des districts mexicains de Zacatécas et de Guanaxato.

Le plomb s'extrait presque en totalité (99 pour cent de la consommation) de la *galène*, plomb sulfuré, qui ne contient que 15 pour cent de soufre; mais il se trouve néanmoins dans trois autres minerais. Le plomb *carbonaté* ou plomb blanc, qui est la céruse naturelle, le plomb *phosphaté* ou plomb vert, et le plomb *sulfaté* qu'on ne rencontre, du reste, que dans les gîtes de galène, à l'exception pourtant de ce dernier qui est dominant dans la mine de Berncastel (vallée de la Meuse).

Quant à la galène, qui est presque toujours argentifère, ce qui ne l'empêche pas d'être accompagnée de blende, de pyrites de fer, de sulfate de cuivre, de fer arsenical et autres minerais, elle se trouve en abondance en Angleterre, en Espagne, en Prusse, en Silésie, dans le Harz, la Saxe, la Hongrie, la Bohême, la Carinthie, les États-Unis, l'Amérique du Sud, et en France, notamment à Poullaouen et Huelgoat (Finistère), à Pontgibaud (Puy-de-Dôme), à Vialas et Villefort (Lozère); mais les gisements les plus riches sont en Suède, où l'on cite surtout les mines de Kongsberg et de Sala.

Le zinc provient de deux minerais : la *calamine* ou zinc carbonaté (64 pour cent), *blende* ou zinc sulfuré (66 pour cent); il y a bien encore le *zinc silicaté* qui se rencontre presque toujours dans les gisements de calamine, mais cette matière étant irréductible par le charbon et les moyens connus, elle est considérée comme gangue sans valeur, malgré qu'elle renferme quelquefois jusqu'à 55 pour cent de zinc.

La *calamine*, qui fournit plus des quatre cinquièmes de la production du zinc, est presque toujours associée avec du carbonate de magnésie, de fer ou de manganèse (ce qui fait qu'elle est plus ou moins blanche ou jaunâtre). On la rencontre quelquefois en filons, mais plus souvent en couches ou en amas, notamment dans la vallée de la Meuse, (mines de la Vieille-Montagne et de la Nouvelle-Montagne), dans la Prusse, entre Reuthen et Tarnowitz (mines de Haute-Silésie), en Westphalie, près d'Iserlohn, en Espagne, à Santander, puis en Suède, en Italie, dans la Pologne russe, et en France aux environs de Figeac (Lot), d'Alais (Gard), et de Seintein (Ariège).

La *blende* est un minerai assez commun dans les autres gîtes métallifères, ce qui fait que sa couleur varie du jaune verdâtre au rouge et même au noir, selon les matières auxquelles elle est associée, mais souvent trop disséminée pour être exploitée.

Elle a cependant des gisements spéciaux notamment en Suède, près d'Askersund, en Angleterre, dans l'île de Man, et dans quelques comtés méridionaux, et en France à Pompéan (Ille-et-Vilaine) et à Pierrefitte (Hautes-Pyrénées).

Elle est exploitée plus généralement avec la calamine, qu'elle accompagne presque toujours dans ses gîtes.

Le mercure, l'un des métaux les plus rares, se rencontre soit à l'état natif, soit en combinaisons avec le chlore, l'argent, l'iode et le sélénium, mais toujours en quantités trop minimes pour être exploité et on ne peut l'extraire avantageusement que du minerai qu'on appelle le *cinabre* et qui est sa combinaison, à 86 pour cent, avec le soufre.

Le *cinabre* se rencontre : soit en filons ou en amas, dans les terrains sedimentaires : soit en parcelles et accompagné alors de pyrites de fer ou de cuivre, dans des schistes argilobitumineux ou dans des calcaires compactes. Sa couleur est le rouge cochenille, diversement nuancé.

On en trouve en France, à la Mure et à Allemont dans l'Isère, aussi bien qu'à Menildot dans la Manche et sur plusieurs points de l'Algérie, mais en trop petites quantités pour être exploitable : les vraies mines sont en Espagne, à Almadén et à Mières, près d'Oviedo, en Carniole, à Idria dans la Bavière Rhépane à Moschel-Lansberg, et en Californie, mines de New-Almaden, de New-Idria, d'Enriquetta et de Redington.

Il y a bien aussi des exploitations en Toscane, en Vénétie, en Hongrie, en

Westphalie, en Styrie, en Carinthie, en Bohême, au Chili et au Pérou, mais elles sont relativement peu importantes.

Quant au mercure natif il se présente en gouttelettes dans tous les gisements de cinabre, dont il paraît être le produit de la décomposition.

L'antimoine est extrait de deux minerais quoique beaucoup d'autres en contiennent : l'*antimoine sulfuré*, ou stibine, qui en contient 72 pour cent, sur 28 de soufre ; et l'*antimoine oxydé*, qui ne renferme que 16 parties d'oxygène.

La *stibine*, d'un gris bleuâtre avec un éclat métallique assez vif, est exploitée en France dans le Cantal, le Puy-de-Dôme, la Lozère, la Haute-Loire, le Gard, l'Ardèche ; on en trouve aussi en Corse et en Algérie, en Toscane où les gisements de Pereta et de Monte-Cavallo sont en réputation, en Saxe, dans le Harz, en Bohême, en Hongrie, en Sibérie, mais surtout dans l'Ile de Bornéo, qui fournit tout l'antimoine consommé en Angleterre et aux Pays-Bas.

L'*antimoine oxydé*, ou antimoine blanc, se trouve aux affleurements de presque tous les filons de stibine, mais très rarement dans des gîtes spéciaux, on n'en connaît encore que dans la province de Constantine, où la mine de Sauza a été ouverte il y a une quinzaine d'années.

Le *nickel* a des minerais peu nombreux et surtout peu abondants, un seul même est exploité, c'est le *nickel arsenical*, qu'on appelle indifféremment *nickeline rouge*, à cause de sa couleur, ou *kupfernickel*, bien qu'il ne contienne pas du tout de cuivre, puisqu'il est composé de 44 pour cent de nickel et 56 d'arsenic.

Encore ne le rencontre-t-on qu'en petites quantités dans certains filons métallifères comme à Freyberg, Annaberg et Schneeberg, en Saxe, à Bieberg et Riechelsdorf en Hesse Cassel, à Andreasberg dans le Hartz, à Wolfach et à Wittichen, dans le grand duché de Bade, et en France, à Challanches (Isère).

Mais, on extrait aussi le nickel du commerce de certaines pyrites de fer magnétique qu'on appelle *pyrrhotines* et d'une substance décomposée connue sous le nom de *speiss*.

Les *pyrrhotines*, qui sont en somme des minerais contenant jusqu'à 5 pour cent de nickel, ont des gisements particuliers, notamment à Varablo (Piémont), à Dillembourg, dans l'ancien duché de Nassau, dans certaines mines de l'Ecosse et de la Suède, et à la Gap Mine aux États-Unis (Pensylvanie).

Quant au *speiss*, c'est tout simplement le résidu obtenu par le traitement des minerais de cobalt, qui sont toujours plus ou moins nickellifères.

Le cobalt, connu seulement depuis cent cinquante ans, n'a que deux minerais exploitables, bien qu'il se trouve souvent mélangé avec les minerais nickellifères, cuprifères ou argentifères : ce sont le *cobalt arsenical*, qui contient 28 pour cent de cobalt sur 72 d'arsenic, et le *cobalt gris*, composé de 35 parties de cobalt, 45 d'arsenic et 20 de soufre, ceci soit dit pour l'état le plus pur, car il arrive, dans l'un ou l'autre cas, qu'une portion du cobalt est remplacée par du fer ou du nickel.

Le *cobalt arsenical*, qu'on appelle aussi *smaltine*, est le plus abondant, on le trouve surtout à Schneeberg et à Annaberg, en Saxe, à Riechelsdorf et à Bieberg, en Hesse Cassel.

Le *cobalt gris*, ou cobalt éclatant, n'a guère d'exploitations connues qu'en Suède, à Tunaberg, Hakambo et Riddarhytsan, et en Norwège, à Skutterud.

Le bismuth, n'a qu'un seul minerai exploitable, le bismuth natif qui n'est jamais pur, puisqu'il est presque toujours associé à l'arsenic ou disséminé dans des filons de cobalt, de nickel, ou de plomb argentifère. Ses gîtes les plus importants sont à Bieber dans le Hanau, à Bisberg et à Bastnaes, en Suède, à Schneeberg en Saxe, à Joachimsthal, en Bohême, et à Wittichen, en Souabe.

L'arsenic n'a pas à proprement dire de gisements spéciaux, puisque, comme nous l'avons vu, il est presque toujours en combinaison avec d'autres matières métallifères, on le trouve abondamment, mais sous des apparences diverses, dans les filons de galène, de cuivre gris, d'antimoine, de cobalt et de

Mines de sel de Bochnia. — (Chambre Rosetti.)

nickel, de la Saxe, de la Silésie, de la Bohême, de l'Autriche, du Harz et de l'Angleterre.

Les minerais exploités sont au nombre de quatre :

L'arsenic oxydé, qu'on appelle aussi *acide arsenieux,* le moins commun mais le plus riche de tous, puisqu'il contient 75 pour cent d'arsenic et 25 d'oxygène.

L'*arsenic sulfureux rouge*, communément appelé rubine d'arsenic, ou orpin rouge ; il est composé de 69 parties d'arsenic et de 31 de soufre.

L'*acide sulfuré jaune*, orpiment ou orpin,

qui renferme 62 pour cent d'arsenic et 38 de soufre.

Et le *mispickel* ou fer arsenical, qui est composé de 44 parties d'arsenic, 35 de fer et 21 de soufre.

A tous ces minéraux il convient d'ajouter le sel, bien qu'il ne soit ni carbonifère, ni métallifère, mais parcequ'il s'exploite souterrainement par les mêmes procédés que la houille.

Division des couches pour l'exploitation.

Nous ne parlons naturellement ici que du sel gemme, qu'on appelle aussi *sel en roche* ou *sel en mine*, car le sel marin existant à l'état de dissolution dans les eaux de l'Océan et dans les eaux de certaines sources, demande une exploitation différente qui n'appartient point du reste à l'industrie minière.

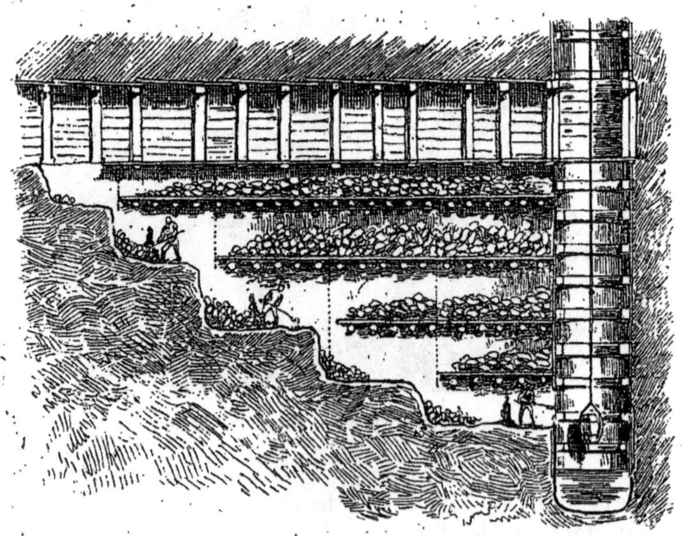

Exploitation par gradins droits.

Le sel gemme se trouve à l'état solide dans les terrains sédimentaires, soit en amas couchés dans le sens des stratifications, soit en amas, qu'on appelle *coupants* parce qu'ils s'étendent transversalement dans les couches où ils gisent, de façon à passer de l'une dans l'autre.

Il y a des mines de sel à peu près dans toutes les parties du monde ; en France neuf gisements sont exploités : dans le Jura, la Haute-Saône, l'Ariège, les Basses-Pyrénées, et la Meurthe-et-Moselle, ce dernier est le plus puissant de tous, puisqu'il alimente deux mines célèbres : celle de Vic et celle de Dieuze.

Il y en a de plus importantes encore en Espagne et en Angleterre; les mines de Cordona dans la Catalogne, dont la curiosité est une montagne de sel de plusieurs centaines de mètres de hauteur, et les mines de Northwich, près de Liverpool, qui sont groupées sur une étendue approximative de 8 kilomètres de diamètre.

Mais les plus considérables de toutes, puisqu'elles occupent une longueur souterraine de cent myriamètres sur une vingtaine de large, sont celles de Wieliczka et de Bochnia dans la Pologne autrichienne, non loin de Cracovie.

Ce sont d'ailleurs les merveilles du monde souterrain.

Dans une de nos gravures hors texte nous avons donné une idée de l'ensemble des mines de Wieliczka, nous mettrons ici sous les yeux de nos lecteurs quelques détails pittoresques des mines de Bochnia, qui sont vantées par les touristes comme une curiosité de premier ordre.

Les salles les plus remarquables parmi celles où l'on n'exploite plus le sel sont : le vestibule de la chapelle Saint-Antoine, orné des statues colossales des quatre évangélistes, taillées à même dans le roc.

La chapelle Saint-Antoine, sculptée toujours dans le roc, avec colonnes, statues, autels dans le style hébraïque.

La chambre Drozdowicz, irrégulière et rocailleuse, mais dont les stalactites salines produisent des effets surprenants à la lueur des torches.

La chambre de l'Empereur, où deux inscriptions indiquent la visite de l'empereur François Ier et de l'impératrice Caroline-Augustine.

La salle de bal, qui a gardé ce nom d'un bal qui y fut offert, en 1852, à l'empereur François-Joseph.

La chambre Clément, ornée d'une pyramide commémorative de la visite de l'empereur François Ier et sa femme le 3 juillet 1817, et bien d'autres encore qui sont d'autant plus curieuses qu'elles ont pour sol le lac dont l'épuisement complet serait impossible ; puisqu'il a plus de vingt mètres de profondeur.

On l'utilise du reste pour le transport des ouvriers et surtout des touristes qui le traversent au moyen d'un bac.

Mais cette merveille nous éloigne de notre sujet, revenons-y, en nous occupant des divers procédés d'exploitation souterraine.

PROCÉDÉS D'EXPLOITATION SOUTERRAINE

Nous avons dit déjà que les procédés d'exploitation variaient selon la disposition des gîtes, mais tous comportent le forage des puits verticaux ou inclinés, et le percement de galeries, soit d'allongement, soit à travers bancs.

Ainsi, un gîte qui affleure à la surface peut être attaqué : soit par la crête, en pénétrant dans sa masse par un puits incliné qui en suit les inflexions ; soit plus profondément à l'aide d'un puits vertical et d'une galerie d'allongement, à laquelle on donne presque toujours une parallèle un peu plus bas.

Si le gîte est placé en plaine à une certaine profondeur, il n'y a qu'un moyen de l'atteindre, le puits vertical et les galeries.

Ces travaux, ou du moins leur commencement a déjà été fait pour la recherche des gîtes, il n'y a plus qu'à les continuer en les perfectionnant, et à les multiplier autant que la surface exploitable l'exige, de façon à se procurer les voies nécessaires non seulement à l'abattage, mais encore à l'aérage, à l'asséchement et au roulage.

Il y a pour cela des règles générales que nous allons emprunter à M. Burat.

1° Attaquer le gîte aussi profondément que possible, afin que les voies établies pour le service restent toujours dans le ferme, et qu'elles aient par l'importance des massifs dont elles sont appelées à desservir l'exploitation, une durée qui compense les frais de leur établissement.

« 2° Diviser le gîte en massifs isolés par des puits, des montages ou des galeries, de telle sorte que l'exploitation ait toujours à sa disposition un nombre suffisant de ces massifs dégagés sur deux faces.

« 3° Disposer les ateliers de manière qu'ils soient aussi rapprochés que possible, afin de rendre la surveillance, l'éclairage, le roulage, etc., plus économiques; de n'avoir pas trop de travaux à entretenir à la fois, et de pouvoir abandonner et isoler les champs d'exploitation dès qu'ils se trouvent épuisés.

« 4° Diriger toutes les eaux sur des points de rassemblement où leur épuisement soit assuré. »

Mais ces règles sont appliquées de différentes façons selon la puissance et l'allure des gîtes, d'où les méthodes diverses dont nous allons parler et qui se réduisent à ceci :

Pour les gîtes d'une puissance inférieure à trois mètres et dont l'inclinaison varie entre la ligne verticale et 45 degrés : par gradins droits, par gradins renversés et par dépilages.

Pour les couches de moins de trois mètres de puissance et dont l'inclinaison est entre 45 degrés et la ligne horizontale : par gradins couchés, par grandes tailles, par galeries et piliers, par massifs longs et par massifs courts.

Pour les couches supérieures à trois mètres de puissance, quelle que soit d'ailleurs leur inclinaison : par ouvrages en travers, par galeries et piliers, par éboulements et par remblais.

EXPLOITATION PAR GRADINS DROITS

La méthode par gradins droits, adoptée dans beaucoup de cas pour l'exploitation des gîtes métallifères, n'est point employée dans les mines de houille par la raison que les ouvriers placés sur le minerai même pour l'abattage et le transport, altéreraient sa qualité d'une manière notable et rendraient impossible le triage intérieur, qui a pour but d'économiser la main d'œuvre en ne montant à l'orifice que des matières utiles.

On commence d'abord par diviser le gîte en massifs réguliers, au moyen de galeries qui se croisent à angle droit et qu'on allongera au fur et à mesure de l'avancement des travaux.

Chacun de ces massifs est ensuite divisé en parallélipipèdes de 2 mètres de hauteur sur 4 mètres de longueur, qui sont successivement abattus en commençant par l'un des angles du haut, de façon à donner à l'ensemble de l'atelier la disposition d'un escalier.

Non pas d'une façon très régulière, car pour donner aux gradins une longueur qui peut atteindre jusqu'à quinze mètres, même dans des couches peu puissantes, il est facile de comprendre que la direction des arêtes ne soit pas toujours perpendiculaire aux faces du toit et du mur; elle prend une certaine obliquité, suivant la longueur que l'on veut donner au front de taille.

L'opération s'explique d'elle-même ; pour la mener à bonne fin, on fait avancer plusieurs ouvriers ensemble en les faisant commencer à des intervalles différents, mais calculés de façon que le premier placé en haut, ait le temps de prendre une certaine avance avant que le second entame un gradin immédiatement inférieur, et ainsi de suite pour les autres, qui ont tous, du reste, à leur droite et à leur gauche, le mur et le toit du gisement.

A mesure que l'abattage avance, on boise

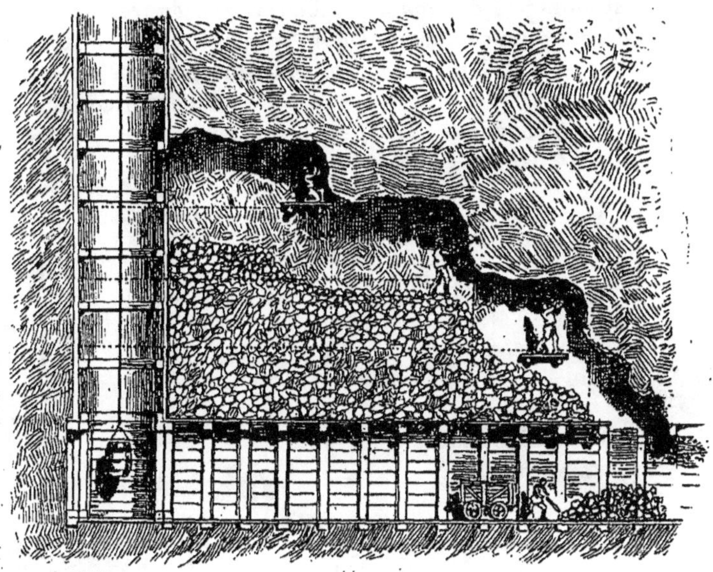

Exploitation par gradins renversés.

le vide, qui en est la conséquence, avec des étais appuyés du toit au mur et qui sont solidement calés, au moyen de coins, dans les entailles pratiquées pour cela dans la roche.

Sur ces traverses on pose des planchers, et c'est sur ces planchers que les ouvriers jettent le minerai au fur et à mesure de son extraction et qu'ils lui font subir, à la

Exploitation par gradins couchés. — (Travail à col tordu.)

main et au marteau, un premier triage pour débarrasser les matières utiles de la plus grande partie des gangues.

Ces gangues sont mises de côté pour former le remblai qui soutiendra les parois de l'excavation que l'on pousse quelquefois assez avant, et à travers laquelle on ménage, s'il est nécessaire, une voie de roulage pour porter les déblais utiles à l'extrémité du gradin.

Le minerai trié, est alors jeté de gradin en gradin, jusqu'au dernier, qui communique avec le puits par lequel il sera monté à l'orifice.

Ce système a son côté économique : l'avantage de ne point nécessiter de galerie inférieure aux derniers massifs exploités, mais il a aussi des inconvénients, le transport du minerai, de gradin en gradin, qui multiplie le travail du treuil de montage, et, ce qui est plus grave, quand il s'agit de minerais précieux, la difficulté du triage à cause du piétinement continuel des ouvriers sur les planchers.

Exploitation par dépilage.

Aussi, dans beaucoup d'exploitations lui préfère-t-on la méthode par gradins renversés.

EXPLOITATION PAR GRADINS RENVERSÉS

Cette méthode part du même principe que la précédente; seulement, au lieu de donner au chantier la disposition d'un dessus d'escalier, on lui donne celle du dessous.

Les gradins sont de même dimension; seulement, au lieu de servir de planchers aux ouvriers, ils surplombent sur leur tête, ce qui leur donne peut-être plus de fatigue, mais facilite singulièrement l'abatage et diminue de beaucoup la dépense du boisage, car il n'en faut plus que pour construire les planchers volants sur lesquels se tiennent les mineurs, lorsque les déblais ne sont pas encore suffisants pour qu'ils soient, en montant dessus, au niveau du front d'attaque.

Les matières abattues tombent naturellement sur le plan incliné, formé par le remblai, et glissent, une fois triées, jusque dans la galerie, où on les charge sur des wagonnets pour les conduire aux bennes.

S'il s'agit d'un minerai précieux, on en facilite le premier triage, en étendant sur les déblais une toile ou un plancher provisoire, qui reçoivent les produits de l'abatage et empêchent les plus petits fragments de se perdre dans les gangues.

Cette méthode est employée dans certaines houillères avec quelques modifications.

Ainsi, on donne aux gradins jusqu'à 10 et 14 mètres de front, ce qui facilite l'abatage en grands morceaux, à moins pourtant que la houille exploitée ne laisse dégager une grande quantité de grisou, auquel cas il faut faire les gradins plus petits, l'air circulant d'autant mieux que l'excavation est moins grande.

Chaque massif doit être isolé entre deux galeries horizontales traversées par les puits d'extraction, de façon que la supérieure serve de voie d'aérage, et l'inférieure de voie de roulage; on y installe à cet effet un petit chemin de fer avec rails et croisements à plaques tournantes, si comme il arrive presque toujours, cette voie doit se relier avec celles des autres galeries de la mine.

Le massif ainsi isolé, on découpe les gradins de façon à donner au profil de la taille la forme qu'il doit conserver, en avançant, car l'exploitation, une fois organisée, peut être poussée en direction jusqu'à cinq cents et même mille mètres, si l'on ne rencontre pas dans la couche d'accidents qui viennent arrêter le travail.

La taille est sectionnée par fronts de 3 à 4 mètres dont chacun est confié à un ouvrier, et elles sont calculées de façon que sans quitter son poste de travail chaque homme puisse avancer d'un mètre.

Ce travail se compose, nous l'avons déjà dit, de deux actions distinctes : le *havage*, c'est-à-dire le creusement d'entailles parallèles à la stratification, qui permettent d'abattre la houille par grandes masses, et l'*abatage* qui n'a plus besoin d'explication après tout ce que nous avons dit des procédés anciens et modernes.

Généralement ce sont les mêmes ouvriers qui havent, abattent et boisent leurs chantiers. On leur adjoint, quand on veut accélérer le travail, de *beuteurs* et des *serveurs* qui déblayent le charbon abattu et amènent les bois qui doivent servir au soutènement de la partie supérieure de la couche.

De plus, dans toutes les exploitations bien entendues, il y a aussi des *remblayeurs* et des *reculeurs*, qui font le travail en arrière du chantier, c'est-à-dire remblayent, soit par le tassement des matériaux, soit par la construction de murs en pierre sèche, les parties exploitées en ménageant dans leur travail, des galeries pratiquées d'après le tracé général de l'exploitation.

Il va de soi qu'en même temps que le massif se creuse, les galeries qui le desservent se prolongent, il faut donc dans chacune de ces galeries d'autres travailleurs qui prennent les noms de bosseyeurs, ou de coupeurs de murs, selon qu'ils sont employés au boisage, à la confection des voies ou à la construction des murs latéraux, qu'ils élèvent généralement avec les pierres les plus grosses que peut leur fournir l'atelier.

On conçoit, du reste, que la grande question de sécurité est le soutènement complet du terrain.

Malheureusement, les matières inutiles surabondantes dans les couches pauvres, ne fournissent plus, sitôt que la puissance de la couche dépasse 1^{m},25, de déblais suffisants pour remplir les excavations.

Dans ce cas, alors, on abandonne le système des gradins renversés pour employer le dépilage.

EXPLOITATION PAR DÉPILAGE

La méthode par dépilage est spéciale aux mines de houille : son principe est de pousser à partir du puits ou de la galerie à travers bancs qui traversent la couche, des galeries de toute sa hauteur, que l'on remblaye ou non derrière soi, mais dans lesquelles alors on laisse subsister, pour soutenir le toit, des massifs formant piliers, que l'on peut abattre plus tard soit en totalité, soit en partie.

Nous citerons comme exemple de cette méthode le procédé qu'on a employé à Blanzy, et que notre dessin fera mieux comprendre.

On a d'abord creusé un puits qui coupe la couche exploitable au point D en deux parties à peu près égales, l'une remontant à droite vers le sol, l'autre s'enfonçant à gauche.

Puis, partant de ce point D, on a percé à des distances égales des galeries parallèles qu'on a prolongées jusqu'à ce qu'elles rencontrent la couche aux points A, B, C, E, F, G.

Le gisement se trouvait donc ainsi divisé en huit chantiers qu'il n'y avait plus qu'à exploiter, ce qu'on a fait en coupant les massifs, par prismes d'environ 40 mètres de longueur au moyen de galeries montant entre le toit et le mur, selon l'inclinaison de la couche et réunissant entre elles les galeries transversales.

La partie supérieure à G exploitée, on a attaqué le massif G.F, en construisant au milieu un montage qui le coupe en deux parties égales et en élevant en F, un mur destiné à soutenir les déblais provenant de l'exploitation du tronçon supérieur.

On a ensuite divisé chaque moitié du massif par trois petites galeries d'allongement qui l'ont partagé en quatre sections prismatiques; lesquelles ont été attaquées successivement à partir du haut et débitées en rectangles d'environ 4 mètres sur 2, qui s'écoulaient par la petite galerie immédiatement inférieure, et l'on a procédé ainsi jusqu'à ce qu'on ait atteint la galerie F, recommençant l'opération à chaque massif à exploiter.

Cette division du travail, indispensable lorsque le terrain est ébouleux, permet de n'avoir à supporter à la fois qu'une petite partie du toit et économise considérablement les frais d'échafaudage, car on retire les bois au fur et à mesure que les remblais descendent et le toit ne s'affaisse que peu à peu.

Dans des terrains plus solides on exploite en dépilages par des tailles ayant jusqu'à cinq à six mètres de front, mais le procédé est le même, excellent d'ailleurs à la condition que les couches aient plus de 35 degrés d'inclinaison ce qui permet aux charbons de descendre d'eux-mêmes de là taille vers la galerie du fond.

Mais si les couches sont moins inclinées il faut les exploiter autrement : soit par gradins couchés, soit par grandes tailles, soit par galeries et piliers.

EXPOITATION PAR GRADINS COUCHÉS.

La méthode par gradins couchés ne diffère de celle par gradins renversés qu'en raison du peu d'inclinaison du gîte, puisque les gradins, effectués d'ailleurs de la même façon, se trouvent couchés suivant l'allure de la masse minérale, et les ouvriers, au lieu de s'appuyer sur les remblais ou sur des planchers volants, marchent sur le mur du gîte ayant devant eux les gradins; auxquels on donne généralement quatre mètres sur chaque face, mais qui n'ont que la hauteur de la couche, ce qui rend le travail très difficile quand les couches sont peu inclinés, l'ouvrier étant souvent obligé de se tenir à genoux, quelquefois même de se coucher sur le côté; c'est ce qu'ils appellent « travailler à col tordu. »

Ce procédé, applicable aussi bien pour les couches métallifères que carbonifères, est assez généralement employé dans les houillères du Nord pour les gisements minces, mais il n'est plus économique quand la puissance des couches dépasse $1^m,50$, à moins pourtant qu'après triage fait, elles fournissent assez de gangues pour remblayer les vides.

Dans les couches moins fortes (un mètre au plus), on fait ordinairement les havages au mur, et l'on installe le toit pour y enfoncer des coins, de façon à faire tomber d'un coup toute l'épaisseur de la couche, après quoi l'on boise en arrière, mais non d'une façon définitive, car on enlève les étais sitôt que l'abattage a fourni assez de déblais pour les remplacer.

Si les déblais sont insuffisants, on les répartit également dans la partie à combler et l'on n'enlève qu'une partie des bois pour que l'éboulement du toit se fasse partiellement, et, en tout cas, lorsque le chantier d'attaque a beaucoup d'avance.

Du reste, ce n'est qu'un en cas, car on

Exploitation par dépilage. — Procédé de Blanzy.

peut économiser les remblais en ouvrant vis à vis les gradins des galeries de routage qui suivent : soit la direction de la couche, soit une ligne intermédiaire entre la direction et l'inclinaison.

Il faut d'ailleurs faire la part des nécessités locales, car presque toujours les théories viennent se modifier devant les exigences de la pratique.

EXPLOITATIONS PAR GRANDES TAILLES

Le procédé par grandes tailles n'est pas applicable partout, il faut d'abord que la couche à exploiter ait plus de $1^m,50$ d'épaisseur pour que la galerie à travers bancs puisse être percée sans attaquer ni le toit ni le mur.

Il faut ensuite que les roches soient assez tendres pour être facilement travaillées au pic ; ce qui en limite beaucoup l'usage et le réduit presque exclusivement aux houillères.

C'est par ce procédé qu'on exploite à Sarrebrück des couches carbonifères de

63.

Chambre Steinhauser.

Chambre Clemens.

VUES DES MINES DE SEL DE BOCHNIA (POLOGNE AUTRICHIENNE).

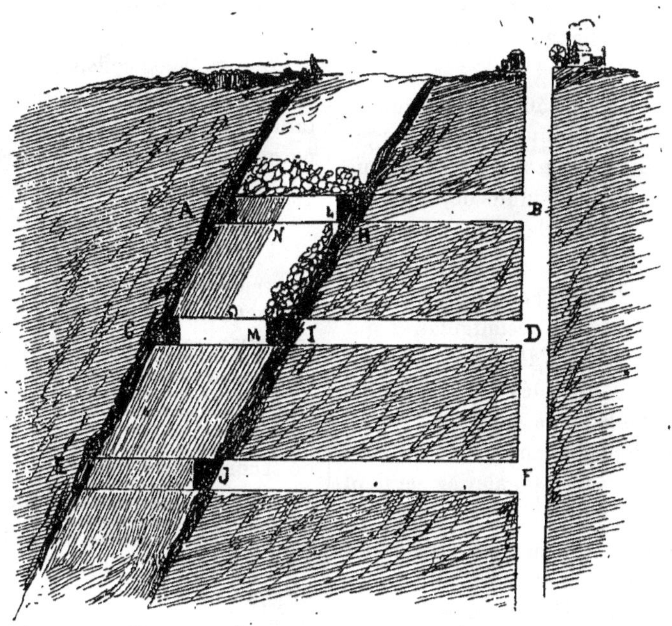

Exploitation par ouvrages en travers. — Procédé de Blanzy.

1^{m},60 à 2 mètres de puissance sur un front de 45 mètres.

Le front d'ailleurs n'a d'autres limites que celles de la couche et le nombre d'ou-

Exploitation par ouvrages en travers. — Procédé du Creuzot.

vriers qu'on emploie, puisqu'ils marchent tous sur une même ligne en attaquant d'ensemble le massif.

Si le chantier dépasse 50 mètres de développement, on en est quitte pour ménager entre les déblais plusieurs galeries secondaires pour porter les produits de l'abatage jusqu'à la galerie de roulage.

Voici d'ailleurs en quoi consiste le travail: La couche est divisée en grands massifs par de grandes galeries rectangulaires qui servent au roulage et à l'aérage, et qui sont consolidées des deux côtés par d'épaisses murailles en déblais, de sorte que si les matériaux manquaient pour le soutènement complet du sol, les galeries seraient du moins préservées de l'éboulement.

Les ouvriers, placés en ligne devant les massifs, isolent de grands prismes de roche, en creusant profondément une entaille horizontale dans le sens même de la couche et deux entailles verticales parallèles du mur au toit, puis ils abattent par le mortaisage que nous avons déjà décrit, mais bien plus facilement puisqu'il s'agit de matières tendres.

Au fur et à mesure qu'ils avancent, on boise et on remblaye en arrière, en ménageant à travers les déblais, une voie pour aboutir au puits d'extraction où sont charroyés les minerais utiles.

Ce système, le plus rapide que l'on connaisse, et qui est aussi celui qui permet le mieux la concentration des ateliers, et portant une grande économie de surveillance, est malheureusement impossible dans les houillères où le grisou se dégage, car quelque soit le courant d'air que l'on maintienne sur le front de taille, on ne peut espérer combattre victorieusement les gaz délétères qui sont l'ennemi mortel des mineurs.

Mais on a en main d'autres procédés, notamment les massifs longs et les massifs courts.

EXPLOITATION PAR MASSIFS LONGS

Cette méthode consiste à creuser dans la couche un certain nombre de galeries ou tailles, de 8 à 12 mètres de front, tracées parallèlement et séparées par d'épais massifs, auxquels on laisse, selon les localités, de 4 à 8 mètres d'épaisseur et qui se prolongent sur toute leur étendue.

Ces tailles, poussées simultanément, sont indépendantes les unes des autres, ce qui est très avantageux en cas de grisou et permet en cas de combustion spontanée ou accidentelle, d'isoler complètement les ateliers et de localiser l'incendie; car, pour plus de sécurité, elles sont séparées de la voie de roulage, par un mur solide de déblais.

Lorsque les tailles sont poussées aussi loin que possible du puits d'extraction, ou lorsque la couche est épuisée, on abat les piliers en commençant par les plus éloignés, en procédant alors par dépilages, à moins cependant que le toit ne soit pas pas assez solide pour permettre ce système,

Dans ce cas, on laisse de distance en distance des massifs carrés qui serviront de piliers et qu'on abandonne dans la mine.

Cette méthode est généralement employée dans le bassin houiller de Liége, et pourtant le déblai manque dans ces exploitations, on y supplée par l'emploi de menus bien tassés entre des murs de déblais et, comme ces menus pourraient entrer en combustion, on les isole du contact de l'air par un fort enduit d'argile.

EXPLOITATION PAR MASSIFS COURTS

La méthode par massifs courts est en principe la même que la précédente à cette différence près que les massifs longitudinaux qui séparent les tailles sont coupés de distance en distance par prismes rectangulaires de 20 à 25 mètres de longueur sur 10 de large, quitte à diminuer ensuite ces piliers lorsqu'on procède au dépilage.

L'opération de la taille doit être plus soignée, les galeries d'extraction doivent être boisées comme des galeries définitives afin d'offrir aux ouvriers une retraite assurée, lorsque arrivés à l'extrémité de l'exploitation ils commencent le dépilage.

Il est d'usage de laisser les piliers très forts pour qu'ils puissent soutenir le toit sans grand effort, autrement ils subissent un écrasement partiel et le dépilage ne produit plus que des menus sans valeur.

Naturellement on enlève tout ou partie de ces piliers comme dans le système précédent et même en laissant écrouler, derrière soi, les parties exploitées, mais le risque à courir ne vaut pas le bénéfice à réaliser d'un dépilage complet, car on n'emploie cette méthode que pour l'exploitation des combustibles de peu de valeur.

EXPLOITATION PAR GALERIES ET PILIERS

La méthode par galeries et piliers est la même que la précédente, seulement au lieu de procéder provisoirement, on procède définitivement; il est vrai qu'elle n'est employée que dans les mines où l'on ne trouve que peu ou point de déblais et où le minerai n'est pas d'une grande valeur, c'est le cas des matières rocheuses comme le grès, le calcaire, le platre, le gypse, l'ardoise et certains gisements de fer peu abondants.

En effet, pour des minerais d'un prix élevé, à moins que le gîte ne soit d'une puissance exceptionnelle, les piliers abandonnés constitueraient une perte considérable.

Car les piliers sont nombreux; ainsi on perce dans le massif autant de galeries parallèles et larges de 3 mètres qu'il contient de fois 8 mètres, le pilier aura donc 5 mètres de ce côté : il en aura juste autant de l'autre, puisqu'on recoupe toutes les galeries ouvertes par autant de galeries transversales, disposées de même façon et de dimensions égales.

Quelquefois, lorsque le gisement est très puissant, mais toujours le minerai de peu de valeur, on fait un second étage de galeries et de piliers, en ayant soin de laisser entre les deux étages un sol suffisant qu'on appelle *estau*, et de placer les piliers supérieurs exactement sur l'axe des inférieurs, de façon qu'il n'y ait point de porte à faux.

Cette méthode, très peu économique, puisque l'abandon des estaux et des piliers dans la mine, fait perdre près de la moitié du gîte, est pourtant la seule qu'on puisse employer dans les immenses mines de sel de la Pologne, dans les exploitations souterraines d'ardoise et de minerai de fer et dans les carrières de plâtre.

Il est vrai que là, les gîtes étant d'une puissance exceptionnelle, on peut atténuer la porte en modifiant la dimension des excavations.

C'est ainsi que les gypses des environs de Paris s'exploitent par galeries de 5 mètres de large sur 10 de haut, séparées par des piliers de 5 mètres de côté.

Dans les mines de fer, on donne aux étages 8 mètres de hauteur et l'on taille les plafonds en voûte, de manière à laisser au sol intermédiaire une épaisseur minime de 3 mètres.

Dans les ardoisières de Fumay, les piliers sont plus épais, 10 mètres de côté, mais les galeries ont 10 mètres de largeur et leur hauteur est celle de la couche qui dépasse quelquefois 20 mètres.

Dans les mines de sel, on arrive à donner aux excavations des dimensions bien plus considérables, témoin les salles immenses que nous avons déjà signalées en parlant des mines de la Pologne autrichienne.

EXPLOITATION PAR OUVRAGE EN TRAVERS

Tous les procédés que nous venons de passer en revue, sauf le dernier qui se commande en certains cas, sont spéciaux à l'exploitation des couches dont la puis-

Exploitation par galeries et piliers.

sance ne dépasse pas 3 mètres et nous n'avons plus à parler que de l'exploitation des couches plus épaisses.

Elle se fait par ouvrage en travers, par éboulements et par remblais, selon l'inclinaison des gîtes et la plus ou moins grande solidité des terrains.

Dans la première méthode, qui convient

Exploitation par éboulements.

Roulage dans les mines de Charleroi.

surtout aux roches résistantes, on abat le minerai par grandes tranches en commençant par le bas du gîte et en remontant vers le haut, lesquelles tranches sont découpées par des galeries qu'on appelle en travers, parce qu'elles sont perpendiculaires à la masse minérale, et qui viennent toutes aboutir sur une galerie d'allongement qui

Benne roulante (Système Decauville.)

suit toutes les inflexions de la couche.

A mesure qu'une galerie de taille est exploitée on la remplit par des remblais sur lesquels on s'élève pour attaquer immédiatement au-dessus et de piler ainsi chaque massif, avec peu de frais d'exploitation, car la même galerie d'allongement peut servir à l'extraction de plusieurs tranches horizontales si l'on fait glisser les matières par des puits inclinés, pratiqués à cet effet le long du mur.

Cette méthode permet l'enlèvement complet du minerai, nécessite peu de boisage et donne une exploitation rapide et très sure, mais elle n'est applicable que si l'on rencontre des déblais en quantité suffisante pour combler les excavations.

Elle reçoit d'ailleurs des modifications qui peuvent varier à l'infini selon l'inclinaison de la couche et la résistance des terrains, nous citerons seulement deux exemples.

Le premier, pour une couche de 45° d'inclinaison très résistante et en même temps très épaisse, exploitée à Blanzy.

On a d'abord creusé un puits assez éloigné de la couche et partant de ce puits à des hauteurs différentes, on a percé des galeries A. B. = C. D. = E. F. qui atteignant et traversant la couche par les points H. I. J. la découpaient ainsi en tranches horizontales de 10 à 15 mètres de hauteur.

Cela fait, on s'est occupé de l'exploitation, en commençant par le prisme dont la base est ACIH et la hauteur AC, que l'on a divisé par tranches perpendiculaires ayant une épaisseur égale à celle des galeries de traverse.

On a tracé un montage de I en H et l'on a attaqué par I le coupage en tranches, se servant des galeries HB et ID pour le roulage.

Le coupage une fois en train, on a laissé glisser les déblais que l'on a entassés sur le mur LM, sur lequel les ouvriers s'établissent pour attaquer le front de taille ON.

De cette façon, lorsque l'on a enlevé du prisme ACIH une tranche verticale de l'épaisseur voulue, elle a été remplacée par des remblais. Attaquant ensuite une tranche contiguë de même épaisseur on est arrivé, de proche en proche, à exploiter complètement le prisme entier dans la direction de la couche.

Après quoi on a laissé reposer le tout pour que les remblais aient acquis assez de solidité par le tassement des terres, pour permettre d'exploiter de la même manière le prisme inférieur CEJI.

Et ainsi de suite.

Notre second exemple est emprunté à l'exploitation du Creusot, pour une couche de 10 à 20 mètres de puissance, peu résistante à cause des fissures qu'on y rencontre fréquemment, et d'une inclinaison de 60 à 75 degrés.

Dans ce cas, le procédé est celui-ci : le puits creusé à une certaine distance de la couche, on établit des galeries transversales destinées au roulage, comme AB CD EF, distantes de 50 mètres l'une de l'autre, ce qui donne des prismes exploitables comme ACHG et CEJH.

On trace en L, à environ 20 mètres du toit, une galerie qui le suit parallèlement en observant toutes les sinuosités de la couche et de cette galerie; on divise le massif qu'on attaque par une série de traverses poussées en pleine couche, comme CH, laissant entre elles des piliers de 2 mètres, comme dans le travail par grandes tailles.

Ces tailles sont ensuite remplies de remblais, ce qui permet l'enlèvement des piliers, d'abord réservés, dont on remplit également le vide avec les déblais provenant du tirage, de façon que toute une tranche de 2 mètres de ce massif de 50 mètres se trouve, à un moment donné, remplacée par du remblais qui se comprime peu à peu pour ne plus atteindre que la hauteur de 1^m,20.

Alors la galerie de traverse devient la rampe LM, qui monte sur les remblais et permet, partant du point M, d'entreprendre une nouvelle série de traverses en pleine couche pour enlever la tranche MN de la même façon qu'on a enlevé déjà CH.

Et l'on continue ainsi jusqu'au moment où les galeries, converties progressivement en rampes, deviennent trop rapides pour permettre une exploitation facile.

Auquel cas on descend d'un étage pour exploiter par les mêmes procédés le prisme CEIH.

Et ainsi de suite jusqu'à épuisement de la couche.

EXPLOITATION PAR ÉBOULEMENTS

Par la méthode d'exploitation par éboulements, qui se recommande naturellement dans les roches peu consistantes et pour des gîtes peu inclinés, on ouvre une galerie d'allongement dans le mur du gîte que l'on perce en travers par des galeries solidement boisées, poussées jusqu'au toit, et espacées de 3 mètres en 3 mètres par des piliers provisoires.

Arrivé au toit, on revient en arrière, comme dans le procédé par grandes tailles, en déboisant au fur et à mesure pour provoquer dans chaque galerie des éboulements partiels, d'une hauteur égale à la distance du toit de cette galerie à l'affleurement.

Les matières éboulées, triées et enlevées au fur et à mesure qu'on revient sur ses pas, on perce à 6 mètres plus bas que la première une seconde galerie d'allongement dans laquelle on ouvre de nouvelles galeries de traverses pour faire ébouler, comme on l'a fait précédemment, les matières exploitables qui se trouvent entre l'étage supérieur et l'étage inférieur; ce qui permet de dépouiller le gîte de haut en bas, aussi complètement que possible.

Cette méthode est fort économique, mais les opérations doivent en être suivies avec le plus grand soin, car il peut arriver souvent que les eaux de la surface envahissent l'intérieur des travaux.

En outre, elle oblige au transport complet des déblais dont le triage ne peut être fait qu'au jour.

Naturellement, elle reçoit des modifications dans la pratique. Ainsi, à Blanzy, pour une couche de 12 mètres d'épaisseur, coupée par deux nappes de schiste qui laissent en haut 4^{m},50 et en bas 6 mètres de houille, on dépile les piliers sur une hauteur qui varie de 1 à 3 mètres, en laissant au toit une épaisseur de 1 ou 2 mètres de charbon, que l'on soutient provisoirement avec des boisages.

Quand on revient sur ses pas, on enlève du pilier la partie adhérente au toit, et qu'on appelle le *couronnement*, en pratiquant un havage et en ayant soin de se tenir toujours à 4 mètres en avant de l'attaque du pilier.

Ce couronnement tombe naturellement sitôt l'enlèvement des bois, mais le toit tient encore trois ou quatre jours, et quand l'écrasement se produit, le chantier est suffisamment reporté en arrière pour que les ouvriers, rendus d'ailleurs prudents par les terribles leçons de l'expérience, soient hors de danger.

A Rive-de-Gier, à Sarrebruck, où le toit est moins dur, mais plus tenace et surtout plus élastique, on commence par faire affaisser le terrain, sans secousses, sur des piliers de remblais compressibles, ce qui permet d'exploiter le couronnement, serré alors entre le toit et le mur factice, exactement comme si l'on opérait dans une couche peu puissante.

EXPLOITATION PAR REMBLAIS

La méthode par remblais est celle dont les procédés sont les plus variables en raison des difficultés locales. Car s'il se peut qu'on trouve dans la mine les matériaux nécessaires aux remblais, bien souvent on est obligé de les charroyer de l'extérieur et de les emprunter à des chantiers plus ou moins éloignés ; de là de nombreuses modifications, mais le principe est toujours le même.

Il consiste à attaquer le gîte : soit par des ouvrages en travers, soit plus communément par des galeries et piliers, dont on remblaye immédiatement les excavations avec les débris du triage, si les gangues sont suffisantes, soit avec des matériaux amenés du dehors.

Ces remblais doivent être faits à l'état humide et tassés fortement, car ils doivent servir aux ouvriers de plancher, ou, plus exactement de sol, pour abattre l'étage immédiatement supérieur.

La marche naturelle d'une exploitation par cette méthode, qui, comme on le comprend, n'est pratiquée que pour des gîtes peu inclinés, est de bas en haut.

Cependant, comme on n'est pas toujours sûr d'attaquer du premier coup le gisement à sa plus grande profondeur, on facilite préventivement une reprise en sous-œuvre en garnissant le sol qui doit recevoir les premiers remblais d'une espèce de plancher composé de vieux boisages de mines, sur lesquels on pilonne une couche assez épaisse de terre grasse.

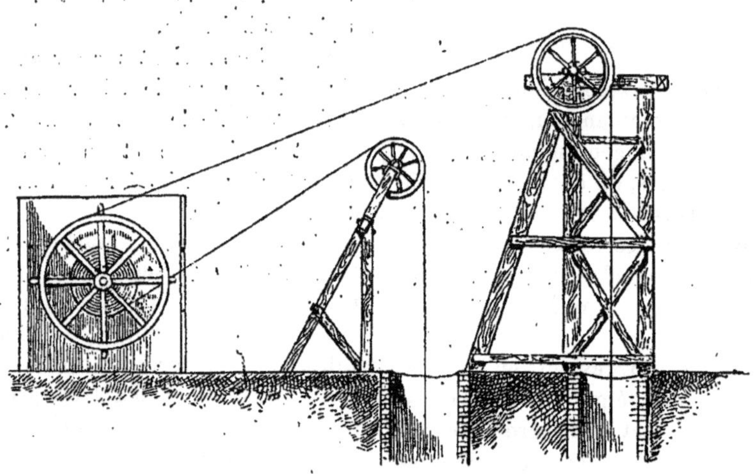

Machine à molettes.

On fait mieux encore à Bleiberg, où l'on emploie des galeries gisant dans des couches de grès peu résistantes.

On procède par galeries et piliers, et la galène extraite par des lavages dans la mine même; on se sert des résidus alors à l'état de mortier pour construire des piliers factices qui, une fois construits, soutiennent le toit et permettent de dépiler entièrement les piliers réservés d'abord.

Puis, comme les couches ne sont pas plombifères au même degré, on laisse les plus stériles pour former des sols intermédiaires qui consolident les travaux et permettent de les prendre en sous-œuvre.

Telles sont, sinon toutes les modifications apportées par la pratique, au moins toutes les méthodes connues pour l'exploitation des minerais métallifères et carbonifères.

Il nous reste maintenant à parler des travaux accessoires, dont le plus important, c'est-à-dire le moins accessoire, est l'extraction des minerais.

EXTRACTION DES MINERAIS

L'extraction du minerai comprend deux

Machine d'extraction Robey, à un seul tambour.

opérations très distinctes : le roulage et le montage.

Nous avons déjà défini le roulage en ce qui concerne l'exploitation à ciel ouvert,

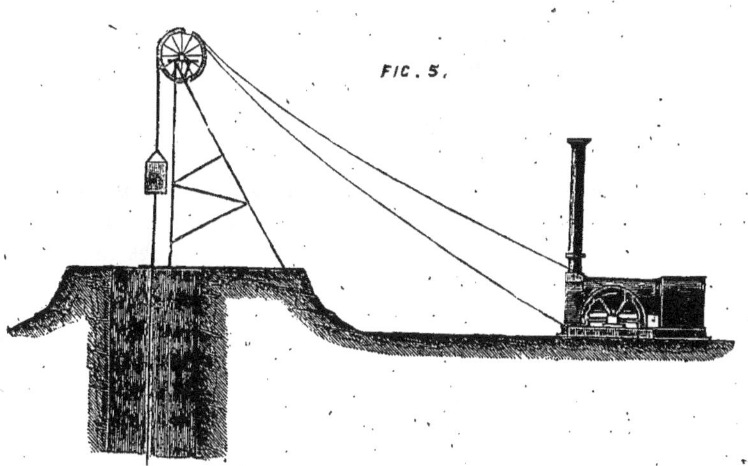

Fonctionnement de la machine.

en galerie on n'opère pas toujours de la même manière, et les véhicules et les moyens de traction varient selon la dimension des galeries, l'outillage général de la mine et aussi selon les usages locaux.

Aussi quelquefois on emploie des wagonnets simples poussés à bras d'hommes sur les rails de la galerie jusqu'auprès des puits où on les décharge dans les bennes montantes; à Blanzy, à Saint-Étienne, dans tout le bassin de la Loire, ces chariots, qui ont jusqu'à 14 hectolitres de capacité, se vident à l'avant par un panneau mobile sur charnière.

Dans les exploitations de Mons et Charleroi, le roulage de la houille est fait par des femmes qui poussent des berlines fabriquées avec assez de soin.

A Anzin, on emploie le wagon en tôle de M. Cabany dont la caisse évasée permet un bon chargement et rend le transbordement facile.

A Liège, on fait mieux encore, car on supprime le transbordement au moyen de berlines, moins perfectionnées, mais qui, munies de crochets à leur partie supérieure, peuvent s'élever au jour exactement comme des bennes.

A Blanzy, la même idée est appliquée d'une autre façon, en charriant le minerai dans des espèces de tonneaux à un seul fond (autant dire des bennes), posés sur des plates-formes.

Ce système, très économique, est en train de se généraliser partout au moyen du wagon cylindrique à bascule de M. Decauville, qui est d'ailleurs une véritable benne roulante.

Ce wagon, construit d'abord pour le déchargement des bateaux de charbon, est d'un emploi tout indiqué dans les galeries de mine.

Monté en équilibre sur des montants en arcade, reposant sur un truc à quatre roues, il peut au moyen de crochets être enlevé seul, si le lieu de déchargement n'est pas éloigné de l'orifice du puits, ou avec son chariot s'il y a une certaine distance à parcourir pour atteindre le chantier.

En tous cas, son système basculant le rend d'un emploi très expéditif, et automatique, si l'on veut, puisqu'il suffit d'établir au mécanisme de la benne un mouvement de déclanchement, pour qu'elle bascule à un point déterminé.

Dans les galeries en pente, qui sont quelquefois des puits inclinés on utilise généralement la force de la gravité.

Dans certaines exploitations métallifères on établit de longs couloirs dont le fond est garni de planches et dans lesquels on fait rouler le minerai de haut en bas; quelquefois, quand la pente est moins sensible, on remplit le couloir de minerai en ayant soin de le maintenir toujours plein en comblant le vide qui se produit à la partie supérieure au fur et à mesure qu'on charge la matière à l'extrémité inférieure de la galerie.

Mais ces procédés ne seraient pas possibles dans les mines de houille où il faut éviter de briser la substance utile en fragments trop menus; on y supplée par l'emploi du plan automoteur dont nous avons déjà parlé.

Arrivons maintenant au montage proprement dit, c'est-à-dire à l'extraction par les puits verticaux, en passant en revue tous les procédés.

Le plus primitif est le treuil, soit mû par une grande roue à chevilles à l'intérieur de laquelle l'ouvrier fait exactement le même manège que l'écureuil qui tourne dans sa cage, comme on en voit encore à certains puits de carrières des environs de Paris.

Soit à l'aide d'une manivelle qui s'actionne à la main ou, mieux encore, au moyen d'un manège tourné par des chevaux.

Ce treuil monte naturellement la benne chargée de matériaux, qui est fixée à l'extrémité du cable.

Mais ce moyen n'est applicable que pour

des exploitations peu importantes et des puits peu profonds.

Dans les carrières, où l'extraction demande une certaine activité et dans toutes les mines où l'on n'a pas encore adopté les moteurs spéciaux très employés en Angleterre et dont nous avons déja parlé à propos du fonçage des puits, on établit une machine à molettes que l'on fait mouvoir soit par manèges à chevaux, mais plus fréquemment par la force de la vapeur ou des chutes d'eau.

Une machine à molettes se compose essentiellement :

1° D'une ou plusieurs poulies qu'on appelle molettes, placées au-dessus du puits et sur lesquelles passent les câbles.

2° D'une charpente supportant les molettes et qu'on appelle *chevalet* ou *belle fleur*.

Et 3° Des tambours ou bobines sur lesquels s'enroulent les câbles et qui reçoivent leur mouvement d'une machine à vapeur, ou d'une roue hydraulique.

Si l'on se sert, pour le montage des bennes, de câbles ronds aussi bien métalliques qu'en chanvre, on emploie un tambour *horizontal* formé de deux cônes tronqués réunis par leur grande base et mobiles sur un axe vertical sur lequel les deux câbles : l'un montant, l'autre descendant, agissent en sens inverse, c'est-à-dire que l'un s'enroule, pendant que l'autre se dévide.

Si au contraire on a adopté les câbles plats, c'est sur des bobines isolées qu'ils doivent s'enrouler ou se dérouler.

Ces bobines se composent d'un noyau en fonte, muni de bras assez longs et dont l'écartement est juste celui de la largeur du câble.

Le câble s'enroule de lui-même entre ces bras de façon que son diamètre d'enroulement augmente à mesure que la charge approche de l'orifice du puits.

Quand on emploie des chaînes, ce qui n'est avantageux que pour des puits peu profonds, leur système d'enroulement est le même que pour les câbles ronds, les plus économiques de tous, car ils ont sur les plats l'avantage de s'user beaucoup moins par suite de leur mode d'enroulement, et de coûter près de cinquante pour cent moins cher, à poids égal.

A la vérité ils ont le défaut de se tordre par l'effort de la traction, mais ce défaut n'existe plus depuis que les bennes ou cages sont guidées comme nous le verrons tout à l'heure.

Mais finissons d'abord d'étudier la machine à molettes.

Nous avons dit que les molettes étaient des poulies de renvoi, d'où les câbles descendent verticalement dans les puits, car il est bien entendu qu'il y a toujours à côté l'un de l'autre le puits montant et le puits descendant dont la destination change alternativement, puisque les deux molettes sont conductrices du même câble.

Mais nous n'avons pas indiqué les conditions indispensables de leur bon fonctionnement, savoir :

Un diamètre assez grand, pour ne pas briser par une courbure trop rapide les câbles, que l'on fabrique généralement en fil de fer.

Présenter une gorge assez profonde pour que le câble ne puisse s'en échapper.

Enfin, offrir les conditions de solidité nécessaires aux charges qu'ils doivent porter et surtout pour résister aux chocs susceptibles de se produire pendant le service.

Et c'est pour cela qu'on les construit en fonte.

Les chevalets sur lesquels elles sont montées ne servent pas seulement à cela, ils ont aussi pour objet de supporter l'extrémité du guidage, lorsqu'on en fait usage, ce qui maintenant est à peu près général. A cet effet, ils doivent avoir une hauteur suffisante pour que les cages, bennes ou autres véhicules qui servent au montage puissent dépasser l'orifice du puits.

Cette hauteur varie entre 8 et 16 mètres, selon les exploitations.

Quant aux moteurs ils varient selon les localités; ainsi dans le Hartz, où il y a des chutes d'eau d'une grande puissance à portée des mines, on les utilise pour créer des

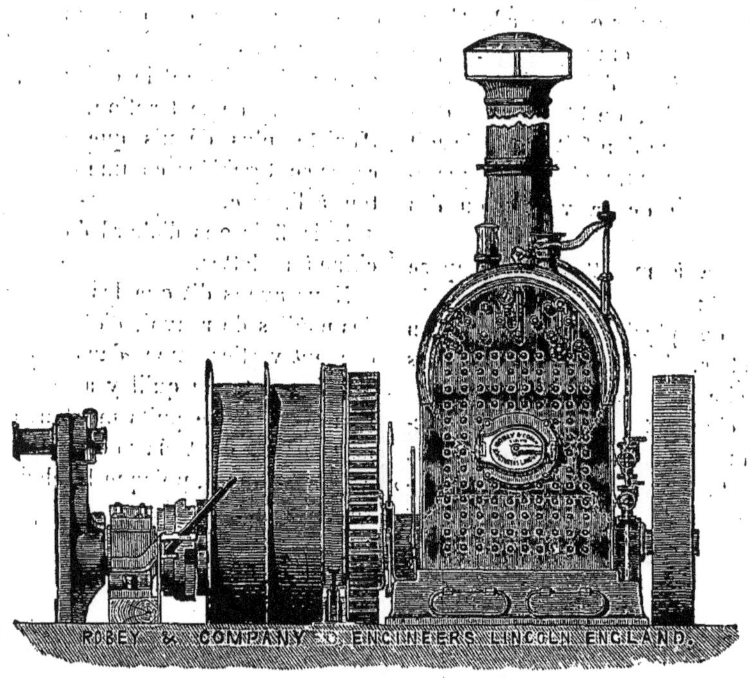

Machine Robey, à 2 tambours jumeaux.

moteurs hydrauliques, mais presque partout c'est la vapeur, car il ne faut pas compter avec les manèges à chevaux qui, à cause de leur peu de vitesse, ne sont plus employés, du reste, que dans les exploitations de peu d'importance.

En France, en Belgique, on emploie presque indifféremment toute espèce de

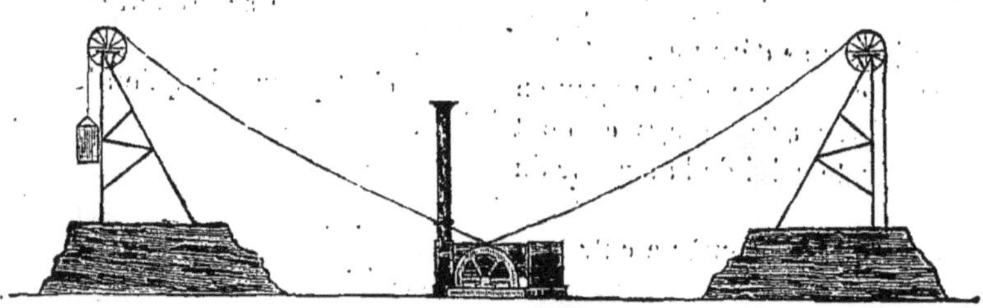

Fonctionnement dans deux puits à la fois.

machines fixes auxquelles on ne demande pas d'autre travail que d'imprimer un mouvement circulaire à l'arbre moteur, mais en Angleterre aussi bien qu'en Allemagne on se sert de machines spéciales.

Celles qui ont le plus de réputation, sont

les machines d'enfonçage et d'extraction fabriquées par M. Robey et Cie de Lincoln, dont nous avions promis de parler en détail et que nous allons décrire ici, bien que cela

Machine Robey à tambour embrayé pour l'épuisement de l'eau.

nous fasse revenir un peu sur nos pas. Car ces machines sont surtout appropriées aux travaux d'exploration, c'est-à-dire au fonçage des puits et à l'extraction des matériaux.

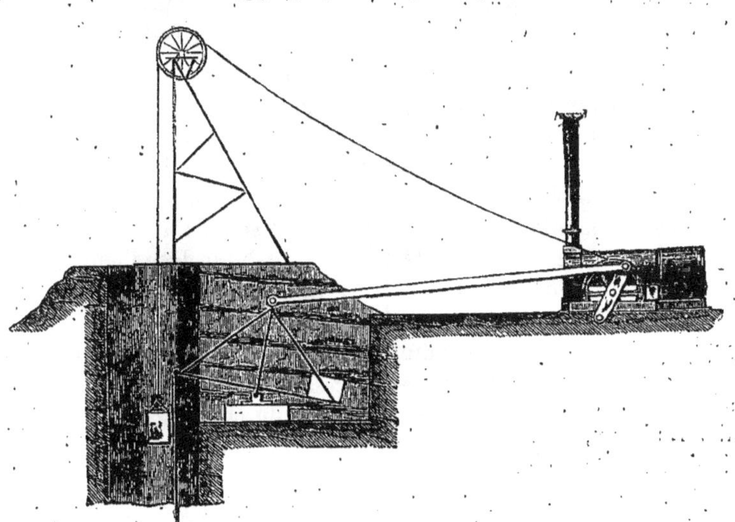

Fonctionnement de la machine faisant à la fois extraction et épuisement.

Il y en a, du reste, de plusieurs sortes, ou pour parler plus économiquement la même peut être modifiée selon les travaux qu'on veut lui faire faire.

Ainsi pour les premières opérations du fonçage d'un puits, alors qu'on ne peut se servir que d'un monte-charge, la machine que représente notre premier dessin est à tambour simple claveté sur l'arbre moteur, avec engrenage qui s'engrène lui-même, dans le rapport de 1 à 4 avec un autre adapté à la machine.

En est-on arrivé à avoir besoin de faire manœuvrer à la fois deux cages, l'une montante, l'autre descendante, la machine est munie : soit d'un tambour plus large partagé en son milieu par une zone, soit de deux tambours indépendants ; selon qu'il s'agit d'opérer dans un seul puits ou dans deux puits peu distants l'un de l'autre, comme nous le verrons tout à l'heure.

Mais décrivons d'abord l'appareil d'après un article de l'*Engineer* (15 juin 1875).

« L'ensemble de la machine est identique à celui d'une locomotive dont les longerons sont supprimés, elle est montée sur un bâti en fonte dont une des extrémités forme le cendrier avec porte destinée à régler le tirage; au-dessus se trouve la boîte à feu de la chaudière, l'autre extrémité de la chaudière vient se reposer sur une armature fourchue au-dessus du cylindre à vapeur.

« La partie de la plaque de fondation, placée immédiatement au-dessous du cylindre, sert de réservoir à l'eau condensée provenant des purgeurs ; l'échappement s'y rend aussi en partie de manière à chauffer l'eau d'alimentation à une température voisine du point d'ébullition avant son injection dans la chaudière.

« La chaudière est boulonnée au cylindre par l'extrémité où se trouve la boîte à fumée tandis que la boîte à feu, étant supportée par de petits rouleaux, peut facilement se dilater lorsqu'on monte en pression. On a fixé un support pour le tambour sur la plaque de fondation, qui ne reçoit aucun effort tendant à détériorer les tôles qui entrent dans la construction de la chaudière, ni à fatiguer les joints.

« Ce tambour est monté à côté de la machine, le palier-support de l'autre extrémité est boulonné à une forte semelle en chêne, le tambour a 2m,75 de diamètre, garni de chêne, les extrémités sont en fonte. Un hérisson est claveté sur l'arbre du tambour à l'extrémité près de la machine, son diamètre est de 2m,54.

« Sur l'extrémité de l'arbre de la manivelle, se trouve aussi claveté un pignon de 60 centimètres de diamètre engrenant avec le hérisson. Ces deux roues sont garanties d'un côté. Les faces travaillant des dents ont 229 millimètres de largeur, le pas est 102 millimètres. L'ajustage de ces engrenages est très soigné, aussi travaillent-ils avec une très grande vitesse, sans aucun bruit, le tambour fait 24 à 25 tours par minute, et la vitesse d'enroulement de la corde est d'environ 150 mètres par minute.

« La machine est munie de deux freins ; l'un d'eux est monté sur le volant, c'est celui dont on se sert le plus communément, le deuxième qui est d'une action très puissante opère sa friction autour du tambour. Le but principal de ce dernier frein est d'être d'un effet instantané en cas d'accidents occasionnés par la rupture des dents d'engrenage.

« L'ensemble de la machine se trouvant monté sur une seule plaque de fonte, dispense de fondations lourdes et coûteuses, son poids seul suffit à donner à l'appareil toute la stabilité désirable.

« De plus tous les leviers servant à la manœuvre de la machine, sont montés sur le côté de la boîte à feu de manière à ne nécessiter qu'un seul homme pour la manœuvre du chauffage. »

On voit donc que cette machine possède des avantages notables pour le service qu'elle est appelée à faire. D'abord formant un tout compacte elle ne nécessite aucune fondation, et la rapidité avec laquelle elle peut être mise en place peut faire gagner un temps précieux; en outre elle permet de réaliser une grande économie de combustible, puisqu'on peut, grâce à son immense boîte à feu, brûler toutes sortes de menus et de résidus de charbon.

Elle ne sert pas, d'ailleurs, qu'à l'enlèvement des matériaux et des déblais, elle est employée aussi concurremment à l'extraction des eaux, qui se rencontrent plus ou moins dans les puits, et cela sans pompe d'épuisement, mais au moyen d'un appareil fort ingénieux inventé par M. Bromley, et expérimenté avec succès dans les mines de « Florence Colliery, » dans le Straffordshire.

Cet appareil est tout bonnement un baquet en fer, suspendu à la corde de descente, au moyen d'une anse qui tourne sur deux pivots au-dessous du centre de gravité du baquet, qui est maintenu en équilibre par un ressort qui vient butter sur un des côtés de l'anse.

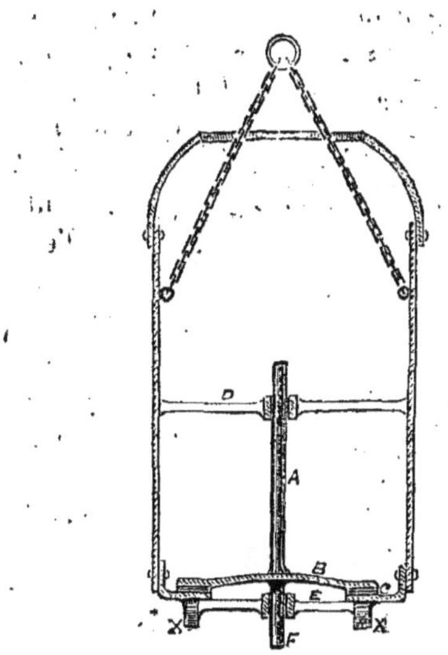

Ce baquet, dont le diamètre est de 90 centimètres et la hauteur de 1m,50 environ, est muni au fond d'une ouverture circulaire de 50 centimètres, munie d'un clapet B, monté sur un pivot central A, et dont le mouvement est maintenu vertical par les guides D.E.

Lorsqu'il plonge dans le puits, à travers un trou ménagé dans l'échafaudage où se tiennent les hommes, la pression des eaux de bas en haut fait soulever la plaque B, le baquet se remplit immédiatement et monte à l'orifice du puits, où un homme l'attire jusque sur l'auget qui commence le tuyau de décharge, là il se vide automatiquement; car l'extrémité F du pivot A appuyant sur la plate forme de l'auget, la plaque B se soulève et reste ouverte tant que le baquet repose sur ses arrêts X X, c'est-à-dire jusqu'à ce qu'il soit vide.

Ce système est des plus simples, et surtout des plus expéditifs, puisqu'un baquet qui contient plus de 1100 litres d'eau peut faire trente voyages par heure, ce qui donne un épuisement de plus de trente mille litres à l'heure, suffisant dans presque tous les cas.

Pour que la machine l'actionne, il suffit que le tambour soit fou sur l'arbre moteur et qu'on l'embraye au moyen d'une griffe, comme dans notre gravure de la page 529.

L'arbre de support du tambour se prolonge en dehors du palier, de façon à porter une forte manivelle de pompe, clavetée à son extrémité, et dont on peut varier la course au moyen de trous percés à différentes distances du centre, pour recevoir le bouton de manivelle.

Avec cette disposition, si la machine ne fait pas d'extraction, on désembraye le tambour et la pompe est aussitôt mise en travail. Ce qui n'empêche pas la machine de faire les deux ouvrages à la fois, comme on le voit dans notre second dessin.

Si l'on veut faire un travail plus continu, il faut employer deux tambours, indispensables d'ailleurs lorsqu'on veut avoir à la fois une cage montante et une descendante.

La disposition de ces deux tambours varie selon les cas, mais ils peuvent toujours être montés avec une griffe de débrayage pour l'adaptation de la pompe.

Pour la manœuvre ordinaire les deux tambours sont jumeaux, ils n'en font en quelque sorte qu'un, plus large et coupé en son milieu par une joue.

S'agit-il de travailler dans deux puits à la fois, les tambours sont indépendants l'un de l'autre et quelquefois n'ont pas le même diamètre.

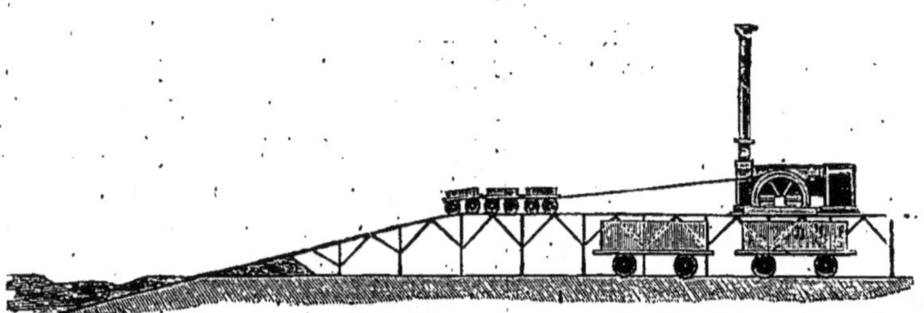

Puits incliné à une seule ligne de rails.

Ce cas se présente même pour les tambours accolés, lorsque par exemple, ils doivent travailler tous les deux ensemble à des profondeurs diverses, alors on calcule le diamètre des tambours sur les distances à explorer.

Cela s'explique du reste, car il est facile de comprendre que si deux tambours, actionnés par le même arbre, ont l'un par exemple $1^m,83$ de diamètre et l'autre $1^m,22$, le plus grand montera sa charge d'une profondeur de $274^m,50$, dans le même temps que le petit mettra à descendre sa cage à 183 mètres.

Ce ne sont du reste plus que des questions de chiffres, car le procédé est toujours le même.

La machine Robey s'emploie aussi pour le fonçage et l'extraction des puits inclinés et beaucoup plus économiquement que les machines à air comprimé, qui ne se recommandent du reste, que dans les cas où la ventilation est difficile.

Lorsque le plan incliné a une pente suffi-

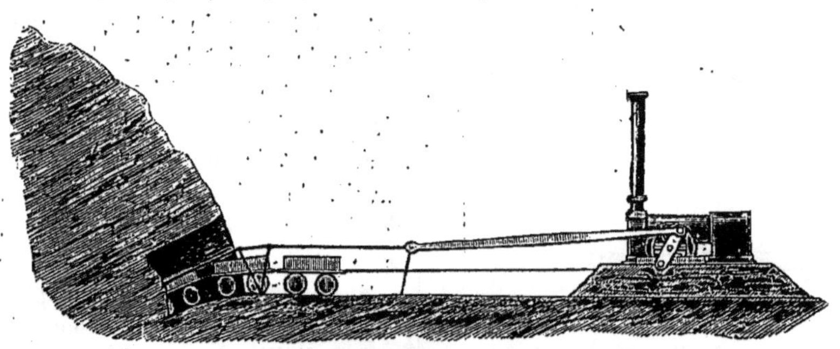

Puits incliné à deux lignes de rails.

sante pour que les wagonnets vides redescendent par la gravité seule, on emploie la machine à tambour simple, le renversement du changement de marche étant suffisant pour déterminer le mouvement descendant des wagons.

Si le plan incliné est d'une grande longueur, le tambour doit être fou sur l'arbre, et on le désembraye pendant qu'on descend les wagons vides au moyen du frein.

Dans ces deux cas une ligne de rails suffit et peut faire assez de besogne, si l'on a le soin de la terminer par une rampe en charpentes, de façon à ce que les matériaux soient versés immédiatement dans les wagons de ballast qui doivent les emporter au dépôt.

Mais il est toujours plus économique de travailler avec deux lignes de rails, par la raison que les wagons montants se faisant équilibre avec les wagons descendants, il ne reste à tirer que le poids net.

On en est quitte pour employer la machine à double tambour quand la pente est suffisante, et à deux tambours indépendants quand elle est trop faible pour que les wagonnets se mettent en mouvement d'eux-mêmes, l'un ou l'autre de ces tambours peut

Machine Robey, à deux tambours indépendants.

être claveté ou fou sur l'arbre, mais on ne peut les embrayer tous les deux à la fois.

Pour retirer les wagons vides on fixe ordinairement à l'arrière du train, une corde appelée corde de remorque.

Elle est passée autour d'une poulie à gorge, fixée à l'extrémité du plan et est ramenée ensuite sur le second tambour. Tandis que la charge est enlevée par un tambour, l'autre tourne librement, laissant aller la corde de remorque qui, pour faciliter la manœuvre, est maintenue raide par un léger serrage du frein sur le tambour-fou. Quand cette opération est terminée on ramène les wagons pleins.

C'est en somme, à quelques modifications près le système de locomotion dont nous avons déjà parlé à propos de chemin de fer, sous le nom de plan incliné.

Est-il utile maintenant d'expliquer l'emploi de la machine Robey au cours de l'exploitation, pour le montage des bennes ou des cages guidées.

Cela va de soi, ce n'est qu'une simple question d'adaptation.

Le moteur est le même, seulement il actionne deux tambours indépendants qui remplacent avantageusement ceux de la machine à molettes, d'autant que chacun a son frein et son débrayage séparé.

Ce qui permet de monter indifféremment les charges de deux puits, ou d'un seul, selon les besoins de l'exploitation ; et cela très économiquement, puisque, avec une machine de la force de 50 chevaux, on peut extraire, en vitesse normale, d'un puits de 150 mètres de profondeur, 700 tonnes de minerai par journée de travail de dix heures.

Parlons maintenant des véhicules qui changent de noms et de formes selon les localités.

Les *bennes* sont des espèces de tonneaux, renflés du milieu, et dont la capacité va depuis 4 hectolitres jusqu'à 22, mais quand ils sont très grands, comme en Belgique, on les appelle des *cuffats*.

A Liège, ce sont des berlines qu'on accrochait, jusqu'à huit à la fois, aux câbles de montage.

Mais maintenant qu'on se sert partout, pour l'extraction, de cages qui circulent entre des guides, les noms des récipients se confondent dans celui de leur contenant.

Immense progrès d'ailleurs que ces cages, car lorsque les bennes circulaient librement dans les puits, il y avait souvent des accrochages entre la montante et la descendante, et toujours contre les parois des puits, des chocs qui, si l'on emplissait les bennes, compromettaient la vie des ouvriers d'en bas, malgré leurs chapeaux en fer blanc, malgré les planchers qu'on établissait au-dessous des bennes et qui n'empêchaient pas toujours les blocs de minerais de tomber dans le puits, sans compter l'inconvénient désastreux de la rupture des câbles qui est maintenant sans danger, comme nous allons le voir.

On a commencé par établir le guidage des bennes au moyen de quatre câbles tendus verticalement dans la hauteur du puits, entre lesquels les bennes maintenues par des anneaux ou des espèces de crochets, montaient ou descendaient sans perdre leur position verticale et surtout sans se rencontrer au milieu du trajet.

Ce système, qui n'a pas été abandonné dans toutes les exploitations de second ordre, donne déjà beaucoup de sécurité.

Mais on a fait mieux : dans les mines importantes, on a remplacé les câbles par des longrines en chêne, et les bennes par des cages, qui sont guidées le long de ces longrines par des coulisses ou des patins en fonte ou en fer.

Ces cages, en bois ou en fonte, ont été bientôt perfectionnées, et dans les mines où la traction du câble est faite par un moteur puissant, on en a construit à deux, trois et quatre étages, disposés pour recevoir autant de wagons tels qu'ils sortent des galeries de roulage.

A cet effet, on a organisé aux deux extrémités du guidage aussi bien pour le chargement que le déchargement des cages, un système d'endiguement qu'on appelle *clichage*, permettant d'arrêter la cage au niveau de chacun de ses étages, et qui se compose de quatre taquets ou verrous, que la cage soulève pour se poser dessus, au fur et à mesure qu'ils retombent pour se placer en consoles.

Ces taquets sont relevés ensuite : en haut, par le receveur, en bas par l'accrocheur.

Car on appelle *accrochage*, bien que le mot ne soit plus propre, l'action de charger la cage au fond du puits.

Du reste, on nomme plus communément : recette des cages, l'opération qui consiste à faire sortir les wagons pleins, pour les remplacer par des vides, à l'orifice du puits, et qui se reproduit en sens inverse, au niveau de la galerie de roulage.

Le système des cages guidées n'a pas seulement l'avantage de monter vite et beaucoup de minerais sans faire courir de risques aux accrocheurs, il prévient les accidents dus à la rupture des câbles au moyen d'un appareil placé au-dessus de la cage et qui, ayant pour objet de l'arrêter dans sa chute au fond du puits, quand le câble vient à casser, s'appelle parachute. Cet appareil, que l'architecte Claude Perrault connaissait, dit-on, n'a pourtant été employé pour la première fois qu'en 1845, par l'ingénieur Machicourt, dans les mines de Decize.

Le plus usité est celui de M. Fontaine, dont notre dessin explique le fonctionnement.

Il se compose de deux grappins ou griffes d'acier A, B qui, au moment même où le câble se brise, s'enfoncent dans les longrines comme dans C, D, et cela par l'effet du ressort E qui, comprimé par la tension du câble, se détend immédiatement sitôt qu'il n'est plus soutenu.

Les griffes, entrant profondément dans le bois des longrines, la cage s'arrête, et, l'expérience l'a démontré, avant même qu'un commencement de descente s'opère, et sans qu'aucune secousse se produise.

Ainsi complété, ce système de montage paraît irréprochable, et il l'est en effet tant qu'on n'atteint pas des profondeurs telles que le poids toujours croissant, au fur et à mesure que l'on descend, des câbles conducteurs, empêche toute exploitation.

Mais pour ce cas, la science qui ne se repose jamais a déjà trouvé autre chose, et le tube atmosphérique de M. Zulma Blanchet est évidemment le système de l'avenir.

Oh! il fonctionne déjà, dans le puits Hottinguer à Épinac où il a été expérimenté en 1876, et probablement ailleurs maintenant, vu le réel succès qu'il a obtenu à l'exposition de 1878.

Succès qui s'explique d'autant mieux qu'il a été compris tout de suite, le système n'ayant rien d'absolument neuf, puisque, sauf sa disposition dans le sens vertical, et son application spéciale, c'est exactement le tube pneumatique dans lequel on transporte les cartes-télégrammes à Paris, et même des voyageurs à Londres et à New-York.

Seulement il fallait y penser, c'est toujours l'œuf de Christophe Colomb. Eh bien! M. Blanchet y a pensé et, comme il dirigeait les mines d'Épinac, il a pu appliquer son idée, sans avoir à se heurter contre les préjugés de la routine.

L'appareil se compose d'un cylindre métallique, suspendu librement dans le puits de la mine, dans lequel joue à frottement un piston complexe, qu'on appelle *train*, précisément parce qu'il contient intérieurement la cage à neuf compartiments destinée à recevoir les chariots porteurs du minerai.

Ce train a trois parties distinctes :

1° La partie supérieure formée de deux plateaux ou pistons minces, partie en bois, partie en acier mais aussi légers que possible, qui laissent une certaine distance entre eux et qui, destinés à jouer à frottement dans le tube, sont rendus souples et étanches sur leur pourtour, par une garniture de cuir derrière laquelle 48 segments de bois ou de fer creux sont pressés par 96 ressorts en fil de laiton.

2° La cage contenant les chariots d'extraction dans neuf compartiments *ad hoc*, elle est construite en acier pour être plus légère et attachée au piston supérieur par une tige à suspension, autour de laquelle on peut la faire tourner à la main pour l'amener en position convenable : soit pour le chargement ou le déchargement, devant les portes pratiquées dans le tube pour le passage des chariots.

3° Et la partie inférieure, composée d'un piston mince, de même construction que les pistons supérieurs, mais ayant en plus une soupape que l'on tient ouverte, lorsque le train transporte des voyageurs.

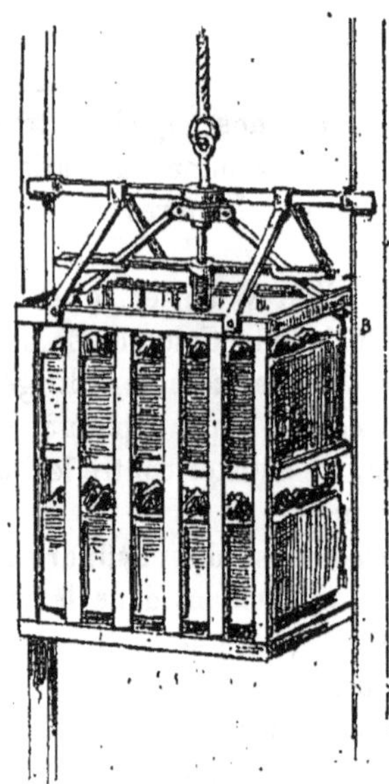

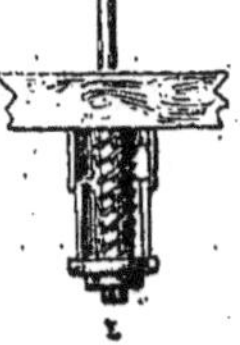

Parachute.

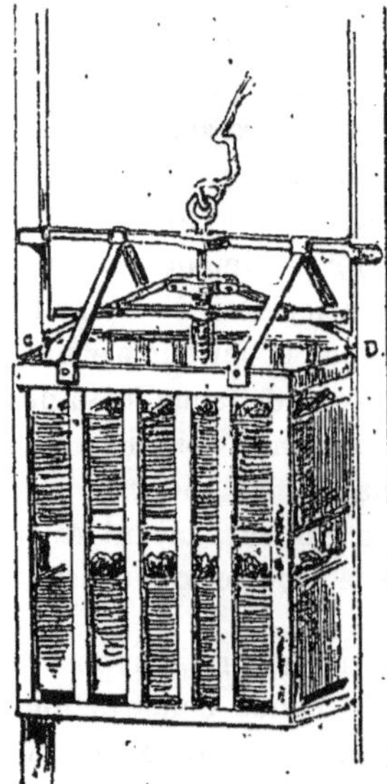

Cages guidées avec parachute.

Tube pneumatique Blanchet pour le montage des minerais.

Échelles à plancher.

Échelles à palier.

Système allemand.

Fahrkunst.

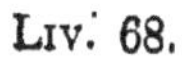

On comprend maintenant que le train monte ou descende dans le cylindre selon que la machine placée à l'orifice raréfie l'air par-dessus ou le laisse entrer, et que l'on puisse régler mathématiquement sa vitesse par les quantités d'air ôtées ou admises à la partie supérieure du piston.

La première machine installée au puits Hottinguer, n'enlevait qu'un mètre cube d'air par seconde, ce qui n'imprimait au train qu'une vitesse de cinquante centimètres par seconde; elle a fonctionné pendant deux ans, enlevant de 600 mètres de profondeur des trains pesant 6,000 kilogrammes.

Mais depuis on en a construit qui font douze mètres cubes de vide à la seconde et donnent une vitesse de 6 mètres à chaque coup. Et le dernier mot n'est pas dit.

Le progrès, d'ailleurs, est déjà très appréciable puisque, avec le système pneumatique, on peut extraire le minerai des profondeurs les plus grandes, et c'est ainsi qu'à Épinac on exploite maintenant, entre 600 et 1000 mètres, une richesse houillère qu'on estime à 400 millions d'hectolitres, dont la plupart eut été perdue avec les procédés ordinaires.

CIRCULATION DES OUVRIERS

La montée et la descente des ouvriers dans les mines, — dangereuse naguère encore avec les bennes, d'autant que les hommes se posaient sur les bords plutôt que de se loger à l'intérieur et que le moindre choc pouvait les renverser — est plus pratique aujourd'hui avec les cages guidées et surtout avec les tubes atmosphériques Blanchet; mais, dans les exploitations où le personnel est très nombreux, ce moyen ne peut être qu'un encas, applicable tout au plus le matin avant que les travaux d'extraction ne soient commencés, et le soir après qu'ils sont finis; et l'on ne peut y compter absolument.

Dans les exploitations importantes il serait trop dispendieux, car il enleverait pendant un temps assez long les appareils à leur destination naturelle, qui est l'extraction du minerai.

C'est pour remédier à cet inconvénient qu'on avait imaginé les échelles, abandonnées partout aujourd'hui sinon par les petites exploitations et dans des puits peu profonds, où les ouvriers peuvent gagner leurs postes assez vite et sans se fatiguer beaucoup.

Les échelles avaient aussi une autre raison d'être, qui subsiste toujours du reste, c'était de permettre, en cas d'accident subit, explosion de grisou ou autre, à un grand nombre d'ouvriers de se sauver en même temps; ce qui serait impossible avec les appareils de montage les plus perfectionnés.

Dans le principe on se servit d'abord d'échelles ordinaires, fixées le long des parois du puits, dans un compartiment particulier, coupé en étages par des planchers de repos qui permettaient de donner assez de pied aux échelles pour en rendre l'ascension moins pénible.

Ce système, qu'on perfectionna naturellement, ne fut pas seulement employé à la circulation des ouvriers; dans certaines mines d'argent du Brésil, où la matière utile n'est pas très encombrante, on s'en servait pour le montage des minerais, qui était fait, s'il ne l'est encore, à dos d'hommes ou de femmes, au moyen de hottes.

Dans d'autres exploitations, notamment en Allemagne, on remplaça les échelles qu'on trouvait, avec raison, trop fatigantes pour les ouvriers, puisqu'elles exigeaient le travail des quatre membres à la fois, par une espèce de vis d'Archimède, construite avec des rondins de sapin, fixés en spirale autour d'un axe vertical.

C'était encore très fatigant, et surtout très coûteux, car, ne pouvant ménager des paliers de garage sur cette espèce de chemin en colimaçon on était obligé d'en créer deux dans chaque mine : un pour la montée, l'autre pour la descente.

Enfin, vers 1833, on établit, aux mines de Zellerfeld, dans le Hartz, des échelles mobiles qui sont le point de départ des systèmes employés partout aujourd'hui et qu'on appelle *fahrkunst* en Allemagne, *men engine* en Angleterre et *warocquère* en France et en Belgique.

L'invention de l'ingénieur Dœrell se composait de deux échelles accolées l'une près de l'autre, mais pourtant indépendantes et animées alternativement, d'un mouvement de va-et-vient vertical.

Il suffisait à l'ouvrier qui voulait descendre de se poser sur l'échelle qui descendait et de changer d'échelle au moment où la première, à bout de course, commençait à remonter, pour se placer sur l'autre qui descendait alors à son tour; et ainsi de suite jusqu'au terme du voyage.

Mais c'était presque de la gymnastique et l'on modifia le système pour l'usage des ouvriers moins agiles.

On remplaça les échelles par des tirants, portant de petits marchepieds échelonnés sur toute leur longueur et munis au-dessus de chacun de ces derniers, de poignées de fer, placées à une hauteur calculée pour que l'ouvrier puisse s'y cramponner avec la main.

Quant au fonctionnement, c'était le même, le mineur passait d'un tirant sur l'autre en se tenant toujours sur les marchepieds de celui qui montait, s'il voulait monter, et vice versa.

Mais on fit mieux encore; au lieu de tirants simples on en employa de doubles, reliés, de distances en distances, par des traverses destinées à porter les ouvriers et on espaça ces deux tirants de façon à disposer, entre le montant et le descendant, des paliers de repos sur lesquels l'ouvrier pouvait attendre, sans être astreint à un véritable travail, le changement de mouvement des tirants.

Le dernier perfectionnement est celui qu'apporta, en 1848, M. Abel Warocquè de Mariemont, d'où les appareils employés depuis ce temps en France et en Belgique sont appelés *Warocquères*.

C'est le fahrkunst, mais beaucoup moins encombrant que dans le système allemand et surtout beaucoup plus commode pour les ouvriers, qui voyagent ainsi sans fatigue.

Les échelles sont remplacées par des tirants métalliques munis, de 3 mètres en 3 mètres, de paliers avec balustrades et disposés de façon à se toucher presque en passant l'un auprès de l'autre, ce qui rend le changement de place très facile.

Notre dessin l'expliquera du reste. Quant au moteur il est infiniment plus simple et moins encombrant que le balancier des machines allemandes.

Ainsi, les tiges métalliques qui servent de tirants, portent à leur extrémité supérieure chacune un piston, qui joue dans un cylindre, dont le développement est égal à la course des tirants.

Les mouvements de ces deux pistons étant rendus solidaires l'un de l'autre, par l'effet d'un certain volume d'eau qui passe d'un cylindre dans l'autre, tantôt par le haut, tantôt par le bas, il suffit donc que l'on imprime, au moyen d'un cylindre à vapeur placé au-dessus des cylindres hydrauliques, un mouvement de va-et-vient à l'un des pistons pour que l'autre le répète en sens contraire. Et en marche ordinaire, ce mouvement se produit de douze à quatorze fois par minute, ce qui permet à l'ouvrier de faire un peu plus de 35 mètres par minute.

Maintenant il faut bien dire que, malgré les avantages qu'il présente, ce système n'est pas aussi répandu qu'on pourrait le croire.

Cela tient à ce qu'il convient surtout aux grandes exploitations, qui ont de nombreux chantiers et partant beaucoup de puits communiquant entre eux; ce qui devient de plus en plus rare, car on tient maintenant, dans les mines importantes à rendre les chantiers d'exploitations indépendants les uns des autres pour que, en cas d'accidents, les travaux ne soient pas arrêtés partout.

ÉPUISEMENT DES EAUX

Nous avons déjà parlé de la nécessité de l'épuisement des eaux, qui s'impose pendant le forage des puits et le creusement des souterrains. Cette nécessité se renouvelle, sinon partout, du moins dans la plupart des mines, au courant de l'exploitation.

Les eaux s'accumulant facilement à l'intérieur soit par les fissures naturelles du sol, très nombreuses dans les roches sédimentaires, soit par des failles, de quelque

Echelles mobiles du Hartz.

Fahrkunst à paliers.

nature que ce soit, la mine serait vite envahie et tout travail rendu impossible, sans compter les accidents terribles qui pourraient résulter d'une inondation même partielle des gîtes exploités, si l'on n'avait le soin d'expulser les eaux au fur et à mesure qu'elles se produisent.

Or, comme elles arrivent incessamment, c'est donc un travail perpétuel, qui s'accomplit de différentes manières selon la nature des terrains et surtout la disposition des lieux.

Dans les exploitations à ciel ouvert où les eaux accumulées n'acquièrent jamais une grande importance, on économise l'agencement d'un système spécial d'épuisement et l'on se contente le plus souvent de diriger les eaux au moyen de rigoles soit dans des puits absorbants, soit à l'ouverture de tranchées qui débouchent naturellement à un niveau plus bas.

Si la situation ne permet aucun de ces moyens, on creuse un ou plusieurs puisards, dans lesquels les eaux s'emmagasinent pour être enlevées ensuite par divers procédés : chapelets de godets, norias, seaux, ou par des pompes qui, même de petit effet, sont encore plus expéditives.

Lorsque les eaux sont abondantes les puisards, creusés plus profondément, si les eaux ne se rassemblent pas naturellement dans une dépression de terrain ménagée exprès, sont épuisés par les pompes rotatives dont nous avons déjà expliqué le fonctionnement en décrivant celle de M. Du-

Warocquère.

Pompe Dumont établie sur un puits.

mont, ou par d'autres systèmes équivalents comme effet, et notamment l'élévateur à jet de vapeur de M. Kœrting dont nous parlerons tout à l'heure parce que son emploi est plus spécial aux puits.

Dans les exploitations souterraines les difficultés augmentent non seulement parce que l'eau est plus abondante, mais encore parce qu'il faut aller la chercher à des profondeurs souvent considérables.

Pour les mines situées en pays de montagnes ce n'est pourtant qu'une question d'installation; car il est presque toujours facile d'atteindre le gîte exploité par une ou plusieurs galeries partant du fond de quelque vallée et par conséquent inclinées.

Ces galeries, qu'on appelle galeries d'écoulement, parce que de fait elles fournissent un écoulement naturel aux eaux provenant de régions supérieures, offrent plusieurs avantages : d'abord leur entretien est presque nul et presque toujours elles donnent issue à un volume d'eau assez considérable pour produire des forces motrices.

En outre, on peut les utiliser comme galeries d'aérage, et en bien des cas, comme galeries d'extraction.

Il y a même des galeries de ce genre qui rendent ces services multiples à plusieurs exploitations voisines et l'on peut citer comme exemple la fameuse galerie de seize kilomètres de longueur qui dessert à la fois les principales mines du district de Schemnitz, en Hongrie.

En pays peu accidentés, surtout dans les plaines, c'est tout différent, et comme on ne peut se débarrasser de l'eau que par les puits, on est obligé d'avoir recours aux moyens mécaniques.

En conséquence, on établit au fond des puits une cuvette ou même un puisard, d'une profondeur suffisante pour que les eaux puissent s'y rassembler et on les élève ensuite par différents procédés.

Soit au moyen de bennes, tonnes ou caisses d'épuisement, soit au moyen de pompes de divers systèmes.

Les caisses d'épuisement, nous en avons parlé à propos de la machine d'extraction, appliquée au fonçage des puits de M. Robey.

Elles fonctionnent au moyen de câbles, de tambours et de molettes exactement comme les bennes qui servent à l'extraction du minerai.

Les pompes, plus généralement employées, du reste, sont de plusieurs sortes.

Nous avons déjà parlé des pompes rotatives Dumont sur lesquelles nous ne reviendrons pas ; car, si leur emploi présente des avantages considérables pour le creusement des puits, et les épuisements provisoires à des profondeurs de 25 à 30 mètres, elles ne peuvent être installées à demeure dans des puits très profonds à cause de la commande par courroie qui les fait fonctionner.

L'élévateur à jet de vapeur, des frères Koerting, qui est d'ailleurs une espèce de pompe pneumatique, peut rendre, d'une autre façon, les mêmes services dans les puits peu profonds.

Cet appareil très simple, comme on peut le voir par nos dessins, et d'un fonctionnement d'autant plus économique et régulier qu'il se fait sans mécanisme mobile, et sans clapet, est actionné par un jet de vapeur emprunté à une machine voisine.

La vapeur arrive en *a* après avoir passé par le tuyau de conduite et, produisant le vide par l'effet de son passage de la tuyère à vapeur à la tuyère de pression, détermine l'aspiration de l'eau qui entoure l'appareil, coudé à cet endroit, et terminé par une crépine *c*, percée de trous.

L'eau aspirée ainsi se mélange dans l'appareil avec le fluide propulseur qui la repousse par *d* dans le tuyau de refoulement, avec une puissance qui varie selon la pression de la vapeur.

Ainsi une atmosphère donne une hauteur de refoulement de 4 mètres et l'on atteint 12 mètres avec deux, 20 mètres avec trois, 30 mètres avec quatre et 38 mètres avec cinq.

La conduite de cet appareil n'est pas plus difficile que cela : ouvrir peu à peu le robinet de prise de vapeur jusqu'à ce que l'eau soit aspirée, puis l'ouvrir tout en grand, pour produire le refoulement.

Du reste, aucune installation spéciale, l'élévateur étant tout simplement suspendu aux tuyaux de vapeur et de refoulement, lesquels doivent seulement être maintenus aussi droits que possible et plonger dans l'eau de façon à ce que la crépine soit toujours au-dessous du plus bas niveau que cette eau pourrait atteindre.

Naturellement, ces tuyaux augmentent de diamètre selon la puissance d'aspiration que l'on veut donner à l'appareil ; ainsi un élévateur qui fournit 60,000 litres d'eau à l'heure doit être pourvu d'un tuyau de vapeur de 80 millimètres de diamètre et ses tuyaux d'aspiration et de refoulement sont portés à 120.

Ce qui n'est pas bien encombrant relativement au travail obtenu, malheureusement ce travail est limité, pour l'épuisement des mines, par la profondeur des puits.

Les pompes d'un usage courant dans les puits très profonds sont classées sous deux types.

Pompes élevatoires à piston creux, pompes foulantes à piston plein, ce qui n'empêche pas d'employer aussi les pompes à double effet qui élèvent l'eau pendant les deux oscillations du piston.

Il est vrai que c'est surtout pour des épuisements intérieurs, devant élever l'eau de divers points de la mine jusqu'au point de réunion, où elle est puisée par les colonnes élévatoires; et le plus souvent elles sont mues à bras d'hommes.

La pompe élévatoire est la plus simple de toutes, mais comme son action est limitée on l'emploie par séries, superposées de dix mètres en dix mètres, et disposées de telle sorte que chacune d'elles amène l'eau dans un réservoir, où la prend la pompe immédiatement supérieure.

La pompe foulante, au contraire, amène l'eau, d'un seul jet, jusqu'à l'orifice du puits et sa puissance d'action est immense; on pourrait presque dire qu'elle n'a d'autres limites que la solidité du corps de pompe, des clapets, des tuyaux et de la fondation, puisque, dans les salines de Bavière, on a monté des pompes foulantes qui élèvent l'eau d'un seul jet jusqu'à 370 mètres. Il est vrai que c'est une exception et qu'il faut, pour cela, exercer dans le corps de pompe une pression de 45 atmosphères.

Les machines motrices des pompes sont installées au jour excepté, bien entendu, quand la disposition du puits permet d'y établir une machine à colonne d'eau.

Dans ce cas, cette machine est placée dans le fond de la mine et elle a pour objet de refouler l'eau à l'orifice, par un tube scellé le long du muraillement, mais ce moteur ne peut être employé qu'à des profondeurs moyennes en raison du poids de la colonne d'eau à soulever.

L'attelage des pompes au moteur, dont le piston atteint quelquefois trois mètres de diamètre, se fait par l'intermédiaire d'un balancier à la maîtresse tige, qui descend depuis le point d'attache jusqu'à la dernière pompe (placée au-dessus du puisard), de façon à les actionner toutes à la fois par le même mouvement.

Cette maîtresse tige est formée de pièces de bois aussi longues que possible, aboutées et consolidées par des bandes de fer boulonnées.

S'il s'agit d'une pompe élévatoire l'attelage s'opère tout simplement avec une attache latérale, en interposant entre la tige de la pompe et la maîtresse tige un bloc de bois ou de fonte qu'on appelle remplissage.

Pour les pompes foulantes, il faut plus de précautions, surtout lorsqu'il y en a plusieurs dans le même puits ; par la double raison que c'est la descente des tiges qui les met en mouvement et que leur hauteur d'action est en moyenne dix fois plus considérable; on attache directement le piston foulant de la première pompe à l'extrémité de la tige maîtresse, dont on transmet le mouvement aux autres pompes par deux tiges latérales qui passent des deux côtés du corps foulant ; par ce moyen la maîtresse tige ne dévie point de son axe et ne court point le risque de se fausser.

Mais il arrive souvent, surtout dans les

puits de grande profondeur, que le poids de la tige maîtresse et de ses accessoires d'attelage dépasse celui de la colonne d'eau à soulever et alors il faut rétablir l'équilibre afin que le mouvement plongeant ne cause pas de chocs trop violents.

C'est ce que l'on fait, au moyen de contre-poids attachés en haut de la maîtresse tige par des balanciers.

Dans notre pays, ces contre-poids sont généralement des caisses remplies de pierres, de boulets ou de plaques de fonte ; mais en Angleterre, ils sont le plus souvent formés ou pour mieux dire remplacés par des plongeurs attelés à la maîtresse tige et

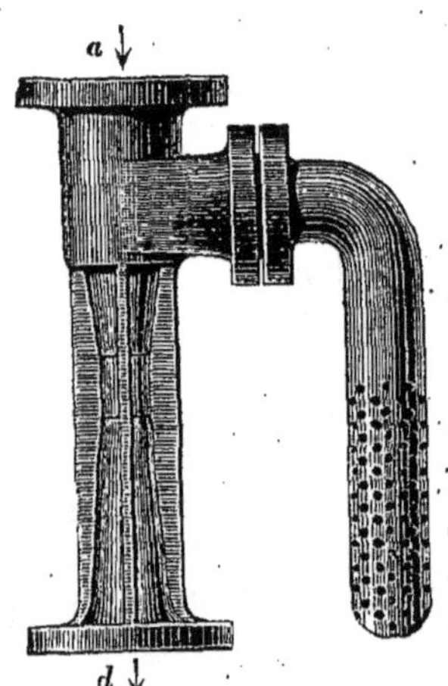

Élevateur à jet de vapeur. — Système Kœrting.

oscillant dans une colonne d'eau, alimentée par un tuyau latéral.

Cela coûte plus cher d'établissement, mais cela prend moins de place que les balanciers, et la place est beaucoup à l'orifice d'un puits où l'on n'en a jamais assez pour les manœuvres multiples qu'on est obligé d'y faire.

Les pompes ne sont pas le seul engin d'épuisement que l'on connaisse, il y a aussi le pulsomètre à action directe des frères Kœrting qui, quoique très récent, fonctionne déjà aux mines d'Albert, aux mines de lignite de Gut Glück (près Meseritz), aux mines de Langhecke, et aux mines réunies dites « Vaterland, » près Francfort sur l'Oder.

Le pulsomètre de Hall, très apprécié en

Fonctionnement de l'élevateur Kœrting.

Amérique, est connu en France depuis 1878 où il fut une des curiosités de l'exposition, mais il est bien dépassé par celui que les frères Kœrting ont fait breveter l'année dernière et qui, étant à action directe, peut donner 75 pulsations à la minute en n'augmentant la température de l'eau que de 0°12 par mètre de hauteur de refoulement, tandis que le pulsomètre ordinaire donne beaucoup moins de pulsations et élève beaucoup plus la température.

Le fonctionnement du pulsomètre ordinaire se réduit à ceci :

La vapeur à haute tension, étant amenée dans une capacité pyriforme, se refroidit en occupant une capacité d'un diamètre de plus en plus étendu, se condense, et, après avoir refoulé, en se détendant, l'eau dont elle occupe la place, y amène une nouvelle quantité de liquide, grâce au vide opéré par sa condensation.

Si l'on suppose maintenant une deuxième capacité semblable à la première, où les

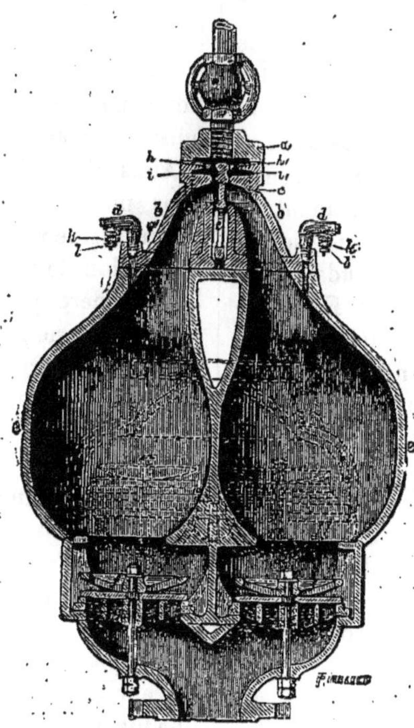

Pulsomètre, système Kœrting.

mêmes phénomènes se produisent alternativement, on aura un appareil à double effet, donnant un travail continu d'aspiration et de refoulement et absolument régulier, si les récipients sont calculés de façon à assurer un travail différentiel.

Tel est aussi le principe du pulsomètre Kœrting, mais avec ce perfectionnement capital que, grâce à l'emploi de sacs à vapeur, le fonctionnement, qui ne pouvait se faire qu'alors que la vapeur surchauffée était tombée à la température de l'eau liquide, c'est-à-dire après la condensation complète de la chambre, est infaillible par n'importe quelle variation de la température, si faible qu'elle soit.

Voici, du reste, avec dessin à l'appui, la description de l'appareil, qui consiste en deux chambres de fonte, en forme de poires, se resserrant vers le haut et dont l'entrée est ouverte ou fermée par une languette commune.

Le bas de chaque chambre est muni d'un clapet d'aspiration et aboutit dans le tuyau commun d'aspiration S. Au-dessus des clapets d'aspiration s'adapte la capacité contenant les clapets de refoulement et qui conduit vers le tuyau de décharge D.

Chacune des deux chambres possède encore, dans le haut, un clapet de retenue pour l'introduction de l'air et dans le bas, un tuyau d'injection qui conduit à la chambre de refoulement et sert à en rejeter l'eau froide de condensation.

La vapeur entre par le robinet R, passe dans l'une des chambres, en fermant l'autre avec la languette C, exerce une pression sur l'eau contenue dans cette première chambre et la chasse par les clapets de refoulement dans le tuyau de refoulement D. L'eau étant arrivée à l'arête inférieure, la vapeur se mêle avec elle et soudain perd considérablement de sa pression. En même temps, l'eau, entrant par le tuyau de refoulement dans le tube d'injection, passe dans la chambre et produit une vive condensation de la vapeur ; le vide, ainsi produit, pompe, par le tuyau d'aspiration S, l'eau qui remplit de nouveau la chambre.

Ainsi, lorsque le refoulement cesse dans la chambre de gauche, la condensation de la vapeur admise s'est produite et, sous l'influence de la pression atmosphérique extérieure, il y a aspiration.

Pendant cette période d'aspiration il y a eu refoulement dans la chambre de droite, puis condensation de la vapeur et, à son tour, l'aspiration se produit de ce côté.

Ajoutons que des reniflards *dd*, sont placés sur chacune des deux chambres, ils introduisent une petite quantité d'air à chaque pulsation, ce qui évite les coups de bélier ; l'air introduit par les reniflards est réglé de façon à former une couche entre l'eau et la vapeur, ce qui évite le réchauffement de l'eau.

Il s'en suit donc qu'on obtient une oscillation régulière et rapide de la languette d'admission de vapeur, dont le mouvement s'opère sous la double action de la vapeur directe et du vide produit par la pulsation précédente.

D'où, consommation de vapeur bien moindre que dans le pulsomètre ordinaire et action infiniment plus sensible.

Les applications de cet appareil sont très nombreuses, mais nous n'avons ici à nous en occuper qu'au point de vue de l'épuisement des eaux dans les mines.

A cet égard il se monte exactement comme l'élévateur à jet de vapeur des mêmes constructeurs, dont il est en somme un perfectionnement, d'autant plus appréciable que sa puissance d'action n'est pas limitée.

Ainsi, lorsqu'il s'agit de son installation dans un puits de mine, s'il arrive que la hauteur de refoulement soit supérieure à la pression de vapeur (qui est à peu près de 5 atmosphères pour 30 mètres), on fait exactement comme pour les pompes c'est-à-dire que l'on superpose les uns au-dessus des autres des appareils en nombre suffisant pour atteindre toute la hauteur du puits, lesquels peuvent être accouplés avec de la tuyauterie, sans l'intercalation d'un réservoir (comme avec les pompes), de telle façon que la colonne d'eau n'est pas interrompue et se déverse directement dans le conduit d'écoulement.

Un appareil de $2^m,60$ de hauteur $2^m,50$ de largeur et $2^m,10$ de profondeur peut, avec une tuyauterie de 10 centimètres de diamètre pour l'aspiration et le refoulement, élever à 30 mètres de hauteur 9,400 litres d'eau par minute, quantité qui serait augmentée de 2 dixièmes si l'on se servait d'une série d'appareils superposés à 10 mètres de distance, et que les pompes ne donnent pas souvent quelque encombrantes qu'elles soient.

Disons maintenant, pour terminer ce chapitre qu'il arrive quelquefois dans les galeries abandonnées, que l'eau séjourne en quantité si considérable que l'on renonce à l'épuiser.

Dans ce cas, on isole la galerie du reste de la mine par la construction d'un mur en maçonnerie; ou bien, comme on l'a fait à Blanzy, on établit un barrage en assemblant en forme de voûte, de solides pièces de bois qu'on serre jusqu'à la limite extrême.

Mais la muraille n'est guère plus chère et elle offre plus de sécurité, d'autant qu'on peut l'enduire d'argile ou de bitume pour augmenter son imperméabilité.

ÉCLAIRAGE

La question de l'éclairage — secondaire dans les exploitations métallifères où l'on peut employer indifféremment des chandelles, des lampes ordinaires ou des torches résineuses — est d'une importance capitale dans les mines de houille, où de tous temps elle a été une source permanente d'accidents par suite de la présence, en quantité plus ou moins grande, dans une foule de galeries, d'un gaz extrêmement dangereux que les ouvriers désignent sous les noms de : *grisou*, *terrou* ou feu sauvage, mais qu'ils redoutent à bon droit, comme leur plus cruel ennemi.

Ce gaz, qui est l'hydrogène protocarboné des chimistes, se dégage surtout en abondance dans les mines de houilles grasses et friables, mais les exploitations de houilles maigres et sèches n'en sont pas exemptes pour cela, car il se trouve souvent accumulé dans des poches, ou vides naturels, qui existent dans certaines roches, d'où un coup de pioche suffit à le faire sortir; souvent aussi il s'échappe des fissures de la houille, et des fentes de la roche encaissante en jets d'autant plus redoutables en raison de leur rapidité.

Le *grisou* a les désastreuses propriétés : d'abord d'asphyxier quand il n'est pas mélangé d'au moins deux fois son volume d'air, ensuite de s'enflammer au contact des lumières d'éclairage, et surtout de détoner lorsqu'il est mêlé dans certaines proportions avec l'air atmosphérique.

Cette proportion est au minimum d'environ un douzième dans l'air ambiant, dont les ouvriers peuvent constater le progrès, souvent trop rapide, par l'effet produit sur la flamme de leurs lampes.

S'il y a du grisou dans l'air la lumière commence d'abord par s'allonger, s'élargir, puis elle prend une teinte bleuâtre dont l'intensité augmente avec la proportion du grisou.

Sitôt que les mineurs s'aperçoivent de ce changement, ils doivent éteindre au plus tôt leurs lampes et se retirer, en se baissant, dans la partie saine de la galerie; malheureusement ils n'en ont pas toujours le temps, et souvent le *coup de grisou* éclate avant qu'ils aient pu assurer leur retraite.

Et c'est cette explosion qui fait les premières victimes : d'abord les personnes qui se trouvent dans l'atmosphère explosive sont horriblement brûlées, et le feu peut se communiquer aux boisages des étais et même à la houille.

De plus, le coup de feu produit est généralement si violent, que même à des distances considérables du lieu de l'explosion les ouvriers sont renversés, écrasés contre les murs ou engloutis sous les décombres des piliers de soutènement, qui sont détruits par la secousse. De là résultent ces éboulements qui rendent presque toujours impossible toute prompte opération de sauvetage.

On voit même quelquefois ces effets destructeurs se propager jusqu'aux orifices des puits d'extraction, à travers lesquels sont jetés des fragments de roches et des pièces de bois ; nouveaux obstacles qui empêchent de se porter assez tôt au secours des malheureux, qui n'ont été ni brûlés ni écrasés et qui périssent alors d'asphyxie, par l'effet des masses d'acide carbonique et d'azote produites par l'inflammation du grisou, et qu'ils peuvent d'autant moins combattre que, presque toujours, les appareils d'aérage ont été mis hors de service par l'explosion.

Heureux encore quand un éboulement ne les mure pas dans un fond de galerie, où l'inanition les fait mourir plus lentement et plus misérablement.

Des milliers de mineurs ont ainsi trouvé la mort dans ces catastrophes qui plongent la science et l'humanité dans le deuil. Nous en citerons quelques-unes, non pour grossir le martyrologue des obscurs combattants de l'industrie minière, mais comme exemples de l'intensité des explosions et des effets qu'elles produisent.

En 1812, à la mine de Felling, il y eut une détonation si forte qu'on en entendit le bruit à plus de cinq kilomètres de distance; la secousse qui en résulta fut ressentie dans un rayon de 500 mètres, et les voies de communication avaient été si fatalement obstruées par la destruction des étais et les éboulements, qu'il ne fut possible de pénétrer au centre de l'explosion que vingt-cinq jours après l'événement.

En 1835, un coup de grisou, qui éclata aux mines de Wallsend, fit 101 victimes.

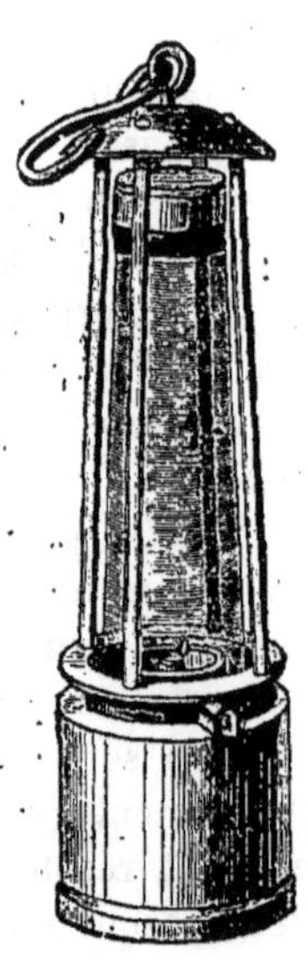

Lampe Davy.

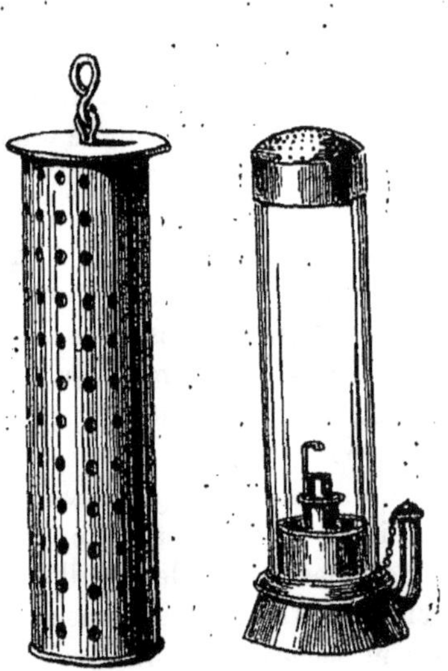

Lampe Stephenson.

En 1839, dans une mine de Schaumburg, des pierres qui pesaient plus de mille kilogrammes et qui servaient de fondation à une machine hydraulique du poids de 12,000 kilogrammes, furent déplacées malgré les forts étais de bois qui les consolidaient contre la direction de l'explosion et qui, d'ailleurs, furent brisés comme des fétus.

On pourrait citer encore le coup de feu de 1856, qui fit 110 victimes dans le puits de Limmes sur 117 mineurs descendus dans la mine; les terribles catastrophes du puits Jabin, ce *mangeur d'hommes* qui engloutit 70 ouvriers en 1872 et plus de 200 au mois de février 1876, et bien d'autres plus récents; mais à quoi bon multiplier des exemples aussi tristes; ceux-là sont bien suffisants pour donner une idée de la puissance destructive du grisou.

Il nous reste à dire ce qu'on a fait pour prévenir de si funestes accidents.

On a d'abord inventé le *pénitent* : c'est ainsi qu'on appelait un homme couvert d vêtements mouillés, ayant sur le visage un masque à yeux de verre, et armé d'une longue perche terminée par une torche, avec laquelle il s'avançait en rampant sur le ventre, pour provoquer une détonation partielle, là où l'on soupçonnait la présence du grisou..

Mais, outre que ce procédé n'était pas sans danger pour le *pénitent*, qu'on appelait aussi *canonnier* en France, il avait des inconvénients matériels : lorsque le gaz n'était pas seulement inflammable, lorsqu'il était explosible, la solidité des travaux se trouvait constamment compromise par ces détonations, que dans certaines galeries il fallait provoquer tous les jours et même plusieurs fois par jour, et il en résultait de nombreux accidents, car les gaz provenant de la combustion séjournaient dans les galeries et asphyxiaient quelquefois les ouvriers.

On y a renoncé il y a près de cinquante ans : on essaya alors le système des lampes perpétuelles : on suspendait vers le toit des

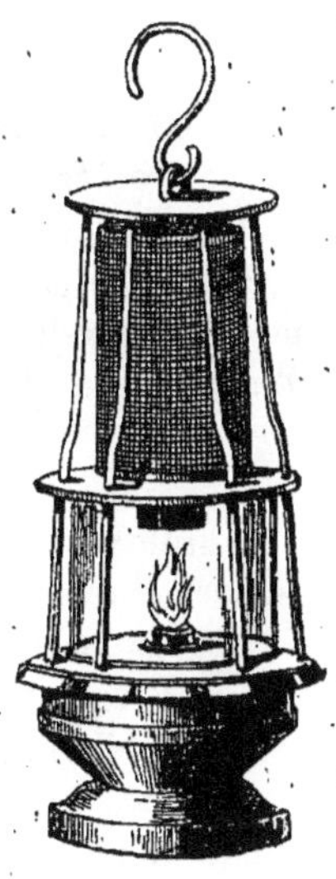

Lampe Combes.

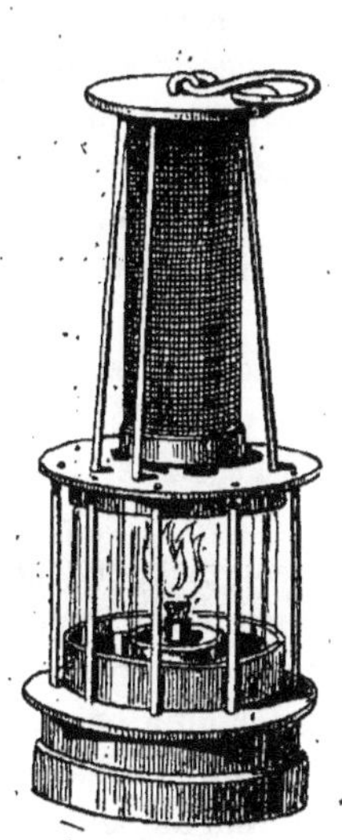

Lampe Mueseler.

tailles, et sur tous les points où le grisou était susceptible de se rassembler, des lampes qui brûlaient ce gaz, au fur et à mesure qu'il se produisait, et ne lui donnaient pas le temps de former des masses assez considérables pour devenir un danger.

Mais ce moyen fut vite abandonné dans la plupart des mines, à cause de la production de l'azote et de l'acide carbonique d'autant plus active que, pour empêcher les lampes de s'éteindre, on était obligé de ralentir beaucoup la vitesse des courants d'aérage de sorte que, pour éviter le grisou, on courait les chances de l'asphyxie.

Dans certaines mines on remplaça les lampes par des matières phosphorescentes qui n'emflammaient pas le grisou ; mais elles ne donnaient que juste assez de clarté pour permettre de distinguer les objets qu'on avait sous la main.

Ailleurs, on essaya le *briquet de mine*, espèce de petite roue d'acier qu'un enfant faisait tourner, sans relâche, contre un morceau de silex; cela donnait une série non interrompue d'étincelles sans inconvénient pour le grisou, qui ne prend pas feu à la chaleur rouge, mais cela n'éclairait pas suffisamment les mineurs.

On pensa alors à entraîner le grisou hors de la mine à l'aide d'un aérage énergique; ce qui fit faire de grands progrès aux systèmes de ventilation dont nous parlerons tout à l'heure, mais on ne tarda pas à s'apercevoir qu'on ne trouverait jamais complètement le succès dans cette direction, et qu'il fallait surtout perfectionner l'éclairage.

C'est alors que le chimiste Humphry Davy inventa la lampe de sûreté qui porte son nom, et qui parut à peu près en même temps que la lampe de Stephenson, moins connue, mais qui est basée sur le même principe.

Nous allons, d'ailleurs, les décrire toutes les deux.

La *Davyne*, comme on l'appela bientôt en Angleterre, fut présentée à la Société royale de Londres le 11 janvier 1816; elle se composait :

1° D'un réservoir pour l'huile, très bas afin que le liquide fût toujours près de la mèche, qu'un fil de fer recourbé en crochet servait à monter ou à baisser.

2° D'un cylindre en tissu métallique préservant la flamme du contact du grisou, et fermé, en haut, par deux toiles superposées de façon que si la première était brûlée par la flamme, la sûreté de la lampe ne fût pas compromise.

3° Et d'une armature extérieure, espèce de cage composée de petits barreaux de fer ou de cuivre, ayant pour objet de fixer le réservoir à huile, de le garantir des chocs qui pourraient le fausser ou le déchirer et de servir à transporter la lampe, au moyen d'un anneau fixé à son extrémité supérieure.

La lampe de Stephenson que les mineurs appelèrent la *Geordy* (lampe du petit Georges) était employée, dès le mois de novembre 1815, dans les mines de Killingworth, où travaillait l'inventeur. Elle se composait :

1° D'un réservoir à l'huile, muni de crochet pour manœuvrer la mèche et percé de petits trous pour le passage de l'air nécessaire à la combustion.

2° D'une cheminée en verre, qui coiffait le réservoir et qui était couverte d'un chapeau métallique criblé de petits trous.

3° Et d'une enveloppe cylindrique en fer blanc, percée d'une multitude de petits trous destinés à laisser passer la lumière, et qui, se fixant solidement sur le réservoir, était munie, à son extrémité supérieure, d'un crochet servant à porter la lampe.

Comme on le voit, le même résultat était obtenu par des procédés différents, les deux appareils se valaient; mais Davy faisant alors autorité dans la science, sa lampe fut préférée à celle du modeste ouvrier, hors dans les mines de Killingworth où l'on emploie toujours la *Geordy*, comme infiniment plus sûre que l'autre.

La lampe Davy ne brûle pas le grisou, elle le tient à l'écart et avec elle on peut travailler sans danger d'explosion au milieu du gaz, si l'on a le soin de la tenir fermée; car, par sa manière de brûler, elle indique à chaque instant aux ouvriers l'état de l'atmosphère et les avertit du moment où il faut se retirer.

Si le grisou existe en petites quantités, la flamme de la lampe s'élargit et se dilate; si le gaz forme le douzième du volume de l'air ambiant la flamme prend une couleur bleue très faible, qui augmente d'intensité si la proportion du gaz augmente.

Est-elle du sixième de l'air, la mèche de la lampe, qu'on distinguait encore rougeâtre au milieu de la flamme bleue, n'est plus visible; si la proportion augmente encore, la lampe s'éteint et l'ouvrier qui la porte n'a plus qu'à se retirer.

Mais il verra clair dans sa retraite; car la lampe renferme des fils de platine roulés en spirale, qui ont rougi par l'effet *cataly-*

tique, qui est spécial au platine plongé dans un mélange de gaz détonant, et dont la lueur suffira à le guider.

De plus, le mineur saura quand il est en sûreté, car sitôt arrivé dans la galerie saine, le platine rouge rallume le gaz introduit dans l'intérieur de la lampe, qui lui-même rallume la mèche de la lampe.

Voilà certainement une grande sécurité; malheureusement, la lampe Davy éclaire fort peu à cause de son enveloppe en toile métallique, et les ouvriers ont une grande répugnance à s'en servir à cause de cela.

Aussi s'est-on beaucoup occupé de l'améliorer, en augmentant sa puissance éclairante et en en rendant l'ouverture impossible aux ouvriers pendant les travaux.

Des ingénieurs français, belges, allemands et anglais ont poussé leurs études à la réalisation de ces deux ordres d'idées et nombre de lampes de sûreté ont été inventées et adoptées dans différentes mines.

Les plus connues sont les lampes Combes, Boty et Mueseler.

La lampe Combes, en usage dans les principales mines de houille françaises, est une excellente modification de la *Davyne :* le bas de la lampe est en cristal et la toile métallique n'en recouvre que la partie supérieure à la flamme.

L'air, qui s'introduit par des trous percés autour d'un rebord en saillie sur le couvercle du réservoir à huile, traverse une ou deux rondelles de toile métallique, avant de pénétrer dans la cage en cristal; les gaz brûlés se dirigent dans une cheminée en cuivre placée dans l'axe de la lampe, et ils ne se mélangent avec l'air ambiant qu'après avoir passé au travers de l'enveloppe métallique.

La lampe Mueseler, adoptée dans toutes les mines de la Belgique et dans quelques-unes du bassin de Saint-Étienne, en diffère fort peu ; elle éclaire peut-être un peu plus parce que le réservoir à huile est moins élevé, mais l'amélioration paraît encore insuffisante aux ouvriers, puisque, bien que ces lampes se ferment à cadenas, ils trouvent encore moyen de les ouvrir pour y voir plus clair, au risque d'annuler tous les éléments de sécurité qu'elles présentent.

Il y a aussi la lampe du Mesnil, dont on a beaucoup parlé lors de son apparition et qui est, du reste, une modification très heureuse de la Davyne.

C'est un cylindre de cristal, encadré dans deux disques métalliques, dont l'inférieur soutient le réservoir à huile, et dont le supérieur est surmonté d'une cheminée en métal, coiffée elle-même d'une calotte semi sphérique, qui sert à activer le courant d'air de combustion et partant l'intensité de la lumière.

Ce qui caractérise surtout cette lampe qui, en cela, rend l'office qu'on attendait autrefois des lampes perpétuelles, c'est la combustion immédiate du grisou à l'instant où il y pénètre, ce qui l'empêche de s'y agglomérer et d'y faire explosion.

Et sa présence est signalée par le bruit qu'il fait en brûlant à la mèche ; et qui est analogue à celui que l'on obtient en allumant un bec de gaz, dans lequel l'air a pénétré.

Malgré tous ces appareils de sûreté les accidents dus au grisou ne diminuent guère et la statistique nous démontre malheureusement que, seulement dans les mines d'Europe, ils font encore, en moyenne, une victime par jour; ce qui est absolument effrayant.

On nous dit bien que la plupart du temps c'est la faute des ouvriers qui, s'habituant à vivre au milieu du danger, négligent de prendre les précautions qui leur sont si bien recommandées, et ont jusqu'à l'imprudence d'allumer des allumettes chimiques dans la mine.

Mais le mal n'en est pas moins terrible.

La seule chose qui pourrait l'enrayer, peut-être même le supprimer tout à fait serait l'éclairage électrique des galeries souterraines.

De nombreuses expériences ont été faites et sont faites encore tous les jours, mais rien de concluant au point de vue de l'éclairage général n'a encore été trouvé.

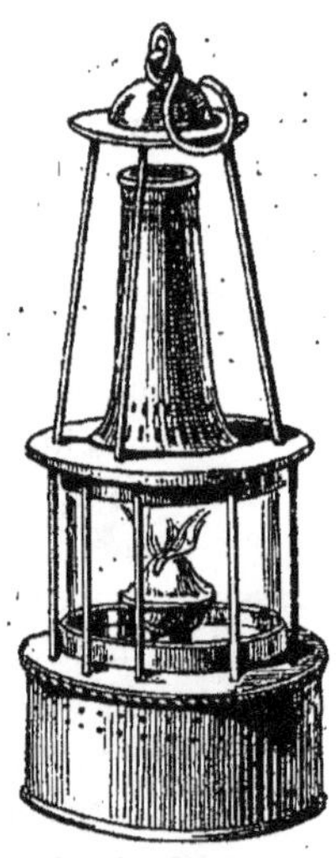

Lampe du Mesnil.

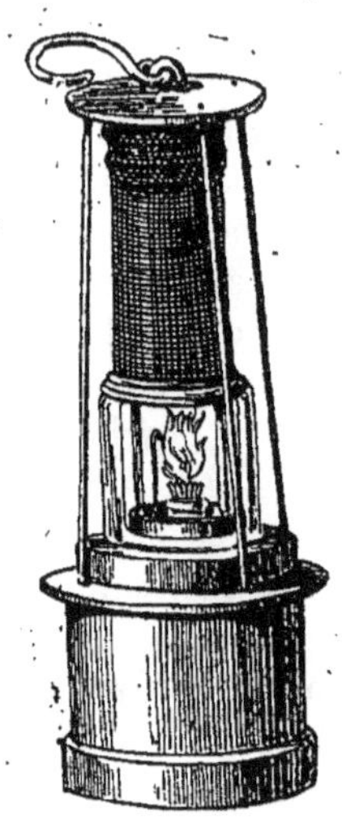

Lampe Boty.

Pour des lampes portatives on en a, qui sont même assez pratiques, toutes d'ailleurs étant des applications des tubes de Geissler, que tout le monde connaît pour donner une lumière diversement coloriée, selon la nature des gaz qu'on enferme dedans.

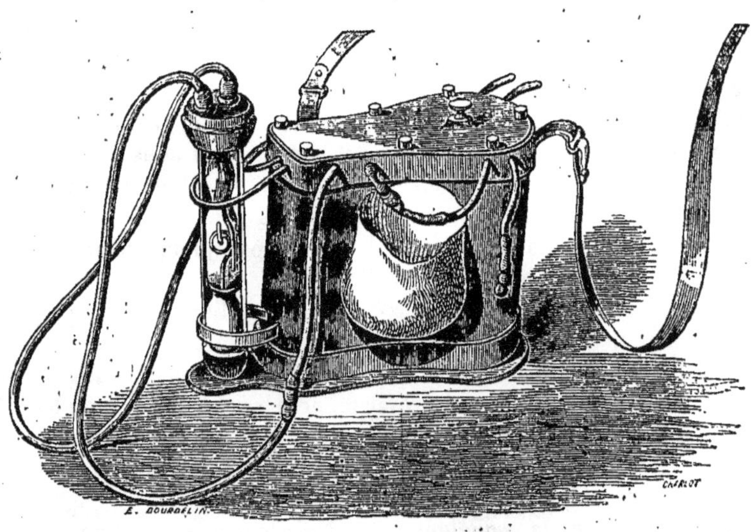

Lampe électrique avec l'appareil générateur

Voici d'ailleurs le système complet. On recourbe en spirale un tube de verre d'un diamètre très petit et d'une longueu[r] aussi grande que possible, de façon à avoi[r]

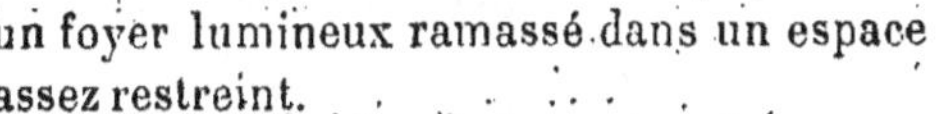

Aérage naturel.

Aérage forcé. — Cheminée d'appel.

un foyer lumineux ramassé dans un espace assez restreint.

Le vide ayant été fait à quelques millimètres près dans ce tube, deux fils de platine sont soudés à ses deux extrémités, pour permettre à l'étincelle électrique de jaillir dans l'intérieur.

Ce tube est placé dans un autre, de forme cylindrique, disposé et monté pour servir de lampe au mineur, et rempli soit d'une dissolution phosphorescente; sels de quinine ou des sels d'urane, comme dans les procédés du docteur Benoît de Privas et de M. Dumas, ingénieur aux mines du Lac (Ardè-

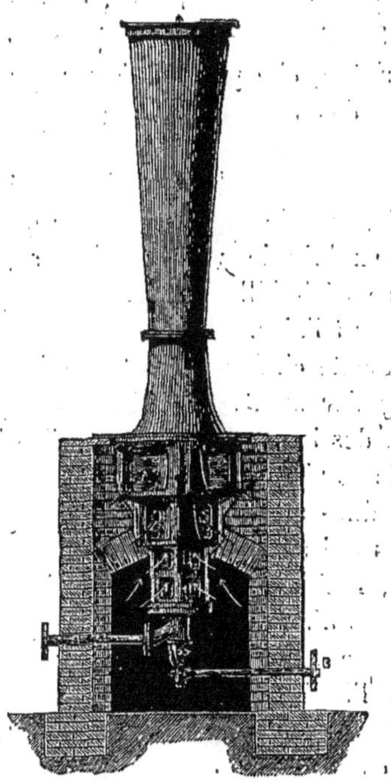

Ventilateur à jet (système Kœrting).

Installation fixe. Installation mobile. (Appareil à manteau).

che), soit d'azote comme dans la lampe de M. Gaiffe, de Paris, l'habile constructeur d'instruments de physique.

On obtient ainsi une gerbe lumineuse, dont l'intensité paraît d'autant plus vive que la longueur de l'étincelle est ramassée dans un espace plus court, la phosphorescence du verre et du liquide qu'il contient ajoute encore à la lumière initiale, et l'ouvrier qui est muni de cette lampe voit aussi clair pour travailler que s'il était éclairé pa1 l'agglomération de quelques centaines de vers luisants.

Quant à la source électrique c'est la bobine d'induction de Ruhmkoff, d'un modèle très petit, et alimentée par un couple voltaïque très facile à monter.

Bobine et pile sont d'ailleurs installées à demeure et très solidement dans une gaîne en cuir que l'ouvrier porte en sautoir à la manière d'un carnier.

En avant de cette gaîne est la lampe, encastrée dans une monture métallique, solidement fermée et destinée à la protéger contre les chocs; et le mineur n'a qu'à pousser un bouton, soit en avant soit en arrière, pour allumer ou éteindre sa lampe.

Certes, c'est l'instrument le plus protecteur qu'on puisse mettre aux mains de l'ouvrier; car aucun contact ne peut exister entre la flamme et l'atmosphère de la mine, et en supposant même que l'appareil vienne à se briser, il n'y a encore aucun danger puisque la pression se rétablit immédiatement dans le tube et l'arc électrique est subitement interrompu.

De plus, la pile montée le matin peut alimenter la bobine 12 heures de suite, ce qui permet de donner à l'ouvrier une lampe à laquelle il n'a pas à toucher de la journée et qui revient à peine à une cinquantaine de francs.

Ce prix n'est certes pas effrayant, néanmoins l'emploi de la lampe électrique ne se généralise pas; ce qui est regrettable, car c'est le seul moyen de combattre le grisou, sinon de l'empêcher de se produire.

Il est vrai qu'on obtient en partie ce dernier résultat par un système de ventilation bien installé.

AÉRAGE DES MINES

L'aérage des galeries souterraines est une nécessité dont on comprend toute l'importance, au double point de vue de la santé et même de la vie des ouvriers et de la prospérité de l'exploitation, car sans une bonne ventilation, point de bon travail et en fait il ne s'agit pas seulement de bon travail, il faut que la main-d'œuvre donne le maximum de son effet utile.

L'air est vicié dans les mines par des causes nombreuses: en première ligne est la température qui, comme on sait, va toujours en augmentant à mesure qu'on pénètre dans l'intérieur des terres.

La progression de la chaleur centrale qui est généralement d'un degré centigrade par 30 mètres n'est pas toujours absolument régulière, elle peut diminuer par le voisinage des nappes d'eau, comme elle peut augmenter par celui des volcans, mais à une certaine profondeur la température est toujours tellement élevée que dans certaines exploitations les ouvriers sont obligés de se déshabiller complètement pour travailler à l'aise.

A cette chaleur terrestre, qui raréfie déjà singulièrement l'air; si l'on ajoute la combustion des lampes d'éclairage, l'inflammation de la poudre des mines, la décomposition de certaines matières minérales, les gaz délétères qui s'échappent des fissures de la roche, le feu grisou, et la respiration et les sueurs d'une armée de travailleurs qui vivent dans les galeries étroites; on comprendra l'indispensabilité d'un aérage assez puissant pour entretenir dans les galeries un courant frais et salubre et pour entraîner les gaz méphitiques, au fur et à mesure qu'ils se produisent, sans leur laisser le temps de devenir dangereux.

Ce courant d'air est d'ailleurs indispensable pour abaisser la température, toujours si élevée à de grandes profondeurs.

On l'obtient quelquefois tout naturellement : il suffit qu'une mine communique avec le jour par deux puits assez rapprochés l'un de l'autre et reliés par une galerie; il faut pourtant que les orifices de ces deux puits ne soient pas à la même altitude, car alors cet aérage spontané serait presque sans effet.

Cela s'explique d'une manière fort simple : l'air des mines est toujours plus chaud que l'air extérieur (l'hiver du moins), il en résulte que les colonnes d'air qui pèsent sur chacun des puits ne se font pas équilibre, si, par exemple, l'une a 150 mètres de hauteur et l'autre 50, de sorte que l'air frais entre naturellement par le puits le plus bas et que l'air vicié de la mine s'échappe par le puits le plus élevé.

La proportion se renverse en été; quand l'air extérieur est plus chaud que celui de la mine, l'air frais entre par le puits le plus élevé et sort par le plus bas, mais ce cas, à moins de puits peu profonds, est rare parce que, en dehors de la température normale, il ne manque pas d'éléments dans l'intérieur des mines pour surchauffer l'air.

L'aérage spontané est le meilleur de tous, par la raison qu'il résulte d'un état de choses permanent qui ne redoute ni arrêt, ni chômage, comme les machines et appareils destinés à produire un aérage artificiel; malheureusement son application utile est assez restreinte, car il devient insuffisant dans les mines trop profondes, dont les galeries sont étroites, sinueuses et d'un grand développement, et surtout dans les houillères où, plus qu'ailleurs, il se produit des gaz irrespirables.

L'aérage artificiel comprend deux catégories : l'aérage forcé au moyen de cheminées ou faux puits, et l'aérage mécanique qui s'opère à l'aide d'appareils connus sous le nom générique de *ventilateurs*.

AÉRAGE FORCÉ

L'aérage forcé part du même principe que l'aérage spontané : une mine étant en communication avec l'extérieur par deux puits, il s'agit d'établir, dans un de ces puits, une dilatation ou une condensation de l'air pour déterminer un courant qui, entrant par l'un des orifices, se distribue dans les galeries avant de sortir par l'autre.

Cet effet s'obtient communément par la création de foyers d'aérage, dont les dispositions varient selon les localités.

Dans les mines où il ne se forme pas de grisou on transforme l'un des puits en cheminée d'appel.

Pour cela on installe, vers sa base et dans une galerie creusée exprès, une grille horizontale sur laquelle on brûle constamment de la houille : par l'action de la chaleur qui pénètre dans le puits avec les gaz de la combustion par un conduit en pente, l'air qu'il contient s'échauffe, il en résulte un appel d'air, qui se propage peu à peu dans les galeries, jusqu'à obliger l'air frais venant de l'extérieur à y arriver par un autre puits.

Dans les mines où il se dégage des gaz inflammables, partout où l'on redoute le grisou, il faut procéder autrement et l'on installe un appareil qu'on appelle calorifère de Seraing, parce que c'est dans cette localité qu'il a été employé pour la première fois.

Il se compose, comme on le voit par notre dessin, d'une cheminée A, établie au-dessus d'un puits et à la base de laquelle on construit une chambre B.

Dans cette cheminée est placé un calorifère D ou un grand poêle métallique entièrement clos.

La combustion de ce poêle est alimentée par l'air extérieur et la fumée s'échappe par un tuyau E, disposé en conséquence.

L'air de la mine, qui pénètre dans la chambre par un conduit inférieur indiqué par F, s'échauffe naturellement par l'effet

Calorifère de Seraing.

La Cagnardelle.

du calorifère, sans entrer en contact avec la flamme du combustible et sortant par un conduit supérieur G, pénètre dans la cheminée et produit le tirage nécessaire à l'aérage des galeries.

Le même effet peut être obtenu d'une façon plus économique et l'est du reste dans beaucoup de mines notamment à Blanzy, à Mons, à Anzin, à Béthune, à Saint-Étienne, à Liévin et même à Seraing, par le ventilateur à jet du système Kœrting.

Cet appareil, qui peut être mû aussi bien par la vapeur que par l'air comprimé, — puisqu'il fonctionne par l'effet d'un jet, au moyen d'un tuyau de conduite — a la forme d'un tube et des dimensions relativement si minimes qu'on peut le monter partout où

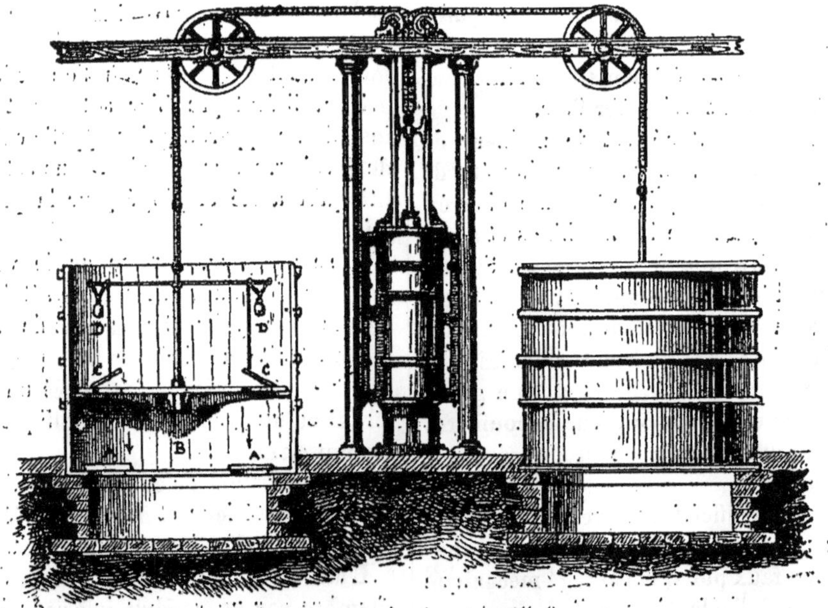

Machine aspirante et soufflante.

Chambre Przytos (le lac, côté occidental).

Le lac (côté oriental).

VUES DES MINES DE SEL DE BOCHNIA (POLOGNE AUTRICHIENNE).

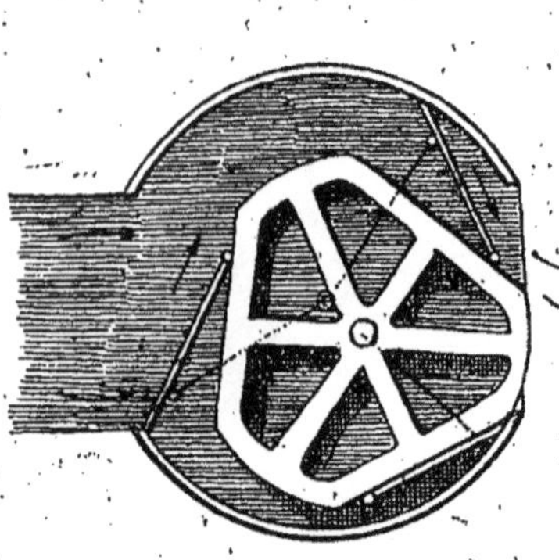

Ventilateur Lemielle

Ventilateur Guibal.

l'on ne dispose que d'un emplacement restreint.

Il se compose, outre ce tube et immédiatement au-dessous, d'une tuyère à vapeur, ou à air comprimé, et d'une série de tuyères divergentes et à section croissante, dans lesquelles les gaz se mélangent peu à peu avec le jet de vapeur injecté par la première tuyère, et dont la force vive est transformée en pression.

Il se monte de deux façons soit à poste fixé sur un bâti qui a la forme d'une cheminée et dont l'ouverture béante fait office d'aspiration.

Soit d'une façon mobile, dans un élément de la conduite d'aérage, que l'on rapproche du front de taille à chaque fois que l'avancement s'est accru de 50 mètres.

Dans ce cas, il doit être muni d'un manteau M qui l'enveloppe et d'un tuyau d'as-

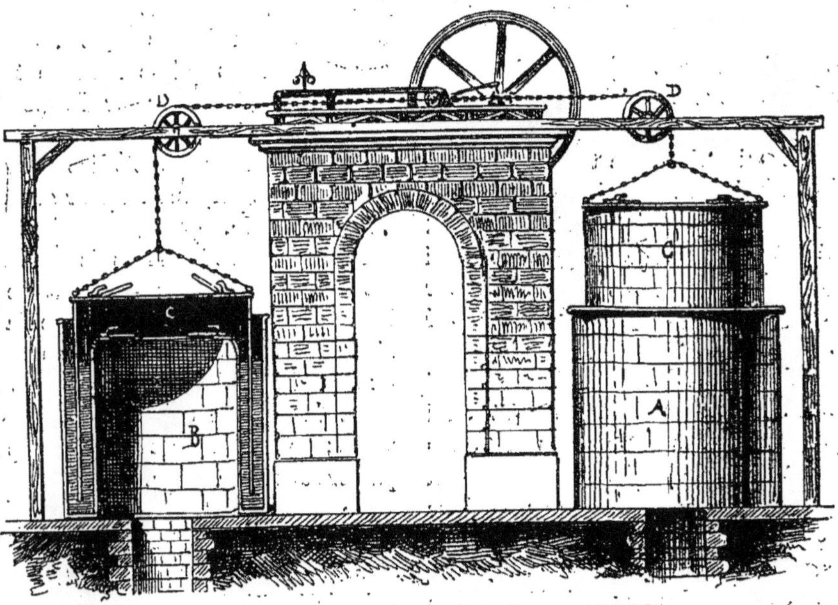

Ventilateur à cloche plongeante.

piration S, le ventilateur proprement dit se trouvant alors enfermé dans la capacité indiquée par la lettre V.

Son fonctionnement est des plus simples; car il se produit par ce fait : qu'un jet de vapeur ou d'air comprimé, en passant successivement d'une tuyère de petit diamètre, dans une série de tuyères de diamètres plus grands, opère un vide à l'aide duquel l'air vicié de l'atmosphère de la mine est aspiré, et par le fait de la vitesse que lui imprime le moteur, refoulé par l'orifice L du tube et de là plus loin, par des conduites qui l'entraînent dans la direction voulue.

Pour la mise en marche, il suffit d'ouvrir en plein la soupape à vapeur dont on peut régler l'admission dans l'appareil au moyen de l'aiguille régulatrice B.

Pour arrêter le fonctionnement il n'y a qu'à fermer la soupape.

L'appareil à manteau n'a pas besoin de régulateur, puisqu'il est muni en D d'un robinet de vapeur qui remplit le même office.

AÉRAGE MÉCANIQUE

Les systèmes de ventilateurs à l'usage des mines sont très nombreux, mais tous exigent une force motrice plus ou moins puissante, qui est presque toujours fournie par une machine à vapeur installée au jour.

Leur installation est du reste facile, et ils ont cet avantage qu'ils peuvent aussi bien produire le refoulement de l'air pur dans les galeries qu'aspirer l'air vicié par appel.

Nous n'entreprendrons pas de décrire ici tous les systèmes connus, d'autant qu'il s'en produit tous les jours, nous parlerons seulement des plus usités, en commençant par le plus ancien, système en quelque sorte classique, la pompe aspirante à pistons.

Elle se compose de deux cylindres pareils à celui dont notre gravure, page 556, montre l'intérieur, établis sur les puits d'aérage de façon à ce que leur fond, percé de deux soupapes, A A′, en recouvre l'orifice.

Un piston B, percé également de deux soupapes C C′, se meut par l'effet de la machine motrice, au moyen d'une chaîne plate qui passe sur une poulie de grand diamètre, de haut en bas dans le cylindre; les soupapes AA′, qui se ferment à la descente du piston s'ouvrent dès qu'il remonte et aspirent l'air vicié de la mine, qui sort du cylindre par les soupapes CC′ dont le piston est muni, et qui sont équilibrées par des contrepoids D D.

Cette pompe peut fonctionner à volonté comme machine aspirante et comme machine foulante, il n'y a pour cela qu'à modifier le jeu des soupapes.

Un perfectionnement de ce système est le ventilateur à cloche plongeante, qui se compose de deux grandes caisses cylindriques A. B. établies au-dessus des puits d'aérage et ayant à leur circonférence une gorge annulaire remplie d'eau.

Dans ces gorges, espèce de cuves au demeurant, montent et descendent alternativement deux cloches en tôle, suspendues par des chaînes qui se réunissent en une seule, avant de passer sur des poulies DD pour se fixer aux extrémités de la tige du piston de la machine motrice horizontale, placée à une certaine hauteur sur un bâti en maçonnerie.

Naturellement le dessus des caisses fixes est muni de soupapes s'ouvrant de bas en haut, aussi bien du reste que la partie supérieure des cloches, de sorte que lorsqu'une cloche s'élève ses soupapes se ferment tandis que celles des caisses s'ouvrent; ce qui permet à l'air du puits de passer sous les cloches.

Le mouvement contraire se produisant, les soupapes des caisses se ferment, celles des cloches s'ouvrent pour laisser échapper l'air vicié, qui s'est emmagasiné dedans.

Ces machines, très efficaces d'ailleurs,

sont surtout employées dans les mines du Hartz.

En France on en a de moins encombrantes, notamment le ventilateur Lemielle, le ventilateur Fabry, le ventilateur Guibal, et le système inventé par M. Cagniard de la Tour et que, à cause de cela, on appelle *Cagnardelle*.

Sans compter beaucoup d'autres, moins connus parce qu'ils sont d'invention plus récente, car la plus grande partie des constructeurs qui s'occupent du matériel des mines ont aujourd'hui des ventilateurs spéciaux qui se recommandent plus ou moins, selon les cas.

Tous sont bons ; puisqu'ils remplissent le but qu'on se propose, le meilleur étant naturellement le plus simple et le moins encombrant.

Décrivons en quelques mots les plus généralement usités :

La *Cagnardelle* est une espèce de vis d'Archimède, posée sur un plan incliné, mais assez légèrement pour que ses deux extrémités baignent dans l'eau d'un bassin de maçonnerie, dans lequel elle est fixée, de façon à pouvoir tourner par l'action d'un moteur.

Ce bassin est naturellement construit à l'orifice du puits, commandant la galerie qu'il s'agit d'aérer.

A chaque mouvement de rotation de l'appareil, un certain volume d'air s'emprisonne dans la spire supérieure et, suivant la vis, passe successivement dans les spires inférieures, où son volume diminue progressivement en même temps que la pression augmente, jusqu'à ce qu'il trouve à s'échapper par un tuyau de conduite, qui débouche sur la dernière spire.

Le ventilateur Lemielle, qui s'installe dans un réduit rectangulaire ménagé à l'orifice du puits d'aérage, se compose d'un tambour hexagonal, sur lequel se plient et se développent successivement, au moyen d'un mécanisme assez simple, six palettes à charnières, fixées sur chacun des pans du tambour.

Ce tambour, tournant avec une grande rapidité, l'appareil produit l'effet d'un moulin à vent, dont les ailes refoulent l'air qu'elles saisissent à leur passage.

Le ventilateur Fabry consiste en deux arbres horizontaux parallèles, installés dans des cages, ou *coursiers* en bois ou en briques, qui les enferment aussi exactement que possible jusqu'à la moitié de la hauteur du développement des bras qu'ils portent et qui sont établis au-dessus du puits d'aérage.

Chacun de ces deux arbres est muni de trois bras en fonte, portant des palettes de 2 à 3 mètres de largeur, traversées, vers le tiers de la longueur du bras, à partir de son extrémité supérieure, par une croisure dont chaque bout se termine par une surface de bois à section courbe.

Les deux arbres tournent en sens contraire ; de façon qu'à chacune de leurs révolutions, les surfaces en bois de la croisure de l'un se trouvent en contact tangentiel des surfaces de la croisure correspondante de l'autre, ce qui interrompt toute communication entre l'air extérieur et l'air vicié arrivant de la mine ; et permet un aérage complet autant que rapide.

Le ventilateur Guibal tient moins de place et fait autant de besogne.

C'est en quelque sorte une roue à aubes, formée de triangles équilatéraux en fer, réliés par des bras à un arbre tournant.

Sur le prolongement de chacun des côtés des triangles, sont fixées des palettes en bois qui, comme des aubes sont toutes dirigées dans un même sens de rotation.

L'appareil est fixé dans une cage en maçonnerie au pourtour circulaire, placée non à l'orifice du puits, mais au point d'intersection de ce puits et de la galerie qu'il s'agit d'aérer ; et la cage est disposée de façon que les palettes viennent raser ses parois, qui manquent, naturellement, dans les parties de cette cage où aboutissent : d'une part la galerie, qui amène l'air de la mine et de l'autre le puits ou la cheminée, par où l'air vicié est chassé au-dehors.

Ici nous terminons notre travail, car nous n'avons plus à parler que des ouvrages extérieurs, qu'on établit au-déhors des mines pour la facilité de réception et d'expédition des produits de l'exploitation; et ces ouvrages ne sont en somme que des magasins, appelés *ports secs* quand ils doivent servir à l'expédition par chemin de fer, et *rivages* s'ils sont établis sur le bord des rivières ou des canaux pour le chargement par bateaux.

Ces magasins varient d'aspect, bien plus selon la place dont on dispose que selon le

Ventilateur Fabry.

goût des ingénieurs, car il faut surtout se mettre à l'aise, et l'on pense d'abord au commode établissement des voies ferrées qui doivent servir aux transports.

Soit à large voie avec embranchement sur la ligne des chemins de fer, si l'on se trouve à proximité d'une gare.

Soit à voie étroite, dans tous les autres cas, et principalement lorsqu'il s'agit de rivages.

Souvent aussi, toujours, même dans les exploitations houillères; on organise à l'orifice des puits de mines des ateliers pour le triage, le criblage et le lavage des minerais (opérations qui se font mécaniquement et dont nous allons parler tout à l'heure en nous occupant de la métallurgie).

Leur disposition présente d'ailleurs si peu de particularités, que nous n'allongerons pas, pour les décrire, cette étude déjà un peu étendue, mais qui a une excuse de sa prolixité dans la multiplicité des détails, dans la variété des procédés d'exploitation, qui constituent l'industrie minière, l'une des plus considérables qui existent.

www.ingramcontent.com/pod-product-compliance
Lightning Source LLC
Chambersburg PA
CBHW031344210326
41599CB00019B/2645